中国石油地质志

第二版 · 卷二十四

东海—黄海探区

东海—黄海探区编纂委员会　编

石油工业出版社

图书在版编目（CIP）数据

中国石油地质志．卷二十四，东海—黄海探区 / 东海—黄海探区编纂委员会编．—北京：石油工业出版社，2023.11

ISBN 978-7-5183-5192-3

Ⅰ．①中… Ⅱ．①东… Ⅲ．①石油天然气地质 – 概况 – 中国 ②东海 – 油气田开发 – 概况 ③黄海 – 油气田开发 – 概况 Ⅳ．① P618.13 ② TE3

中国版本图书馆 CIP 数据核字（2021）第 275213 号

责任编辑：林庆咸　张　瑞
责任校对：罗彩霞
封面设计：周　彦

审图号：GS 京（2023）2296 号

出版发行：石油工业出版社
（北京安定门外安华里 2 区 1 号　100011）
网　址：www. petropub. com
编辑部：（010）64523543　图书营销中心：（010）64523633
经　销：全国新华书店
印　刷：北京中石油彩色印刷有限责任公司

2023 年 11 月第 1 版　2023 年 11 月第 1 次印刷
787×1092 毫米　开本：1/16　印张：27.75
字数：740 千字

定价：375.00 元

《中国石油地质志》

（第二版）

总编纂委员会

《中国石油地质志》

第二版

中国海域油气区总编纂委员会

《中国石油地质志》

第二版·卷二十四

东海—黄海探区编纂委员会

《中国石油地质志》

第二版·卷二十四

东海—黄海探区编写组

组　长：万　欢

副组长：刘喜杰　李　键

成　员：（以姓氏笔画为序）

马遵敬　王　军　申雯龙　石雪峰　许怀智　朱士波

陈春峰　陈忠云　张敏强　张英华　张　涛　张伯成

侯国伟　须雪豪（中国石化）　高伟中　高顺莉　徐东浩

徐振中　黄建军（中国石化）　韩　冬

序

三十多年前，在广大石油地质工作者艰苦奋战、共同努力下，从中华人民共和国成立之前的“贫油国”，发展到可以生产超过 1 亿吨原油和几十亿立方米天然气的产油气大国，可以说是打了一个大大的“翻身仗”，获得丰硕成果，对我国油气资源有了更深的认识，广大石油职工充满无限信心、继续昂首前进。

在 1983 年全国油气勘探工作会议上，我和一些同志建议把过去三十年的勘探经历和成果做一系统总结，既可作为前一阶段勘探的历史记载，又可作为以后勘探工作的指引或经验借鉴。1985 年我到石油勘探开发科学研究院工作后，便开始组织编写《中国石油地质志》，当时材料分散、人员不足、资金缺乏，在这种困难的条件下，石油系统的很多勘探工作者投入了极大的热情，先后有五百余名油气勘探专家学者参与编写工作，历经十余年，陆续出版齐全，共十六卷 20 册。这是首次对中华人民共和国成立后石油勘探历程、勘探成果和实践经验的全面总结，也是重要的基础性史料和科技著作，得到业界广大读者的认可和引用，在油气地质勘探开发领域发挥了巨大的作用。我在油田现场调研过程中遇到很多青年同志，了解到他们在刚走出校门进入油田现场、研究部门或管理岗位时，都会有摸不着头脑的感觉，他们说《中国石油地质志》给予了很大的启迪和帮助，经常翻阅和参考。

又一个三十年过去了，面对国内极其复杂的地质条件，这三十年可以说是在过去的基础上，勘探工作又有了巨大的进步，相继开展的几轮油气资源评价，对中国油气资源实情有了更深刻的认识。无论是在烃源岩、油气储层、沉积岩序列、构造演化以及一系列随着时间推移的各种演化作用带来的复杂地质问题，还是在石油地质理论、勘探领域、勘探认识、勘探技术等方面都取得了许多新进展，不断发现新的油气区，探明的油气田数量逐渐增多、油气储量大幅增加，油气产量提升到一个新台阶。截至 2020 年底（与 1988 年相比），发现的油田由 332 个增至 773 个，气田由 102 个增至 286 个；30 年来累计探明石油地质储量增加 284 亿吨、天然气地质储量增加 17.73 万亿立方米；原油年产量由 1.37 亿吨增至 1.95 亿吨，天然气年产量由 139 亿立方米增至 1888 亿立方米。

油气勘探发现的过程既有成功时的喜悦，更有勘探失利带来的煎熬，其间积累的经验和教训是宝贵的、值得借鉴的。《中国石油地质志》不仅仅是一套学术著作，它既有对中国各大区地质史、构造史、油气发生史等方面的详尽阐述，又有对油气田发现历程的客观分析和判断；它既是各探区勘探理论、勘探经验、勘探技术的又一次系统回顾和总结，又是各探区下一步勘探领域和方向的指引。因此，本次修编的《中国石油地质志》对今后的油气勘探工作具有新的启迪和指导。

在编写首版《中国石油地质志》过程中，经过对各盆地、各地区勘探现状、潜力和领域的系统梳理，催生了“科学探索井”的想法，并在原石油工业部有关领导的支持下实施，取得了一批勘探新突破和成果。本次修编，其指导思想就是通过总结中国油气勘探的“第二个三十年”，全面梳理现阶段中国各油气区的现状和前景，旨在提出一批新的勘探领域和突破方向。所以，在 2016 年初本版编委会尚未完全成立之时，我就在中国工程院能源与矿业工程学部申请设立了 “中国大型油气田勘探的有利领域和方向” 咨询研究项目，全国有 32 个地区石油公司参与了研究实施，该项目引领各油气区在编写《中国石油地质志》过程中突出未来勘探潜力分析，指引了勘探方向，因此，在本次修编章节安排上，专门增加了“资源潜力与勘探方向”一章内容的编写。

本次修编本着实事求是的原则，在继承原版经典的基础上，基本框架延续原版章节脉络，体现学术性、承续性、创新性和指导性，着重充实近三十年来的勘探发展成果。《中国石油地质志》修编版分卷设置，较前一版进行了拆分和扩充，共 25 卷 32 册。补充了冀东油气区、华北油气区（下册・二连盆地）两个新卷，将原卷二“大庆、吉林油田”拆分为大庆油气区和吉林油气区两卷；将原卷七“中原、南阳油田”拆分为中原油气区和南阳油气区两卷；将原卷十四“青藏油气区”拆分为柴达木油气区和西藏探区两卷；将原卷十五“新疆油气区”拆分为塔里木油气区、准噶尔油气区和吐哈油气区三卷；将原卷十六“沿海大陆架及毗邻海域油气区”拆分为渤海油气区、东海—黄海探区、南海油气区三卷。另外，由于中国台湾地区资料有限，故本次修编不单独设卷，望以后修编再行补充和完善。

此外，自 1998 年原中国石油天然气总公司改组为中国石油天然气集团公司、中国石油化工集团公司和中国海洋石油总公司后，上游勘探部署明确以矿权为界，工作范围和内容发生了很大变化，尤其是陆上塔里木、准噶尔、四川、鄂尔多斯等四大盆地以及滇黔桂探区均呈现中国石油、中国石化在各自矿权同时开展勘探研究的情形，所处地质构造区带、勘探程度、理论认识和勘探进展等难免存在差异，为尊重各探区勘探研究实际，便于总结分析，因此在上述探区又酌情设置分册加以处理。各分卷和分册按以下顺序排列：

卷次	卷名
卷一	总论
卷二	大庆油气区
卷三	吉林油气区
卷四	辽河油气区
卷五	大港油气区
卷六	冀东油气区
卷七	华北油气区（上册）
	华北油气区（下册）
卷八	胜利油气区
卷九	中原油气区
卷十	南阳油气区
卷十一	苏浙皖闽探区
卷十二	江汉油气区
卷十三	四川油气区（中国石油）
	四川油气区（中国石化）
卷十四	滇黔桂探区（中国石油）
卷十四	滇黔桂探区（中国石化）
卷十五	鄂尔多斯油气区（中国石油）
	鄂尔多斯油气区（中国石化）
卷十六	延长油气区
卷十七	玉门油气区
卷十八	柴达木油气区
卷十九	西藏探区
卷二十	塔里木油气区（中国石油）
	塔里木油气区（中国石化）
卷二十一	准噶尔油气区（中国石油）
	准噶尔油气区（中国石化）
卷二十二	吐哈油气区
卷二十三	渤海油气区
卷二十四	东海—黄海探区
卷二十五	南海油气区（上册）
	南海油气区（下册）

《中国石油地质志》是我国广大石油地质勘探工作者集体智慧的结晶。此次修编工作得到中国石油、中国石化、中国海油、延长石油等油公司领导的大力支持，是在相关油田公司及勘探开发研究院 1000 余名专家学者积极参与下完成的，得到一大批审稿专家的悉心指导，还得到石油工业出版社的鼎力相助。在此，谨向有关单位和专家表示衷心的感谢。

中国工程院院士 翟光明

2022 年 1 月　北京

FOREWORD

Some 30 years ago, under the unremitting joint efforts of numerous petroleum geologists, China became a major oil and gas producing country with crude oil and gas producing capacity of over 100 million tons and billions of cubic meters respectively from an 'oil-poor country' before the founding of the People's Republic of China. It's indeed a big 'turnaround' which yielded substantial results, allowed us to have a better understanding of oil and gas resources in China, and gave great confidence and impetus to numerous petroleum workers.

At the National Oil and Gas Exploration Work Conference held in 1983, some of my comrades and I proposed to systematically summarize exploration experiences and results of the last three decades, which could serve as both historical records of previous explorations and guidance or references for future explorations. I organized the compilation of *Petroleum Geology of China* right after joining the Research Institute of Petroleum Exploration and Development (RIPED) in 1985. Though faced with the difficulties including scattered information, personnel shortage and insufficient funds, a great number of explorers in the petroleum industry showed overwhelming enthusiasm. Over five hundred experts and scholars in oil and gas exploration engaged in the compilation successively, and 16-volume set of 20 books were published in succession after over 10 years of efforts. It's not only the first comprehensive summary of the oil exploration journey, achievements and practical experiences after the founding of the People's Republic of China, but also a fundamental historical material and scientific work of great importance. Recognized and referred to by numerous readers in the industry, it has played an enormous role in geological exploration and development of oil and gas. I met many young men in the course of oilfield investigations, and learned their feeling of being lost during transition from school to oilfields, research departments or management positions. They all said they were greatly inspired and benefited from *Petroleum Geology of China* by often referring to it.

Another three decades have passed, and it can be said that though faced with extremely complicated geological conditions, we have made tremendous progress in exploration over the years based on previous works and acquisition of more profound knowledge on China's oil and gas resources after several rounds of successive evaluations. New achievements have been made in not only source rock, oil and gas reservoir, sedimentary development, tectonic evolution and a series of complicated geological issues caused by different evolutions over time, but also petroleum geology theories, exploration areas, exploration knowledge, exploration techniques and other aspects. New oil and gas provinces were found one after another, and with gradual increase in the number of proven oil and gas fields, oil and gas reserves grew significantly, and production was brought to a new level. By the end of 2020 (compared with 1988), the number of oilfields and gas fields had increased from 332 and 102 to 773 and 286 respectively, cumulative proved oil in place and gas in place had grown by 28.4 billion tons and 17.73 trillion cubic meters over the 30 years, and the annual output of crude oil and gas had increased from 137 million tons and 13.9 billion cubic meters to 195 million tons and 188.8 billion cubic meters respectively.

Oil and gas exploration process comes with both the joy of successful discoveries and the pain of failures, and experiences and lessons accumulated are both precious and worth learning. *Petroleum Geology of China*'s more than a set of academic works. It not only contains geologic history, tectonic history and oil and gas formation history of different major regions in China, but also covers objective analyses and judgments on discovery process of oil and gas fields, which serves as another systematic review and summary of exploration theories, experiences and techniques as well as guidance on future exploration areas and directions of different exploratory areas. Therefore, this revised edition of *Petroleum Geology of China* plays a new role of inspiring and guiding future oil and gas exploration works.

Systematic sorting of exploration statuses, potentials and domains of different basins and regions conducted during compilation of the first edition of *Petroleum Geology of China* gave rise to the idea of 'Scientific Exploration Well', which was implemented with supports from related leaders of the former Ministry of Petroleum Industry, and led to a batch of breakthroughs and results in exploration works. The guiding idea of this revision is to propose a batch of new exploration areas and breakthrough directions by summarizing 'the second 30 years' of China's oil and gas exploration works and comprehensively sorting out current statuses and prospects of different exploratory areas in China at the current stage. Therefore, before the editorial team was fully formed at the beginning of 2016, I applied to the Division of Energy and Mining Engineering, Chinese Academy of Engineering for the establishment of a consulting research project on 'Favorable Exploration Areas and Directions of Major Oil and Gas Fields in China'. A total of 32 regional oil companies throughout the country participated in the research project, which guided different exploratory areas in giving prominence to analysis on future exploration potentials in the course of compilation of *Petroleum Geology of China*, and pointed out exploration directions. Hence a new dedicated chapter of 'Exploration Potentials and Directions of Oil and Gas Resources' has been added in terms of chapter arrangement of this revised edition.

Based on the principles of seeking truth from facts and inheriting essence of original works, the basic framework of this revised edition has inherited the chapters and context of the original edition, reflected its academics, continuity, innovativeness and guiding function, and focused on supplementation of exploration and development related achievements made in the recent 30 years. This revised edition of *Petroleum Geology of China*, which consists of sub-volumes, has divided and supplemented the previous edition into 25-volume set of 32 books. Two new volumes of Jidong Oil and Gas Province and Huabei Oil and Gas Province (The Second Volume · Erlian Basin) have been added, and the original Volume 2 of 'Daqing and Jilin Oilfield' has been divided into two volumes of Daqing Oil and Gas Province and Jilin Oil and Gas Province. The original Volume 7 of 'Zhongyuan and Nanyang Oilfield' has been divided into two volumes of Zhongyuan Oil and Gas Province and Nanyang Oil and Gas Province. The original Volume 14 of 'Qinghai-Tibet Oil and Gas Province' has been divided into two volumes of Qaidam Oil and Gas Province and Tibet Exploratory Area. The original volume 15 of 'Xinjiang Oil and Gas Province' has been divided into three volumes of Tarim Oil and Gas Province, Junggar Oil and Gas Province and Turpan-Hami Oil and Gas Province. The original Volume 16 of 'Oil and Gas Province of Coastal Continental Shelf and Adjacent Sea Areas' has been divided into three volumes of Bohai Oil and Gas Province, East China Sea-Yellow Sea Exploratory Area and South China Sea Oil and Gas Province.

Besides, since the former China National Petroleum Company was reorganized into CNPC, SINOPEC and CNOOC in 1998, upstream explorations and deployments have been classified based on the scope of mining rights, which led to substantial changes in working range and contents. In particular, CNPC and SINOPEC conducted explorations and researches under their own mining rights simultaneously in the four major onshore basins of Tarim, Junggar, Sichuan and Erdos as well as Yunnan-Guizhou-Guangxi Exploratory Area, so differences in structural provinces of their locations, degree of exploration, theoretical knowledge and exploration progress were inevitable. To respect the realities of explorations and researches of different exploratory areas and facilitate summarization and analysis, fascicules have been added for aforesaid exploratory areas as appropriate. The sequence of sub-volumes and fascicules is as follows:

Volume	Volume name
Volume 1	Overview
Volume 2	Daqing Oil and Gas Province
Volume 3	Jilin Oil and Gas Province
Volume 4	Liaohe Oil and Gas Province
Volume 5	Dagang Oil and Gas Province
Volume 6	Jidong Oil and Gas Province
Volume 7	Huabei Oil and Gas Province (The First Volume)
	Huabei Oil and Gas Province (The Second Volume)
Volume 8	Shengli Oil and Gas Province
Volume 9	Zhongyuan Oil and Gas Province
Volume 10	Nanyang Oil and Gas Province
Volume 11	Jiangsu-Zhejiang-Anhui-Fujian Exploratory Area
Volume 12	Jianghan Oil and Gas Province
Volume 13	Sichuan Oil and Gas Province (CNPC)
	Sichuan Oil and Gas Province (SINOPEC)
Volume 14	Yunnan-Guizhou-Guangxi Exploratory Area (CNPC)
Volume 14	Yunnan-Guizhou-Guangxi Exploratory Area (SINOPEC)
Volume 15	Erdos Oil and Gas Province (CNPC)
	Erdos Oil and Gas Province (SINOPEC)
Volume 16	Yanchang Oil and Gas Province
Volume 17	Yumen Oil and Gas Province
Volume 18	Qaidam Oil and Gas Province
Volume 19	Tibet Exploratory Area
Volume 20	Tarim Oil and Gas Province (CNPC)
	Tarim Oil and Gas Province (SINOPEC)
Volume 21	Junggar Oil and Gas Province (CNPC)
	Junggar Oil and Gas Province (SINOPEC)
Volume 22	Turpan-Hami Oil and Gas Province
Volume 23	Bohai Oil and Gas Province
Volume 24	East China Sea-Yellow Sea Exploratory Area
Volume 25	South China Sea Oil and Gas Province (The First Volume)
	South China Sea Oil and Gas Province (The Second Volume)

Petroleum Geology of China is the essence of collective intelligence of numerous petroleum geologists in China. The revision received vigorous supports from leaders of CNPC, SINOPEC, CNOOC, Yanchang Petroleum and other oil companies, and it was finished with active engagement of over 1,000 experts and scholars from related oilfield companies and RIPED, thoughtful guidance of a great number of reviewers as well as generous assistance from Petroleum Industry Press. I would like to express my sincere gratitude to relevant organizations and experts.

Zhai Guangming, *Academician of Chinese Academy of Engineering*

Jan. 2022, *Beijing*

前言

东海—黄海探区主要包括东海陆架盆地（简称东海盆地）、黄海盆地（南黄海盆地、北黄海盆地）。东海盆地是在中生代沉积的基础上发展起来的大型沉积盆地，以新生代沉积为主，是我国近海陆架最大的沉积盆地，其基底是中国东南大陆向海域的自然延伸，新生界总体具下断上坳的双层结构；南黄海盆地在大地构造位置上位于下扬子地区，整体上为建立在中—古生代海相地层之上，经中—新生代构造运动强烈改造的叠合盆地；北黄海盆地位于北黄海海域的中央主体部位，属于华北地块向东部海区的延伸部分，是发育在中朝板块东部的太古宇和元古宇中一深变质结晶基底和弱变质—未变质古生界基础之上的中一新生代陆内断陷叠合盆地。

截至 2015 年底，东海陆架盆地共采集二维地震约 138557km，三维地震约 20069km^2，完成探井和评价井 120 口，其中，获油气流井 71 口，油气显示井 25 口，钻探成功率约为 79%，发现平湖、宝云亭等一批油气田；南黄海盆地中国海洋石油集团有限公司（简称中国海油）共采集二维地震 61055km（含自营 29590km，合作 31465km），三维地震 554km^2（未计其他单位完成的地震工作），钻井 27 口，中方 22 口，总进尺 54530m，韩方 5 口（不含Ⅱ H-1X）；北黄海盆地中国海油完成二维地震 5824km，原国土资源部广州海洋地质调查局在北黄海盆地进行地震方法试验，采集 13000 余千米的数字地震测线，此外，北黄海盆地还部署部分三维地震，钻井 10 口，迄今为止，黄海盆地还未实现油气重大发现。

东海盆地自 1958 年对东海海域进行海洋综合调查开始（石油勘探始于 1974 年），已有近 50 多年勘探历史，经历了区域概查、区域普查与凹陷评价详查、重点区带评价、重点凹陷勘探开发并举等阶段。1983 年平湖 1 井首获工业性油气流，开创了东海油气勘探的新纪元；随之春晓、宝云亭、武云亭、残雪、断桥、天外天、孔雀亭、丽水 36-1 气田及黄岩 7-3、黄岩 2-2S、宁波 31-1、天台 12-1、玉泉、花港等一批气田、含油气构造被发现，奠定了东海万亿立方米油气储量基础。在油气勘探取得丰硕成果的同时，石油地质认识和理论，勘探新技术、新方法也不断得到完善和提升。创新提出了具有东海陆架盆地特色的“高压控藏、塔式聚集”的油气成藏模式，提出了油气富集的优势地质元素和特色地质条件，明确了“深大浅小、上油下气、近源近断、近压富集”的成藏特征，形成了与东海油气地质条件相匹配的“大中型油气田勘探技术”“低孔渗、特低孔渗勘探技术”“岩性油气藏岩性圈闭综合识别与评价技术”等勘探方法，形成的理论和技术又指导于生产实践，开创了东海油气勘探新局面。

东海陆架盆地面积广阔，地层充填巨厚，生烃物质充足，油气资源丰富，勘探潜力巨大，但目前勘探开发程度却很低，相信不久的将来，必将成为我国石油资源又一重要生产基地。

南黄海盆地勘探从1961年开始以来，主要经历了试验和区域普查、西部海域部分凹陷及区带详查、中—新生界区域补充调查及中—古生界初探、普查等阶段，未获得工业油流。长期勘探未获得突破的原因是由该盆地复杂的地质特征和我国海洋石油勘探所特有的发展历程所决定的。南黄海盆地是一个古生界、中生界、新生界多期叠合的复杂盆地，目前仍处于勘探早期，具有很大的油气勘探潜力。新生界勘探历程曲折，但中—古生界与上扬子区的油气地质条件有一定的相似性，因此，南黄海盆地具有后发优势，中—古生界勘探前景值得期待。

本卷紧密结合50多年的油气勘探实践，重点开展了油气勘探历程、基本油气地质特征、油气藏形成与分布、油气资源潜力与勘探方向、油气田各论、典型油气勘探案例及油气勘探技术重要进展等方面的论述。鉴于北黄海盆地勘探程度较低，资料较少，“黄海盆地”篇中黄海盆地石油地质特征认识与成果主要以南黄海盆地为主，同时，增加了南黄海中—古生界海相盆地的新成果、新认识；北黄海盆地则独立成章的概述其油气地质特征。本书基本框架大体继承第一版《中国石油地质志》章节脉络，充实近30年的勘探发展成果，进行更新、补充、再编，引用数据资料截至2015年底。本书以海域盆地特殊的勘探特点为核心，注重学术性、序列性、创新性、指导性的“四性”原则，突出“海味儿”，注重海域地质的历史连续性和理论技术创新性，重点体现了海洋石油近30年勘探所取得的成就，突出了各油气田的勘探经验，突出了对后来者参考和指导作用。信息量、指导性、启发性得到充分体现。

修编过程中，中国海油成立了以总地质师谢玉洪担任主任的专家审查委员会，中国海油上海分公司、中国海油能源发展工程技术分公司组织长期从事东海—黄海海域油气勘探、经验丰富的专家、技术骨干组成质控团队、编委会和编写组，集思广益，反复讨论、论证、完善，确定了整体框架和编撰思路，具体章节分头执笔完成，在前人及多机构对东海—黄海盆地研究成果基础之上，大家分工协作、一丝不苟，成果是集体智慧的结晶。

《中国石油地质志（第二版）·卷二十四 东海—黄海探区》参编成员如下：

“东海盆地篇”主要执笔人为马遵敬、张敏强、李键、张英华、张涛、侯国伟、刘喜杰、朱士波、申雯龙、许怀智、陈忠云、高伟中、石雪峰等；黄鋆、蔡坤、赵洪、陈波、程俊阳、谢晶晶、李宁、谢英刚等参与了部分工作，最终统稿由刘喜杰、张敏强、马遵敬、李键完成。

“黄海盆地篇”主要执笔人为刘喜杰、张敏强、陈春峰、张伯成、王军、韩冬、高顺莉、徐东浩、徐振中、须雪豪（中国石化）、黄建军（中国石化）等，最后由刘喜杰、张敏强、陈春峰统稿完成。

主要技术把关人有张敏强、刘喜杰、李键、陈春峰、许怀智、何贤科、何新建、姜勇、蒋一鸣、申雯龙、刁慧。

南黄海盆地“勘探历程及现状”“资源潜力与勘探方向”章节编写过程中，选用了中国石化上海分公司的部分成果，且在“东海盆地篇”编纂过程中提供了技术支持，在此深表谢意！中国石化上海分公司参与人员有李上卿、郑军、须雪豪、王琳、黄建军、张萍、王丹萍、李莉等。

本卷提纲拟定和修编过程中，得到了中国海洋石油集团有限公司、中国海油上海分公司与研究院、中国海油能源发展工程技术分公司非常规技术研究院等领导、专家的指导和关怀，在编写过程中领导和专家一直跟踪编写进度，及时提出建设性意见，使得编纂能够顺利完成，在此谨表示真诚的谢意！同时感谢中国石化上海分公司领导和专家的指导和帮助！

本卷是浓缩中国海域勘探几十年的成果，凝结了几代地质、石油人的耕耘汗水，没有前辈成果及领导、专家的指导，难以成篇。对他们的无私奉献深表敬意！最后，非常感谢在本书编写过程中，执笔和参与人员的精诚合作、刻苦攻关，使得编纂任务顺利完成，感谢他们的辛勤工作。

本次编纂工作由于受勘探程度、参与修编人员经历和水平所限，文中存在不足或遗漏之处在所难免，恳请读者不吝斧正。

PREFACE

The East China Sea-Yellow Sea exploratory area mainly consists of the East China Sea Shelf Basin (East China Sea Basin) and the Yellow Sea Basin (South Yellow Sea Basin and North Yellow Sea Basin) . The East China Sea Basin is a large sedimentary basin developed on the basis of Mesozoic sediments, with Cenozoic sediments as the main component. It is the largest sedimentary basin on the nearshore continental shelf of China. Its basement is a natural extension of the southeastern mainland of China into the sea. The Cenozoic strata in the basin generally have a double-layer structure with a lower fault and an upper fold ; The South Yellow Sea Basin is located in the Lower Yangtze region in terms of tectonic position. It is a superimposed basin established on the Paleozoic-Mesozoic marine strata and strongly reformed by tectonic movements from Mesozoic to Cenozoic ; The North Yellow Sea Basin is located in the central part of the North Yellow Sea, and it is an extension of the North China Block towards the eastern sea area. It is a Mesozoic-Cenozoic intracontinental rifted and superimposed basin developed on the Archean and Proterozoic metamorphic crystalline basement and the weakly metamorphic Paleozoic basement in the eastern part of the Sino-Korean Plate.

By the end of 2015, a total of about 138,557km of two-dimensional seismic data and about 20,069km^2 of three-dimensional seismic data had been collected in the East China Sea shelf basin. 120 exploratory wells and evaluation wells had been completed, including 71 oil and gas flow wells and 25 oil and gas display wells. The drilling success rate was about 79%, discovered a number of oil and gas fields such as Pinghu and Baoyunting ; In the South Yellow Sea Basin, China National Offshore Oil Corporation (CNOOC) collected a total of 61,055km of 2D seismic data (including 29,590km self-operated and 31,465km cooperatively), 554km^2 of 3D seismic data (excluding seismic work completed by other units), and drilled 27 wells. 22 from the Chinese side, with a total footage of 54,530m, and 5 from the Korean side (excluding II H-1X) ; China National Offshore Oil Corporation (CNOOC) has completed a 2D seismic survey of 5,824km in the northern Yellow Sea

Basin. The Guangzhou Marine Geological Survey Bureau of the Ministry of Natural Resources conducted seismic method experiments in the northern Yellow Sea Basin and collected over 13,000 kilometers of digital seismic profiles. In addition, partial 3D seismic surveys and 10 drilling operations have been deployed in the northern Yellow Sea Basin. So far, no major oil and gas discoveries have been made in the Yellow Sea Basin.

The East China Sea Basin has a history of exploration for nearly 50 years since the comprehensive marine survey of the East China Sea area began in 1958 (oil exploration started in 1974) . It has gone through stages such as regional reconnaissance, regional survey and evaluation of depressions, evaluation of key zone belts, and simultaneous exploration and development of key depressions. In 1983, the Pinghu 1 well achieved the first industrial oil and gas flow, marking the beginning of a new era in oil and gas exploration in the East China Sea. The discovery of a number of gas fields and hydrocarbon structures such as Chunxiao, Baoyunting, Wuyunting, Canxue, Duanqiao, Tianwaitian, Kongqueting, Lishui Gas Field 36-1, Huangyan 7-3, Huangyan 2-2S, Ningbo 31-1, Tiantai 12-1, Yuquan, and Huagang laid a foundation of a trillion cubic meters of oil and gas reserves in the East China Sea. While achieving fruitful results in oil and gas exploration, petroleum geology knowledge and theories, as well as exploration technologies and methods, have also been continuously improved and enhanced. Through innovation, we proposed an oil and gas accumulation model with the characteristics of high-pressure control and tower-style accumulation in the East China Sea shelf basin. It has identified the advantageous geological elements and characteristic geological conditions for oil and gas enrichment, and clarified its characteristics of, "large reservoirs are deep and small reservoirs are shallow ; crude is above the gas ; reservoirs are near the hydrocarbon sources and the faults ; reservoirs are enriched under pressure" in hydrocarbon accumulation. This has formed exploration methods that match the geological conditions of oil and gas in the East China Sea, such as "exploration technology for large and medium-sized oil and gas fields", "exploration technology for low porosity and permeability, and special low porosity and permeability", and "comprehensive identification and evaluation technology for lithologic oil and gas reservoir lithologic traps" . The theoretical and technical achievements have also guided production practices and opened up a new situation in oil and gas exploration in the East China Sea.

The East China Sea shelf basin has a vast area, thick sedimentary layers, abundant hydrocarbon materials, and rich oil and gas resources. It has great exploration potential, but the current level of exploration and development is low. It is believed that in the near future, it will become another important production base of oil resources in China.

Since its beginning in 1961, exploration in the South Yellow Sea Basin has gone through stages of experimental and regional surveys, detailed surveys of partial depressions and zones in the western sea area, supplementary investigations of the Mesozoic-Cenozoic region, initial exploration of the Paleozoic-Mesozoic region, and general surveys, but no industrial oil flow has been obtained. The reason for the lack of breakthroughs in long-term exploration is determined by the complex geological features of this basin and the unique development process of marine oil exploration in China. The South Yellow Sea Basin is a complex basin with multiple periods of deposition from the Paleozoic, Mesozoic, and Cenozoic. It is currently in the early stages of exploration and has great potential for oil and gas exploration. The exploration process of the Cenozoic region has been tortuous, but there are certain similarities in the oil and gas geological conditions between the Paleozoic-Mesozoic and the Upper Yangtze region. Therefore, the South Yellow Sea Basin has a late-mover advantage, and the exploration prospects of the Paleozoic-Mesozoic region are worth looking forward to.

This volume is closely related to more than 50 years of oil and gas exploration practice. It focuses on the exploration process, basic geological characteristics of oil and gas, formation and distribution of oil and gas reservoirs, potential oil and gas resources and exploration directions, discussions on various oil and gas fields, typical oil and gas exploration cases, and important progress in oil and gas exploration technology. Considering the low level of exploration and limited data in the northern "Yellow Sea Basin", the understanding and achievements of the petroleum geological characteristics of the Yellow Sea Basin in the article mainly focus on the southern Yellow Sea Basin. At the same time, new achievements and understandings of the Paleozoic-Mesozoic marine basin in the southern Yellow Sea have been added. The oil and gas geological characteristics of the North Yellow Sea Basin are summarized independently in this chapter. The basic framework of this book largely follows the chapter structure of the first edition of the China Petroleum Geology Monograph, and it enriches the exploration and development achievements of the past 30 years. It has been updated, supplemented, and re-edited, with data and references up to the end of 2015. This book focuses on the unique exploration characteristics of marine basins, emphasizing the "four principles" of academic, sequential, innovative, and guiding nature. It highlights the "marine flavor" and emphasizes the historical continuity and theoretical and technical innovation of marine geology. It particularly showcases the achievements of marine petroleum exploration in the past 30 years, highlights the exploration experience of various oil and gas fields, and emphasizes its reference and guiding role for future explorations. The information content, guidance, and inspiration are fully reflected.

During the revision process, CNOOC established an expert review committee led by Chief Geologist Xie Yuhong. CNOOC Shanghai branch and Energy Development Engineering Technology Branch organized a quality control team, editorial board, and writing group composed of experienced experts and technical backbones who have long been engaged in oil and gas exploration in the East China Sea and Yellow Sea areas. They brainstormed, discussed, demonstrated, and improved the overall framework and writing ideas, and completed specific chapters separately. Based on the research results of the East China Sea-Yellow Sea Basin by predecessors and multiple institutions, everyone worked together and made every effort, and the results are the crystallization of collective wisdom.

Participating members of *Petroleum Geology of China* (*Volume 24, East China Sea-Yellow Sea Exploratory Area*):

The main authors of the "East China Sea Basin" section are Ma Zunjing, Zhang Minqiang, Li Jian, Zhang Yinghua, Zhang Tao, Hou Guowei, Liu Xijie, Zhu Shibo, Shen Wenlong, Xu Huaizhi, Chen Zhongyun, Gao Weizhong, Shi Xuefeng, etc. Huang Yun, Cai Kun, Zhao Hong, Chen Bo, Cheng Junyang, Xie Jingjing, Li Ning, Xie Yinggang participated in some of the work, and the final draft was completed by Liu Xijie, Zhang Minqiang, Ma Zunjing, and Li Jian.

The main authors of the "Yellow Sea Basin" section are Liu Xijie, Zhang Minqiang, Chen Chunfeng, Zhang Bocheng, Wang Jun, Han Dong, Gao Shunli, Xu Donghao, Xu Zhenzhong, Xu Xuehao (SINOPEC), Huang Jianjun (SINOPEC), etc., and the final draft was completed by Liu Xijie, Zhang Minqiang, and Chen Chunfeng.

The main technical gatekeepers include Zhang Minqiang, Liu Xijie, Li Jian, Chen Chunfeng, Xu Huaizhi, He Xianke, He Xinjian, Jiang Yong, Jiang Yiming, Shen Wenlong, Diao Hui.

In the process of writing the chapters on the "Exploration History and Current

Situation" and "Resource Potential and Exploration Direction" of the South Yellow Sea Basin, some achievements of Sinopec Shanghai Branch were selected, and technical support was provided during the compilation process of the "East China Sea Basin" section. We would like to express our deep gratitude for this! The participants from Sinopec Shanghai Branch include: Li Shangqing, Zheng Jun, Xu Xuehao, Wang Lin, Huang Jianjun, Zhang Ping, Wang Danping, Li Li, etc.

During the drafting and revision process of this volume, we have received guidance and support from leaders and experts of China National Offshore Oil Corporation Limited, CNOOC Shanghai Branch and Research Institute, and CNOOC Energy Development Engineering Technology Branch Unconventional Technology Research Institute. Throughout the writing process, the leaders and experts have been closely following the progress and providing constructive suggestions in a timely manner, which has enabled the compilation to be successfully completed. We would like to express our sincere gratitude for their guidance and support. Thank you for the guidance and assistance from the leaders and experts of Sinopec Shanghai Branch!

This volume is a condensed result of decades of exploration in Chinese waters, and it represents the hard work and sweat of several generations of geologists and petroleum professionals. Without the achievements of predecessors and the guidance of leaders and experts, it would have been difficult to complete this work. We deeply admire their selfless dedication! Finally, I would like to express my sincere gratitude to the dedicated and hardworking authors and contributors who cooperated closely and overcame difficulties during the writing process of this book, making the compilation task a success. Thank you for their hard work.

Due to the limited exploration level and the experience and expertise of the personnel involved in the compilation work, there may be deficiencies or omissions in this article. We sincerely request readers to kindly provide corrections and improvements.

目录

第一篇　东海陆架盆地

第二篇　黄海盆地

CONTENTS

Part 1 The East China Sea Shelf Basin

Part 2 The Yellow Sea Basin

第一篇
东海陆架盆地

第一章 概 况

东海海域分布有东海（即东海陆架）、冲绳海槽、台湾西部、台湾西南及台湾东部五个沉积盆地，浙闽、东海陆架外缘及澎湖—东沙三个隆起区。我国于1958年开始对东海海域进行海洋综合调查，1974年，上海海洋石油局（原地质矿产部上海海洋地质调查局）开始实施东海海域海洋油气地质调查，迄今已60余年。在此期间，以中国海洋石油上海分公司（原中国海洋石油东海石油公司、中国海洋石油南黄海石油公司）（以下简称中国海油）和中国石化上海海洋油气分公司（原地质矿产部上海海洋地质调查局、中国新星石油公司上海海洋石油局、中国石化上海海洋石油局）（以下简称中国石化）为代表的我国多家地质调查、资源勘查等科研生产单位在东海陆架盆地投入了巨大的勘探研究工作量（刘申叔等，2001）。

第一节 自然地理

东海是我国第二大边缘海，其范围北以长江口启东嘴至韩国济州岛西南端一线与黄海为界，东北以韩国济州岛与朝鲜海峡相连，经日本九州长崎本岛到东端的种子岛连成一线，南以广东省东北部的南澳岛至台湾省南端的鹅銮鼻一线与南海分界，西临沪、浙、闽三省市，东及日本九州、琉球群岛和我国台湾岛。海区面积约$75.69 \times 10^4 km^2$。

一、海底地貌

东海海底地貌总体表现为由西北向东南方向倾斜的阶梯状地形。从近岸浅水区至水深160m附近的大陆架边缘，基本呈舒展坦荡缓坡；水深160～200m区间，海底急剧变陡，为东海大陆坡（即冲绳海槽西坡）；越过大陆架进入冲绳海槽深水地貌区，在轴部有一系列陡峭的海山呈“串珠状”分布，主要由浮岩、玄武岩和玄武质安山岩组成，在槽底轴部发育断陷洼地及地堑槽，下陷深度一般超过100m，宽度大于7km。

东海海域南北长约1400km，东北部宽阔，西南部较窄，最宽处在崇明岛与种子岛一线，约870km，最窄处在台湾海峡的海檀岛与新竹的连线，约125km。东海海底地貌自西往东可分为大陆架、冲绳海槽两大部分（图1-1-1）。

1. 大陆架

东海大陆架是中国大陆的自然延伸，面积$51.2 \times 10^4 km^2$，占东海总面积的67.6%。大陆架海底地形开阔平坦，北宽南窄，平均宽度415km。最大水深188m，平均水深78.4m。大陆架南北坡度不同，平均坡度0°01′07″，由西北向东南倾斜。东海陆架是世界上最宽的陆架之一，又分为长江水下三角洲地貌区、浙江近海岛礁地貌区、台湾海峡丘洼相间地貌区、外陆架古滨海平原地貌区、大陆架边缘盆状洼地地貌区5部分（张洪沙等，2013）。

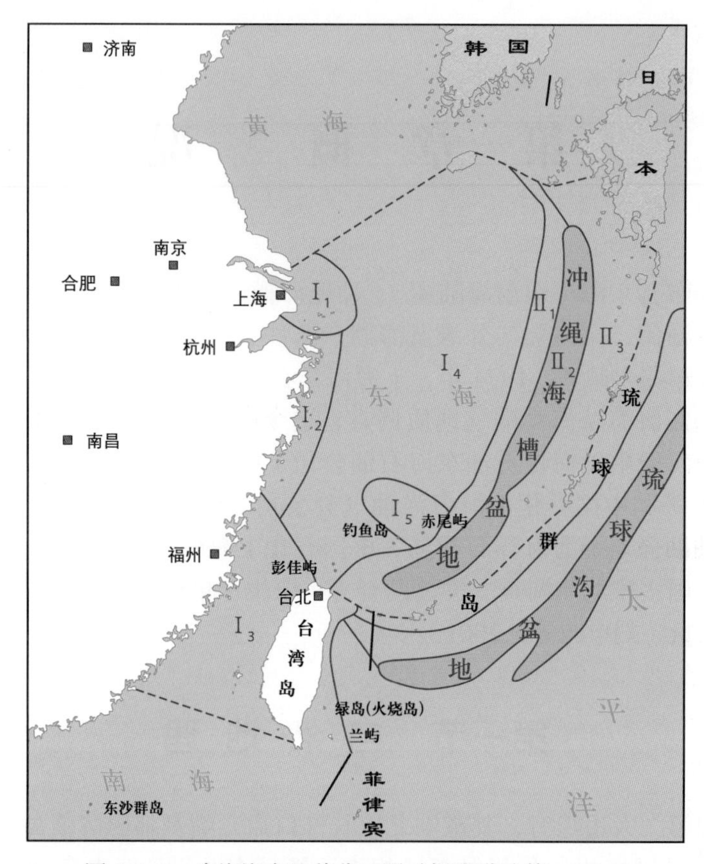

图 1-1-1　东海海底地貌分区图（据张洪沙等，2013）

1）长江水下三角洲地貌区（Ⅰ1）

其范围以长江口为起点，等深线近似呈扇形平缓地向东南展开，水深明显浅于周边海区，为叠置在大陆架古滨海平原之上的一个沉积体。15m 水深以内地形平坦，平均坡降为 0.22‰，发育有河口沙坝。10m 等深线以内的河口附近，槽、滩相间分布，地貌变化相对比较复杂。15m 等深线以外，地形坡降明显增大，为三角洲前缘斜坡带，平均坡降 0.8‰，由西北向东南呈弧形展布，在地形上有一明显斜坡，沉积物主要为泥质粉砂和粉砂质泥。长江水下三角洲的外缘甚至延伸到水深 60m 附近。三角洲斜坡带之外，沉积物为粉砂质泥与砂—粉砂—泥混合类型。长江入海泥沙量大，在河口堆积速度快，沉积物富含有机质，所以在地层中常聚集天然气。在三角洲前缘斜坡，沉积物组分颗粒细且含水量高，易产生泥流和滑坡。同时河口也是径流和潮流的交汇地，水动力活跃，甚至一次大的风暴潮就能局部改变河口沙坝的地貌。本区主要矿产有河口沙坝砂石矿和海底长江古河道淡水资源等。

2）浙江近海岛礁地貌区（Ⅰ2）

其范围为沿浙江省海岸分布的狭长条带地区，沿海岛屿星罗棋布，海岸线蜿蜒曲折，大小岛屿 1921 个，累计岸线长度 4301.21km，其中的舟山群岛也是我国最大的群岛。在本区基岩岬角之间的狭小海湾顶部，常有砂砾质沉积物分布，本区近岸沉积物为泥质粉砂，向外海渐变为粉砂质泥。

本区地貌十分复杂，水深变化很大；岛屿间暗礁密布，海底水下潮汐通道沟谷纵横，最大的深沟水深可达117m。浙江近海岛礁区基岩海岸线绵长，有建设天然深水良港的得天独厚条件，也是海洋捕捞、近海养殖和开发海洋石油资源的重要基地。

3）台湾海峡丘洼相间地貌区（Ⅰ3）

该区范围介于福建省和台湾岛之间。台湾海峡北窄南宽，南北长约500km，东西宽约150km，海底地貌变化较大。沉积物分选较差，主要为泥质粉砂和粉砂质泥，但在台湾岛近岸，沉积物以细砂为主。总水深较浅，除澎湖水道外，大部分地区水深为50～60m。台湾海峡两岸都为基岩海岸，具有可建深水大港的优良条件。两岸滨海的砂矿资源非常丰富。

4）外陆架古滨海平原地貌区（Ⅰ4）

外陆架古滨海平原区位于沪浙地貌区外侧至东海陆架边缘。面积宽广，地形坦荡，呈阶梯状由北西向南东缓缓倾斜，平均坡度0.2‰。水深大致变化于60～160m之间。沉积物以含贝壳的细砂为主。古滨海平原地貌区是海洋开发最有利的地区之一，现也是我国东海海洋石油勘探开发的重点海区。海底砂矿仅有少量矿点和异常区，但品位低，未形成工业矿床。

5）大陆架边缘盆状洼地地貌区（Ⅰ5）

本区范围在北纬27°30′以南，钓鱼岛、黄尾屿以北，大陆坡边缘，面积约5400km^2。为簸箕形盆状洼地，长轴约100km，东南端与陆坡上的一个海底峡谷相接，水深一般为150m，最大水深188m，与周围地形的高差达60m，是东海陆架东南部的一个明显深水区。沉积物以贝壳细砂为主。

2. 冲绳海槽

其西侧为东海大陆架，东侧是琉球群岛坡。在地貌上冲绳海槽是一个呈北东—南西向延伸，并向东南突出的弧形深水槽，面积24.49×10^4km^2。冲绳海槽南北长约1200km，南宽北窄，平均宽度150km。主体水深大于1000m，海槽北部水深在500m左右，中部水深在1500～2000m之间，南部的槽底水深大于2000m，根据实测资料，最大水深为2334m。

冲绳海槽是一个地质构造活动强烈的地区，海底地貌的形成与形态大多与构造活动，如张裂、挤压、断陷、沉降、火山活动等有关。在冲绳海槽中，广泛分布着海底山、海底狭谷、海底洼地、海底断崖和海底槽，与两侧的陡坡带构成东西分带、南北分块的地貌特点。根据等深线形态，结合地质构造，该区从西向东可细分为冲绳海槽西坡区（即东海陆坡）地貌、槽底平原区地貌和冲绳海槽东坡区（即琉球西岛坡）地貌（张洪沙等，2013）。

1）冲绳海槽西坡地貌区（Ⅱ1）

其在地形上是一个狭长条陆坡，陆坡的上界即为大陆架边缘转折处。沉积物主要为细砂、泥质粉砂、粉砂质泥等陆源碎屑物，并含有较多破碎的生物介壳。

冲绳海槽西坡东北部稍宽稍缓，坡度仅1°，地貌单一。其中部宽度较窄较陡，坡度达4°，也是东海地形上坡度最陡的一个地区，槽坡上存在多条断裂沟、谷及地垒式隆块。其西南部宽度变大，坡度为2°，平均宽度为47.7km，分布有数条大断裂谷。冲绳海槽西坡上广泛发育海底峡谷、隆块、海山、陡崖和深入大陆架的断裂谷等。冲绳海槽西侧斜坡赋存的矿产资源主要为天然气水合物。

2）冲绳海槽东坡地貌区（Ⅱ2）

其地貌简单，大致呈向冲绳海槽倾伏的斜坡。槽坡沉积物主要为凝灰岩、浮岩、生物灰岩、细粒泥质、粉砂、贝壳等。依岛屿分布情况，岛坡坡度的陡缓和宽窄也很不一致。冲绳海槽东坡东北部和中北部海山、海丘、断陷洼地沿断裂线发育，致其地貌复杂，槽坡宽度加大。南部槽坡宽度较小，但坡度较陡。

冲绳海槽东坡的平均宽度为64km，最宽处位于甑岛列岛至卧蛇岛之间，达160km，最窄处在宫古岛北侧，宽仅10km，而高差却达2000m，坡度近25°，形成断崖地貌。

整个岛坡地貌以北纬26°N为界，分为南北两个部分，南部地貌相对比较单一，大致呈向海槽底倾斜的陡坡；北部海底地貌复杂，岛礁密布，海底山、山间谷、海底洼地和海底断崖等杂乱分布。总体地貌特征为：北缓南陡，北繁南简。

3）槽底平原地貌区（Ⅱ3）

总体上是一个长弧形深水槽，由北向南可分成三部分，北部水深在1000～1500m之间，槽底相对宽阔，但槽底地形比较崎岖，时有海底山分布；中部水深在1500～2000m之间，地貌比较复杂，起伏多变；南部水深大于2000m，槽底相对较窄，其中一个海底洼地深度2940m，是冲绳海槽的最深点。冲绳海槽槽底平原地貌特征是一个由北向南呈阶梯形变深的构造平原区。

在槽底平原中、北部，断裂带排列成群，构造成因的海丘、海底山、海底洼地和地堑槽等分布较多。槽底平原南部，海山、海丘较少。但在槽底平原中部和西南部的最深处，常常有一系列正断层控制的地堑槽、裂沟分布。沉积物由陆源、生物及火山碎屑组成，以陆源碎屑占优势，但局部地区生物和火山碎屑含量超过50%。北部沉积物主要为玻屑和有孔虫软泥，中部和南部次之。而含有孔虫粉砂质泥主要分布于海槽平原中部，分布于南部的主要是粉砂质泥，其中还有浊流沉积物。

二、海洋水动力特征

1. 径流量

流入东海的河流主要有长江、钱塘江、瓯江和闽江。长江冲淡水是由长江径流入海形成的。长江是亚洲第一大河，每年携带巨大的径流流入东海。径流量以长江为最大，年径流量为9414×10^8t，每年流入东海的淡水约占该海区所有径流量的70%。

2. 海流

东海的海流主要分为两部分：一是黑潮主干及分支——对马海流、黄海暖流、台湾暖流，黑潮流具有流速强、流量大与高温高盐的特点，对东海气候乃至西太平洋环流、东亚地区的气候都有重大影响；二是冬季大陆附近的沿岸流，沿岸流顺海岸南下，具有冷流性质，水温较低。由于黑潮的影响，东海成为中国近海中气—水温差最大的海区。

3. 风浪

东海属季风气候，冬季盛行偏北风，夏季盛行偏南风，冬、夏间各有一个过渡期。浪向的季节变化明显，10月至翌年3月，东海盛行北和东北浪，6—8月为夏季偏南浪盛行期，其他月份为过渡期，南向浪和北向浪出现频率无显著差别。

4. 水温

东海海水温度年变化7—8月表层水温最高，在24～28℃之间，2月最低，表层水温 5～25℃。3—8 月为增温期，9 月至翌年 2 月为降温期。

5. 盐度

东海海水盐度最高值出现在东海南部，最低值出现在长江口附近。长江口以外表层低盐度水舌伸向济州岛，波及范围大体在 29°30′～33°30′N 之间，10m 以深便不明显，乃长江冲淡水之故。

三、生物资源

东海西部、东北部是亚热带海区，东南部是热带海区，海洋生物极其丰富。因受黑潮暖流及其分支的影响，以热带和亚热带动、植物区系占主导地位，东北部沿岸水域因受大陆气候和沿岸流的影响，区系中也有一定温带成分。本海域动、植物区系总体上属于印度洋—西太平洋暖水区系。

东海海洋鱼类可分西部和东部两个区系。西部包括长江至台湾海峡之间的大陆架浅海水域，鱼类有 450 余种，暖水性种类居第一位，占半数以上，暖温性次之，冷温性种类很少，仅在冬季出现于北部，我国著名的舟山渔场和闽东渔场都在这一海区。东部包括自日本九州以南，沿琉球群岛以南至台湾岛北端之间的大陆架以东水域，处于暖流高温水控制范围之内，鱼类区系以暖水性种属占绝对优势。

东海浮游生物种类组成也可分为沿岸和外海两部分。沿岸水域基本特点仍是暖温带性质，属于北太平洋温带的东亚区。外海水域即在 70m 等深线以东海区，为台湾暖流流经处，浮游生物带有明显的热带性，属于印度洋—西太平洋热带区的印—马亚区。台湾海峡北部水域冬季暖温带种类占优势，其他季节以热带种类占优势。

由于受黑潮暖流的影响较大，东海的底栖动物区系中以暖水种占优势，北方起源的冷水种极少。东海东部生物组成以热带性成分为主，特别是琉球群岛沿岸的底栖动物有很多典型的热带种，造礁珊瑚区系相当发达，多达 46 属，栖于珊瑚环境的热带虾、蟹和贝类十分丰富。东海西部除暖水种以外，热带性成分亦较多，在超过水深 50～60m 的水区，热带种显著增多，有沿岸水域少见的海羽螅科、珍珠贝科、衣笠螺科、蝉虾科，表现有南海北部底栖动物区系的特点。

东海底栖植物也可分为东、西两个不同区系。西区海洋植物区系以闽江口为界，又再分为南、北两部分，北部以暖温带种属为主，南部的大陆沿岸、台湾西岸、西北岸、北岸及附近岛屿以亚热带种类为主体。整个西区偏于亚热带性，属于印度洋—西太平洋生物区的中—日亚区。东区因受黑潮暖流主流的直接影响，区系以热带种类为主，如海人草、喇叭藻、多种伞藻，仙掌藻、蕨菜等，属于印度洋—西太平洋热带的印—马亚区。

四、天然地震

综合国内外有关历史资料，东海及邻域有台湾—琉球、台湾西部、福建沿海及黄海四个地震带。

1. 台湾—琉球地震带

此带是环太平洋地震带的一部分，沿琉球海沟，从东北端的九州西南一直到台湾东部海岸及太平洋海区，地震活动频率高、震级高，7～8 级地震多，仅 80 多年以来，发生强度为7级以上的地震就有40多次。

在此带中，琉球震源带呈北西向倾斜，倾角约为43°，震源深度一般可达海底以下70～150km，最深处接近300km，属中深源地震区，主要受太平洋板块与欧亚板块相撞的贝尼奥夫带所控制。琉球岛弧与日本西南相交九州、四国外海，以及台湾岛相交切的台东外海，构造比较复杂，地震活动性明显增强，这两处是浅震源地震高活动区，常发生大地震。台湾东部地区多为浅源地震，是中国地震活动最高的地区。自火烧岛到吕宋的火山列岛，震源纵深分布带向东倾斜，倾角约为40°，震源深度可达海底以下100～150km，最深可达200km。显示出贝尼奥夫带面向菲律宾方向倾斜。

2. 台湾西部地震带

此带包括台湾省西部及台湾海峡的一部分，呈北东方向延伸到北纬28°附近。1800—1978年该带5级以上地震发生23次，最大一级为7.3级。大都属于浅源地震，震源深度一般不超过35km。

3. 福建沿海地震带

自南澳岛向东北方向延伸到北纬27°附近，基本上平行于海岸线。与基底断裂延伸方向一致。1604年12月29日福建省平海附近发生8.0级地震，1918年2月13日南澳附近发生7.3级地震。自1907年到1929年期间共发生5级左右地震46次。轻微地震经常发生。

4. 黄海地震带

起于长江口，自东北方向延伸到南黄海中、北部。从公元999—1978年，据记载共发生过26次4.75级以上地震，其中6级以上地震11次。

第二节 勘探简况

一、勘探现状

截至2015年底，东海陆架盆地共采集二维地震约138557km，覆盖整个东海陆架盆地，三维地震约20069km^2，测网密度达到2km×2km至4km×8km，局部地区最高达到1km×1km。盆地内共有探井92口和评价井28口，其中86口位于西湖凹陷，31口位于台北坳陷（丽水凹陷18口、椒江凹陷5口、福州凹陷5口、雁荡凸起2口、钱塘凹陷1口），2口位于长江坳陷（昆山凹陷1口、金山南凹陷1口），1口位于海礁隆起。其中，获油气流井71口，油气显示井25口，钻探成功率约为79%。已发现平湖、宝云亭、武云亭、春晓、天外天、黄岩7-1（残雪）、黄岩7-1北、黄岩14-1（断桥）、宁波25-3、绍兴36-5、黄岩2-2（含黄岩2-2南）、宁波31-1、黄岩1-1、孔雀亭、宁波27-5等油气田和宁波27-1（玉泉）等一批含油气构造。

在东海陆架盆地南部，我国台湾省与国外公司合作采集二维地震2.7×10^{4}km，部署探井14口，获得油气流井1口；在盆地东北部，韩国、日本和美国石油公司共同完成二维地震4.5×10^{4}km，三维地震约0.7×10^{4}km^2，部署探井21口，3口井见油气显示。

二、主要勘探成果

经过50多年的油气勘探，东海陆架盆地内发现了多个油气田及含油气构造，取得了丰硕的勘探成果。这些发现主要集中在浙东坳陷的西湖凹陷，以及台北坳陷的丽水凹陷。

1. 西湖凹陷

总体来看，西湖凹陷目前发现的油气在平面上分布于西部斜坡带、西次凹及中央反转构造带，在垂向上主要位于渐新统花港组和始新统平湖组。西部斜坡带以凝析气为主，其次为原油，其中凝析气主要产自平湖组，原油则产自花港组；中央反转构造带主要为凝析气，原油较少，油气藏主要位于花港组，其次为平湖组。

1）西湖凹陷西部斜坡带平湖油气田

平湖油气田位于西湖凹陷的平湖斜坡带，是东海陆架盆地内第一个被发现的油气田，主要包含放鹤亭构造、八角亭构造及方三断块构造，共有探井3口，评价井5口，其中3口评价井获得了高产油气流。该油气田的放鹤亭区块于1998年投入开发，八角亭区块于2006年建成投产。

2）西湖凹陷西部斜坡带南部绍兴36-5气田和中山亭构造

2010年，绍兴36-5构造的一口探井在花港组H6层和平湖组P7、P8层进行了3次测试，获得了高产油气流。在中山亭构造内，2006年和2010年钻探的两口探井发现了较好的油气层，证实了该构造良好的增储潜力。

3）西湖凹陷中央反转构造带南部黄岩气田群

该气田群共有钻井14口，其中11口获得了高产油气流。其中天外天气田A平台共有1口探井，3口评价井，进行了15次DST测试，6层获工业油气流，于2006年正式投产；天外天C气田有5口探井，其中4口测试获高产气流；残雪油田共有探井1口，评价井2口，共进行了13次DST测试，6层获商业产能，于2014年投产；黄岩14-1油气田共有探井1口，评价井1口，进行了3次DST测试，2层获工业油气流。

4）西湖凹陷中央反转构造带中部

包括黄岩2-2、黄岩1-1气田和残雪北3个气田及4个含油气构造（黄岩7-3、黄岩2-2s和天台12-1构造），该区域共有钻井14口，其中探井13口，评价井1口，6口井DST测试均获得高产油气流。残雪北气田已于2014年9月投产。

5）西湖凹陷平湖斜坡带平北地区

包括宝云亭、武云亭、团结亭、孔雀亭等气田，共有探井和评价井14口，其中12口DST测试获高产油气流。宝云亭气田和团结亭气田于2015年9月投产。

2. 丽水凹陷

丽水凹陷目前有探井18口，其中12口见油气显示，发现1个油气田（丽水36-1气田）和6个含油气构造［温州13-1含气构造、丽水35-3含气构造、南平5-2（SMT）含气构造、温州2601含油构造、丽水36-2含油构造、丽水35-7含气构造］。丽水36-1构造有1口探井和2口评价井，在上古新统明月峰组下段测试获工业油气流，2007年已向国家储委申报了新增探明地质储量。

三、主要科技成果

经过50多年的勘探开发，东海陆架盆地进行了大量的科研和技术工作，取得了丰硕的科技成果。多年的研究和实践表明，东海盆地西湖凹陷的西部斜坡带、中央反转构造带等区带具备形成大中型油气田的良好成藏条件；而丽水—椒江凹陷的西次凹、东次凹及灵峰潜山披覆构造带具有形成构造和岩性大中型油气藏的潜力。

1. 地质理论成果

1）西湖凹陷具备形成大中型油气田的良好成藏条件

西湖凹陷面积大，沉积地层厚，是我国近海油气资源较为丰富的凹陷之一：

（1）平湖组和花港组发育多套良好的烃源岩层系，总体资源前景较好；

（2）平湖组和花港组发育多套砂岩储集体，砂地比高，厚层砂岩发育，分布范围广；

（3）西湖凹陷受沉积环境影响，缺乏大套的区域性盖层，但是存在良好的局部盖层，主要分布于平湖组六段、五段和三段及花港组上段的上部；

（4）西湖凹陷经历了断陷期、坳陷期，中新世末受挤压反转影响，形成了大量圈闭，其中中央反转构造带以大型挤压背斜圈闭为主，西部斜坡带以断背斜或断块型圈闭为主，具有圈闭数量多、规模大、成群成带的特点；

（5）西湖凹陷断裂较为发育，可作为垂向运移的通道，但晚期断层对中央反转构造带油气藏保存有一定的影响；

（6）勘探实践证实西湖凹陷存在广泛的异常高压，对油气运聚、成藏和保存有重要的影响；

（7）已发现的油气藏具有“中央深凹偏气、凹陷边缘相对富油”“北部气多油少，南部带底油或油环”“上油下气”等特点；

（8）东海的勘探开发实践及初步研究表明，盆地中深层可能存在分布较广泛的低孔低渗储层，低孔低渗储层的产能较低，但随着科技的进步，低渗油气藏可能会成为东海未来重要的勘探领域之一。

2）丽水—椒江凹陷具有形成大中型构造和岩性油气藏的潜力

根据前人研究和勘探实践，丽水—椒江凹陷具有面积广、地层沉积厚度大的特点，勘探前景良好：

（1）丽水—椒江凹陷主要发育古新统烃源岩，具有丰度高、质量较好的特点；

（2）凹陷储层以古新统砂岩为主，主要有月桂峰组、灵峰组及明月峰组多个层系；

（3）凹陷内发育良好的区域性盖层，主要为古新统灵峰组、明月峰组海相泥岩区域盖层和始新统温州组浅海相泥岩区域盖层；

（4）丽水—椒江凹陷圈闭直接或间接地受控于盆地构造演化过程中的断裂作用，已发现的圈闭类型主要有断鼻、断块和背斜等；

（5）凹陷内输导体系以区域性盖层为界，上部以连接烃源岩的大断裂作为主要垂向运移通道，下部依托骨架砂体和不整合面做横向运移；

（6）丽水—椒江凹陷的烃源岩及盖层条件较好，自浅至深共发育4套区域性储盖组合；

（7）丽水凹陷所发现的丽水36-1气田是一个由构造和岩性复合控制的气藏，岩性圈闭在丽水凹陷可能普遍发育，在岩性勘探领域有发现大中型气田的潜力。

2. 关键技术成果

1）大型复杂盆地构造地质综合分析技术

包括变换构造分析技术、平衡剖面技术、AnSYS 应力场有限元数值模拟技术等。

2）大型复杂盆地湖相和海陆交互相层序地层学及古沉积体系研究技术

包括大型复杂盆地湖相和海陆交互相基准面旋回的识别技术、大型复杂盆地湖相和海陆交互相层序地层学及古沉积体系研究技术等。

3）大型复杂盆地模拟技术

针对东海陆架盆地“盆地面积大、凹陷多、地质条件复杂”的特点，采用从德国引进的 IES PetroMod 盆地模拟软件，通过单井、二维及三维平面的模拟，建立了一套从沉积埋藏史—热史—生烃史—排烃史—运聚史的盆地模拟方法。

4）大中型油气田勘探技术

以目标精细评价和储层预测为主要技术手段，相继发现了黄岩 1-1、宁波 31-1 等一系列中型油气田。经初步评价，西湖凹陷初步呈现出万亿立方米级气区的大格局，仍需要继续坚持基础研究和科技创新的大中型油气田勘探，形成东海特色的大中型油气田勘探理论与技术。

5）常规低渗储层勘探技术

包括随钻快速评价技术、实时分析—决策支持系统、电缆测压取样技术、测试快速求产技术、井深结构优化技术、储层保护钻完井液技术等，并将进一步建立涵盖地震采集处理、常规低渗目标综合评价优选、随钻地质、钻完井工程、测试地质、测试工程等一整套常规储层勘探的技术系列。近年来，随着地质认识的提升和勘探技术的进步，常规低渗储层（渗透率范围 1～10mD）被解放，测试基本可以达到商业性产能。

6）低孔渗、特低孔渗勘探技术

针对东海重点勘探区西湖凹陷的常规低渗与特低渗资源量占比高、气藏赋存于深层—超深层砂岩储层（埋深普遍超过 3500m）、勘探难度大的特点，初步建立了涵盖基础地质研究、测试前储层质量及环境快速评估、快速测试工艺和技术及测试效果监测、评估和产能评价等低孔渗、特低孔渗勘探技术系列。

7）低阻储层勘探技术

针对西湖凹陷西次凹发现的一批浅层低阻油气藏，发展了低阻油气层随钻评价技术，包括气测录井数据分析、三维定量荧光录井、随钻测井技术、MDT 测压取样技术。

8）岩性油气藏岩性圈闭综合识别与评价技术

针对丽水凹陷储集砂体发育、成藏时空配置较好的特点，通过近海盆地岩性油气藏成藏条件研究和勘探技术攻关，建立东海陆架盆地岩性油气藏的成因模式和高效勘探方法和技术，识别和预测丽水—椒江凹陷有利岩性油气藏分布。

9）地球物理技术

针对东海的地震地质条件，开展了海洋地震勘探新技术的应用与创新，取得良好的应用效果。在地震资料采集技术方面，应用了拖缆宽频双检采集技术、上下源 / 上下拖缆宽线采集技术、Q-Marine 采集技术、双方位采集技术、大震源长排列等适用技术，从地震数据源头上抓起，改进地震资料品质；在地震资料处理技术方面，采用叠前噪声组合压制技术、薄互层调谐波组合压制技术及复杂断面成像技术等适用技术，提高了地震资料信噪比，并实现地质构造的精确成像；在东海地区储层预测及油气检测方面，应用了提高分辨率处理、叠前弹性参数反演等适用技术，提高了储层预测及油气检测的准确性及精度；在地震资料解释技术方面，应用一体化综合地学平台，采用全三维地震解释技术，进行复杂断裂体系的识别及整个解释区的精细构造落实。

10）储层压裂改造及测试技术

针对西湖凹陷分布面积广、规模大的低孔渗油气藏进行储层改造技术攻关，2010 年在 HY1-1-2 井首次进行了储层压裂改造试验，2011 年在 ZYN-17 井压裂测试获得成功，解放了西湖凹陷低孔渗油气藏，打开了这一领域勘探的新局面。

第二章 勘探历程

我国于1958年开始对东海海域进行海洋综合调查，但对东海的油气勘探始于1974年，经历了区域概查、区域普查与凹陷评价详查、重点区带评价、重点凹陷勘探开发并举等阶段，截至2015年12月底，走过了58年的勘探历史。期间，我国多家地质调查、资源勘查等科研生产单位和几代地质工作者，在东海陆架盆地投入了巨大的勘探研究工作量，付出辛苦努力，取得了较好的效果，为我国经济建设做出了应有贡献。

第一节 区域概查阶段（1958—1980年）

我国对东海的地质调查研究工作是在中华人民共和国成立后开始的。

1958—1980年，主要是进行地球物理勘探工作，为钻探做准备。

1958年9月—1960年6月，国家科委海洋组组织全国海洋综合调查，对东海海底地形、沉积进行了调查研究工作。

1972年7月—1974年2月，国家海洋局第二海洋研究所进行了海洋综合调查，测线长22618km。

1974年8月，为落实国务院批准的《关于扩大我国海洋地质调查及航空磁测工作范围的请示报告》，国家计划委员会地质总局在上海浦江饭店召开了大陆架调查会议。这次会议讨论了开展东海、南海大陆架概查的初步设计方案和加速黄海石油普查的意见，会议确定东海大陆架的地质概查任务由第一海洋地质调查大队所属海洋一号调查船承担，南海大陆架的概查任务由第二海洋地质调查大队的海洋二号调查船进行。同年9月，海洋一号首次进入东海，揭开了中国在东海进行油气勘查的序幕。

经过1974年、1975年、1977年的区域概查工作，对东经129°以西、北纬25°10′以北总面积达220800km^{2}的海域进行了地球物理调查，完成地震、重力、磁力测深的测线各约10000km，测网40km×80km。该项调查填补了中国在该区的调查空白。1978年6月，国家地质总局海洋地质调查局第一海洋地质大队提交了《东海海区综合海洋地质初查报告》，报告首次阐述了东海地质构造的基本轮廓，将东海构造区划为3个一级地质构造单元，即浙闽隆起区、东海盆地及琉球隆褶区。东海盆地又可划分为东海陆架盆地、东海陆架外缘带、冲绳海槽盆地3个二级地质构造单元。而东海陆架盆地由南往北又进一步细分为台北坳陷、鱼山隆起、浙东坳陷、虎皮礁隆起和福江坳陷5个三级地质构造单元。提出了东海具有盆地面积大、新生代地层厚度大、构造带规模大、局部构造多、含油气远景好的基本认识。发现了绵延超过400km的浙东长垣及温东、武夷、龙井等构造带和玉泉构造，初步指出了含油气远景的有利地区和东海寻找油气田的方向。

1979年，海洋地质调查局首次运用DFS-V数字地震仪在东海陆架盆地西湖凹陷龙井构造带等有利地区开展了8km×8km测网的数字地震调查。至1980年，东海概查阶段工作结束，在大量地球物理勘探资料和研究成果的基础上，初步查明了东海海域的地质概况，了解了东海油气资源的前景状况，确立了东海油气勘探的重要地位。

第二节 区域普查与凹陷评价详查阶段（1981—1990年）

“六五”期间（1981—1985年），地质矿产部海洋地质调查局在东海陆架盆地西湖凹陷北部和瓯江凹陷完成了4km×4km、4km×8km的二维地震区域普查工作，石油工业部在西湖凹陷南部和基隆凹陷北部完成了5km×5km、10km×10km的二维地震区域普查工作。

一、勘探简况

普查阶段的主要任务为在区域上甩开勘探，查明东海的地质构造特征和油气资源分布状况；选择有利构造带实施重点勘探，通过钻探，争取重大突破。中国海油在西湖凹陷中央反转构造带北部嘉兴31-1构造上钻探了东海1井；中国石化在西湖凹陷中央反转构造带中北部钻探了龙井1井、龙井2井、玉泉1井3口探井，平湖斜坡带钻探平湖1井，丽水凹陷钻探灵峰1井。西湖凹陷部署的5口探井，发现了嘉兴31-1、嘉兴25-2、宁波6-1、宁波27-1含油气构造和平湖油气田；丽水凹陷灵峰潜山带部署的1口探井，发现了丽水36-2含油构造。

1980年12月16日，龙井1井开钻，1981年2月12日完钻，终孔井深3574.46m。龙井1井钻探结果，在中新世和渐新世地层中发现数层油气显示层，并于3200m以深钻进时遇有严重气侵井涌，气测异常明显，气样点火可燃，由于发生卡钻事故，提前终孔，未能试油。

1982年，为了追索龙井1井钻遇的高压天然气层，地质部决定在龙井构造带的龙四构造上再钻龙井2井。该井北距龙井1井约30km，1982年3月15日开钻，7月25日完钻，完钻井深4227.86m。钻探结果亦发现多层油气显示，但因受台风影响，试油时间比较仓促，经对花港组上部几个薄砂层测试，获日产天然气$1.4\times10^4m^3$，点燃了东海石油普查的第一把火。与龙井2井施工的同时，石油工业部用渤海四号钻井平台在龙井1井与龙井2井之间的龙三构造上，根据海洋地质调查局提供的地质资料，施工了东海1井，设计井深与完钻井深均为4200m，经测试未获油气流。

1982年6月，地质矿产部海洋地质调查局海洋地质综合大队，在从石油工业部交换来的G-535地震测线上发现有较好的构造显示。结合西湖凹陷区域地震资料分析，海洋地质调查局在该构造显示部位及其附近海域进行了2km×2km测网的二维地震采集，确认了该构造带的存在，并将该构造带命名为平湖构造带。当年，海洋地质调查局决定在西湖凹陷平湖构造带的放鹤亭构造钻探“平湖一井”石油普查井。

平湖1井由勘探二号钻井平台施工，1982年11月17日开钻，1983年4月10日完钻，完钻井深4650.6m。该井首次揭露了古近系始新统1020m，命名为平湖组。该井在施工过程中发现有相当长井段的油气显示，委托石油工业部江汉石油管理局测试公司负责试油，经油气钻杆测试，试获高产工业油气流，累计日产原油 174.34m^3、天然气 $40.84 \times 10^4m^3$，发现了平湖油气田。海洋地质调查局在实施东海油气钻探的第三口探井中实现了东海陆架盆地油气勘探的重大突破。

1984 年 11 月 17 日至 1985 年 3 月 30 日，海洋地质调查局在西湖凹陷中央反转构造带中部的玉泉构造满园春高点钻探了玉泉 1 井。玉泉 1 井钻探时地质录井出现油气显示非常频繁，显示井段长达 1000 多米，但仅试获了日产 $6.26 \times 10^4m^3$ 天然气流，未达预期结果，初步证实了面积达 600 多平方千米的玉泉构造为含油气构造。

1984 年 12 月 6 日至 1985 年 3 月 21 日，海洋地质调查局在东海陆架盆地丽水凹陷温东构造带钻探灵峰 1 井，该井由我国自行建造的第一艘半潜式钻井平台“勘探三号”实施，这也是勘探三号自 1984 年 6 月 19 日下水后钻探的第一口井。灵峰 1 井完钻深度 2809.18m，在古新统试获少量天然气，在元古宇古潜山片麻岩中试获少量原油和天然气，揭示了瓯江凹陷具有一定的油气勘探远景。

1985 年 12 月，地质矿产部在北戴河召开的全国计划会议上确定了海洋地质调查局“七五”前 3 年的勘探目标。围绕东海陆架盆地油气勘探要有新发现、新突破、争取拿储量这一总目标，海洋地质调查局确定对西湖、丽水 2 个重点凹陷进行地质评价和区带地球物理详查。

1987—1988 年，首次自力更生地在西湖凹陷平湖构造带获得油气突破的放鹤亭地区和八角亭地区采集了三维地震。通过地球物理详查发现了一大批局部构造，确定了一批可供钻探的井位。

钻探始于平北地区的宝云亭 1 井，由勘探二号钻井平台施工，1988 年 12 月 23 日开钻，中途因井内事故停钻，1989 年 4 月 9 日又从井深 1707m 处造斜侧钻，6 月 9 日钻达井深 4125.76m 完钻。测试结果获日产天然气 $46.45 \times 10^4m^3$，凝析油 265.4m^3。宝云亭 1 井的测试成果，扩大了平湖断裂构造带的含油气范围，发现了宝云亭油气田，初步验证了在该地区发育的断块圈闭类型是西湖凹陷一个新的重要勘探领域。

1989 年，根据石油工业部南黄海石油公司和地质矿产部海洋地质调查局签订的联合勘探开发油气协议，共同投资在西湖凹陷残雪构造钻探了 HY7–1–1 井（残雪 1 井）。该井由勘探三号钻井平台施工，1989 年 4 月 10 月开钻，6 月 13 日完钻。终孔井深 3651.13m。经对几个层段测试，全井试获日产天然气 $75 \times 10^4m^3$，凝析油 103m^3，发现了残雪油气田。次年，在残雪以东的黄岩 14–1（断桥）构造又联合投资施工了 HY14–1–1 井（断桥 1 井）。该井由勘探三号钻井平台施工，1990 年 4 月 7 日开钻，5 月 7 日完钻。终孔井深 3873.68m。经测试也获得了高产油气流，日产天然气 $26.97 \times 10^4m^3$，凝析油和原油 210.31m^3，从而发现了断桥含油气构造。

另外，在东海陆架盆地区域普查方面，海洋地质调查局在 1987—1988 年，在东海陆架盆地长江凹陷的美人峰构造钻探了美人峰 1 井；在丽水凹陷的石门潭构造、明月峰构造钻探了石门潭 1 井、明月峰 1 井。但仅石门潭 1 井获得高产二氧化碳气流，其他两口探井均未获油气。

石门潭 1 井由勘探三号平台施工，1987 年 4 月 17 开钻，7 月 8 日完钻，终孔井深 3353.21m。经测试以二氧化碳气为主，日产二氧化碳气 $32.5 \times 10^4m^3$。初步估算的二氧化碳气储量可达数百亿立方米，是一个具有相当规模的二氧化碳气田。与石门潭 1 井钻探的同时，南黄海石油公司也在椒江凹陷钻探了温州 6-1-1 井，未获油气。

1990 年 6 月，全国矿产储量委员会在上海审查通过了地质矿产部上海海洋地质调查局提交的东海第一份油气储量报告，即《东海平湖油气田储量报告》，全国矿产储量委员会在批复中指出："平湖油气田计算的探明储量可定为探明储量Ⅱ类（未开发探明储量），石油地质储量 597×10^4t、天然气地质储量 $146.5\times10^8m^3$，可作为开发建设的依据。"

二、阶段成果简述

"六五"（1981—1985 年）期间，完成了东海陆架盆地早期油气资源评价报告，指出盆地石油地质条件优越，预测分布有下部、中部、上部（始新统、渐新统和中新统）三个主要勘探目的层系，西湖坳陷、温东坳陷及渔山东低隆起、钓北坳陷三个主要油气富集区。

"七五"（1986—1990 年）期间，初步查明了台西盆地西部的沉积、构造特征，进行了地震地层划分，研究表明台西盆地西部的厦澎凹陷、乌丘屿凹陷有着较好的石油地质条件，应具有良好的含油气远景；建立和完善了东海陆架盆地新生代地层层序，阐明了东海陆架盆地的基底结构、盆地性质和演化模式，完善了盆地构造单元划分，提出了煤是东海陆架盆地重要的生油气源岩；对东海盆地进行了油气资源评价，评价认为西湖凹陷、丽水凹陷为最具含油气远景的Ⅰ类凹陷，福州凹陷、钓北凹陷为Ⅱ类凹陷，闽江凹陷、椒江凹陷为Ⅲ类凹陷，昆山凹陷、钱塘凹陷、金山凹陷为Ⅳ类凹陷。确定西湖凹陷为陆架盆地的主力生油气凹陷，证实平湖断裂带和苏堤构造带为其中的大型油气富集带，其中有 8 口井钻获工业油气流，钻探成功率达到 72%。

第三节　重点区带评价阶段（1991—2000 年）

此阶段又可细分成两个阶段：1991—1995 年，海洋地质调查局在东海的油气勘探工作集中在西湖，而平湖油气田步入了开发领域；1996—2000 年，进入了东海西湖凹陷区带精查评价和平湖油气田开发建设阶段，丽水凹陷的勘探工作也实现了突破，于古近系古新统明月峰组下部和古新统灵峰组上段喜获高产油气流。

一、勘探简况

1. 西湖凹陷

1991—1995 年，上海海洋地质调查局集中力量在西部斜坡南部的平南，北部的孔雀亭、杭州 29-8 地区，并且在中央反转构造带北部的龙井地区开展了 2km × 2km 及 1km × 1km 的二维地震勘查。其间，为了评价平北地区含油气构造、落实油气储层，分别在宝云亭和武云亭构造开展了共计 $203km^2$ 三维地震勘查。

同时，五年间，上海海洋地质调查局利用高精度地震资料，通过精细解释和综合地质研究，提出了一批可供钻探的探井井位。1991 年 4 月至 1995 年 5 月，在西湖凹陷的花港、宝云亭、净寺、孔雀亭、武云亭、玉泉等 7 个构造先后钻探了 9 口探井、1 口评价井，新发现了孔雀亭含油气构造和武云亭等2个油气田，扩大了平湖油气富集带油层分布范围。在10口探井和评价井中有7口试获工业油气流，勘探成功率为70%。

1991—1995年，在实施东海西湖凹陷油气区带精查勘探的同时，开发平湖油气田的准备工作也在进行中。1991年4月8日，上海市政府、地质矿产部、中国船舶工业总公司向国家计划委员会报送《关于东海天然气早期开采供应上海市城市燃气工程项目的立项报告》的沪府〔1991〕19号文。提出由上海市和地质矿产部为主成立经济实体组织实施该项目，并列入上海市浦东新区开发项目计划。1992年7月28日，上海市公用事业管理局、中国海洋石油东海公司、地质矿产部上海海洋地质调查局签订《上海石油天然气公司联营合同》。确定上海石油天然气公司的注册资本为人民币4亿元，其中上海市公用事业管理局1.6亿元、中国海洋石油东海公司1.2亿元、地质矿产部上海海洋地质调查局以前期勘探费用折价1.2亿元投入。1992年8月29日，上海市建设委员会和上海市计划委员会下发《关于组建“上海石油天然气公司”有关问题的批示》的沪建市〔1992〕904号文，明确“由申能股份公司代替上海公用事业局与海地局、东海公司联合投资并组建‘上海石油天然气公司’”。

1996—2000年期间，进入了东海西湖凹陷区带精查评价和平湖油气田开发建设阶段。在这一阶段，地质矿产部上海海洋地质调查局先后更名为中国新星石油公司上海海洋石油局、中国石化新星上海分公司、中国石化股份公司上海海洋油气分公司。1996年初，完成黄岩—天台构造带南部三维地震勘探；1998年，开展了平湖构造带团结亭工区三维地震勘探。1999年，中国新星石油公司与美国石油地学服务公司（PGS）亚太有限公司签订了《中国东海西湖凹陷三维地震勘探合作协议》。至2000年，东海西湖凹陷位于西部斜坡带中段平湖构造带和中央反转构造带南段黄岩—天台构造带这两个主要油气富集区实现了三维地震连片勘探，“九五”期间共完成三维地震采集3006km^2。

1996年至2000年8月，中国海油上海分公司、地质矿产部上海海洋地质调查局、中国新星石油公司上海海洋石油局、中国石化新星上海分公司、中国石化股份公司上海海洋油气分公司在西部斜坡带、黄岩—天台构造带先后钻探了8口探井和评价井中，除3口钻井外均试获了高产工业油气流。1995年12月、1996年11月、1997年11月分别由上海海洋地质调查局向全国石油天然气专业委员会提交了宝云亭和武云亭油气田、武北区块、武云亭油气田（武云亭、武北区块）等4个地区的油气控制和探明储量报告，并获得评审通过。1998年10月、2000年11月、2002年1月，中国新星石油公司上海海洋石油局、中国石化新星公司上海海洋石油局、中国石化新星公司上海分公司分别向国土资源部提交了黄岩—天台构造带的4个油气探明储量报告，均通过了审批。

在平湖油气田开发建设方面，1996年11月18日，上海石油天然气总公司在上海新锦江大酒店隆重举行了“东海平湖油气田项目海上工程开工典礼”。经过2年的海、陆工程建设，1998年11月18日，平湖油气田的原油生产系统投产，12月26日岱山原油中转站实现第一船原油外运；1999年3月26日，平湖油气田天然气生产系统投产，4月28日，实现天然气进入浦东新区居民家庭，宣告了平湖油气田首期开发工程的全面竣工。

2. 丽水—椒江凹陷

丽水—椒江凹陷的油气勘探工作可追溯于20世纪70年代，先后有地质部、上海海洋石油地质调查局和中国海洋石油总公司在此从事勘探活动，在对外招标时期曾有多家外国石油公司参与联合勘探。1997 年，英国超准能源公司在 32/32 合同区钻探 LS（丽水）36–1–1 井发现了 LS36–1 气田，打破了丽水—椒江凹陷的勘探沉寂。

1994 年，超准能源公司与中国海洋石油总公司签订 32/32 合同区联合研究协议，随后（1994—1997 年）超准能源公司从地质矿产部购买了合同区块内近 2000km 的二维地震资料，通过研究，在丽水凹陷发现了 11 个有利构造。1995 年，超准能源公司签订 32/32 区块石油合同，合同区面积 4580km^2，超准能源公司为合同区块作业者。1995 年在该区补充采集了二维地震 220km，并于 1997 年 7 月钻探 LS36–1–1 井，该井完钻井深 3300m，完钻层位为古新统灵峰组上段。通过 DST 测试，于古近系古新统明月峰组下部喜获高产油气流，经 19.05mm 的油嘴试油，日产天然气约 $27.9 \times 10^4 m^3$，凝析油 18.55m^3。该井的勘探成功揭示了丽水凹陷良好的油气勘探前景。同年 9 月，东海天然气早期开采供应上海城市燃气工程获国务院批准。

为了进一步落实和发现丽水新的含油气构造，1998 年在 LS36–1 构造采集三维地震 256km^2。1997 年 4 月超准能源公司申请 32/32 合同区北边界北扩 10′，合同区面积变为 6109km^2，1999 年 3 月又放弃 25% 的面积，合同区面积变为 4593km^2。

2000 年 4 月，超准与中国海油签订了 32/32 石油合同修改协议，共同成立联合作业公司，履行作业者职能。6 月在距 LS36–1–1 井西南 1.3km 处，钻 LS36–1–2 井，完钻井深 2900m，完钻层位为古新统灵峰组上段。进行了四层 DST 测试，其中 DST4 获日产天然气 $35.74 \times 10^4 m^3$，日产凝析油 30m^3。10 月，在三维区东侧新采集二维地震 621km；同年重新处理二维地震 966km、三维地震 256km^2。

二、阶段成果简述

1991—2000 年，十年的勘探研究发现：东海三个大型沉降带分别发育了三套时代层位、岩相环境等均不相同的油气勘探目的层系；指出盆地有两套主要烃源岩层系，有机岩类型有两种；完成了东海陆架盆地各凹陷石油地质条件类比评价，划分了凹陷等级，提出最有利的 I 类凹陷是西湖凹陷和钓北凹陷；提出西湖凹陷具有多源多期多中心生烃的特征，指出平湖、平北和残雪—春晓等三个类型各异具备形成大型油气田前景的富集带，预测了有望突破新领域的潜在油气富集带。

此外，首次建立了台北坳陷中—新生代地层剖面，划分了沉积层序，明确了椒江—丽水凹陷主力烃源岩是古新统月桂峰组，目前发现的气田和油气显示构造也都在这两个凹陷内。台北坳陷东、西两个凹陷带差异甚大，西部的丽水、椒江凹陷油气藏条件要远好于福州凹陷，明确了丽水、椒江凹陷是下一步勘探的方向。

在东海陆架盆地西部建立了部分中生代地层层序，明确了盆地是叠置在中生代残留盆地之上的复合型盆地，进一步阐述了盆地构造运动在时间上有从西向东迁移的趋势，层序发育也有从西往东时代由老变新的规律，盆地总体结构呈凹—凸—凹特征；全盆地划分为五个含油气系统，指出西湖凹陷的平湖、残雪—春晓富集带天然气资源最丰富，玉泉、龙井等富集带具有很大潜力；明确了宝云亭和武云亭油气田是又一油气富集区，具备早期滚动勘探开发条件。

第四节 重点凹陷勘探开发并举阶段（2001—2015年）

从2001年开始至2015年，随着中国油气勘探行业的对外开放和体制改革工作深入，西湖凹陷的油气勘探开发工作转变为由中国海油、中国石化合作勘探开发阶段，主要是围绕增储上产，重点对西湖凹陷西部斜坡和中央反转构造带的中南部开展滚动勘探和对已发现油气藏评价及进行油气田开发建设和生产工作。

一、勘探简况

1. 西湖凹陷

1）四方对外合作时期（2001—2004年）

该时期西湖凹陷的油气勘探工作主要集中在黄岩—天台油气富集带。中国海油与中国石化合作，东海西湖作业公司在黄岩1-1、天台6-1和黄岩7-1N和黄岩7-1地区完成940km^{2}三维地震采集，完钻探井和评价井10口，其中在黄岩—天台油气富集带钻井6口，有4口获工业油气流。2003年8月19日，中国海油和中国石化联合与美国壳牌和优尼科石油公司签订西湖凹陷春晓、宝云亭、27/05、20/14和12/21等5个合同区块，范围包括春晓开发区块和周边的勘探区块，面积为22108km^2，直至2004年9月外方退出，由外方投入主要勘探工作量有二维地震采集640km，处理及重新处理（含特殊处理）二维地震资料5500km，三维地震资料为700km^2（资料统计来源于西湖作业公司年报），并相继钻探了2口探井—残雪4井、HY1-1-1井，终因外方认为该区不具备大的勘探前景而退出合作。

2）国内集团公司合作推动勘探时期（2005—2008年）

外方退出后，中国海油“不等不靠”，努力协同中国石化积极推动勘探进程，虽未投入探井工作量，但地震工作量始终没有间断，共采集二维地震3604km，三维地震3175km^2，并通过交换付费等方式获得了全部中国石化保存的地震、钻井资料，为研究奠定了重要基础。中国海油上海分公司研究人员，通过与相关院校、科研单位的合作，从地层分层、划分、对比入手，2005年统一了凹陷内地层划分方案；之后对主要构造层（共16层）进行区域性构造解释成图，分析其发育演化史；从单井相研究开始，结合地震资料进行区域上层序划分，建立层序格架，进而分析沉积充填和演化特征。

2005年科技发展部批准上海分公司设立了“东海西湖凹陷构造演化与沉积充填机制研究”综合科研项目，历经三年的潜心研究，对西湖凹陷的石油地质特征和勘探前景有了新的、系统的认识。主要表现在：明晰了西湖凹陷地层展布特征，系统建立了构造格架、构造样式及其演化模式；阐明了西湖凹陷沉积充填演化过程和沉积体系的空间展布规律；系统总结了西湖凹陷油气成藏规律，指出了下一步勘探方向。认为：西湖凹陷具备形成大中型油气田的基本地质条件，具有巨大的油气勘探潜力，存在多个有利的勘探领域和区带，其中西部斜坡带和中央反转构造带是西湖凹陷内两个最重要的油气聚集区带。在此基础上，在斜坡带及中央反转构造带评价了一批有利上钻目标。

该阶段的研究，取得大量研究成果。对西湖凹陷的地质特征、勘探方向有了更深入的认识，为钻探作业做好了充分的准备，西湖凹陷的勘探已经进入蓄势待发的状态。

3）高速发展时期（2009—2015 年）

在国家整个外交形势的需求下、对东海的油气勘探政策有了新的调整，加之中国海油的有力支持和积极推动，多年提出的勘探工作量申请获得了批准。2009 年 8 月 17 日，时隔五年之后，第一口探井 NB（宁波）25-3-1 井终于开钻了，该井首钻获得商业发现，标志着西湖凹陷的勘探进入了一个新的阶段，至此开始地震工作量也大幅度增加，至 2012 年底，共完成二维地震 3121km，三维地震 6589.83km^2，钻探井 21 口，获得了接近 100% 的勘探商业成功率，发现了一批可投入开发的油气田，新增三级天然气储量千亿立方米，油千万吨，为东海的大发展，实现“十二五”的产量规划及实现中长期的规划目标奠定了重要的储量基础。

2009—2012 年的勘探，尽管获得了 100% 的勘探商业成功率，获得可观的天然气三级地质储量，但探明储量规模不尽如人意，基本上每口成功探井仅获得常规储层地质探明储量，往往是一口井进行了 3～4 次测试，成功的仅是常规储层获得的产能，而大规模的低孔渗储量未获得产能，如 NB31-1 气田，具有上千亿立方米储量规模，而探明储量仅 43.36×10^8m^3。因此如何解放这些低孔渗储量是摆在勘探人员面前当务之急的任务，尽管借助开发生产井储层改造措施经验，与中国海油内外相关单位合作，对探井实施作业，取得了一些成功，但总体上未获得理想的结果（共对 7 口井、8 个层进行储层改造，除 1 口井获得成功外，其余均未获得成功）。分析失利主要原因：（1）地质情况复杂，花港和平湖组普遍发育煤层，而煤层与致密砂岩层抗压能力相差甚大，当压裂时，往往压力尚未达到砂岩的破裂压力，煤层已经被压穿，造成出来的东西都是煤层的东西；（2）采取措施改造前的研究深度不够，未能做到“打有准备之仗”；（3）技术尚不成熟，海上作业难度远远比陆上作业难度大，易发生意想不到的作业事故而使得作业前功尽弃。

在公司积极推动和组织下，中国海油上海分公司进行了多次专题技术研讨，通过深入分析研讨，总结经验教训，最后取得统一认识：西湖凹陷致密砂岩气勘探潜力巨大，必须坚定不移的攻克产能关，同时还必须重视常规低渗储层的勘探，依据渗透率大小划分为三类：1～10mD 为常规低渗，0.1～1mD 为近致密气，小于 0.1mD 为致密层。常规低渗气层在常规测试可获得产能，近致密气层需要一定的改造措施获得产能，而致密气层是未来的攻关目标。基于此，制定的下一步勘探战略目标是：以常规带动非常规，以中深层高质、高效勘探带动深层、超深层的致密气勘探，提出了以易带难，深浅结合的勘探思路。

在此思路指导下，中国海油上海分公司制定了 2013 年的勘探部署：上半年以发现常规储量为目的选择目标，同时兼探致密砂岩含气情况；下半年钻探大型、超大型目标，同步加强致密砂岩气的前期研究，力求致密砂岩气储量解放获得突破性进展。首选的 GZZ-1 井经钻探获得了重大发现，测井测试综合解释气层 438m/42 层，主力气层 H3、H4、H5 均为厚度超过 100m 的砂岩层，气田天然气储量规模超千亿立方米，标志着西湖凹陷的油气勘探进入了一个新的里程碑。

GZZ 气田的发现是东海油气勘探的一个飞跃，再次证实了西湖凹陷是富烃凹陷，以事实证明了凹陷内具备形成大中型油气田的条件。通过进一步分析、类比，2014 年，重上中央反转构造带北部花港含油气构造，又获得重大油气发现，储量规模再超千亿立方米，东海勘探掀开新篇章。

通过各个阶段开展的区域地质、盆地评价、区带评价和目标评价等一系列研究和勘探工作，东海西湖凹陷获得了可喜的油气地质成果，并积累了大量的物化探、钻井、实验分析、测井及测试资料。截至2015年，西湖凹陷共完成二维地震工作量约6×10^4km，三维地震工作量17074km^2，重点区带已基本覆盖了三维地震勘探；完钻探井87口，探井密度为0.00132口/km^2，总体上西湖凹陷勘探程度仍较低，而探井成功率较高。

2. 丽水凹陷

为了发现新的油气构造，2001年12月在距LS36-1气田西部4.2km处的局部构造钻LS36-1-3井，完钻井深3023m，完钻层位为古新统灵峰组上段，该井落空。

2002年2月，中国海油与超准能源公司签署32/32合同保留区协议，对包括LS36-1在内的512km^{2}划为保留区，保留3年，超准能源公司为保留区作业者。2003年，超准能源公司新采集94km的二维地震。

2005年2月，32/32石油合同区块终止，同年3月中国海油与超准能源公司签订25/34合同，该合同区包括了原32/32保留区，面积扩大到7016.573km^2。2006—2007年，超准能源公司在原三维区周围采集550km^{2}的三维地震资料，并由中国海油服处理中心进行三维拼接处理，拼接后的三维区覆盖面积为737km^2。

2006年，在浙江下游用气市场需求、东海海域勘探开发形势及合作方等多方的推动下，重新开始对LS36-1气田进行储量评价及开发可行性研究。

2014年7月，于2011年启动建设的丽水凹陷西次凹丽水36-1气田建成投产。

二、阶段成果简述

“十五”期间提出丽水凹陷油气资源潜力大，勘探前景好，且没有大量的散失和破坏；丽水凹陷是一个超压凹陷，明月峰顶部和瓯江组底部处于压力过渡带，是油气聚集的有利层位；明确西湖凹陷主要有两套成藏组合；并提出“蒸发分馏效应”是西湖凹陷油气成藏模式的一个重要特点。

“十一五”期间是东海盆地及西湖凹陷研究的关键时期，系统科学地论述了东海陆架盆地地质结构、构造格架、构造样式及演化模式，建立了科学的盆地成因模式；建立了东海陆架盆地地层层序格架，系统阐明了东海陆架盆地沉积充填特征与演化过程及沉积体系的空间展布规律；全面深入的分析总结了东海陆架盆地形成大中型油气田（群）的成藏优势地质条件，明确东海陆架盆地具有形成大中型油气田的资源基础与优势地质条件；系统总结了西湖凹陷油气成藏规律，指出西斜坡、中央构造带和西次凹仍是油气有利勘探区，西湖油气呈现“上油下气”的特征，超压的存在对油气保存极为有利。

“十二五”期间，承担“东海陆架盆地大中型油气田形成条件与勘探方向研究”“东海低孔低渗气藏勘探开发关键技术研究与实践”等课题研究，从构造、沉积地层、烃源岩、储层、盖层、压力等主要地质条件入手，取得多项地质认识：创新提出了具有东海陆架盆地特色的“高压控藏、塔式聚集”的油气成藏模式，提出了油气富集的优势地质元素和特色地质条件，明确了“深大浅小、上油下气、近源近断、近压富集”的成藏特征，指出了适合与东海油气地质条件相匹配的勘探方法。

第三章 地层与沉积相

东海陆架盆地是一个以新生代碎屑沉积为主的大型沉积盆地，厚为9000～15000m，资料显示，盆地中也存在中生代地层。中—新生代地层虽发育较全，但各凹陷中各时代地层又各具特色。

第一节 盆 地 基 底

迄今为止，东海钻遇前新生代基底的探井已在20口之上（图1-3-1），地球物理、钻井、区域地质资料综合分析表明，不同的构造带基底的时代和岩性均有差异。总体上，东海陆架盆地前新生代基底主要由中生代岩浆岩、弱变质岩和沉积岩及前泥盆系变质岩组成，并可能存在少量上古生界变质岩。

一、中生界基底

盆地中生界既有岩浆岩、变质岩，也有沉积岩。

东海五井钻入绿帘石黑云母斜长片麻岩（年龄163Ma）；东海七井钻遇变粒岩碳酸盐化云母石英片岩（年龄160Ma）；东海二井于3169m深钻入黑云母花岗岩（年龄94Ma）；东海三井于1211m处钻遇火成岩；东海四井钻遇安山岩；东海六井钻入年龄为115Ma的花岗岩体；东海八井揭示了白垩系的砂泥岩及下伏闪长花岗岩（年龄113Ma）；丽水凹陷钻井钻遇一套杂色碎屑岩地层，为白垩系石门潭组；椒江凹陷钻遇中生代沉积岩基底，时代为侏罗纪。

二、上古生界变质岩

穿越盆地西湖凹陷深地震剖面揭示，在中生代反射层组之下，Tg之下存在一套反射层组，结合磁异常上延具有较弱反磁化现象，认为其为上古生界变质岩。

三、前泥盆系变质岩

1985年，地质矿产部上海海洋地质调查局在盆地西南部LF-1井2373～2693m段揭露了300m以上的黑云母斜长片麻岩，Rr-Sr测定年龄值为1680Ma。1984年，日本在盆地北部的JDZ-V-2井3202m钻遇一套片麻岩。根据以上资料分析，闽浙陆地地区所出露的深变质岩系向东延至东海，大致结束于西湖基隆断裂以西，组成了盆地的基底。

前泥盆系变质岩分布十分广泛，尤其是东部坳陷带。其地震层组反射特征不同于花岗岩，花岗岩反射较为凌乱，成串珠状、树枝状、盘状等形态刺穿上覆岩层或沿断层侵入，而前泥盆系变质岩较之有规则，隐约可见层状。

第二节 盆地盖层发育特征

东海陆架盆地受构造运动的影响不同，各沉积凹陷的形成及沉积时间各不相同，在不同地质历史时期，由于盆地沉积中心发生转移，故盆地沉积中心位置也各不相同。东海陆架盆地具有“东断西超”的箕状结构，地层沉积厚度自东向西减薄。如长江坳陷、钱塘凹陷、瓯江凹陷及闽江凹陷以古新世、始新世沉积地层为主，而福江凹陷、西湖凹陷及基隆凹陷则以始新世至中新世沉积地层为主。但总的来说，东海陆架盆地除局部发育中生代地层外，主要发育地层有：古新统月桂峰组、灵峰组、明月峰组；始新统瓯江组、温州组、平湖组；渐新统花港组；中新统龙井组、玉泉组、柳浪组；上新统三潭组更新统东海群。

一、地层分布及发育特征

东海陆架盆地在新生代为裂陷盆地。晚白垩世晚期—早古新世，西部坳陷带发生裂陷，此时，中部隆起带和东部坳陷带遭受剥蚀，致使中部隆起带东部的上白垩统剥蚀殆尽；晚古新世，随着盆地裂陷由西向东逐渐迁移，中部隆起带开始接受沉积；始新世，东部坳陷带开始裂陷，西部坳陷带和中部隆起带转为坳陷；始新世末—中新世初，西部坳陷带和中部隆起带抬升并遭受剥蚀，而东部坳陷带除短暂抬升外，一直保持沉降；中新世，裂陷盆地东迁至冲绳海槽盆地，陆架盆地转为整体沉降。而其中基底性质的不同和构造特点以及断裂性质在南北上的差异使得陆架盆地的古近系—新近系具“南海北陆”的沉积特点。因此导致东海陆架盆地整体上具有“东西分带、南北分段”的特点。

盆地沉积地层由老到新为中生界侏罗系、白垩系；新生界古新统月桂峰组、灵峰组、明月峰组，始新统瓯江组、温州组、平湖组，渐新统花港组，中新统龙井组、玉泉组、柳浪组，上新统三潭组和第四系更新统东海群（图 1-3-1）。

1. 侏罗系

1）中—下侏罗统

岩性为一套暗色碎屑岩和泥岩，夹数层薄煤层或碳质泥岩，厚约 538.5m，未见底。下部为灰色、深灰色泥岩与灰白色砂岩互层，夹薄煤层，近底部为厚层状砂岩夹薄层泥岩；上部为灰白色砂岩与褐、棕褐色泥岩及浅灰色、灰色泥岩呈不等厚互层，顶部有薄煤层。与上覆地层呈区域不整合接触，主要发育于台北坳陷。

该段地层在深度 3360～3480m 处获得较丰富的孢粉，称为 *Cyathidites Klukisporites Dictyophyllidites* 孢粉组合。其中 *Cyathidites* 占优势，约占组合总量的 43.8%；次为 *Dictyophyllidites* 和 *Concavisporites*，占 23.2%；*Klukisporites*、*Chasmatosporites hains Duplexisporites gyratus Ovalipollis* 及 *Ginkgocycadophytus nitidus* 均有少量存在。*Cyathidites* 属已知在早—中侏罗世最为繁盛，而 *Dictyophyllidites* 和 *Concavisporites* 在北美、欧洲和亚洲主要产自上三叠统，但在早—中侏罗世的孢粉组合中也占有一定含量。类似的孢粉组合见于辽宁北票组（早侏罗世晚期）和中侏罗统的鄂尔多斯盆地延安组、山西大同组、山东坊子组和江苏扬州象山群。这些地区中侏罗世的孢粉组合均以 *Cyathidites minor* 占优势，且有

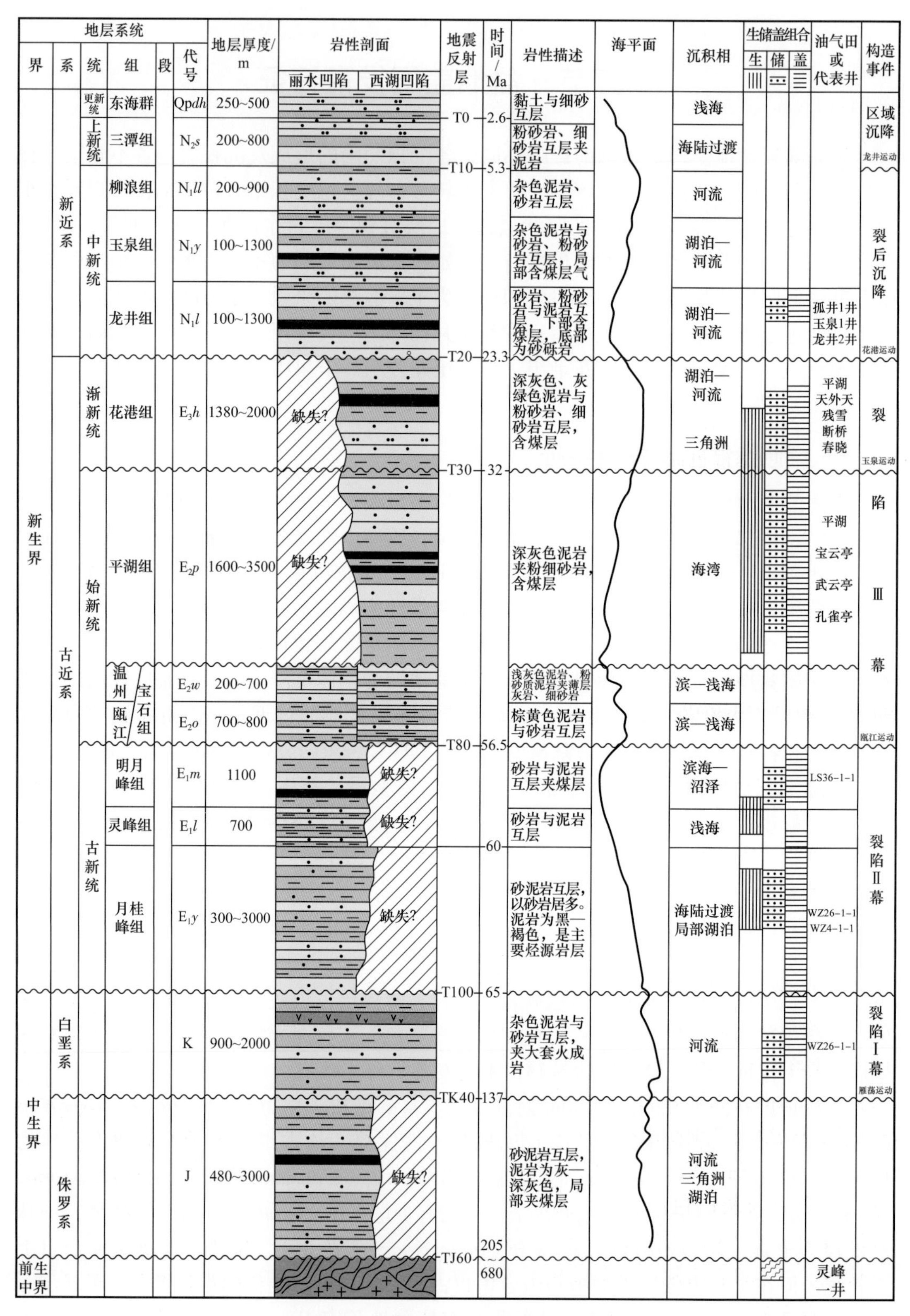

图 1-3-1　东海陆架盆地地层综合柱状图

一定数量的 *Deltoidospora Duplexisporites* 和 *Dictyophyllidites* 分子等，唯双囊类花粉及 *Lycopodiaceae Selaginellaceae* 和 *Osmundaceae* 孢子的含量较当前的孢粉组合丰富而略有区别。另外，与该套地层大致相当的另一口钻井地层产中侏罗世（*Aalenian Callovian*）的 *Lotharingius velatus* 及 *Cylagelosphaera margarelii* 钙质超微化石（王可德等，2000）。

2）上侏罗统

岩性为杂色碎屑岩及泥岩层，厚 440～570m。下部浅灰色、灰色、灰绿色泥岩及少量棕红色泥岩与浅灰色、灰白色砂岩互层；上部褐色、灰褐色、棕褐色泥岩与棕红色泥岩和灰白色、杂色砂岩呈不等厚互层。与下伏地层呈局部不整合接触，主要发育于台北坳陷。

2. 白垩系

1）下白垩统

岩性为红色泥岩、碎屑岩层，厚 140～400m。下部为杂色砂砾岩夹棕红色泥岩，上部为棕红色、棕褐色泥岩夹薄层粉砂岩。与下伏地层之间为明显的角度不整合接触，主要发育于台北坳陷。

2）上白垩统

该套地层分为两段。

下段岩性为褐灰色、灰色、浅灰色、棕褐色泥岩与浅灰色粉砂岩、砂岩互层，局部夹灰黑色粉砂质泥岩条带，厚为 300～400m。与下伏地层呈假整合接触，主要发育于台北坳陷。在该组取心井段的岩样中获得了丰富的孢粉化石，称 *Classopollis annulatus Schizaeoisporites Exesipollenites tumulus* 孢粉组合。裸子植物花粉 *Classopollis annulatus* 占组合总量的 80% 以上，双囊类 *Pinuspollenites* 的含量较高；蕨类植物孢子以 *Lygodiumsporites*、*Pterisisporites Toroisporites* 为主，各占 0～8%，晚白垩世较为特征的孢子 *Schizaeoisporites* 占 7%，在剖面中较易见到。早—中白垩世常见分子 *Foraminisporites* 时有出现，该属在新疆塔里木盆地上白垩统库克拜组和东巴组也或多或少地存在。此外，*Balmeisporites*、*Orbiculapollis*、*Borealipollis/Beaupreaidites*、*Nudopollis/Trudopollis*、*Lytharites*、*Callistopollenites*、*Kurtzpites*、*Ulmipollenites*、*Ulmoideipites* 等均有少量发现。该地层孢粉组合与松辽盆地上白垩统嫩江组和四方台组的孢粉组合比较相似，两地均产 *Schizaeoisporites Balmeisporites Borealipollis Beaupreaidites* 和 *Orbiculapollis* 等晚白垩世常见分子，唯嫩江组希指蕨孢属（*Schizaeoisporites*）和被子植物花粉含量较高，鹰粉类花粉的种类也较多而有所不同。该地层的孢粉组合还可与苏北—南黄海盆地上白垩统泰州组，浙江长河盆地和金衢盆地上白垩统下部孢粉组合及福建崇安盆地沙县组孢粉组合相比拟，时代为晚白垩世。

上段为上白垩统石门潭组（K_2s）。下部为棕红色泥岩与灰白色砂岩、含砾粗纱岩互层，上部为灰白色细、中、粗砂岩夹泥岩，顶部为 3～4m 厚的紫红色凝灰岩，厚 100～1000m。火山岩测得同位素年龄值（钾氩法）为 70.4Ma ± 2Ma（FZ13-2-1 井）。与下伏地层呈不整合接触，主要发育于台北坳陷。

3. 古近系

古近系是东海陆架盆地主要发育地层包括古新统月桂峰组、灵峰组、明月峰组；始新统瓯江组、温州组、平湖组；渐新统花港组；中新统龙井组、玉泉组、柳浪组；上新统三潭组和更新统东海群。

1）古新统

古新统在西部坳陷带非常发育，其中丽水—椒江凹陷最为典型。自下而上分为月桂峰组、灵峰组、明月峰组。

月桂峰组（E_1y）厚度为300～3000m。下部为浅灰色、灰色、暗灰色、黑灰色泥岩与浅灰色细—中粒砂岩近等厚互层，夹薄层浅灰色、灰色粉砂岩及两层黑色煤层；上部以暗褐色、黑褐色泥岩为主，夹浅灰色、灰白色细—中粒砂岩。湖泊、三角洲、扇三角洲相环境。与下伏石门潭组呈角度不整合接触。

灵峰组（E_1l）厚度为700～1500m。岩性以灰色、暗灰色、黑灰色泥岩、粉砂质泥岩为主，夹薄层浅灰色含钙粉砂岩、细砂岩和少量薄层钙质细砂岩。砂岩由细砂向上渐变为粉砂，泥岩钙质含量则呈增加趋势，构成下粗上细的正旋回。砂质灰岩（含藻屑等生物碎片）厚度不均，但在西部坳陷带分布广泛，可作为地层对比的标志层，其上的海相泥岩可进行区域性连续追索，厚10～480m。滨—浅海相。富含海相化石，发现了浮游有孔虫和底栖有孔虫、钙质超微化石、海相沟鞭藻及大量孢粉化石。

明月峰组厚度为300～1500m，西部坳陷带广泛分布。由下至上正反两个旋回叠加而成：下旋回底部以浅灰色细砂岩夹灰色泥岩为主，向上以大段浅灰色、灰色泥岩为主，夹浅灰色、暗灰色含钙粉砂岩；上旋回为浅灰色、灰色、褐灰色与浅灰色、灰白色细—中粒砂岩互层，夹浅灰色、灰褐色泥质粉砂岩和薄层钙质砂岩。明月峰组主要为海退沉积环境，在西部坳陷带广泛分布。与上覆地层为不整合接触。

2）始新统

始新统自下而上沉积地层为瓯江组、温州组和平湖组。

瓯江组（E_2o）不整合于明月峰组之上，厚度为700～800m，西部坳陷带非常发育，南薄北厚。下部以灰白色、灰色细—中砂岩为主，夹灰色、褐色泥岩及多层薄层钙质砂岩和薄煤层；上部以浅灰色、灰色泥岩为主，夹浅灰色钙质粉—细砂岩，浅灰色、灰色钙质泥岩，浅灰色、灰白色微晶质灰岩、砂质生物碎屑灰岩。瓯江组含丰富的底栖有孔虫化石（特别是底栖大有孔虫）、浮游有孔虫、钙质超微化石、沟鞭藻化石，也含孢粉化石。发现的有孔虫化石有 *Elphidium rischtanicum*（里斯坦希望虫）、*E.eocenicum*（始新希望虫）、*Cibicideshilgardi*（希尔加稳面虫）等。这些海相化石的时代应属中—晚始新世，主要见于该组地层二段。

温州组（E_2w）厚度为200～700m，分为上、下两段，上段仅见于椒江凹陷，下段在西部坳陷带广泛分布，并超覆在渔山隆起之上，为广海相沉积。下段东厚西薄，岩性下细上粗，下部以浅灰色、灰色、浅绿灰色泥岩、粉砂质泥岩为主，中部为浅灰色粉砂岩、泥质粉砂岩、浅灰色—灰白色细—中粒砂岩，夹少量粉砂质泥岩；上段岩性为浅灰色、浅灰绿色砂岩、粉砂岩与浅绿灰色、浅棕黄色、浅灰色粉砂质泥岩、泥岩略等厚互层，底部为浅灰色、灰白色含砾砂岩，砂岩富含灰质，局部含海绿石。未发现古生物资料。

平湖组（E_2p）见于西湖凹陷，厚度为1600～3500m，为一套海陆过渡相的半封闭海湾沉积，主要分布于东部坳陷带。经历振荡式海退的演化过程，整体为下细上粗的反旋回，岩性以细砂岩、中砂岩、粉砂岩、泥岩夹薄层煤层为主，局部发育沙坝、潮道、水下分流河道等粗粒砂岩。与上覆地层为不整合接触。在已完钻的大部分钻井中发现了较丰富的有孔虫、钙质超微化石、沟鞭藻及介形虫、孢粉组合等。有孔虫化石有 *Globigerinapseudovenzuelana*（P18—P19/20 带 ）、*Dentoglobigerina galavisis*（P9—P21 带）、*Globortalia*（T）、*Cerroazulensis*（P13—P17 带）等。钙质超微化石有 *Reticulofenestras*、*Coccolithus pelagicus*、*balckites spinosus*、*Cyclicargolithus liminis* 等。

3）渐新统

花港组（E_3h）不整合于平湖组之上，厚度为 1000～2000m，主要分布于东部坳陷带。岩性由下粗上细两个旋回组成。自下而上分为两段，下段为灰色、深灰色泥岩、灰白色砂岩、砂砾岩组成，夹有少量煤层或煤线；上段主要由灰色、绿灰色或褐红色泥岩、砂质泥岩和灰色、灰白色砂岩或砂砾岩等组成，夹少量沥青质薄煤层。与上覆龙井组为角度不整合接触，是一套形成于河湖背景下的河流、三角洲及滨浅湖沉积。见有多轮藻（*Pocysphaeridium subtile*）、斗篷萨兰姆藻相似种（*Samladia* cf. *chlamyclophora*）、具模拟单拉虫（*Haprophragmoides carinatum*）等。

4. 新近系

新近系为东海盆地重要地层，包括中新统龙井组、玉泉组、柳浪组，上新统三潭组和第四系更新统东海群。

1）中新统

自下而上划分为龙井组、玉泉组和柳浪组。

龙井组（N_1l）厚度为 100～1300m，全盆地广泛分布，是一套较粗的碎屑岩沉积，总体形成一个由粗变细的沉积序列。岩性可分为两段，下段为浅灰色、灰色泥岩、粉砂质泥岩与灰白色、浅灰色泥质粉砂岩、粉砂岩、细砂岩、含砾砂岩、砂砾岩互层，夹薄煤层；上段为绿灰色、灰色泥岩、粉砂质泥岩与浅灰色泥质粉砂岩、粉砂岩、细砂岩互层，夹薄煤层，下部夹灰白色含砾砂岩、砂砾岩，顶部发育块状高伽马、高阻泥岩。为湖泊、三角洲、河流沉积。含少量有孔虫化石，如 *Spiro sigmoilinella compressa*（压扁小管曲形虫）等；钙质超微化石有 *Sphenolithu sheteromorphus*、*Helicopntosphaera ampliaperta Sphenolithus abies* 等；孢粉化石下段见有小菱粉—松粉组合，上段发现芸香粉—楝粉组合。

玉泉组（N_1y）在西湖凹陷为一套煤系地层，厚度为 100～1300m，全盆地广泛分布。纵向上可分为两个沉积旋回，下部旋回下部为浅灰色或灰白色粉砂岩、细砂岩、含砾砂岩夹有深灰色或灰黑色泥岩、煤层，上部为杂色及深灰色泥岩、粉砂质泥岩夹有薄层粉砂岩和灰黑色碳质泥岩及沥青质泥岩；上部旋回的下部为浅灰色块状细砂岩，底部含有砾石，上、中部为灰色泥岩、粉砂质泥岩、灰质泥岩与浅灰色泥质粉砂岩、粉砂岩、细砂岩互层，夹有薄煤层和沥青质泥岩。与上覆地层柳浪组为不整合接触。化石组合包括有孔虫 *Spirosigmoilinella compressa*、*Ammoniahata tatensis* 等，沟鞭藻有 *Perculodinium wallil*、*Polysphaeridium zoharyi* 和 *Spinifentes* sp. 等，孢粉组合含有 *Rutaceoipollis*、*Meliaceoidites* 等。

柳浪组（N_1ll）厚度为 200～900m，全盆地广泛分布。由黄绿色、灰绿色或灰色泥岩、砂质泥岩、粉细砂岩及灰白色含砾砂岩等组成。中上部含有少量石膏层，中下部夹有煤线。化石有沟鞭藻 *Hystrichokolpoma pacifica Operculodinium Walli*、*Impagidinium patulum* 等，孢粉组合见枫香粉（*Ligllidambappollenites*）—粗助孢（*Magnasttrtiates*）等。

柳浪组一名被用于西湖凹陷和瓯江凹陷两套不同时代的地层。在瓯江凹陷的瓯江组之上不整合的上覆一套灰色或灰绿色粉砂质泥岩及浅灰色粉砂岩、砂岩夹有薄层煤层或者煤线。含孢粉和少量的有孔虫、钙质超微化石、沟鞭藻。1989 年这套地层被认为大致相当于西湖凹陷的龙井组上部和玉泉组，并称为玉泉组。1996 年这段在瓯江组和三潭组之间的地层被认为是陆地河流相的柳浪组。瓯江凹陷中柳浪组的时代归属及其与西湖凹陷玉泉组和柳浪组对比关系有待进一步研究。

2）上新统

三潭组（N_2s），不整合于柳浪组之上，厚度为 200～800m，全盆地广泛分布。自下而上由粗细两个旋回组成，分为上、下两段，以较细的湖泊或滨海沉积为主。下段为灰色、灰褐色泥岩和砂岩互层；上段由灰色泥质岩与浅灰色粉砂岩、灰白色含砾粉砂岩或细砂岩及薄煤层组成。与上覆东海群为不整合接触。化石有钙质超微 *Discoasterbrouweri*、*D.pentaradiatas/Reticulofenstra pseudoumbilica*、*Asterotalia Ammonia* 等，孢粉组合有 *Graminidites Persicariopollis* 等。

5. 第四系

东海群（Q*pdh*）假整合于三潭组之上，厚 400～500m。岩性为未成岩的浅灰色粉砂黏土层、浅灰色粉砂层、粉细砂层、含砾砂层、生物介壳层、砂砾互层。富含钙质超微化石、有孔虫、介形虫、腹足类、双壳类和孢粉化石。

二、地层层序格架

东海陆架盆地层序地层由各级等时或准等时界面及由这些界面设定的层序地层单元构成。这些界面及单元发育主要是古构造作用、物源供给以及海平面升降等综合因素共同产生的效果。

1. 层序格架划分

东海陆架盆地层序地层格架遵循由大到小的原则划分为三级：

Ⅰ级层序界面，即由古构造运动产生的不整合面，在地层接触关系上主要表现为上覆地层与下伏地层之间的角度不整合或者平行不整合关系形态。在反射地震剖面上，根据反射轴的变化特征能有效识别这类层序界面，通常表现为沉积盆地的顶、底界面或者“单型”盆地的分界面。根据东海陆架盆地在地质历史时期经历的四期不同构造运动，利用 4 个区域性不整合界面（即 T100、T80、T30、T10，分别对应于雁荡运动、瓯江运动、玉泉运动、龙井运动）将西湖凹陷分为 4 个Ⅰ级层序。

Ⅱ级层序界面是区域性或局部古构造运动面，是在沉积盆地内在同一构造演化阶段由于构造反转引起的区域性或者局部构造的运动面。一般在Ⅰ级界面内部发生。在幕式裂陷和裂后沉降两大演化阶段中，Ⅰ级界面内部发生的同一构造演化阶段都会经历从初始、最大到萎缩减弱的沉降过程，从而产生几个重要的Ⅱ级古构造界面：在Ⅰ级界面识别的基础上，西湖凹陷识别出Ⅱ级层序界面 8 个，将古近纪和新近纪地层共划分为 7 个Ⅱ级层序，主要为陆相裂陷期层序、海相沉降期层序、海相被动陆缘开阔陆架层序、弧后滨岸层序和陆相断陷期层序。

Ⅲ级层序则是根据形成界面的事件性质划分，一般可分为两类：一类是局部古构造运动面，规模较小，反射波出现上超、下部削截的范围有限；另一类是局部构造运动造成的间断面。东海陆架盆地西湖凹陷Ⅲ级层序界面的识别主要是依据海平面下降拐点对应的不整合或与之相当的整合面当作层序界面的原则，结合井资料来进行，通过井震标定，共识别出Ⅲ级层序边界 18 个（图 1–3–2）。

2. 地震层序界面识别标志

不同时期的构造运动造成地震剖面表现为削截现象，构造运动的活动强度，包括构造运动的延伸范围及沉积间断、风化带的厚度在地震剖面上则显示为不同的削截程度。可将东海陆架盆地不整合界面划分为三级：一级不整合面四个，即 T100、T80、T30、T10，分别与雁荡运动、瓯江运动、玉泉运动、龙井运动构造事件相吻合，代表盆地隆升或收缩时的古风化剥蚀面，是构造旋回划分的标志，盆地内可作为区域追踪对比的不整合面；在地震剖面上，具有强振幅—高连续性的反射特征，并可以观察到下削、上超的接触关系。在盆地的东西两斜坡部位，反射层与下伏地层反射波组表现为明显的削截关系，尤其在盆地东部地区，与下伏地层反射波组呈现明显的高角度削截关系。依据一级不整合面特征，在全盆古近纪和新近纪地层中识别 4 个Ⅰ级层序（图 1–3–3、图 1–3–4）。

在Ⅰ级层序界面内部，层序界面之间存在局部的平行不整合界面或者沉积间断面，地震剖面显示为强振幅—中连续性的反射特征。在盆地内部可大部或局部追踪对比。特别是在局部地区，强振幅反射轴与下伏反射波组呈现明显削截现象。从而识别出Ⅱ级不整合面 3 个，即为 T90、T40 和 T20，代表盆地暂时的抬升或收缩形成的古侵蚀面，属于区域性平行不整合面；在一级界面识别的基础上识别出Ⅱ级层序界面 8 个，将古近纪和新近纪地层共划分为 7 个Ⅱ级层序，主要为陆相裂陷期层序、海相沉降期层序、海相被动陆缘开阔陆架层序、弧后滨岸层序和陆相断陷期层序。

根据形成界面的事件性质，局部古构造运动面及局部构造运动造成的相转换面（间断面）则代表Ⅲ级层序界面的发育特征。在地震上表现不明显，主要特征是规模较小，反射波上超下削的范围有限，不易在地震上进行识别。那么，Ⅲ级层序界面的识别就需要结合井资料来进行，通过井震标定，东海陆架盆地中共识别出Ⅲ级层序边界 18 个，较为典型的Ⅲ级层序界面分别为 T88、T85、T83、T50、T35、T34、T32、T21、T16 和 T12。

3. 层序地层特征

1）Ⅰ级层序特征

根据构造运动的不同，东海陆架盆地可划分为 4 个Ⅰ级层序：SⅠ1 底界为新生界底界，相当于 T100 界面，对应于雁荡运动与瓯江运动之间的地层，主要在西部坳陷带发育；SⅠ2 底界为始新统底界，相当于 T80 界面，对应于瓯江运动与玉泉运动之间的地层，主要在东部坳陷带分布；SⅠ3 底界面为渐新统底界，相当于 T30 界面，对应玉泉运动和龙井运动之间的地层，下部的花港组主要分布在东部坳陷带，上部地层在盆地全区均有分布；SⅠ4 底界为上新统底界，相当于 T10 界面，对应龙井运动与冲绳海槽运动之间的沉积地层，在整个东海陆架盆地均有分布。

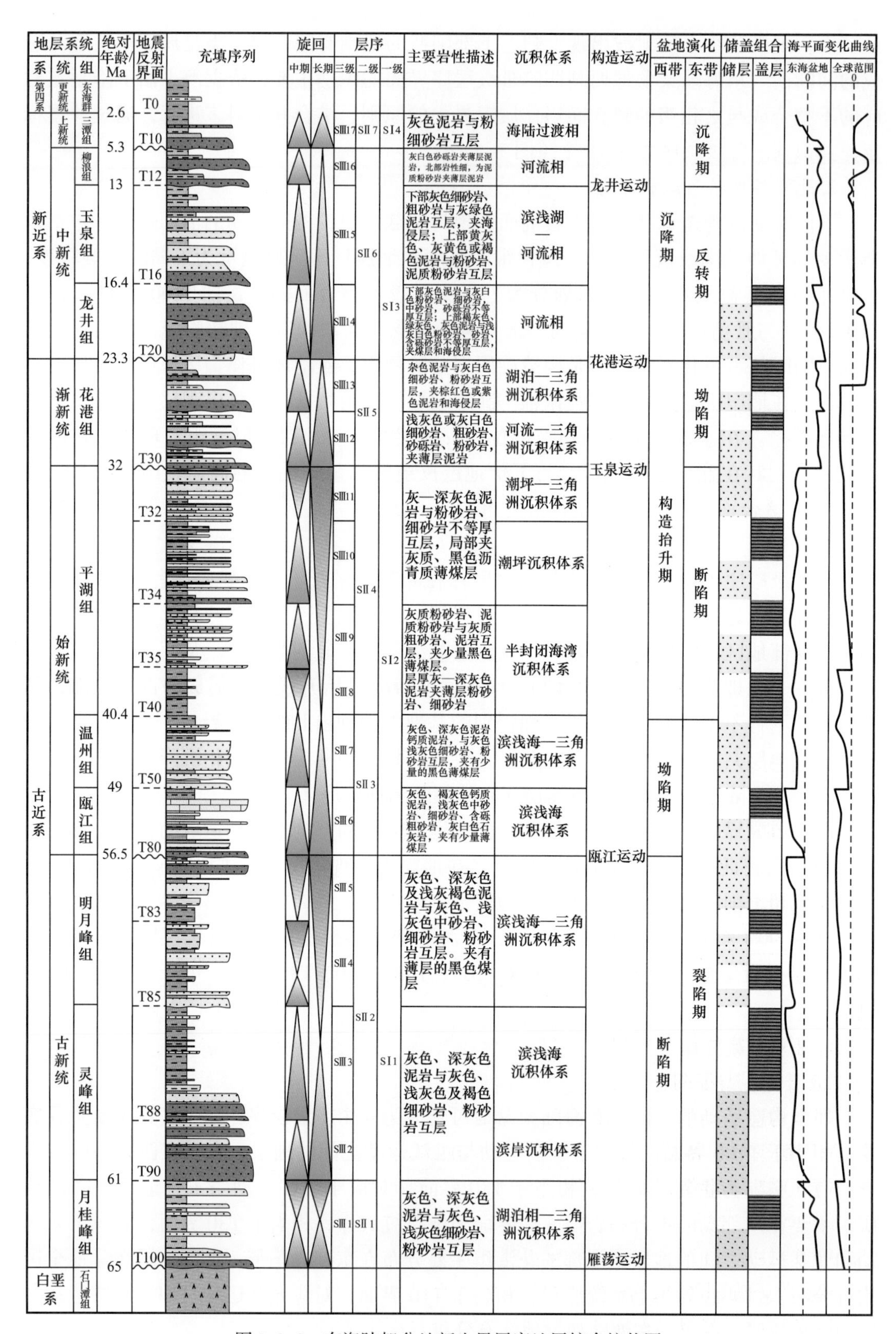

图 1-3-2　东海陆架盆地新生界层序地层综合柱状图

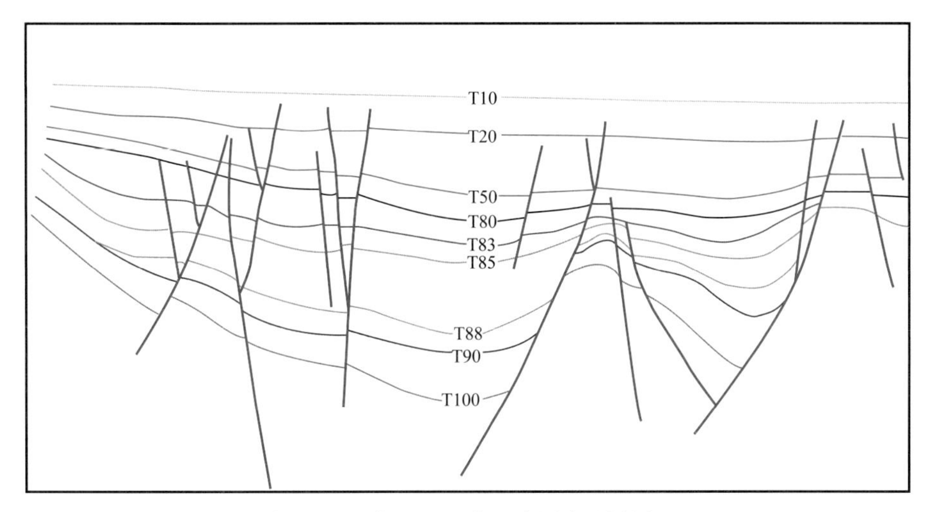

图 1-3-3　椒江—丽水凹陷层序地层界面

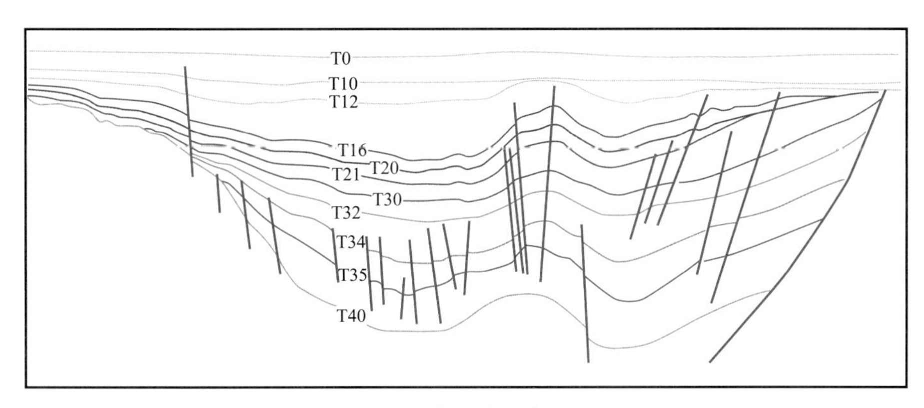

图 1-3-4　西湖凹陷层序地层界面

2）Ⅱ级层序特征

SⅡ1（主要为SⅢ1）对应月桂峰组，以 T100 为底界，为陆相裂陷期层序，主要分布在西部坳陷带的台北坳陷和长江坳陷。

SⅡ2 对应灵峰组、月桂峰组，以 T90 为底界，为海相沉降期层序，由一个较完整的正反旋回（海平面上升到下降）组成，主要分布在西部坳陷带台北坳陷和长江坳陷。

SⅡ3 对应瓯江组、温州组，以 T80 为底界，为海相被动陆缘开阔陆架层序，正旋回（海平面上升）特征明显，主要分布在西部坳陷带。

SⅡ4 对应平湖组，以 T40 为底界，主要为滨浅海到潮汐条件较强的海岸沉积，反旋回（海平面下降）特征明显，一般只分布在东部坳陷带的西湖凹陷和钓北凹陷。

SⅡ5 对应花港组，以 T30 为底界，主要为河流—三角洲、三角洲—湖泊沉积，表现为正旋回特征，通常只分布在西湖凹陷和钓北凹陷。

SⅡ6 对应龙井组、玉泉组和柳浪组，以 T20 为底界，主要为河流或河流—三角洲沉积，表现为正旋回特征，在整个盆地均有分布。

SⅡ7 对应三潭组、东海群，以 T10 为底界，主要为海陆过渡沉积，在整个东海陆架盆地均有分布。

3）Ⅲ级层序特征

SⅢ1 对应月桂峰组，仅 SMT 和 WZ26-1 井区揭示该套层序。丽水东、西次凹陷均有沉积，但在灵峰低凸起缺失该层序。主要岩性为中砂岩、细砂岩，部分粉砂质泥岩，为水下浅滩沉积。

SⅢ2 对应灵峰组下段，整体表现为向上变细的退积沉积层序。下部主要为中砂岩、部分粗砂岩和细砂岩，向上变细为细砂岩、粉砂质泥岩。西次凹东北部岩性较粗，为含砾粗砂岩、粗砂岩、中砂岩及细砂岩的扇三角洲沉积。

SⅢ3 对应灵峰组上段，整体表现为向上变细的退积沉积层序。下部岩性为中砂岩、细砂岩、粉砂岩，为岩性向上变细的退积水下浅滩沉积；向上变细为粉砂质泥岩夹薄层粉砂岩沉积。

SⅢ4 对应明月峰组下段，该层序由两个完整的退积和进积的沉积旋回组成。目前，仅东次凹完整钻遇到该层序。明月峰组下段底部砂岩较为发育，为中砂岩、细砂岩、粉砂岩沉积，为低位体系域时期的三角洲沉积；向上至明月峰组中段，除了东次凹受雁荡凸起近物源的影响岩性较粗外，丽水凹陷其他钻井均揭示明月峰组下段下部岩性均较细，主要为泥质粉砂岩、粉砂质泥岩和泥岩，为滨浅海沉积。明月峰下段中上部，受海侵影响，该时期区域上沉积范围扩大到最大，灵峰低凸起上也开始接受沉积，主要受西部物源的影响，西次凹西部斜坡靠近物源的部位发育三角洲，盆地中心普遍为滨浅海沉积，以泥岩、泥质粉砂岩为主。

SⅢ5 对应明月峰组上段，发育浅海到三角洲沉积体系，整体表现为向上变粗的反旋回特征。明月峰组上段沉积初期，主要受西部物源的影响，西次凹西部斜坡靠近物源的部位发育三角洲，主要为细砂岩、中砂岩、泥质粉砂岩、粉砂质泥和泥岩。往盆地中心为滨浅海沉积，为较纯的泥岩。明月峰组上段沉积末期，除了以西部为主的物源，雁荡凸起北端局部也开始物源供给，凹陷内普遍发育三角洲，部分陡坡带发育扇三角洲。顶部发育中砂岩、细砂岩、粉砂岩及薄层煤层，显示进积的旋回特征。

SⅢ6 对应瓯江组，以 T80 为底界。仅西部坳陷带发育，南薄北厚。与下伏地层呈角度不整合接触。发育滨浅海沉积体系，底部见少量中粒砂岩，向上灰质增加发育灰色钙质泥岩、灰白色微晶质灰岩，整体上表现为正旋回特征。

SⅢ7 对应温州组，以 T50 为底界。上段仅见于椒江凹陷，下段不仅在台北凹陷广泛分布，并可超覆在渔山隆起之上，为广海相沉积。与下伏地层呈角度不整合接触。发育滨浅海沉积体系，底部见少量中粒砂岩，向上灰质增加发育灰色钙质泥岩、灰白色微晶质灰岩，整体上表现为正旋回特征。

SⅢ8 对应始新统平湖组六段，以 T40 为底界。广泛分布在东部坳陷带（西湖凹陷和钓北凹陷），厚度较大，呈东断西超，沉积体呈北东—南西方向展布。从地震剖面上看，底界面（T40）以下以杂乱反射为主。发育半封闭海湾沉积体系，岩性为厚层灰—深灰色泥岩夹薄层粉砂岩、细砂岩，整体上表现为反旋回特征。

SⅢ9 对应平湖组五段（T35—T34），西部钻井大部分揭示该套地层，钻井揭示厚度一般在 83～767m。岩性主要为薄层粗砂岩、中砂岩、细砂岩、粉砂岩、泥质粉砂岩、泥岩及煤层，煤层的单层厚度较薄，一般为 1～3m，与碎屑岩呈互层状。垂向上为加积沉积特点，电测曲线多为齿状、指状、小箱形，局部地区见钟形，总体上反映受潮汐冲刷改造而发生的突变接触沉积。该层段东厚西薄，南厚北薄。

SⅢ10 对应平湖组三段、四段（T34—T32），钻井揭示厚度一般在 48～767m。岩性主要为薄层粗砂岩、中砂岩、细砂岩、粉砂岩、泥质粉砂岩、泥岩及煤层；总体上该时期砂岩较为发育，砂岩单层厚度一般在 1～25m；煤层的单层厚度较薄，一般为 1～3m，与碎屑岩呈互层状。深水相沉积分布范围与 SⅢ2 层序相比相对缩小。

SⅢ11 对应平湖组一段、二段（T32—T30），总体上断层对沉积的控制作用减弱。钻井揭示厚度一般在 73～742m。层段东厚西薄，南厚北薄。岩性主要为薄层粗砂岩、中砂岩、细砂岩、粉砂岩、泥质粉砂岩、泥岩及煤层。该时期砂岩较为发育，三角洲的进积和退积沉积特点相对较为清楚，砂岩单层厚度一般在 1～40m，单层砂岩的叠置频率相对较高；在该层序煤层最为发育，与碎屑岩互层的频率明显增加，煤层的单层厚度较薄，一般为 1～3m。该层序的电性特征为钟形、指状或齿状，局部见反映河口坝沉积的漏斗状。

SⅢ12 对应花港组下段（T30—T21），为坳陷初期沉积，由平湖组沉积晚期的凹陷海退封闭而成为湖泊型沉积，钻井揭示厚度一般在 105～829m。岩性比平湖组各层序粗，主要为薄层砂砾岩、含砾砂岩、粗砂岩、中砂岩、细砂岩、粉砂岩、泥质粉砂岩、泥岩，局部夹薄煤层，反映该沉积时期物源充足。垂向上进积和退积沉积特点相对较为清楚，地震剖面上反映三角洲的前积特征较为明显。电性特征为箱形、钟形、漏斗形、指形及齿状。

SⅢ13 对应花港组上段（T21—T20），为坳陷早期沉积，在 SⅢ5 层序下降期湖退后再次发生湖进和湖退沉积，湖进的规模大于 SⅢ5 层序，钻井揭示厚度一般在 105～829m。岩性仍较粗，主要为薄层砂砾岩、含砾砂岩、粗砂岩、中砂岩、细砂岩、粉砂岩、泥质粉砂岩、泥岩、页岩、油页岩，反映该沉积时期物源充足，其垂向上的沉积特征相似于 SⅢ5 层序。地震剖面上反映三角洲的前积特征较为明显。电性特征为箱形、钟形、漏斗形、指形及齿状。

三、沉积充填及演化

东海陆架盆地构造演化可分为三个阶段：断陷期、坳陷期和沉降期。据地震和钻井资料分析，可划分为四套沉积层序：白垩系—古新统、始新统、渐新统—中新统和上新统—第四系，其沉积环境经历了浅海、海陆交替相→海湾相→河湖交替相→河流相→浅海（开阔海）相的发育历程。

东海陆架盆地主要在晚白垩世—早古新世雁荡运动期开始形成。盆地裂陷Ⅰ幕的发育基本奠定了东海陆架盆地的基本格架，在不同基底上接受了古新世沉积。丽水凹陷出现海陆过渡，局部湖泊—浅海—沼泽的沉积体系；中古新世—中始新世开始了裂陷Ⅱ幕，盆地南部浅海沉积范围向北扩大，盆地北部的浙东坳陷相应出现半深水—深水海湾沉积；进入始新世，瓯江运动使得盆地开始发育裂陷Ⅲ幕，盆地主沉降中心已向东迁移至西湖凹陷东北部，西部坳陷带只接受了较薄的地层沉积，丽水凹陷发育瓯江—温州组，呈现一套棕黄色砂泥岩互层及浅灰色泥岩—粉砂质泥岩—细砂岩沉积，夹有薄层石灰岩，发育滨—浅海沉积环境，后期则缺失平湖组沉积。而西湖凹陷宝石组发育滨—浅海沉积，后期发育平湖组的含煤深灰色泥岩夹粉—细砂岩的半封闭海湾沉积环境；渐新世，东海陆架盆地开始进入三角洲—湖泊河流发育时期；花港运动之后进入新近系沉积时期，东海陆架盆地开始裂后沉降，中新统发育湖泊—河流沉积环境；龙井运动之后，盆地进入区域沉降时期，发育上新统—更新统沉积，呈现海陆过渡—浅海沉积环境，从此东海陆架盆地整体逐渐进入沉降期。

1. 古新世沉积充填及演化

晚白垩世晚期—早古新世雁荡运动期，东海陆架盆地处于初始裂陷阶段，此时台北坳陷内椒江—丽水凹陷发育完整，为东断西超的不对称地堑和半地堑结构，丽水凹陷被灵峰凸起分割为东次凹和西次凹两个次级凹陷。该时期的东海陆架盆地为陆架边缘的陆内淡水湖盆，在盆地陡坡带以及断阶带发育冲积扇、扇三角洲等粗碎屑砂砾岩扇体；盆内湖侵体系域则逐渐过渡为河流—退积三角洲、滨浅湖及深水泥岩沉积，通常由 2～3 个退积型准层序组叠加而成；高位体系域则以河流—进积三角洲、滨岸沉积为主，主要由 2 个进积型准层序组组成，整体构成粗—细—粗的沉积旋回。

中—晚古新世，东海陆架盆地裂陷作用逐步加强，形成了 SⅡ2 二级层序。灵峰凸起继续将丽水凹陷分割为东、西两部分，盆地整体仍保持东陡西缓的特征，古近纪早期的大海侵使得东海陆架盆地变为海相、海陆过渡相沉积环境。受整体海侵影响，灵峰组以暗色泥岩沉积为主，砂体不发育。盆地陡坡带发育扇三角洲、辫状河三角洲等小规模粗碎屑扇体，缓坡带则沉积了砂体匮乏的潮控三角洲、复合型三角洲、潮汐滨岸等滨浅海细粒沉积，在灵峰凸起东西两侧发育粒度较粗的扇三角洲和辫状河三角洲沉积。

古新世晚期，盆地大规模扩张，海水分布范围扩大，呈现开阔的滨浅海相环境，之前分割丽水凹陷的灵峰凸起和阻隔福州、丽水凹陷东次凹的雁荡凸起几乎全部淹没于海平面以下。福州凹陷和钱塘凹陷沉积了大面积的滨浅海相泥岩，在海平面下的古隆起上，海侵体系域内还发育了碳酸盐沉积。西侧缓坡带，受潮汐影响，低位体系域和海侵体系域主要发育潮控三角洲、复合型三角洲及滨岸平原等沉积体系，由多个不断向陆呈阶梯状后退的准层序组叠合而成。低位体系域陆棚三角洲被上覆海侵体系域泥岩封堵，极易形成岩性—地层油气藏。高位体系域形成时期，海水大规模消退，东海陆架盆地变为滨海—沼泽环境，斜坡带开始发育富砂的三角洲体系，局部陡坡则发育辫状河三角洲体系，它们由多个厚层、进积型、海陆交互相准层序组组合而成，富含煤层，是物源供给增强和区域海退的沉积响应。

2. 始新世沉积充填及演化

早始新世，东海陆架盆地沉降中心逐渐向东跃迁，西部坳陷带断陷作用停止进入坳陷期，东部坳陷带则进入断陷的兴盛期，东西两侧断层对沉积的控制作用较强。盆内沉积了 SⅡ3 二级层序。SⅢ6 层序低位体系域以沉积滨浅海三角洲中细粒砂岩为主，夹多层黑色煤层；海侵体系域以微晶灰岩、砂质生物灰岩及退积型陆棚三角洲、潮汐滨岸沉积为主，系全球性海泛作用的沉积响应；高位体系域主要为小型前积三角洲。SⅢ7 层序主要为灰色泥岩与浅灰色细砂岩、粉砂岩互层，顶部夹少量煤层，是构造活动与全球海平面变化导致的相对海平面下降的沉积响应，由多个向上变粗的准层序组叠加而成，主要为滨浅海—三角洲和海陆交互沉积。

中—晚始新世，东部坳陷带断陷作用强烈，东海陆架盆地沉降中心跃迁至西湖和钓北凹陷，发育了 SⅡ4 二级层序，包含 SⅢ8（平湖组六段）、SⅢ9（平湖组五段）、SⅢ10（平湖组三段、四段）和 SⅢ11（平湖组一段、二段）4 个Ⅲ级层序。受钓鱼岛隆褶带限制，主要为半封闭海湾沉积环境。SⅢ8—SⅢ11 层序发育时期，受相对海平面上升和潮汐作用响应，西侧缓坡带海侵体系域以发育河流—潮汐三角洲、潮坪、滨岸等海陆交互相砂泥互层为特点，煤层较发育，高位体系域陆棚三角洲略显进积特征。东侧盆缘断阶带发育冲积扇体，反映为近物源区沉积，向盆内则逐渐过渡为扇三角洲或潮汐三角洲体系，盆地内部主要为滨浅海沉积。

3. 渐新世沉积充填及演化

渐新世玉泉运动后，西部坳陷带结束坳陷期进入构造抬升期，遭受风化剥蚀。东部坳陷带则进入坳陷阶段，坳陷作用开始控制盆地的沉积充填结构。同时，相对海平面下降，海水大规模消退，区域沉积环境变为残留湖泊相，发育SⅡ5二级层序，可细分为SⅢ12（花港组下段）和SⅢ13（花港组上段）2个三级层序。三级层序内部主要由灰色、灰绿色或红褐色泥岩和灰白色砂岩、砂砾岩以及煤层组成，与下伏SⅡ4层序（平湖组）呈不整合接触。与盆地坳陷作用和海平面变化导致的沉积环境相耦合，主要发育河流—三角洲、三角洲—湖泊沉积体系，厚层粗碎屑均由若干个向上变细的河道型准层序叠合而成。

4. 中新世末至上新世沉积充填及演化

中新世末至上新世早期，由于东侧的强烈聚敛碰撞和仰冲导致了北东、北北东向断裂的左旋压扭或挤压逆冲反转。整个东海陆架区挤压抬升，造成强烈隆升和剥蚀，形成广泛的区域不整合面（T10）。中新世晚期玉泉组沉积后，龙井运动使得该区挤压抬升，玉泉组大部分遭受剥蚀，仅在深凹中有残留，形成T11不整合面；同时该运动导致该区强烈的构造反转，压扭性雁行排列的褶皱构造—中央隆起带反转构造主要形成和定型于该构造期。事实上，反转期至始新末就开始，从玉泉运动（T30）、花港运动（T20）至龙井运动（T10）三次反转的强度不断加剧。目前盆内的压性、压扭性构造主要是中新世末形成的。反转过程也具有幕式的特点，反转期的不整合面构成凹陷期两个构造层序的顶、底界面。

龙井运动后整个盆地再次处于应力松弛阶段。上新世至今，区域受印度板块强烈作用影响，整个东海陆架区处于整体拉张下沉状态，沉积了上新统—第四系。

第三节　主要层序的沉积环境与沉积相

东海陆架盆地勘探开发目的层系主要包括：西部坳陷带古新统月桂峰组、灵峰组、明月峰组；东部坳陷带始新统平湖组和渐新统花港组。

一、古新统（SⅠ1层序）主要层序沉积相

古新世（SⅠ1层序）沉积时期，西部坳陷带发生断陷，盆地扩张，盆地沉降中心位于西部坳陷，东部坳陷带和中部隆起区为陆上凸起遭受风化剥蚀。在西部坳陷带又以丽水凹陷地层发育最全，勘探程度最高。

1. 沉积背景及沉积相

古新统（SⅠ1）主要包括了月桂峰组（SⅢ1层序）、灵峰组（SⅢ2—SⅢ3层序）、明月峰组（SⅢ4—SⅢ5层序），沉积环境经历了三角洲—湖泊沉积环境、三角洲—浅海沉积环境的变迁。月桂峰组沉积时期（SⅢ1层序），经微体古生物和微量元素分析，Sr/

Ba 值都小于 1，V/Ni 值均大于 2，且自下而上 Sr/Ba 值有逐渐增加的趋势，说明月桂峰组整体沉积环境以陆相湖泊为主；向上灵峰组下段—明月峰组上段（SⅢ2—SⅢ5 层序）则逐渐演变为海陆过渡相或海相沉积环境。

月桂峰组沉积时期（地震反射层 T100—T90，SⅢ1 层序），丽水凹陷为陆内裂陷盆地，开始发生裂陷作用，逐渐形成具有东断西超箕状结构的典型陆相断陷盆地，此时灵峰凸起带出露于水面之上，丽东、丽西及丽南凹陷间彼此分割、互不联通。盆地西侧边缘为缓坡带，东海处于相对低海平面期，尚未有海水侵入，凹陷内沉积了一套陆相地层，由此拉开东海陆架盆地盖层形成的序幕。

灵峰组—明月峰组沉积时期（地震反射层 T90—T80，SⅢ2—SⅢ5 层序），丽水凹陷进入强烈断陷期，盆地同时遭受古近纪—新近纪周期性海侵，海平面急剧上升，海水自南或东南方向快速侵入盆地内部，开始发育海陆过渡相沉积层序，形成了厚层的古新世断陷充填地层。

丽水凹陷识别出了三角洲—滑塌浊积扇、近岸水下扇、扇三角洲、障壁沙坝、碳酸盐滩及滨浅海等多种沉积层序类型。不同时期，各种沉积体系的平面展布及演化特征具有明显差异。

1）滨浅海沉积

滨浅海沉积在东海陆架盆地西部凹陷带古新统灵峰组沉积末期（SⅢ3 层序）和明月峰组沉积早期（SⅢ4 层序）广泛分布，由波浪和潮流作用为主，无恒定物源注入，以泥岩发育夹薄层细砂岩、粉砂岩为主要特点。岩性主要为细砂岩、粉砂岩、泥质粉砂岩和泥岩，发育沙坝、浅滩和海相泥岩微相。沙坝呈现向上变粗的反韵律或向上变粗再变细的复合韵律层序，多发育平行层理、浪成沙纹层理和低角度交错层理，沙坝底部多以渐变粒序为特征，常见变形构造；浅滩厚度很薄，与海相泥岩频繁互层，砂层中可发育平行层理、沙纹层理和波状—透镜状层理，岩性多为粉砂岩和泥质粉砂岩，泥岩中常见透镜状砂岩体和滑塌、揉皱等变形构造。

2）碳酸盐滩沉积

碳酸盐滩沉积主要发育在古新统灵峰组沉积末期（SⅢ3 层序）和明月峰组沉积早期（SⅢ4 层序）灵峰低凸起带北部。灵峰组沉积末期、明月峰组沉积早期东海陆架盆地海水扩张明显，海平面上升，灵峰低凸起逐渐淹没于水下，仅北段部分出露水上。在没于水下的灵峰凸起附近发育了大规模的碳酸盐沉积，测井曲线表现为低自然伽马、低声波时差和高电阻率并呈箱形的特征。此时东海陆架盆地物源供屑能力减弱，沉积速率明显降低，同时由于灵峰凸起不再为沉积体系提供碎屑物源，处于盆地中部凸起区水质纯净、清澈，水体较为稳定，发育了以泥晶灰岩为主的碳酸盐滩沉积，沉积厚度在 30～50m 之间。

3）扇三角洲沉积

扇三角洲是以冲积扇为沉积物供给体系的粗粒级沉积单元类型，以近源短流为基本特征，月桂峰组（SⅢ1 层序）、灵峰组（SⅢ2—SⅢ3 层序）、明月峰组（SⅢ4—SⅢ5 层序）均有发育，主要分布于台北坳陷东侧斜坡南段和灵峰凸起两侧。扇三角洲可以划分为 3 个亚相带：以山地峡谷河流流水冲积作用为主的扇三角洲平原、遭受湖泊水体改造的扇三角洲前缘以及前（扇）三角洲。碎屑岩从泥岩到粗砂岩都有分布，目前在西部坳陷带的钻探井中可见到多种与牵引流沉积和波浪作用有关的沉积构造类型，主要有槽状交错层理、板状交错层理、低角度交错层理、水流沙纹层理、平行层理、浪成沙纹层理、波状层理以及变形构造等。

2. 主要层序的沉积相

以丽水凹陷为例。

1）月桂峰组（SⅢ1 层序）沉积相

月桂峰组（SⅢ1 层序）为断陷早期沉积地层，总体为滨湖—浅湖沉积背景。丽水凹陷东、西次凹被灵峰凸起分隔，闽浙隆起带、灵峰凸起和雁荡低凸起成为其物源供给区，发育三角洲、扇三角洲等。钻井可以看出总体上沉积物补给充足，砂岩成层叠置。西次凹西斜坡有三个主要物源供给方向，形成三个主要三角洲发育区（图 1-3-5），西次凹东侧为灵峰潜山近源扇三角洲沉积。东次凹由灵峰潜山和雁荡凸起提供物源，形成近源堆积的多个扇三角洲。三角洲和扇三角洲之间为滨湖—浅湖的砂泥岩沉积。

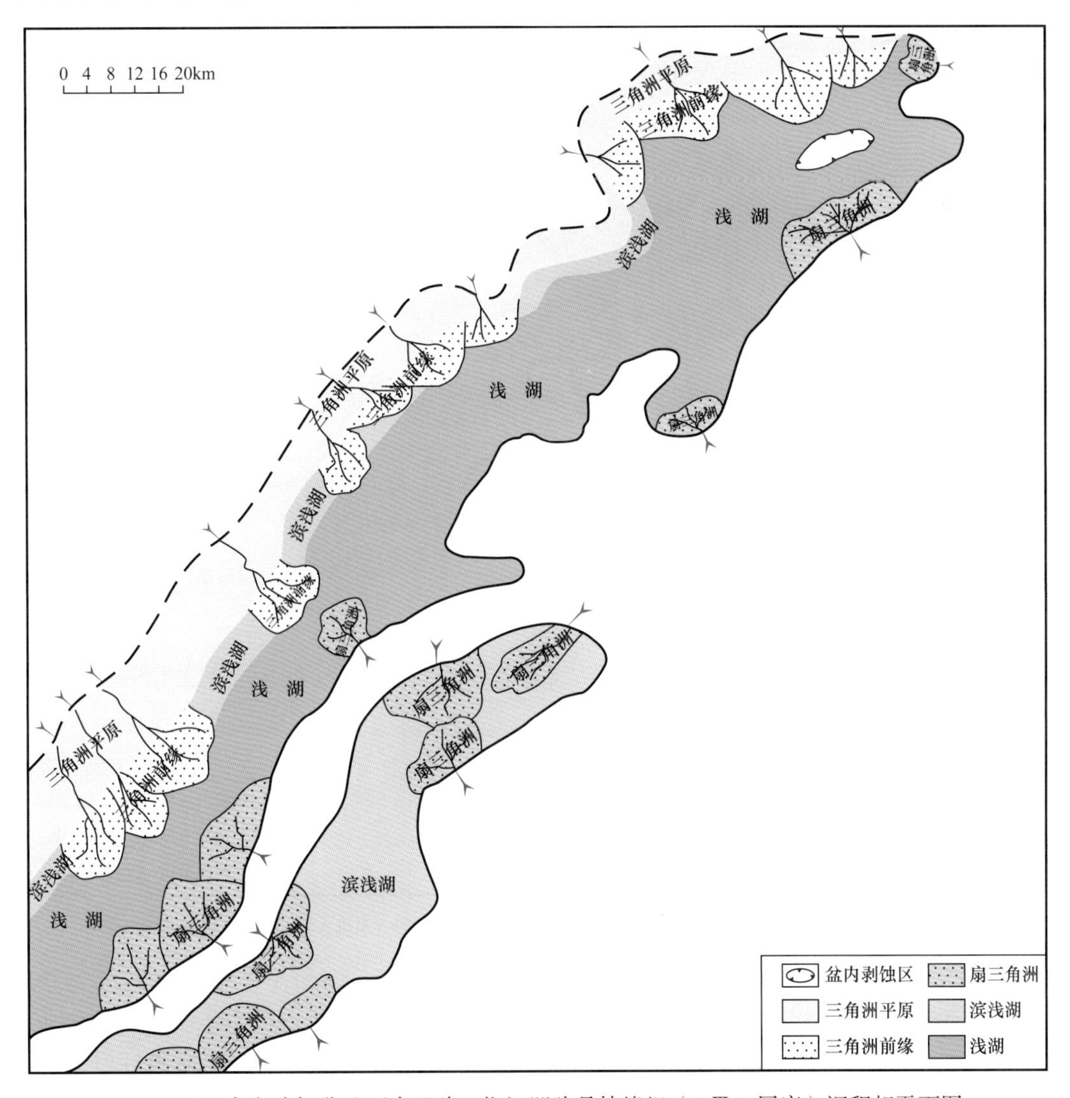

图 1-3-5　东海陆架盆地丽水凹陷—椒江凹陷月桂峰组（S Ⅲ 1 层序）沉积相平面图

2）灵峰组（SⅢ2—SⅢ3 层序）沉积相

灵峰组下段（SⅢ2 层序）强断陷期，发生第一次较大规模的海侵，钻井上呈正韵律的退积特征，西部斜坡主要在西南和西北两个位置发育三角洲沉积。灵峰潜山范围相对减小，但是仍旧成为沉积物补给区，主要发育前积楔状的扇三角洲。西次凹东侧扇三角洲较为发育，扇三角洲主要是灵峰潜山和雁荡北凸起提供物源补给，东次凹仍旧受灵峰潜山和雁荡凸起物源的控制，形成近源扇三角洲沉积（图 1–3–6）。灵峰组下段沉积末期，受盆地整体断陷背景的幕式抬升，海区范围相对缩小，发育一套呈进积沉积特征的地层，西斜坡三角洲相对更发育。

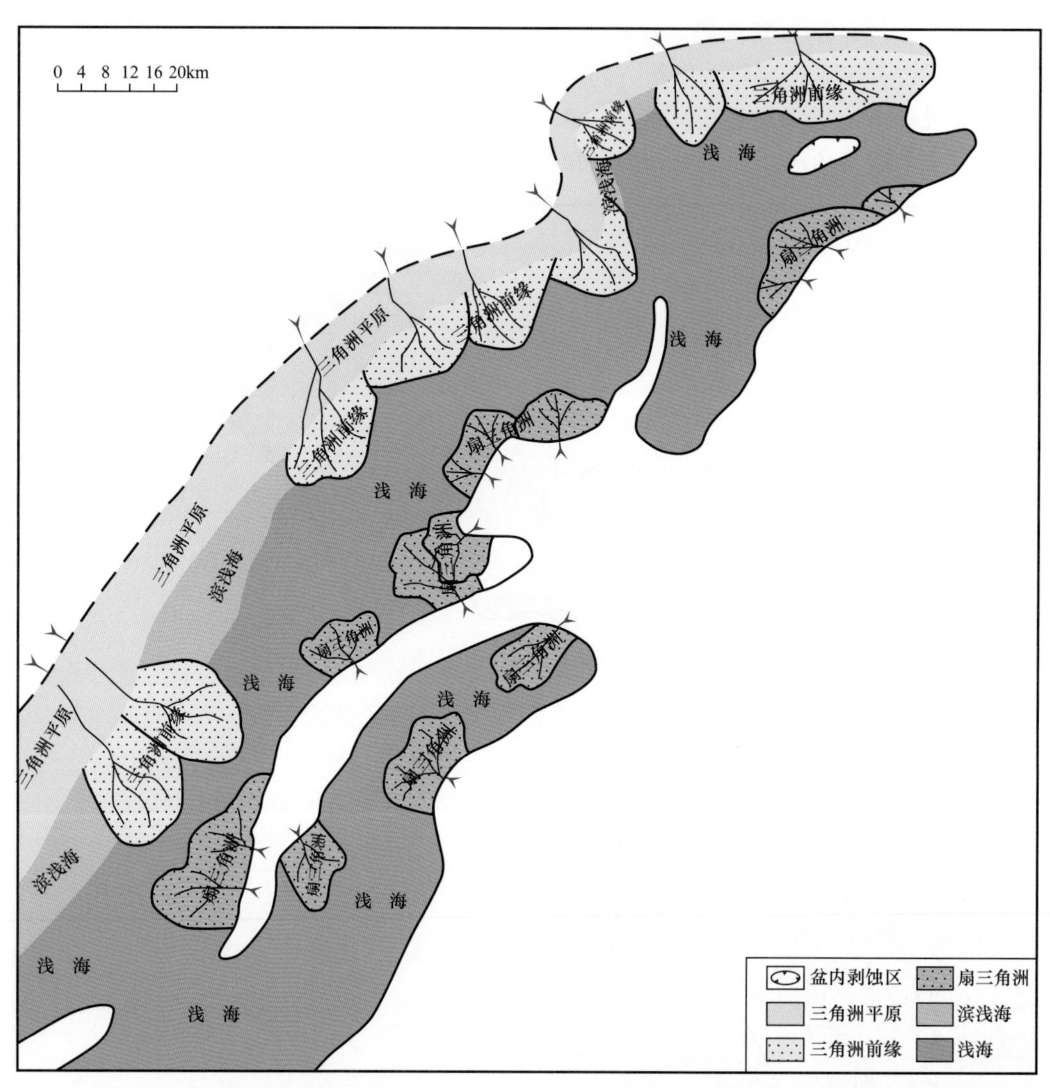

图 1–3–6　东海陆架盆地丽水凹陷—椒江凹陷灵峰组下段（SⅢ2 层序）沉积相平面图

灵峰组上段（SⅢ3 层序）沉积相存在盆地再次幕式下降和受盆地整体断陷背景的幕式抬升两个阶段。盆地再次幕式下降阶段，海区范围相对扩大。与灵峰组下段相比三角洲和扇三角洲具有一定的继承性，前积或前积楔状三角洲和扇三角洲地震反射特征明显。西次凹西南三角洲受西南浙闽隆起物源的控制，沉积物补给充足，水下分流河道的水动力相对较强，同时钻井揭示发育大区域的厚层滨海—浅海沉积；受盆地整体断陷背景的幕式抬升阶段，海区范围相对缩小，主要发育三角洲、扇三角洲和滨海—浅海相。该时期西次凹西侧主要存在两个方向的物源，一是西南浙闽隆起物源，二是西北浙闽隆起物源（图 1-3-7）。

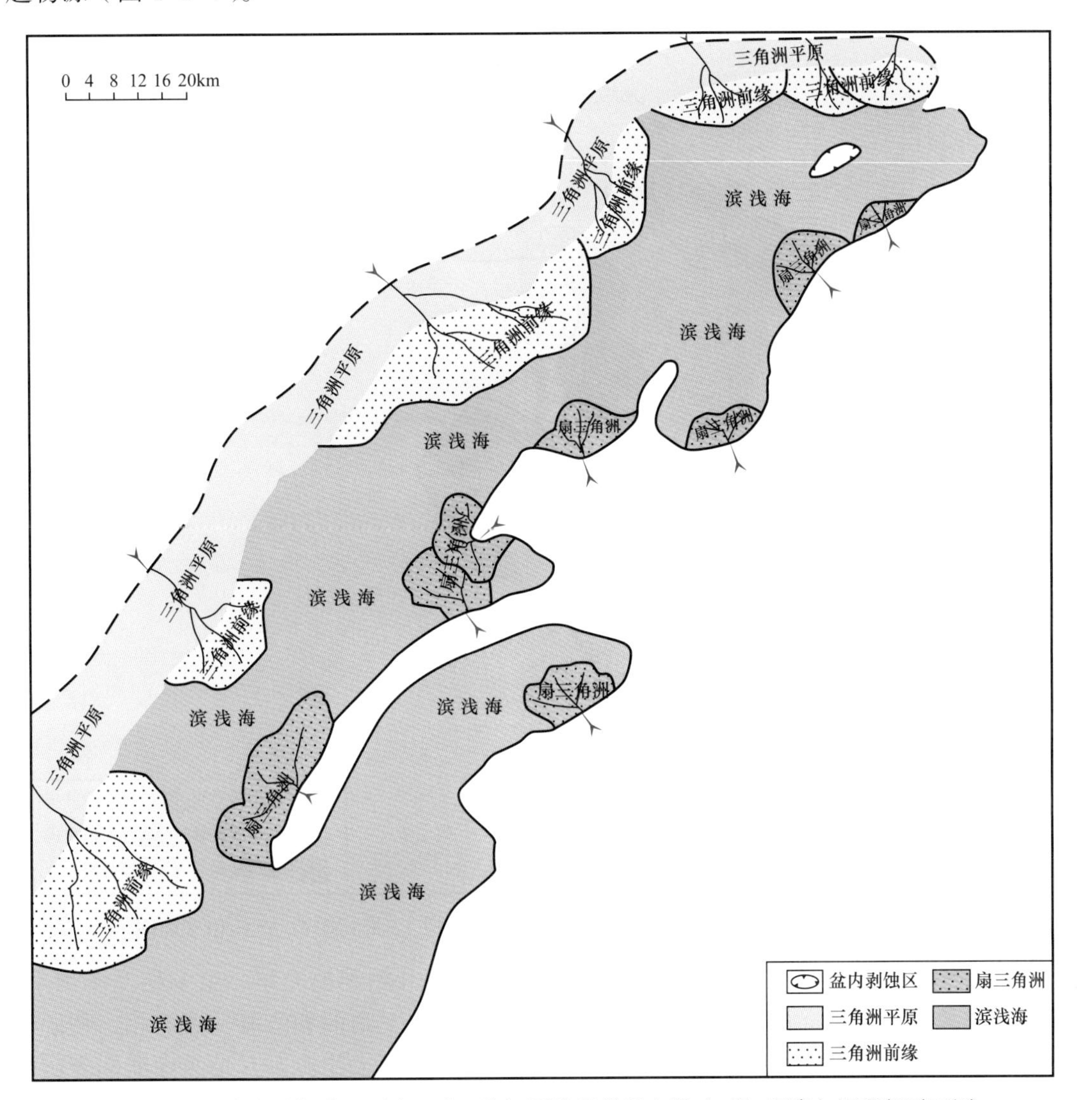

图 1-3-7　东海陆架盆地丽水凹陷—椒江凹陷灵峰组上段（SⅢ3 层序）沉积相平面图

3）明月峰组（SⅢ4—SⅢ5 层序）沉积相

明月峰组下段（SⅢ4 层序）沉积初期海水上升较大，使得灵峰潜山大部分被淹没，主要发育三角洲、扇三角洲、沙坝、浊积扇和滨海—浅海相。该时期沉积物补给充足，三角洲和扇三角洲都较发育，钻井和地震特征都较明显，沉积体系的分布具有一定的继承性，西次凹西侧主要存在两个方向的物源，一是西南浙闽隆起物源，二是西北浙闽隆起物源。灵峰潜山的东侧，发育近南北向成串珠状分布的沙坝沉积，部分地区发育浊积扇。末期海水进一步上升，达到最大海泛，灵峰潜山和东侧雁荡凸起已被海水淹没，主要发育三角洲、碳酸盐台地和滨海—浅海相（图 1-3-8）。

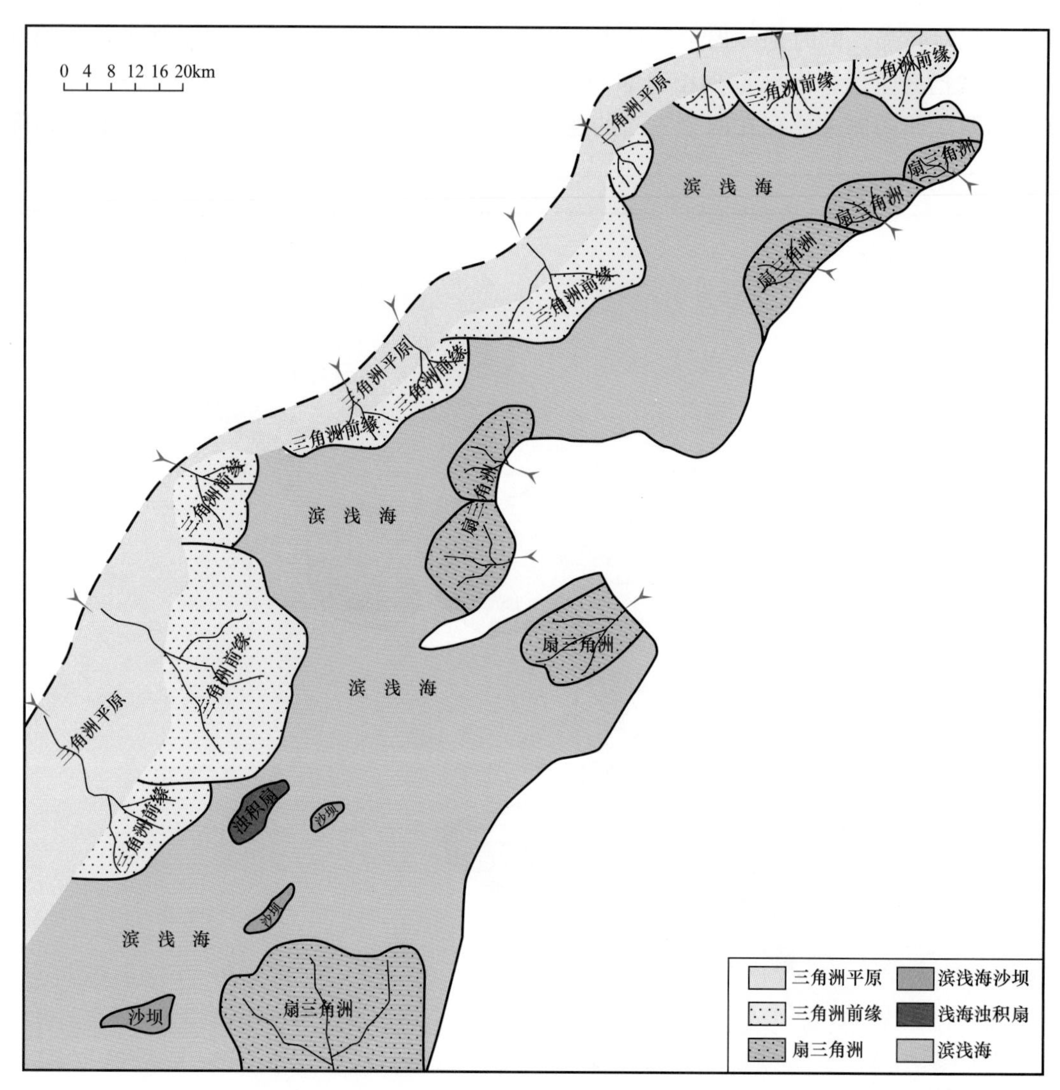

图 1-3-8 东海陆架盆地丽水—椒江凹陷明月峰下段（SⅢ4 层序）沉积相平面图

明月峰组上段（SⅢ5 层序）沉积期，全区域盆地开始萎缩充填，至末期基本填平，成为河流和平原沼泽沉积。该时期主要发育三角洲、扇三角洲和滨海—浅海相，物源非常充足，钻井揭示该时期砂岩发育。西部斜坡主要发育两大物源，一是西南浙闽隆起物源；二是西北浙闽隆起物源。该时期西部斜坡三角洲沉积范围较大，地震前积特征延伸较远。从钻井上看和地震特征显示，该时期雁荡凸起的南侧和北侧开始提供物源，反映近物源的扇三角洲沉积（图 1-3-9）。

二、始新统（SⅠ2 层序）主要层序沉积相

1. 沉积背景及沉积相

始新世（SⅠ2 层序）早期，东部坳陷带开始接受沉积，而西部坳陷带逐渐萎缩。东海陆架盆地经历瓯江运动作用后，东部坳陷带进入断陷阶段，盆地主沉降中心已向东迁移至西湖凹陷；西部坳陷带隆升至水平面之上，中—下始新统开始遭受风化剥蚀，从而缺失了平湖组和部分瓯江组、温州组。

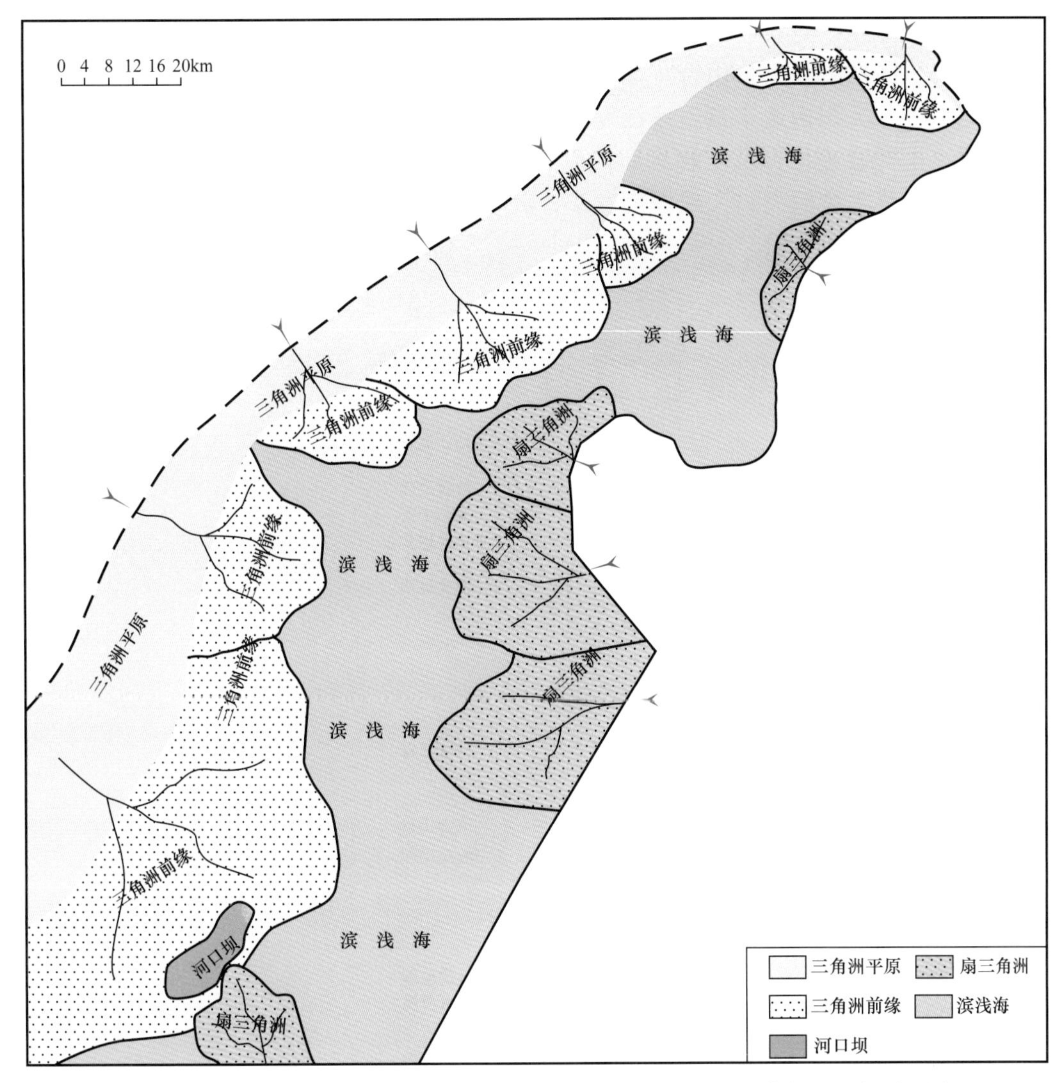

图 1-3-9　东海陆架盆地丽水—椒江凹陷明月峰上段（SⅢ5 层序）沉积相平面图

瓯江组沉积时期，从西部坳陷带丽水凹陷钻井资料来看，物源供给能力大大减弱，盆地整体发育了一套碳酸盐沉积，并有少量碎屑岩体系发育。

温州组沉积时期，海侵达到最大并开始缓慢水退，盆地开始发育滨浅海相三角洲沉积体系。

平湖组沉积时期，西部坳陷带隆升至水面之上，东部坳陷带开始接受沉积。其中以西湖凹陷面积最大，地层最全，勘探程度最高，可以分为六段。该时期，西湖凹陷为东陡西缓的地堑式构造，平湖组五段、六段（SⅢ8—SⅢ9 层序）沉积背景为半封闭海湾，平湖组三段、四段（SⅢ10 层序）逐渐过渡到潮坪沉积体系。始新世末期至平湖组沉积末期，西湖凹陷开始抬升，逐渐发生海退，平湖组一段、二段（SⅢ11 层序）以受潮汐影响三角洲的环境为主。

1）潮坪沉积

潮坪沉积发育于浅海和半封闭海湾背景，主要发育在平湖组六段（SⅢ8 层序）、五段（SⅢ9 层序）、三段—四段（SⅢ10 层序）。潮汐是呈环带状围绕海岸、周期性受潮汐作用影响的一部分区域，以潮坪沉积为主。根据潮汐作用的特点及所形成的沉积环境单元，潮汐沉积体系由潮上带组合、潮间带组合和潮下带组合三部分构成。潮间带与潮下带的沉积组合，沉积构造丰富，广泛发育脉状层理、波状层理、透镜状层理、小型双向交错层理，生物遗迹化石及生物扰动构造（图 1–3–10）。潮间沙坪和潮道沙构成了主要储层，沙坪石英含量较高，一般厚度较小，展布稳定；潮道砂体受海平面升降影响，在垂直海岸方向迁移和堆积。

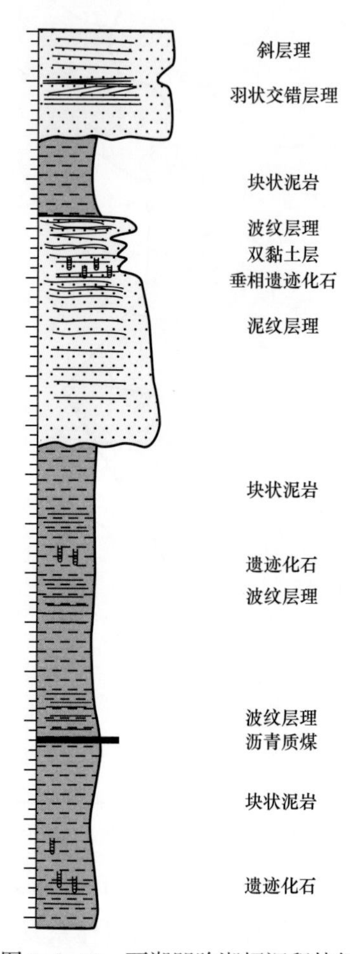

图 1–3–10　西湖凹陷潮坪沉积特征

2）受潮汐影响三角洲沉积

潮控三角洲沉积主要发育在平湖组三段、四段（SⅢ10 层序）和平湖组一、二段（SⅢ11 层序），此时海岸线比较平坦，潮汐流作用强，这类三角洲在河口地区或其前缘方向，常发育呈裂指状散射且断续分布的潮汐沙坝。骨架相主要包括（水下）分流河道和潮汐沙脊，非骨架相包括潮坪、潮道、天然堤、泛滥平原、潮成盐沼及前三角洲。这类三角洲环境中，三角洲平原的分流河道以潮流为主，具有低弯度、高宽深比和漏斗状形态，形成朝海方向变厚、变宽的透镜体，同时涨潮流的入侵会形成许多与河道平行排列的线状潮汐砂脊。三角洲前缘斜坡沉积区，砂体被强大的潮汐改造成潮汐沙脊，这些沙脊多呈狭长的线状平行潮流方向延长，从分流河口沙坝向其外围呈放射状分布。砂岩内部沉积构造具有双向交错层理等潮汐标志。

2. 主要层序的沉积相分布

以西湖凹陷为例。

1）平湖组五段、六段（SⅢ8—SⅢ9 层序）沉积相

西湖凹陷大范围被海水淹没，以泥质沉积为主，发育海湾—滨浅海沉积，西部斜坡带浅水区域发育潮坪沉积（图 1-3-11）。

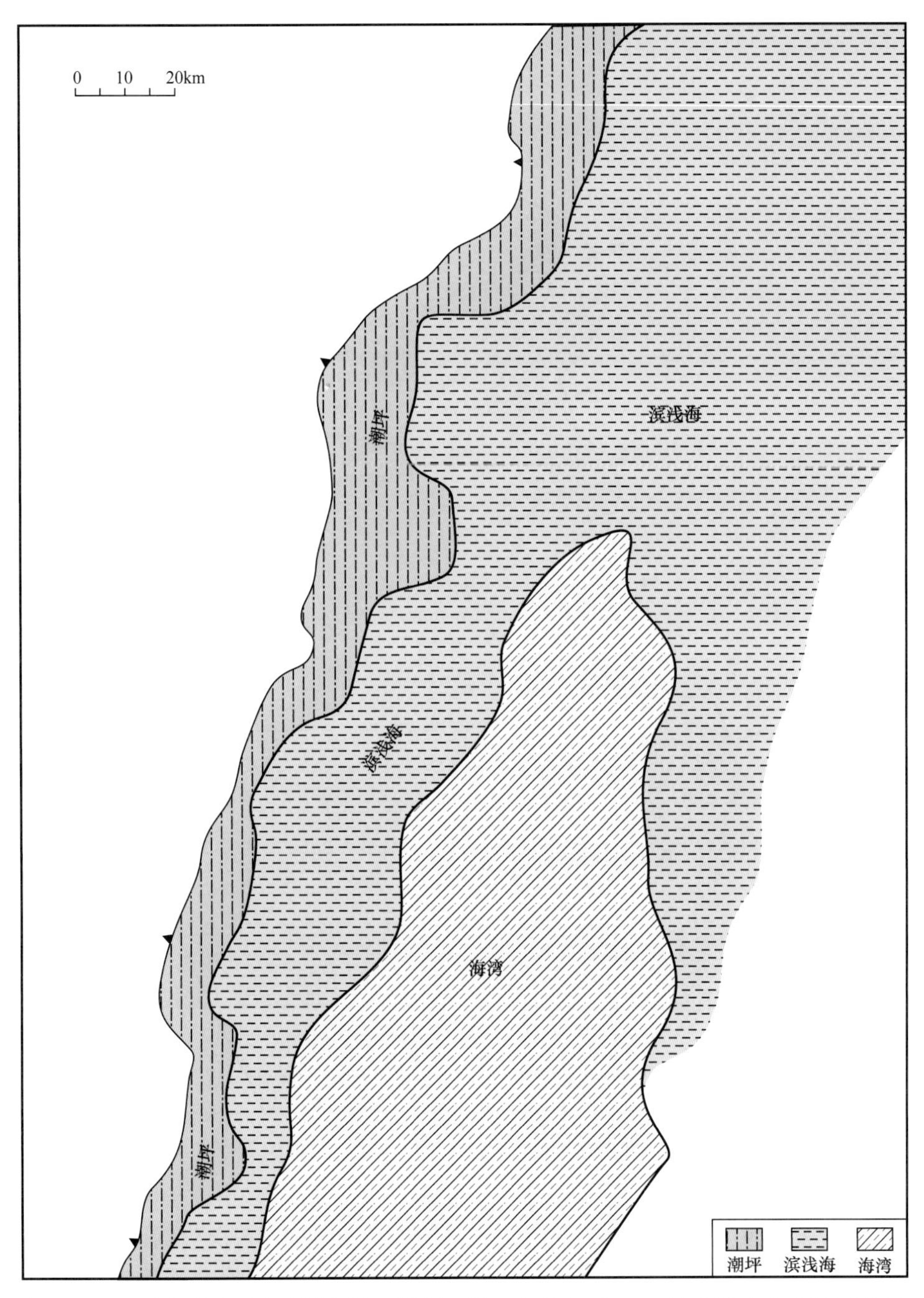

图 1-3-11　东海陆架盆地西湖凹陷平湖组五段、六段（SⅢ8—SⅢ9 层序）沉积相平面图

2）平湖组三段、四段（SⅢ10 层序）沉积相

海平面逐渐下降，随着海水由西南部退出，西湖凹陷西部出现少量物源供给发育的

小型三角洲沉积体系；该时期凹陷西侧构造平缓，潮汐作用范围广，大面积发育潮坪沉积，可形成众多潮道、沙脊等沉积，向凹陷方向以依次发育潮间带、潮下带亚相；东南部发育滨浅海沉积（图 1-3-12）。

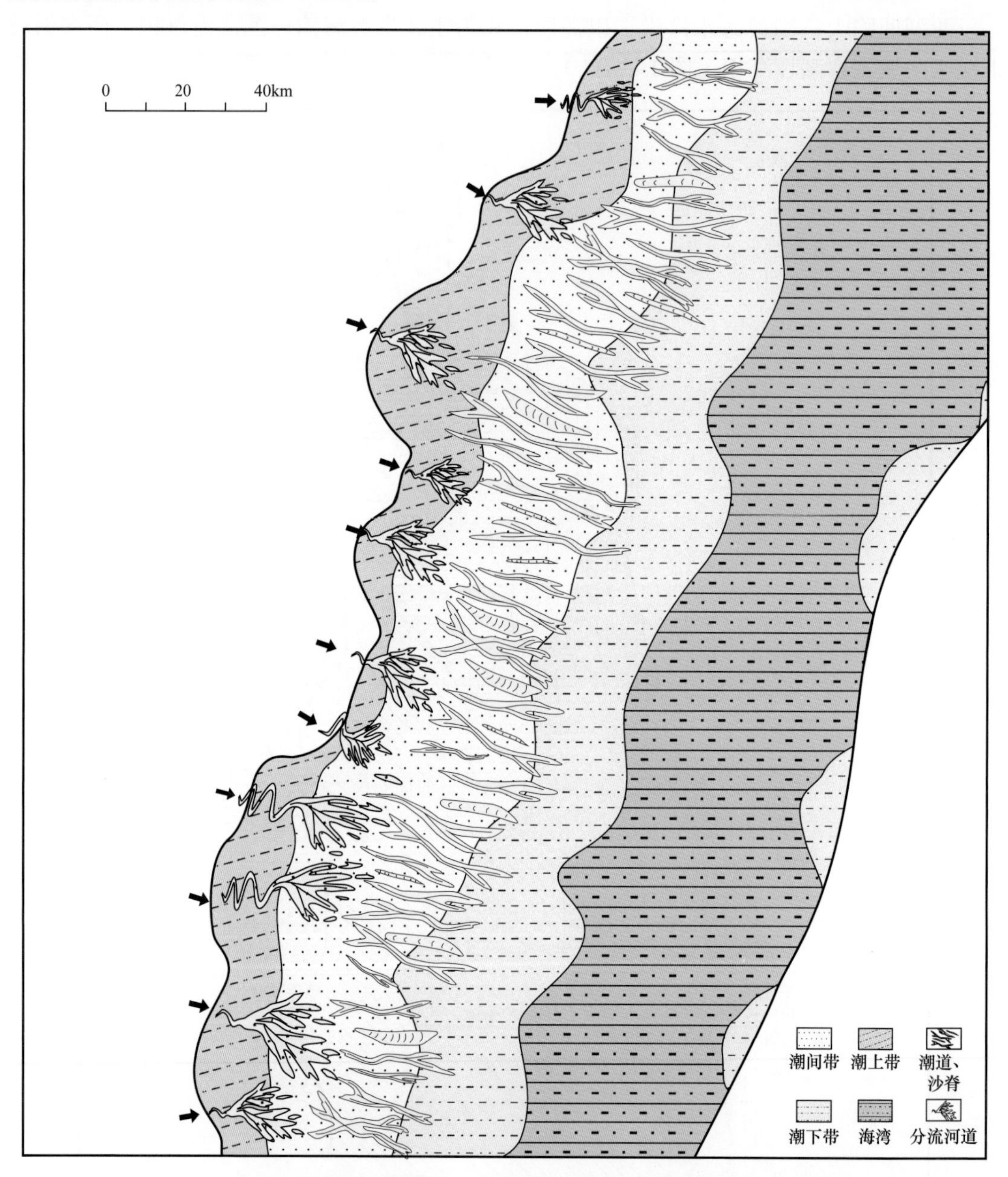

图 1-3-12　东海陆架盆地西湖凹陷平湖组三段、四段（SⅢ10 层序）沉积相平面图

3）平湖组一段、二段（SⅢ11 层序）沉积相

海平面持续下降，西湖凹陷西部露出水面发育三角洲平原，已钻井录井可见杂色泥岩并且煤层发育；物源供给逐渐增强，三角洲向凹陷进积发育，潮汐作用仍然存在，已钻井取心资料可见双黏土层及羽状交错层理；向凹陷方向发育潮坪沉积；滨浅海发育范围逐渐缩小（图 1-3-13）。

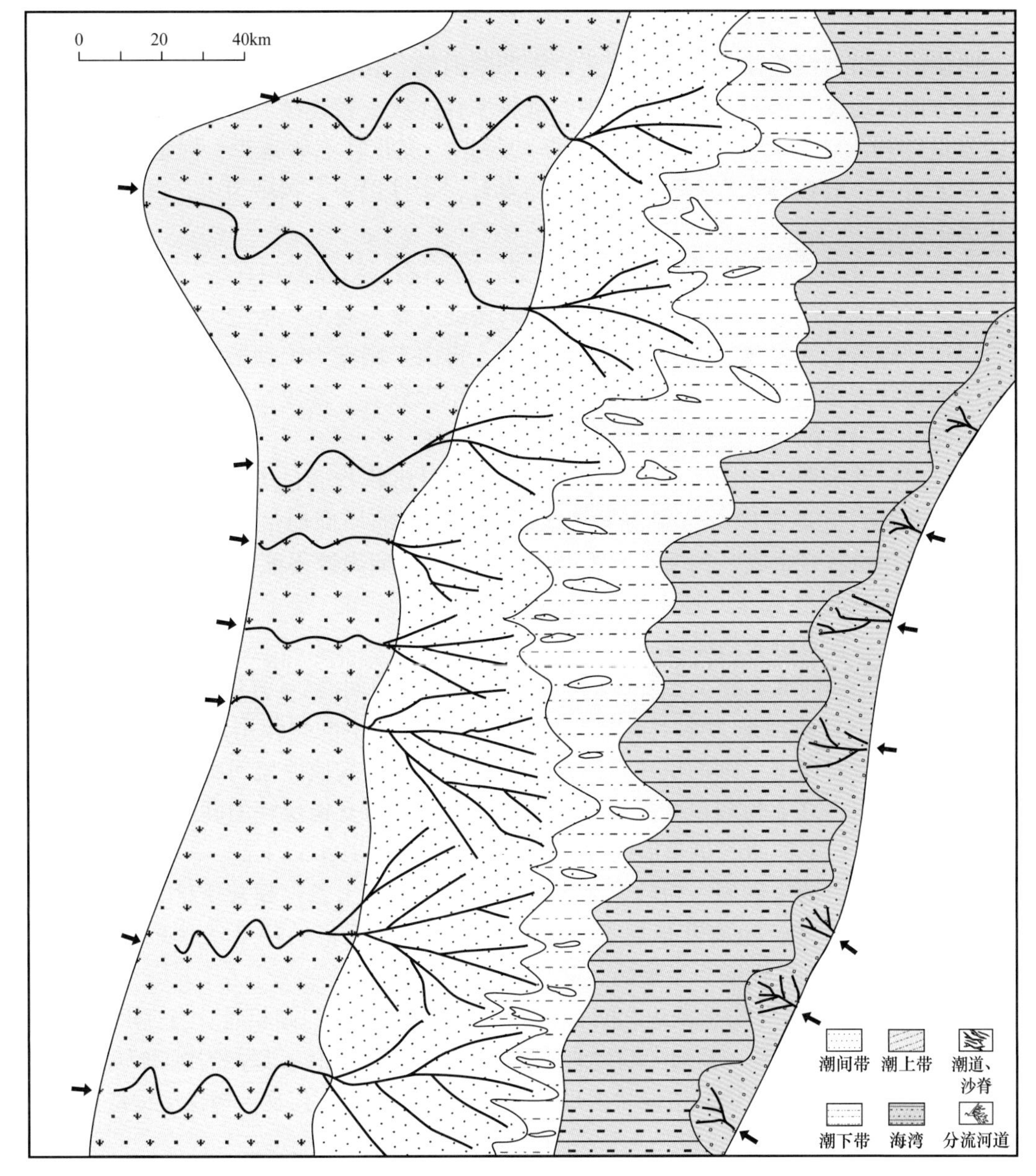

图 1-3-13 东海陆架盆地西湖凹陷平湖组一段、二段（SⅢ11 层序）沉积相平面图

三、渐新统（SⅠ3 层序）主要层序沉积相

1. 沉积背景及沉积相

始新世末期的玉泉运动使得盆地区域性抬升，持续发生海退，直至凹陷封闭，为花港组的湖泊沉积奠定了基础。地势开阔平坦，以三角洲—湖泊沉积体系为主，从少量的海绿石等海相矿物来看花港组出现过短期的海泛。三角洲沉积物在垂向序列中占比很大，是充填的主体。物源主要来自东、西两个方向，物源方向与盆地短轴方向基本相同，凹陷西侧主要发育曲流河三角洲沉积体系，而东侧主要发育辫状河三角洲沉积体系。

1）曲流河三角洲沉积

曲流河三角洲沉积体系主要发育于西湖凹陷西侧。在西部斜坡带花港组下段，湖盆的短轴方向，地震显示为中强振幅，中—低频率，连续—较连续反射，内部反射结构表现为发散结构。整体具有地层向中间变厚的特点。沉积特点表现为：河道砂体极为发育，厚度大，一般在百米左右，河道充填物发育，岩性以中、粗砂为主，以近源短距离搬运沉积为主。

曲流河三角洲平原亚相主要发育河道充填、决口扇、沼泽微相。

河道充填微相：河道底部有冲刷面，冲刷构造发育。向上一般变为槽状交错层理或平行层理，砾岩较为发育，砾石呈叠瓦状排列，再向上则变为大型槽状交错层理含砾砂岩或大型板状交错层理砂砾岩，上覆低角度交错层理砂岩、沙纹层理粉砂岩，在废弃河道的顶部可见泥质沉积，总体显示向上变细的正韵律。

决口扇：洪水期由于天然堤决口，河水携带大量沉积物通过决口在泛滥平原上形成的扇状沉积体，它通常以单个扇体发育在近分流河道的局部地带。沉积物主要由中砂岩、细砂岩和粉砂岩组成，粒度较天然堤稍粗，从决口向扇缘逐渐变细。

分流间地区地势低洼，地下水位接近地表，沼泽分布广泛，有泥沼、草沼和树沼等，构成一个富含有机质的滞留还原环境。

曲流河三角洲前缘亚相主要发育水下分流河道、分流间湾、河口坝等微相。

曲流河水下分流河道为水下沉积，频繁的改道或发生冲裂作用，废弃河道频繁出现。分流河道显示向上变细的层序，沉积物主要为砂质，构成曲流河扇的砂质骨架，层序底面为侵蚀面，之上为较粗的滞留沉积，再往上为槽状交错层理的砂层过渡为沙纹层理的细砂夹粉砂。电测曲线呈箱形或钟形，单层厚度可达 10m 以上。

河口坝以互层的细砂岩、粉砂岩为主，反映河口水动力条件频繁变化。以块状、小型板状交错层理为主，也有变形层理、逸水构造等快速堆积的特点。由近端坝向远端坝，沉积物粒度变细，泥质含量增高，常常夹有泥质薄层。

水下分流间湾为水下分流河道之间相对凹陷的湖湾地区，与湖相通。当三角洲向前推进时，在分流河道间形成一系列尖端指向陆地的楔形泥质沉积体。以泥岩沉积为主，含少量粉砂和细砂。具水平层理和透镜状层理，可见植物残体，虫孔及生物扰动构造发育。

2）辫状河三角洲沉积

西湖凹陷东缘发育辫状河三角洲沉积体系。

相对于曲流河三角洲，辫状河三角洲的特点是沉积速率快、河道多、切割浅、不固定、河道沙坝极发育，河道迁移频繁，河道沙坝时而被侵蚀，时而又建立，冲刷现象明显，沉积物可见混杂砾岩或叠瓦状砂砾岩所组成的河床充填沉积，层理不太发育或呈不明显的平行层理、大型板状交错层理及递变层理。

辫状河三角洲可分为三角洲平原和三角洲前缘亚相。

三角洲平原亚相主要包括分流河道、分流沙坝、河漫微相。

分流河道微相迁移频繁，砂体相互叠加厚度大，是三角洲平原亚相的主体部分。辫状河三角洲洪水期流量增大，流速大，对河道沙坝强烈侵蚀；枯水期流量减小，流速降低，从上游搬运的和从河道沙坝侵蚀下来的砾石被停积在河道底部构成滞留砾石层，形成河床充填沉积。辫状河道频繁改道、不断分叉合并，因此河道底部有冲刷面，冲刷构造极为发育。向上一般变为块状层理或平行层理，砾石呈叠瓦状排列，再向上则变为大型槽状交错层理含砾砂岩或大型板状交错层理砂砾岩，上覆低角度交错层理砂岩、沙纹层理粉砂岩，在废弃河道的顶部可见泥质沉积，总体显示向上变细的正韵律。测井曲线呈箱形，单形态厚度可达 100m。

由于河道频繁迁移、改道，主要发育活动性河道沙坝。沙坝是由早期的席状砾石层（席状坝）被洪水分割形成的长菱形砾石岩席，底部较平，顶微凸。这些岩席由于坝顶的不断垂向加积、沙坝前缘滑落面的发育以及侧缘的不断侵蚀作用，因此形成了具有一定高度的平行流向的板状交错层理砂砾层，即河道沙坝。河道沙坝在洪水期间全被淹没，越坝水流常在坝顶和侧缘形成砂质披盖层；枯水时出露水面。沉积物通常由粗粒的砂砾物质组成。垂向上底部为一冲刷面，其上依次发育含砂砾岩、含砾中粗砂岩、细砂岩。沙坝内部常出现大型板状和槽状交错层理，砾岩和砂砾岩均具有反映低流量的基质支撑沉积特征。若沉积物主要为砾石，则形成不清晰的水平层理或低角度交错层理，并具有叠瓦状构造，测井曲线呈箱形，常与辫状分流河道相共生。

漫流沉积是由辫状河道所沉积的席状砂，洪水期时河流漫出河道，在部分扇面或全部扇面上大面积流动，水浅流急，为高流态的暂时水流。它的沉积作用主要过程是：携带沉积物的河流从河道末端溢出，形成宽阔的浅水带，流速剧减，砂、砾成层沉积，从而形成片状或朵状的砂砾岩体，并常具有小型透镜状砾石层和冲刷构造。砂层具有平行层理和逆行沙丘层理以及其他槽状交错层理，衰退的洪流可产生向上变细的层序。片流沉积常与河道沉积相伴生。

三角洲前缘亚相主要包括水下分流河道、河口坝、分流间湾。

水下分流河道以细砂岩为主，具块状层理及小型板状交错层理，底部有时见冲刷面并含泥砾。在层序上，其下为前三角洲或浅湖泥岩；其上渐粗变为三角洲平原的分流河道。水下分流河道砂体的曲线形态分为两种：其一为顶部、底部突变的齿化箱形。这种箱形曲线表明分流河道砂岩中泥质含量低，砂质较纯，砂岩分选好—中等。其二为底部、顶部递变型的箱形。这种类型的砂体除了顶、底递变以外，中部往往还伴随有 GR 值小幅增高，反映了砂体中局部泥质成分含量的增高。底部渐变反映了砂体由河口坝向水下分流河道的逐渐递变。顶部的渐变则反映了水体逐渐加深的过程，一般是向三角洲前缘砂或者向前三角洲泥岩的变化。水下分流河道迁移频繁，在侧向上相互切割连接，致使储层在平面上分布广泛。

河口坝微相以互层的细砂岩、粉砂岩为主，反映河口水动力条件频繁变化。以块状、小型板状交错层理为主，也有变形层理、逸水构造等快速堆积的特点。由近端坝向远端坝，沉积物粒度变细，泥质含量增高，常常夹有泥质薄层。

分流间湾为水下分流河道之间相对凹陷的湖湾地区，与湖相通。当三角洲向前推进时，在分流河道间形成一系列尖端指向陆地的楔形泥质沉积体。以泥岩沉积为主，含少量粉砂和细砂。具水平层理和透镜状层理，可见植物残体、虫孔及生物扰动构造发育。

2. 主要层序的沉积相分布

以西湖凹陷为例。

1）花港组下段（SⅢ12 层序）沉积相

主要发育河流相、三角洲相、曲流河扇和辫状河扇。其中，曲流河扇主要发育于西部斜坡带以及其北部地区，辫状河扇主要发育于盆地的东缘北部地区。曲流河扇和辫状河扇均分布于盆地的短轴方向。中南部主要发育河流相及三角洲相。由于河流的集中发育，并逐渐汇聚向北形成规模比较大的三角洲。滨浅湖相在凹陷中呈南北方向分布，主要集中于北部（图 1–3–14）。

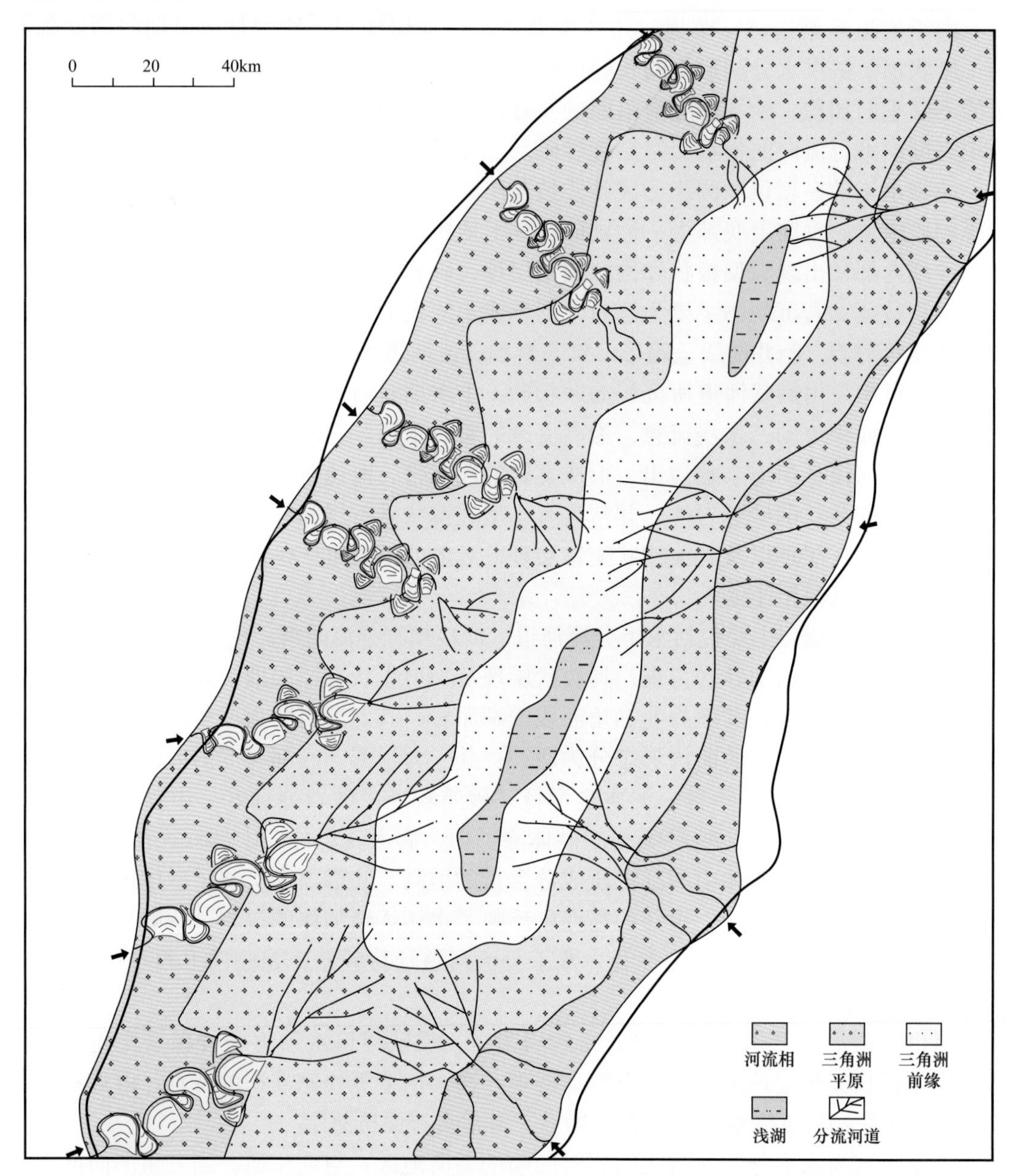

图 1–3–14　东海陆架盆地西湖凹陷花港组下段（SⅢ12 层序）沉积相平面图

2）花港组上段（SⅢ13 层序）沉积相

花港组上段基本继承了花港组下段的沉积格局，西部发育大规模曲流河—曲流河三角洲沉积体系；东部发育大规模辫状河—辫状河三角洲沉积体系。与花港组下段相比，滨浅湖的分布范围逐渐增加，三角洲前缘发育范围更大，凹陷的沉降中心也存在一定迁移，向盆地北部迁移。该时期三角洲前缘发育范围广泛，河道、分流水道极为发育（图 1–3–15）。

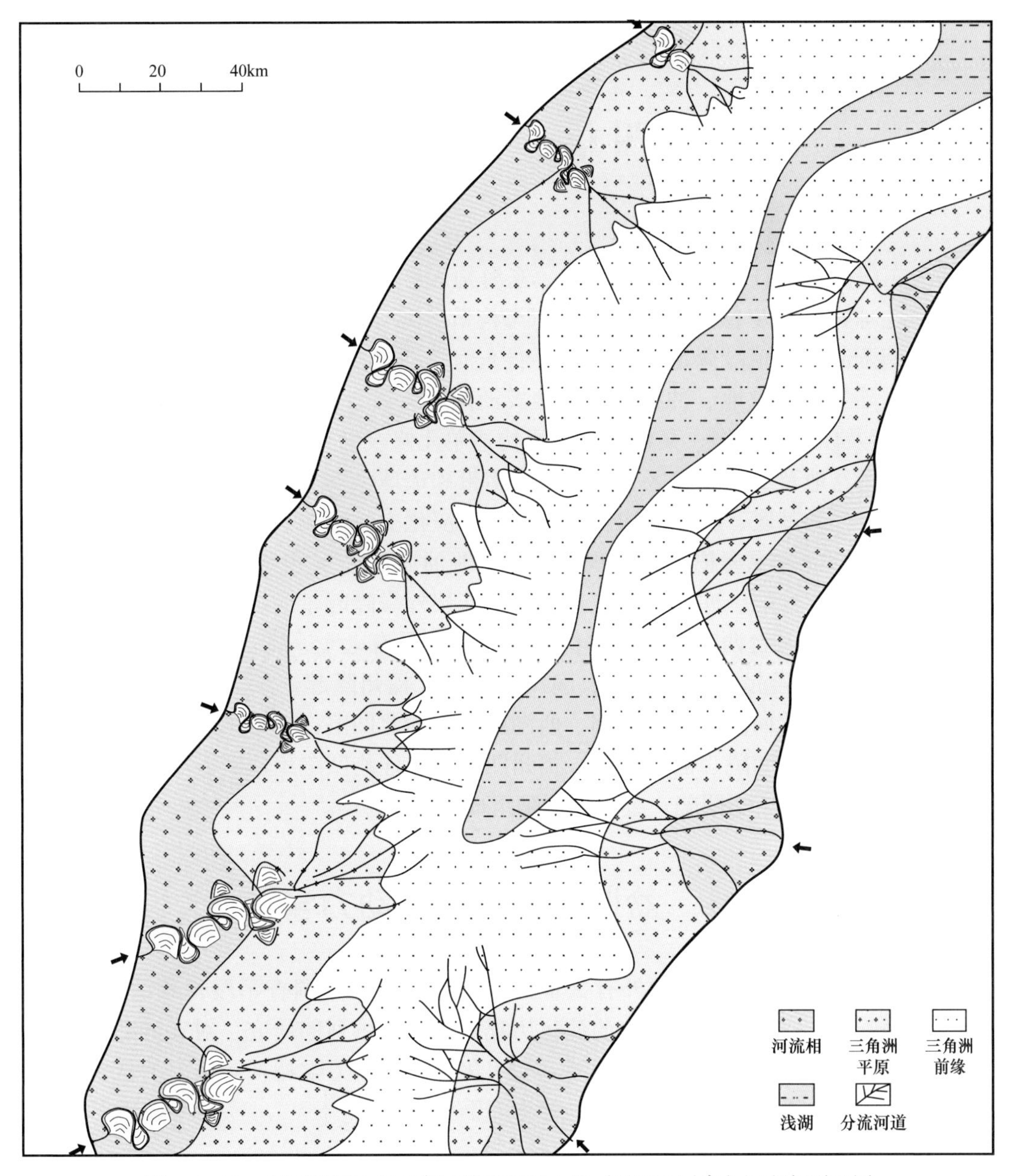

图 1-3-15　东海陆架盆地西湖凹陷花港组上段（SⅢ13 层序）沉积相平面图

第四章 构 造

随着东海油气调查资料的不断累积，东海构造区划的认识也在不断深化。1977 年，根据东海地球物理初步普查资料，曾将东海构造单元划分为“一盆两隆”，即东海陆架盆地，浙闽隆起区和琉球隆起区；1982 年将东海构造区划修改为“三盆三隆”，即东海陆架盆地、陆架前缘盆地、冲绳海槽盆地及浙闽隆起区、钓鱼岛隆褶带和琉球隆褶区；根据 1985 年及以后的工作，又将东海一级构造单元修改为“两盆三隆”，即东海陆架盆地、冲绳海槽盆地及浙闽隆起区、钓鱼岛隆褶带和琉球隆褶区。东海海区发育两类含油气盆地，在时代、基底、沉积结构、形成机制和演化史方面均有所不同，即西部的东海陆架盆地及东部的冲绳海槽盆地。现今，中国海油通过近 40 年的研究，将东海构造区划分为：东海陆架盆地、冲绳海槽盆地、东海陆架外缘隆起带的“两盆夹一隆”及台湾省周围的台西盆地及台西南盆地。一级地质构造单元有七个，即浙东坳陷、长江坳陷、台北坳陷、虎皮礁隆起、海礁隆起、渔山东隆起、福州隆起。二级构造单元有 13 个，东部的浙东坳陷自北向南是福江凹陷、西湖凹陷、钓北凹陷；西部的台北坳陷由雁荡凸起、钱塘凹陷、椒江凹陷、丽水凹陷、福州凹陷、彭佳屿凹陷组成；长江坳陷由常熟低凸起、昆山凹陷、金山北凹陷、金山南凹陷组成。

第一节 盆地构造演化和动力学特征

20 世纪 80 年代以来，国内外有关单位和学者根据现今调查手段得到的地球物理、地质钻探等资料，对东海陆架盆地的演化历程开展了一系列的研究。对东海陆架盆地质构造特征（包括地层、断裂、岩浆活动）和演化历史、动力学特征等情况的认识进一步深入，有效地推动了东海陆架盆地的油气勘探开发进程。

一、盆地演化阶段特征

1. 关键构造运动

自晚白垩世以来，东海陆架盆地经历了 7 次构造运动，运动次数之多，是渤海湾盆地、松辽盆地等大中型油气田发育的盆地所没有的。按照先后发生顺序，统一称为基隆运动、雁荡运动、瓯江运动、玉泉运动、花港运动、龙井运动和冲绳海槽运动（表 1–4–1）。

1）基隆运动

发生在早、晚白垩世之间，揭开了东海陆架盆地演化的序幕。这一时期，在拉张应力作用下，一系列受生长断层控制的断陷盆地开始出现，这些盆地分布方向与区域构造线基本一致，具有东断西超、东陡西缓的箕状特征，多中心，彼此分割。晚白垩世沉积东厚西薄，充填在各断陷盆地之中，沉积中心位于东侧生长断层附近。各沉积区之间互不相通，相互独立，沉积厚度变化较大，显示盆地处于断陷的起始阶段。从台湾地质分析，杂岩变质年龄能揭示俯冲时间、高温低压带或低温高压带的变质作用时间。

表 1-4-1　东海陆架盆地构造演化简表

地层系统				年代/Ma	地震代号	构造运动	构造演化阶段	
系	统	组	段				西部坳陷带	东部坳陷带
第四系	更新统	东海群Qphd		2.6	T0	冲绳海槽运动	整体沉降期	整体沉降期
新近系	上新统	三潭组N_2s		5.3	T10	龙井运动		
	上中新统	柳浪组N_1^3ll			T12			坳陷—反转期
	中中新统	玉泉组N_1^2y	上段					
			下段		T16			
	下中新统	龙井组N_1^2l	上段		T17			
			下段	23.3	T20	花港运动		
古近系	渐新统	花港组E_3h	上段		T21		坳陷—反转期	
			下段	32	T30	玉泉运动		
	始新统	平湖组E_2p	一、二段		T32			断陷期
			三、四段		T34			
			五段		T35			
			六段		T40			
		温州组E_2w			T50			陆缘裂陷期
		瓯江组E_2o		56.5	T80	瓯江运动		
	古新统	明月峰组E_1m			T85		断陷期	
		灵峰组E_1l			T90			
		月桂峰组E_1y		65	T100	雁荡运动		
白垩系	上白垩统	石门潭组K_2s					陆缘裂陷期	沉积间断
		闽江组K_2m		96	Tg	基隆运动		
	下白垩统	渔山组K_1y						

最近，对大南澳群中大理岩的铅同位素年龄测定得出了一个更老的变质年龄（166Ma）。此外，玉里带内的亚蓝闪石角闪岩于79Ma时结晶，该带内的软玉和一些其他外来片岩、角闪岩的$^{40}Ar/^{39}Ar$年龄为67—80Ma。由于形成混杂的俯冲作用年龄应该小于外来岩块的年龄，所以，大南澳群的构造热事件应该在166—67Ma之间，即从晚侏罗世到晚白垩世。这个事件在日本三波川构造带同样发生过，记录了90Ma左右的蓝片岩年龄。

2）雁荡运动

发生于晚白垩世与古新世之间，为区域性的构造运动。这一时期由于拉张应力仍占主导，盆地具断块性质，箕状凹陷继续发展。这次构造运动弱于基隆运动，除局部地区见有古新统与上白垩统的角度不整合外，构造变动不明显。古新世的沉积范围扩大，部分地段已直接覆盖在由基底地层组成的高带之上。此时仍有多个沉积中心，沉积厚度变化在0～3000m之间，但生长断层的控盆作用有所减弱。这一时期属于断陷盆地的发展阶段。古近系覆盖在前新生界不同的岩层之上，有中生界、古生界，且大多数为前泥盆系或花岗岩之上。但在坳陷和凹陷中，古新统往往继承白垩纪断陷盆地沉积，其沉积有一定的连续性，但是两者仍然存在低角度不整合。

3）瓯江运动

发生在古新世与始新世间，为区域性的构造运动。西部坳陷带逐渐由引张应力开始向挤压应力转变，断陷作用明显减弱，古新统发生褶皱、抬升，并遭受剥蚀，伴随形成T80不整合界面，以长江坳陷的昆山凹陷最为显著（图1–4–1a）。瓯江运动后，西部坳陷带进入坳陷发展阶段，始新世沉积范围进一步向东扩展，开始向渔山东、海礁等隆起超覆。而此时东部坳陷带的西湖、钓北凹陷开始接受沉积，受断裂作用控制明显，具多沉降中心的特征，沉积厚度为3000～3500m，并正式进入断陷发展阶段。

4）玉泉运动

发生在始新世与渐新世间的具有挤压性质的一次运动。上白垩统、古新统及始新统经历了褶皱、抬升、剥蚀、夷平等过程，并伴有岩浆活动，造成构造面上下地层间明显的角度不整合和构造格局的截然不同。这次运动在陆架盆地西部由于受浙闽隆起边界条件的限制，表现为地层抬升、剥蚀及岩浆活动，而中部和东部福江、西湖及钓北凹陷则主要表现为宽缓的褶皱，其沉积则为单向倾斜以至披覆，这说明构造运动的重心已开始向东迁移。玉泉运动造成的不整合面提供了坳陷阶段发育的基础，其上渐新世及中新世的沉积中心位于西湖、钓北凹陷，已不具有沉降中心的特征。T30界面标志着玉泉运动的结束。

5）花港运动

发生在渐新世和中新世之间，在西部坳陷带（丽水、椒江凹陷）相当于对玉泉运动的继承发展，以T20平行不整合界面为代表，使得中新统（N_1）直接覆盖于始新统温州组（E_2w）和瓯江组（E_2o）之上（图1–4–1b）。花港运动后，西部坳陷带进入整体沉降阶段。在东部坳陷带，则表现为随着钓鱼岛隆褶带在渐新世末开始隆升，而引起西湖凹陷东部地层的隆升、褶皱、剥蚀，地层沉积开始向西湖凹陷中心收敛，局部也可显示微弱的T20角度不整合界面。

6）龙井运动

中新世早期开始至中新世末达到高潮。这次运动主要影响到东海陆架盆地和冲绳海槽盆地，在东海陆架盆地表现为强烈的挤压褶皱和逆冲断层发育，冲绳海槽盆地主要是断陷扩张。龙井运动可分为三期：（1）早期，发生在早中新世与中中新世之间，强度弱，影响范围局限于东部坳陷带的西湖凹陷中部，具褶皱运动性质，表现为上下地层间的角度不整合。大致在同一时期，冲绳海槽开始扩张，主要发育在海槽的中部，形成了一系列由西倾张性断裂控制的箕状凹陷。（2）中期，发生于中中新世和晚中新世之间。构造运动剧烈。此时，冲绳海槽在引张应力影响下继续向西扩张，导致西湖凹陷受到强烈的水平挤压，使得巨厚的地层褶皱、抬升、遭受剥蚀，形成中央背斜带，并在背斜带轴部伴生一系列呈北北东向延伸的高角度逆冲断层。T12角度不整合界面作为该期构造运动的标志（图1–4–1c）。此期构造运动的强度由北向南减弱，在钓北凹陷表现为平缓的褶皱，无逆冲断层出现。（3）晚期，发生在中新世与上新世之间，构造运动强度及影响范围与早期运动相似，主要表现为由于冲绳海槽向西扩张引起的西湖、钓北凹陷的挤压作用，以T10平行不整合面的发育为代表（图1–4–1d）。

龙井运动在东海陆架盆地的挤压作用主要集中在东部坳陷带西湖、钓北凹陷的狭长地带，受到盆地中央隆起带的遮挡，向西影响迅速减弱，长江坳陷、钱塘凹陷等部位的地层仍保留近水平的披覆状态。龙井运动时期，冲绳海槽盆地主要为持续扩张，箕状凹陷由于受北北东向张性断层的控制继续发育。

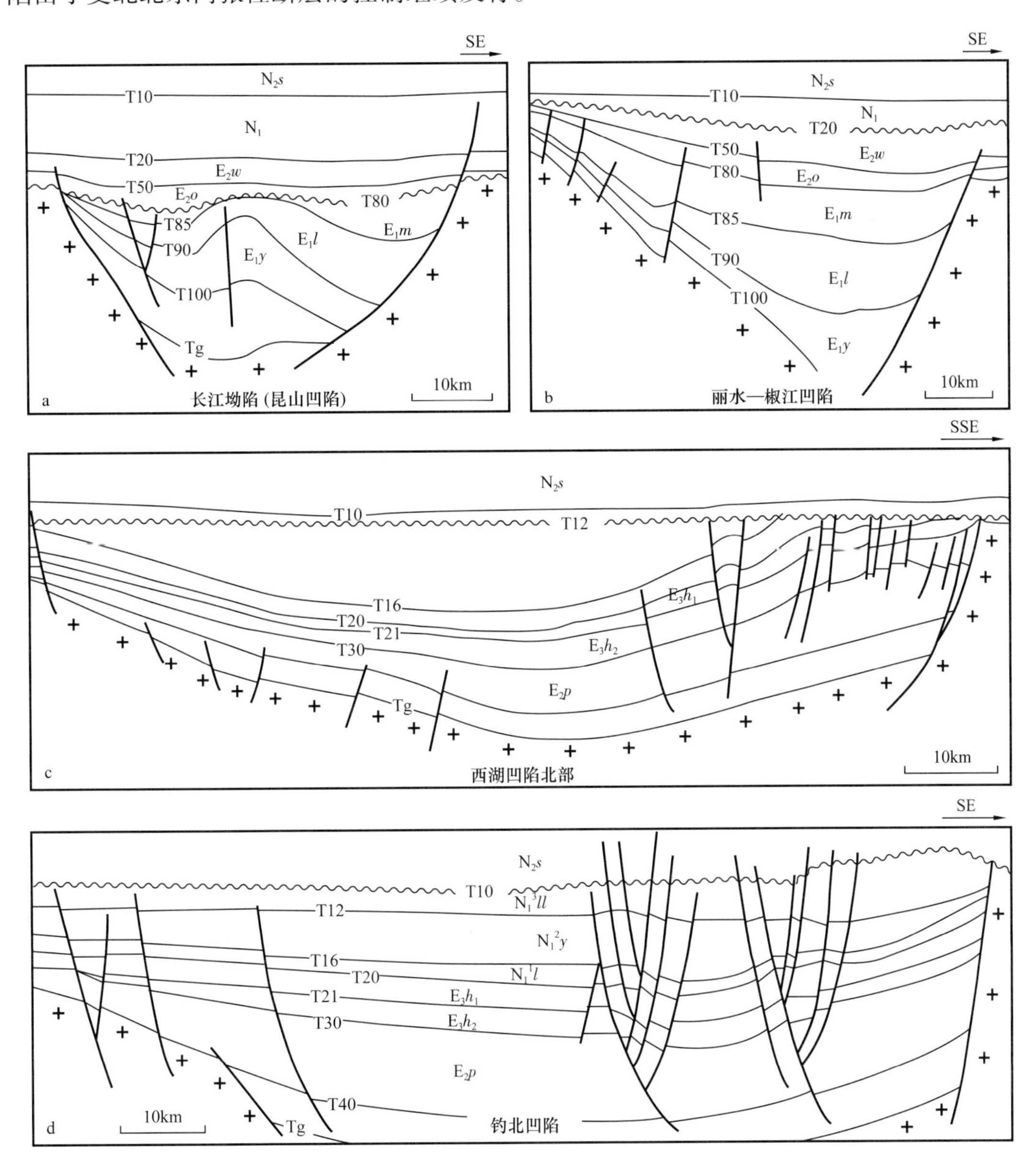

图 1-4-1　东海陆架盆地主要不整合界面特征图

7）冲绳海槽运动

发生在上新世与更新世之间。这次运动具有张性性质，主要表现为正断层和频繁的岩浆活动，局部地区地层也可见明显的褶皱、角度不整合和逆冲断层。冲绳海槽运动主要发生在冲绳海槽地区，特别是在钓鱼岛及海槽地带，在剖面 G340 上表现明显。而 T10 界面为其在东海陆架盆地的产物，在东海陆架盆地，这次构造运动的影响已不明显，除了局部有岩浆活动外，主要表现为大面积的区域沉降和海水入侵。这是新生代以来东海构造运动由西向东不断迁移的继续表现。

2. 盆地构造演化阶段

东海陆架盆地东、西部坳陷带盆地演化阶段具有显著的差异。由于盆地区域应力场背景不同，东、西坳陷带的构造演化阶段的时间界面也不尽相同，东部坳陷带演化要滞后于西部坳陷带。总体上，可划分为5个阶段：晚侏罗世—早白垩世为初始裂陷期与箕状断陷阶段、古新世至始新世处在裂陷—断陷阶段，渐新世开始到中新世中期为东海陆架盆地的坳陷期，中新世中期到上新世早期有两次构造反转阶段，中新世—上新世以来为整体调整沉降阶段。

1）初始裂陷期与箕状断陷

晚侏罗世—早白垩世沿台湾—四万十俯冲带发生俯冲作用，俯冲板块堆积产生上涌热幔柱、软流圈隆升导致东海陆架区热隆起产生岩浆侵入和火山喷发。在热隆背景上形成小型的裂陷盆地。晚侏罗世、早白垩世间的基隆运动奠定了东海陆架盆地的雏形，西部坳陷首先张开，进入裂谷沉积阶段，在不同的基底和基础层之上沉积了侏罗系和白垩系。目前钻井揭露的石门潭组下段为白垩系。石门潭组下段不整合于安山岩和花岗闪长岩之上，岩性为棕红色泥岩和灰白色粉砂岩，主要分布于西部坳陷。北北东向张性断裂控制石门潭组下段的沉积，主要分布于中央隆起带、渔山东低凸起，包括福州—闽江凹陷。残余白垩系2000余米，其他尚未被钻孔证实。

2）裂陷—断陷期与双断盆地

从古新世至始新世东海陆架盆地处在裂陷—断陷阶段，东侧太平洋板块的陆续俯冲和中国大陆西部、印度板块向古特提斯洋的关闭碰撞、和欧亚板块楔入的联合作用，使中国东海陆架区处于右旋张扭的裂陷背景，盆地范围向东扩展在东部坳陷带西湖凹陷形成了厚达万余米的裂陷充填。裂陷作用具有幕式特点，裂陷期沉积充填显示出多个与构造沉积速率变化有关的区域性沉积旋回，发育两个明显的间隔裂陷幕的不整合面。

东海陆架盆地东西坳陷带盆地类型有所不同，西部坳陷带呈箕状断陷，而东部坳陷带的西湖凹陷呈双断盆地的特点，而此时盆地沉积沉降中心已迁移到东海陆架盆地的东部坳陷带，盆地东西两侧受断裂控制明显，盆地类型为双断盆地。

始新世晚期，裂陷作用减弱，逐渐表现出坳陷沉降特点，地层广泛上超，盆地中部的断裂活动明显减弱，在西斜坡断裂显示断阶状向外扩展。这一阶段具有断坳过渡期特点。

3）坳陷期与坳陷盆地

从渐新世开始到中新世中期为东海陆架盆地的坳陷期。东海陆架盆地的东侧出现了向西或北西向仰冲作用，使东海陆架盆地处于左旋压扭或挤压环境；西部的特提斯构造域从碰撞开始向隆起转化。这一阶段盆地在热冷却的驱动下坳陷下沉。特别是T30以后，盆地开始有断陷进入坳陷阶段，盆地由东西两侧断层控制的双断盆地逐渐转变为由东侧断层控制、西侧地层上超的箕状盆地，并且盆地进入坳陷阶段，呈现为垂向上的增厚。

4）反转期与挠曲盆地

东海陆架盆地东、西部坳陷带的反转阶段有所不同。

在西部坳陷带，明月峰组沉积后长江坳陷受到挤压，瓯江运动使长江坳陷进入坳陷—反转期，形成逆断层和断层相关褶皱，古新统受到剥蚀，形成不整合面，T80 反射界面形成；在 T40 出现第二次构造反转，使得平湖组和花港组剥蚀殆尽，仅在少数钻井中钻遇，这次构造反转可能与东部坳陷带的 T30 构造反转是同一次构造运动，只是表现时间稍有差别。

在东部坳陷带，中央反转构造带的西侧可能存在挤压挠曲沉降作用。在反转期，发生两期构造反转。在西湖凹陷，平湖组沉积后期发生玉泉运动，西湖凹陷进入坳陷—反转期，地层剥蚀，使得该区缺失了部分上始新统，平湖组与上覆地层呈角度不整合接触，形成广泛的 T30 区域不整合，断陷期发育的正断层开始逐步反转为逆断层，但玉泉运动造成的构造反转幅度相对较小；自始新世末开始的反转作用是逐渐加强的，从 T20 至 T12 二次反转强度不断加剧。目前盆内的压性构造主要是 T12，即中新世末至上新世早期形成的。T30 反射不整合界面代表了裂后不整合面，发生过局部隆起和断、坳构造调整作用。因此，从 T30、T20 至 T12 盆地的反转作用是不断增强的。

5）区域沉降与被动陆缘

中新世—上新世以来东海陆架盆地进入了整体调整沉降阶段。随着俯冲板块带向东后退，弧后扩张区也向东移，冲绳海槽不断拉开，成为现今的弧后盆地。冲绳海槽可能是在中新世以来开始形成的，主要形成期应是上新世以后。更新世出现全球海平面上升，加速了相对海平面的上升，形成了东海陆架区。

二、盆地发育演化动力学特征

1. 沉积及构造活动迁移

1）沉积迁移

在沉积中心迁移特征上：白垩世末至古新世末，沉降中心分布于西部坳陷带台北坳陷和长江坳陷，具有多个沉降中心；始新世至中新世，沉降中心整体迁移到东部坳陷带的西湖凹陷北部和钓北凹陷；上新世以来，沉降中心迁移到冲绳海槽盆地。因此，总体上东海陆架盆地沉积中心具有自西向东呈带状迁移的规律（图 1-4-2）。

2）构造活动迁移

不整合面是构造运动在沉积建造上的反映，代表构造运动面。渐新世花港运动之前，构造不整合面主要分布在盆地西部坳陷带，渐新世花港运动之后，构造不整合面主要分布在盆地东部坳陷带。从东海陆架盆地主要构造事件分布范围图可以看出构造运动具有“自西向东、自北向南、呈 S 形”的迁移规律（图 1-4-3）。

3）盆地演化迁移

晚白垩世东海陆架盆地的西部坳陷带开始裂陷，此时扩张裂陷的中心在西部坳陷带。早古新世时期的断陷发育以西部坳陷带最为明显，扩张裂陷中心在西部坳陷带，晚古新世盆地裂陷由西向东逐渐迁移，始新世扩张裂陷中心向东迁移，东部坳陷带开始裂陷，西部在古新世时的单断型断陷转变为坳陷，渐新世，西部坳陷带断陷盆地全面隆褶回返，西部坳陷带和中部隆起带抬升并遭受剥蚀，东部坳陷带进入坳陷—反转阶段，东部坳陷带除短暂抬升外，一直保持沉降。中新世裂陷盆地东迁至冲绳海槽盆地，陆架盆地转为整体沉降。中新世末，东海陆架盆地东侧地壳被拉裂，形成冲绳海槽断陷盆地。

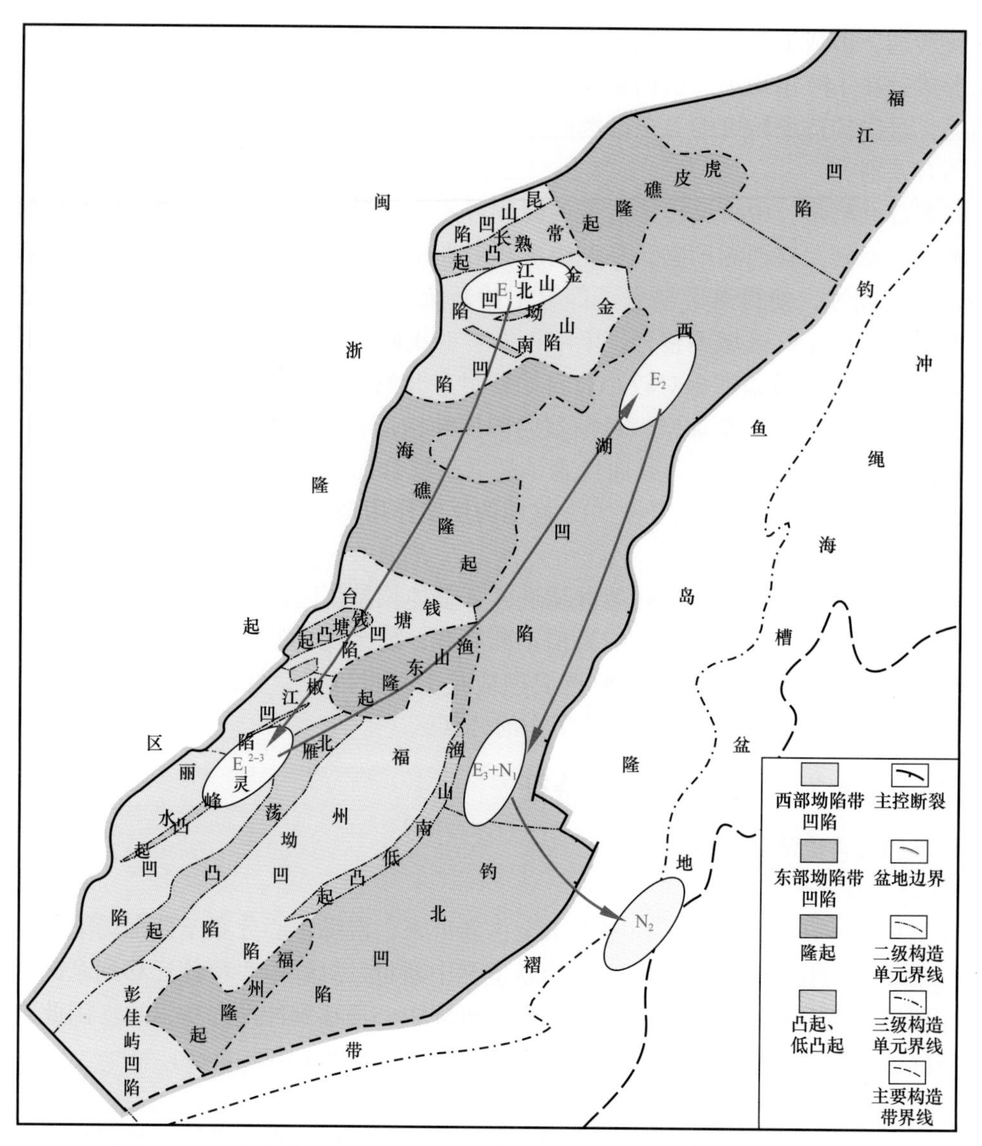

图 1-4-2　东海陆架盆地沉积中心迁移规律示意图（据张国华等，2015）

总体上，东海陆架盆地（西部坳陷带和东部坳陷带）及冲绳海槽盆地的盆地演化阶段越向东，其构造演化的滞后特征越显著（图 1-4-4、图 1-4-5）（张国华等，2015）。即当东部坳陷带进入盆地断陷演化阶段时，其西侧的西部坳陷带已进入坳陷—反转演化阶段，当东部坳陷带进入坳陷—反转演化阶段时，西部坳陷带已进入整体沉降阶段。冲绳海槽盆地与东部坳陷带盆地演化也具有类似的滞后特征。

2. 盆地动力学特征

东海陆架盆地构造演化阶段具有自西向东的迁移特征，构造活动迁移是区域应力场调整的反映，区域应力场的演化又与周边板块相对运动有关。因此，东海陆架盆地新生代构造反转分布、迁移与其所处的大地构造背景是密不可分的。中—新生代以来，中国东部处于印度板块和太平洋板块的双重影响之下，经历了复杂的应力场演化过程（图 1-4-6）（陈斯忠，2003；张建培，2013；张国华等，2015）。

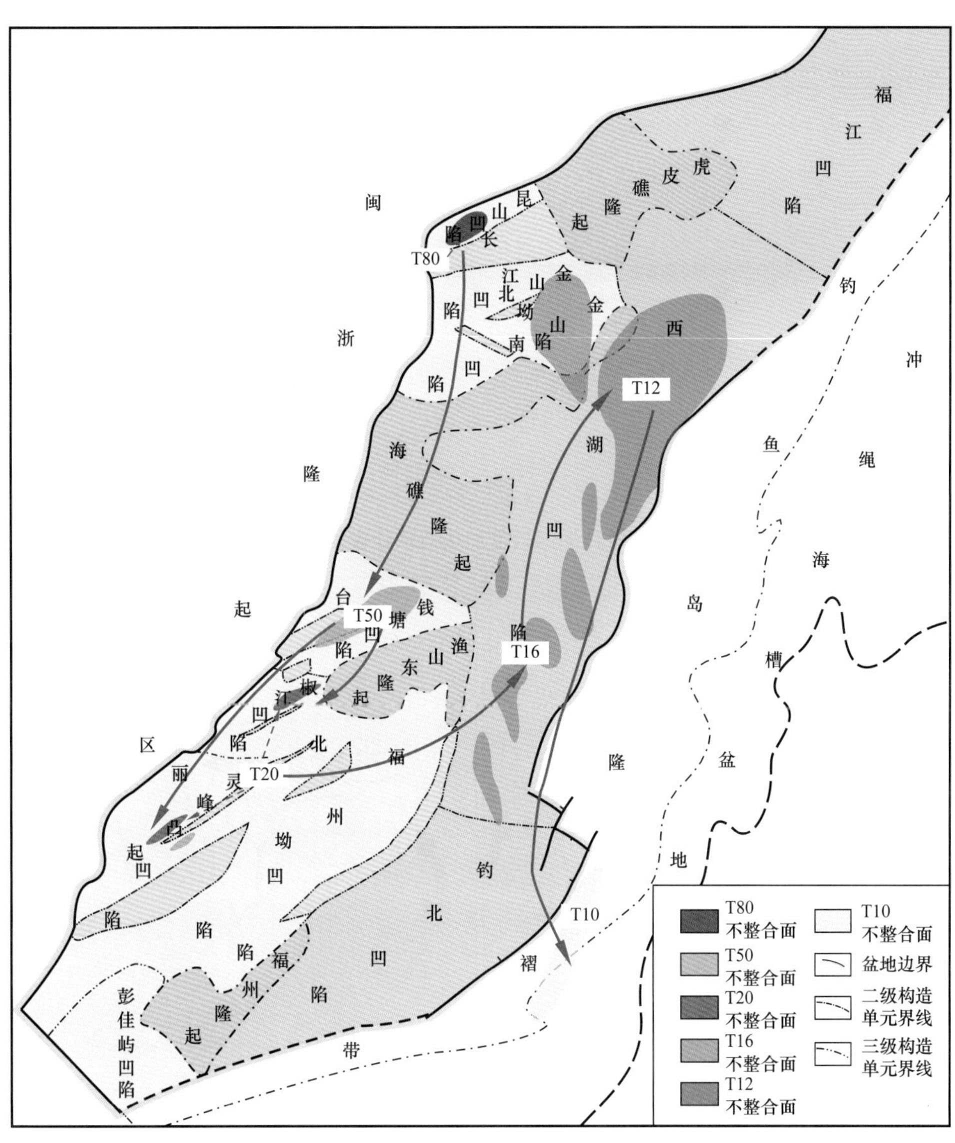

图 1-4-3　东海陆架盆地主要构造事件分布范围图（据张国华等，2015）

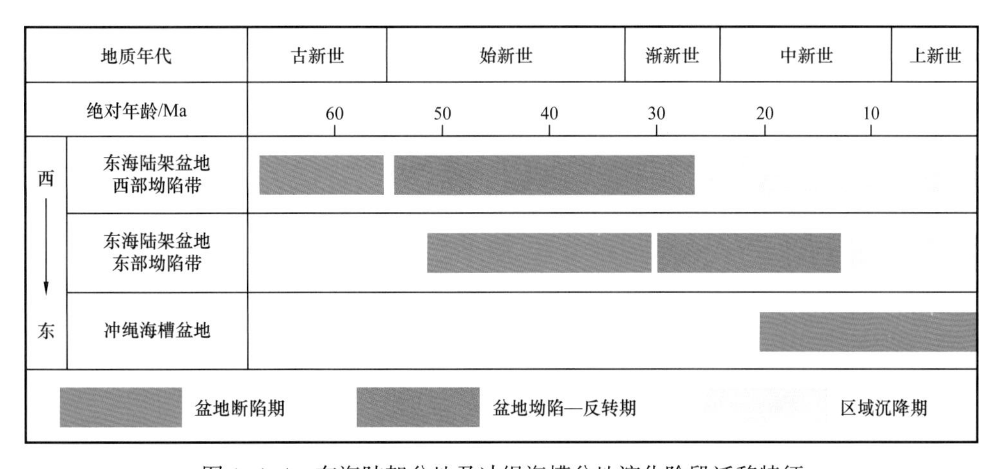

图 1-4-4　东海陆架盆地及冲绳海槽盆地演化阶段迁移特征

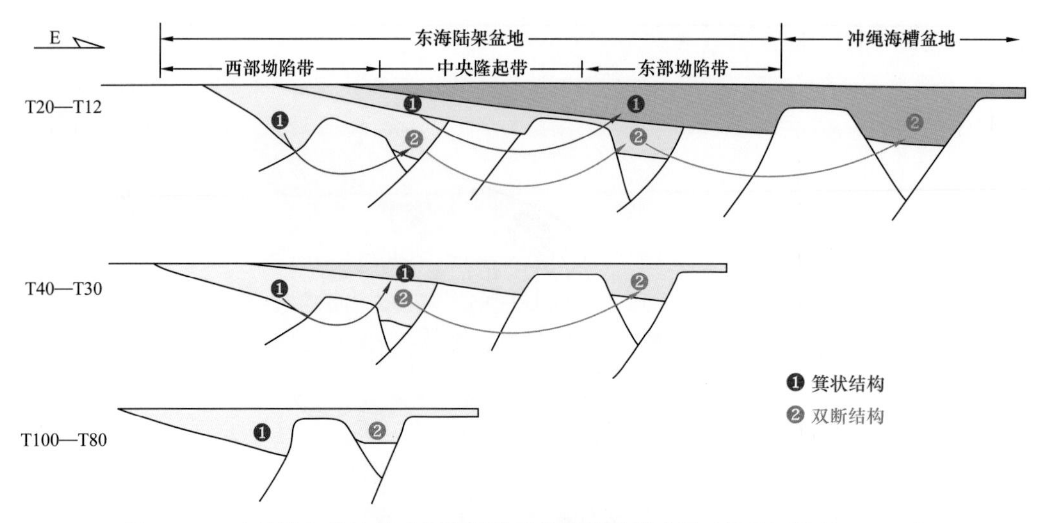

图 1-4-5　东海陆架盆地及冲绳海槽盆地构造跃迁模式图（据张国华等，2015）

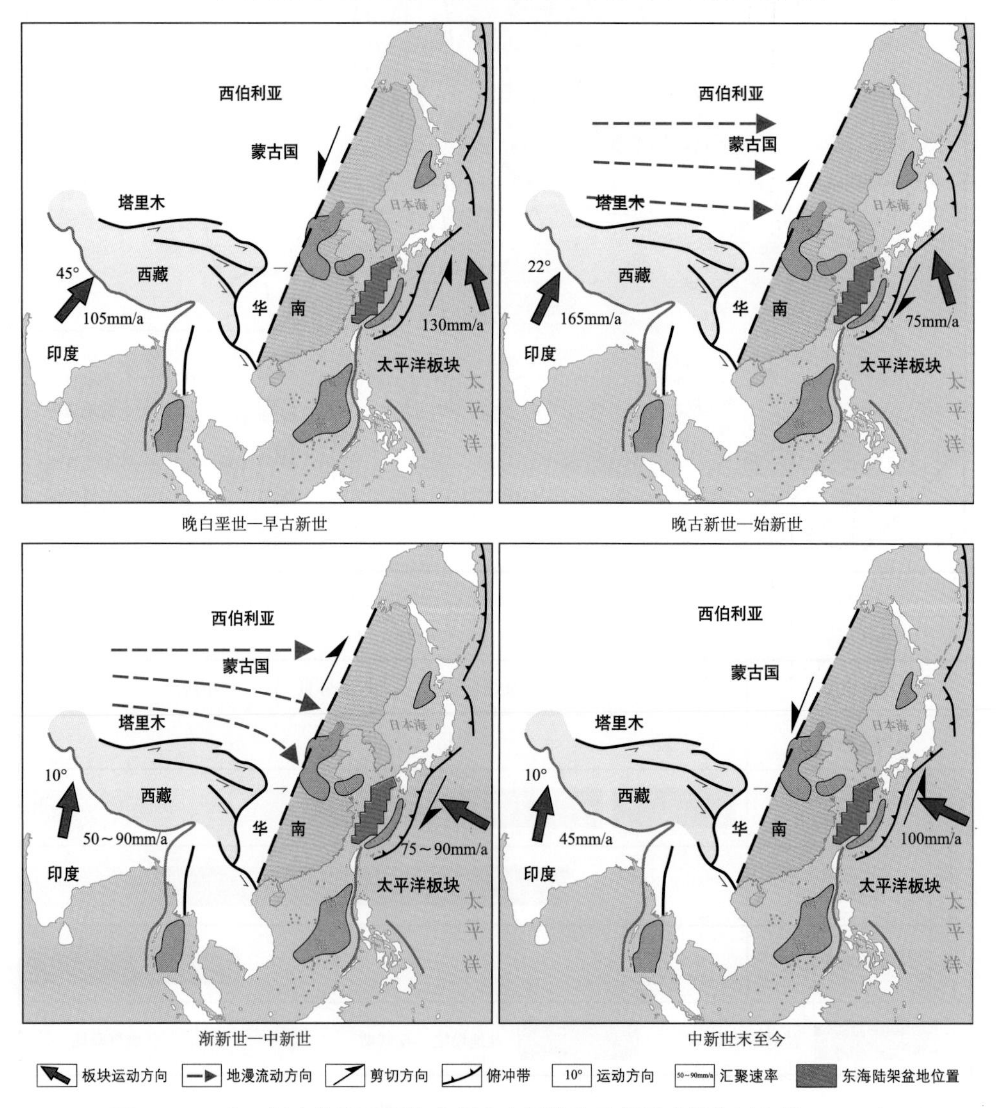

图 1-4-6　中—新生代欧亚板块东部应力场演化示意图（据张国华等，2015）

1）晚白垩世—早古新世

太平洋板块以北北西向相对欧亚板块俯冲，汇聚速率达 130mm/a，印度板块以北东向相对欧亚板块运动，汇聚速率为 105mm/a，在两板块高速汇聚作用的夹持下，中国东部大陆边缘盆地形成左旋张扭应力场，发生了强烈的构造伸展，东海陆架盆地西部坳陷带接受了巨厚的古新统沉积，并伴随大规模的岩浆作用。

2）晚古新世—始新世

太平洋板块汇聚速率减弱（仅为 75mm/a），俯冲方向仍为北北西向，印度板块汇聚速率开始加快（达 165mm/a），俯冲方向逐渐变为北北东向，在西侧印度板块高速俯冲作用的主导下，中国东部地幔物质由西向东蠕散逃逸，表层构造具有西“挤”东“张”的特征，东海陆架盆地处于右旋拉张应力场作用之下，在东部坳陷带形成一系列北北东向的裂陷，以及众多与主体构造线走向一致的北东—南西向正断层，而西部坳陷带则形成强烈的构造挤压反转，即为瓯江运动（T80）的表现。

3）渐新世—中新世

太平洋板块汇聚速率略有增加（75～90mm/a），俯冲方向转变为北西向，印度板块汇聚速率逐渐减小（50～90mm/a），俯冲方向转变为近北向，在太平洋板块的垂向俯冲作用下，钓鱼岛隆褶带发生了强烈的隆升，东海陆架盆地整体进入坳陷—反转阶段，在东部坳陷带西湖凹陷先后发生玉泉运动（T30）、花港运动（T20），在其东部断阶带表现最为显著，并有逐步增强的趋势，此时的西部坳陷带仍处于相对隆升阶段，多缺失渐新统及中新统下部，仅丽水凹陷可见花港运动（T20）形成的背斜。

4）中新世末至今

太平洋板块汇聚速率继续加大（达 100mm/a），运动方向为北西西向，印度板块汇聚速率继续减小（45mm/a），俯冲方向仍为近北向，中国东部大陆边缘盆地再次处于左旋挤压应力场作用下。随着冲绳弧后的张裂，产生了一个向西水平推挤力传递到东海陆架盆地东部，表现为龙井运动（T12）的强烈挤压，在西湖凹陷中央形成巨型的背斜带。由于冲绳海槽并非一次俯冲所形成的，其南北在形成时间及形成机制上存在差异，这可能也是造成西湖凹陷龙井运动南北差异的重要因素。此外，由于来自西侧印度板块的汇聚作用较弱，而来自东侧的挤压应变由于受西湖凹陷中央反转构造带的吸收和盆内中央隆起带的遮挡，导致西部坳陷带龙井运动（T12）构造反转特征不明显。

第二节　断裂系统的分布

一、断裂系统总体展布特征

1. 断裂系统的平面分布特征

东海陆架盆地的断裂在平面上的展布方向主要分为北东—北北东向、北西—北西西向和近东—西向三组（表 1-4-2，图 1-4-7）。

表 1-4-2　东海陆架盆地断裂展布特征表

断裂走向	西部坳陷带			东部坳陷带		
	断裂规模	断裂性质	发育层位及活动时期	断裂规模	断裂性质	发育层位及活动时期
北东—北北东向断裂	规模不一	正断层为主	古新统为主，主要活动于古新世	规模不一	正断层、高角度逆断层	正断层始新统为主，主要活动于始新世；逆断层渐新统—中新统为主，主要活动于中新世
北西—北西西向断裂	规模较大	平移断裂	盆地基底；主要活动于晚白垩世，盆地范围内古新世局部复活	规模较大	平移断裂	盆地基底；主要活动于晚白垩世，盆地范围内始新世—中新世局部复活
近东—西向断裂	规模小—中等	正断层、平移断层	活动于古新世	规模小	张性平移断层	多位于 T21 界面以上，活动于晚中新世

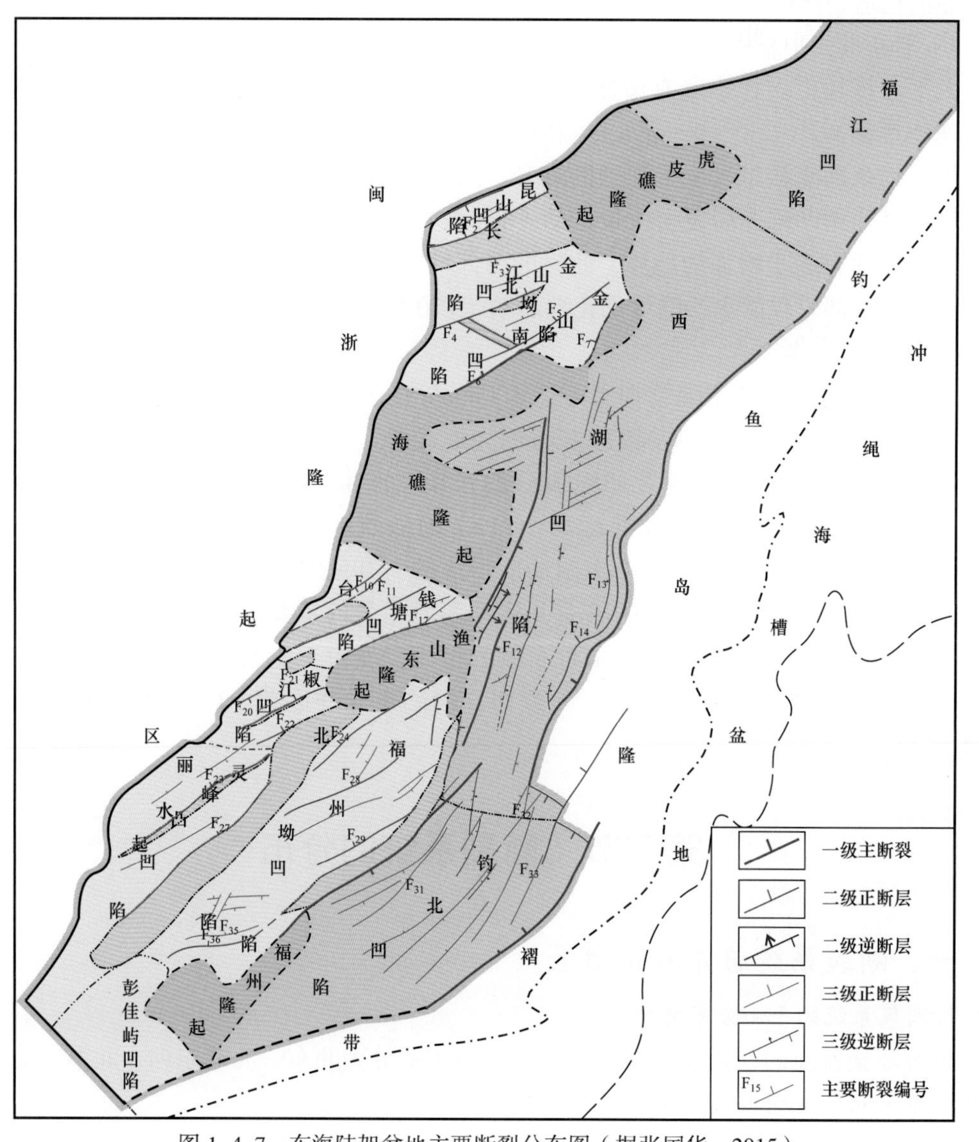

图 1-4-7　东海陆架盆地主要断裂分布图（据张国华，2015）

1）北东—北北东向断裂

此组断裂是东海陆架盆地数量最多、分布范围最广的一组断裂，其走向与区域构造走向一致，平面上呈向东突出的弧形展布，构成了东海陆架盆地内的主要构造格局。对盆地内区域构造的分带性和沉积规模起着控制作用。

从分布上看，此组断裂在盆地各构造单元均有分布。其中有控制盆地边界和区域构造单元的大断裂，有控制凹陷内沉积的主断裂，也有控制局部构造形成的断裂。它们既发育在凹陷的边缘，也发育在凹陷内部，但主要发育在斜坡带和中央背斜或凸起带。由于盆地基底和沉积特征的差异，在不同的坳陷内该组断裂分布特征存在差异。北部该组断裂由南向北近于平行产出的断裂逐渐增多，间距由密到疏，呈“帚状”向北发散展布；南部该组断裂为雁行状，呈向东微突弧形展布。

从力学性质看，此组断裂有正、逆两种性质，早期多为张性断裂，晚期在挤压应力场影响下，西湖凹陷中央背斜带形成一系列高角度的逆断层乃至发育为冲断层。

从演化阶段看，此组断裂由西向东，活动历史由老到新，发育在不同地层中。西部坳陷带断裂最早，发育在晚中生代—古新世地层中。东部坳陷带断裂稍晚，发育在始新世—渐新世地层中。东部坳陷带的钓北凹陷东侧和钓鱼岛隆起带西缘断裂最年轻，主要发育在中新世地层中。

2）北西—北西西向断裂

该组断裂与东海陆架盆地构造走向近于垂直，奠定了东海陆架盆地前新生代“南北分块”的构造格局。该组断裂以区域性基底大断裂为主，多属平移性质断裂，在地震剖面上受深部资料品质约束较难识别，主要在重磁资料上有所反映，表现为两侧重磁异常被错断或扭曲。

在断裂分布上，东、西部存在一定的差异。在西部坳陷带及中央隆起带内，北西—北西西向断裂主要分布在各次级构造单元边界位置；在东部坳陷带内，北西—北西西向断裂主要分布在各凹陷的边界及凹陷内部北西—北西西向断裂终止或转折的过渡带附近。

在断裂发育特征上，北西—北西西向断裂是古老基底或基础层内部的断裂，在新生代期间又重新复活。

3）近东—西向断裂

近东西向断裂是东海较年轻的断裂系统，该组断裂规模较小，主要集中分布在西湖凹陷的中央背斜带，属张性平移断裂，形成于中新世中晚期至第四纪。此外，西部坳陷带的长江坳陷、钱塘凹陷和丽水凹陷也局部发育有近东—西向断裂，规模小，断裂性质一般为正断层，活动于古新世。

2. 不同类型断裂系统的平面展布特征

1）伸展断层体系的平面展布

（1）北东向断裂：主要分布在长江坳陷、海礁隆起、渔山东隆起、台北坳陷，紧靠闽浙隆起。该组断裂是闽浙隆起构造的延续，控制沉积断陷盆地的边界。

根据该组断裂控制沉积特征，其主要活动期为古新世，有少数可延续到渐新世，这是中生代基底断裂的继承，有些控制白垩纪断陷盆地，可控制古新世沉积断陷盆地，叠加在一起。该组断裂的性质经历了张性、剪切、挤压型的演变。

（2）北北东向及近南北向断裂：主要分布在钓鱼岛隆起带西侧边缘及西湖凹陷带。钓鱼岛隆起带西侧基底断裂控制了古生界分布，早期可能为一个基底张性断裂，从始新统、渐新统及中新统的分布看，也呈张性活动。这个断裂也控制了西湖凹陷，其活动时间主要为始新世—中新世。

2）逆断层体系的平面展布

北北东向及近南北向断裂在玉泉运动中产生了一组近南北向逆冲推覆断层，该组断裂性质也产生了巨大转变，由张扭变为挤压。这种转变说明应力作用方式发生巨大转化。

由于断裂方位不同，它们在同一种作用方式、同一应力场中其表现可完全不同。当在南北向反扭力偶作用下，北东及北东东向断裂呈现压扭性性质；而北北东向及南北向断裂即呈张性或张扭性。当在南北向顺扭力偶作用下，北北东向或南北向断裂呈现压性、压扭性，而北南向及北东东向断裂呈现张扭特征。这可能就是在长江坳陷、台北坳陷和西湖凹陷控凹断裂在时间上发展不同的原因，即作用方式的改变是其主要原因之一，当然还有壳下作用等重要因素。

钓鱼岛东侧至冲绳海槽即发育一系列与海槽平行的正断层，多数倾向东侧，其间也有倾向西侧，在 s06qy13 线钓鱼岛东侧还可见一组逆冲断层，可见正断层发育之前有一次挤压逆冲活动。

3）走滑断层体系的平面展布

钓鱼岛隆起带东侧边界断裂为平直的北东东向断裂，西侧断裂则呈现复杂情况，其间发育有北东向、北北东向及近南北向断裂，这组断裂复合发展控制了西湖凹陷曲折的边界。

走滑断裂体系包括与其主控断层相关的雁列式褶皱群。东海陆架盆地内有两组褶皱，北东向褶皱，北北东及南北向褶皱。

北东向褶皱分布在台北坳陷，和北东向（及北东东向）断裂有密切关系，是北东向构造带的基本组成，继承了中生代构造。其中有一部分北东向褶皱是北东向断裂的左行剪切产生的伴生褶皱，形成于古新世末。

北北东及近南北向褶皱分布在西湖凹陷及长江坳陷中，如龙井背斜带，这期褶皱发生在 T12 龙井运动，其形成与北东向断裂的右行剪切密切相关。

3. 不同时期断裂系统的平面展布特征

东海陆架盆地内断裂发育存在空间、时间上的差异，导致不同时期在同一区域、同一时期不同区域的断裂系统存在差异性。

中生代末新生代初，盆地内基底断裂发育，主要是西湖—基隆、海礁—东引、奉贤等断裂，这些断裂成为控制盆地边界和区域构造单元的要素。这些断裂自西向东大致平行展布，西部坳陷带北东向，东部坳陷带总体北北东向，西倾断裂占主导。

古新世时期活动断裂大都继承基底断裂的特征，东海陆架盆地的构造格架已经形成。西部坳陷带断裂活动占主导，断裂呈左阶雁列式展布，总体呈北东向。整个盆地内南部断裂发育，北部较少，自南向北断裂的分布由多变少、由密到疏、由开阔到收缩呈帚状展布。

始渐新世时期，西部坳陷带断裂活动微弱，东部坳陷带断裂活动发育，断裂平面展布图上呈现出“西带荒芜、东带繁茂”的特征。东部坳陷带内西湖凹陷的断裂尤为发育，总体呈北北东向，凹陷两端断裂大致呈现出“马尾状”的展布特征。

中新世时期东部坳陷带的断裂规模减小，西湖凹陷内先存断裂多发生强烈褶皱反转，逆冲断层发育，呈右阶雁列式展布；钓北凹陷断裂反转微弱，断裂平行展布。西部坳陷带内断裂活动微弱，发育规模小，大体呈左阶排列。东、西部坳陷带总体构造线存在差异：东部坳陷带北北东甚至近南北向，西部坳陷带北东向。

4. 断裂的纵向展布特征

在剖面上，东海陆架盆地的断裂系统可分为上、下两部分：下部断层体系（T30 以下）断裂发育早，活动期短，多发育多米诺断阶；上部断层体系（T30 以上）断裂多为与边界控盆大断裂正、反向伴生断裂组合。

这些断裂长期活动形成断裂坡折带，在盆地不同发育阶段构成古构造单元的分界，决定着盆地构造格架的基本样式，对沉积体系分布起到重要控制作用。

下部断层体系主要分布在由古新统—始新统组成的断陷构造层内部，部分上延至渐新统。其对渐新世及其以前的沉积有控制作用，属构造反转期间发生继承性活动的断层，北东—北北东向展布。

上部断层体系主要分布在渐新统—中新统坳陷构造层，可下延至始新统，表现为性质单一的、对盖层沉积无明显控制的新生断层，包括近南北向、北西向和近东西向三组。近南北向断层为断面下凹的弧形逆断层，浅部倾角较大，向深部角度变缓，主要发育于中央构造带反转背斜构造翼部。北西向主要分布在反转构造两侧，具辫状特征，一些北西向串珠状小洼地的发育受基底控制，沿断层面的反转现象不明显，属走滑断层，起构造调节作用。近东西向盖层断层为倾角较陡的平面状正断层，在剖面上通常呈“V”形共轭断层组合，形成一系列横切整个构造的长条形地堑。

二、断裂性质及组合样式

东海陆架盆地断裂按性质可分为正断层、逆断层和平移断层，但实际情况要复杂得多，往往会有不同组合样式的复杂类型，在分布范围上也有区别（张国华等，2015）。

1. 正断层

正断层在东海陆架盆地广泛发育，分布于各个构造单元之中，几乎包括所有的北东向、近东—西向断层及大部分北北东向断层。在规模上，正断层由小到大各个级别均有发育；在形成时代上，从中生代到第四纪的各个构造时期均有发育，其中晚白垩世—古新世、始新世、渐新世—中新世、上新世—更新世为主要活动时期。

部分正断层从盆地发育之初开始，随着盆地的沉降而继续生长，直至盆地发展结束而终止，具有长期发育的特点，它们通常被称为生长断层或同生断层。这种断层一般规模比较大，可达到大断裂或主断裂级，主要分布于盆地（或凹陷）的两侧或一侧，构成盆地与隆起（或凹陷与凸起）的边界，如西湖—基隆大断裂、平湖主断裂、雁荡主断裂等。断层通常在盆地处于拉张及重力作用共同影响下形成，随着盆地的沉降与扩展，断层自下向上发展，形成一种上陡下缓、断面下凹的犁状特征，这种犁状断层向下倾角逐渐变缓，有的最终会沿着地层中的软弱面或基底面（滑脱面）发展，形成一种滑脱断层。

东海陆架盆地正断层的广泛分布反映了东海长期处于以拉张为主导的应力作用下，

正向的垂直运动造就了正断层的发育。但部分断裂并不完全是一种简单的伸展构造，有些断裂组合在平面上呈现“雁行状”“树枝状”“多字形”“入字形”等复杂组合形态，这是一种斜向拉伸现象，反映了扭动作用的存在，因此，这种正断层组合并不是在纯拉伸作用下形成的，而是由张扭相结合的复合式应力作用的产物。

东海陆架盆地正断层分布除了呈斜列式组合特征外，往往在盆地（或凹陷）的两侧或一侧呈断阶式组合，一般由2～3个向盆地（或凹陷）中心逐级下降的正断层组成，西湖凹陷东侧断阶构造带和丽水凹陷西侧斜坡带内均发育有类似的断阶构造带（张国华等，2015）。

2. 逆断层

东海陆架盆地中逆断层主要分布于西湖凹陷中央反转构造带，此外，西部坳陷带长江坳陷中也有少量分布。西湖凹陷中的逆断层多为高角度逆冲断层，长度多在几千米至十几千米，断层的走向绝大部分为北北东向，个别北东向。断层面倾向以南东东为主，少数倾向北西西，倾角一般上陡下缓，多数规模较大的逆断层向下常与深部正断层相连，具有“下正上逆”的特征，为典型的反转断层，而仅发育在坳陷—反转构造层内的逆断层多为后期新生的逆断层。多数逆断层上升盘发育有褶皱背斜，说明地层在遭到强烈挤压褶皱之后才形成了逆断层。在逆断层的分布及规模上，北部较南部发育，且逆断层的逆冲作用强度也具有北强南弱的特征，反映西湖凹陷挤压作用强度北部大于南部。长江坳陷昆山凹陷中的逆断层与西湖凹陷类似，断层面倾向南东东，断层上盘发育反转背斜。

西湖凹陷逆断层形成时代主要为中新世末，受龙井运动东西向挤压作用而产生；长江坳陷中的逆断层形成于古新世晚期，是瓯江运动的产物。逆断层均是在盆地坳陷—反转期中形成的，规模相对较大的为控带断裂，对凹陷构造带的格局具有显著的影响。

3. 平移断层

东海陆架盆地中的平移断裂主要有两种类型，一种是基底平移大断裂，另一种是盆地盖层中发育的平移调节断裂。前者规模较大，对盆地构造格局具有显著影响；后者规模很小，断及层位浅，仅起局部调节作用。

基底平移大断裂主要发育在盆地基底中，断裂特征在盆地新生界中不明显，地震剖面上较难识别，但在重磁资料上有较为明显的反映，这类断层主要呈北西—北西西向断续展布，其规模较大，如舟山—国头断裂、渔山—久米断裂等，长度达100km以上，横穿盆地，并延伸至盆地两侧隆起中。据重磁资料显示，盆地中在这些深大平移断裂两侧附近还发育有一些规模相对较小的北西—北西西向断裂，为其次级断裂。

盆地盖层中平移断层主要发育在西湖凹陷中新统中，为近东—西向延伸的平移正断层，规模较小，多为延伸几千米的断层，在基底平移大断裂延伸位置具有相对集中发育的特征。

平移断层的产生主要受侧向不均匀的挤压作用或由于侧向水平挤压作用沿X剪裂面发育而形成。东海陆架盆地位于亚洲大陆边缘，在太平洋板块向北及向西北方向运动与俯冲过程中，应力场的变化，对东海区域造成了一定的不均匀挤压，因此，区内的平移断层，尤其是北西向平移大断层的形成与太平洋板块的运动有着密切关系。平移深大断裂在盆地形成前就已形成，奠定了盆地“南北分块”的格局，在盆地发育演化过程中又多次重新活动，在上新世时期的再次复活，导致了在其延伸线上发育近东—西向断层密集带。

三、断裂分级及主干断裂特征

1. 断裂分级

目前东海陆架盆地已发现成百上千条断裂，这些断裂规模不等，断裂性质有差异，发育及活动时间有长短，并且控制不同级别的盆地构造。因此，根据东海陆架盆地断裂的发育历史、切割深度、延伸规模等，可将主要断裂分成3级（表1-4-3）。

表1-4-3　东海陆架盆地断裂分级标准

断裂级别	断裂属性	断裂规模	活动时间	盆内分布
一级断裂	控盆深大断裂、控坳断裂	切割深，延伸长，多顺盆地走向	盆地发育前已形成，长期活动	盆地边界、坳陷边界
二级断裂	控凹基底断裂、控凸断裂	切割至基底，断裂长度一般在80～200km	多形成于新生代前，在凹陷发育期长期活动	凹陷与凸起边界
三级断裂	基底断裂派生控带断裂	中等规模断裂，长度在十几米至几十千米	多形成于新生代古新世至渐新世	凹陷内构造带边界

1）一级断裂

一级断裂多为“深大断裂”，包括控盆断裂和控坳深断裂。主要有盆地边缘及内部二级构造单元及划分结晶基底块体的深断裂，多具一定的延伸规模，具有长期的演化历史。

2）二级断裂

二级断裂可称为“控凹断裂”，主要发育在盆地坳陷内部凹陷和凸起交界处，多为顺构造走向的基底断裂，控制凹陷的发育，对凹陷结构特征具有显著的影响，是造成坳陷内部结构差异的一级断裂。多为新生代前形成的断裂，具有长期演化历史。

3）三级断裂

三级断裂可称为“控带断裂”，是凹陷内部控制断裂构造带和潜山带的断裂，为基底断裂所派生或为继承断层，控制凹陷内洼陷的分布。主要活动期常晚于二级断裂，影响深度也浅一些。它对油气的控制结果是形成不同类型的复式油气聚集带。三级断裂也可切割基底，地震剖面分析揭示其多为先存断裂。先存断裂是盆地盖层与基底发生耦合的重要构造，有利于协调位移引起的空间问题。

2. 主干断裂特征

1）一级断裂

东引—海礁断裂（F_1）：位于东海陆架盆地的西缘中段，构成了盆地与闽浙隆起区的分界，在地震剖面上无法识别，重磁异常上有所表现。

磁场上表现为一系列走向北北东的变化剧烈的磁异常带，重力场上表现为不同面貌异常的分界线，故推测其为由一系列断裂组成的一条大断裂带。沿断裂可见晚侏罗世中酸性岩浆向外喷溢，形成闽浙隆起区东部大片火山岩系的覆盖，故其主要活动期应在晚侏罗世—白垩纪。

西湖—基隆大断裂（F_2）：位于东海陆架盆地东缘中北段，为西湖凹陷与钓鱼岛隆褶带的分界断裂，在重磁资料上表现较为显著，在地震剖面上表现为西湖凹陷地层与钓鱼岛隆褶带岩浆岩带的分隔。该断裂总体走向北北东向，倾向北西向，延伸长达700km，是一宽30～50km的断裂带，且局部地段被北西西向平移断裂错断。

西湖—基隆大断裂在盆地发育演化初期即已形成，是控制东海（陆架）盆地边界及构造大格局的一级大断裂，由一组断裂组成。沿着断裂延伸方向在磁力ΔT异常上同深度磁性体呈现较大的密度差，重力等值线密集带也反映东海（陆架）盆地与钓鱼岛隆褶带之间存在深大断裂（张国华等，2015）。

由于东海陆架盆地的东边界地震资料少，火成岩活动破坏程度不一，发育历史南北差异等原因，使得对于盆地东边界的认识存在差异。但可以肯定的是，西湖—基隆大断裂在花港组沉积初期已经形成统一断裂，控制了全盆地花港组的沉积空间和厚度分布。花港组沉积前，西湖—基隆大断裂确实存在差异，生长指数和地震剖面等揭示：北段具有分割特点，南段还发育不明显。岩浆作用北段强，对盆地边缘形成影响较大，而南段岩浆活动较弱或较晚。

凌云断裂（F_3）：位于东海陆架盆地东缘南段，钓北凹陷东侧，为钓北凹陷与钓鱼岛隆起带的边界断层，总体走向北东向，在地震剖面上清晰可见。

在剖面上，凌云断裂倾向北西向，主断裂面断距上小下大，切割层位多，延伸距离长。该断裂形成于古新世瓯江运动之前，一直延续到龙井运动之后逐渐停止活动，在此期间一直处于比较强烈的活动时期。对钓北凹陷平湖组沉积具有显著的控制作用，是一条控盆大断裂。

奉贤断裂（F_4）：位于长江坳陷南侧，为长江坳陷与海礁隆起的分界断裂。断裂总体走向北东，倾向北西，平面延伸长达95km。奉贤断裂形成于新生代之前，在始新世即停止活动，控制长江坳陷美人峰组和长江组。

宝山断裂（F_5）：位于东海陆架盆地西缘北段，为盆地边界断裂，断裂总体走向北东，倾向南东，延伸长达75km。宝山断裂形成时间早，古新世前就已存在，活动时间长，至中新世才完全停止活动，其主要活动期为古新世，控制了长江坳陷美人峰组的沉积。

2）主要二级断裂

平湖主断裂（F_{21}）：位于西湖凹陷西部斜坡带中段，断层走向北北东，倾向南东东，该断裂伴生一系列同倾向雁列式排列正断层组合。平湖主断裂全长200km，主断裂面具有上陡下缓的犁式结构，断距上小下大。

平湖主断裂活动期长，形成于盆地初期的基隆运动，一直延续到中新世，结束于中新世的龙井运动。该断裂为一生长断裂，控制了西湖凹陷东侧北段始新世以下地层的沉积。从剖面上看，其下降盘沉积了巨厚的古新统—渐新统，而在上升盘往往缺失古新统，仅沉积了很薄的渐新统。到渐新世以后，不再具有控制地层沉积的作用。平湖主断裂除了具有控制地层沉积的作用，还控制着各类圈闭构造的形成。

宝石—初阳主断裂（F_{22}）：位于西湖凹陷西部斜坡带南段，断层走向北北东，倾向南东东。该断裂由两条大的断裂宝石主断裂和初阳主断裂呈左阶排列组成，全长110km，主断裂面具有上陡下缓的犁式结构，断距上小下大。宝石—初阳主断裂也具有落差大、延伸长、活动期长的特点，形成于盆地初期的基隆运动，活动一直延续到中新世晚期，控制了西湖凹陷西侧南段始新统以下地层的沉积。剖面上，宝石—初阳主断裂与平湖主断裂极其相似，下降盘一般沉积了比较厚的古新统—渐新统，而在上升盘仅沉积了较薄的渐新统，并不再控制渐新统以上地层沉积。

台北主断裂（F_{23}）：位于钓北凹陷西侧，是钓北凹陷与渔山南低凸起的边界断裂。该断裂总体走向北东，倾向南东，断距大，切割层位多，延伸距离长达 200km，贯穿整个钓北凹陷。台北主断裂活动时间长，形成于新生代以前，至渐新世才停止活动，其主要活动期为晚白垩世—始新世，控制了钓北凹陷始新统平湖组的沉积和渔山南低隆起的形成。

丽东东断裂 / 雁荡主断裂（F_{24}）：位于台北坳陷雁荡凸起西侧，为雁荡凸起与丽水凹陷东次凹的边界断裂。该断裂总体走向北北东向，倾向北西，自南向北由丽东东一、东二、东三断裂组成，总体延伸长度可达 220km。靠断上盘一侧为丽水东次凹深凹的沉降中心，断裂伴随着凹陷的形成与发展，属同生断裂。断裂控制了晚白垩世、古新世及始新世的沉积，其中丽水凹陷东次凹沉积中心长期处于丽东东三断裂西侧，也是断裂在基底落差最大的部位。该断裂在丽水凹陷形成初期即已存在，其主要活动时期为古新世，至始新世，断裂活动趋于减弱，直至停止。

丽西东断裂 / 灵峰主断裂（F_{25}）：位于丽水凹陷灵峰凸起西侧，为灵峰凸起与丽水凹陷西次凹的边界断裂。该断裂为一断裂带，呈北北东向展布，倾向北西，自南向北由丽西东一、东二断裂组成，总体断裂延伸长度可达 200km 以上。它是一个早期形成，长期发育的同生断层，控制了丽西次凹箕状凹陷的形成，同时也对其上升盘一侧潜山—披覆构造带上众多局部构造的形成和分布起着控制作用。该主断裂在白垩纪时期即已形成，早古新世为断裂发育最为活跃的时期，至始新世断裂活动明显减弱，直至停止。

第三节　构造单元划分

一、构造格架的总体特征

东海陆架盆地构造单元整体具有“东西分带、南北分块”的特征，总体表现为“两坳夹一隆”，即从西至东依次为西部坳陷带、中央隆起带和东部坳陷带。其中，西部坳陷带自北向南依次为长江坳陷（包含昆山凹陷、常熟凸起、金山北凹陷和金山南凹陷）、台北坳陷（包括钱塘凹陷、椒江凹陷、丽水凹陷和福州凹陷）；中央隆起带自北向南依次为虎皮礁隆起、海礁隆起、渔山东隆起、渔山南低凸起和福州隆起；东部坳陷带自北向南依次为福江凹陷、西湖凹陷和钓北凹陷。

1. 盆地“东西分带”特征

受控于一系列北北东—北东走向主控断裂活动差异及中央隆起带的展布，奠定了盆地“东西分带”的构造格局。中央隆起带所分隔的东、西部坳陷带在盆地结构特征上具有一定的差异（表 1-4-4），盆地内三种构造格局充分反映其演化发育特征。

表 1-4-4　东海陆架盆地“东西分带”特征（据张国华，2013）

分带	盆地地层		断裂活动特征	坳陷结构特征
	基底	盆地盖层		
西部坳陷带	中生界岩浆岩、沉积岩	古新统为主，部分含中生界	古新世为主	东断西超的箕状结构，东部存在隆升改造
中央隆起带	新近系、第四系覆于中生界火成岩及前中生代变质基底之上		基底断裂，长期活动	—
东部坳陷带	—	始新统—渐新统为主	始新世为主	东断西超的箕状结构，东部存在火成岩改造

1）西部坳（断）陷带

盆地西部古新世发育伸展张裂形成的半地堑，以发育较厚的古新统为主要特征，多缺失始新统上部及渐新统，基底为中生界岩浆岩和沉积岩。带内各坳陷断裂主要活动于古新世，东断西超的箕状凹陷特征显著，东部存在较强的隆升改造，奠定于始新世早期。由南至北有丽水凹陷、椒江凹陷、钱塘凹陷、昆山凹陷。充填物为河湖—滨浅海沉积，古新世末形成一期破裂不整合面。始新世为裂后塌陷期，滨海、浅海沉积，始新世末期区域抬升、剥蚀，沉积间断 15～28Ma，缺失渐新统及中新统下部。早中新世中期—全新世再接受先陆后海的沉积，形成区域披覆层。

2）中部隆起带

中部隆起带为盆地中央的正向构造带，多缺失古近系，新近系与第四系直接覆于中生界火成岩及前中生代变质基底之上。中央隆起带并不是一个统一的整体，它是被一些北西向断裂或鞍部分隔成若干隆起，包括虎皮礁隆、海礁隆起、渔山东隆起和福州隆起，实际是在中生界残余盆地之上发育不完全的古新世半地堑。以福州凹陷为例，中生界残余厚度达 5000m，新生界厚度仅 1000～2000m。

3）东部坳（断）陷带

以发育巨厚的始新统—渐新统为主要特征，平湖组之下沉积地层属性尚待进一步确定。坳陷带内凹陷规模大，沉降幅度大，主要受始新世断裂活动控制。凹陷结构呈东断西超的箕状特征，坳陷带东部受控凹断裂影响外，还存在显著的火成岩改造。该坳陷带形成时间较晚，其结构奠定于中新世中晚期，包括福江凹陷、西湖凹陷、钓北凹陷，断坳带沉积岩厚度达 15000m。全新统—中新统厚度 5000m。始新世形成地堑，充填物为湖沼相及海陆交互相，渐新世—中中新世为坳陷期，以河流沼泽沉积为主，上新世—全新世形成披覆层，广布全区。

上述三种构造格局分布可以看出东海陆架盆地发育是从西向东由老至新演化发育的。

2. 盆地“南北分块”特征

盆地“南北分块”特征主要受基底结构特征影响，这在基底埋深相对较浅的中央隆起带最为显著，表现为受北西向构造带分隔的各隆起“块体”。前人研究认为北西向断裂造就了东海陆架盆地前新生界“南北分块”的构造面貌。

东海海域发育有三条巨型的北西—南东走向的基底断裂带，自北向南依次为青岛—

恶石岛断裂、杭州湾—冲绳岛断裂和闽江东断裂，这些断裂的存在已得到深部地球物理探测资料的证实（杨文达等，2013）。青岛—恶石岛断裂以北为日本海的对马盆地和庆尚盆地，闽江东断裂以南是台西盆地，两断裂之间为东海陆架盆地和冲绳海槽盆地。杭州湾—冲绳岛断裂（渔山—久米、舟山—国头断裂）把整个东海陆架盆地分成南北两大部分，两者存在显著的地质差异（张国华等，2015）：

（1）南北地壳厚度差异，北部西湖凹陷为明显的镜像反映，厚29～30km，南部为25km，北部形态简单，南部复杂。

（2）盆地北部曾出现过两次显著的构造反转，一次为古新世末的瓯江运动，在长江坳陷较为显著，表现为背斜褶皱，另一次是中新世末期的龙井运动，在西湖凹陷北部形成一系列逆断层，断面以东倾为主。

（3）盆地南部主要表现为拉张或张扭应力的正断层。在始新世末—渐新世末由于盆地反转，在一些扭性断裂作用下局部形成了一些反转背斜。

东海陆架盆地内，杭州湾—冲绳岛断裂主要发育在盆地基底，在盖层中未见显著的断裂形态，但已显著影响到盆地新生界构造格局。此外，在西湖凹陷中南部舟山—国头断裂展布位置，是凹陷晚期近东—西向断裂集中发育的部位。

由于构造演化阶段和构造样式的差异，各构造单元和构造带又各具特色，可谓“带带有特点、块块各不同”。其中，西部坳陷带中的构造单元（如长江坳陷的昆山、金山北和金山南凹陷，台北坳陷的钱塘凹陷、椒江凹陷、丽水凹陷和福州凹陷）多为北东向展布，同时依次错落分布又呈现出“左阶”雁列展布特征；中央隆起带（虎皮礁、海礁、渔山东隆起、渔山南低凸起和福州隆起）整体表现为与西部坳陷带相似的特征，即总体为北东向“左阶”雁列展布；东部坳陷带内的构造单元（福江凹陷、西湖凹陷和钓北凹陷）多为北东—北北东向展布，加之多次构造反转形成的反转构造带，在东部坳陷带表现为“右阶”雁列展布特征。可见，构造单元在平面上的这种“东西分带、南北分块”的宏观交替作用在全盆地范围具有普遍性和长期性。

二、构造层划分

根据主要不整合面特征，可将东海陆架盆地新生界自下而上划分为下、中、上三个次级构造层，并且东、西部坳陷带构造层划分有所差异。

1. 下构造层

1）西部坳陷带

构造层以T100至T80之间的古新统沉积地层为主体，包括月桂峰组、灵峰组和明月峰组，为裂陷充填结构，主要发育在西部坳陷带的长江坳陷和台北坳陷，受北东向断裂控制，纵向上表现为复杂的不对称地堑、半地堑结构。受后期反转作用影响，断陷构造层顶部地层局部遭受剥蚀。

长江坳陷位于西部坳陷带最北部，坳陷内部断陷构造层结构呈地堑、半地堑特征，坳陷南缘断裂对沉积控制作用相对较强，局部受后期构造影响反转成逆断层，古新统被上覆地层削截，向坳陷西侧超覆尖灭，同沉积构型总体表现为断超，箕状结构明显。

台北坳陷钱塘凹陷位于西部坳陷带中部，两侧断裂均控制断陷构造层沉积，同沉积构型表现为双断型，凹陷表现为地堑式双断结构。因正断层上盘下降形成断陷盆地的同时，其下盘一定会有不同程度的均衡上升，故钱塘凹陷两侧控凹断裂上升盘成剥蚀区域，古新统缺失。

台北坳陷丽水—椒江凹陷是在中生代残留盆地基础上发育起来的具有典型的新生代“东断西超”特点的断陷，箕状结构明显。纵向上，主断裂系统多米诺式排列，古新统受凹陷东界断裂控制，依次向西超覆，被新近系削截，同沉积构型表现为断翘。断陷构造层内主要发育断阶、断块、断鼻、潜山披覆背斜和滚动背斜等构造。

此外，西部坳陷带内个别凹陷是在白垩纪断陷基础上发展起来的挠曲盆地，如福州凹陷，古新统沉积层较薄，与西侧的断陷结构完全不同。

2）东部坳陷带

构造层以T40至T30之间中—上始新统平湖组沉积地层为主体，最大厚度可达9000m以上，为裂陷充填结构，平面上受北北东向断裂控制，不同规模的断裂较为发育，具有明显的构造分带性。

西湖凹陷位于东部坳陷带中部，凹陷断陷构造层主要表现为“东断西超”的箕状结构，东侧边缘断裂对凹陷沉积控制作用较为显著，在凹陷中段，受西侧平湖主断裂对平湖组沉积的影响，具有一定的双断结构特征。断陷构造层受同生断裂控制显著，主要发育断裂型构造，如断阶、断块、断鼻，此外还有潜山披覆型构造和滚动背斜构造等。

钓北凹陷断陷构造层较简单，具有与西湖凹陷相似的构造样式和结构，主要发育受张性正断层控制的箕状结构，具似花状构造。

2. 中构造层

1）西部坳陷带

构造层以T80至T20之间的始新统—渐新统沉积地层为主体，主要包括瓯江组和温州组，大多缺失平湖组和花港组，与下伏断陷构造层地层多呈显著的角度不整合接触。

该构造层在西部坳陷带厚度分布比较稳定，一般厚度为600～1000m，断至该构造层的断裂较少，对沉积地层的控制作用不明显，局部发育一些断裂构造和潜山披覆构造。

2）东部坳陷带

构造层以T30至T12之间的渐新统及中—下中新统为主，主要包括花港组、龙井组和玉泉组，最大厚度可达4000～5000m，不同地区地层遭受不同程度的剥蚀。

该构造层在西湖凹陷地层覆盖范围明显扩大，出现了广泛的超覆现象，构造层形成期间还先后经历了花港运动、龙井运动两期反转。花港运动反转主要造成东部断阶带地层的褶皱隆升，花港组顶部遭受局部剥蚀。龙井运动反转主要形成了中央反转构造带巨型反转背斜，反转背斜伴随有一系列反转逆断层，多数主干逆断层为早期正断层的反转，下延至下构造层多为张性，即具有典型的“下正上逆”特征。主要发育背斜及断背斜构造。

构造层在钓北凹陷以广泛的超覆为特征，反转构造特征不显著，断裂相对欠发育，局部发育有“似花状”反转断裂组合。

3. 上构造层

1）西部坳陷带

西部坳陷带整体沉降期沉积地层由一套近水平的沉积地层组成，包括中新统玉泉组以上地层，直接覆盖在始新统温州组、瓯江组之上，成为一种近水平的披盖式沉积，断阶基本不发育。

2）东部坳陷带

东部坳陷带整体沉降期为上中新统至第四系沉积地层，包括柳浪组、三潭组和东海群。基本是一套近水平的地层，厚度在1000m左右，局部发育近东—西向断层，多延至下部的坳陷—反转构造层。

三、构造单元划分

东海陆架盆地是我国近海最大的含油气盆地之一，纵、横向跨度较大，盆内构造复杂，断裂演化及地层分布特征具有显著的分区差异。东海盆地新生界总体为下部断陷、上部坳陷的双层结构，属于大陆边缘裂谷盆地性质。根据主干断裂展布及构造层的分区差异分布特征，可将东海陆架盆地内次级构造单元划分为四个等级（张国华等，2015；表1-4-5，图1-4-8）。

表1-4-5 东海陆架盆地构造单元划分表

一级	二级		三级	
闽浙隆起区				
东海陆架盆地	西部坳陷带	长江坳陷	凹陷	昆山凹陷、金山北凹陷、金山南凹陷
			凸起	常熟凸起
		台北坳陷	凹陷	丽水凹陷、福州凹陷、钱塘凹陷、椒江凹陷
			凸起	灵峰凸起、渔山南低凸起、钱塘凸起、雁荡凸起
	中央隆起带	虎皮礁隆起		
		海礁隆起		
		渔山东隆起		
		福州隆起		
	东部坳陷带	浙东坳陷	福江凹陷	
			西湖凹陷	
			钓北凹陷	
钓鱼岛隆褶带				
冲绳海槽盆地				

一级（东海陆架盆地）：划分的主要依据是边界断裂展布及盆内主要地层的分布，盆地东、西两侧与其对应的一级单元分别为钓鱼岛隆褶带和闽浙隆起区，钓鱼岛隆褶带以东为冲绳海槽盆地。

二级（隆起与坳陷）：盆地内部新生界厚度大、面积广，具典型断陷、坳陷—反转构造层分布的洼陷区为坳陷，无断陷、坳陷—反转构造层分布的基岩隆起区为隆起。盆地被其中央的一系列隆起分割为三部分，自西向东依次为西部坳陷带、中央隆起带和东部坳陷带。后三者为二级构造单元的组合，不单独做为高于隆起或坳陷的单元。

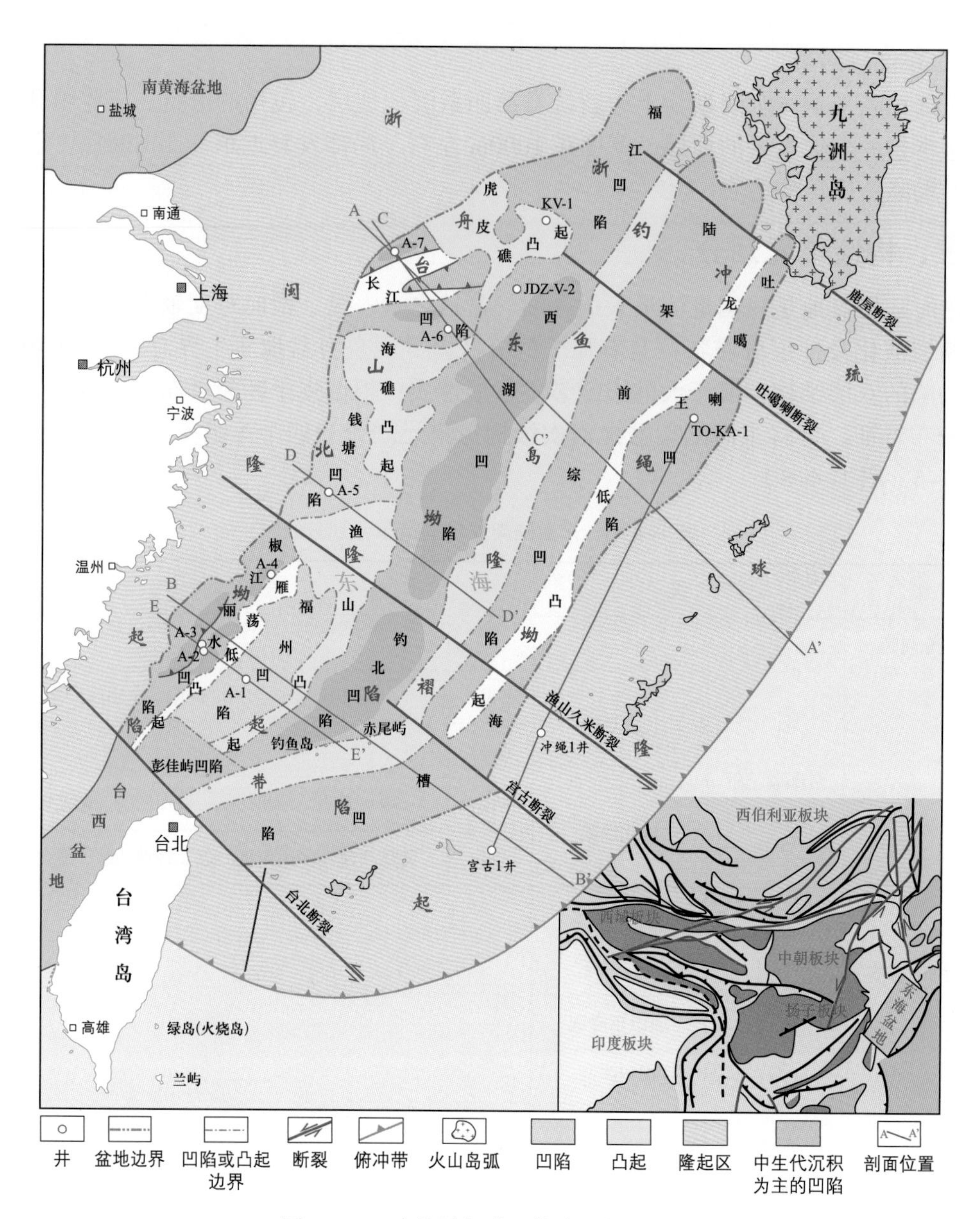

图 1-4-8　东海陆架盆地构造区划纲要图

三级（凹陷、凸起或低凸起）：在坳陷内面积较小、分割性较强，具典型断陷构造层分布的负向构造单元为凹陷，无断陷构造层分布或分布较薄的正向构造单元为凸起（或低凸起）。

四级（斜坡带、构造带或陡坡带）：在凹陷内部，凹陷与隆起或凸起（低凸起）间过渡的单斜形态区域为斜坡带，若为层层超覆的地层结构，坡度较缓，称为缓坡带；凹陷中央地形低洼区为中央洼陷带，若发育背斜，则为中央背斜带；凹陷边缘受控凹边界断裂影响的陡峭单斜区域为陡坡带，若受一系列较大的纵向断层控制则称之为断阶带。

第五章　烃源岩

东海陆架盆地的构造格局具有东西分带的特征，油气勘探集中在西部的丽水、椒江凹陷，中段的西湖凹陷和东部的福江、钓北凹陷。在西湖凹陷和丽水凹陷先后发现了众多含油气构造及油气田。勘探实践发现，东海陆架盆地存在多个生烃凹陷，主要分布于福江凹陷、西湖凹陷、钓北凹陷、彭佳屿凹陷、丽水凹陷、钱塘凹陷、长江凹陷和福州凹陷等，其中福州凹陷主要发育中生界烃源岩，丽水凹陷、椒江凹陷主要发育古新统烃源岩，西湖凹陷发育始新统平湖组烃源岩。

烃源岩分布规模、品质优劣及热演化程度决定了盆地的勘探潜力，进行烃源岩评价是勘探过程的重要环节。

第一节　烃源岩形成背景

东海陆架盆地新生代油气体系发育古新统、始新统、渐新统 3 套烃源岩。古新统烃源岩主要分布于西部坳陷带，始新统和渐新统烃源岩主要发育于东部坳陷带。

一、古新统

古新统烃源岩自下而上分别为下古新统的月桂峰组和上古新统的灵峰组。月桂峰组为湖相沉积，烃源岩以暗色泥岩为主；灵峰组为海进环境下沉积的陆源海相地层，烃源岩主要为暗色泥岩和灰质泥岩。

月桂峰组为断陷湖相地层，其沉积时期，东海陆架盆地演变为受潮湿气候影响的陆相湖泊沉积环境，为烃源岩的发育提供了良好条件。地层厚度最大可达 2400m，由两套粗—细—粗旋回叠加，上旋回较下旋回砂岩粒度粗并且含量多，烃源岩以暗色泥岩为主。受沉积盆地构造格局的影响，其沉降不均衡性导致盆地的分割性较强。暗色泥岩在丽水西次凹最大可达 1600m，丽水东次凹约 1200m。

灵峰组为海进背景下沉积的陆源海相地层，盆地的差异分割性逐渐变弱，各次凹的连通性增强。灵峰组上下段沉积时期，沉降中心基本继承了月桂峰组格局，地层厚度最大可达 3000m，烃源岩主要为暗色泥岩和灰质泥岩。丽水凹陷西次凹暗色泥岩最大厚度达 1600m，而东次凹最大厚度 1200m。

二、始新统

始新统平湖组烃源岩以海侵背景下的细粒沉积物为主，沉积厚度大，分布广泛，岩性主要为灰色、深灰色泥岩及薄煤层和碳质泥岩。据钻井资料统计，平湖组暗色泥岩平均厚度为 628m，最厚可达 850 多米，主要发育于半封闭海湾和潮坪沉积环境；煤系大部分为潮坪沼泽沉积的产物，平湖组含煤系数平均为 3.31%，平均厚度为 28m，主要分布于西部斜坡带中北部的平湖和海礁湾区带。

三、渐新统

西湖凹陷渐新统花港组与下伏地层呈不整合接触，主要由陆相沉积环境的湖泊、河流、湖泊三角洲沉积体系组成。花港组除含有丰富的孢粉化石外，少见其他门类化石。从孢粉化石的组合来看，反映了较湿润的亚热带气候。对个别钻井中发现的海相化石经分析认为是属于残余部落或再沉积化石，因而花港组的生物组合主要反映了淡水沉积环境。

渐新统花港组烃源岩岩性为褐灰色、灰色、深灰色泥岩及薄煤层，以浅湖相和河流相沉积为主，主要分布于凹陷中南部的西部次洼至东部次洼地区。钻井资料揭示，花港组自下而上从下段到上段沉积物粒度变细、泥岩增多，但下段煤层比率明显高于上段；花港组暗色泥岩平均厚度为358m，煤层厚度为5m，其中下段暗色泥岩厚度为123～364m，煤层和碳质泥岩厚度为5.1～27.5m；上段暗色泥岩厚度为132～562m，煤层和碳质泥岩厚度仅为2.7～9.7m。

第二节　油气及烃源岩特征

一、原油特征

1. 物性特征

东海陆架盆地目前产出的四类原油中以正常凝析油和轻质油为主，各类原油特征如下（表1–5–1）。

（1）正常凝析油：具有“六低一高”特征，即低密度、低凝固点、低黏度、低蜡和低胶质、低沥青质，轻烃（C_6—C_7）高。其一般产出于高温常压油气藏之中。

（2）非正常凝析油：具有较高的胶质、沥青质含量，轻烃含量较低。储层均为高温高压环境。

（3）轻质油：物理化学性质与正常凝析油没有较大区别，只是在产出条件和组分方面存在差异。

（4）正常原油：其特点与正常凝析油相反，具有“六高一低”特征，即密度大、黏度大、凝固点高和含蜡量高、胶质和沥青质含量高、轻烃馏分低，与我国一般陆相原油相似，产出于高温常压油气藏之中。

表1–5–1　东海陆架盆地原油物性分类表

原油类型	密度/D^{20}_4/（g/cm^3）	含蜡量/%	胶质+沥青质/%	凝固点/℃	黏度/mPa·s	族组分/%	
						饱和烃	芳香烃
正常凝析油	<0.8			<0	0.5～1	95～96	3～4
非正常凝析油	<0.82	1～10	0.1～1	>0	0.5～3	77～88	6～18
轻质原油	<0.8	0.1～1	1	<0	0.5～2	94～96	3～5
正常原油	>0.83	10～24	0.5～3	>10	>1～2	80～93	6～18

1）古新统

截至2013年底，丽水36-1构造在上古新统明月峰组下段测试获得工业油气流，由表1-5-2可见，凝析油密度、含蜡量和含硫量均很低。WZ26-1-1井原油密度为0.8179g/cm^3，为正常原油；LF1井原油密度为0.7819g/cm^3，为正常油，含硫量0.14%，含蜡量18.41%，属于高蜡低硫型陆相原油。

表1-5-2 丽水凹陷古新统原油基本物性参数表

井号	层位	密度/（g/cm^3）	含硫量/%	含蜡量/%	原油类型
LS36-1-1	E_1m	0.7517	0.013	＜0.5	正常凝析油
WZ26-1-1	E_1y	0.8179	0.29	＞18	非正常原油
LF-1	Pt	0.7923	0.14	18.41	正常原油

2）始新统

始新统油气主要发现于西湖凹陷，西部斜坡带平湖组产出的油气以非正常凝析油为主，原油次之。原油物性和黄岩地区原油特征相近，多数为凝析油（密度＜0.8017g/cm^3）或轻质油（密度0.8017～0.8661g/cm^3），大多数原油密度介于0.7700～0.8688g/cm^3，个别样原油密度达0.8980g/cm^3；大多数样品凝固点高，含蜡量高，属于非正常凝析油。

3）渐新统

渐新统油气也主要发现于西湖凹陷，花港组多产出非正常凝析油和轻质原油，正常原油次之。同一地层产出的原油物性随构造不同也存在较大差异，天台构造带所产原油多数为凝析油（密度＜0.8017g/cm^3）或轻质油（密度0.8017～0.8661g/cm^3），大多数原油密度介于0.7700～0.8688g/cm^3，个别样原油密度达0.8980g/cm^3；大多数样品凝固点高，含蜡量高，属于非正常凝析油。

2. 地球化学特征

1）古新统

原油族组成可以较好地反映原油的化学特征，这些特征含有关于母质的类型、成熟度、运移效应及水洗—生物降解作用等信息。丽水凹陷LS36-1-1井和LS36-1-2井凝析油中饱和烃含量低于WZ26-1-1井和LF-1井原油，而芳香烃含量却远远高于后者（表1-5-3），也高于我国东部渤海湾盆地古近系—新近系一般原油的芳香烃含量，而WZ26-1-1井和LF-1井原油芳香烃的含量又明显低于渤海湾盆地一般原油的芳香烃含量。LS36-1构造凝析油的族组成与西湖凹陷轻质油和凝析油非常相似，这意味着LS36-1构造凝析油与WZ26-1-1井和LF-1井原油生成母质方面存在很大差异，不是来源于同一套烃源岩。

2）始新统—渐新统

（1）族组分。

始新统—渐新统原油表现为凝析油特征，饱芳比较高，非烃＋沥青质含量很低，黄岩构造带部分花港组上段、花港组下段原油和平湖斜坡带花港组下段、平湖组原油芳香烃含量较高与存在少量第二类原油有关，部分花港组上段原油非烃＋沥青质含量高，这与上覆地层原油易受到水洗—生物降解作用有关。

表 1-5-3 丽水凹陷明月峰组、月桂峰组地层凝析油、原油族组成与碳同位素组成

井号	层位	颜色	饱和烃 /%	芳香烃 /%	非烃 /%	沥青质	全油 $\delta^{13}C$/‰
LS36-1-1	E_1m	黄色凝析油	65.79	29.02	4.28	0.90	-26.2
LS36-1-2	E_1m	无色凝析油	72.46	26.81	0.41	0.32	-26.8
WZ26-1-1	E_1y	浅棕色蜡质原油	91.33	2.23	2.06	4.38	-28.7
LF-1	Pt	棕黑色原油	90.42	4.26	3.11	2.21	-27.4

（2）轻烃化合物。

轻烃是石油的重要组成部分，一般的石油由大约 30% 的轻烃组成，利用轻烃的地球化学信息进行原油成熟度、母质类型、运移以及油源对比等方面的研究具有重要意义。

始新统平湖组原油来源于以陆源有机质为主的生油母质，原油 C_1—C_8 轻烃化合物很丰富，一般比 C_{10} 以上的正烷烃高。其轻烃大都以富含芳香烃化合物为特征，苯、甲苯、二甲基苯高于同碳数正构烷烃。

渐新统花港组大部分原油中轻烃含量很高，主要来源于煤系烃源岩（主要是煤及碳质泥岩）。原油轻烃中苯、甲苯、二甲基苯等芳香烃化合物较少，远少于同碳数正构烷烃；其甲基环己烷含量也相对较少，与正己烷的比值低于 2.0；具有我国一般淡水湖相原油的轻烃组成特点。

（3）甲苯 / 正庚烷特征。

平湖地区深部（主要是平湖组）原油表现为高的甲苯 / 正庚烷比值，发生过强烈的气洗和蒸发分馏作用，而花港组原油没有经历蒸发分馏作用，表现为非常低的甲苯 / 正庚烷比值，由于蒸发分馏作用，甲苯和蜡质等物质容易残留在深部，蜡质含量较高。但在黄岩构造带同样也存在明显的蒸发分馏作用，区别于平湖斜坡带的是有探井发现在花港组上段底部原油存在蒸发分馏作用，而有探井发现在花港组下段的原油存在蒸发分馏作用。

二、天然气特征

1. 古新统

古新统地层的天然气主要为有机烃类气体、无机 CO_2 气体及二者的混合气。有的钻井 CO_2 气体的含量在 95% 以上，主要为 CO_2 气藏；有钻井烃类气体占 30%～65%，为有机烃类气体与无机 CO_2 气体的混合气；有的 CO_2 气体含量很低，主要为烃类气体。

古新统发现的有机烃类丰富的天然气大多为湿气，成熟度较低，大部分钻井天然气中甲烷含量在 90% 以下，有的甲烷含量仅为 63% 左右；也有的天然气藏可能由于有机烃类气体的含量很低而没有检测的 C_2 及其以上烃类。

2. 始新统—渐新统

始新统—渐新统天然气的 $\delta^{13}C_1$、$\delta^{13}C_2$ 值变化较大，分别主要在 -40‰～-33‰、-30‰～-25‰范围，两者的差值在 10‰左右，具有煤型气碳同位素组成结构的特

点。始新统—渐新统产出天然气的甲、乙烷碳同位素整体上轻于鄂尔多斯上古生界天然气。鄂尔多斯盆地石炭系—二叠系煤系烃源岩的碳同位素较重，干酪根的 $\delta^{13}C$ 值为 −26‰～−22‰；而东海始新统平湖组煤系地层干酪根 $\delta^{13}C$ 值较低，主要在 −27‰～−25‰之间。

三、烃源岩特征

1. 古新统

古新统灵峰组上段和下段烃源岩抽提物生物标志物基本一致，与明月峰组泥岩差异很小，只是重排甾烷的含量更高，C_{27} 甾烷的含量低于明月峰组第一类烃源岩而高于第二类烃源岩。萜烷的分布也类似，尤其是灵峰组上段更为相似，但是，3600m 以深烃源岩中伽马蜡烷的含量要略高于上部地层。此外，灵峰组烃源岩中类异戊二烯烷烃的相对丰度要明显低于明月峰组，且 Pr/Ph 比值也要低一些，可能是由有机质的构成和沉积环境与明月峰组烃源岩差异所致。

月桂峰组烃源岩与灵峰组上段的烃源岩具有非常相似的生物标志物特征。三环萜烷相对于五环萜烷的含量较低，但是 Ts 与 C_{29}Ts 的含量却很高。与灵峰组不同的是，五环萜烷中伽马蜡烷的含量相对较高，大致为 C_{31} 藿烷的一半，而奥利烷的含量却很低或者几乎没有，这与灵峰组和明月峰组明显不同。

椒江和丽水两凹陷月桂峰组也存在明显差异，前者 4− 甲基甾烷含量高、重排甾烷含量低，后者 4− 甲基甾烷含量很低而重排甾烷含量高。

2. 始新统

始新统平湖组烃源岩的母质来源主要为陆源高等植物，且多数已处于成熟阶段。烃源岩样品轻重烃比值（$\sum nC_{21-}/\sum nC_{22+}$）绝大部分小于 1，OEP 值大多在 1.0～1.2 之间。

平湖组西部斜坡区的烃源岩的氯仿沥青“A”以富含非烃和沥青质为特征，其含量在 40%～80% 之间，而芳香烃含量均小于 30%；中央反转带平湖组烃源岩的氯仿沥青“A”也是以非烃和沥青质为主，体现出煤系烃源岩特征。

3. 渐新统

渐新统花港组西部斜坡带泥质烃源岩氯仿沥青“A”的芳香烃含量大部分小于 20%，非烃和沥青质含量大部分集中在 20%～50% 之间，饱和烃含量在 30%～70% 之间。中央反转带花港组煤的氯仿沥青“A”以富含非烃和沥青质为特征，其含量大于 60%。

花港组烃源岩母质来源主要为陆源高等植物，多数已处于成熟阶段。分析样品轻重烃比值（$\sum nC_{21-}/\sum nC_{22+}$）绝大部分小于 1。OEP 值处于 1.0～1.32 之间。

第三节　烃源岩评价

一、评价标准

1. 有机质丰度评价标准

前人已经建立了不同类型烃源岩有机质丰度的评价分级标准（表 1−5−4），该烃源岩的划分标准在我国得到广泛的应用，并在油气的资源评价中发挥了重要的作用。我国石油天然气行业也有相关标准（表1-5-5），国内外通常采用的泥（页）岩烃源岩划分标准和我国陆相烃源岩的评价标准，一般只适用于湖相或海相泥页岩烃源层的评价。

表1-5-4　湖相烃源岩有机质丰度评价标准

烃源岩级别	非	较差	较好	好
岩相	河流相	浅湖—滨湖	浅湖—半深湖	半深湖—深湖
岩性	红色泥岩为主	灰绿色泥岩为主	灰色泥岩为主	深灰黑色泥岩
TOC/%	<0.4	0.4～0.6	0.6～1.0	>1.0
氯仿沥青“A”/‰	<0.1	0.1～0.5	0.5～1.0	>1.0
HC/‰	<0.1	0.1～0.2	0.2～0.5	>0.5
S_1+S_2/（mg/g）	<0.5	0.5～2.0	2.0～6.0	>6.0
HC/C/%	<1	1～3	3～8	8～20

表1-5-5　陆相淡水湖泊相烃源岩的评价标准（SY/T 5735—1995）

指标	湖盆水体类型	非生油岩	生油岩类型			
			差	中等	好	最好
TOC/%	淡水—半咸水	<0.4	0.4～0.6	>0.6～1.0	>1.0～2.0	>2.0
	咸水—超咸水	<0.2	0.2～0.4	>0.4～0.6	>0.6～0.8	>0.8
氯仿沥青“A”/%	—	<0.015	0.015～0.050	>0.050～0.100	>0.100～0.200	>0.200
HC/（μg/g）	—	<100	100～200	>200～500	>500～1000	>1000
S_1+S_2/（mg/g）	—	—	<2	2～6	>6～20	>20

我国自晚古生代二叠纪湖相和含煤沉积盆地十分发育，对于湖相和煤系烃源岩的研究已经很多，也已相当深入，已经建立了相应的评价标准，为我国烃源岩的评价奠定了良好的基础（表1-5-6至表1-5-8）。

表1-5-6　煤系泥岩有机质丰度评价标准（据陈建平等，1997）

烃源岩级别	非	差	中	好	很好
TOC/%	<0.75	0.75～1.5	1.5～3.0	3.0～6.0	
S_1+S_2/（mg/g）	<0.5	0.5～2.0	2.0～6.0	6.0～20.0	>20.0
氯仿沥青“A”/‰	<0.15	0.15～0.3	0.3～0.6	0.6～1.2	>1.2
HC/‰	<0.05	0.05～0.12	0.12～0.30	0.30～0.70	>0.70

表 1-5-7 煤系碳质泥岩有机质丰度评价标准（据陈建平等，1997）

烃源岩级别	非	很差	差	中	好	很好
有机质类型	$Ⅲ_2$	$Ⅲ_2$	$Ⅲ_1$	Ⅱ	$Ⅰ_2$	$Ⅰ_1$
HI/（mg/g）	＜60	60～110	110～200	200～400	400～700	＞700
S_1+S_2/（mg/g）	＜10	10～18	18～35	35～70	70～120	＞120
TOC/%		6～10		10～18	18～35	35～40

表 1-5-8 煤有机质丰度评价标准（据陈建平等，1997）

烃源岩级别	非	差	中	好
有机质类型	$Ⅲ_2$	$Ⅲ_1$	Ⅱ	$Ⅰ_2$
HI/（mg/g）	＜150	150～275	275～400	＞400
S_1+S_2/（mg/g）	＜100	100～200	200～300	＞300
氯仿沥青“A”/‰	＜7.5	7.5～20	20～55	＞55
HC/‰	＜1.5	1.5～6.0	6.0～25	＞25

东海陆架沉积盆地烃源岩沉积环境比较复杂，既有湖相泥岩，也有煤系地层。在综合考虑前人烃源岩评价标准基础上，根据盆地实际和生产需要，暂定了东海盆地烃源岩有机质丰度评价标准（表 1-5-9）。

表 1-5-9 东海盆地煤系烃源岩有机质丰度评价标准

烃源岩级别	非	差	中	好	优质
S_1+S_2/（mg/g）	＜0.5	0.5～2.0	2.0～6.0	6.0～20	＞20
TOC/%	＜0.4	0.4～1.0	1.0～2.8	2.8～8	＞8
氯仿沥青“A”/‰	＜0.2	0.2～0.5	0.5～1.0	1.0～2.6	＞2.6
HC/（μg/g）	＜180	130～300	300～600	600～1300	＞1300

2. 有机质类型评价标准

对于烃源岩来讲，有了丰富的有机质，是否就一定能生成大量的烃取决于有机质的类型及其所经历的热演化程度。除有机质丰度之外，烃源岩的质量好坏，主要与其所含有机质的类型有关。不同母质的烃源岩，在同等演化程度下，其生烃能力可能相差几倍甚至十几倍，或者更大。不同类型母质生成烃的性质也不相同，藻类和腐泥母质生成环烷烃或石蜡环烷烃石油，其生烃期长，生油带厚，生气量少；而高等植物等腐殖型母质则相反，生成石蜡基或芳香族石油，其生烃期短、生油带薄、生气量大并有凝析油生成。

由此可见，一定数量的有机质（包括烃源岩有机质含量及烃源岩数量）是成烃的物质基础，而有机质的质量（即母质类型的好坏）则决定着生烃量的大小及生成烃类的性质和组成。有机质类型的评价标准采用《陆相烃源岩地球化学评价方法（SY/T 5735—1995）》行业标准（表 1-5-10）。

表 1-5-10　湖相烃源岩有机质类型划分标准（SY/T 5735—1995）

项目		Ⅰ型	Ⅱ型		Ⅲ型
			Ⅱ$_1$型	Ⅱ$_2$型	
氯仿沥青“A”族组成	饱和烃 /%	60～40	40～30	30～20	<20
	饱 / 芳	>3	3～1.6	1.6～1.0	1.0
	非烃 + 沥青质 /%	20～40	40～60	60～70	>70
岩石热解参数	氢指数 /（mg/g）	>700	700～350	350～150	<150
	类型指数	>20	20～10	10～5	<5
	降解产率	>70	70～30	30～10	<10
干酪根元素	H/C 原子比	>1.5	1.5～1.2	1.2～0.8	<0.8
	O/C 原子比	<0.1	0.1～0.2	0.1～0.3	>0.3
干酪根镜鉴	腐泥组 + 壳质组 /%	>70	70～50	50～10	<10
	镜质组 /%	<10	10～20	20～70	>70
	类型指数	>80	80～40	40～0	<0
干酪根碳同位素 $\delta^{13}C$/‰		>-23	-23～-25	-25～-28	<-28
饱和烃色谱峰型特征		前高单峰型	前高双峰型	后高双峰型	后高单峰型
生物标志物	$5\alpha C_{27}$/%	>55	55～>35	35～20	<20
	$5\alpha C_{28}$/%	<15	15～<35	35～45	>45
	$5\alpha C_{29}$/%	<25	25～<35	35～45	>45
	$5\alpha C_{27}/5\alpha C_{29}$	>2.0	2.0～>1.2	1.2～0.8	<0.8

3. 有机质热演化评价标准

在沉积盆地内，丰富的原始有机质伴随着其他矿物质在乏氧的还原环境下沉积后，随着埋藏深度的逐渐加大，经受地温不断升高，有机物质逐步向油气转化。在不同的深度范围内，由于各种能源条件的不同，致使有机物质转化的反应过程和主要产物都有明显的区别，显示出有机物质向油气的转化过程具有明显的阶段性。根据有机质向油气转化过程中地球化学特征的变化，将有机物质向油气转化的全过程划分为四个逐步过渡的阶段：生物化学生气阶段（未成熟阶段）、热催化生油气阶段（低成熟—生油高峰阶段）、热裂解生凝析油气阶段（高成熟湿气阶段）和深部高温生气阶段（过成熟干气阶段）。湖相烃源岩成熟阶段划分指标见表 1-5-11。

表 1-5-11　湖相烃源岩成熟阶段划分标准（SY/T 5477—1992）

<table>
<tr><th colspan="2">阶段
指标</th><th>未成熟</th><th>低成熟</th><th>成熟</th><th>高成熟</th><th>过成熟</th></tr>
<tr><td colspan="2">镜质组反射率 /%</td><td><0.5</td><td>0.5～0.9</td><td>0.9～1.3</td><td>1.3～2</td><td>>2</td></tr>
<tr><td colspan="2">HC/TOC/%</td><td><5</td><td>5～20</td><td>20～40</td><td><5</td><td></td></tr>
<tr><td colspan="2">地温 /℃</td><td><101</td><td>101～138</td><td>138～178</td><td>>178</td><td></td></tr>
<tr><td colspan="2">T_{max}/℃</td><td><435</td><td colspan="2">435～455</td><td>455～490</td><td>>490</td></tr>
<tr><td colspan="2">TAI</td><td><2.5</td><td colspan="2">2.5～4.5</td><td>>4.5</td><td></td></tr>
<tr><td rowspan="2">甾烷</td><td>$20SC_{29}/20S+20RC_{29}$/%</td><td><20</td><td>20～40</td><td colspan="3">稳定在 50±</td></tr>
<tr><td>$\beta\beta C_{29}/9\pm_{29}$/%</td><td><20</td><td>25～40</td><td>40～70</td><td colspan="2">稳定在 70±</td></tr>
<tr><td rowspan="2">萜烷</td><td>$22S/22RC_{31}$</td><td><1</td><td colspan="4">>1</td></tr>
<tr><td>Ts/Tm</td><td><0.2</td><td><0.2～1</td><td colspan="2">0.5～2</td><td>>0.5～2</td></tr>
<tr><td>饱和烃</td><td>OEP</td><td>>1.2</td><td>1.1～1.3</td><td colspan="3"><1.2</td></tr>
<tr><td colspan="2">紫外光谱二环 / 三环以上芳香烃</td><td colspan="4">0.5～1.5</td><td>>2</td></tr>
<tr><td colspan="2">X 衍射伊蒙混层比 /%</td><td>>50</td><td colspan="3">—</td><td><15～20</td></tr>
</table>

二、烃源岩评价

1. 有机质丰度

1）古新统

古新统灵峰组泥岩中有机碳平均含量均在 1% 左右，差异不大，主峰分布也类似，主要分布在 0.6%～1.5% 范围内，但有机碳分布范围存在一定的差异（图 1-5-1）。其中：灵峰组上段有机碳含量分布在 0.4%～4% 之间；灵峰组下段分布在 0.6%～2% 之间，分布范围最窄，表明有机质的输入和沉积环境相对最稳定。

古新统月桂峰组泥质烃源岩有机碳含量明显高于灵峰组（表 1-5-12），分布在 1.0%～3.0% 之间（图 1-5-1），分布范围也比较窄，表明有机质的输入和沉积环境也比较稳定。

灵峰组泥岩热解生烃潜量总体上不高，各组的分布状况差别不大，平均值差异也不大（表 1-5-12，图 1-5-1），绝大多数样品分布在 2.0mg/g 以下，灵峰组上段有部分样品的热解生烃潜量在 4mg/g 以上，灵峰组下段没有此类样品。月桂峰组烃源岩的热解生烃潜量与有机碳一样，明显高于灵峰组烃源岩（表 1-5-12，图 1-5-1）。

灵峰组泥岩可溶有机质氯仿沥青“A”和总烃的平均含量也不高，仅仅达到了中等烃源岩的下限（表 1-5-12，图 1-5-1），而月桂峰组泥岩中可溶有机质的含量是灵峰组泥岩的 2～3 倍，达到了好烃源岩的标准，显然月桂峰组泥岩具有较好的生烃潜力，也确实生成了大量烃类。

表 1-5-12 丽水—椒江凹陷古新统各组烃源岩有机质丰度汇总表

凹陷	层位	岩性	TOC/%	S_1+S_2/（mg/g）	HI/（mg/g）	氯仿沥青“A”/‰	HC/‰
丽水—椒江	$E_1l_上$	泥岩	1.05	2.07	118	0.640	0.304
丽水—椒江	$E_1l_下$	泥岩	1.01	1.44	77	0.615	0.410
丽水—椒江	E_1y	泥岩	2.11	4.15	154	1.147	0.897

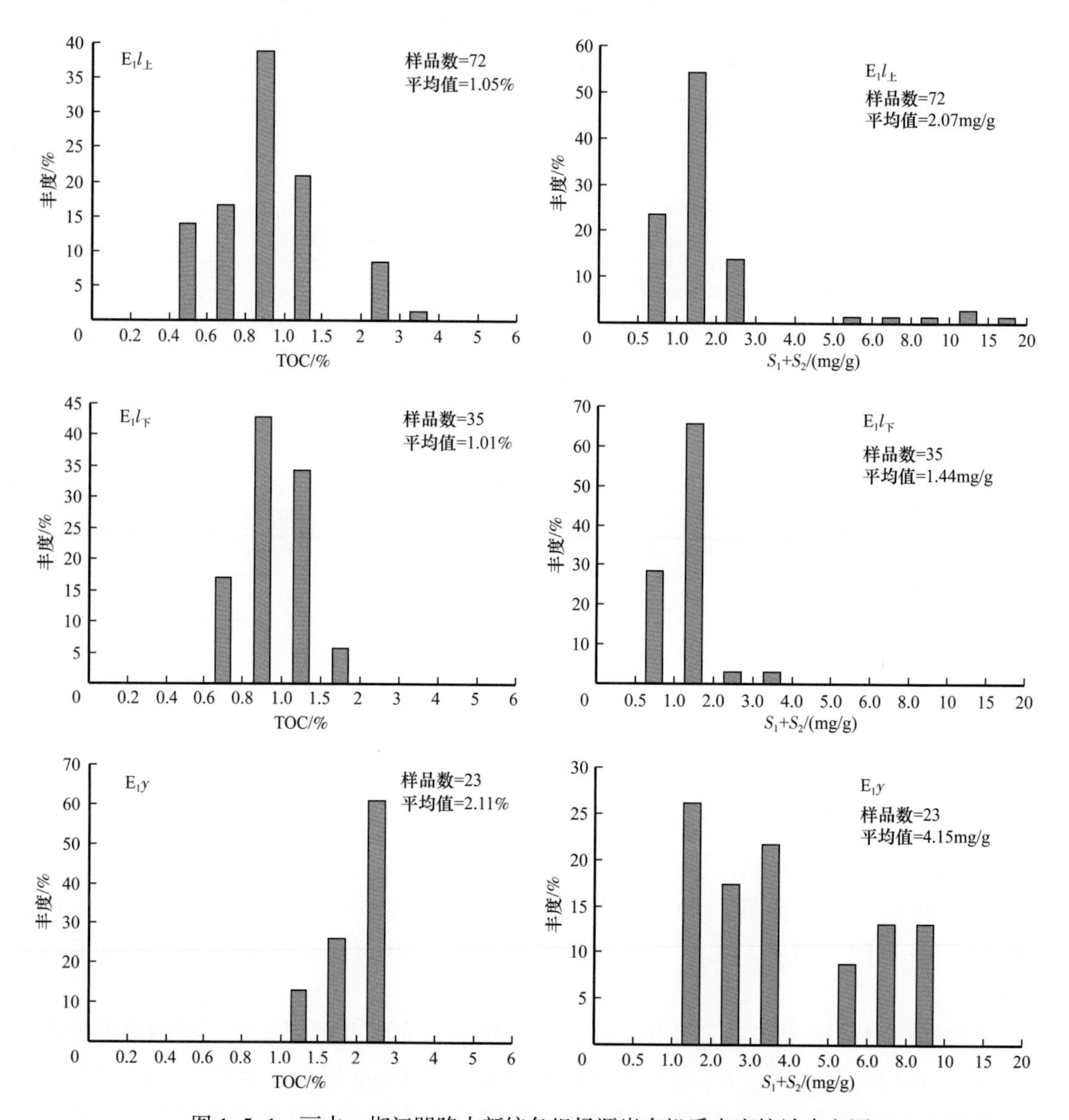

图 1-5-1 丽水—椒江凹陷古新统各组烃源岩有机质丰度统计直方图

基于有机碳含量的标准来评价，灵峰组平均可以达到中等级别烃源岩，但是其热解生烃潜量均低于一般中等级别烃源岩。由于灵峰组烃源岩的成熟度均不高，生烃导致的热解生烃潜量降低应该不大。因此，灵峰组泥岩主要为差烃源岩，只有少量为中等烃源岩。相比较而言，月桂峰组泥岩有机碳和热解生烃潜量要高于灵峰组泥岩，可溶有机质含量也高，均达到中等—好烃源岩级别。此外，已经钻遇的月桂峰组具有相似的有机碳含量和热解生烃潜量，月桂峰组烃源岩有机质丰度和生烃潜力较高具有普遍性。

2）始新统

始新统烃源岩丰度分布范围较大，有机质类型多，既有TOC大于30%的煤，又有TOC在5%～30%的碳质泥岩，还有TOC小于5%的泥岩。其中煤所占比例平湖组最大（7.3%），大于花港组（3.1%）。非烃源岩所占比例平湖组最低（43.9%），平湖组可作为有效烃源岩的样品占总数的55%以上，平湖组烃源岩质量优于花港组（图1-5-2）。

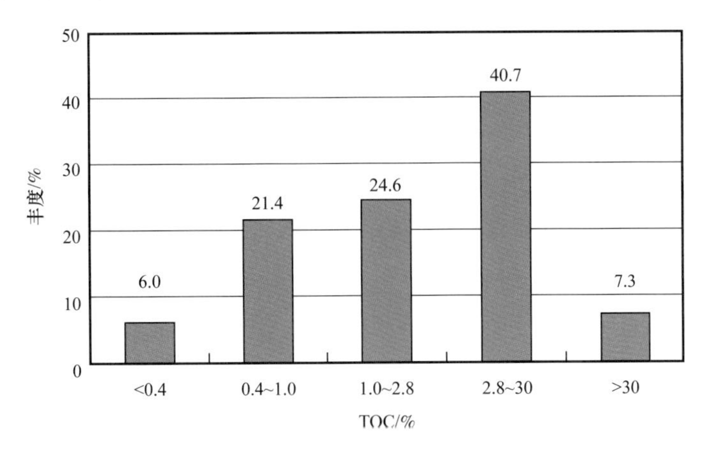

图1-5-2　西湖凹陷始新统平湖组有机碳丰度特征

平湖组不同段的烃源岩之间也存在差异，平湖组上段、中段、下段均可以达到优质烃源岩，但从其同样有机质丰度烃源岩的生烃潜力看，平湖组下段较上段、中段要稍好一些。同时，平湖组下段达到优质烃源岩的数量相对也要多一些（图1-5-3）。

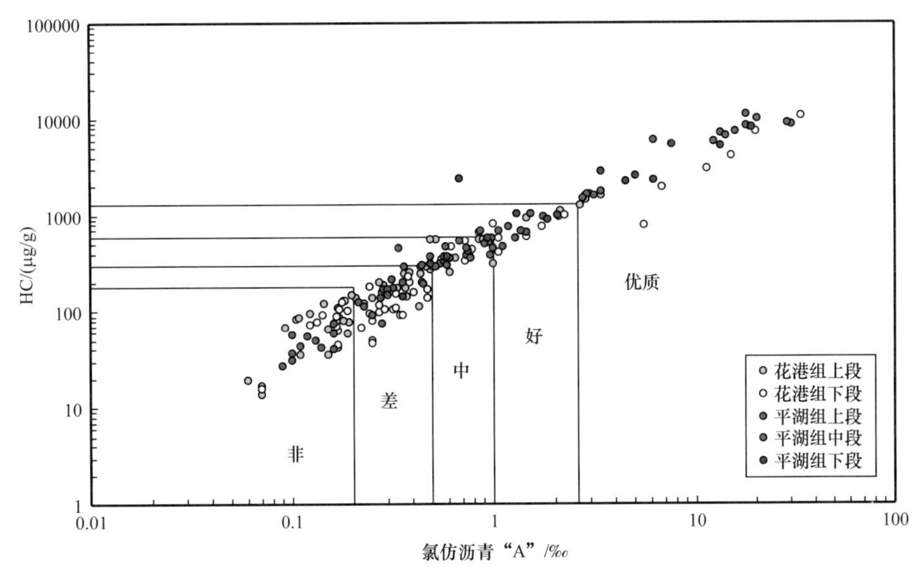

图1-5-3　西湖凹陷始新统花港组、平湖组不同段烃源岩的HC与氯仿沥青“A”关系图

3）渐新统

渐新统花港组烃源岩丰度分布范围较大（图1-5-4），有机质类型多，花港组烃源岩中煤所占比例为3.1%；非烃源岩所占比例花港组最大（76.9%），大于平湖组（43.9%）。

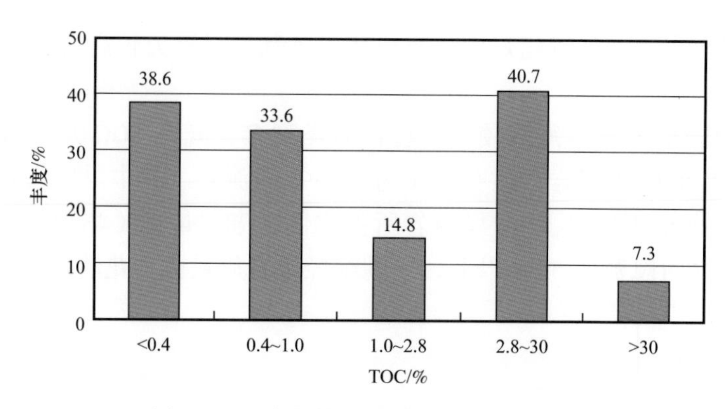

图 1-5-4　渐新统花港组有机碳丰度特征

花港组的样品中有 2/3 以上为非烃源岩，花港组烃源岩质量不及平湖组。花港组烃源岩中，花港组下段烃源岩有机质丰度略好于花港组上段（图 1-5-5）。

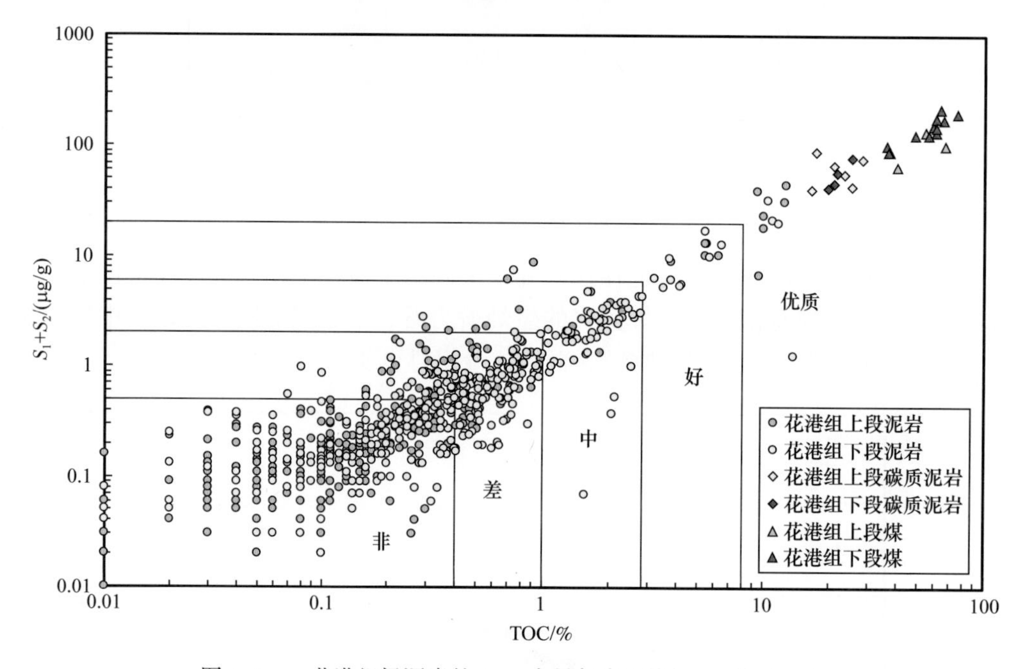

图 1-5-5　花港组烃源岩的 TOC 含量与岩石热解 PG 值关系图

总体来看，古新统—渐新统烃源岩生烃潜力大，存在优质烃源岩，但有机质丰度从非到很好非均质性明显，对比不同层段烃源岩的有机质丰度，平湖组烃源岩有机质丰度最高，是东海盆地最为重要的烃源岩。

2. 有机质类型

1）古新统

（1）干酪根元素。

干酪根元素组成特征是评价烃源岩有机质类型的重要参数之一，干酪根 C、H、O、N、S 元素组成能反映有机质的结构与性质，利用干酪根 H/C、O/C 原子比值区分有机质类型。古新统灵峰组上段泥岩 H/C 原子比分布范围较大，在 0.6～1.2 之间，有机质类型为Ⅲ型和Ⅱ型；灵峰组下段泥岩 H/C 原子比分布在 0.6～0.8 之间，为Ⅲ型有机质。

古新统月桂峰组泥岩分为两组，一组H/C原子比在0.9～1.1之间，O/C原子比在0.08～0.10之间，分布在Ⅱ型与Ⅲ$_1$型之间；另一组样品H/C原子比仅为0.6%左右，O/C原子比也很低，但成熟度较高（图1-5-6）。

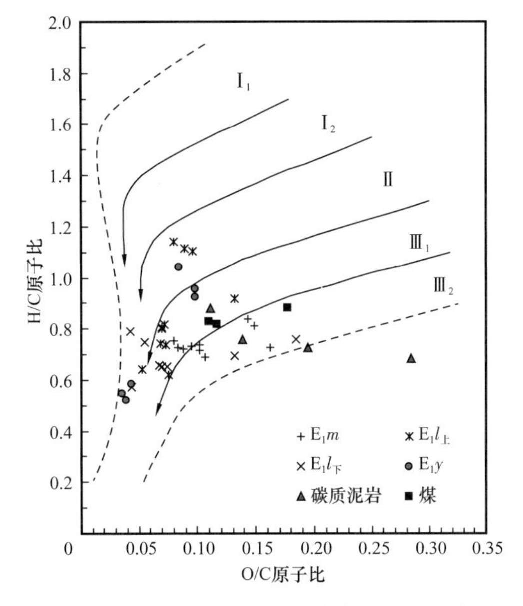

图1-5-6 丽水—椒江凹陷古新统烃源岩干酪根元素组成

（2）干酪根碳同位素。

干酪根碳同位素也常常用于判识有机质类型。干酪根碳同位素组成取决于其生物母质的同位素组成及发生在干酪根形成演化过程中的同位素分异作用，一般来说，有机体的不同化学组成具有不同的碳同位素组成特征。古新统烃源岩干酪根碳同位素组成$\delta^{13}C$值分布在−28‰～−24‰之间，其中：灵峰组上段泥岩碳同位素组成最重，$\delta^{13}C$值分布于Ⅱ型和Ⅲ$_1$型之间；灵峰组下段泥岩碳同位素组成略轻，$\delta^{13}C$值主要分布于靠近Ⅲ型的Ⅱ型区域；月桂峰组泥岩干酪根$\delta^{13}C$值分布于−28‰～−26‰之间的Ⅱ型区域，明显比其他烃源岩低。

月桂峰组同样分成两组。虽然前一组H/C原子比高于后一组，但前一组的碳同位素值也高于后一组或者两者类似。

（3）热解氢指数。

热解氢指数也是判识有机质类型的良好指标，尤其是对那些在生烃门限附近的烃源岩比较适用，而成熟和高成熟烃源岩则因为大量生烃而使其失去判识作用。灵峰组和月桂峰组泥岩的氢指数并不高，绝大多数样品氢指数分布在180mg/g以下，属于Ⅲ型有机质，只有少数样品氢指数大于180mg/g，属于Ⅱ型有机质，极少数样品的氢指数大于400mg/g，为Ⅰ型有机质。

（4）显微组分。

烃源岩的生烃潜力大小与其母质构成中显微组分的类型密切相关，腐泥组（藻类体、沥青质体等腐泥无定形）和壳质组（角质体、孢子体、木栓质体、树脂体和壳屑体）等富氢显微组分具有较好的生烃潜力，而镜质组和惰质组则生烃潜力较小。丽水凹陷西次凹灵峰组腐泥组和壳质组的含量高于东次凹，但低于东次凹，这是由于西次凹月桂峰组样品来自凹陷边部构造隆起部位的钻井，其烃源岩不能代表东部月桂峰组。

不同层系泥岩干酪根也进行了显微组分的镜下鉴定，其中没有发现腐泥组分，但壳质组的含量高达70%以上，镜质组的含量仅15%～30%；但是，在壳质组中以腐殖无定型体为主，占有机显微组分的60%～80%，而真正的壳质组含量仅为5%～8%。可见，古新统烃源岩均以陆源有机质为主。

综合各种划分有机质类型的指标和方法，灵峰组烃源岩为海相沉积，但有机质仍然主要来源于陆源高等植物，而不是海相水生生物，有机质类型比较差，以Ⅲ型有机质为主，少量Ⅱ型有机质，总体上是倾气性母质，生烃潜力较低；月桂峰组湖相沉积有机质类型相对较好，以Ⅱ型有机质为主，部分Ⅲ型有机质，总体上为倾油/倾气性母质，生烃潜力良好，是丽水—椒江凹陷主要的烃源岩。

2）始新统—渐新统

（1）干酪根元素组成。

平湖组烃源岩干酪根的H/C原子比总体上较低，除少数样品外，都在1.0之下（图1-5-7）。它们的O/C比值变化范围较大，成熟度低的烃源岩中较高，在0.3左右，表明原始干酪根中含有较多的含氧基团；随演化程度增高而逐渐变小，在R_o值为1.0%上下的样品中该比值变化在0.1左右。干酪根类型为Ⅲ型与Ⅱ型之间；碳质泥岩和煤，有机质类型基本上以$Ⅱ_2$型为主，花港组和平湖组重要的碳质泥岩和煤的有机质类型相对较好（图1-5-8）。

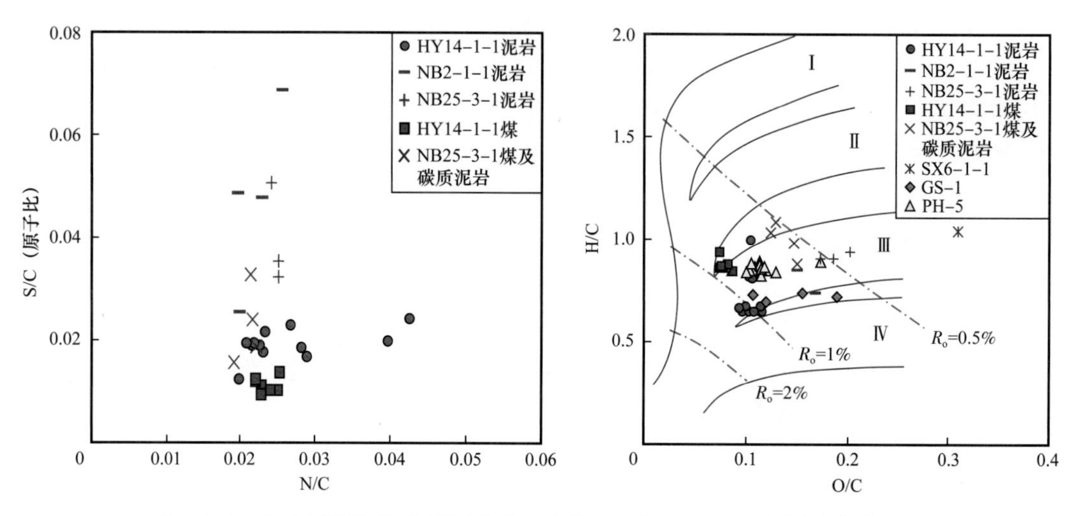

图1-5-7　部分平湖组烃源岩干酪根对应的H/C与N/C、S/C原子比值分布图

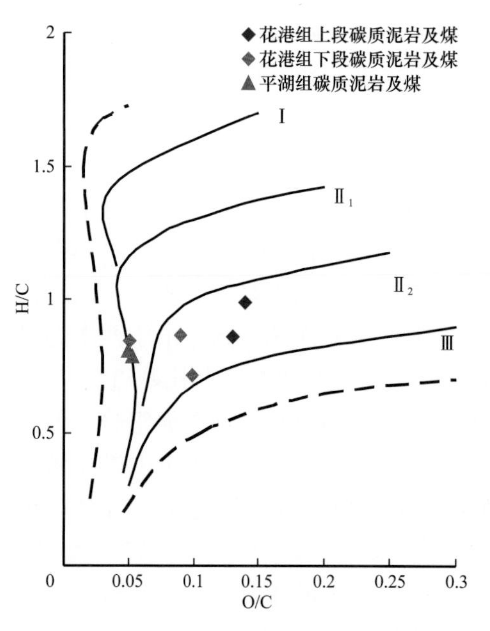

图1-5-8　花港组、平湖组烃源岩干酪根类型范氏元素分类图

（2）干酪根碳同位素。

平湖组泥岩干酪根碳同位素$\delta^{13}C$值主要分布在−27‰～−25‰之间，少数样品低于−27‰，可能是有机质类型差异所致；煤岩干酪根$\delta^{13}C$值变化较小，主要在−26.5‰～−25‰范围。花港组、平湖组烃源岩的干酪根碳同位素仍主要受有机质类型的影响，当干酪根的碳同位素较轻时，其氢指数明显升高。

（3）热解氢指数。

根据热解氢指数分布特征，平湖组和花港组烃源岩有机类型以$Ⅱ_2$—Ⅲ型为主，少量$Ⅱ_1$和Ⅰ型，烃源岩以生气为主。其中，平湖组优质烃源岩以$Ⅱ_1$型、$Ⅱ_2$型、Ⅲ型均有分布；花港组下段烃源岩则以$Ⅱ_2$—Ⅲ型为主，$Ⅱ_1$型部分分布；花港组上段烃源岩较花港组下段和平湖组烃源岩有机质类型差异更大，不均一性更明显，$Ⅱ_1$ 型、$Ⅱ_2$ 型、Ⅲ型均有分布，甚至个别样品达到Ⅰ型，但总体上花港组上段烃源岩还是以 $Ⅱ_2$—Ⅲ型为主。

（4）显微组分。

始新统—渐新统泥岩与煤显微组分差异明显，但都主要以镜质组组分为主。泥岩的富氢组分壳质组比煤的含量高，煤的镜质组含量高于泥岩；从不同层位来看，花港组的泥岩和煤富氢组分壳质组比平湖组的泥岩和煤含量高，平湖组泥岩和煤镜质组含量高于花港组。花港组上段湖泊相和平湖组干酪根显微组分基本为腐殖型，以生气为主。分析表明始新统—渐新统烃源岩以生气为主，生气潜力大于生油潜力。

西湖凹陷煤系烃源岩呈低壳质组、腐泥组，高镜质组、惰质组的特点，表征沉积有机质生物源，以陆源高等植物输入为主。烃源岩属于Ⅲ型有机质类型。

3. 有机质成熟度

镜质组反射率是目前表征有机质成烃演化阶段最常用也最有效的指标。

1）古新统

由主要钻穿（钻遇）古新统探井中烃源岩的镜质组反射率演化剖面（图 1–5–9）可见：丽水西次凹 2100m 以上地层的镜质组反射率低于 0.5%，没有达到生烃门限，2100m 以下镜质组反射率有规律地增加，至 3000m 左右镜质组反射率达到 0.7%，开始进入大量生烃阶段，按镜质组反射率演化趋势推测 3900m 左右达到生烃高峰（R_o=1.0%）。丽水西次凹北部另外一口井井深 2750m（斜深，垂深 2600m）以上有机质的镜质组反射率仍然低于 0.5%，开始大量生烃的深度为 3450m（斜深，垂深约 3160m），推测约 4200m（斜深，垂深约 3750m）达到生烃高峰。

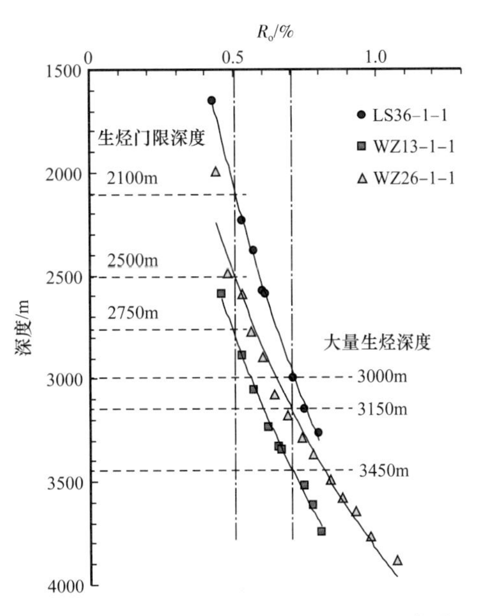

图 1–5–9　丽水凹陷主要探井镜质组反射率演化剖面

根据地层埋藏深度，明月峰组上部地层处于未成熟阶段，下部地层处于低成熟阶段；灵峰组上段上部烃源岩也处于低成熟阶段，下部烃源岩处于成熟生烃阶段（图 1–5–10）。WZ13–1–1 井明月峰组大部分地层处于未成熟阶段，明月峰组下部、灵峰组上段及灵峰组下段顶部地层处于低成熟阶段，灵峰组下段处于成熟演化阶段（图 1–5–11）。

灵峰组上段烃源岩处于低成熟至成熟生油阶段，在凹陷沉积和沉降中心，灵峰组上段埋藏很深处可以达到更高的成熟度；灵峰组下段基本上处于成熟生油阶段，在凹陷沉积和沉降中心可以达到更高的成熟阶段；推测月桂峰组烃源岩应该达到成熟—高成熟（R_o>1.3%）甚至过成熟（R_o>2.0%）演化阶段。

生物标志物分布特征也能很好地反映了烃源岩的成熟度，比较常用的参数有甾烷的异构化参数 20S/（20S+20R）、ββ/（αα+ββ），通常 C_{29} 甾烷 20S/（20S+20R）值小于 0.25、ββ/（αα+ββ）值小于 0.3 为未成熟阶段，C_{29} 甾烷 20S/（20S+20R）值在 0.25～0.4 之间、ββ/（αα+ββ）值在 0.3～0.45 之间为低成熟阶段，C_{29} 甾烷 20S/（20S+20R）值大于 0.4、ββ/（αα+ββ）值大于 0.45 为成熟阶段，此后上述两参数的变化就非常小了，0.55 和 0.6

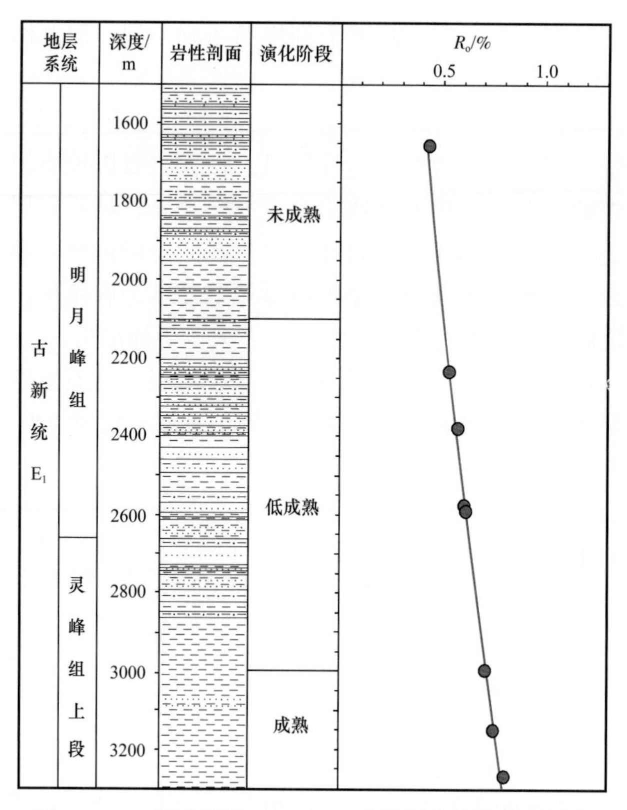

图 1-5-10　丽水凹陷 LS36-1-1 井烃源岩成熟阶段划分

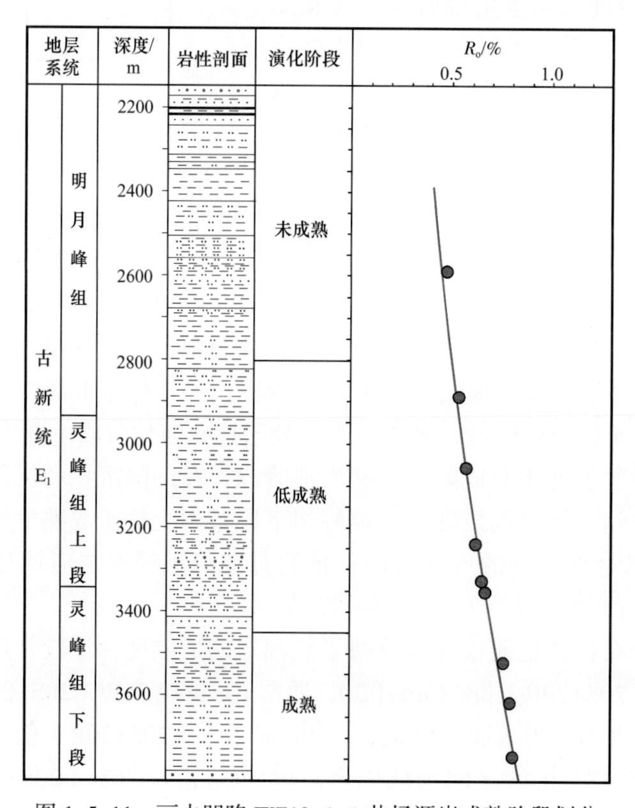

图 1-5-11　丽水凹陷 WZ13-1-1 井烃源岩成熟阶段划分

左右为参数的平衡值。上述参数衡量烃源岩的成熟度基本上在 R_o 约 1.0% 以前的演化阶段。

由图 1-5-12 可见，丽水—椒江凹陷烃源岩中生物标志物成熟度参数 C_{29} 甾烷 20S/（20S+20R）和 ββ/（αα+ββ）值之间存在较好的线性关系，但样品点还是有些离散。总体上看，WZ4-1-1 井、WZ6-1-1 井烃源岩的成熟度很低，LS36-1-1 井、WZ13-1-1 井、WZ26-1-1 井从未成熟到成熟烃源岩均存在。

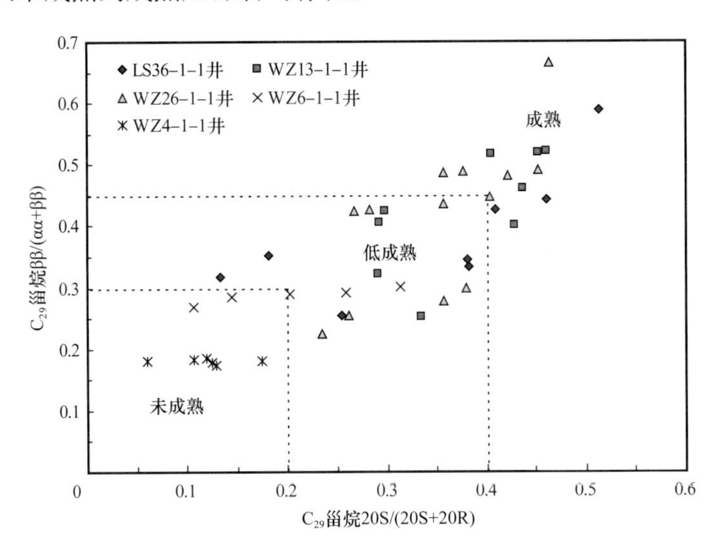

图 1-5-12　丽水—椒江凹陷甾烷的异构化参数划分烃源岩成熟度图

由图 1-5-13 可见，随着烃源岩埋藏深度的增加，上述两个参数值呈现增加的趋势，但每一单井的演化趋势并不好。总体上 2600m 以上的烃源岩 C_{29} 甾烷 20S/（20S+20R）值均小于 0.25，2500～3000m 在 0.25～0.4 之间，3000m 以下基本上在 0.4 左右变化。其中：WZ4-1-1 井烃源岩均小于 0.2，WZ6-1-1 井烃源岩也基本上小于 0.3，这两口井的烃源岩处于未成熟—低成熟演化阶段；LS36-1-1 井 3000m 以上均小于 0.4，3000m 以下大于 0.4；WZ13-1-1 井、WZ26-1-1 井的情况与 LS36-1-1 井的情况类似。可以看出，该参数获得的烃源岩成熟度比镜质组反射率要偏高，也即 C_{29} 甾烷 20S/（20S+20R）值总体上偏大，尤其是灵峰组及明月峰组下部烃源岩更加明显，这是由于这些烃源岩抽提物中在 ααα-20S 构型 C_{29} 甾烷处通常有其他化合物与之共析出的缘故。

C_{29} 甾烷 ββ/（αα+ββ）值的变化趋势比 20S/（20S+20R）值要好一些，其中 WZ4-1-1 井和 WZ6-1-1 井烃源岩均小于 0.3，为未成熟烃源岩；LS36-1-1 井、WZ13-1-1 井、WZ26-1-1 井 3000m 以上烃源岩小于 0.45，属于未成熟—低成熟烃源岩；3000m 以下烃源岩在 0.5 左右变化，为低成熟—成熟烃源岩。

古新统烃源岩的成熟度普遍较低，其中明月峰组烃源岩未成熟；灵峰组上段也未成熟；月桂峰组处于低成熟演化阶段，在沉积中心地区可能存在成熟的灵峰组下段和月桂峰组烃源岩。

2）始新统—渐新统

准确标定源岩的热成熟演化情况可以很好了解烃源岩的生排烃过程，有效指导油气勘探。主要通过饱和烃地球化学指标和镜质组反射率（R_o）分析西湖富气凹陷平湖组和花港组烃源岩的热成熟演化情况，并指出了油气生排烃深度范围。

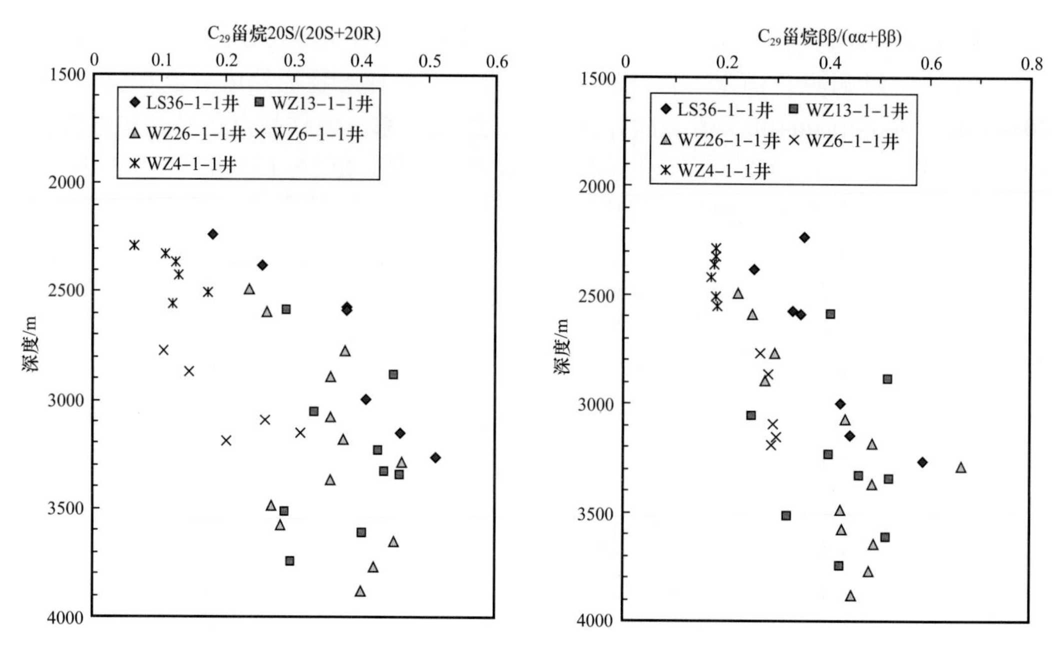

图 1-5-13　C_{29} 甾烷异构化参数反映的丽水—椒江凹陷烃源岩埋藏深度与成熟度变化关系

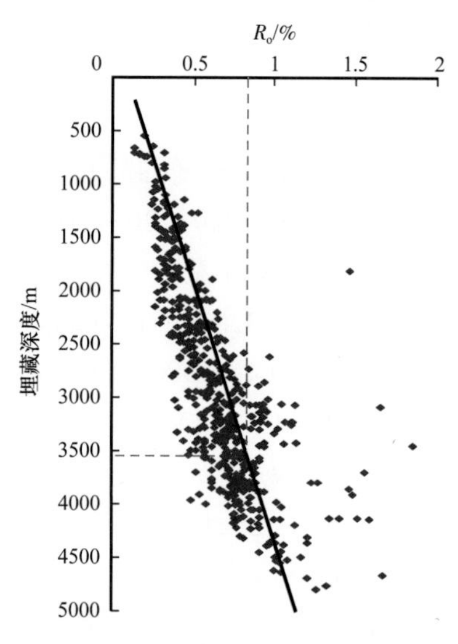

图 1-5-14　西湖凹陷 R_o 与深度的关系图（红线表示大量生排烃门限）

西湖凹陷大量实际镜质组反射率数据表明（图 1-5-14），同属西湖凹陷的不同钻井揭示的烃源岩系，它们的 R_o 随深度变化的趋势比较一致，表明其有机质热演化特征大同小异。针对平湖地区含煤腐殖型烃源岩，有机质热演化特征有别于腐泥型烃源岩，烃源岩相对成熟温度较高，大量生排烃比较滞后，R_o 为 0.8%～1.3%，对应的深度应为 3500m 以深，这与分子化学成熟度指标分析的结果一致。

综合以上分析，西湖地区烃源岩生烃门限深度为 3000～3500m，其中有工业性烃量排出深度应该大于 3500m。但是应该注意的是，因为本区不同地区存在着地层的剥蚀，对各个地区剥蚀厚度的估算又难于准确，因而主要采用镜质组反射率对不同构造带的烃源岩热演化特征进行分析，以准确对各个地区的生烃门限和排烃门限进行分析和研究。

第四节　烃源岩热演化特征

在烃源岩热演化过程中，随着烃源岩熟化程度的增加，其中的可溶有机质含量和转化率逐渐增加，至生烃高峰时通常达到最高峰，之后由于生烃量逐渐减少以及分子量变小而更容易排出烃源岩而又逐渐降低。同时，在烃源岩熟化过程中可溶有机质中的饱和烃含量逐渐增加，非烃含量逐渐减少。因此，烃源岩中可溶有机质含量及其组成的变化可以比较清楚地反映烃源岩的成烃演化阶段。一般来说，未成熟、低成熟烃源岩中可溶有机质的含量和转化率比较低，成熟烃源岩中可溶有机质的含量和转化率比较高。通常氯仿沥青“A”的转化率低于5%、总烃转化率低于3%时为未成熟阶段。

一、古新统

1. 有机质成熟度

镜质组反射率是目前表征有机质成烃演化阶段最常用、也最有效的指标。

古新统主要发育于丽水—椒江凹陷。根据主要钻穿（钻遇）古新统的探井烃源岩镜质组反射率演化剖面：丽水西次凹2100m以浅地层的镜质组反射率低于0.5%，没有达到生烃门限，2100m以深镜质组反射率有规律地增加，至3000m左右镜质组反射率达到0.7%，开始进入大量生烃阶段，按镜质组反射率演化趋势推测3900m左右达到生烃高峰（R_o=1.0%）。丽水西次凹北部另外一口井井深2750m（斜深，垂深2600m）以上有机质的镜质组反射率仍然低于0.5%，开始大量生烃的深度为3450m（斜深，垂深约3160m），推测约4200m（斜深，垂深约3750m）左右达到生烃高峰。

根据地层埋藏深度，灵峰组上段烃源岩处于低成熟至成熟生油阶段，在凹陷沉积和沉降中心，灵峰组上段埋藏很深处可以达到更高的成熟度；灵峰组下段处于低成熟—成熟生油阶段，在凹陷沉积和沉降中心可以达到更高的成熟阶段；推测月桂峰组烃源岩应该达到成熟—高成熟（R_o＞1.3%）甚至过成熟（R_o＞2.0%）演化阶段。

2. 可溶有机质转化率

据研究，丽水—椒江凹陷主要探井可溶有机质氯仿沥青“A”和总烃的转化率逐渐增加的总趋势非常明显，在2800m以浅地层中，氯仿沥青“A”的转化率低于5%，总烃转化率低于3%，表明烃源岩没有达到生烃门限。在此深度以下，烃源岩可溶有机质的转化率分布在5%～10%之间，总烃转化率在3%～8%之间，表明烃源岩开始生成烃类。在这些已钻遇地层的样品中没有见到转化率由高转低的转折点，表明已经揭示的烃源岩尚未达到生油高峰。从转化率值上分析，有探井底部应该达到了生油高峰阶段。

古新统烃源岩中可溶有机质组成的变化也很有规律，尤其是丽水凹陷部分探井，在2800m以浅地层中饱和烃的含量均低于20%，非烃的含量大于40%；在3400m左右饱和烃与非烃含量基本相当；在3600m左右饱和烃的含量达到了50%左右，而非烃含量低于20%。有一口探井在3800m左右饱和烃的含量达到了80%左右，非烃含量低于10%。椒江凹陷有的探井饱和烃含量偏低，而有的探井又略为偏高，这可能与烃源岩的沉积环境有关。

此外，古新统烃源岩中芳香烃的含量普遍较高，通常在20%～50%之间，非烃的含量基本上始终保持在15%以下的低值，表明古新统烃源岩尚未达到高成熟阶段。

3. 岩石热解参数特征

岩石热解是目前普遍使用的烃源岩评价技术，其中的热解最高峰温（T_{max}）和产率指数（PI）及烃指数（HCI）常常用于判识烃源岩的成熟度。对于一般烃源岩来说，当T_{max}达到435℃时进入生烃门限，当T_{max}达到445～450℃时进入成熟生烃阶段，当T_{max}达到455～460℃时达到生油高峰，当T_{max}达到475～480℃时进入高成熟演化阶段，也即凝析油—湿气阶段。

根据丽水凹陷探井烃源岩热解 T_{max} 数据，丽水凹陷西次凹古新统中 T_{max} 小于 435℃，明月峰组上部烃源岩处于未成熟演化阶段；2300m 以后 T_{max} 才稳定地大于 435℃，明月峰组下部烃源岩进入低成熟演化阶段，直至井底 3300m 处 T_{max} 也没有超过 450℃，灵峰组上段烃源岩均处于低成熟演化阶段。按照 T_{max} 演化趋势，推测灵峰组下段将进入成熟生烃演化阶段。

丽水凹陷东次凹 2600m 以浅热解 T_{max} 低于 435℃，灵峰组上段及灵峰组下段上部烃源岩均处于低成熟演化阶段；3500m 以深井段 T_{max} 明显增高，灵峰组下段下部和月桂峰组烃源岩处于成熟生油演化阶段。

椒江凹陷一口探井 3100m 以浅井段烃源岩热解 T_{max} 均低于 435℃，明月峰组烃源岩处于未成熟阶段；3100m 以深井段烃源岩样品的 T_{max} 大于 435℃，但跳跃比较大，其中有机质丰度高的样品一般低于 440℃，说明烃源岩仍然处于低成熟演化阶段。另一口探井 2300m 以浅烃源岩热解 T_{max} 低于 435℃，明月峰组烃源岩处于未成熟演化阶段；2300m 以浅井段烃源岩热解 T_{max} 也没有超过 440℃，从灵峰组上段到月桂峰组烃源岩均处于低成熟演化阶段。

综合以上各类参数所反映的丽水—椒江凹陷烃源岩成熟度可以看出，就探井揭示的情况而言，丽水凹陷的生烃门限深度应该在 2500～2700m，开始大量生油的深度应该在 3000～3200m，3700～3900m 到达生油高峰阶段，4400～4600m 开始进入高成熟凝析油—湿气阶段，各次级凹陷或不同的区域有所差异。

丽水凹陷西次凹明月峰组烃源岩目前基本上处于未成熟至低成熟演化阶段；灵峰组上段烃源岩基本上处于低成熟演化阶段，只有少量进入成熟演化阶段；灵峰组下段基本上处于低成熟至成熟阶段，推测在凹陷沉积和沉降中心可以达到更高成熟演化阶段；虽然没有直接获得月桂峰组烃源岩的成熟度，但根据其埋藏深度和灵峰组下段的成熟度可以推测，月桂峰组烃源岩应该达到成熟—高成熟甚至过成熟演化阶段。

丽水凹陷东次凹明月峰组烃源岩基本上处于未成熟—低成熟阶段；灵峰组上段主要处于低成熟生油阶段；灵峰组下段和月桂峰组处于成熟生油阶段。丽水东次凹可能没有达到高成熟演化阶段的古新统烃源岩。

二、始新统—渐新统

始新统—渐新统中不同井 R_o 随深度变化的总体趋势比较一致（图 1-5-15）。西湖凹陷以腐殖型烃源岩为主，有机质热演化特征有别于腐泥型烃源岩，烃源岩相对成熟温度较高，大量生排烃比较滞后，大量生排烃的 R_o 为 0.8%～1.3%，对应的深度应为 3500m 以下。

西湖凹陷不同构造带，由于地温梯度存在差异以及构造剥蚀的厚度不同，烃源岩成熟门限深度和排烃的深度均存在一定差异。平湖斜坡带烃源岩的生烃门限较深，R_o 在 3000m 达到 0.5%，在 3700m 达到 0.7%，根据（S_1+S_2）/TOC 推断的排烃门限在 3000m 左右；杭州斜坡带 R_o 在 2300m 达到 0.5%，在 3200m R_o 达到 0.7%，而应用（S_1+S_2）/TOC 显示排烃门限在 3400m 左右，可能经历了剥蚀作用，其门限相对比平湖斜坡带要浅；天台斜坡带烃源岩的数据相对较少，有限的资料显示在 2700m 时 R_o 达到了 0.5%，在深度为 3500m 时 R_o 达到了 0.7%。

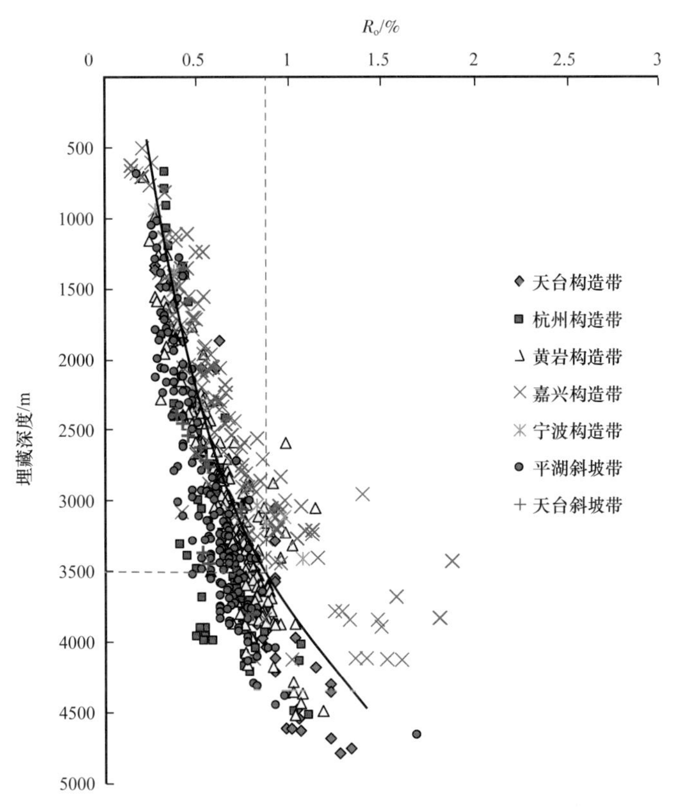

图 1-5-15　西湖凹陷 R_o 与深度的关系图（红线表示大量生排烃门限）

中央反转构造带上四个构造带的资料均较为丰富。嘉兴构造带烃源岩的生排烃门限相对较浅，在深度为 1900m 时 R_o 达到了 0.5%，在深度为 2500m 时 R_o 达到了 0.7%，而应用（S_1+S_2）/TOC 显示排烃门限在 2200m 左右，展示了嘉兴构造带烃源岩早生、早排的特征，这可能与西湖凹陷有较大程度的剥蚀有关。宁波构造带烃源岩在深度为 2000m 时 R_o 达到了 0.5%，在深度为 2500m 时 R_o 达到了 0.7%，而应用（S_1+S_2）/TOC 显示排烃门限在 2500m 左右，与嘉兴构造类似。中央反转构造带中南部烃源岩在深度为 2400m 时 R_o 达到了 0.5%，在深度为 3200m 时 R_o 达到了 0.7%，而应用（S_1+S_2）/TOC 显示排烃门限在 3000m 左右。天台构造带烃源岩在深度为 2000m 时 R_o 达到了 0.5%，在深度为 2500m 时 R_o 达到了 0.7%，在 2000m 左右的时候，氯仿沥青“A”含量达到了高峰。

对比不同构造带的烃源岩门限，在中央反转构造带嘉兴构造带和宁波构造带烃源岩的生烃门限在 2000m 左右，而黄岩和天台构造带的生烃门限在 2500m 左右。西部斜坡带，从平湖到天台斜坡、杭州斜坡带，烃源岩的门限深度依次变浅。

始新统平湖组烃源岩在凹陷的大部地区处生油窗和湿气带内，深凹部位已达过成熟阶段；渐新统花港组烃源岩大部目前正处于石油生成期；中新统烃源岩仅在局部地区刚进入成熟生烃阶段（图 1-5-16）。

烃源岩生排烃史模拟结果表明，在层位上，始新统平湖组烃源岩的生烃率（生油率 + 生气率）、排烃率和排烃效率均最高，渐新统花港组烃源岩的生烃率、排烃率和排烃效率相对较小，且花港组上段烃源岩现今大多尚未开始有效排烃。

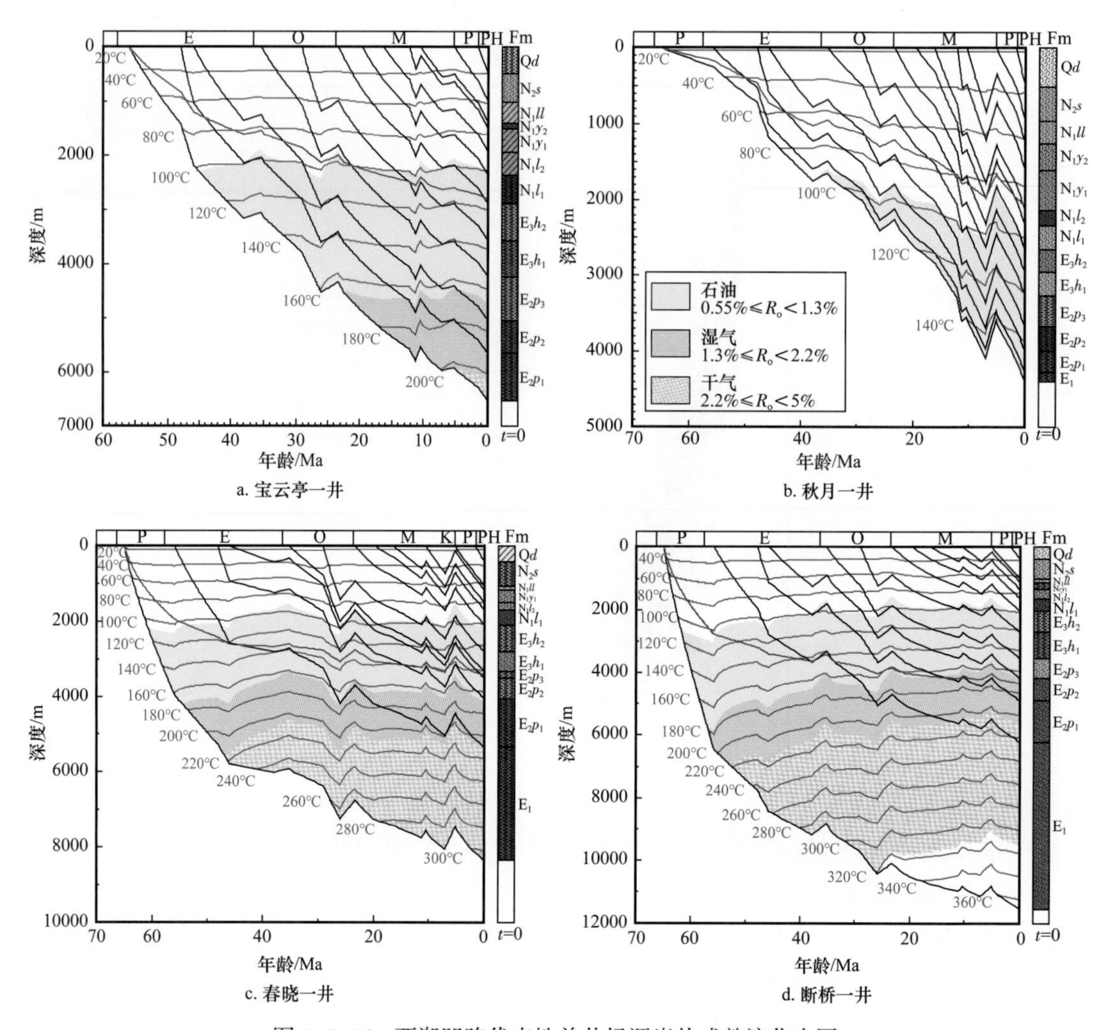

图 1-5-16　西湖凹陷代表性单井烃源岩热成熟演化史图

总之，始新统平湖组烃源岩系分布广、厚度大、煤层较发育，有机质丰度较高，生烃率和排烃效率高，是凹陷内已经揭示的主力烃源岩层位；中央洼陷—反转构造带内的西次凹、东次凹及中央反转带烃源岩的生排烃能力强，系西湖凹陷主要的供烃单元。

第六章　储层及储盖组合

盆地内各层系储层很发育，目前钻井揭示的新生界产油气层及见油气显示层以砂质岩系为主，自下而上分别为：（1）下古新统月桂峰组滨岸扇三角洲相砂岩，钻井见油层、气层，RET 取样见原油。（2）上古新统灵峰组上部及明月峰组滨岸沙坝和三角洲砂体，见气层并获气流。（3）始新统平湖组主要是滨岸体系的潮道砂、滨岸砂和三角洲体系的水下分流河道砂体，平湖气田、春晓气田群、宝云亭气田及武云亭、武北、孔雀亭等含油气构造，均发育平湖组产层。物性较好，孔隙度 16.28%～25.7%，渗透率 7.13～56.75mD。始新统平湖组是西湖凹陷的主要产气层。（4）渐新统花港组属河流—湖泊体系中的滨湖砂体和湖泊三角洲砂体，物性好，平均孔隙度 20% 左右，渗透率 1～233mD。见于平湖油气田和春晓油气田及秋月 1 井、东海 1 井、龙井 2 井、玉泉 1 井等。渐新统花港组是西湖凹陷的主力产气层。（5）下中新统龙井组以河流—湖泊沉积的细砂岩为主，埋深浅，成岩作用影响小，物性很好，平均孔隙度 5%～29%，渗透率 1～2524mD，龙井 1 井、玉泉 1 井、孤山 1 井、HY 7-1-1 井等见显示或获低产油气流。除新生界储层外，在丽水凹陷中央潜山构造带的灵峰 1 井于前新生界结晶基底片麻岩中见油气显示，并获得 1.45m^3 原油。福州凹陷南部的探井于白垩系粉砂岩中见到石油残留物，说明盆地内前新生界也是不容忽视的钻探目的层。由于东海陆架盆地勘探程度、资料等差异，储层发育特征以西湖凹陷储层资料为主，辅以丽水凹陷储层资料的特征介绍。

第一节　储层基本特征

岩石学特征是研究沉积相、砂岩成岩作用及储层特征的重要内容之一，沉积物在埋藏之前物质组分的差异对成岩作用、原生孔隙的保存和次生孔隙形成起着重要的作用，因此砂岩储层的岩石骨架颗粒组成及填隙物成分研究是成岩作用和储层特征研究的基础。对砂岩的成岩作用来说，岩石的基本组成，尤其是骨架组分为埋藏成岩作用提供了重要的物质基础。储层砂岩埋藏前组成的差异对成岩作用、砂岩初始孔隙度，以及原生孔隙的改造和次生孔隙的发育都起着十分重要的作用。

一、岩石学特征

1. 主要岩石类型

1）花港组岩石类型

根据各个构造区花港组和平湖组 1795 个岩石薄片样品的碎屑成分含量统计，采用地质—石油行业三角分类图投点定名原则，将西湖凹陷六个构造区（平北区、平湖区、西次凹区、中央反转构造带南部黄岩区、玉泉区、春晓—天外天区）花港组碎屑成分含量数据作三角图投点（图 1-6-1），各区域岩石类型略有差异，主要特征如下。

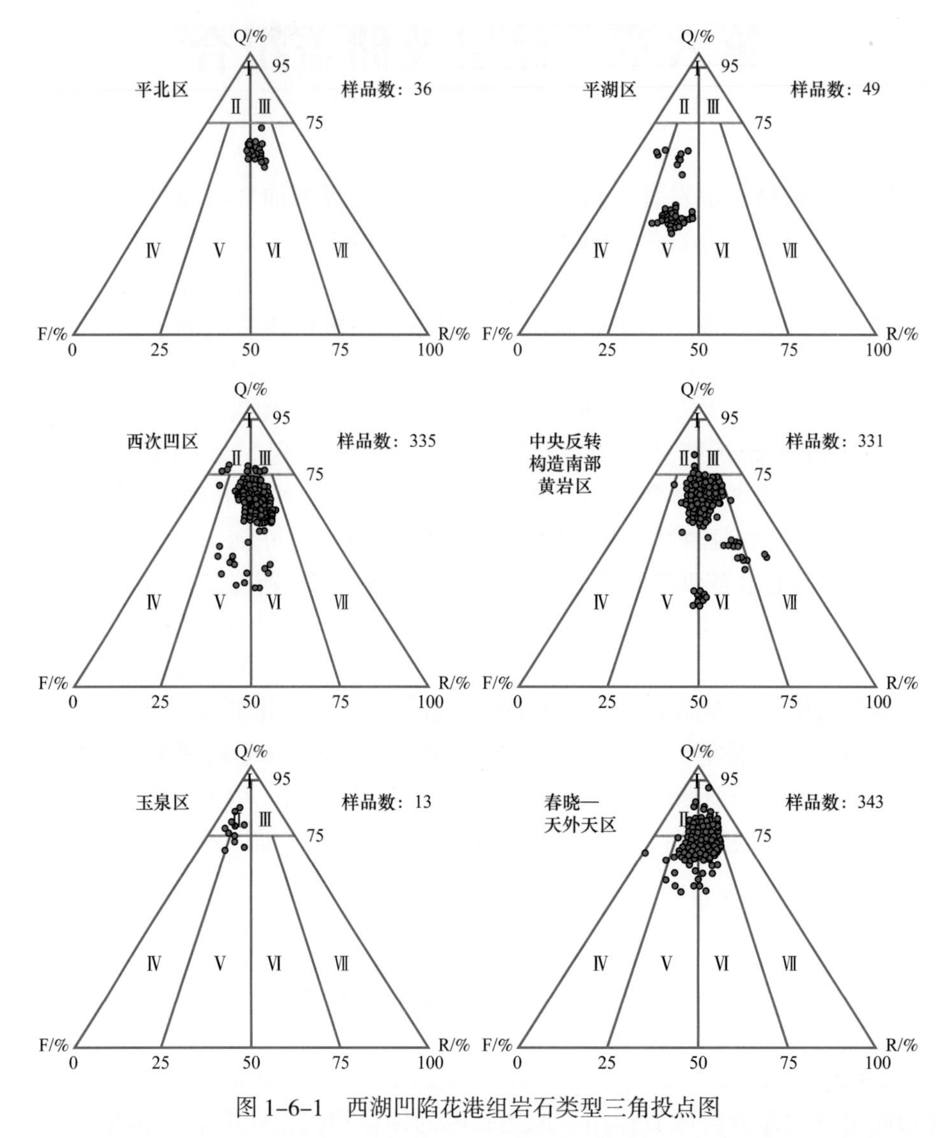

图 1-6-1　西湖凹陷花港组岩石类型三角投点图

平北区花港组 36 个样品数据点结果显示，该区数据投点主要落在长石岩屑砂岩区，频率为 72%，其次落在岩屑长石砂岩区，频率为 28%；平湖区花港组 49 个样品数据投点结果显示，该区数据点主要落在岩屑长石砂岩区；西次凹区花港组 335 个样品数据点结果显示，该区长石岩屑砂岩频率占 69%，岩屑长石砂岩占到 26%，存在少量长石石英砂岩和岩屑石英砂岩；中央反转构造带南部黄岩区花港组 331 个数据投点显示，该区以长石岩屑砂岩与岩屑长石砂岩为主要岩石类型，平均频率分别占到 53% 和 45%，同时存在少量长石石英砂岩，平均频率占 4% 左右；玉泉区花港组 13 个样品数据的投点显示，该区以长石石英砂岩为主，少量岩屑长石砂岩；春晓—天外天区花港组 343 个样品数据投点显示，该区岩石类型较为多样，其中以长石岩屑砂岩为主，占 72%，其次为岩屑石英砂岩，占 13%，长石石英砂岩和岩屑长石砂岩出现频率分别占到 6% 和 9%。

各构造区花港组储集砂岩的岩石类型丰度分布情况见图 1–6–2。各区花港组岩石类型的差异主要与各构造的沉积因素有关。

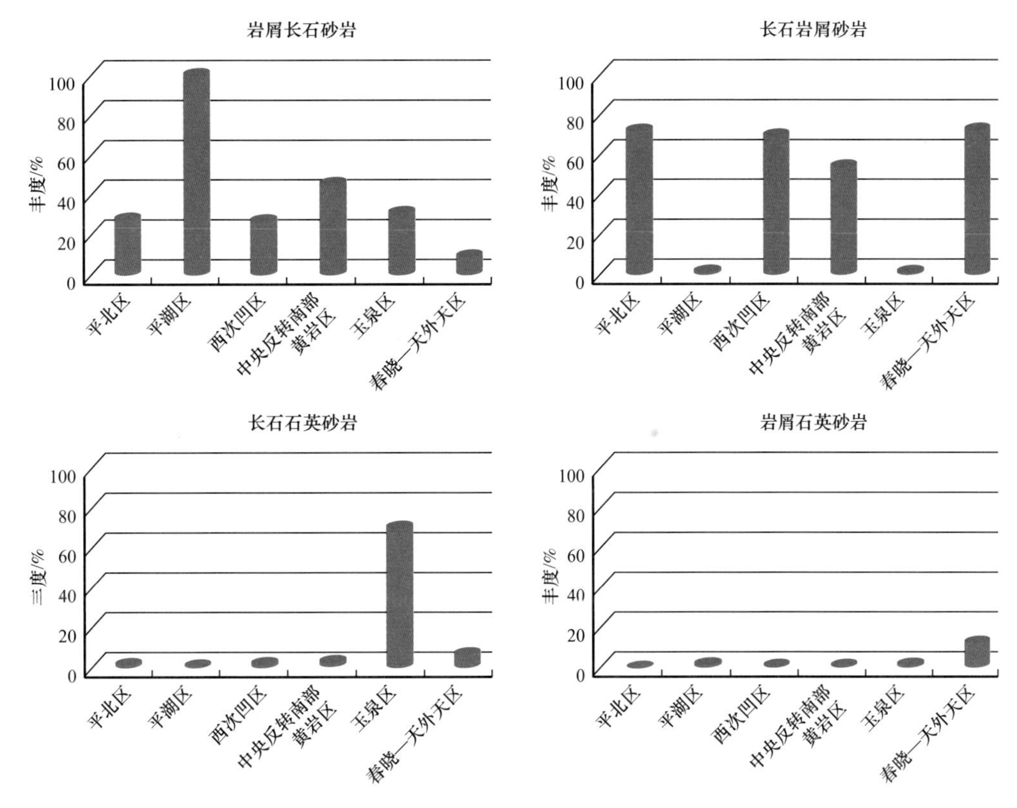

图 1–6–2 西湖凹陷各构造区花港组岩石类型分布直方图

2）平湖组岩石类型

根据各构造区平湖组储层砂岩岩石类型三角投点图（图 1–6–3），平北区 414 个样品数据点结果显示，该区数据投点主要落在岩屑石英砂岩区、长石岩屑砂岩区和岩屑长石砂岩区；平湖区主要岩石类型为岩屑长石砂岩和长石砂岩；西次凹区岩石类型主要为长石岩屑砂岩，平均频率占 96%；中央反转构造南部黄岩区平湖组仅 12 个样品，其数据投点都落到Ⅵ区，为长石岩屑砂岩；春晓—天外天区主要岩石类型为长石岩屑砂岩，平均频率占 70%，其中少部分投点落到岩屑长石砂岩区、岩屑石英砂岩区和长石石英砂岩区。由于个别区域样品数据的缺乏，其准确性也有待佐证。其次，平湖组岩石类型的差异亦与沉积环境密切相关。

2. *砂岩碎屑组分特征*

1）花港组砂岩碎屑组分特征

（1）石英含量特征。

花港组储层岩石石英含量平均在 62%～79% 之间。不同构造带花港组石英含量有所差异，其中天外天区石英含量最多，平均在 68%～79%；其次为玉泉地区，平均含量为 75%；石英含量最少为平北区和平湖区，平均在 46%～65.6% 之间。不同岩石类型石英含量差异较大，花港组岩屑长石砂岩和长石岩屑砂岩中石英平均含量为 62%～72%，而长石石英砂岩中石英含量相对较高为 76%～80%。

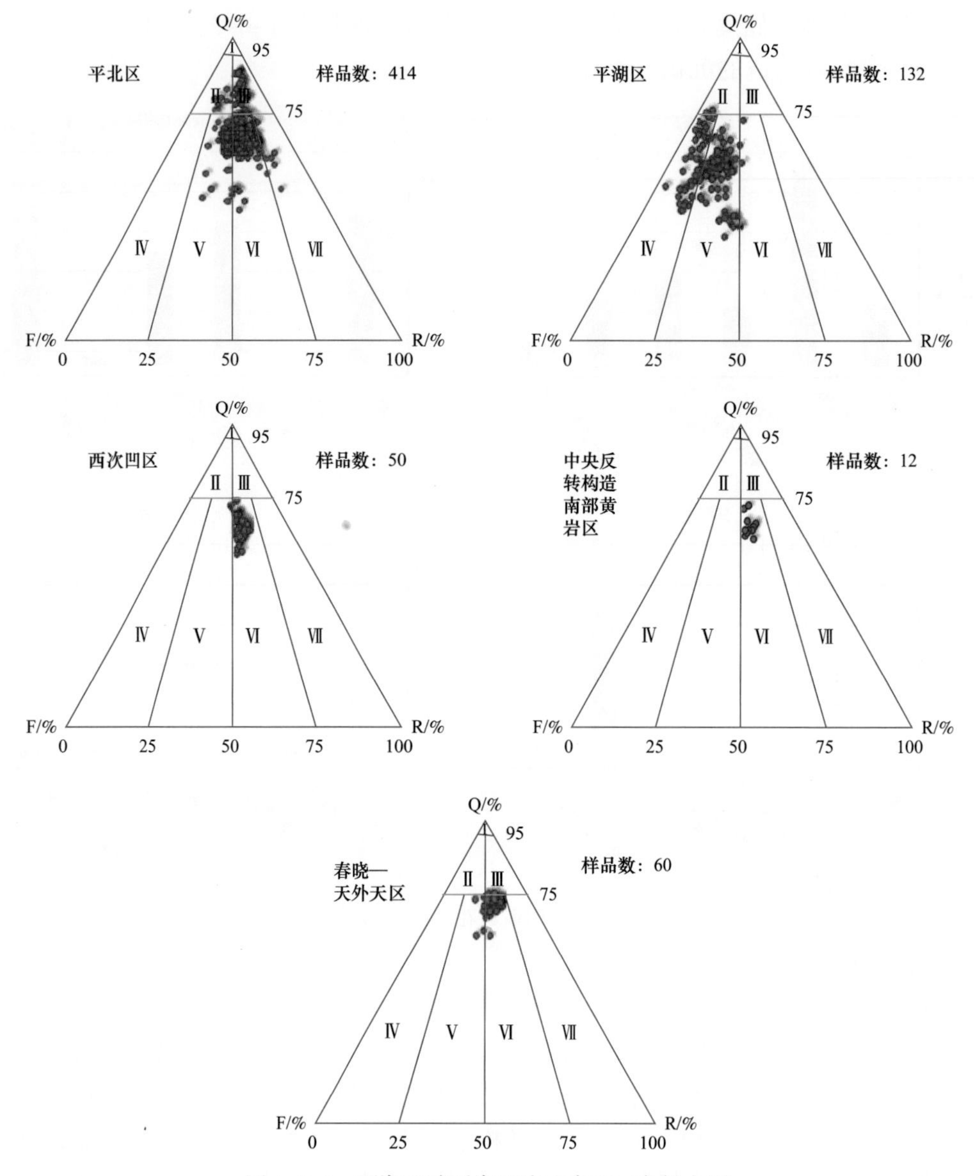

图 1-6-3　西湖凹陷平湖组岩石类型三角投点图

（2）长石含量特征。

在含长石的砂岩中，岩屑长石砂岩长石的平均含量为 18.5%～33%，长石岩屑砂岩长石的平均含量为 11.2%～16.2%，长石石英砂岩中长石组分的平均含量为 11.5%～15%。统计表明，六个构造带花港组储层岩石中岩屑长石砂岩是本区最发育的岩石类型，其次为长石岩屑砂岩，长石石英砂岩与岩屑石英砂岩明显较少，而各区花港组间的岩石类型亦存在较大差别，表现在春晓—天外天区的岩石类型种类最多，其次为西次凹区与中央反转构造带南部黄岩区，这些差异有可能是沉积因素的影响，也可能存在岩石取样上的差异而导致的。从整体而言，长石在西湖凹陷花港组中较为发育，其次为岩屑，这是花港组岩石组分构成的基本特征。除此之外，阴极发光显微镜显示各类砂岩中以钾长石和斜长石为主，长石普遍有蚀变现象，见有长石溶蚀形成的粒内溶孔和铸模孔。

（3）岩屑含量特征。

长石岩屑砂岩中岩屑占17.6%～22.5%，岩屑长石砂岩中岩屑的平均含量占13.2%～21%，在岩屑石英砂岩中岩屑占14%、长石石英砂岩中岩屑平均含量为4.9%～9.8%。岩屑组分在区内稳定，以火山岩岩屑为主，变质岩岩屑、沉积岩岩屑均有，常见到部分受挤压变形的塑性云母、炭屑等，另见有泥岩岩屑呈假杂基状。

2）平湖组砂岩碎屑组分特征

（1）石英含量特征。

平湖组储层碎屑岩中石英含量平均在59%～82.5%之间。其中春晓—天外天区石英含量平均为68%～81%，平北区石英含量平均为65%～78%，平湖区石英含量平均为60.5%～77.3%，西次凹区石英含量平均为64%～75%，中央反转构造带南部黄岩区平湖组岩石样品数据稀少，缺少玉泉地区平湖组资料，从仅存的样品数据来看，该构造带的岩石石英平均含量为66.2%。

西湖凹陷花港组与平湖组储层碎屑石英主要由单晶石英组成，其次为多晶石英（多晶石英主要为石英岩屑，另有部分为燧石岩屑）。在各类砂岩中具波状消光的石英普遍发育，具有石英次生加大边，其加大程度亦不相同。从几口井阴极发光显示出石英颗粒发蓝紫色和棕褐色光，可确定岩石中单晶石英以火成岩和变质岩来源为主。

（2）长石含量特征。

平湖组储层砂岩岩石类型以含有较高长石组分的岩屑长石砂岩、长石岩屑砂岩为主，其次为长石石英砂岩，少量岩屑砂岩和长石砂岩。在含长石的砂岩中，岩屑长石砂岩长石的平均含量为18.5%～25.8%，长石岩屑砂岩中长石的平均含量为11.7%～15.5%，长石石英砂岩中长石组分的平均含量为10.6%～16.5%。

（3）岩屑含量特征。

平湖组长石岩屑砂岩中岩屑占16.5%～20.5%，岩屑长石砂岩中岩屑的平均含量占8%～15.7%，在岩屑石英砂岩中岩屑的平均含量占11.2%～13.5%、长石石英砂岩中岩屑的平均含量为7%，对比显示平湖组储层在平北区、平湖区、中央反转带南部黄岩区、西次凹区有较高的岩屑含量，与花港组相比平湖组岩屑含量较为相近，这与物源较稳定有关。

3. 填隙物结构组分特征

综合运用薄片分析、电镜扫描等手段，对西湖凹陷花港组、平湖组砂岩储层中的泥质杂基和自生矿物进行含量、类型、分布特征的研究，探讨其形成机制及成岩过程中对储层发育的影响，为预测和评估储层质量奠定基础。西湖凹陷花港组、平湖组主要储层中除泥质杂基外，作为胶结物类的自生矿物最常见的有自生黏土矿物、自生碳酸盐胶结物、自生硅质等，自生黏土矿物主要为高岭石、自生绿泥石和伊利石等。自生绿泥石在花港组和平湖组中含量的变化可能与埋藏介质变化有关，大多数的自生绿泥石的沉淀作用是在较早的成岩阶段发生的。

1）杂基

杂基是指和砂砾一起机械沉积下来起填隙作用的粒度小于0.03mm的细粒黏土物质，各种细粉砂级碎屑和有机质也都属于杂基之列，它们都是以悬浮状态被搬运而后沉积下来的。杂基含量的多少，不但可以反映岩石的结构成熟度，而且可反映搬运介质的性质。杂基含量高，说明岩石分选差，结构成熟度低，也表明搬运介质中含有大量的悬浮物质，为高密度和高黏度的介质。一般说来，杂基含量多的岩石，孔隙性不好，常呈土黄色或褐色。可形成于水动力特别强的浊流环境，也可形成于水动力弱的静水环境。

（1）花港组杂基含量特征。

西湖凹陷六个构造区花港组储层砂岩孔隙中杂基平均含量一般为4%～10%（表1-6-1），平北区花港组砂岩杂基含量最高，其次为中央反转构造南部黄岩区和春晓—天外天区，最低为玉泉区花港组储层砂岩。

（2）平湖组杂基含量特征。

平湖组储层砂岩孔隙中杂基含量平均值占到8%～12%（表1-6-1），较花港组高。平湖区平湖组储层砂岩杂基含量最高，达12.6%，最少为平北区，含量只有7.5%左右，玉泉区平湖组由于缺少砂岩样品，故不做统计。

表1-6-1　西湖凹陷花港组、平湖组储层砂岩杂基含量统计表

层位组	花港组						平湖组					
区域	平北区	平湖区	西次凹区	中央反转构造南部	玉泉区	春晓—天外天区	平北区	平湖区	西次凹区	中央反转构造南部	玉泉区	春晓—天外天区
杂基含量/%	10.4	7.1	7	8.9	3.4	9	8.1	12.6	8.5	8.9	0	10.5
样品数/个	36	49	335	331	13	343	415	132	50	12	0	76

（3）花港组与平湖组杂基含量特征对比。

从花港组杂基看，玉泉区最少，往西北方向增加，中央反转构造带南部黄岩地区和春晓—天外天区杂基含量相当，说明该两构造区花港组沉积环境没有本质的变化。平北区花港组储层杂基为最多，向西南和东南方向减少。从平湖组储层砂岩杂基含量看，各区杂基含量相当，都大于8%，说明西湖凹陷始新统平湖组沉积时期的水动力环境较弱。

2）胶结物

胶结物是从孔隙水中沉淀于碎屑颗粒间的自生矿物，胶结作用是将松散的沉积物粘结成坚硬岩石的作用，它是一种化学和生物化学作用过程，是成岩作用的重要类型之一，它可以发生于成岩作用的不同阶段，对碎屑岩中孔隙的形成和影响尤为重要。它的形成与循环流体的温度、压力和化学性质密切相关，通常以胶结物的成分不同可分为若干类型，常见的胶结物有碳酸盐矿物、硅质矿物和黏土矿物等。西湖凹陷的胶结物有粒状充填结构（方解石、白云石）、环边状结构（伊利石、绿泥石）、细莓状结构（菱铁矿、黄铁矿）、次生加大结构（硅质）等。

（1）花港组胶结物特征。

据1095个岩石薄片统计，西湖凹陷六个构造区花港组储层砂岩孔隙中所见的胶结物（表1-6-2）中，以由杂基重结晶形成的伊利石及蚀变高岭石黏土含量最高，其次为碳酸盐岩和硅质胶结物。花港组黏土矿物见有自生高岭石和自生绿泥石，其中花港组绿泥石主要集中在西次凹和中央反转构造带南部黄岩区，含量占0.7%和0.5%；自生高岭石分布较为普遍，各区花港组储层砂岩普遍存在自生高岭石，其中以春晓—天外天区最高，平均含量占 2.8%，其次为玉泉区和中央反转构造南部黄岩区，平均含量分别为 1.2% 和 1.1%。碳酸盐岩和硅质胶结物各构造区各异，平北区碳酸盐岩胶结物主要为白云石，占 1%，硅质胶结物占 4.3%，该区花港组砂岩石英次生加大较为明显；平湖区花港组 40 个岩石薄片数据显示，该区胶结物含量较少，方解石含量为 2.1%，硅质仅占 0.1%；西次凹花港组砂岩孔隙中等量充填了杂基、碳酸盐岩胶结和硅质，其中方解石占 1.6%，白云石占 0.7%，硅质占 0.8%；中央反转构造南部黄岩区花港组砂岩孔隙充填情况与西次凹区相近，碳酸盐岩胶结物占 2.7%，硅质含量为 0.8%；玉泉区花港组储层砂岩较为纯净，该区杂基含量仅占 0.8%，碳酸盐岩胶结占 1.1%；春晓—天外天区花港组杂基含量高，胶结物含量为中—少。各构造区花港组杂基和胶结物含量的变化，在于各构造区花港组所处的沉积环境和成岩期自生矿物形成导致的差别。

表 1-6-2　西湖凹陷花港组储层砂岩主要自生矿物构成统计表

层位	区域	含量	杂基 /%	自生矿物类型与含量 /%						样品数 / 个
				高岭石	方解石	绿泥石	硅质	白云石	填隙物总量	
花港组	平北区	杂基、矿物含量	5.6				4.3	1	10.7	34
		杂基、矿物与填隙物总量比值	52				40	8		
	平湖区	杂基、矿物含量	5.4	0.1	2.1		0.1		7.6	40
		杂基、矿物与填隙物总量比值	70	1	27		1			
	西次凹区	杂基、矿物含量	3.4	0.3	1.6	0.7	0.8	0.7	7.5	334
		杂基、矿物与填隙物总量比值	45	4	21	9	11	9		
	中央反转构造南部	杂基、矿物含量	4.5	1.1	2	0.5	0.8	0.7	9.6	331
		杂基、矿物与填隙物总量比值	47	11	21	5	8	7		
	玉泉区	杂基、矿物含量	0.8	1.2	0.1		0.3	1	3.4	13
		杂基、矿物与填隙物总量比值	24	35	3		9	29		
	春晓—天外天区	杂基、矿物含量	4.1	2.8	1.8	0.4	0.3	0.03	9.4	343
		杂基、矿物与填隙物总量比值	43	30	19	4	3	0.3		

（2）平湖组胶结物特征。

平湖组共统计了 668 个岩石薄片，分为六个构造区（表 1-6-3）。

表 1-6-3　西湖凹陷平湖组储层砂岩主要自生矿物构成统计表

层位	区域	含量	杂基 /%	自生矿物类型与含量 /%						样品数 / 个
				高岭石	方解石	绿泥石	硅质	白云石	填隙物总量	
平湖组	平北区	杂基、矿物含量	2	1.3	2.1		1	1.8	8.1	414
		杂基、矿物与填隙物总量比值	24	16	25		12	22		
	平湖区	杂基、矿物含量	0.6		6		0.1	0.3	7	132
		杂基、矿物与填隙物总量比值	9		86		1	4		
	西次凹区	杂基、矿物含量	4.1		1.4		0.7	2.2	8.5	50
		杂基、矿物与填隙物总量比值	49		17		8	26		
	中央反转构造南部	杂基、矿物含量	2.9		0.3		0.5	5.3	9	12
		杂基、矿物与填隙物总量比值	32		3		6	59		
	玉泉区	杂基、矿物含量								
		杂基、矿物与填隙物总量比值								
	春晓—天外天区	杂基、矿物含量	5	0.6	4.4		0.5	0.02	10.5	60
		杂基、矿物与填隙物总量比值	48	6	42		5	0.2		

平北区储层砂岩填隙物总量平均为 8.1%，其中碳酸盐岩胶结物平均占到 3.9%，硅质含量平均为 1%，其余为自生高岭石等黏土杂基，该区碳酸盐岩和硅质胶结较为发育。

平湖区 132 个岩石薄片统计表明，碳酸盐岩胶结物平均含量为 6.3%，占填隙物总量达 90%，硅质胶结平均含量为 0.1%。

西次凹区平湖组 50 个砂岩薄片数据统计结果表明，该区填隙物总量平均为 8.5%，其中碳酸盐岩胶结物占到填隙物总量的 40%，硅质平均含量为 0.7%。

中央反转构造带南部黄岩区砂岩填隙物总量平均为 9%，其中白云石胶结物平均含量占到 5.3%。

玉泉区平湖组缺少砂岩薄片数据，不做分析。

春晓—天外天区平湖组 60 个砂岩薄片数据统计表明，该区填隙物含量为 10.5%，其中碳酸盐岩胶结物占填隙物总量的 4.4%，硅质仅占填隙物含量的 0.5%，其余为杂基 5%。

六个构造区平湖组储层砂岩薄片数据统计表明，碳酸盐岩胶结程度最高的区域为平湖区，其次为中央反转构造带南部黄岩区和西次凹区，而中央反转构造带南部黄岩区和西次凹区碳酸盐岩胶结以白云石为主，其余构造区碳酸盐岩胶结以方解石为主；各构造区花港组硅质胶结物平均含量在 0.5%～1% 之间变化。

薄片鉴定资料显示平湖组黏土矿物常见自生高岭石、少见自生绿泥石。另外，根据电镜扫描分析，表明各构造区不同地层砂岩中存在自生伊利石和伊 / 蒙混层，个别构造储层段较为严重。

二、孔隙空间类型与结构

储层物性特征研究是油气藏评价工作中储层研究的重要内容之一，孔隙度反映岩石中孔隙的发育程度，表征储层储集流体的能力，是储层储集性能的反映；渗透率反映岩石允许流体通过能力的强弱，是储层渗滤性能的反映。对储层物性变化特征进行研究，对于揭示储层微观孔隙结构的变化特征、储层渗流特征、产能模拟及储层综合评价等有着重要的意义。

1. 孔隙类型及特征

西湖凹陷花港组和平湖组储层的储集空间主要是孔隙，仅见少量微裂缝（表 1-6-4）。

表 1-6-4　西湖凹陷渐新统花港组和始新统平湖组砂岩孔隙构成统计表　　单位：%

层位	总原生孔	总次生孔	总微裂缝	总面孔率	原生孔比例	次生孔比例	微裂缝比例	样品数 / 个
H1	2.75	23.20	0	25.95	10.60	89.40	0	2
H2	3.67	4.33	0	8.00	45.83	54.17	0	3
H3	5.04	8.44	0.01	13.49	37.38	62.56	0.06	24
H4	1.50	8.42	0	9.92	15.12	84.88	0	13
H5	1.19	5.83	0	7.02	16.96	83.04	0	31
H6	2.35	9.77	0.10	12.22	19.21	79.97	0.82	85
H7	2.20	6.96	0	9.16	24.02	75.98	0	5
H8	0.98	8.90	0.13	10.01	9.77	88.93	1.30	23
H9	1.21	8.61	0.02	9.83	12.29	87.54	0.17	12
H10	1.00	6.61	0.67	8.28	12.08	79.87	8.05	9
H11	1.00	2.95	0	3.95	25.32	74.68	0	2
H12	1.23	8.02	0.07	9.32	13.21	86.04	0.74	13
未分花港组	1.32	10.11	0.17	11.59	11.35	87.15	1.50	19
花港组上段	2.49	8.07	0.02	10.58	23.50	76.29	0.21	78
花港组下段	1.84	8.94	0.13	10.90	16.85	82.00	1.15	163
花港组总计	2.05	8.66	0.09	10.80	18.96	80.19	0.85	241
P1	4.00	9.50	0	13.50	29.63	70.37	0	1
P2	7.00	7.20	0	14.20	49.30	50.70	0	1
P3	2.75	8.25	0	11.00	25.00	75.00	0	2

续表

层位	总原生孔	总次生孔	总微裂缝	总面孔率	原生孔比例	次生孔比例	微裂缝比例	样品数/个
P4	3.13	10.50	0.05	13.68	22.85	76.78	0.37	4
P5	0.67	9.90	0	10.57	6.31	93.69	0	3
P6	4.50	3.32	0.16	7.97	56.43	41.59	1.98	79
P7	1.50	7.50	2.50	11.50	13.04	65.22	21.74	6
P8	1.60	5.53	0.00	7.14	22.48	77.49	0.03	45
P9	1.10	12.60	0.16	13.86	7.94	90.91	1.15	5
P10	9.67	2.33	0	12.00	80.56	19.44	0.00	24
P9+P10	0.46	5.73	0.27	6.46	7.10	88.71	4.19	12
未分平湖组	3.55	9.79	0.35	13.69	25.96	71.51	2.54	38
平湖组上段	3.63	9.40	0.03	13.05	27.78	72.03	0.19	8
平湖组中段	3.31	4.35	0.21	7.86	42.08	55.27	2.66	132
平湖组下段	3.20	5.73	0.17	9.10	35.18	62.91	1.91	42
平湖组总计	3.34	5.73	0.22	9.29	35.96	61.68	2.36	220
总计	2.67	7.26	0.15	10.08	26.44	72.05	1.51	461

根据获得资料的统计结果，西湖凹陷渐新统花港组和始新统平湖组砂岩储层中包括以下几种主要的储集空间类型。

1）原生孔隙

原生孔隙主要指粒间孔隙，常常作为粒间溶蚀扩大孔和粒间溶孔的基础，大多数原生孔隙由于溶解作用导致溶蚀扩大，使得原生粒间孔隙和粒间溶蚀次生孔隙有时难以区分，定量研究和分析也较为困难。西湖凹陷渐新统花港组和始新统平湖组砂岩中发育的原生孔隙形态大都不完整，有的原生孔隙或因压实作用孔隙缩小成狭窄的三角形（图 1-6-4a、b），或缩小并呈条状或缝状，或被自生矿物硅质充填或半充填变形（图 1-6-4c、d）。

2）次生孔隙

包括粒间溶孔、粒内溶孔、晶间孔等。粒间溶孔主要是在原生粒间孔的基础上溶蚀扩大形成，在西湖凹陷花港组和平湖组砂岩中广泛发育（图 1-6-4e—h）。广义的粒内溶孔包括颗粒边缘溶蚀或颗粒内溶蚀形成的孔隙和铸模孔等，主要是指碎屑颗粒溶孔，通常是长石和岩屑颗粒溶孔。长石的溶解多沿解理进行，形成粒内窗格状或蜂窝状溶孔，溶蚀更甚者则形成铸模孔，由长石溶解形成的铸模孔多数边界较平直，甚至保留了原来颗粒的包膜。西湖凹陷花港组和平湖组砂岩中还发育有少量高岭石晶间孔，主要见于粒间孔内充填的自形书页状高岭石晶间孔以及与长石溶解相伴生的高岭石晶间孔等（图 1-6-4g）。当然，许多次生孔隙具有组合特征，如粒内溶孔与晶间孔组合等。

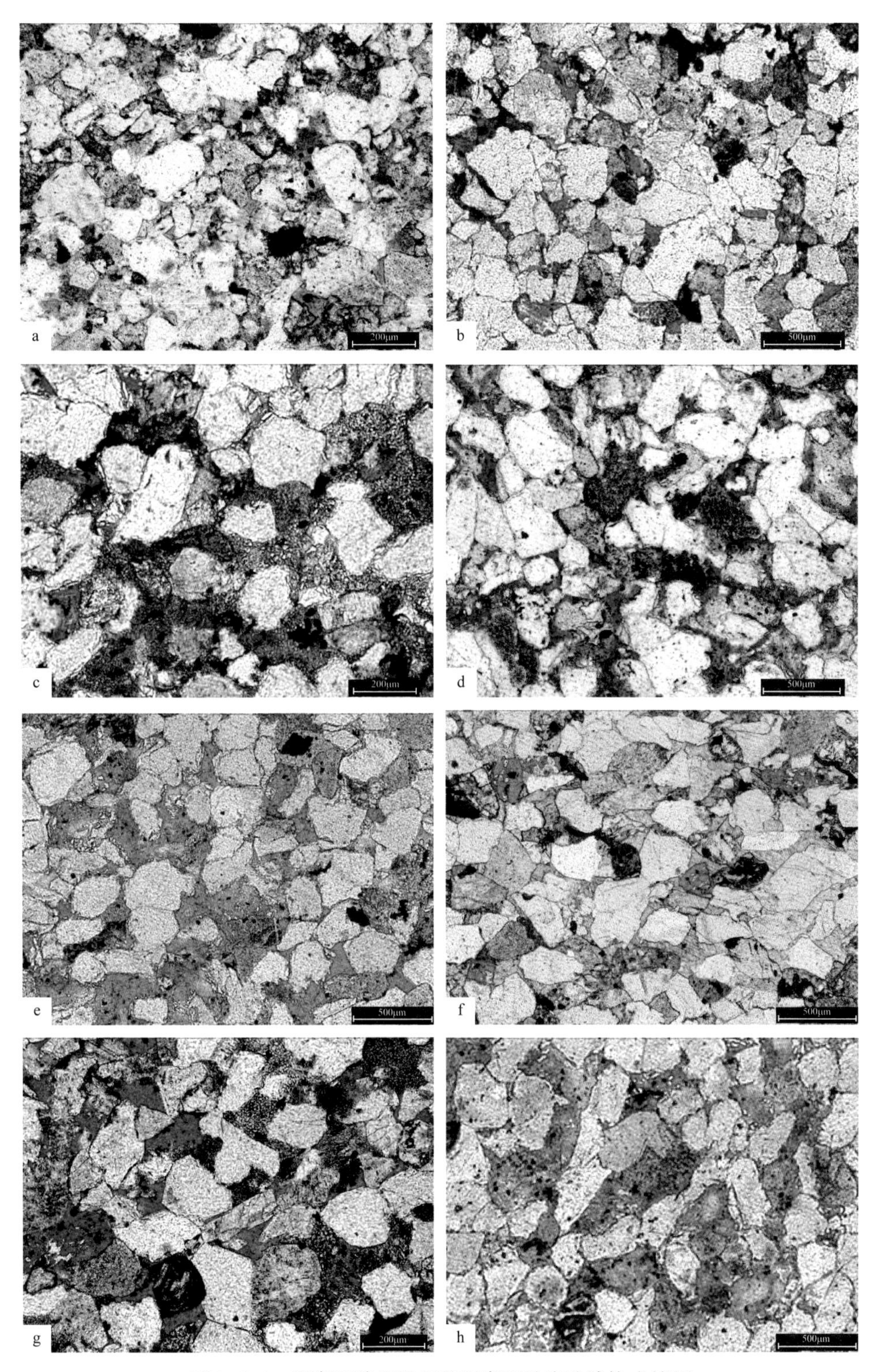

图 1-6-4　西湖凹陷花港组和平湖组砂岩孔隙构成特征

a. 孔隙构成以粒间孔为主，平湖组；b. 孔隙以粒间孔为主，可见粒内溶孔，花港组；c. 以粒间孔为主，孔隙中充填自生高岭石，并富含晶间孔，平湖组；d. 粒间孔及其溶蚀扩大，少量高岭石沉淀，平湖组；e. 粒间溶孔及铸模孔发育，平湖组；f. 长石粒内孔及铸模孔为主，平湖组；g. 粒间溶孔及铸模孔发育，粒间沉淀自生高岭石，平湖组；h. 碎屑颗粒溶解形成粒内孔及铸模孔，平湖组。全为蓝色铸体薄片的单偏光照片

3）微裂缝

西湖凹陷花港组和平湖组中发育少量微裂缝，包括构造微裂缝以及成岩微裂缝等。虽然这些裂隙也可以作为储集空间，但其更主要的作用是流体的渗滤通道，在岩石渗透率中的意义显著大于孔隙度。另外一些次生孔隙沿这些裂缝附近分布，说明它们也是埋藏条件下流体流动的通道，可进一步导致次生溶蚀作用的发生。

根据薄片鉴定资料，在西湖凹陷花港组和平湖组砂岩的主要储集空间类型中，次生孔隙是更为主要的储集空间类型，次生孔隙的平均面孔率为 7.26%，约占储集空间的 72%，而原生孔的平均面孔率为 2.67%，原生孔隙仅约占储集空间的 26%（图 1-6-5）。

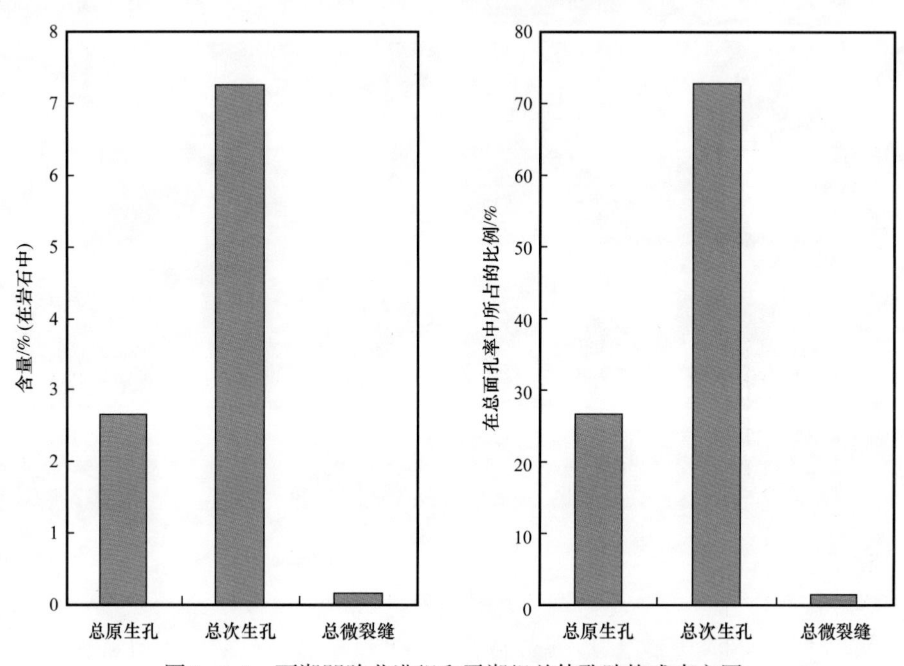

图 1-6-5　西湖凹陷花港组和平湖组总体孔隙构成直方图

对不同区块花港组而言，西次凹区块储集空间对次生孔隙的发育情况有更强的依存性，次生孔在总面孔率中所占的比例高达 84%（图 1-6-6），相对而言，中央反转构造带中北部—南部以及春晓—天外天区块储层储集空间对次生孔隙的依存性要弱一些（这可能与中央反转构造带相对较弱的压实作用和溶蚀作用使得更多的原生孔得以保存有关），但是次生孔在总面孔率中所占的比例也在 70% 以上，也就是说至少 70% 的储集空间是由次生孔隙贡献的。由于平湖区块的花港组资料较少，在此不予以讨论。虽然平北区块显示出次生孔隙发育情况与其他区块相当，但由于该区只有 4 个样品，其代表性需要进一步考证。

平组湖中次生孔隙也显示出一定的优势，就具有平湖组孔隙构成资料的春晓—天外天和平北区块而言，平北区块平湖组的总原生孔、总次生孔和总微裂缝对总面孔率的贡献值分别为 30%、66.7% 和 3%；相应地春晓—天外天区块平湖组中原生孔和次生孔对总面孔率的贡献值分别为 61% 和 39%，微裂缝对总面孔率的贡献可忽略不计。相比之下，平北区块对次生孔隙的依存性更强，而春晓—天外天区块原生孔相对发育，溶蚀作用较平北区弱，但次生孔仍然是春晓—天外天区块的主要储集空间。

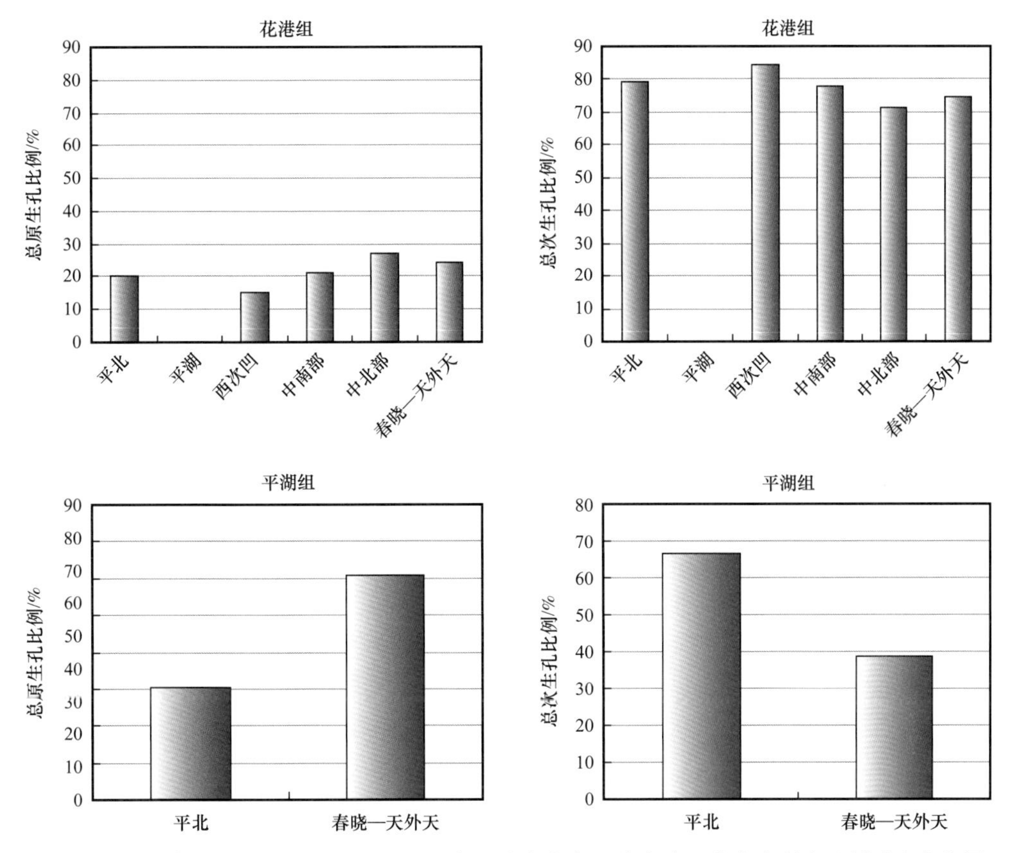

图 1-6-6　西湖凹陷不同区块花港组、平湖组砂岩中次生孔在总面孔率中所占比例对比直方图

2. 孔隙结构

喉道的大小和分布，以及它们的几何形状是影响储层储集能力、渗透特征的主要因素。砂岩孔隙大小和喉道大小及形态主要取决于砂岩的颗粒接触类型和胶结类型，以及取决于砂粒本身的大小和形状。根据对西湖凹陷 33 口井平湖组和花港组的岩石薄片观察，按其喉道形态分类，砂岩中常见的喉道类型有孔隙缩小型喉道、缩颈型喉道、片状喉道、弯片状喉道、管束状喉道。

1）缩小型喉道

在原生粒间孔隙和扩大粒间孔发育的砂岩中，早期成岩压实较轻时，在颗粒近于点接触处，原生粒间孔接触处有所缩小，或在扩大粒间孔在孔隙接触处保留的连接空间，其孔隙与喉道相当难以区分，这时的喉道仅仅是孔隙的缩小部位，常见出现于颗粒支撑、颗粒呈漂浮状的无胶结物式砂岩中。该喉道特征在西湖凹陷花港组与平湖组偶有分布，花港组和平湖组均存在该类喉道（图 1-6-7）。

这类喉道张开度较大，一般大于 10μm，连通孔隙的能力强，因此流体在上述层段较易渗流。此类储层受压实和胶结作用弱，颗粒之间呈漂浮状。

2）缩颈型喉道

当砂岩受成岩压实变得紧密时，碎屑呈点或线接触类型，原生粒间孔仍然保留较大，颗粒接触处的喉道变窄，导致孔隙结构呈现孔隙大喉道细的类型，这时虽然砂岩仍有较高的孔隙度，而渗透率变低。缩颈型喉道是研究目的层的一种重要的喉道类型，此类喉道在春晓—天外天区和玉泉区花港组及在平北区平湖组较为常见（图 1-6-7），喉道张开度大，一般大于 5～10μm，连通孔隙的能力强，储层受压实和胶结作用弱，颗粒之间以点接触和点—线接触为主，流体在岩石中较易渗流，但仍然存在一些砂岩中有孔隙发育很好但渗透率很低甚至为无效孔隙的现象。

a. 花港组，孔隙缩小型喉道，10×10 (–)　　b. 平湖组，孔隙缩小型和缩颈型喉道，10×10 (–)

c. 平湖组，缩颈型喉道，10×10 (–)　　d. 花港组，片状和缩颈型喉道，10×10 (–)

图 1-6-7　东海陆架盆地缩小型喉道、缩颈型喉道、片状喉道薄片特征

3）片状和弯片状喉道

在成岩压实作用进一步增强时，压实压溶产生的酸性流体沉淀出的硅质围绕碎屑石英颗粒形成加大边，在原生孔隙周边被自生石英部分充填，而部分颗粒接触处形成加大边，加大边的接触处可见到石英晶间缝，这种晶间缝隙随着颗粒边缘形状的不同出现片状和弯片状，其有效宽度很小，一般小于 1μm，少量喉道可达 20～30μm。这类孔隙结构孔隙较少，喉道极细，孔喉比中等—大，在储集砂岩中见于接触式、点线接触和凹凸式接触的砂岩中（图 1-6-8）。

镜下发现，片状、弯片状喉道往往与缩颈型喉道共生，如玉泉区的花港组，既存在缩颈型喉道，也存在片状喉道；再如平北区，也有缩颈型喉道与片状喉道共存。一般来说，当片状喉道与缩颈、缩小型喉道共存时，该储层的孔隙连通性是良好的。当然也不能一概而论，当片状和弯片状喉道的开度较小时（小于 1μm），储层砂岩中颗粒之间以线接触和点—线接触为主，其连通孔隙的能力是相当微弱的，表明储层压实作用相对较强，在西次凹和中央反转构造带中南部花港组，此状况表现明显。

a. 花港组，片状和弯片状喉道，4×10 (−)

b. 平湖组，弯片状喉道，连通性好，5×10 (−)

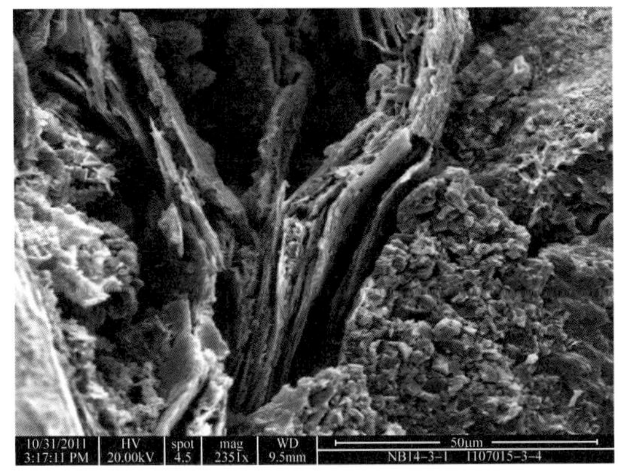

c. 平湖组，片状喉道，×2351

d. 花港组，片状和弯片状喉道，×2248

图 1-6-8　东海陆架盆地片状和弯片状喉道微观特征

4）管束状喉道

管束状喉道是一些微毛细管交叉分布在杂基及黏土胶结物之间的微细喉道，当杂基和黏土矿物含量较高时，原生粒间孔隙有时可以完全被堵塞，这种微细喉道多小于0.5μm，其本身既是孔隙又是连通通道。管束状喉道在平北区、平湖区、西次凹、中央反转构造带中南部和春晓—天外天区常有分布，其中西次凹和中央反转构造带中南部尤为明显。在电镜下，管束状喉道常见长石溶蚀不完全而类似多孔介质；同时也存在由于自生伊利石和自生高岭石对孔隙的充填而产生许多微细孔隙呈束状，此类孔隙在西次凹地区最突出（图 1-6-9）。

一般而言，束管状孔隙多存在于高杂基的砂岩中，宽度小于 0.1μm，孔隙度较低，渗透率极低，一般小于 0.1mD。这类喉道的孔隙结构多发育在杂基支撑、自生黏土矿物发育的孔隙式或基底式胶结的砂岩中。由此可见，孔隙喉道的形状和大小，可导致产生不同的毛细管压力，并进而影响孔隙的储集性和渗透率。

另外，岩石中如果发育张性裂缝，可为流体迁移提供大型的板状通道，因此砂岩中的张裂缝对储层来说是一个大的喉道，它控制着各种微裂缝和储集岩孔隙中流体的运动。

压汞分析表明，西湖凹陷花港组和平湖组砂岩储层具有较好的孔隙结构。花港组砂岩储层的孔喉半径主要分布在 2.5～16μm 之间，排驱压力低，大部分为 0.1～0.03MPa，孔喉分选系数大于3.0，属中等分选，孔喉以中喉—较细喉为主，少量粗喉道，属中—高孔渗储层。平湖组中上部砂岩储层的孔喉半径主要分布在1～6.3μm之间，排驱压力为0.3～0.05MPa，孔喉分选系数大于3.0，属中等分选，孔喉以较细喉—细喉为主，少量微细喉，属中孔中渗储层。平湖组下部砂岩储层的小孔喉所占比例较大，排驱压力亦大，为小孔低渗储层。自老而新，砂岩储层的物性越来越好。

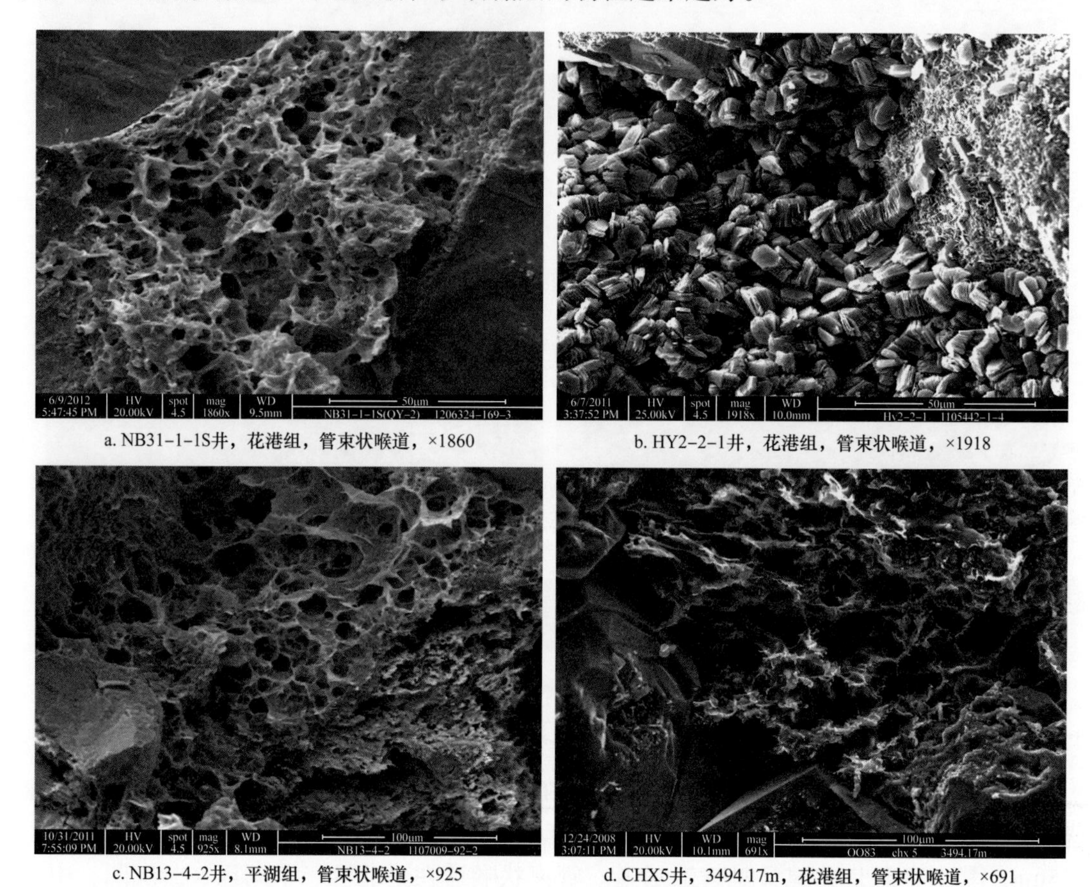

a. NB31-1-1S井，花港组，管束状喉道，×1860　b. HY2-2-1井，花港组，管束状喉道，×1918

c. NB13-4-2井，平湖组，管束状喉道，×925　d. CHX5井，3494.17m，花港组，管束状喉道，×691

图1-6-9　东海盆地管束状喉道微观特征

三、储层物性

对西湖凹陷花岗组、平湖组2303块物性样品进行分析统计表明（表1-6-5，图1-6-10）：西湖凹陷2303个样品中最大孔隙度为29.26%，最小孔隙度为0.2%，平均值为15.27%，主要分布区间为15%～25%，其次为10%～15%、小于10%，少部分大于25%；渗透率2004个样品中，最大渗透率为2777mD，最小渗透率为0.0092mD，平均值为104.70mD，主要分布区间为10～500mD，其次为0.10～10mD，少部分小于0.10mD、大于500mD，表明总体属于中孔、中渗和低孔、低渗储层。

西湖凹陷花港组砂岩储层的平均孔隙度为16.17%（样品数1191），孔隙度主要分布区间为15%～25%、10%～15%，其次为小于10%，少部分大于25%；平均渗透率为150.05mD（样品数997），主要分布区间为10～500mD，其次为0.1～10mD，少部分小于0.1mD、大于500mD（图1-6-11）。平湖组砂岩储层的平均孔隙度为14.30%（样品数 1112），主要分布区间为 15%～25%，其次为 10%～15%，小于 10%；平均渗透率为 59.79mD（样品数 1007），主要分布区间为 10～500mD，其次为 0.1～10mD，少部分小于 0.1mD、大于 500mD（图 1-6-12）。由数据分析可知，花港组砂岩储层总体以中孔中渗型为主，平湖组砂岩储层以低孔低渗和中孔中渗型为主。花港组整体的平均孔隙度和平均渗透率均好于下部地层平湖组。

表 1-6-5　西湖凹陷花岗组、平湖组储层物性分布统计表

层位	孔隙度 /%			渗透率 /mD			样品数 / 个	
	最大值	最小值	平均值	最大值	最小值	平均值	孔隙度	渗透率
花上段	29.26	1.9	18.19	2777	0.025	217.59	678	549
花下段	26.1	0.2	13.50	1620	0.019	67.29	513	448
平一二段	22.6	1	14.32	495	0.01	61.89	638	545
平三段	21.3	2.1	14.49	542	0.0092	69.46	276	265
平四段	20.8	4.3	14	402	0.029	40.97	198	197
花岗组	29.26	0.2	16.17	2777	0.019	150.05	1191	997
平湖组	20.6	1	14.30	542	0.0092	59.79	1112	1007

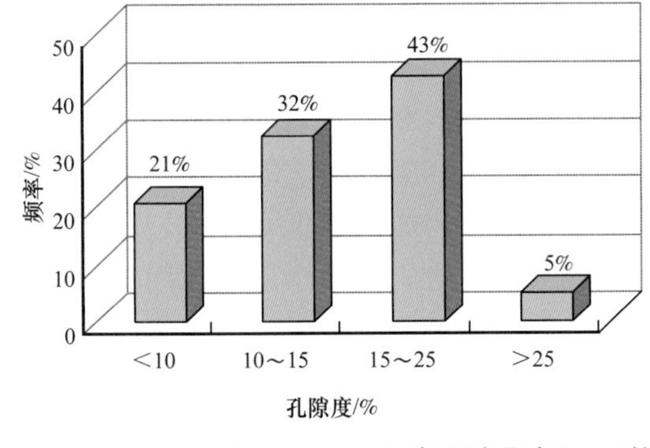

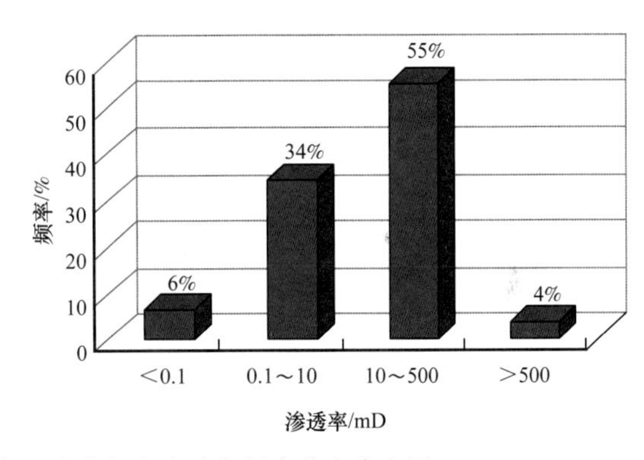

图 1-6-10　西湖凹陷花岗组、平湖组孔隙度和渗透率频率分布直方图

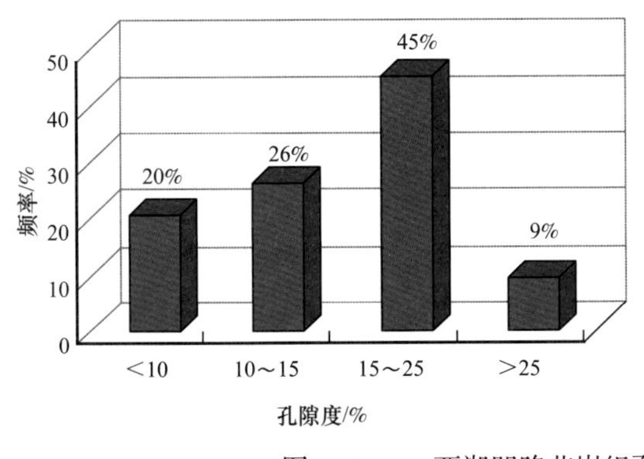

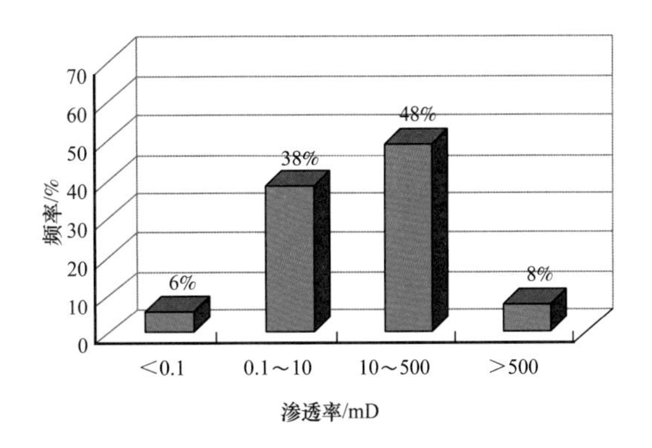

图 1-6-11　西湖凹陷花岗组孔隙度和渗透率频率分布直方图

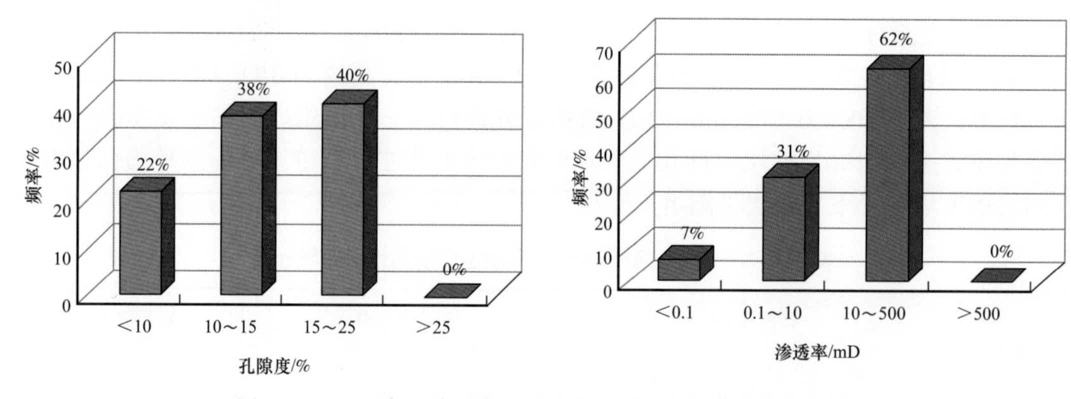

图 1-6-12　西湖凹陷平湖组孔隙度和渗透率频率分布直方图

第二节　储层的成岩演化及储层物性控制因素

一、成岩作用类型

1. 压实作用

沉积物沉积下来后，在上覆载荷的压力下，首先发生机械压实作用。根据前人研究（贾健谊等，2002）的西湖凹陷新生界主要界面的埋藏史曲线，古新统和始新统沉积期为强烈断陷期，具有很大的沉积厚度；受玉泉运动的影响，在始新统沉积之后，广泛遭受了一次抬升剥蚀，但当前的埋藏深度仍然是花港组和平湖组的最大埋藏深度2300～4878m。

西湖凹陷花港组和平湖组的岩石类型都以岩屑长石砂岩和长石岩屑砂岩为主，两套地层组中均有相对较高的岩屑含量，砂岩的碎屑组分中有4%～20%的岩屑，主要为火山岩岩屑和变质岩岩屑，少量的沉积岩岩屑及片岩、千枚岩岩屑等低级变质岩岩屑。在显微镜下观察，火山岩、云母，片岩和千枚岩等低级变质岩岩屑由于压实作用塑性颗粒在埋藏作用过程中发生塑性变形并定向排列，是花港组和平湖组砂岩经历压实作用的表现，同时，从砂岩中碎屑颗粒线接触以及线—凹凸接触，甚至缝合线接触的关系以及泥岩岩屑变为假杂基等现象（图 1-6-13）也显示其相应低孔渗储层的岩石样品经历了相对较强的压实作用。

1）不同层位的压实作用比较

就花港组和平湖组内部而言，花港组上段的原生孔隙较花港组下段发育或者说是得到更好的保存，孔隙度、渗透率的变化也与此相一致，相应地从 H1 到 H12 小层的孔隙演化也大体呈现出孔隙度和渗透率及原生孔隙的含量随着埋藏深度的增加而不断减少的总体趋势；从平湖组上段到平湖组中段再到平湖组下段，原生孔隙在岩石中的含量是逐渐降低的，即从 P1 到 P9+10 的平湖组小层变化特征也显现出和花港组类似的特征，P10小层具有异常高的原生孔隙发育除外（图 1-6-14、图 1-6-15）。以上分析表明，压实作用是造成西湖凹陷花港组和平湖组孔隙度降低的重要因素，总体而言平湖组经历的压实作用强于花港组。平湖组相对于花港组而言具有更大的埋藏深度，但是压实作用随深度增加而增强的效应在西湖凹陷花港组表现得更为明显，甚至平湖组上段孔隙度高于花港组下段，平湖组原生孔隙的保存相对比花港组好，也就是说除埋藏深度对于原生孔隙的影响之外肯定还有其他因素影响或控制孔隙的演化。

图 1-6-13　西湖凹陷花港组和平湖组压实作用的镜下特征

a. 颗粒线接触—凹凸接触，云母塑性变形，单偏光，HY7-3-1 井，井深 3721.72m，花港组；b. 碎屑颗粒线接触—凹凸接触，部分颗粒缝合线接触，塑性岩屑压实变形形成假杂基，正交偏光，HY7-3-1 井，井深 3725.52m，花港组；c. 颗粒线接触为主，云母等塑性碎屑压实变形，保留少量原生粒间孔，单偏光，TWT-A6 井，井深 3961.93m，平湖组，春晓—天外天地区；d. 颗粒凹凸接触—缝合线接触，正交偏光，HY2-3-1 井，3422.9m，花港组；e. 碎屑颗粒紧密堆积，线接触为主，单偏光，HY2-3-1 井，井深 3424.9m，花港组；f. 碎屑颗粒线接触为主，粒间见少量高岭石，单偏光，HY7-1-1 井，井深 3609.44m，平湖组，中央反转构造带南部黄岩地区

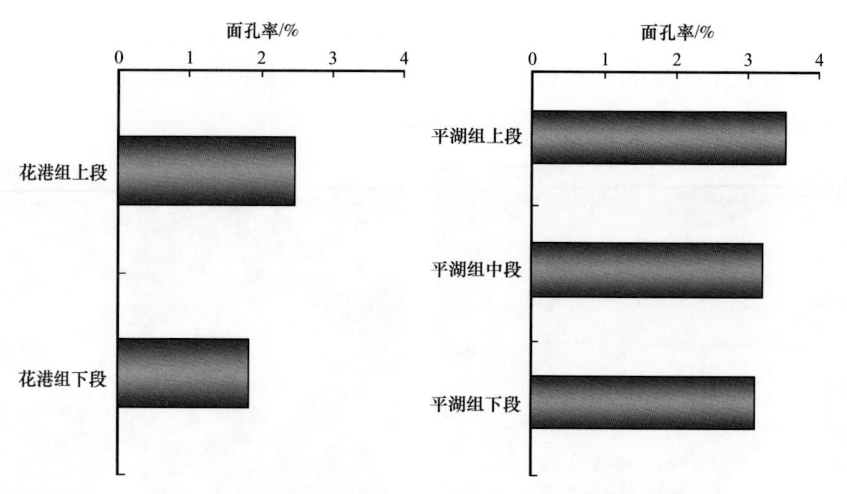

图 1-6-14　西湖凹陷花港组和平湖组各层位段原生孔隙面孔率纵向变化特征

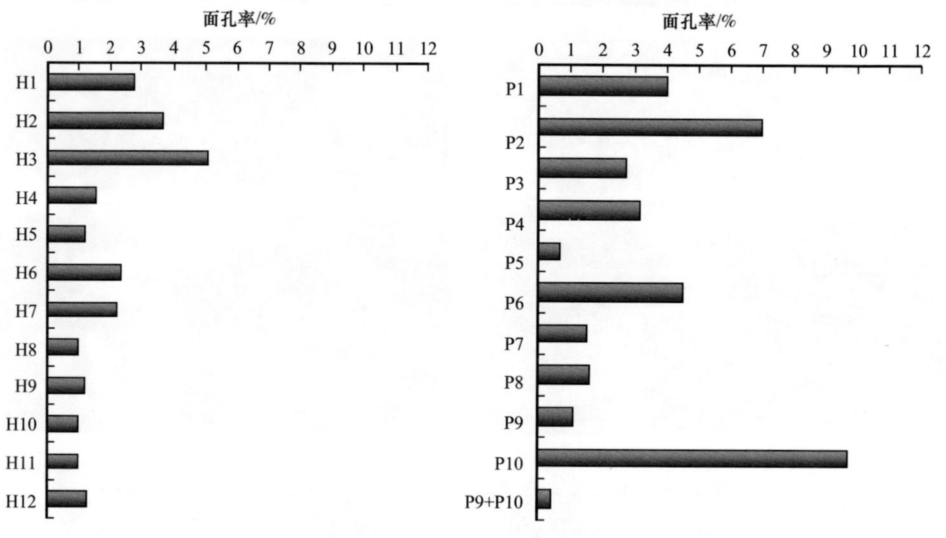

图 1-6-15　西湖凹陷花港组和平湖组各小层原生孔隙面孔率纵向变化特征

根据张先平等（2007）的研究，结合钻井试油测压数据，综合分析西湖凹陷平湖构造带渗透层（储层）中的压力分布特征，结果表明储层在浅部处于正常压力，深部普遍发育异常高压；在层位上，花港组多为常压系统，超压系统主要发育在平湖组内。因而可以推测平湖组中异常高的孔隙度段很有可能受到超压的影响。根据前人的研究，异常超压对储层物性的影响主要表现在：（1）超压的存在一方面使作用于岩石颗粒的压实效应得以减缓，另一方面还可以阻止超压体系内流体的运动和能量的交换，减缓和抑制成岩作用和胶结作用，从而有助于深部储层原生孔隙的保存；（2）超压的存在可进一步加强深部酸性孔隙水对易溶矿物（碳酸盐类矿物和长石等）的溶解作用，从而促进次生孔隙的形成发育；（3）当异常压力超过岩石破裂压力时，会导致岩层破裂产生微裂缝，从而增加储层的储集空间，改善储层的渗透性。

根据西湖凹陷地层压力系数与孔隙度和渗透率的变化关系，花港组上部地层处于正常压力，下部地层中普遍发育异常高压，在较深部受到高压力的 H6—H8 小层的孔隙度明显高于受到正常压力的浅部 H1—H6 小层，很好地印证了超压的存在使岩石颗粒的压实效应得以减缓特征。

2）不同区块的压实作用比较

对于花港组而言，西湖凹陷北部斜坡区块平北—平湖、春晓—天外天经历的压实作用相对弱于西湖凹陷中南部的区块（西次凹和中央反转构造带南部黄岩地区），主要表现为平北和春晓—天外天地区具有相对更高的原生孔隙（图 1-6-16）。

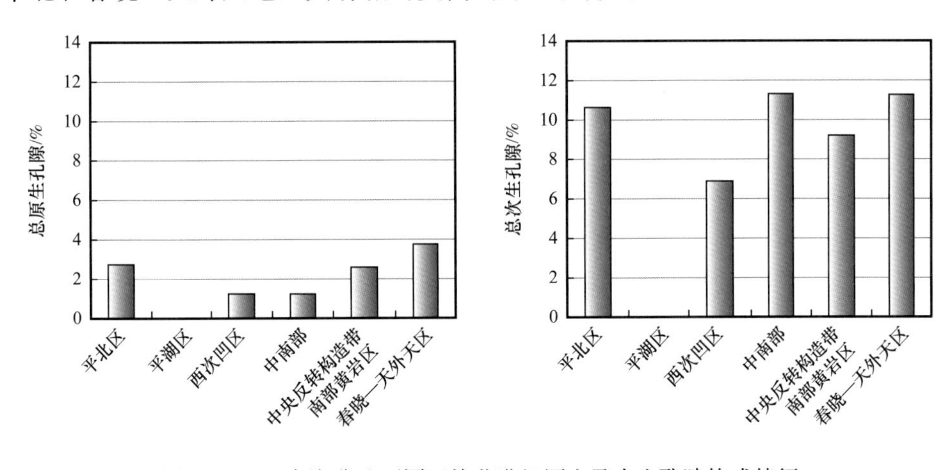

图 1-6-16　东海盆地不同区块花港组原生及次生孔隙构成特征

平湖组资料主要见于平北和春晓地区，原生孔含量在春晓—天外天高于平北地区，与花港组有一致的特征（图 1-6-17），也说明了平湖组经历的压实作用在春晓—天外天与平北相对较低，原生孔得以保存相对较好。这一方面与西湖凹陷地质时期的古地貌地形（沉积微相）及不整合面的剥蚀程度等有关外，可能也与压差的分布有一定关系。

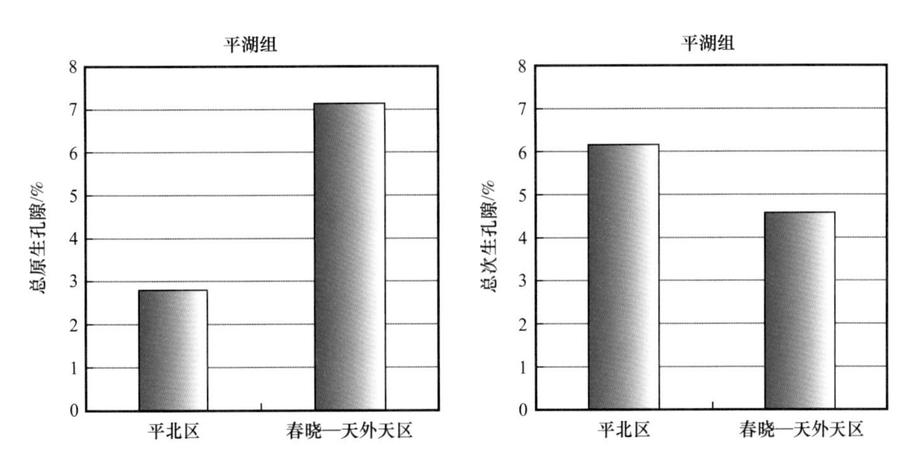

图 1-6-17　东海盆地不同区块平湖组原生及次生孔隙构成特征

从五个区块（平湖区缺样品）花港组受压实程度对比看，西次凹砂岩受压实程度强于其他各区块，而平湖组可对比的两个区块受压实强度平北区强于春晓—天外天区，可能与碎屑粒度较细、沉积微相有关，另外成岩胶结物和杂基相对含量对成岩压实也起到重要作用。

通过以上特征分析表明，对于分层位而言，花港组上段（小层）经历的压实作用弱于花港组下段（小层），具有更好的原生孔隙保存条件和更高的孔隙度，平湖组上段总体经历的压实作用小于平湖中段和平湖组下段，平湖组小层同样显示了随埋藏深度增加压实作用增强的总体特征；对于不同区块而言，无论是花港组还是平湖组，均表现为西湖凹陷中部（主要是此次资料较多的西次凹和中央反转构造带南部黄岩地区）花港组和平湖组经历的压实作用强于西湖凹陷北部和南部（主要是指平北和春晓—天外天地区）。

2. 胶结作用

胶结作用一般对孔隙的发育、储层的物性起破坏作用。

前已述及，西湖凹陷花港组和平湖组砂岩中自生矿物主要有碳酸盐矿物（方解石、铁方解石、白云石、铁白云石以及菱铁矿）、高岭石和硅质（主要以自生石英为主），其他自生矿物在数量上极微，对储层没有实质性影响。

就整个西湖凹陷始新统平湖组和渐新统花港组储层砂岩来说，总的自生矿物含量的平均值约为 4.8%，与我国其他中新生代含油气盆地中的油气储层相比，总体上显示出较低的自生矿物含量。花港组和平湖组砂岩中自生矿物含量较低可能与早期的压实作用有关，同时也可能与埋藏前颗粒组分中铁镁暗色矿物和偏基性长石的缺乏有关，早期胶结作用的缺乏又会导致更强的压实作用和更多的粒间孔隙的消失，这也是西湖凹陷花港组和平湖组砂岩储层的储集空间以次生孔为主，原生孔所占比例较小的原因之一。就不同组而论，平湖组胶结物的总量以及碳酸盐的总量均高于花港组，平湖组和花港组中胶结物总量的平均值分别为 6.1% 和 4.4%；碳酸盐总量的平均值分别为 4.1% 和 2.5%，相应地，平湖组中的其他自生矿物含量都不同程度地高于花港组；平湖组具有相对更高的白云石（花港组和平湖组的白云石平均含量分别为 0.3% 和 1.4%，花港组中的白云石含量远远低于平湖组）、铁白云石（平湖组和花港组铁白云石含量都很低，只是平湖组略高）、高岭石和硅质含量低（花港组和平湖组中的高岭石平均含量均为 1.4%，而自生石英在花港组和平湖组这两套地层中的平均含量分别为 0.4% 和 0.6%）。菱铁矿以及其他一些含量甚微的自生矿物在平湖组和花港组中的含量未对储层存在实质性影响。但是，极少量的绿泥石出现在花港组中，平湖组中未见绿泥石发育，以孔隙衬里形式的绿泥石的存在可能在一定程度上有利于抵抗上覆载荷的压力。在埋藏前组成大致类似的情况下，具有相对较高胶结物含量的平湖组具有相对偏低的长石含量，因而可以推测平湖组偏低的长石含量与其偏高的胶结物含量存在一定联系，可能是成岩过程中长石等铝硅酸盐矿物的溶解为平湖组提供了相对更为丰富的胶结物的物质来源。

据花港组和平湖组不同层段岩矿资料的分析统计表明，从花港组上段到平湖组下段，胶结物的含量自上而下（随着埋藏深度的增加）是逐渐增加的，对于碳酸盐胶结物来说，平湖组上段具有最高的含量（其碳酸盐胶结物总量的平均值为 4.9%），花港组上段的碳酸盐胶结物含量略低于花港组下段，而平湖组上段到平湖组中段再到平湖组下段，碳酸盐胶结物的含量呈逐渐减少的总体趋势。具体到花港组和平湖组的各小层来说，纵向的变化特征与层段的变化特征大体一致，平湖组的下部小层具有相对较高的胶结物总量，尤其是 P9 小层具有最高的胶结物含量，但是由于小层的样品数据量有限，所以相对的变化特征不一定完全准确，但可看出可供参考的总体演变趋势，也就是说结合前面的分析，有理由相信平湖组小层的高胶结物总量和高碳酸盐含量总体是符合地质事实的，这也有可能是平湖组孔隙度得到保存的原因之一。

另外，不同区块花港组中的胶结物含量差别较大，中央反转构造带南部黄岩区及春晓—天外天区花港组具有相对较高的胶结物含量。

3. 溶解作用

成岩作用过程中，铝硅酸盐等矿物的溶解作用导致次生孔隙的产生是最重要的改善储层质量的成岩因素。铸体薄片及扫面电镜中均可观察到长石的强烈溶蚀作用，西湖凹陷花港组和平湖组砂岩溶蚀作用非常发育，使得次生孔隙较原生孔隙更为发育，二者对总面孔率的贡献值分别为 72% 和 26%。故次生孔隙是西湖凹陷最为重要的孔隙类型，次生孔隙在总孔隙中占有很大的比例。长石溶解是西湖凹陷储层砂岩主要的溶蚀现象，长石溶解往往沿颗粒解理等易溶部位发生，形成次生孔隙，或者沿压实作用所造成的颗粒破裂缝溶蚀。例如沿斜长石解理常发生选择性溶蚀，形成串珠状溶蚀粒内孔隙。当长石颗粒完全溶蚀时还可形成铸模孔（图 1–6–18）。岩屑溶孔则是岩屑中不稳定组分被选择性溶蚀形成的蜂窝状粒内溶孔。泥质岩岩屑、喷出岩等岩屑亦易发生溶蚀（徐志星，2015）。

花港组，单偏光 (10×10)，粒间溶蚀孔隙发育好

花港组，单偏光 (10×5)，长石溶蚀，铸模孔

花港组，单偏光 (10×5)，长石溶孔呈珍珠链状分布

平湖组，单偏光 (10×5)，长石溶孔呈零星状分布

图 1–6–18　西湖凹陷花港组、平湖组长石溶蚀孔镜下特征

西湖凹陷花港组砂岩位于花港运动造成的不整合面之下。各种研究表明，地层不整合面对储层质量的影响是建设性的。定量数据分析表明，孔隙的增加主要是由长石、

其次由岩屑的溶解造成的，在中新统的砂岩不整合面之下的孔隙度增加量达到10%。需要指出的是，大气水淋滤作用对不整合面附近岩层的影响尤为严重，其深度延续到了1500m到2300m的深度范围。

大气水是花港组储层砂岩最重要的溶解介质来源，位于花港运动造成的不整合面之下的西湖凹陷花港组砂岩在其沉积之后经历了长时间的暴露，该时间间隔花港组遭遇大气水溶解作用是毋庸置疑的。

4. 交代作用

交代作用是指一种矿物代替另一种矿物的现象。交代作用可以发生于成岩作用的各个阶段乃至表生期。交代矿物可交代颗粒的边缘，将颗粒溶蚀成锯齿状或者鸡冠状的不规则边缘，也可以完全交代碎屑颗粒，从而成为它的“假象”。后来的胶结物还可以交代早期形成的胶结物。交代彻底时，甚至可以完全使被交代的矿物影迹完全消失。

碎屑岩中常见的交代作用有氧化硅和方解石的相互交代作用、方解石对长石的交代作用、方解石交代黏土矿物、黏土矿物与长石之间的交代作用、各种黏土矿物之间的交代作用。但是由于东海陆架盆地勘探程度的差异性及海上获取岩矿资料的特殊性，目前认为东海陆架盆地压实、胶结、溶解等成岩作用较为明显，交代作用在岩矿薄片等资料中较为少见。

二、成岩阶段划分及成岩模式

碎屑沉积物的各种成岩作用和成岩阶段划分与油气储集性能的关系十分密切，尤其对碎屑孔隙的发育与演化起着重要的作用，不仅影响油气储层孔隙的形成、增大和减小，而且还影响原生孔隙的保存、次生孔隙的分布以及孔隙的连通与储渗性质。西湖凹陷花港组和平湖组成岩阶段的划分主要是在6个区块的成岩作用现象观察总结的基础上，根据西湖凹陷始新统—渐新统 R_o、T_{max}、Th、℃、XRD、SEM等资料分析数据，同时根据镜下观察的自生矿物演化特征，结合物性和孔隙结构等数据，对西湖凹陷花港组和平湖组储集砂岩经历的成岩演化及阶段划分提出了定性和半定量划分。

东海盆地花港组及平湖组成岩演化可划分为同生阶段、早成岩阶段A期、B期和中成岩阶段A期、B期及晚成岩阶段四个阶段六个期次（图1-6-19至图1-6-24）。

1. 同生阶段

沉积相反映花港组和平湖组沉积期处于三角洲前缘—前三角洲环境，西湖凹陷花港组和平湖组1324个样品统计，大多数砂岩碎屑粒度都在中—细砂岩的粒度范围内，细的沉积物和缺乏填隙物的砂岩增加了压实作用对孔隙的破坏，从而奠定了该区致密砂岩储层的基础。平北和平湖区80%～90%以上的砂岩碎屑具好—中的分选性，西次凹、中央反转构造带南部黄岩区、春晓—天外天90%以上分选为中—好，综合储层砂岩的分选和粒度特征，按照Beard和Weyl（1973）原始孔隙实验，取沉积期后岩石的平均初始孔隙度为40%。西湖凹陷同生阶段所经历的主要成岩作用有：铝硅酸盐骨架颗粒及火山物质的水化作用，有机质的有氧呼吸和锰的还原作用，泥晶—微晶碳酸盐尤其是菱铁矿沉积，松散沉积物受到的上覆岩层载荷逐渐增加。

2. 早成岩阶段A—B期

早成岩A期：I/S混层中蒙皂石含量达到70%，随着上覆载荷的增加，压实作用使孔隙度迅速降低，压实作用是该阶段孔隙度降低最为主要的成岩因素。早期由于介质偏碱性，在西次凹和中央反转构造带南部黄岩地区少数井中见到少量环边绿泥石（孔隙衬里）并伴有泥晶菱铁矿生成（西次凹区块和中央反转构造带南部黄岩地区可见），在存在环边绿泥石的孔隙中，自生石英难于生长，部分原生粒间孔隙得以保存；这时，岩石中的孔隙保持在20%～25%。在一些pH值相对较高的环境中，发生早期的方解石胶结作用，并可能形成了一些高富胶结物孔隙度的连生方解石胶结物，构成一部分钙质层，这类钙质层具有较好的成层性。

在该阶段，平湖组一段、二段（可能还包括平湖组三段、四段顶部）和花港组上部（花港组一段、二段内部的一些局部层位）在（海）湖平面快速下降过程中不同程度地进入了表生成岩阶段，并可能伴有短时期的沉积间断发生，表现在宏观上可能是整合的，也可能是不整合的。大气水渗和煤系地层产生的酸性水，淋滤溶解造成大多数碎屑间的泥质被氧化铁染，环边绿泥石、泥晶菱铁矿广泛出现氧化，表明该时期经历过表生成岩阶段。

早成岩B期：温度介于65～85℃，蒙皂石继续通过混层伊利石/蒙皂石向伊利石转化，I/S混层中蒙皂石含量达到50%～70%，并向成岩流体提供Na^{+}、Ca^{2+}、Fe^{3+}、Mg^{2+}和Si^{4+}，局部硅质和一部分碳酸盐矿物的沉淀，早期的胶结作用可能使岩石的机械强度和抗压实能力增强。同时，大气水的淋滤和含煤岩系与早期烃源岩进入生油门限产生酸性流体，受其影响砂岩储层的孔隙流体会在一定程度上偏于酸性，CO_2浓度也逐渐升高，可溶解铝硅酸盐矿物，造成碎屑长石粒内溶孔及长石的减少，长石转变成高岭石和泥质蚀变成高岭石，溶解作用形成一些扩大的次生粒间溶蚀孔，平均孔隙度曲线呈现缓慢增高的趋势，使花港组上部、平湖组一段、二段，尤其是平湖组一段砂岩的平均孔隙度增加。

到该阶段末，受大气水、早期酸性流体溶解造成的花港组和平湖组中孔隙大致保持在20%～28%之间。

3. 中成岩阶段A—B期

中成岩A期：温度介于85～140℃之间，伊/蒙混层中的蒙皂石在泥岩和砂岩中占15%～50%，压实作用继续导致原生粒间孔减少。烃源层中的有机质演化进入低成熟—成熟阶段，更多的与埋藏成岩条件下有机酸溶解作用有关的长石等铝硅酸盐溶解，受其影响较强的仍然主要是靠近烃源层的花港组和平湖组下部地层，由于平湖组一段与花港组二段存在沉积间断，平湖组上段烃源层在成熟之前曾遭受剥蚀，而平湖组（五段）之下的烃源层保存相对完整，因而平湖组四段、五段砂岩中的铝硅酸盐遭受了更为强烈的有机酸溶解作用。平湖组四段和五段的孔隙度大致增加6%～10%，花港组二段因其下烃源层保存较差的关系，由烃源层有机酸溶解所造成的孔隙度增加相对较少，为5%左右。

该阶段，长石等铝硅酸盐的溶解作用造成孔隙流体介质中K^{+}浓度增加，加之成岩温度的升高，使蒙皂石向混层伊利石/蒙皂石转化速度加快，成岩流体中较高的CO_2在长石等铝硅酸盐溶解时对pH值的缓冲作用，碳酸盐矿物难以溶解。当黏土矿物转化提供的Ca^{2+}、Fe^{3+}、Mg^{2+}浓度增加时，长石溶解产生的Ca^{2+}浓度提高，碳酸盐的胶结作用发生，并造成长石的溶解和方解石的沉淀在该阶段交替进行。

中成岩B期：温度介于140～175℃之间，压实作用继续导致原生粒间孔减少到15%～20%，伊/蒙混层中的蒙皂石在泥岩和砂岩中含量小于15%。该阶段进入有机酸热液的排出期，在原生粒间孔的基础上，随着颗粒的溶解造成次生孔隙扩大，构成了由原生粒间孔、次生粒间孔、粒内溶孔组成的孔隙结构。与埋藏成岩过程的溶解作用有关的自生高岭石和自生硅质矿物在该阶段沉淀。在次生溶孔中可见到石英的Ⅱ-Ⅲ级加大边，部分次生孔隙中长出自形程度高的自生石英小晶体。由于该阶段有机质处于高成熟阶段，主要是液态烃排出期，剩余原生粒间孔、次生粒间孔、粒内溶孔、高岭石晶间孔等可达18%～25%。

4. 晚成岩阶段

该阶段发育在大于4000m深度，R_o大于2.0%，T_{max}大于490℃，流体温度大于175℃，伊/蒙混层中蒙皂石消失，晚期成岩矿物出现，有机质演化进入高成熟—过成熟阶段。该阶段伴随有机质由高成熟向过成熟阶段的演化。此阶段的地层水中富含钙、镁、铁离子的碱性水开始沉淀出含铁方解石和含铁白云石。尤其含铁方解石胶结和深部较强的压实作用，是导致该阶段储层质量变差的主要原因。晚成岩压实作用使致密砂岩微孔中的结合水不容易流动，影响了储层的渗透性。该阶段末期，储层孔隙大致为6%～20%。

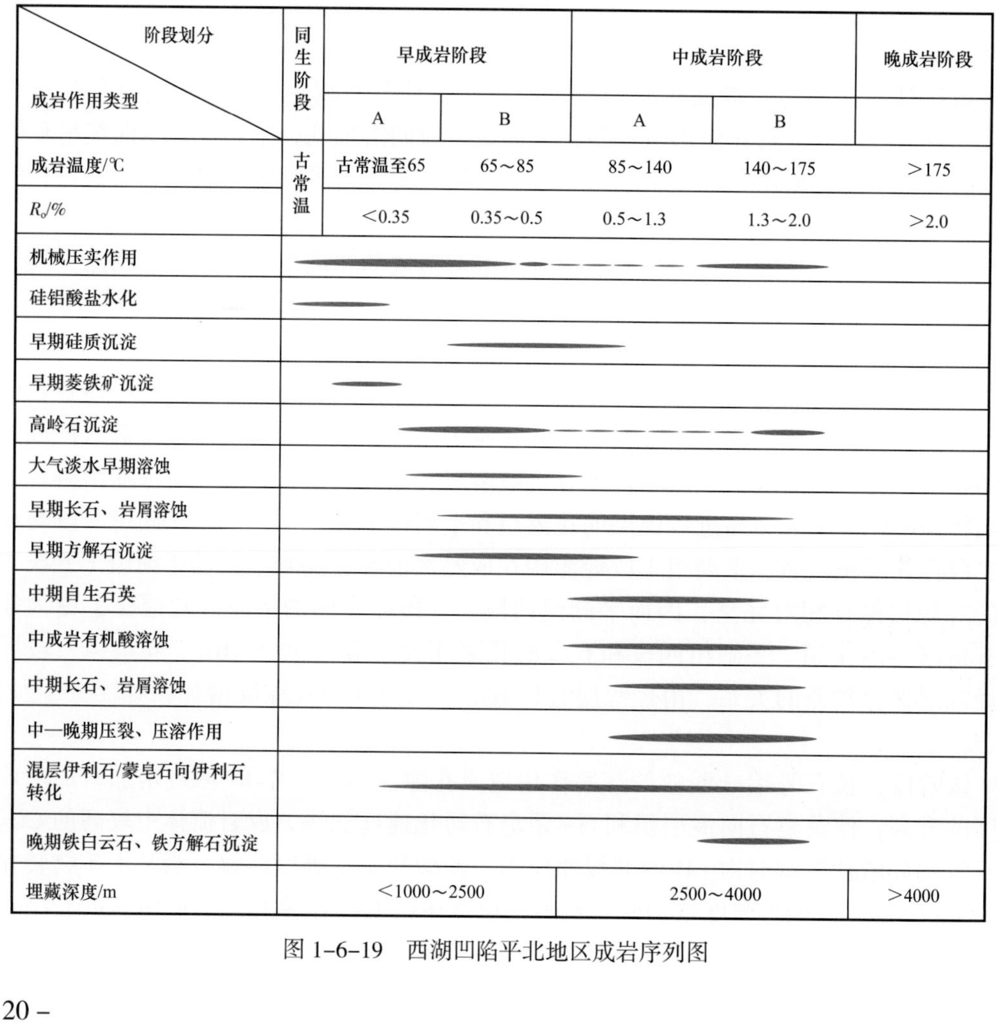

阶段划分 / 成岩作用类型	同生阶段	早成岩阶段		中成岩阶段		晚成岩阶段
		A	B	A	B	
成岩温度/℃	古常温	古常温至65	65～85	85～140	140～175	>175
R_o/%		<0.35	0.35～0.5	0.5～1.3	1.3～2.0	>2.0
机械压实作用						
硅铝酸盐水化						
早期硅质沉淀						
早期菱铁矿沉淀						
高岭石沉淀						
大气淡水早期溶蚀						
早期长石、岩屑溶蚀						
早期方解石沉淀						
中期自生石英						
中成岩有机酸溶蚀						
中期长石、岩屑溶蚀						
中—晚期压裂、压溶作用						
混层伊利石/蒙皂石向伊利石转化						
晚期铁白云石、铁方解石沉淀						
埋藏深度/m	<1000～2500			2500～4000		>4000

图1-6-19　西湖凹陷平北地区成岩序列图

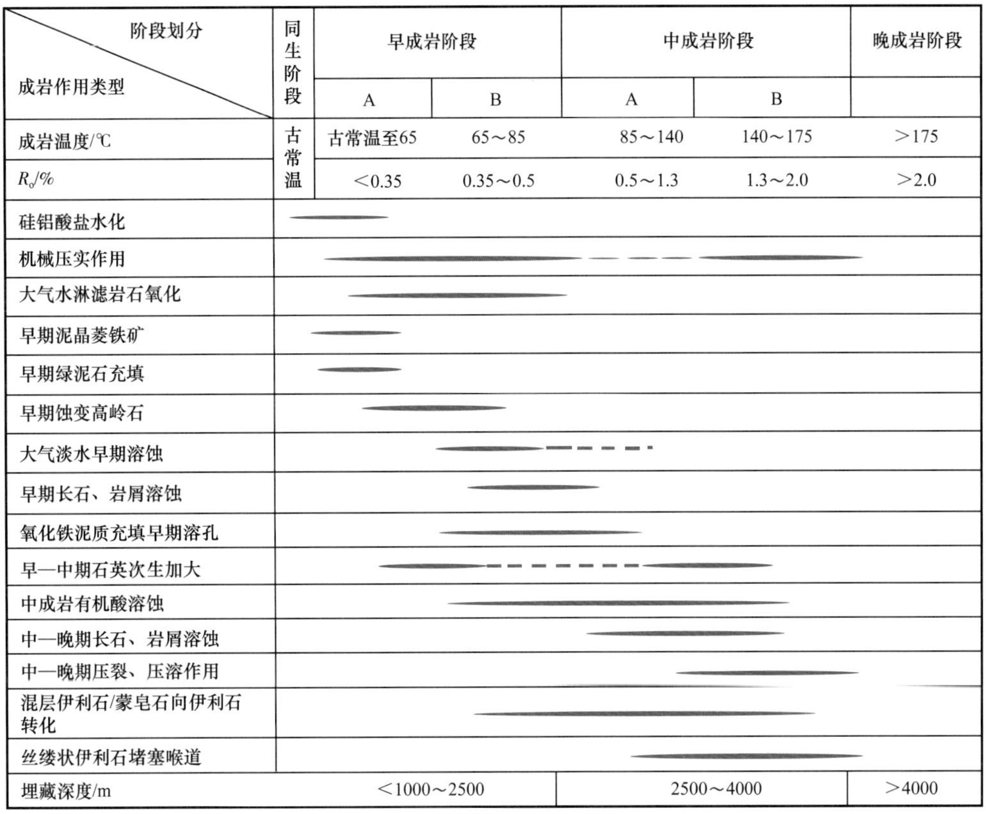

阶段划分 成岩作用类型	同生阶段	早成岩阶段		中成岩阶段		晚成岩阶段
		A	B	A	B	
成岩温度/℃	古常温	古常温至65	65～85	85～140	140～175	＞175
R_o/%		＜0.35	0.35～0.5	0.5～1.3	1.3～2.0	＞2.0
硅铝酸盐水化						
机械压实作用						
大气水淋滤岩石氧化						
早期泥晶菱铁矿						
早期绿泥石充填						
早期蚀变高岭石						
大气淡水早期溶蚀						
早期长石、岩屑溶蚀						
氧化铁泥质充填早期溶孔						
早—中期石英次生加大						
中成岩有机酸溶蚀						
中—晚期长石、岩屑溶蚀						
中—晚期压裂、压溶作用						
混层伊利石/蒙皂石向伊利石转化						
丝缕状伊利石堵塞喉道						
埋藏深度/m		＜1000～2500		2500～4000		＞4000

图 1-6-20　西湖凹陷西次凹成岩序列图

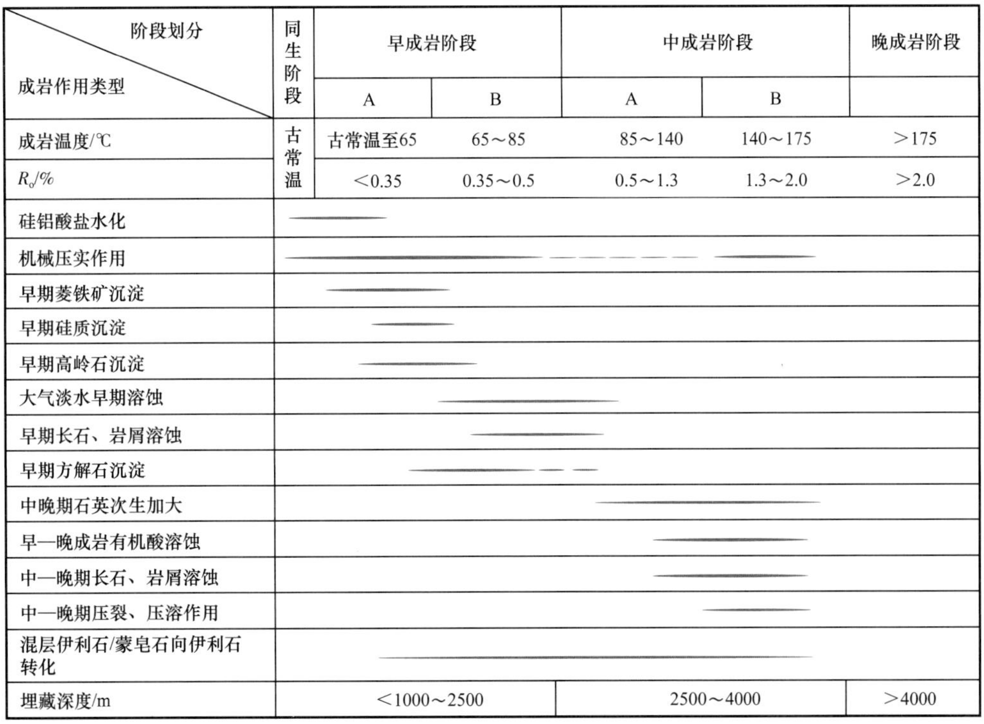

阶段划分 成岩作用类型	同生阶段	早成岩阶段		中成岩阶段		晚成岩阶段
		A	B	A	B	
成岩温度/℃	古常温	古常温至65	65～85	85～140	140～175	＞175
R_o/%		＜0.35	0.35～0.5	0.5～1.3	1.3～2.0	＞2.0
硅铝酸盐水化						
机械压实作用						
早期菱铁矿沉淀						
早期硅质沉淀						
早期高岭石沉淀						
大气淡水早期溶蚀						
早期长石、岩屑溶蚀						
早期方解石沉淀						
中晚期石英次生加大						
早—晚成岩有机酸溶蚀						
中—晚期长石、岩屑溶蚀						
中—晚期压裂、压溶作用						
混层伊利石/蒙皂石向伊利石转化						
埋藏深度/m		＜1000～2500		2500～4000		＞4000

图 1-6-21　西湖凹陷中央反转构造带中北部成岩序列图

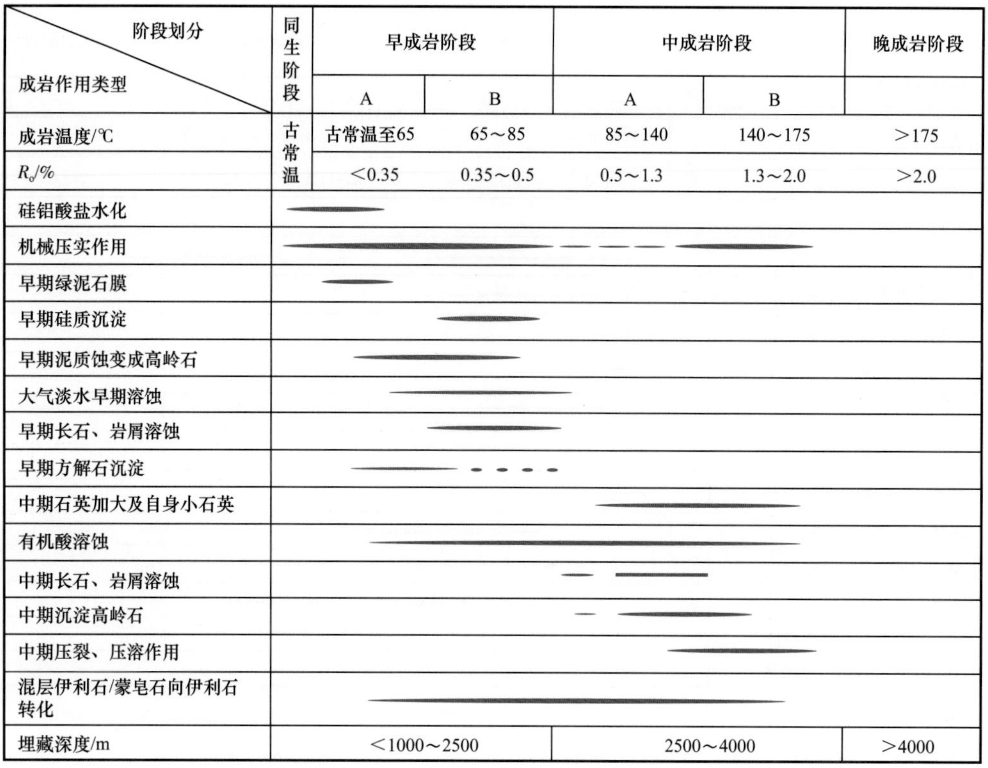

阶段划分 成岩作用类型	同生阶段	早成岩阶段		中成岩阶段		晚成岩阶段
		A	B	A	B	
成岩温度/℃	古常温	古常温至65	65～85	85～140	140～175	＞175
R_o/%		＜0.35	0.35～0.5	0.5～1.3	1.3～2.0	＞2.0
硅铝酸盐水化						
机械压实作用						
早期绿泥石膜						
早期硅质沉淀						
早期泥质蚀变成高岭石						
大气淡水早期溶蚀						
早期长石、岩屑溶蚀						
早期方解石沉淀						
中期石英加大及自身小石英						
有机酸溶蚀						
中期长石、岩屑溶蚀						
中期沉淀高岭石						
中期压裂、压溶作用						
混层伊利石/蒙皂石向伊利石转化						
埋藏深度/m		＜1000～2500		2500～4000		＞4000

图 1-6-22　西湖凹陷中央反转构造带中南部成岩序列图

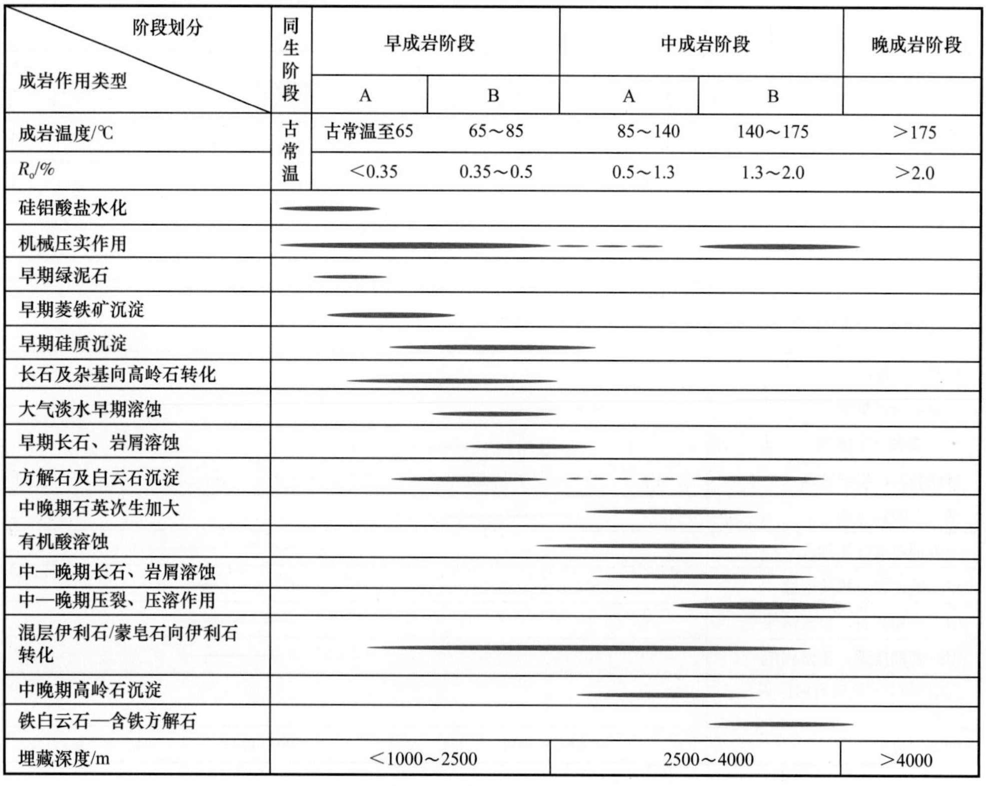

阶段划分 成岩作用类型	同生阶段	早成岩阶段		中成岩阶段		晚成岩阶段
		A	B	A	B	
成岩温度/℃	古常温	古常温至65	65～85	85～140	140～175	＞175
R_o/%		＜0.35	0.35～0.5	0.5～1.3	1.3～2.0	＞2.0
硅铝酸盐水化						
机械压实作用						
早期绿泥石						
早期菱铁矿沉淀						
早期硅质沉淀						
长石及杂基向高岭石转化						
大气淡水早期溶蚀						
早期长石、岩屑溶蚀						
方解石及白云石沉淀						
中晚期石英次生加大						
有机酸溶蚀						
中—晚期长石、岩屑溶蚀						
中—晚期压裂、压溶作用						
混层伊利石/蒙皂石向伊利石转化						
中晚期高岭石沉淀						
铁白云石—含铁方解石						
埋藏深度/m		＜1000～2500		2500～4000		＞4000

图 1-6-23　西湖凹陷春晓—天外天构造成岩序列图

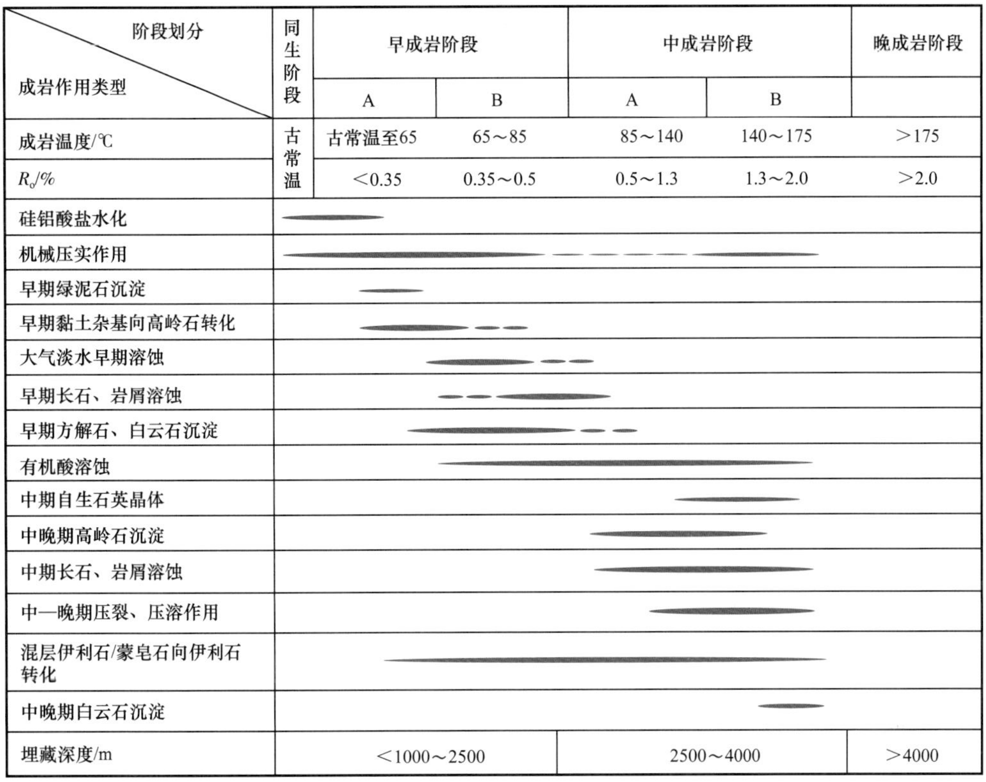

阶段划分 成岩作用类型	同生阶段	早成岩阶段		中成岩阶段		晚成岩阶段
		A	B	A	B	
成岩温度/℃	古常温	古常温至65	65～85	85～140	140～175	＞175
R_o/%		＜0.35	0.35～0.5	0.5～1.3	1.3～2.0	＞2.0
硅铝酸盐水化						
机械压实作用						
早期绿泥石沉淀						
早期黏土杂基向高岭石转化						
大气淡水早期溶蚀						
早期长石、岩屑溶蚀						
早期方解石、白云石沉淀						
有机酸溶蚀						
中期自生石英晶体						
中晚期高岭石沉淀						
中期长石、岩屑溶蚀						
中—晚期压裂、压溶作用						
混层伊利石/蒙皂石向伊利石转化						
中晚期白云石沉淀						
埋藏深度/m	＜1000～2500			2500～4000		＞4000

图 1-6-24　西湖凹陷平湖地区成岩序列图

三、储层物性控制因素

油气储层的分布和物性主要受沉积相、成岩作用的影响与控制。沉积相是影响储层质量的“先天”因素，它决定着储层的空间分布和原始物性。在不同沉积环境下可形成不同类型的砂砾岩体，无论是其宏观规模、分布特征还是结构成熟度微观特征均有明显差异；成岩作用是影响储层质量的“后天”因素，它决定着储层的最终物性，现今储层的物性是成岩作用对其改造的结果。碎屑岩沉积后所经受的一系列成岩变化，对其孔隙形成、保存和破坏都起着极为重要的作用。

1. 沉积微相对储层发育的影响

储层物性受沉积微相控制明显，不同沉积微相储层厚度和孔隙度、渗透率都有较大的差异。花港组分流河道、水下分流河道、河口坝等微相储层厚度大，孔隙度和渗透率相对较好（表 1-6-6）。席状砂等其他沉积微相，储层厚度较薄，孔隙度、渗透率相对较低。花岗组取心段砂岩分析表明，水下分流河道和河口坝物性均较好，孔隙度普遍大于15%，高者可接近 20%，渗透率普遍大于 1mD，部分可达 100mD，但由于河口坝下部水动力较弱，泥质含量较高，导致物性略差于水下分流河道。

平湖组水下分流河道、潮道和河口坝孔隙度和渗透率较好，尤其以水下分流河道最好，沙坪和混合坪由于沉积时水动力较弱，厚度较薄，孔渗条件较差。水下分流河道储层孔隙度平均值主要范围为 12.3%～24.82%；渗透率平均值范围为 23.2～106.32mD，属于高孔高渗储层。河口坝储层孔隙度平均值主要范围为 7.5%～17.11%；渗透率平均值范围为2.17～27.01mD，属于中孔中渗储层。潮道储层孔隙度平均值主要范围是12.4%～15.2%；渗透率平均值范围是3.46～52.7mD，属于中孔中渗储层。沙坪储层孔隙度平均值为11.3%；渗透率平均值为5.94mD，属于中孔低渗储层。混合坪发育储层孔隙度平均值是8.17%；渗透率平均值是0.052mD，属于中孔特低渗储层（表1-6-7）。

表1-6-6 西湖凹陷花港组沉积微相储集物性统计表

层位	地层厚度/m	储层厚度/m	储层岩性	沉积相	储集类型	储层物性		资料来源	非均质性
						孔隙度/%	渗透率/mD		
Hl	275	29.4	浅灰色细砂岩	分流河道	孔隙型	11.7～24.1 19.4（7）	6.0～131.7 71.5（7）	XCW-17	较强
H3	173	128.7	浅灰色细砂岩	水下分流河道	孔隙型	7.6～18.6 12.7（21）	0.2～211.7 22.6（21）	ZYN-17	较强
H4	136	58	浅灰色细砂岩、粉砂岩	席状砂	孔隙型	8～23 19.4（7）	3～90 35.7（7）	ZYN-1	较强
H5	110	36.3	浅灰色细砂岩、含灰质细砂岩	水下分流河道	孔隙型	15.9～20.1 18.6（4）	26～99 70.5（4）	ZYN-9	较强
H6	143	49.6	浅灰色细砂岩、粉砂岩	河口坝	孔隙型	15.1～18 16.2（5）	13.4～54.8 26.6（5）	ZYN-13	较强
H7	40	11.9	浅灰色细砂岩	水下分流河道	孔隙型	13～20 16.5（2）	30～110 70（2）	ZYN-4	较强
Hll	95	83	浅灰色细砂岩、粉砂岩、泥质细砂岩	水下分流河道	孔隙型	14～16 15（3）	20～50 36.6（3）	ZYN-6	较强
H12	46	17.5	浅灰色细砂岩、粉砂岩	河口坝	孔隙型	13～14 13.5（2）	7～8 7.5（2）	ZYN-l	中等

2. 成岩作用对储层发育的影响

成岩作用对储层质量的影响是显著的，其中影响储集砂岩孔隙形成与演化的主要成岩作用是压实作用、胶结作用和溶蚀作用。

1）碎屑岩的矿物成分对储层发育的影响

石英和长石是碎屑岩主要的矿物成分，它们对储层质量的影响不尽相同。一般认为，石英砂岩的储集物性较长石砂岩好。原因在于：（1）就亲水性和亲油性来说，长石比石英强。岩石表面在遇水或遇油的情况下，长石表面形成的薄膜要比石英的厚，且这种薄膜一般不能移动，这就在一定程度上减少了孔隙流动的截面积，阻碍了液体的流动，导致渗透率变小。（2）抗风化能力差异是长石砂岩比石英砂岩物性差的另一个重要因素。石英抗风化能力强，颗粒表面光滑，流体容易通过；而长石抗风化能力弱，表面粗糙，尤其是其颗粒表面会因此而形成自生高岭石和绢云母，在很大程度上对油气的流动产生了负作用。（3）吸水膨胀是长石的特性，这样就堵塞了原来的孔隙和喉道，不利

表 1-6-7　西湖凹陷平湖组沉积微相储集物性统计表

层位	水下分流河道		河口坝（远沙坝）		潮道		混合坪		沙坪	
	孔隙度 /%	渗透率 /mD	孔隙度 /%	渗透率 /mD	孔隙度 /%	渗透率 /mD	孔隙度 /%	渗透率 /mD	孔隙度 /%	渗透率 /mD
P9+P10					6.8～20.9 / 12.9（95）	0.1～402.0 / 52.7（95）				
P8					5.9～15.1 / 12.4（15）	0.069～145 / 23.69（15）	4.3～10.4 / 8.17（3）	0.03～0.07 / 0.52（3）	9.1～13.4 / 11.3（2）	1.68～10.2 / 5.94（2）
P7					11.68～19.56 / 15.2（26）	3.08～122.94 / 46.82（26）				
P6	10.98～24.88 / 17.31（160）	1.05～542.00 / 106.32（160）	15.60～18.80 / 17.11（25）	4.8～102 / 27.01（25）	10.02～16.00 / 12.71（21）	0.5～37.82 / 3.45（21）				
P4	23.61～25.59 / 24.82（5）	12.27～188.04 / 74.31（5）	4.67～25.43 / 15.06（61）	0.5～188.11 / 49.72（61）						
P1—P3	9.5～14.4 / 12.3（13）	0.354～86.6 / 23.2（25）	2.4～13.3 / 7.5（25）	0.025～13.3 / 2.17（25）						

于油气的运移。因此，长石砂岩比石英砂岩储集物性差。当然，在进行储层评价时要结合薄片观察等实际资料进行，不能简单地认为凡是长石砂岩的物性都不如石英砂岩。西湖凹陷花港组与平湖组长石含量高、风化程度高、表面常见次生高岭土。碎屑岩的矿物成分对储层物性的影响见图 1–6–25 至图 1–6–27。

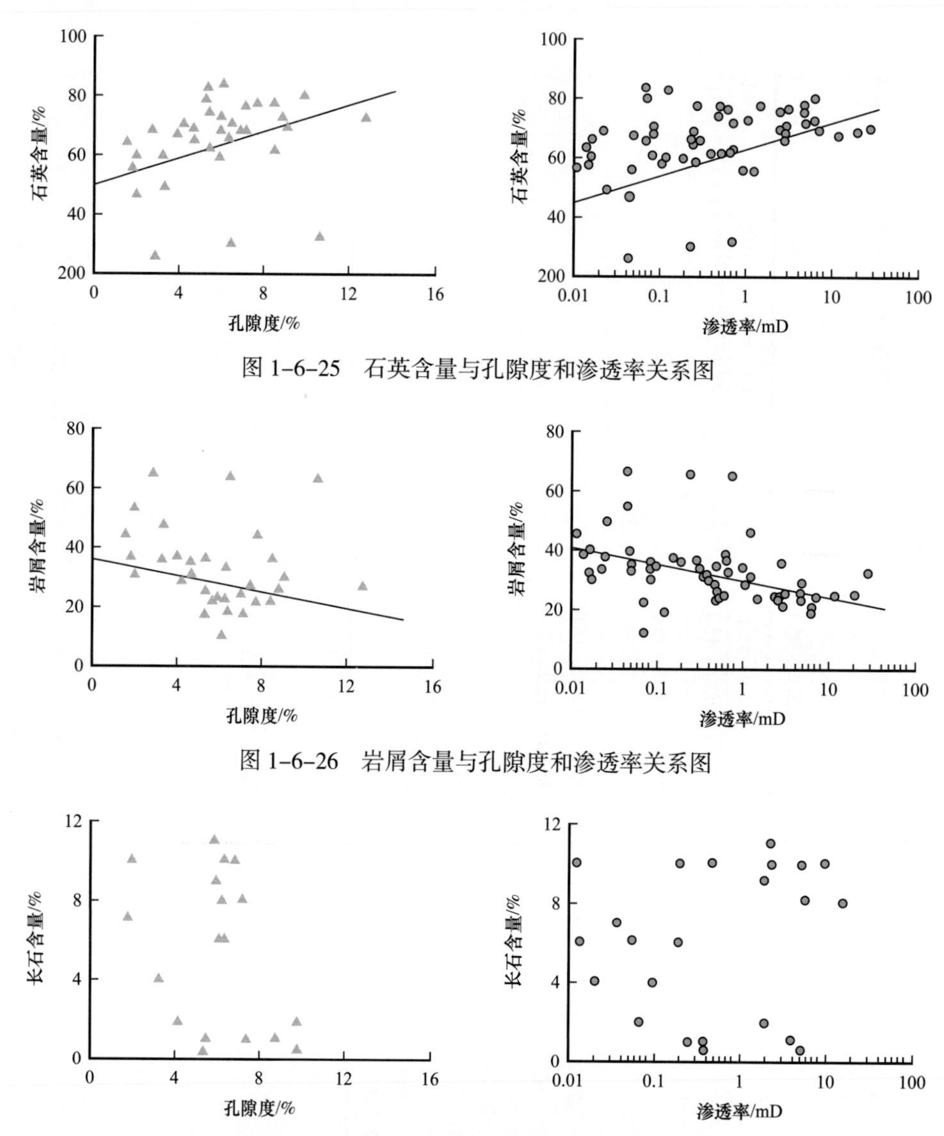

图 1–6–25　石英含量与孔隙度和渗透率关系图

图 1–6–26　岩屑含量与孔隙度和渗透率关系图

图 1–6–27　长石含量与孔隙度和渗透率关系图

2）泥质含量对储层发育的影响

泥质杂基是陆源碎屑沉积的基本特征，是在机械沉积作用的影响下，与砂、砾等碎屑一起沉积下来的细粒部分，在水动力弱的条件下极易沉积，尤其在三角洲前缘、滨浅湖等静水环境亚相，是沉积环境能量最重要的标志之一。西湖凹陷花港组主要处于三角洲前缘—滨浅湖亚相，花港组储层泥质杂基平均含量为 0.7%～13%，个别层段高达 30%～45%，远高于一般性储层。因此，泥质杂基含量高是沉积作用对西湖凹陷花港组储层突出影响的表现。一般认为，黏土泥质杂基与储层物性呈负相关：一方面，泥质杂基赋存于碎屑颗粒之间，增大了油气运移所需克服的毛细管压力，对储层渗透率产生负面影响；另一方面，黏土泥质杂基会在孔隙水的影响下胶结而阻塞喉道，尤其在泥质杂基的碳酸盐矿物含量高的情况下。而泥质杂基含量高的碎屑岩，孔隙结构复杂，分选较差，平均粒径较小，喉道也小，储集物性差。因此，泥质杂基含量是影响孔隙性、渗透性最重要的因素之一（图 1-6-28）。

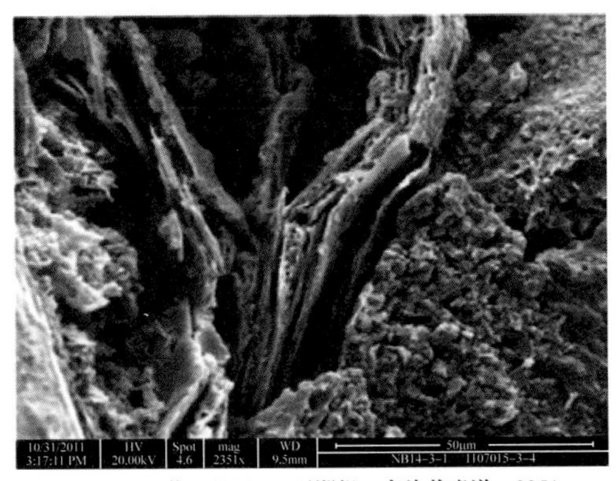

NB14-3-1井，4055m，平湖组，弯片状喉道，2351×

HY2-2S-1井，花港组，片状和弯片状喉道，2248×

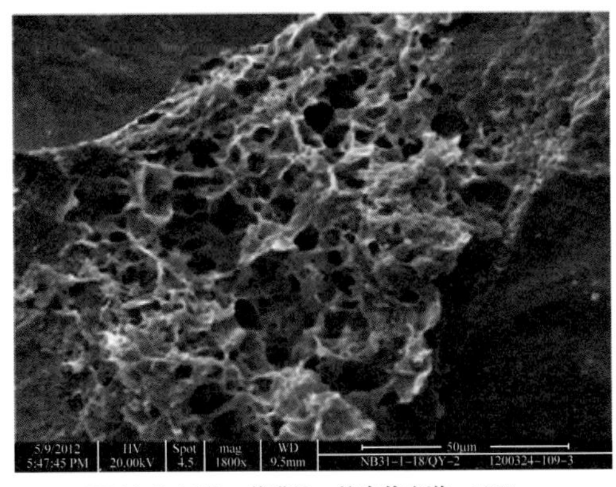

NB31-1-1S井，花港组，管束状喉道，1860×

HY2-2S-1井，花港组，管束状喉道，1918×

图 1-6-28　西湖凹陷泥质杂基对喉道的影响

3）自生黏土矿物胶结对储层发育的影响

（1）绿泥石。

西湖坳陷小层砂岩中偶见绿泥石发育，主要是以孔隙衬边方式产出的黏土膜，少部分是以填隙物形式充填孔隙。虽然绿泥石薄膜会堵塞一部分喉道，但是，薄膜阻碍了碎屑颗粒和孔隙水的接触，阻止了次生石英加大的形成以及一部分碳酸盐胶结物的沉淀作用，从而使相当一部分原生粒间孔隙得以保存，并且形成具有一定抗压能力的支撑格架，对压实作用可起到一定的抑制作用。

（2）高岭石。

自生高岭石分布在长石表面或在长石发生溶解的附近，呈自形晶体产出（图 1-6-29）。尽管高岭石的集合体充填于孔隙中，减少了原始粒间孔隙度，使储层孔隙以晶间孔为主，但高岭石作为砂岩储层中长石、花岗岩屑等骨架颗粒溶蚀作用的产物，它的大量发育意味着溶蚀作用的发生，所以是有利储层发育的标志。而且，自生高岭石粒度较粗，结晶好，粒间仍可保留微孔隙，因此对渗透率影响较小。

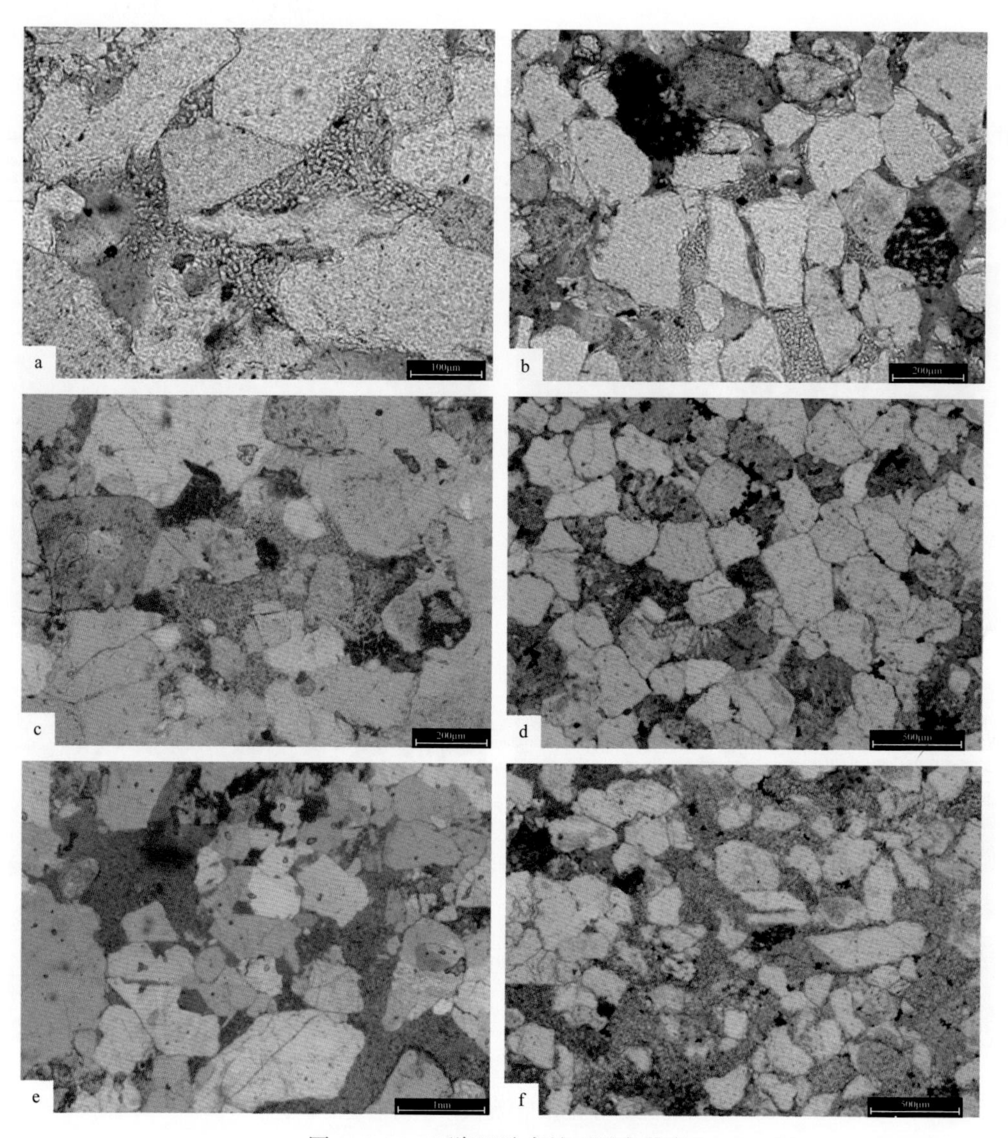

图 1-6-29　西湖凹陷高岭石赋存状态

a. 高岭石部分充填长石溶孔和粒间孔，单偏光，花港组上段；b. 高岭石部分充填长石溶孔和粒间孔，单偏光，花港组上段；c. 高岭石充填长石溶孔和粒间孔，较多，单偏光，花港组下段；d. 高岭石充填长石溶孔和粒间孔，单偏光，花港组下段；e. 高岭石几乎完全充填长石溶孔和粒间孔，单偏光，平湖组；f. 高岭石几乎完全充填长石溶孔和粒间孔，单偏光，平湖组

（3）伊利石。

西湖凹陷储层中的伊利石较发育，常呈颗粒包膜或孔隙衬边形式胶结，含量高时呈网状分布于孔喉中。伊利石呈黏土桥式产状，易于堵塞砂岩的孔隙喉道，对砂岩的渗透率有显著的破坏作用。

4）压实作用对储层发育的影响

对于储层砂岩来说，压实作用是典型的破坏性成岩作用。压实作用对储层的直接影响是使得储层孔隙度降低，由图 1-6-30 可以明显看出，无论是 1 号井、2 号井还是 3 号井，花港组、平湖组孔隙度都是随着其上覆岩层厚度的增加（即花港组、平湖组自上而下），孔隙度呈下降趋势。

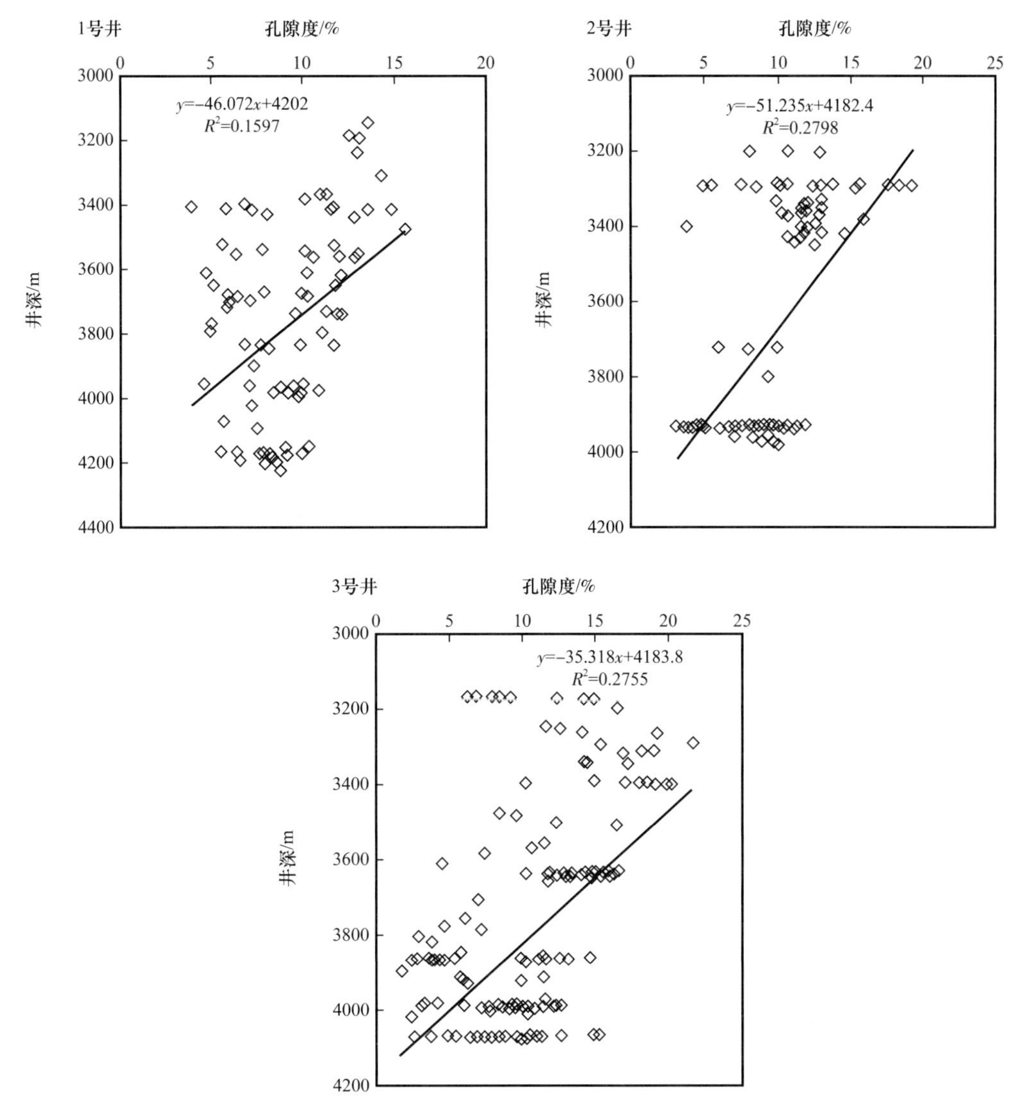

图 1-6-30　西湖凹陷花港组、平湖组不同井位孔隙度和井深投点图

5）溶蚀作用对储层发育的影响

成岩作用过程中，铝硅酸盐等矿物的溶解作用导致次生孔隙的产生是最重要的改善储层质量的成岩因素。铸体薄片及扫面电镜中均可观察到长石的强烈溶蚀作用，西湖凹陷花港组和平湖组砂岩溶蚀作用非常发育，使得次生孔隙较原生孔隙更为发育，二者对总面孔率的贡献值分别为 72% 和 26%。故次生孔隙是西湖凹陷最为重要的孔隙类型，次生孔隙在总孔隙中占有很大的比例（图 1-6-5）。长石溶解是西湖凹陷储层砂岩主要的溶蚀现象，长石溶解往往沿颗粒解理等易溶部位发生，形成孔隙，或者沿压实作用所造成的颗粒破裂缝溶蚀。例如沿斜长石解理常发生选择性溶蚀，形成串珠状溶蚀粒内孔隙。当长石颗粒完全溶蚀时还可形成铸模孔（图 1-6-18）。岩屑溶孔则是岩屑中不稳定组分被选择性溶蚀形成蜂窝状粒内溶孔。泥质岩岩屑、燧石、喷出岩等岩屑易发生溶蚀。

前已述及，西湖凹陷花港组砂岩位于花港运动造成的不整合面之下，大气淡水的溶解作用在碎屑储层内表现得尤为明显，位于花港运动造成的不整合面之下的西湖凹陷花港组砂岩在其沉积之后经历了长时间的暴露，该时间间隔花港组遭遇大气水溶解作用，对储层的改造作用非常有利。

四、优质储层分布特征

东海陆架盆地优质储层分布以西湖凹陷为例。

西湖凹陷低孔渗储层沉积相、成岩作用强度、岩石类型、物性及渗流特征的差异，导致各构造区不同储层的储层级别差异，造成花港组、平湖组储层空间上表现出不均质性，形成常规储层与低孔低渗储层的无规则展布。通过地震资料、测井资料及已有钻井岩心（壁心）测试资料综合研究，建立了西湖凹陷花港组、平湖组各构造分区储层分类（分级）标准（表 1-6-8），以此预测各构造分区有利储集相带及相对优质储层展布，为西湖凹陷油气勘探开发提供了参考依据。

表 1-6-8　东海盆地西湖凹陷低孔渗储层分类标准

沉积相		三角洲平原	三角洲平原、三角洲前缘	三角洲前缘	三角洲前缘
成岩		强次生溶蚀、弱压实	溶蚀 + 压实	压实，溶蚀，硅质、方解石胶结	强压实，自生碳酸盐岩、伊利石充填喉道
岩石类型		长石石英砂岩	岩屑长石砂岩	细粒长石岩屑砂岩、岩屑长石砂岩	含泥质岩屑长石砂岩、长石岩屑砂岩
储层渗流特征	孔隙度 /%	＞25	25～13	13～10	＜10
	渗透率 /mD	＞500	500～10	10～0.1	＜0.1
	压汞	高进汞型—低排驱压力—粗歪度	较高进汞型—低排驱压力—较粗歪度	较高进汞型—中排驱压力—较粗歪度	较低进汞型—高排驱压力—细歪度
	束缚水饱和度 /%	＜35	50～35	65～50	＞65
储层级别		Ⅰ	Ⅱ	Ⅲ	Ⅳ

有利储集相带的预测主要根据沉积相类型、沉积相展布特征及物性特征进行预测，并且首先以沉积相类型及其岩石类型两种属性进行有利储集相带类型划分，划分为两类有利储集相带区，即Ⅰ类有利储集相带区和Ⅱ类有利储集相带区，其中孔隙度和渗透率主要根据三级构造带的平均物性进行划分。

平湖组为凹陷断陷晚期发生海退，各层序具有一定规模的储集体类型，主要为三角洲相、扇三角洲相、辫状河三角洲相、沙坪相，根据储层物性特征分析和储层物性控制因素分析，凹陷的南部物性好，而北部相对较差，Ⅰ类有利储集相带主要分布于西湖凹陷南部地区，Ⅱ类有利储集相带主要分布于西湖凹陷北部地区。

花港组处于坳陷早期，主要为湖相，各层序具有一定规模的储集体类型，主要为三角洲相、辫状河三角洲相、沙坝相，并且与平湖组各层序相比，花港组各层序储集体规模都相对较大，而且总体物性条件较好，但是仍旧北部砂体的物性条件相对较差些，同样预测结果是Ⅰ类有利储集相带主要分布于西湖凹陷南部地区，Ⅱ类有利储集相带主要分布于西湖凹陷北部地区。

第三节　盖层基本特征及储盖组合

一、盖层特征

天然气勘探实践表明，盖层是天然气聚集成藏不可缺少的重要条件之一，一个气藏的形成，烃源岩是基础，运移是条件，盖层是关键。盖层对天然气成藏和分布的影响可以从两方面理解。第一，盖层作为天然气成藏的重要组成部分，在天然气藏形成与分布中起到重要的控制作用，没有良好的盖层，就不可能有气藏的形成与保存，尤其是大中型气藏的形成与保存；第二，分布范围更广的区域性盖层，虽然不一定构成某个特定圈闭或气藏的直接盖层，但其广泛发育有效地降低了天然气大范围的扩散损失与渗滤损失，从而使得从烃源岩中生成并排出的天然气得以聚集成藏。

以西湖凹陷为例。

1. 盖层类型

西湖凹陷自始新世以来一直处于以海湾、湖泊及河流相为主的沉积体系，发育了多套泥质岩沉积，泥质岩成为本区的主要盖层。在层位上，中新统玉泉组及其以下各组段具有较高的泥岩百分含量和较大的泥岩累计厚度，具有作为较好盖层的条件。

根据盖层的厚度、分布范围，将盖层分为区域盖层、地区盖层、局部盖层和隔夹层。

1）区域盖层

覆盖整个西湖凹陷，分布在H1+H2段，总厚度一般大于250m，平均厚度大于400m，泥岩累计厚度达200m，位于“层组”之间。

2）地区盖层

覆盖二级构造带，分布在H4—H5与H5—H6之间，厚度一般要大于10m，平均厚度80～90m，泥岩累计厚度40～200m，西湖凹陷中央反转构造带、西次凹均有分布，位于“段”之间。

3）局部盖层

覆盖局部构造，分布于花上段的H3—H4之间，以及花下段与平湖组各个砂层组之间，厚度一般要大于5m，泥岩累计厚度小于40m，如中央反转构造带中的背斜，位于“砂组”之间。

4）隔夹层

无法覆盖局部构造，位于砂组之内。

2. 微观特征

泥质岩全岩X射线衍射分析表明，西湖凹陷泥岩的矿物成分以石英为主（占55%～75%），其次为黏土矿物（占20%～40%）、长石和碳酸盐岩矿物（占10%～20%），其中黏土矿物中以伊蒙混层或伊利石为主，在埋深1800m以深泥岩中极少见蒙皂石。

盖层孔隙结构分析表明，西湖凹陷泥质岩盖层的孔隙半径一般为0.8～1000nm（图1-6-31），突破压力为1～10MPa，但不同深度、不同类型泥岩的孔喉大小、分布及突破压力等差异明显。从浅至深，泥岩孔喉有从大孔→小孔→微孔→超微孔变化的趋势，盖层条件越来越好；其中埋深大于3000m的泥岩以微孔、超微孔为主，孔隙半径多为5～16nm，中值半径小于10nm，且多呈“双峰”或“多峰”型分布，反映多种“成因”类型的叠加，突破压力一般大于10MPa；埋深1500～3000m的泥岩以小孔、微孔占优势，孔隙半径一般为6～100nm，中值半径为10～30nm，孔隙多呈“单峰”型分布，突破压力为1～10MPa；而埋深小于1500m的泥岩以大孔为主，孔隙半径大于100nm，中值半径大于30nm，呈“单峰”型分布，突破压力一般小于1MPa。

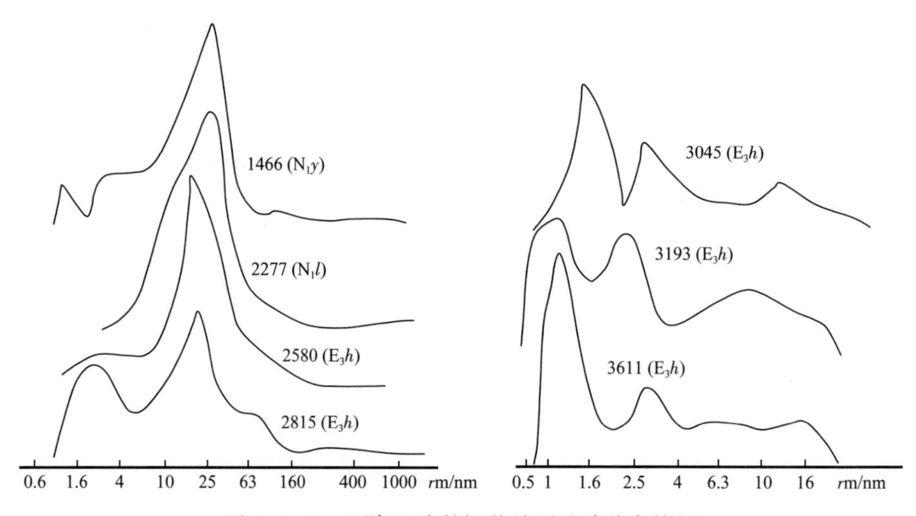

图1-6-31　西湖凹陷某探井盖层孔隙分布特征

3. 封闭机制

西湖凹陷的泥质岩盖层封闭机制（类型）主要有三种：毛细管压差封盖、超压封盖和烃类浓度异常封盖。

1）毛细管压差封盖

毛细管压差封盖依靠的是泥岩较高的突破压力而对油气形成封盖，这种封盖在西湖凹陷自上而下都存在，并且随着埋深的增加，泥质岩盖层的孔隙度、中值半径和扩散系数均逐渐减小，但突破压力却不断增加（图1-6-32），反映封盖能力逐渐变强。毛细管压差封盖是本区盖层最主要的封闭机制。

2）超压封盖

钻井泥岩压实规律研究表明，西湖凹陷各井泥岩压实曲线基本上可分出上、下两段，其中上段曲线为一与正常压实趋势线重合的直线段，属正常压实，泥岩中流体压力等同于静水柱压力；下段曲线则明显偏离正常压实趋势线，属欠压实，泥岩中发育异常高孔隙流体压力，且欠压实段在横向上可以追踪对比，成带分布。总体上，超压顶界面埋藏深度多介于2800m与3500m之间，位于始新统平湖组与渐新统花港组分界面附近，也即始新统平湖组及其之下地层的泥岩发育异常高压，异常高压力（欠压实）的存在强化了泥岩的封盖作用，使平湖组及其以下层位储存的油气受毛细管压差封盖和异常高压封盖双重因素的联合控制，具有较好的封盖条件。

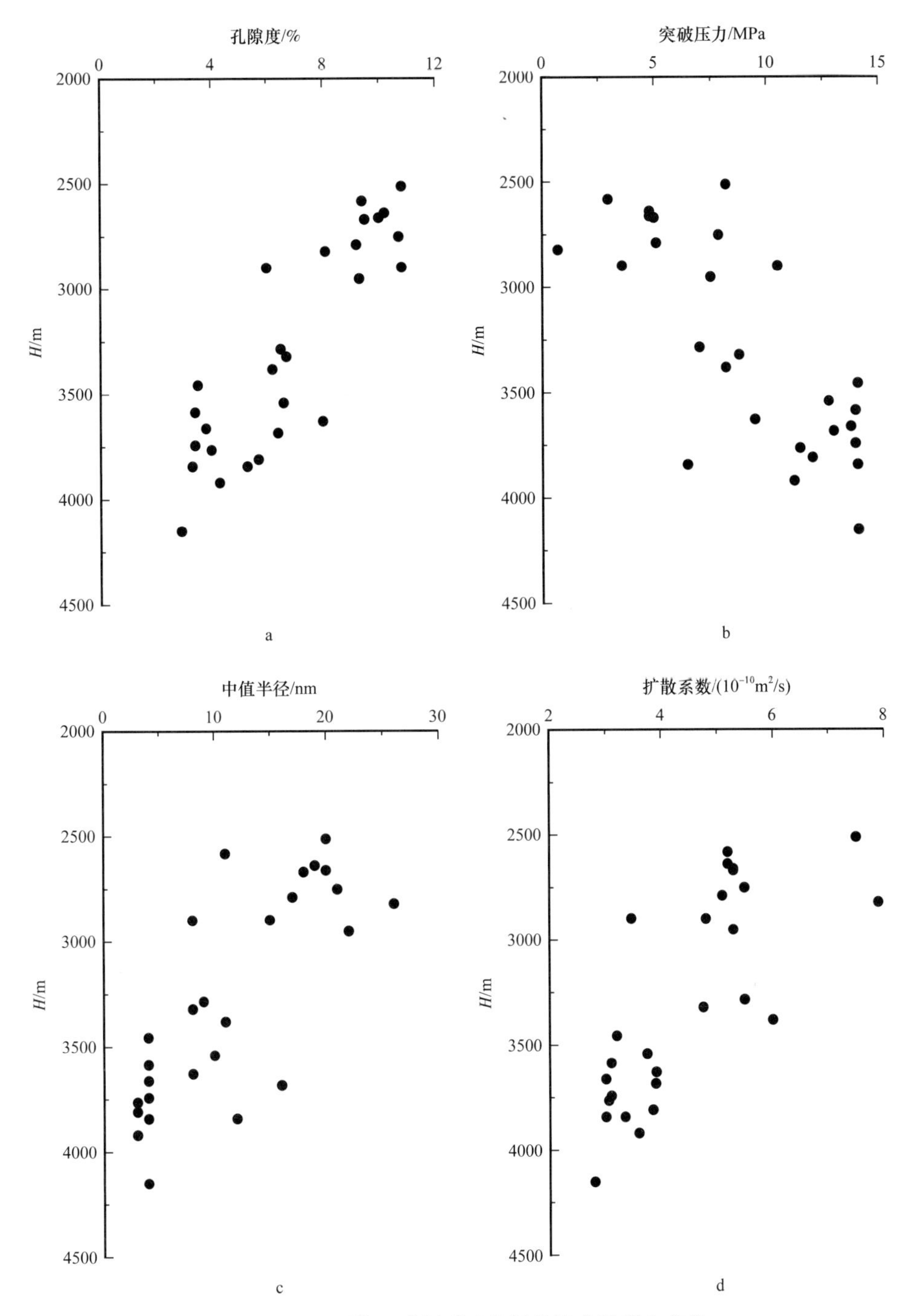

图 1-6-32　西湖凹陷泥质岩盖层物性参数纵向变化

3）烃类浓度异常封盖

西湖凹陷烃类浓度异常封盖机制的存在是因为部分盖层本身也是烃源岩，其含烃浓度较高，对油气藏中烃类物质的扩散与散失，尤其是扩散相天然气的运移散失起到良好的阻滞作用，因为天然气的迁移率比油大，更容易在浓度差环境下产生扩散。从图 1-6-32 中可以看出，泥质岩盖层的扩散系数随埋藏深度和压实程度的增加而减小。

二、储盖组合

沉积盆地储盖组合尤其是有利储盖组合的发育程度对油气聚集成藏具有重要的控制作用。

东海陆架盆地发育多套储层和封盖层，可形成多套储盖组合。据研究，主要发育五套储盖组合：（1）上古新统灵峰组是一套局限的浅海相泥岩，基本覆盖盆地西部台北坳陷椒江、丽水凹陷，形成区域性盖层，与其下的下古新统月桂峰组、上白垩统石门潭组组成一套生储盖组合；（2）中始新统温州组下部是广泛分布的浅海相泥岩，包括下始新统瓯江组上部的泥岩，是台北坳陷第二套区域盖层，其下伏的湖沼—三角洲相明月峰组也可形成局部的盖层，明月峰组、瓯江组都具有良好的储集砂层；（3）上始新统平湖组储层为滨岸、三角洲砂体，其盖层为本组具有生烃条件的泥岩，自生自储自盖是西湖凹陷西斜坡的主要特点之一；（4）渐新统储盖组合，如 HY7-1-1 井渐新统 2704.3～2719m 井段日产油 53.6m^3，天然气 34500m^3，其上覆泥岩盖层厚度仅 2m，但其泥岩突破压力高达 10MPa，因而对油气起到有效封盖作用；（5）西湖凹陷中新统储盖组合，孤山一井、龙井一井获油气流足以证明这套潜在组合。

下面选取勘探程度相对较高的西湖凹陷、丽水凹陷的储盖组合特征做简要介绍。

1. 西湖凹陷储盖组合特征

西湖凹陷在纵向上发育多套储盖组合。

1）平湖组生储盖组合

平湖组三、四段以潮坪—滨浅海沉积为主，泥岩盖层分布广泛，是很好的区域盖层和烃源层。其中西部凹陷中部盖层厚度最大，盖层累计厚度大于 200m。其次在西湖凹陷中部，厚度介于 50～70m，其中平湖斜坡带区泥岩盖层厚度达 70m。

平湖组一、二段以受潮汐影响三角洲沉积为主，泥坪和水下分流间湾在西部斜坡带和中央反转构造带中南部都广泛分布，厚度介于 100～200m，其他区域泥岩盖层不发育，累计厚度小于 100m。与潮道、水下分流河道可形成交互式生储盖组合。

2）花港组储盖组合

花港组下段为河流—三角洲沉积体系。该时期潮湿气候的陆相沼泽泥炭及泛滥平原泥岩在花港组下段上部发育。平面上，泥岩盖层发育区主要分布在中央反转构造带中南部，厚度介于 150～200m，其中天台构造带北部泥岩盖层最为发育，达到约 180m，其他地区泥岩盖层不发育，累计厚度小于 100m。泥岩盖层与河道砂体交替出现，形成大面积分布的交互式储盖组合。

花港组上段为河流—三角洲沉积体系。上部泥岩、粉砂质泥岩发育，泥岩盖层分布范围较广，主要有几个泥岩发育区，分别位于中央反转构造带中北部 ZYB-5 井区以及中央反转构造带中南部 ZYN-1 井区和 ZYB-6 井区等部位，其中以 ZYB-5 井区最为发育，累计厚度达 290m，其次为宁波构造带 ZYB-6 井区，累计厚度达 230m。西部斜坡带中北部泥岩盖层也较发育，盖层累计厚度为 100～150m。可与下部分流河道、水下分流河道等储集体形成区域储盖组合。

总体而言，平湖组发育区域性储盖组合和自生自储、下生上储的生储盖组合，花港组下段发育交互式储层组合和下生上储的生储盖组合，花港组上段发育区域性储盖组合和下生上储的生储盖组合。

2. 丽水凹陷储盖组合

丽水凹陷西次凹北部发育有大规模的三角洲前积砂体，但整体缺乏盖层封堵，且砂体的分布被限制在由一系列书斜式断层控制形成的洼槽内。西次凹南部主要发育泥岩沉积，缺乏良好的储层。西次凹中部（三维区）具有最佳的储层与盖层配置，明月峰组下段的海侵与高位充当区域性盖层，而明月峰组下段的低位、下降体系域则成为良好的储层。除区域盖层之外，储层内部的高连续泥岩段也成了有效的局部盖层。东次凹在明月峰下段及灵峰组上段沉积时期主要发育受断裂坡折带控制的扇三角洲沉积体系，储层分布范围较小，在明月峰组下段和灵峰组上段断裂坡折附近具有较好的储盖组合（图 1-6-33）。

地层			地震反射界面	年代/Ma	体系域	丽西次凹						丽东次凹	
						北部		中部		南部			
系	统	组				储层	盖层	储层	盖层	储层	盖层	储层	盖层
古近系	始新统												
			T80	53									
	古新统	明月峰组上段			HST								
					TST								
			T83	54.5									
		明月峰组下段			HST								
					TST								
					LST								
					FSST								
			T85	55									
		灵峰组上段			HST								
					TST								
					LST								
					FSST								
			T88	57									
		灵峰组下段			HST								
					TST								
			T90	60									
		月桂峰组			HST								
					TST								
			T100	66.5									
白垩系		石门潭组											

图 1-6-33　丽水凹陷储盖组合评价图

第七章　油气富集规律及成藏主控因素

东海陆架盆地是我国陆架盆地中面积最大的中—新生代沉积盆地，沉积岩厚度逾万米，蕴藏着丰富的油气资源。经过40余年的油气勘探开发，取得了显著成果，已发现平湖油气田、宝云亭气田、黄岩2-2气田等众多油气田及含油气构造。以西湖凹陷为代表，油气分布与富集具有“满凹含烃、贫富不均”“油气并生、气多油少”“纵向层系多、平面分布广”的特点。高丰度烃源区和良好储层耦合决定西湖凹陷大中型油气田的存在，断层对大中型油气田起控制和调整作用，中央反转构造带是形成大油气田的主要领域。

第一节　油气富集规律

现有油气勘探与开发成果揭示，西部斜坡带、西次凹、中央反转带是西湖凹陷内主要的油气产出地区，目前已在西部斜坡带发现了平湖、宝云亭、武云亭、孔雀亭油气田，在西次凹发现了黄岩1-1气田，在中央反转构造带发现了春晓、天外天、残雪、黄岩2-2、GZZ等一系列气田。不同地区油气分布规律各异，其中西部斜坡带产出的油气以凝析气为主，原油次之，油气藏主要分布于始新统平湖组内，渐新统花港组次之，始新统平湖组油气藏主要为凝析气，渐新统花港组油气藏主要为原油，目前发现的油气田主要位于西部斜坡带中部的平湖斜坡带。中央反转构造带产出的油气以凝析气为主，少量原油，油气藏主要分布于渐新统花港组，平湖组也有较好的油气显示，目前油气主要被发现于反转构造带南部的天台构造带、黄岩构造带和嘉兴构造带的南部。

一、中央反转构造带中北部

中央反转构造带中北部于2013年获得重大勘探突破，大型气田的发现不仅证实了西湖富烃凹陷巨大的勘探潜力，而且进一步证实了中央反转构造带中北部具备万亿立方米大气区的条件。

西湖凹陷中央反转构造带中北部位于沉积厚度相对较大的沉积、沉降中心，是富生烃凹陷的有利勘探区。中央反转构造带中北部发育了一系列反转背斜构造并紧邻西湖凹陷生烃中心，具备近源成藏的有利条件。

中央反转构造带中北部的油气层主要分布于花港组。多套厚砂体的发育充分证实了该区花港组沉积时期位于有利沉积相带，多期河道纵向叠合形成了巨厚储集体，且在平面上分布稳定。中央反转构造带受沉积环境影响，其花港组缺乏质纯、厚层的区域泥岩盖层，而是泥岩与薄砂岩相互叠置的交互式盖层。已发现的气田证实，泥岩与粉砂岩、泥质粉砂岩等频繁互层，随着埋藏深度的增加、压实作用的增强，盖层的突破压力将不断增高，因此盖层在3000m以深具有良好的封盖能力。

中央反转构造带中北部的断层具有“早正晚逆”的特点，且中央反转构造带中北部主要烃源岩位于平湖组及其以下地层，生烃期往往对应于断层的活动期，主要目的层花港组圈闭的油气运移通道体系主要以这种早期的正断层为主，并且晚期由于构造挤压形成的逆断层往往具备封闭能力强的特点，是浅层圈闭形成气藏的重要条件。根据构造应力场模拟和断层地质过程研究，在晚中新世构造反转期，中央构造带花港组目的层的良好油源通道体系包括北西向基底断层系、北北东向基底断层系和构造反转成因的北北东向逆断层的端点部位；而油气散失的主要部位为晚期东西向断层。上新世—第四纪断层活动期，北北东向基底断层存在潜在的油气通道条件，而主要的油气扩散点为东西向断层的端点，油气藏聚集在断层附近。

目前在中央反转构造带中北部钻遇发现的气田，主要油气藏类型为构造油气藏，并以挤压背斜型构造油气藏最为重要，且油气绝大部分赋存于渐新统花港组之中。在油气性质上，以轻质气为主。

二、中央反转构造带中南部

中央反转构造带中南部油气的分布主要集中在春晓—天外天气田、残雪油气田、断桥油气田、黄岩 2-2 气田。

中央反转构造带中南部主要含油气层是花港组，随着勘探的深入，平湖组也发现了油气，花港组及平湖组以气为主。中央反转带位于富烃凹陷的中心，烃源充足，反转带深层的主要含油气层位是花港组下段和平湖组，属于下生上储—自生自储型油气藏。平湖组经历了一个逐渐水退的过程，早期为潮坪—海湾，局部发育三角洲，泥岩发育含灰质；中期以受潮汐影响三角洲为主，可见较明显反韵律特征；晚期为河流—三角洲，厚层箱状砂岩极为发育，砂岩粒度较粗。中南部已钻井显示，平湖组水道相中细砂岩、粗砂岩发育，是西湖凹陷中央反转构造带深层的主力储层。

西湖凹陷中央反转构造带中南部深层封闭条件十分优越，主要有三方面原因：一是东西向断层不发育，二是平湖组以砂泥互层为主，侧向封堵性能好；三是平湖组泥岩压实作用较强，垂向封堵能力强。中央反转构造带南部深层平湖组泥岩盖层发育，而且平湖组泥岩压实作用比花港组更强，具有比花港组同等厚度泥岩更强的垂向封堵能力。

深层发育的大量北东向断层是平湖组中下部的烃源岩进入平湖组上段和花港组下段储层的通道，同时平湖组上部本身是源、储、盖交互型地层，也可以在横向运移后再通过北东向断层进行垂向输导，因此北东向断层是西湖凹陷中央带深层重要的烃源通道。在运移方式上，中央反转构造带以垂向运移最重要，侧向汇聚次之，油气沿油源断层向上运移，再通过砂体横向运移至圈闭高部位聚集成藏。断层的作用就像是插入烃源岩中的吸管，源源不断地将烃类和流体吸入断层并向浅部目的层运移。

目前在中央反转构造带中南部钻遇发现的春晓油气田、天外天油气田、残雪油气田以及断桥油气田的主要油气藏类型为构造油气藏，并以挤压背斜型构造油气藏最为重要，且油气绝大部分赋存于渐新统花港组之中，约占 80%，仅有少量赋存于始新统平湖组之中。在油气性质上，以凝析气为主，少量原油。

三、西部斜坡带

西部斜坡带油气的分布主要集中在平湖构造带，即西湖凹陷西斜坡自平湖油气田以南的平南构造至以北的孔雀亭构造的狭长斜坡带，其西面为海礁隆起，东临西湖主凹，勘探面积约 6000km^2。自南向北可分为平南、平中和平北区，其中平南区勘探程度较低，目前尚未钻井，其他两个地区均有钻井。平湖构造带经过多年的钻探，目前已经钻探井和评价井 28 口，特别是近两年新钻了 11 口探井，发现了 5 个油气田、2 个含油气构造，自南向北分别是平湖油气田、宁波 25-3 油气田、宝云亭油气田、武云亭油气田、孔雀亭油气田。

近年来的钻探结果证实，该区带的油气成藏主要具有以下分布规律。

（1）圈闭形态控制了油气的富集程度。

西湖凹陷西部斜坡区总体表现为倾向北东的单斜构造，构造多为不同走向断层相互相交、切割形成的断块构造。同时，局部发育受挤压或断层逆牵引形成的背斜、断背斜及断鼻构造。勘探实践证明，圈闭形态对油气成藏具有重要的控制作用。

① 背斜、断背斜构造油气最为富集。

斜坡区在龙井运动时期所受挤压作用较弱，仅在该区南部的平湖构造带受到较弱的挤压作用，局部形成一些背斜、断背斜构造，如放鹤亭、八角亭及绍兴 36-5 构造。该种类型的圈闭油气层厚度大、油气充满度高，是斜坡区最有利的圈闭类型。斜坡区中北部由于龙井运动的挤压作用对该区构造的影响减弱，挤压成因的背斜圈闭不发育。但是在局部地区，在大断层的下降盘也可以形成受断层逆牵引作用形成的背斜或者断背斜圈闭，如宁波 25-3 构造 H5—P7 层圈闭、宁波 14-3 构造，该种成因的背斜、断背斜圈闭仍然具有油气层厚度大、油气充满度高的特点。

② 断鼻构造油气较富集。

斜坡区受局部扭压作用、古地形及差异压实作用影响，在正断层的上升盘或者下降盘发育多个断鼻构造。该种类型的圈闭在构造主体部位多受一条断层控制，圈闭形态较好，油气较富集，如宁波 13-4、宁波 14-2、宁波 14-6 等构造。

（2）断块构造断层的封闭性决定了油气的富集程度。

受古新世区域拉张应力场作用，西湖凹陷西部斜坡区形成了一系列的张性正断层。断层走向以北东及北北东向为主，局部地区发育少量北西向断层，在古地形背景上不同方向的断层相交、切割从而形成一系列断块构造。

斜坡区断裂封闭条件是断块圈闭油气成藏的重要条件，断裂在侧向上必须具有较好的封闭性，才能使油气有效聚集成藏。勘探实践表明，斜坡区断裂的封闭性与断层上下盘砂泥岩对接关系及泥岩涂抹有关。控制沉积的一、二级断裂断距一般大于 50m，而该区单砂体厚度一般小于 30m，断层上下盘能形成较好的砂泥岩对接，封闭性较好。三级断层断距较小，往往不能断开一套砂体，但也可能通过泥岩涂抹作用形成对下降盘构造的封闭。

斜坡区平湖构造带受控于北东和北北东向两组断裂，形成了堑式、反向断块和同向断阶状构造格局。平中地区为同向断阶—反转构造格局，以东倾伸展断裂组合为主，断裂发育数量很少，表现为断面平直、倾角大，与挤压反转地层形成了断鼻和断背斜圈闭；宁波 25 区则为堑式构造带，发育东掉和西掉两组断裂，形成了垒堑相间的构造格架，形成了众多的反向和顺向断块、断鼻圈闭；宁波 19 区则为反向断块构造带，多为反向断层控制的断鼻和断块圈闭；宁波 13 区则为同向断块构造带，为一系列盆倾的顺向断层控制的断鼻和断块圈闭。总体而言，断块圈闭是该区的主要勘探领域，尽管圈闭类型逊于背斜及断背斜构造，但是均能成藏，油气富集程度取决于断层的封闭性。

（3）古构造背景上圈闭成群分布，是主要的油气富集区。

平湖构造带自南向北依次发育了平中（平湖油气田）、宁波25-1、宁波19、宁波13等4个规模较大的鼻状构造带，其中平中为压扭型背斜构造，后三者为古构造背景上发育的披覆型鼻状构造，这些构造发育于继承性古隆起上，往往处于水下高地的沉积背景，受波浪或者潮汐作用的改造，储层中砂岩的结构成熟度高，形成了优质储层，且一直处于构造较高位置，是油气长期运移的指向，因此十分有利于油气的汇聚，成藏条件好，形成了油气富集区。2011年钻探的NB14-3-1井位于宁波13构造脊上，全井钻遇气层143.5m，是平湖构造带钻遇气层厚度最大的圈闭。

杭州构造带南部也发育宁波14-6、宁波14-5等古潜山构造。宁波14-6构造位于宁波14-6古潜山之上，2013年钻探的NB14-6-1井油气显示层总厚达188m，解释气层169.8m/18层，且在4951m处出现井涌，证实该古潜山构造上发育的圈闭成藏条件好。

（4）横向多变的河道砂及潮道砂在构造带翼部形成构造—岩性油气藏发育区。

平湖构造带平湖组发育多期三角洲朵叶体，来自西部的物源顺坡而下，在断坡底部平缓处形成砂体发育区，砂体纵向叠加连片，横向广泛分布，自下而上，砂体规模逐渐变大。同时斜坡背景上发育了四到五个规模不等的古鼻状构造，鼻状构造之间则为断层规模较小、构造圈闭相对不发育的围斜区，围斜区在沉积时期往往是沉积物的卸载区。这些三角洲前缘砂体，在地震、波浪等外界触发机制，或者是前缘砂体自身重力所产生的压实沉陷等内部触发机制的影响下，易在地势平坦的围斜区处再沉积形成滑塌浊积体。另外，平湖构造带平湖组砂地比为25%～30%，为“泥包砂”特征，砂体呈单边式—孤立式分布，横向连通性差，易于形成岩性横向尖灭。且平湖组砂体夹于高成熟烃源岩间，东西向上倾方向受断层封堵，北东方向上砂体横向尖灭，从而容易形成自生自储式构造—岩性油气藏。

宁波19区的武北1井P3气层，3499.4～3513.3m井段，厚度10.7m，其上泥岩厚度30m，其下泥岩厚度60m，为大套泥岩中夹砂岩，经层位标定落实后，井点距高点120m，未形成构造圈闭；P6油水同层，井段3704.5～3711.1m，厚度6.6m，其上倾方向上受控于顺向和反向相交断层，相交处断距为零，该油水同层井点处距高点幅度260m，分析为构造岩性圈闭。

宁波25区，宝云亭3井与宝云亭1井P8层处于同一断块圈闭不同位置，宝云亭3井P8油气层3949.5～3960.7m，厚度11.2m，到高部位宝云亭1井处相变为泥岩，由此形成了上倾尖灭油气藏。

宁波13区，处于不同断块相距仅2.5km的两口探井，其中的NB13-4-1井P8钻遇13.4m和18.91m两套气层，但在NB13-4-2井相应层位减薄尖灭，而且地震资料也证实两个断块之间断层并未完全断开。

NB25、NB19区及宁波13区的钻探表明，该区砂体横向变化大，鼻状背景上构造岩性圈闭是重要的油气藏类型。

（5）异常高压发育改善储层物性，利于油气成藏。

西部斜坡区普遍发育异常高压。高压带地层压力与孔隙度有良好的相关性，主要表现在以下几个方面：异常高压使得储集空间得以保存；通过促进溶解作用而形成大量次生孔隙；异常高压作用下形成微裂缝，极大改善了储层的储集性能。

NB14-6-1井于6in井眼中在钻井液密度1.66g/cm^{3}下钻至4944m后，钻时从

8.9min/m 急剧降低到 3min/m，至 4951m 发生溢流，液面上涨 $1.2m^3$，气测全烃 34%。压井期间钻井液加重至 $1.90g/cm^3$ 测得后效气 20%，气体上窜速度 10m/h，并持续伴有溢流现象，最终压井钻井液密度高达 $2.1g/cm^3$。说明该井在高压作用改善下，在 4951m 的深度储层仍然具有较好的物性及含油气性。

BA6S 井在 P12 5097～5108m（斜深）钻遇含砾石英中砂岩高压气层，压井时折算产量最高为 $13 \times 10^4 m^3/d$。

四、西次凹

西次凹油气的分布主要集中在天台 12–1 气田、黄岩 1–1 气田、宁波 31–1 构造及宁波 27–5 构造，北部杭州构造带目前没有钻井。

西次凹主要含油气层是花港组，随着勘探的深入，平湖组也发现了油气，花港组及平湖组主要以气为主。花港组为一套砂泥互层的湖泊—三角洲沉积体系，花港组、平湖组的储层主要为水下分流河道砂体，具有厚度大、分选好的特点，厚度一般为 10～45m，物性好、测试产能高。西次凹已钻井揭示该区纵向上形成多套储盖组合，最主要的有 H1—H3、H4—H5、H6—H8、H9—H12 等组合。H1—H2、H4 是两套以泥岩为主的层段，其中 H1—H2 段为中央反转构造带的区域性盖层，H4 顶部泥岩为局部分布的盖层。

西次凹油气藏属于下生上储油气藏，油气藏类型以构造油气藏为主，发育一系列反转背斜构造，因此油气运移通道就成为油气藏形成的关键。本区广泛发育早期北北东向断层，在断陷盆地时期表现为拉张型正断层，在挤压反转后由于挤压隆升作用影响，部分断层表现为下正上逆的特征。早期北北东向断层长期发育，向上断至花港组及其以上地层，为深部的油气向上运移提供了良好的通道。早期北北东向断层是唯一能全部沟通平湖组烃源岩与花港组、龙井组和玉泉组储层的断层类型，可有效沟通平湖组烃源岩与花港组含油气层。它形成于中新世末龙井运动期，与中新世末大规模油气运移期配置非常好，可以沟通油气源和主要储层，有利于油气沿断层运移。

由于该区主要烃源岩位于平湖组及其以下地层，主要目的层花港组圈闭的油气运移通道体系主要以垂向运移通道体系为主。深部储层紧邻平湖组烃源岩，深部油气向上运移过程中，首先被深层储层捕获，因近源而较易成藏。

以宁波 31–1 和黄岩 1–1 构造为代表的一系列低幅背斜构造，埋藏较深，油气主要聚集于构造的中深层储层中。由于中深层早期断层较发育，油气运移条件较好，因此，中深层有利储层的横向发育情况决定了该区低幅背斜构造的油气富集程度。

以宁波 31–1 构造为例，该构造在花港组上段发育底水油藏、气藏，含气充满度低于 10%；花港组下段发育边水气藏，含气充满度升高至 32%；花港组底部至平湖组发育层状气藏，未见水。

第二节　西湖凹陷油气成藏体系主控因素分析

一、生烃中心控制油气平面分布

生烃中心是烃源岩沉积厚度、有机碳丰度、有机质类型及有机质成熟度的综合表现，是生烃强度最大的区域。在断陷盆地中，一般具有断层发育，砂体横向连续性差的特点，这种特点对于油气远距离运移不利，因此距离生烃中心越近的圈闭，越有利于捕获油气。西湖凹陷自古新世到渐新世，沉积中心总体都沿中央反转带分布，呈北东向的长条形，并且从古新世到渐新世，沉积中心由南向北迁移；根据单井烃源岩厚度统计及地球物理方法预测的烃源岩厚度分布趋势，烃源岩最大厚度也基本与各个时期沉积中心的分布相符，而通过盆地模拟软件得出的生烃中心的分布范围也基本与各时期烃源岩分布中心相符。据研究，生烃中心的西湖凹陷生气强度最高可达 $170 \times 10^8 m^3/km^2$，生油强度最高可达 $48 \times 10^6 t/km^2$。西湖凹陷已发现的油气田均分布于西湖凹陷最大生烃中心附近，且距离生烃中心不远，其中西部斜坡带发育的油气田较中央反转构造带发育的油气田距离生烃中心稍远些，中央反转构造带的油气田具有近源成藏的特点。从西湖凹陷生烃中心和油气田的分布看，生烃中心控制着油气田的分布，且油气田多围绕生烃中心分布或者直接位于生烃中心之中。

总体而言，距离富生烃中心近的区带其油气富集程度较高；反之，距离富生烃中心较远的区带，如若其自身生烃条件又较差，则油气富集程度就低。如西部斜坡的平湖斜坡带，位于其东侧的西次凹为凹陷内的主力生烃洼陷，存在始新统平湖组、渐新统花港组及古新统等多套烃源岩层系，生烃强度大，供烃能力强，且该平湖构造带上的始新统平湖组及其以下地层也已达到了成熟门限（如平湖一井），具有一定的生烃和供烃能力，这为平湖斜坡带内油气藏形成与油气富集奠定了良好的资源基础；对中央反转构造带南部的天台构造带和黄岩构造带而言，其毗邻西次凹和东次凹两大富生烃中心，具有得天独厚的双向供烃优势，且反转带本身沉积有厚度较大的始新统平湖组、渐新统花港组及古新统等烃源岩系，加之构造带具有较高的地温梯度，使烃源岩达到了较高的成熟度，具有优越的烃源供给条件，从而奠定了春晓、天外天、残雪、断桥等油气田形成的物质基础，形成了凹陷内重要的油气富集带。

二、储集条件对油气富集的控制作用

储层控制着油气富集的规模与数量。西湖凹陷储集岩类型主要为砂质岩，以中—细砂岩为主；层位上以始新统平湖组和渐新统花港组最为重要。根据储集砂体的沉积环境、成岩作用特征，西湖凹陷新生界砂岩储层的储集性能由老到新逐渐变好。其中，中新统龙井组及其以上地层的储集条件良好；渐新统花港组储层在西部斜坡带中部和南部、中央反转构造带的南部及东部次洼的南部具有较好的储集条件；始新统平湖组储层的储集条件以西部斜坡带中南部最好，中央反转构造带相对较差，但南部优于北部；始新统平湖组以下地层的储集条件总体较差，但南部相对优于北部。

三、有利的油气源断层

在西湖凹陷内发育的三套断裂系统中，对油气藏的形成起决定性作用的为在区域沉降阶段（上新世—第四纪）形成的晚期剪切平移断层。这套断裂系统走向以近东西向为主，具有张扭性质，主要分布于中央反转构造带，起着油气逸散通道和破坏油气藏的作用，其中尤其以断距较大，向下切过 T21 地震反射层（渐新统花港组下段顶），向上切过 T10 地震反射层（中新统顶）的断裂的破坏作用较大，其致使原有油气藏遭受彻底破坏，油气沿晚期断层的断层面向上逸散殆尽，基本无油气显示，显然对凹陷的油气保存不利，如春晓四井和玉泉二井；同时，该套断层对先存的切割、再分配作用，可能也是导致中央反转构造带油气藏油气充满度偏低的重要因素之一；总体上，该套断裂的发育程度（规模、切割深度等）自中央反转构造带南部至北部有逐渐加强的趋势，也即南部地区的保存条件优于北部地区。于坳陷阶段形成的北北东向逆断层对研究区油气的运聚成藏及分布也起了一定的控制作用，其中在活动期，逆断裂起到了一定的通道作用，而在其活动停止后，逆断层对圈闭中的油气起到了封闭作用，并分割原先较为统一的局部构造，使构造复杂化。如中央反转构造带春晓构造五口探井的含油气特征表明，由于各井所在断块位置的不同，其油气显示结果也不同，处于构造高部位的春晓二井的油气显示反而较处于低部位的春晓一井差，说明春晓构造由于后期断层的切割作用，造成各井区油气保存条件存在较大的差异，并且断层对油气成藏起了重要的控制作用。

断层对油气垂向运移起着重要的输导作用。断层在油气运聚中起双重作用，一方面对油气运移起输导作用，另一方面对油气富集起阻隔与封闭作用。西湖凹陷在其整个发展、演化过程中，曾发生了多类型、多性质、不同规模的断层活动，断裂作用对油气富集有较明显的控制作用。其中，在盆地断陷阶段（古新世—始新世），发育了北东—北北东向为主的正断层，其具数量多、分布广、活动时间长的特点，为凹陷中断裂的主体，这些活动期的断层成为古新统与始新统烃源岩生成的油气向上运移的重要通道，并沟通不同深度的砂层，使油气沿砂层—断层—砂层呈总体向上的“阶梯”状运移，并最终在合适圈闭中聚集。现有的油气分布资料也充分证实了这一规律，如位于凹陷西部斜坡带的平湖主断裂、放一断层和放二断层对平湖油气田油气的运移起了良好的通道作用，如果没有它们的沟通，下部的油气很难向上运移上千米进入平湖组上段和花港组中聚集；对中央反转构造带而言更是如此，正是由于早期断层的垂向输导作用，才使由始新统平湖组及其以下烃源岩生成的烃类向上运移至渐新统花港组储层中，聚集形成了春晓油气田、天外天油气田、残雪油气田和断桥油气田。

早期断层属于早期形成、早期活动、早期封闭的断层类型。由古新统向上断到花港组中部（T21 层上下），在中新世末至现今的大规模油气运移期早已停止活动，具有良好的封闭性。因此早期断层对油气藏的控制作用就主要表现在供油气通道方面，这是成藏的关键。断层沟通油气源和圈闭就可成藏，反之难以成藏。因此，早期断层向上延伸至什么层位，油气就有可能运移到该区域并聚集成藏。主要含油气层位与正断层终止层位基本一致，断层终止位置控制了主力油气层位，也控制了含油气最浅层系，黄岩 1-1 井就是这种类型的典型代表。早期断层对于西次凹和黄岩—天外天构造带中低幅度背斜的成藏尤其重要，因为这些背斜受龙井运动影响弱，不发育晚期断层，早期正断层是主要的油气运移通道，也是形成油气藏的关键。

西湖凹陷油气充注分两期，在西部斜坡带，花港组之下的断层对油气运移起输导作用，且受后期构造运动影响较小，在中央反转构造带北部，前一期充注的油气多被定型于龙井运动的断层所破坏，而第二期的油气充注较为有效，在中央反转构造带中南部，由于反转构造相对较弱，所以早期油气藏部分被保存下来。

四、深埋条件下的交互式盖层使得油气充满度高

良好的保存条件是油气富集成藏并得以保存至今的最终保证。目前西部斜坡带和中

央反转构造带乃至整个西湖凹陷油气藏油气产出的特点均以天然气为主，石油也主要为密度小、黏度低的凝析油与轻质油，它们的逸散能力强，若要富集，要求有优越的保存条件。陈斯忠（2003）等均认为保存条件是制约西湖凹陷大气田形成的关键因素之一，现有的油气勘探与开发实践也在一定程度上证实了该认识。如中央反转构造带宁波构造带玉泉构造上的玉泉一井在1800～2700m井段录井油气显示很好，但测试未获工业油气流；同样，位于残雪构造上的残雪一井在2700m以下的花港组四层油气层中试获高产油气流，而在其上1953.5～1962.0m和2628.5～2632.0m油气显示良好的井段中，却未获工业性油气流，其主要原因之一可能均是由于北西向剪切断层的发育、下切、连通，导致盖层的封闭性遭到破坏所致。

钻井揭示西湖凹陷的油气盖层主要为泥质岩，现今在西湖凹陷内已发现油气田及含油气构造其盖层泥岩含量均在70%以上。纵向上，随地层时代由老到新，埋藏深度逐渐加大，盖层条件逐渐变差；总体而言，西湖凹陷中新统及其以下的泥质岩盖层可对油气形成区域性遮挡，其中埋深3000m以深的泥质岩封盖能力较好，埋深3000m以浅的泥质岩封盖能力相对较差；在层位上，平湖组和花港组的盖层保存条件较好，龙井组和玉泉组盖层保存条件相对较差。需要指出的是，虽然紧邻生烃凹陷的构造圈闭上覆的盖层泥质含量较高，局部泥岩盖层的质量也较好，但由于凹陷自始新世至中新世一直处于以湖泊相和河流相为主的沉积体系中，在横向上相变快，非均质性强，缺乏连续性好、单层厚度大的优质区域性泥岩盖层，如泥质岩较为发育、厚度较大的渐新统花港组上段泥岩的厚度一般为300～400m，单层泥岩厚度一般为10～15m，单层泥岩的最大厚度在西部斜坡带为60m，在中央反转构造带为46.5m，虽然其在一定程度上可以对下伏油气藏（储油气层）起到封盖作用，形成大、中型油气田，但如与世界上一些著名的特大气田相比，则区域盖层条件显得略差。如位于俄罗斯西西伯利亚盆地北部的可采储量超过$8\times10^{12}m^3$的世界上第一大气田——乌连戈伊气田，其主力产气层的上方大范围的覆盖630m厚的土伦阶泥岩盖层；可采储量超过$2\times10^{12}m^3$的世界第六大气田——荷兰格罗宁根气田，其泥岩盖层的厚度达2000m。而区域盖层的展布决定了油气系统的分布范围，因此，区域盖层的发育与展布可能成为影响、制约西湖凹陷形成大型、特大型油气田的重要因素之一。

西湖凹陷的区域盖层主要发育于坳陷期二级层序的最大湖泛面时期，也就是花港组上段和龙井组发育期，这两者泥岩发育厚度直接影响着西湖凹陷油气的保存条件。从中央洼陷—反转构造带成藏模式（图1-7-1）可以看出，西部斜坡带的油气田多发育于花港组泥岩厚度大于100m的范围内，而中央反转构造带的油气田主要发育于泥岩厚度大于300m的范围内，凹陷中央反转构造带北部虽然泥岩厚度较大，但由于被逆断层穿切，所以保存条件不好，从而不利于形成油气田。

中央洼陷—反转构造带花港组H2为一套大范围分布的盖层，目前已发现的油气藏主要集中在该盖层之下。前期钻井发现，春晓构造H1泥岩厚度116.5～181.5m，泥岩含量55.2%～82.1%；H2泥岩厚度106～151.9m，泥岩含量67.9%～92.4%；H4泥岩厚度99.2～120.8m，泥岩含量64.1%～89.1%。残雪、断桥构造H1泥岩厚度平均201.6m，泥岩百分含量平均61.3%；H2泥岩厚度平均150.8m，泥岩百分含量平均75.4%；H4泥岩厚度平均162.4m，泥岩百分含量平均63%。天外天构造H1泥岩厚度平均137.9m，泥岩百分含量平均 39.6%；H2 泥岩厚度平均 96.1m，泥岩百分含量平均 61.5%；H4 泥岩厚度平均 136m，泥岩百分含量平均 50.3%。中央洼陷—反转构造带油气层主要分布在 H3、H5、H6—H7，主要原因是其上有三套比较好的盖层，是中央洼陷—反转构造带 H3、H5、H6—H7 能形成油气富集的关键因素。

平湖组是平湖构造带的主要含油气层系，平湖组总体上是一套以三角洲为沉积背景的受多次海侵影响的砂泥岩建造，纵向上发育了两套大的旋回，近 30 套小旋回。其中平湖组一、二段发育的两套海侵和高位体系域泥岩（P4、P7），具有厚度大（一般 75～85m）、占地层百分含量高（58%～81%）、横向分布连续性好的特点，成为良好的区域性盖层。对平湖、宝云亭、武云亭油气田相关资料的初步统计分析表明，80%的油气显示集中在两套盖层之下，特别是 P8 砂层组及以下的油气层占了 50%以上，这说明区域盖层条件对油气层的空间展布具有明显的控制作用。

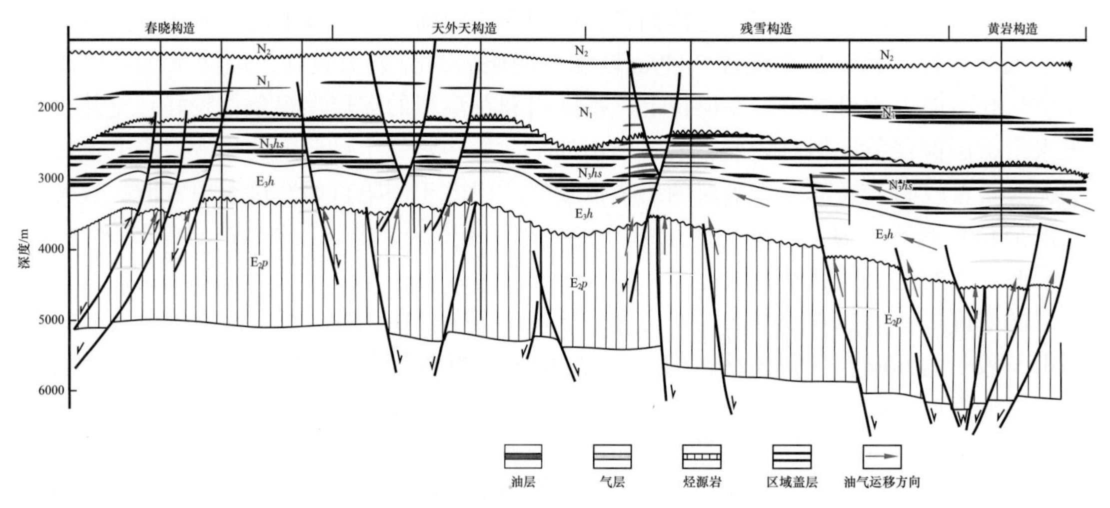

图 1-7-1　西湖凹陷中央洼陷—反转构造带成藏模式图

五、异常高压作用控制着西湖凹陷油气纵向分布

超压作用控制着西湖凹陷油气纵向分布，特别是在西部斜坡带平湖组，主要的油气层分布在超压面之下。中新世末期平湖组内形成的超压封堵住了平湖组内部的凝析气藏，而花港组内则以凝析油为主，从而造成西部斜坡带油气藏分布为上油下气的特点。

通过系统分析西湖凹陷的不同区带、不同层位地层压力系数资料，西湖凹陷地层压力分布的总体特征为：西部斜坡带，浅部储层（主要指花港组以上地层）均为正常压力层段，深部储层（主要为始新统平湖组上段）则普遍发育异常高压，其中平湖地区压力系数高达 1.7，为强超压。宝云亭—武云亭油气田储层压力多小于 1.5，为超压和弱超压。另外西部斜坡带超压出现的深度多为 3000m 附近（图 1-7-2），并且南部超压开始于平湖组顶界，而北部超压开始于花港组顶部。

六、圈闭形成期与生排烃期的匹配是油气富集的根本

西湖凹陷不同构造阶段形成了百余个多期次、多类型的局部构造，这些局部构造可以分为 3 类：（1）保椒斜坡区平湖组内断块型圈闭是西湖凹陷由裂陷至伸展断坳发展

阶段（始新世）由张性断层所产生的断块构造，形成时间早于始新统烃源岩的生烃高峰期；（2）浙东长垣区及其他地区平湖组发育有潜山披覆与挤压作用相叠加的复合背斜型圈闭，这些圈闭形成时间从始新世一直延续至中新世末期，在龙井运动才定型，其间还经历了 4 次改造，故构造的定型时间较晚；（3）渐新统花港组及中新统龙井组、玉泉组中发育的挤压背斜型圈闭，是中新世末龙井运动挤压作用的结果。由于不同时期形成的各类圈闭围绕生烃凹陷分布，与生、排烃期及成藏期相匹配，构成了多种有效的成藏组合，形成油气藏。

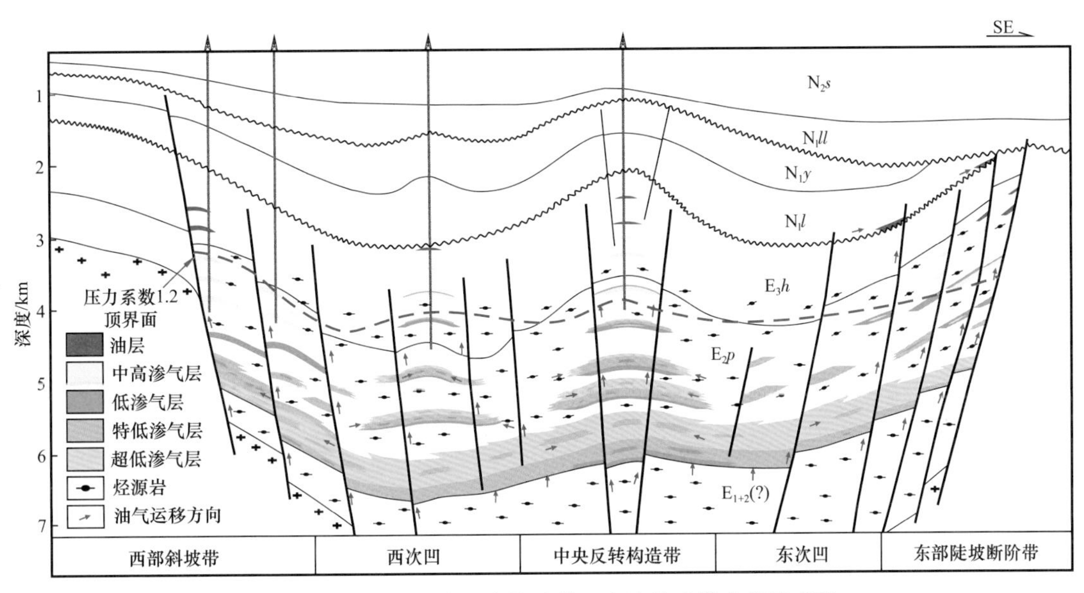

图 1-7-2　西湖凹陷平湖构造带—宁波构造带成藏模式图

圈闭形成期与生排烃期的配置关系对西湖凹陷油气富集有较重要的影响。圈闭形成时间的早晚制约了油气藏的储量丰度，如西部斜坡带上的圈闭形成时间较早，则其油气充满度较高，可达 60%；而圈闭形成时间相对较晚的中央反转构造带，其油气充满度则较低，仅为 20% 左右。圈闭形成时期与生排烃期的配置关系对圈闭捕集油气能力有影响，据生排烃史研究，西湖凹陷内主力烃源岩始新统平湖组大都在渐新世末开始进入生烃门限，于中新世中晚期达到生排烃高峰，总体上，圈闭形成期与生排烃期相匹配，圈闭对捕获始新统平湖组、渐新统花港组和中新统烃源岩生成的油气是有效的，但对捕获埋藏于凹陷深部古新统烃源岩生成的油气的有效性存在不确定性，因为古新统烃源岩的埋藏深度大、生烃时间早、生烃历史较为复杂及处于凹陷不同部位烃源岩的生排烃过程差异较大。

综上所述，西湖凹陷油气分布与富集具有“满凹含烃、贫富不均”“油气并生、气多油少”“纵向层系多、平面分布广”的特点。不同构造带油气呈现相态、丰度的明显差异，油气分布总体呈现“上油下气”“南多北少”“西多东少”。油气主要富集在西斜坡带的中段和中央反转构造带的中南段，油气主要产于花港组和平湖组，主要为凝析气、凝析油和轻质油。控制油气富集的主要因素概括为“烃源是基础，储集是条件，输导是枢纽，异常高压起控制，保存是关键，圈闭形成与生排烃匹配是根本”。

第八章　油气田各论

在已发现油气藏类型及分布研究的基础上，选取东海陆架盆地内典型的油气田（平湖油气田、宝云亭气田、天外天 C 气田、黄岩 2-2 气田、丽水 36-1 气田）进行详细解剖，分析其成藏特征，阐述其油气分布规律。

第一节　平湖油气田

平湖油气田位于西湖凹陷西部斜坡带中段（图 1-8-1），是东海陆架盆地第一个被发现并首先投入开发的油气田，油气藏类型为滚动背斜、断块、断背斜、地层岩性、潜山披覆等，平湖组局部存在致密砂岩储层油气藏（图 1-8-2）。平面上油气主要集中在放鹤亭（绍兴 36-1）构造和八角亭（绍兴 36-2）构造，纵向上油气层数多，油气藏埋深范围大，位于始新统平湖组和渐新统花港组储层中。T30 和 T32 两个不整合面将油气层划分出三套含油气层系：（1）上部花港组为一套河流—三角洲沉积，砂岩巨厚，发育多套底水油藏；（2）中部平湖组中段、上段为三角洲—海湾潮坪沉积，砂泥互层，发育有层状凝析气藏；（3）下部平湖组下段为局限陆表海（潮控三角洲—潮坪）沉积，以泥岩为主，油层薄且具有异常高压。

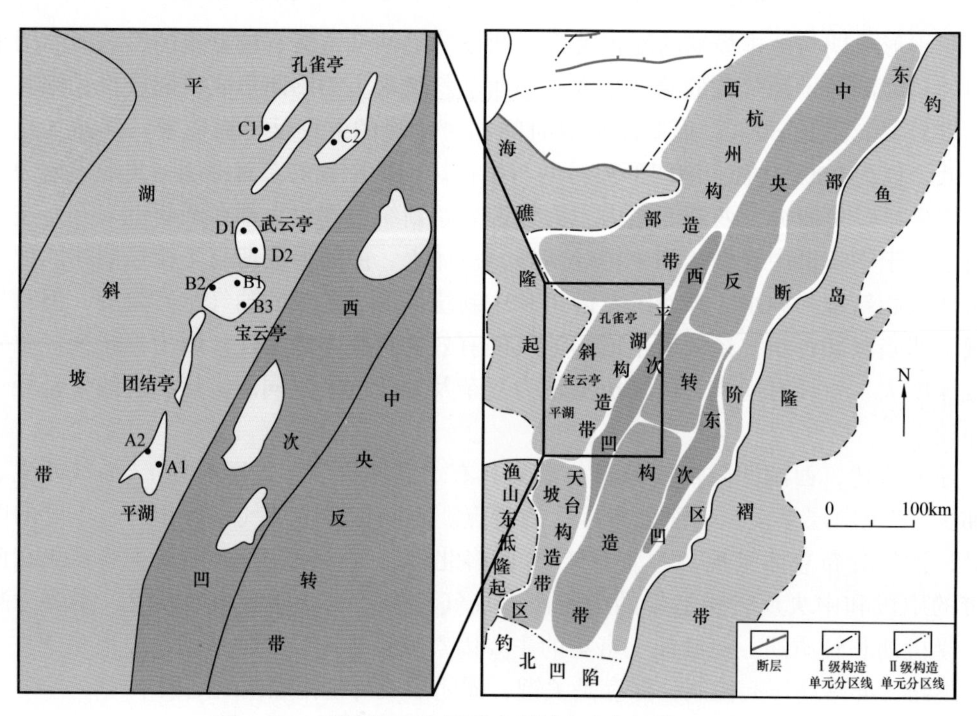

图 1-8-1　平湖气田位置图（据刘金水和赵洪，2019）

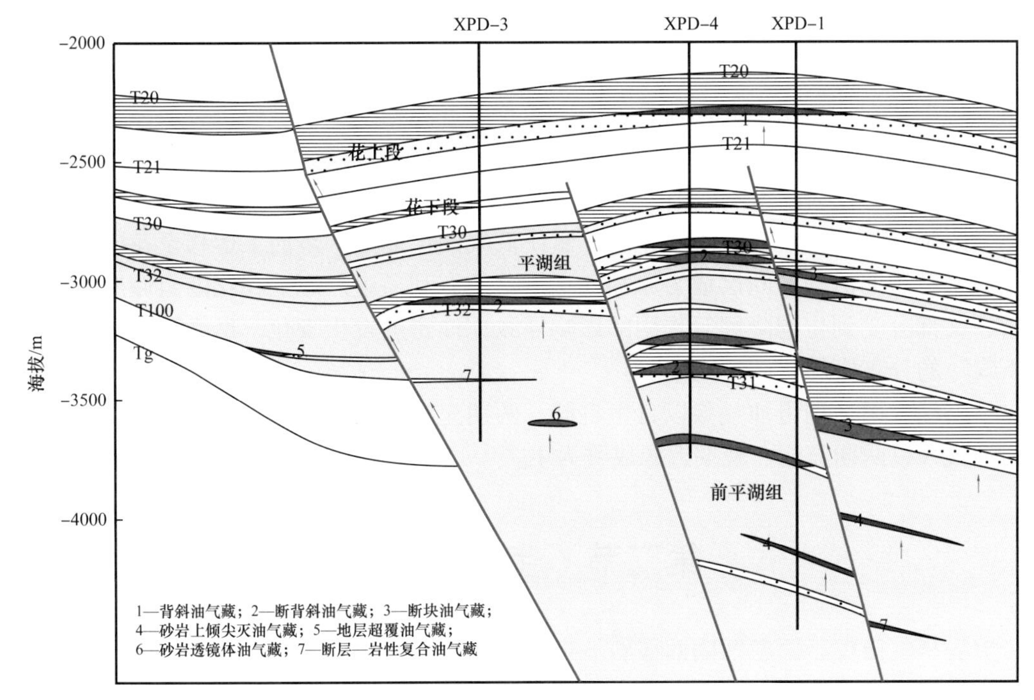

图 1-8-2　平湖油气田油气成藏模式图

平湖油气藏主要为轻质油藏，上部油气藏处于正常压力系统，下部油气藏处于高压系统。原油具低密度、低黏度、中低气油比和低饱和等特征，相对密度为 0.74～0.79，含硫量和含蜡量均较低，多小于 1%，地面黏度为 0.88～1.41mPa·s，溶解气油比为 12.1～205.5m^3/m^3 之间，饱和压力为 2.25～16.1MPa。天然气相对密度为 0.631～0.853，甲烷含量为 70.43%～91.63%，乙烷含量为 1.39%～11.6%，丙烷含量为 0.32%～8.91%，含少量 CO_2、N_2 等非烃气体，含微量 H_2S，在成因上属热解气。凝析气藏处于两套压力系统之中，大致以 3500m 为界，之上为常压凝析气藏，之下为高压凝析气藏。

油气藏以滚动背斜型为主，其次为翼部上倾尖灭而形成的岩性或构造—岩性油气藏。花港组主要圈闭类型为反转背斜、断背斜，上倾方向由平湖主断裂和派生断裂反向封堵。

平湖油气田存在自生自储和下生上储两种类型的生储组合，即花港组储层与花港组（下段）烃源岩的自生自储组合和其与平湖组烃源岩的下生上储组合，平湖组储层与平湖组烃源岩的自生自储组合。平湖组储层与泥岩互层，泥质含量较高，储集物性偏差。花港组储层以中—细粒砂岩为主，多与泥岩互层，储集物性变化较大。

平湖油气田的油气纵向分布呈“上油下气”的特征。西湖凹陷主要经历了两次大量生排烃期，即存在两次成藏期，第一期油气运移高峰期发生在渐新世末到中新世晚期，第二期油气运移高峰期发生在中新世晚期到第四纪。

平湖油气田油气源是既能生油又能生气的煤系烃源岩，煤系烃源岩早期排出低气油比的烃类流体（石油），晚期排出的主要是高气油比的烃类流体或天然气。

晚中新世，始新统平湖组烃源岩生成烃类（气油比较低）先在平湖组储层充注，此时断层主要为运移通道，油气在相互连通的砂岩层、不整合面和断层的联合输导作用下运移至平湖组中上部聚集成藏。

中新世末—上新世，较高气油比烃类流体（或天然气）向上充注，将原先聚集于平湖组圈闭中的石油挤出，并驱使石油向上运移。连通的断层和砂岩层组成输导体系，从下而上依次充注，后注入的天然气与平湖组储层中残余油发生气—油相互作用，早期原油溶解于成熟度较高的天然气中，形成凝析气藏。

第四纪，随着天然气的不断充注，驱使低气油比油进一步向上运移至花港组储层中聚集成藏，后期活动的断层成为原油向上运移的有利通道。原油在花港组储层内聚集成藏后，又部分受到生物降解等作用的影响导致原油密度发生变化，最终导致了现今“上油下气”的分布格局。

平湖油气田平湖组油气藏以自生自储、两期充注、两期近源垂向输导成藏为主，花港组油气藏以两期充注、晚期近源成藏为主。

第二节　宝云亭气田

宝云亭气田位于西湖凹陷西部斜坡带中北段，主体部分由四个断块组成，油气藏类型为岩性—构造复合型，受岩性和断层控制，尤其是起封堵作用的顺向正断层对气藏影响明显。

储层均为砂岩类型。平湖组下部主要发育潮坪沉积体系，潮道、潮汐沙坝、沙坪等是主要的砂体类型；平湖组上部逐渐过渡为受潮汐影响的三角洲沉积，砂体连续性变好，水下分流河道、河口坝、远沙坝是主要的砂体类型。宝云亭气田平湖组储层埋藏较深，但由于次生孔隙的大量发育，使得油气层的储层物性较好，属于同类深层油气藏中较好的储集单元。P3—P10 层孔隙度多分布在 15%～20% 的区间内；但渗透率存在较大的差异，随深度增加渗透率逐步降低，由 P7 层的平均 308.6mD 减小至 P10 层的平均 3.68mD。

与平湖油气田类似，自上而下依次分布常压轻质油藏、常压凝析气藏和高压凝析气藏。宝云亭地区各断块之间的油气在油气性质和分布上存在着较为明显的差异，指示着断层对早期原油的运聚与分布具较明显的控制作用。例如 XPD-5 井含 5 层油气层，而相邻的 XPD-7 井仅 2 层油气层；XPD-5 井两个产层中原油密度为 0.78～0.80g/cm^3，凝固点为 14～15℃，黏度为 1.02mPa·s，含硫量为 0.03%，含蜡量为 9.5%～9.6%；XPD-7 井原油密度为 0.84～0.87g/cm^3，凝固点为 22～27℃，黏度为 1.55～1.99mPa·s，含硫量为 0.07%～0.08%，含蜡量为 21.1%～24.5%，气层中凝析油含量较高，为 230～1250g/m^3。由深至浅，宝云亭油气田中的凝析油含量、重烃含量及天然气密度增加，而气油比和甲烷含量逐渐减少。

宝云亭油气田的油气藏类型以断块或断鼻型为主（图 1-8-2），储集层位主要是始新统平湖组，主要产天然气，轻质油次之，生储组合以自生自储型为主。

宝云亭油气田的油气分布特征总体表现为“上油下气”，温度、压力相差并不大，但油气相态差异较大，说明该油气田中油气是烃源岩不同成熟阶段生烃（先油后气）差异运移聚集的结果。

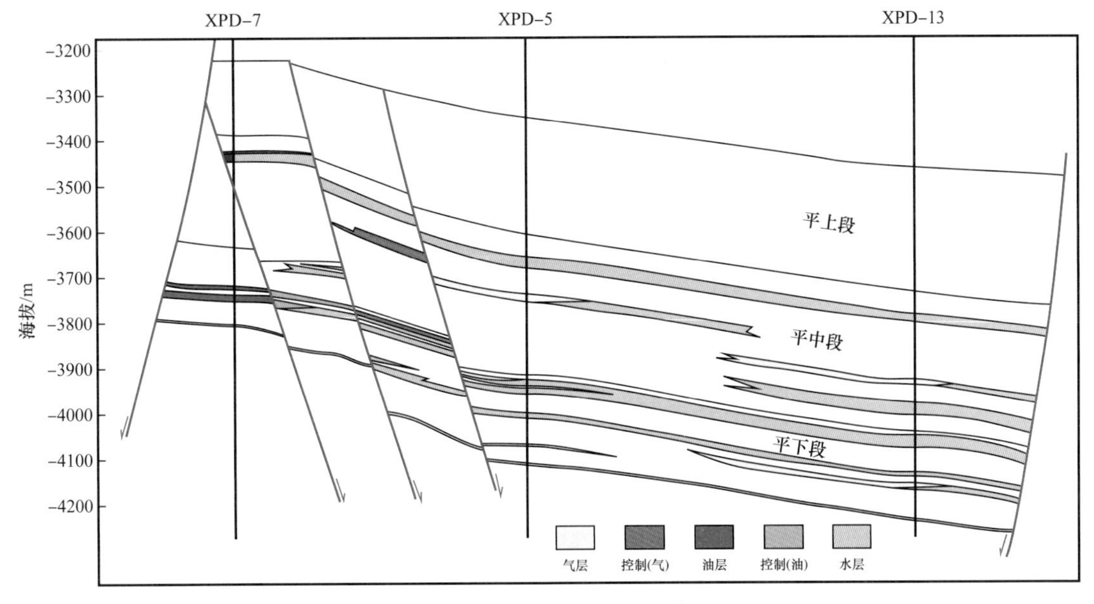

图 1-8-3　宝云亭油气田油气成藏模式图

流体包裹体资料揭示，宝云亭油气田也经历两期油气充注过程：第一期油气（主要是油）于晚中新世充注于 NB25-1 构造的各断块内，控制圈闭的主干断层在后期基本不活动；第二期油气于上新世—第四纪充注，主要发生于 XPD-5 井所在断块，并以高成熟的天然气充注为主，而 XPD-7 井所在断块则没有接受第二期油气充注，或充注强度弱，从而导致宝云亭油气田现今的油气分布格局，即 XPD-5 井所在断块油气层数多且多为凝析气藏，而 XPD-7 井所在断块则油气层数较少，并且主要为轻质油。原油物理性质分析也表明，XPD-5 井和 XPD-13 井原油的物理性质较为一致，而与 XPD-7 井原油的物理性质间则存在差异。

第三节　天外天 C 气田

天外天 C 气田位于西湖凹陷中央反转构造带南部，油气藏类型为反转背斜型，局部发育致密砂岩储层油气藏。纵向上，天外天 C 气田发育了多套不同气水系统的层状或块状气藏，具有由若干气藏组成一个气田的基本特征。天外天 C 气田主体构造为一反转背斜构造，其上发育一系列北北东向逆断层，构造形态为一挤压长轴背斜，构造轴线与区域构造走向基本一致，圈闭面积可达 80～116km^2，闭合幅度 100～500m。断裂与局部构造关系密切，构造一翼伴有逆断层。

储层主要为花港组和平湖组砂岩。花港组为中孔中渗储层，孔隙度集中分布在 14%～22%，渗透率集中分布在 10～500mD 之间。同时，随储层埋深的增加，其物性有变差的趋势。平湖组为低孔低渗储层，孔隙度一般在 9%～14%，渗透率集中分布在 5～10mD 之间，个别层储层物性好，渗透率大于 10mD。

油气藏埋藏深度为 2350～3800m，均处于正常压力系统之中。在油气类型上，以凝析气为主，少量原油。天然气密度为 0.660～0.724kg/m^3，甲烷含量为 84.76%～90.66%，乙烷以上的重烃气含量较高，平均为7.92%，属较典型的湿气。其中乙烷为2.29%～5.36%，丙烷为0.92%～3.30%，丁烷为0.23%～2.66%，并含少量N_2和CO_2。烃类气体$\delta^{13}C_1$值为-39.9‰～-34.3‰，$\delta^{13}C_2$值为-27.1‰～-24.7‰，$\delta^{13}C_3$值为-26.5‰～-24.1‰。油气藏含有较丰富的浅黄—黄色的凝析油，其密度为0.758～0.796g/cm^3，黏度为1.13～1.26mPa·s，凝固点为-16～-8℃，含蜡量低于1.48%，含硫量为0.09%～0.32%。各井钻遇油气藏的油气组分具有较好的一致性，由深至浅，甲烷含量逐渐增高、气油比逐渐增加、原油密度逐渐减小，可能指示着油气运移的垂向分异作用，断层为油气垂向运移的主要通道。

通过包裹体的赋存特征及沉积埋藏史和古热史研究，天外天C气田花港组储层油气充注主要发生在中新世晚期—第四纪，平湖组储层内的油气充注主要发生在上新世—第四纪。成藏过程为：平湖组煤系地层为主力烃源岩，在较高成熟度阶段生成高气油比的烃类流体或天然气。中新世晚期以来，油气沿断层、连通的砂岩层运移，自下而上依次充注，先在平湖组聚集成藏。第四纪，随着后期天然气的大量充注，驱使高气油比的烃类流体进一步向上运移至花港组储层中聚集成藏，断层成为油气垂向运移的有利通道（图1-8-4）。

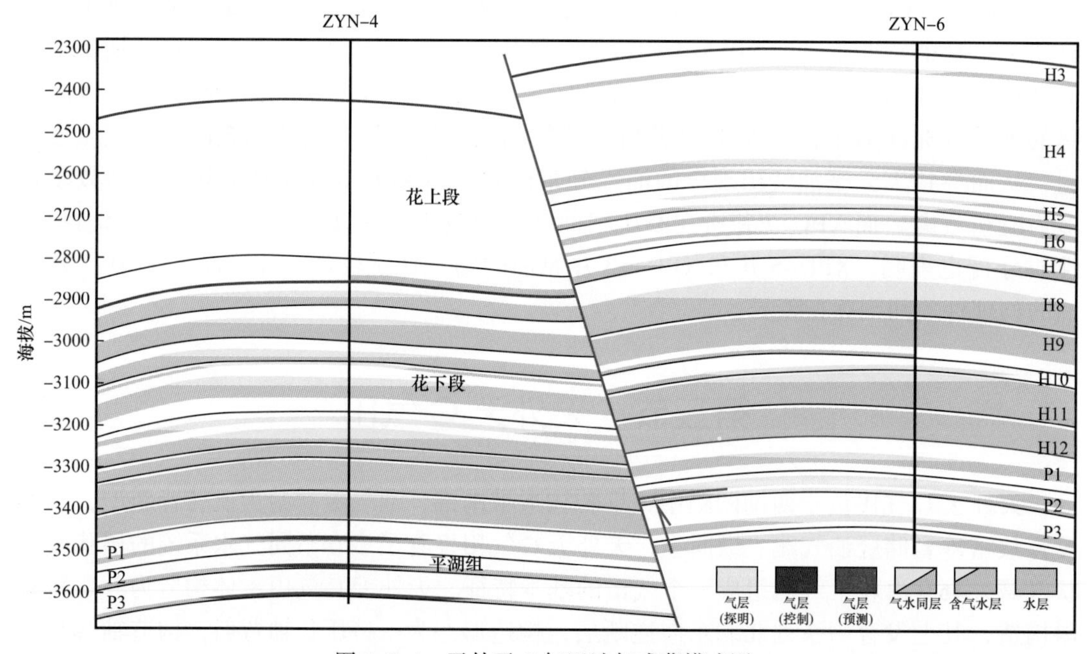

图1-8-4 天外天C气田油气成藏模式图

第四节 黄岩2-2气田

黄岩2-2气田位于西湖凹陷中央洼陷—反转构造带，处于黄岩构造带向东北方向的倾没端，是在中新世晚期东西向挤压应力作用下形成的，而黄岩2-2气田受到的挤压应力较小，为低幅度背斜、断背斜构造群，晚期断层不发育。

黄岩2-2气田花港组主要发育浅水环境下的三角洲沉积体系，沉积环境较为稳定，主力储层自然伽马曲线底界为突变接触，以箱形及箱形—钟形组合为主，反映了沉积过程中物源供给丰富和水动力条件相对较强，河道频繁迁移，河口不稳定，砂体在垂向上叠加厚度可以几倍的超过河道深度，并在侧向上互相切割连接，最终形成了规模较大的侧向连续性很好的砂体复合体。

黄岩2-2气田紧邻生烃洼陷，具有优越的烃源条件，主要含油气层分布在花港组及平湖组砂岩中，以花港组下生上储成藏组合为主，盖层为中新统龙井组以下泥质岩类。据实验室分析结果，天然气组成中，非烃含量低，不含H_2S。地面天然气相对密度0.62～0.672，甲烷含量86.54%～92.23%；二氧化碳含量0.58%～0.89%。地层水水型均为$NaHCO_3$型，氯离子含量为4200～7400mg/L，总矿化度为10000～15000mg/L。

黄岩构造带每个构造均能成藏，且以中小型油气藏为主，贫富有差异，以自圈和早期断层控制的圈闭较为富集，自圈部分基本是全充满的。黄岩2-2气田为早期断层控制的低幅背斜、断背斜构造群，且没有晚期断层的破坏，保存条件好。

黄岩2-2气田埋深3500m以浅地层为常压系统，3500m以深地层发育异常高压，压力梯度5.279MPa/100m，地层压力系数1.062～1.512。温度梯度为3.600℃/100m，与周边油气田一致。

从岩心和壁心分析测定及测井计算的孔隙度和渗透率参数分布来看：花港组上段储层孔隙度主要分布在12.0%～16.0%，平均为11.7%；渗透率主要分布在1.0～20.0mD，平均为5.2mD，属于中孔中渗—低孔低渗储层。花港组下段储层孔隙度主要分布在9.0%～12.0%，平均7.02%；渗透率主要分布在0.05～0.5mD，平均0.23mD，属于低孔特低渗储层。

黄岩2-2气田中孔中渗—低孔低渗气藏常规测试具备中等产能，ZYN-17井DST2测试，H3b气层，测试井段3350.0～3361.0m（MD），9.53mm油嘴下，求产时间6小时56分，生产压差11.400MPa，日产天然气$19.38 \times 10^4 m^3$，日产油$28.30m^3$，二项式计算无阻流量$32.02 \times 10^4 m^3/d$。

其特低渗气藏经过储层改造仍然具备商业产能，ZYN-17井DST1测试，H8b层，测试井段3963.7～3979.7m（MD），该层测井解释孔隙度10.5%、渗透率0.25mD、含气饱和度59.5%、泥质含量3.8%；6颗壁心平均孔隙度8.9%，平均渗透率0.38mD；该层实测地层压力58.274MPa，地层压力系数1.512。该层进行了三开三关的测试工作，二开求产天然气日产量仅$0.1 \times 10^4 m^3$左右，二开之后对地层实施了加砂压裂作业，三开后压裂分小型压裂及主压裂，累计入井总液量$363m^3$，加砂$35m^3$，7.94mm油嘴下天然气日产量达$9.48 \times 10^4 m^3$。三开4.76mm油嘴下，求产时间5小时48分，油压、流压、产量较稳定，生产压差20.24MPa，日产天然气$5.09 \times 10^4 m^3$，日产水$41m^3$。计算无阻流量为$11.82 \times 10^4 m^3/d$。

通过包裹体的赋存特征及沉积埋藏史和古热史研究，黄岩2-2气田花港组储层油气充注主要集中在8—5Ma、3—0Ma两期，均是在圈闭定型期之后，成藏配置优越（图1-8-5）。

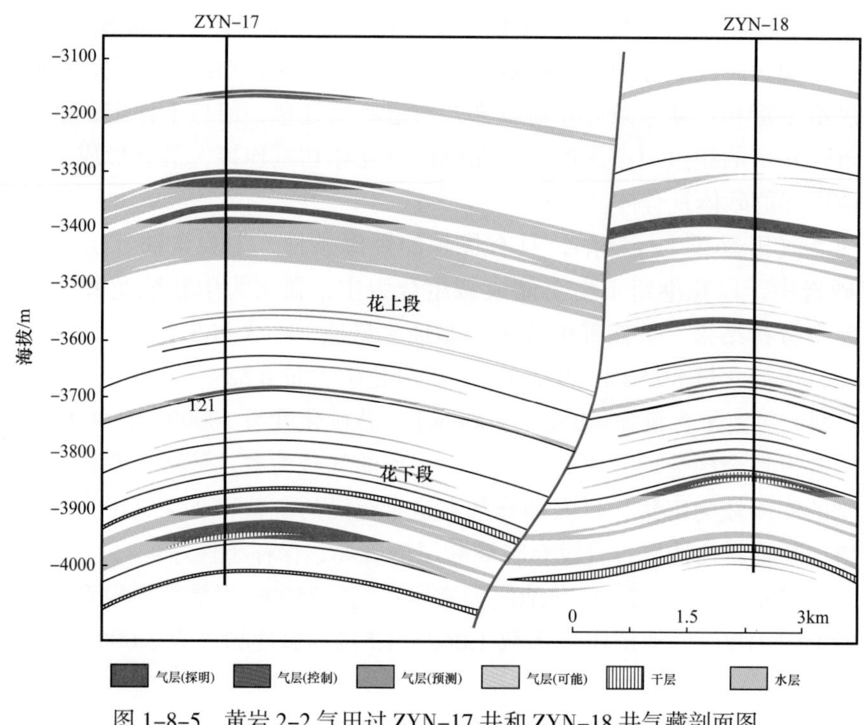

图 1-8-5　黄岩 2-2 气田过 ZYN-17 井和 ZYN-18 井气藏剖面图

第五节　丽水 36-1 气田

丽水 36-1 气田位于浙江省温州市东南部的东海海域，距温州市约 150km，距上海市约 456km。构造位置隶属台北坳陷丽水凹陷西次凹。

储层主要分布在 T42（灵峰组和明月峰组分界）上下，分为东西两带。东带主要是近物源快速堆积的扇三角洲和水下扇，西带为远物源的河流—三角洲沉积。丽水 36-1 构造位于东、西两带交界处西相带偏东一侧，主要发育扇三角洲和浊积扇两种沉积相类型。扇三角洲沉积相带主要发育于明月峰组下段 M1 气组；浊积扇沉积体系的浊积水道砂体主要发育于明月峰组 M2、M3 气组。

明月峰组储层岩性以岩屑砂岩为主，M1 气组主要为中—细砂，M3 气组主要为细—粉砂，石英含量 21%～37%，长石以钾长石为主，含量 12%～22%，岩屑主要为火山岩屑，含量 42%～64%，磨圆度呈次棱角状。

灵峰组砂岩为岩屑砂岩，细—中砂岩为主，石英含量 29%～38%，长石以钾长石为主，含量 4.5%～10%，岩屑为火山岩屑，含量 53%～65%，成分成熟度较低。岩石颗粒大小分布不均，中等分选，次圆状—次棱角状，结构成熟度中等。

丽水 36-1 气田受构造和岩性复合控制，主力砂层在圈闭范围内分布稳定，对比良好，气水关系明确，纵向上含气层位较集中，主要分布在 -2200～-2800m，发育多套气水系统。地温梯度为 3.16℃ /100m，地层压力系数为 0.98～1.05，属于正常温度、压力系统。

天然气中甲烷含量为 55.13%，C_2—C_6 含量为 7.61%，C_7 以上含量为 1.69%；非烃

中主要为 CO_2，含量为 32.29%，N_2 含量为 3.29%，不含 H_2S。气油比（闪蒸气 / 闪蒸油）为 9151.7m^3/m^3，庚烷以上分子量为 144.5，相对密度为 0.788。

凝析油密度为 0.7465～0.751g/cm^3，黏度为 0.65mPa·s，含硫量为 0.0087%～0.013%，含蜡量小于 0.5%，沥青质含量小于 0.05%。

丽水 36-1 气田探井 LS36-1-1 井、评价井 LS36-1-2 井均进行了 5 层 DST 测试，其中 2 层为高产油气层，1 层出少量气，1 层出少量气和少量水，1 层未产出任何流体。

第九章　典型油气勘探案例

东海陆架盆地的油气勘探始于1974年，经历了区域概查、区域普查与凹陷评价详查、重点区带评价、重点凹陷勘探开发并举等阶段，油气田的勘探开发经历了从无到有、从低谷到辉煌的曲折探索历程。其间，我国多家地质调查、资源勘查等科研生产单位和几代地质工作者，在东海陆架盆地投入了巨大的勘探研究工作量，积累了丰富的经验，取得了显著成果。反思总结实践过程中得到的石油地质规律认识和技术进步弥足珍贵，一些勘探思路和领域性的探索成果，必将会使我们的实践者和后来人受益匪浅，同样对开辟新区、新领域的油气勘探具有重要指导意义。

第一节　西湖凹陷

一、"三大一多"梦破灭，中央构造获低产

在20世纪70年代晚期，依据几年概查所取得的地球物理资料发现：东海陆架盆地面积大，凹陷中的沉积岩厚度超过10000m。西湖凹陷的中央发育绵延400多千米的中央反转构造带，西部斜坡带长达1000km。地质学家被这"三大一多"现象所牵动。一般认为，大盆地、大厚度、大构造总会隐藏着大油气田的存在。所以寄望于西湖凹陷能有大油气发现，在东海找到"大庆"。

1. 欲突破，上龙井，首战失利

1979年对中央反转构造带北段的龙井构造带进行了8km×8km地震测网密度普查，于1980年8月提交了普查成果，发现龙井构造带由4个高点组成，T30（地震反射层编号）圈闭面积达320km^2，圈闭幅度达到330m，含油远景较好。于是确定了"在近3年内，地质部海洋地质工作应以东海为重点，在全面分析综合评价的基础上，力争油气尽早实现突破"的方针。为了加快这一方针的落实，决定在龙井构造带的中高点（即嘉兴25-2构造）上钻探龙井1井，并抽调"勘探二号"平台施工。当时认为，该构造具有圈闭面积大，幅度大，物质来源充足，高点水深适合"勘探二号"平台作业等特点。该井设计井深3500m，井别为石油普查井，钻井目的有3条：（1）初步建立钻遇地层的层序；（2）了解钻遇地层的生储盖组合条件和含油气性；（3）验证物探成果。

1980年12月16日8时20分龙井1井开钻，于1981年2月12日完钻，完钻井深3469.46m，完钻原因是钻遇高压气层、水层后发生井涌，压井防喷引起黏附卡钻。

按照当时的认识，该井钻遇了306.5m的第四系，2910.5m的新近系，252.46m的古近系。在新近系下部到古近系上部的2265.6～3422.0m井段见有荧光显示1层。钻井液槽面气泡、井涌、气测异常的天然气显示4层；油斑砂岩3层。经综合判断认为，

3217.0～3387.2m 井段有气层 3 层，厚 23.4m；含油层 2 层，厚 9.4m；可疑含油层 1 层，厚 1.6m。

这口井是我国在东海钻探的第一口比较深的以找油气为主要目的的探井。对照设计书的钻井目的，可以说是基本完成了石油普查井的任务。但因是工程事故完钻，没有钻达设计井深、没有取全测井资料、没有试油，而且钻井过程中，因钻具严重遇阻，从 1774.01m 开始采用水基混油钻井液，给判断油气显示的真伪带来困难，不能对该构造的含油气性做出准确的结论。既不能肯定有油气层（这里说的是油气层，而不是油气显示），也不能肯定没有油气层，从这个意义上讲，又不能说这口井的钻探是成功的。尽管如此，还是应该肯定这口井为东海的油气勘探提供了可喜的地质信息。

2. 不气馁，钻东海 1，仅获低产

龙井 1 井事故报废之后，上级指示石油工业部海洋石油勘探局在龙井构造带中高点（嘉兴 25-2）上继续钻探。1981 年 5 月，在石油工业部和地质部有关领导参加的商讨会上，地质部提出了 3 个可供选择的井位意见（包括龙井 1 井的原井位），最终确定在龙井构造带的 3 号高点，即嘉兴 31-1 构造上钻探东海 1 井。

选择这口井的理由有 3 点：（1）有利于了解东海陆架盆地主体坳陷区的基本地质条件；（2）有利于了解东海盆地主要勘探目的层新近系中新统的储层发育和含油气特征；（3）打在圈闭条件较好的构造上，发现油气的可能性大。

基于上述理由，确定了三条钻探任务：（1）了解钻遇地层的层序、岩性、厚度、地层产状，生油层、储油层、盖层的分布和发育情况；（2）明确各地震标准层的地质层位，结合地震、测井，为地震解释提供依据；（3）了解含油气情况。

设计井深：4200m；完钻层位：新近系；井别：参数井。

该井于 1982 年 2 月 24 日开钻，于 1982 年 6 月 22 日完钻，完钻井深 4200m。该井和龙井 1 井一样，钻遇了第四系，新近系及古近系上部地层。

该井从 157.3～4156.0m 井段的新近系下部和古近系上部见到气测显示 97 层，厚 372m。经综合解释，比较好的显示有 12 层厚 125m，主要集中在 2656～4156m 井段。该井未见到可靠的油显示。经测井综合解释，2609.0～3185.0m 井段有 3 层气水层，3 层含气水层，4 层水层含少量气。

该井试油 3 层，仅 2 层有结果；电缆测试 5 层，只一层有结果。对有结果的三层资料分析，一层为干层，另二层为低产气层（其中 2889.0～2894.5m 井段，1 层厚 5.5m，测试过程中井口冒气，可点燃。气样分析结果：甲烷 94.75%～95.35%，乙烷 2.0%～2.17%，丙烷 0.21%～0.23%），没有商业价值。

3. 急切切，又上钻，还是低产

1982 年 3 月 15 日，龙井 2 井在龙井构造带的 4 号高点（即宁波 6-1 构造）上开钻了。该井设计井深 4300m，钻探目的为“石油地质普查井，了解龙井构造地层发育情况、探索含油气性、验证钻探成果”。于 7 月 24 日完钻，完钻深度 4117.26m。

全井从 1962.0～4060.0m 井段，见有 28 个气测异常显示段，其中 9 层较好。除在 3 个深度见少量油显示外，其余井段未见明显含油气迹象。测井综合解释有气层 4 层厚 11.2m，差气层 9 层厚 30.6m，气水同层 1 层厚 9.0m，含气水层 8 层厚 38.5m。电缆测试 2 层，一层为干层，一层无结果。钻杆测试一次（3 层 5.5m），用 19.05mm 油嘴，折算日产天然气 14009.6m^3（实际测试 7h15min，产气 3987m^3），没有商业价值。

此后，于 1984 年和 1990 年还分别钻探了中央反转构造南段宁波 27-1（玉泉）等构造，都未获得令人满意的结果。

从这些钻探井可以看出：

（1）龙井 1、东海 1、龙井 2 等三口井钻探在同一个构造带的三个类型相同的构造高点之上；钻遇了相同的地层层序和岩石类型，尽管三口井的完钻孔深度略有差别，但都只钻到古近系渐新统的上部；见到了大体相同的气测显示层段和显示类型（气测显示为主，油迹少见）；试油结果为干层，或为低产气流。也就是说，三口井提供的地质和油气信息基本是相同的。在一个盆地勘探的早期，第一、二、三口井打在同一个构造带相距仅 35km 的范围内，是否显得太集中了一点。如果分散在不同的构造带上，可能会得到更多的信息，能加深对盆地的整体认识。

（2）按照一般的勘探程序，在一个盆地勘探的早期，有必要打一些参数井。把了解地层层序，了解生储盖组合，为地球物理资料解释提供参数放在首位，同时兼顾对含油气情况的了解，可能会收到事半功倍的效果。仅仅根据圈闭面积大小、物质来源等表面现象就急于尽早实现突破，往往带有很大的盲目性，风险之大也是可想而知，何况这里的挤压强烈，逆断层已使背斜构造复杂化。东海 1 井和龙井 2 井几乎是在同时施工，反映了指导思想上的急于求成倾向和缺乏整体部署分批实施的意念。当然，第一口井就发现油气田的先例并非少见，但按勘探程序办事，才会比较稳妥。

（3）东海 1 井和龙井 2 井的试油结果，为干层或为低产，这与后来的研究成果比较吻合。东海 1 井古近系的砂岩储层物性较差。薄片鉴定表明，在 2000m 以下的井段，连续出现石英次生加大现象。另外，在这口井的剖面中，未见到连续厚度较大的、分布较广的、稳定的泥岩隔层，特别是新近系下部和古近系上部的隔层条件不好，难以形成理想的、可靠的储盖组合，不利于油气的大规模聚集和富集。

二、找源岩落实圈闭，斜坡发现宝云亭

龙井 1、东海 1、龙井 2 等三口井集中钻探了龙井构造带之后，提供了两点重要情况：一是建立了第四系、上新统、中新统、渐新统上部地层层序和岩性剖面；二是见到了大段的天然气显示，并获得了没有商业价值的低产气流。

关于形成油气藏的石油地质条件则了解不多，特别是没有看到理想的生储盖条件。中新统、渐新统剖面中夹有湖泊、沼泽环境的暗色泥岩和煤层，但有机质丰度不够、成熟度不高，不能肯定生烃能力，只能说有一定的生烃潜力；有发育的河流、湖泊环境的粗碎屑岩，可作为储层，但物性并不理想；没有稳定的、厚度较大的泥质岩做区域性盖层。所以，需要探索新的领域和新的层系，以了解更多的石油地质信息。地质学家首先想到的是烃源岩的问题。他们认为，应“在钻探能力范围内，在水深适合的条件下，尽量打穿 T30 界面，探索古近系生油情况，同时继续了解中新统生油岩在区域上的变化”。

1. 找源岩，上西坡，天地广阔

龙井构造带及其邻近的凹陷中心是东海盆地西湖凹陷内新近系及古近系渐新统厚度比较大的地带。在当时的技术条件下，要想在这里钻探更深的井，揭露更多的老地层，

以了解更多的深部情况，是比较困难的。为此，必须转移阵地，开辟新的战场。地质学家的视线转向了西部地带。当时由石油工业部海洋石油勘探局采集的 G 字号和 W 字号地震剖面上，从主测线 G420 到 G680 的大部分剖面上，可以看到西湖凹陷西部斜坡带的存在。T30 以下的一套地层向西抬高减薄以至尖灭，有些地段为超覆关系，有些地段则受断层控制。这套地层在斜坡带的厚度约 1000m，埋藏深度 2000～5000m。斜坡带的宽度 30km 左右，长度可达约 200km，这是一个广阔的勘探战场，而且水深适中，利于施工作业。

2. 见牵引，搞详查，落实圈闭

地质和地球物理解释人员，在对地震剖面进行分析解释时，在 G530、G535、G540 等三条测线靠近凹陷西斜坡的部位，发现了一条断面东倾的同生正断层，在断层的上盘见有明显的逆牵引现象；在南部的 G520 和北部的 G550 等测线的斜坡部位，没有明显的同生正断层，但也见有地层的上拱现象。在构造单调平缓的斜坡地带，看到这些有趣、新鲜的现象，引起了勘探家的兴趣和注意。因为在渤海湾沿岸盆地的一些凹陷中，正是这些同生正断层下降盘的逆牵引构造富含着石油和天然气藏，在尼日利亚的尼日尔三角洲更是屡见不鲜，有些人把这种现象所反映的构造称为滚动构造。在许多古近纪—新近纪沉积盆地中，找到与同生正断层伴生的逆牵引构造，就有找到油气田的可能。他们用 5km × 5km 测网的地震剖面，勾画出的 T25 地震反射层的构造图，是正断层下降盘的一个背斜构造，圈闭面积 47km^2，闭合幅度 120m，高点埋深 2480m。地震反射层的构造图是正断层下降盘的一个断鼻构造，圈闭面积 20km^2，闭合幅度 140m，高点埋深 3060m；该构造为绍兴 36-1 构造。地质部的勘探专家在研究这些地震资料时，在 G535 等测线上也看到了上述构造现象，而且 T30 地震反射层埋藏较浅。为了落实该构造的存在，他们在石油工业部 5km × 5km 测网的基础上，加密了一套 P 字号的 2km × 2km 测网，对资料进行处理、解释、成图，T25 地震反射层的构造形态亦是正断层下降盘上的背斜和断鼻构造，圈闭面积分别为 10.5km^2 和 4km^2。在 T30 地震反射层的构造形态则是正断层下降盘上的三个局部高点，圈闭面积 17km^2。将这个构造称作平湖构造。

3. 钻平湖，获突破，喜出望外

经过地震详查认为，圈闭已经落实，T30 以下的地层埋藏不深，海水深度也不足 100m，地质矿产部决定在该构造上钻探平湖 1 井，设计井深 4650m。井别为石油普查井，主要的地质任务有三条：（1）揭露地震解释剖面 T31 反射层以下的地层，了解钻遇地层的地质时代并建立地层层序；（2）探索钻遇地层的含油气性，了解龙井 1 井和龙井 2 井钻遇的含油气层在平湖构造上的变化情况；（3）了解地震解释层组与地质界面之间的关系，取得地震资料解释的有关参数。

该井于 1982 年 11 月 17 日开钻，1983 年 4 月 14 日钻至井深 4650.6m 完钻，井底地层为古近系始新统平湖组。钻遇了第四系、新近系及古近系渐新统、始新统。特别可喜的是钻遇 1000m 厚的始新统是一套滨岸沼泽环境的沉积，以暗色泥岩为主，夹有多层薄煤层和薄层砂岩，是一套较好的烃源岩层系。这套烃源岩层生成的烃类是以天然气和轻质油为特色。

该井在井深 2315.5～4600m 井段发现了 30 层油气显示，测井解释的油气层达 41 层之多。选择了 18 层，分 7 次进行试油，其中井深 2308～2311m、2972.5～2977m、

3308～3792m 三个试油层，获得了比较高的原油、凝析油和天然气，折算的日产量，三层合计原油加凝析油为 $170m^3$，天然气 $41 \times 10^4 m^3$。

此后，又在北高点钻探了平湖 2 井，在西高点钻探了平湖 3 井，都获得了高产油气流。只是在钻探平湖 4 井之后，发现了大厚度的油气层，获得了高产油气流。特别是取得了必须的地质资料，计算出 $260.47 \times 10^4 m^3$ 天然气、$1306 \times 10^4 t$ 原油及 $412.5 \times 10^4 t$ 凝析油的地质储量之后，才肯定了平湖油气田的价值。

从这一发现可以看出：

（1）在钻探龙井构造带失利之后，地质家能及时提出揭露 T30 以下的老地层，以了解烃源岩的思路是正确的。并且迅速转移阵地，开辟新的战场，探索新的领域，最终取得了重要的成果。

（2）勘探家在分析研究地震资料时，敏锐地在单调的斜坡背景上发现正断层及其上盘的逆牵引现象，且又不失时机加密测线、落实圈闭，为尽快发现油气田做出了不可磨灭的贡献。

接着，在西斜坡又钻探了宁波 25–1（宝云亭）、宁波 19–1（武云亭、武北）、宁波 14–1（孔雀亭）等断块构造，在始新统中都获得了高产油气流，展现了西斜坡始新统具有含油气的良好前景，但其商业价值还有待进一步评价研究。

三、观全局凹陷评价，南部发现黄岩 7–1

西湖凹陷的勘探在经过钻探嘉兴 25–2 的龙井 1 井，到绍兴 36–1 的平湖 1 等井，以及宁波 27–1 的玉泉 1 井、黄岩 13–1 的天外天 1 井、天台 12–1 的孤山 1 井之后，即首先钻探西湖凹陷中央反转构造带北段的大背斜，又转移到西斜坡，再到中央反转构造带中部、南部的大背斜之后，目光又转向了凹陷中部的黄岩 7–1、黄岩 14–1 背斜构造及南部的天台 24–1 构造，这反映了勘探认识的转变和提高。

1. 深凹陷，大背斜，人见人爱

其实，早在 20 世纪 80 年代初期，人们就看中了黄岩 7–1、黄岩 14–1 等背斜构造的前景。在一份早期评价报告中，就把黄岩 7–1，黄岩 14–1 评为 I 类构造。而且还指出：这两个构造都是“长期继承性发育的推覆背斜构造”，“处于生油凹陷中心”，“油源非常丰富”，“储层和盖层条件比较好”，等等。

到 20 世纪 80 年代中期，中国海洋石油东海公司的勘探工作从南黄海向东海转移时，技术人员曾异口同声地建议首先在西湖凹陷的中心地带开展工作。针对黄岩 7–1 等构造的详查，于 1985—1986 年度部署地震剖面 1223km，又向地质矿产部上海海洋地质调查局交换地震剖面 2217km，对黄岩 7–1 等构造做了资料解释和成图工作，并提出了井位意见。做了一些钻探前的准备工作。

到 20 世纪 80 年代后期，在绍兴 36–1、宁波 27–1、黄岩 13–1、天台 12–1 等构造钻探之后，地质矿产部上海海洋地质调查局也对黄岩 7–1 等构造抱有希望，着手准备钻探事宜。

从当时对黄岩 7–1 等构造的认识来看，主要有两个有利条件：一是处于西湖凹陷中心较深的部位，被认为是烃源岩最发育的地带，所以有西湖凹陷的“金三角”之称，因为在一般情况下，继承性良好的凹陷，其沉降中心、沉积中心和生烃中心往往是重合的，所以就有“油源丰富”之说。二是圈闭落实，形态完整。构造规模较大，且宽缓、完整，没有断层的严重切割。圈闭落实，能使任何一位勘探家都会感到放心。

这是勘探家对黄岩 7–1 等构造一见钟爱的最直接、最简单的原因。

2. 再评价，共钻探，7–1 喷油

对黄岩 7–1、黄岩 14–1 的评价可以分为两个阶段。

早期评价，只是利用普查阶段 5km × 5km 测网的地震资料和少量的钻井资料，从区域地质角度，对局部构造的含油气远景做出一些预测。

在钻前评价时，则有了更多的资料，首先是有 2km × 2km 测网的地震资料，达到详查程度。资料的采集、处理水平也有了提高，地震信息丰富；另外还有了更多的钻探资料，周围的玉泉 1、天外天 1、孤山 1 等探井，使评价更为深入细致。

对黄岩 7–1 构造具体分析如下：

第一，精细解释详查资料，落实圈闭的层位、形态及有关要素，使圈闭的可靠程度更加落实。研究圈闭的深浅层变化，构造发育史，为研究油气成藏打好基础。

当时提供了五层构造图，是有南、北两个高点的完整背斜，由始新统到中新统圈闭面积和闭合幅度逐渐变大，南高点 T23 地震反射层的圈闭面积 94km^2，幅度 260m。对构造条件的了解比较清楚。

第二，通过临近的钻井资料，研究预测黄岩 7–1 井区的地层岩性变化，提出生、储、盖条件的评价意见。始新统是滨岸及滨浅海相沉积，地层中夹有较多的暗色泥岩和煤层，是西湖凹陷主要的烃源岩段；剖面中所夹的砂岩是好的储层。渐新统是河流湖泊相沉积，泥质岩具有潜在的生烃能力；砂质岩类也是好的储层，其中的泥质岩夹层是剖面中较好的局部分布的隔层，可构成储盖组合。这就表明始新统、渐新统是主要的目的层段。另外，资料显示，主要的储层段埋深在 4000m 以上，所以储层物性不会变得很差。

第三，研究了油气聚集问题。黄岩 7–1 附近的平湖 1 井、玉泉 1 井、天外天 1 井、孤山 1 井，在不同的层位都见到油气显示，或获得了油气流。所以该构造聚集油气的可能性是极大的，而见不到油气的可能性很小。另外，由中国海洋石油东海公司新采集的，过构造高部位的 H402 地震剖面上有“亮点”显示，是地层中烃类聚集的反映。

第四，比较黄岩 7–1 构造的有利条件。和嘉兴 25–2、宁波 27–1、绍兴 36–1 等构造相比，黄岩 7–1 构造没有大断层，特别是没有逆断层的切割，直观的是构造比较完整，圈闭的风险小，油气藏遭破坏的风险也小，其原因是构造所受挤压应力较小。另外，作为此构造区主要勘探目的层的始新统、渐新统埋藏适中，无论是从烃源岩的成熟演化，还是储层的成岩改造，以至钻井施工，都比较有利。

以上的分析使勘探家们对钻探黄岩 7–1 构造更具信心，但因当时对天然气的利用问题有不同看法，有所谓“近海要油”之说，因而黄岩 7–1 构造的钻探就拖延了下来。

到 1989 年初，因玉泉 1、天外天 1、孤山 1 等井没有获得令人神往的油气产量，地质矿产部上海海洋地质调查局也试图钻探黄岩 7–1 构造。后经协商，中国海洋石油东海公司与地质矿产部上海海洋地质调查局共同出资钻探黄岩 7–1 构造。

黄岩 7–1–1 井于 1989 年 4 月开钻，7 月完钻，完钻井深 3551.3m，完钻层位为渐新统下部。在井深 2694.5～3032.5m 井段，有含水饱和度小于 50% 的砂层 8 层厚 59m，解释为气层 5 层 25.0m，油气层 3 层 34.0m。这些情况比它附近的几个已钻探构造都好。经测试，三个测试层段都获得了比较高产的石油和天然气，三层合计：用 7.9mm 油嘴，日产原油 49.1m^3，天然气 $47.09\times10^4m^3$，油气质量均属上乘。

经计算，黄岩 7–1 含油气构造，控制加预测的天然气储量为 $182\times10^8m^3$，凝析油 155.5×10^4t，原油 342×10^4t。

这些成果说明，地质研究工作有成效，钻前的评价预测比较准确，接近地下的实际情况，使地质家感到欣慰。

3. 观全局，往南移，战果辉煌

在钻探黄岩 7–1–1 井的同时，又开始了对黄岩 14–1 构造的评价和西湖凹陷石油地质条件的整体研究。西湖凹陷是东海盆地中面积最大、结构最完整、含油气条件最好、找油找气最为现实的一个凹陷。但又是东、西、南、北差异变化比较明显的一个凹陷，必须着眼于全凹陷，整体研究石油地质条件及其变化，又必须着手于对局部地带或单个构造的分析、判断，预测油气藏形成的条件，以指出有利地带或构造圈闭，提供钻探。

从整体来看，西湖凹陷始新统厚度大、分布广，具有滨岸相和浅海陆棚相的特征；始新统是比较好的烃源岩层，渐新统是次要的潜在烃源岩层。始新统、渐新统的储层类型多、分布广，始新统的物性变化受成岩作用控制。圈闭条件比较好，发现有各类圈闭 80 多个，其中背斜、断背斜 30 余个，断鼻、断块近 50 个。

这就是说，西湖凹陷的生、储、圈等基本石油地质条件是好的，始新统可以自生自储自盖，自成体系形成油气藏。渐新统的盖层变化较大。

从局部地区来看，东、西、南、北各有差异。始新统向凹陷的西部和南部逐渐抬高，要找始新统的油气藏必须向西坡、向南部逼近。渐新统向南部抬高，且发育有厚层砂岩，还有局部的好泥岩隔层，可组成好的储盖组合。凹陷中南部的背斜构造比较完整，没有断层的严重切割和强烈挤压的逆冲现象。

这就告诉人们，西湖凹陷的西坡和中南部有比较有利的油气藏形成条件，寻找油气的聚集和富集，需向这里进发。

对黄岩 14–1 构造的评价表明，这也是一个非常有利于油气聚集的圈闭。它和黄岩 7–1 构造一样，也是一个挤压背斜，深浅层都有圈闭，T21 圈闭面积 89km^2，闭合幅度 240m，高点埋深 2515m。同样是一个主体部位没有断层切割，形态完整的背斜构造。黄岩 14–1 构造和黄岩 7–1 构造紧紧相连，仅以一个鞍部相隔，形成油气藏的条件基本相同。如果说有差异的话，那就是黄岩 14–1 构造比黄岩 7–1 构造隆起得更高，T21 层在两个构造高点的高差近 500m。这点对于在黄岩 14–1 构造寻找始新统的油气藏更为有利。

黄岩 14–1–1 井同样由中国海洋石油东海公司和地质矿产部上海海洋地质调查局共同投资钻探，设计井深 3850m，于 1990 年 4 月 7 日开钻，6 月 7 口完钻，完钻井深 3873.68m。在 2194.5～3345.0m 井段，解释油气层 1 层厚 9m，差油层 1 层厚 1.5m，气层 1 层厚 3.5m，含油水层 1 层厚 4.5m，油气水同层 1 层厚 7.5m。2512～2519.5m 井段经测试，1 层厚 7.5m，12mm 油嘴，日产原油 185.5m^3，天然气 $16.2\times10^4m^3$。另一层也获得比较高的油气产量。两层合计日产原油 210.31m^3，天然气 $26.97\times10^4m^3$。

这一成果使地质家兴奋异常，又一次证实了地质预测的准确，显示了地质综合研究的价值。

经计算，黄岩 14-1 构造控制的天然气地质储量为 $64.8 \times 10^8 m^3$，凝析油地质储量为 $144 \times 10^4 t$，使东海盆地控制的油气资源量有了扩大。

地质家还对西湖凹陷南部的基隆 11-1、基隆 4-1、基隆 5-1、天台 30-1、天台 24-1 等圈闭也进行了评价预测。尽管当时的地震测网只有 5km × 5km，而且资料品质并不理想，但它们所显示的构造轮廓和地层却是清晰的，例如：基隆构造带的基隆 5-1、基隆 1-1 构造，是一条北北东向、断面西倾的正断层下盘的半背斜和背斜构造，圈闭面积分别为 $60km^2$、$40km^2$。渐新统、始新统厚度薄、抬得高，显示了长期发育的特征。基隆 4-1 构造则是上述正断层上盘的背斜构造，闭合面积 $60km^2$，幅度 210m，这些构造都是非常吸引人的。虽然黄岩 13-1 构造上天外天 1 井的成果并不理想，但对它南部的天台 24-1 构造仍然抱有希望，原因是：整个西湖凹陷南部作为烃源岩的始新统厚度大、抬得高，渐新统厚度小，有“肉厚皮薄”的特点；另外，渐新统有厚层砂岩，又有相对厚度较大的泥岩，构成了很好的储盖组合；再是黄岩 13-1 构造与天台 24-1 构造是一个长条形背斜的北、南两个高点，而且天台 24-1 构造比黄岩 13-1 构造高出 50m，对油气的富集非常有利。1995 年，地质矿产部上海海洋地质调查局在天台 24-1（春晓）构造上钻探了春晓 1 井，在渐新统花港组中钻遇了厚度超过 100m 的油气层。测试了 5 层，累计日产天然气可达 $160 \times 10^4 m^3$，原油 $198m^3$。证实了西湖凹陷南部是远景比较好的地带，但是随着勘探程度的提高，也会显示出它的复杂性。

在一个盆地开展石油勘探的早期，最重要的是掌握全局，认识石油地质的基本条件，坚定找油找气的信念；同时又要从全局出发，分析判断局部地区或局部构造的差异，找出有利因素和不利条件验证认识的可靠性。选择钻探目标，以下定钻探的决心；有了新的认识，必须坚持实践，以验证认识的可靠性，从而使实践和认识沿着更深刻的方向前进。在一个盆地或地区进行石油勘探的全过程，始终存在着正确处理全局与局部的关系问题，切不可东一榔头西一棒槌，零敲碎打。

2001 年 1 月，经国务院批准，由中国海油担任作业者，中国海油和中国石化各占 50% 权益的东海西湖凹陷勘探开发合作项目开始启动。2001 年 8 月，中国海油与中国石化就联合勘探开发东海西湖凹陷油气资源正式达成协议。2002 年 3 月，中国海油与中国石化成立以中国海油为作业者的东海西湖石油天然气作业公司，具体实施西湖凹陷油气勘探开发和春晓气田群开发工程建设。

2003 年 8 月 19 日，中国海油和中国石化与 2 家外国石油公司（Shell、Unocal）就共同勘探开发生产和销售中国东海西湖合作区块的石油天然气资源签署合作协议。

2004 年中国石化、中国海油、壳牌、优尼科四方合作在黄岩 1-1 构造上部署一口探井 HY1-1-1 井，由于 H5 油气层埋藏超过 3300m 认为没有商业产能，从而放弃测试。2010 年对黄岩 1-1 构造进行重新评价，认为在 3300～4000m 之间存在常规到致密砂岩的过渡带，如找到储层的“甜点”常规测试应具有商业产能，通过研究部署了 HY1-1-2 井。但事与愿违，尽管 H5 层的储层物性不错，但常规测试仅获得少量天然气，测试结果出人意料。常规低渗透储层勘探出师不利，勘探人员深受打击，难道是之前的判断错了？此时出现两种观点：一种是消极的，认为黄岩 1-1 构造花港组 H5 低孔渗储层物性差，含油气性不高，HY1-1-2 井的测试已经证实此物性条件下无常规油气产能，该构造无开发价值；另一种是积极的，认为常规低孔渗储层值得继续探索，H5 层钻井期间特征与测试结果相矛盾，认为是施工原因，影响了测试结果，黄岩1-1构造不能轻易放弃。解决争论的途径之一就是用资料说话，在对HY1-1-2井的测试过程进行深入分析后，发现原为常压地层的H5层测试时压力达到1.53，显然该层已沟通了深部地层，是由于固井质量不佳导致上、下层沟通，使该井测试失利。既然不是地层问题，就决定上钻第三口井，面对已钻探2口井的构造，第三口井上钻已是只许成功不能失败了。对HY1-1-3井部署有两种方案，一种是在构造南部部署，另一种是在构造北部部署。构造北部位于已钻两井中间，相对保险，但偏于保守，很多人赞成此方案。构造南部可对整个构造进行评价，扩大探明储量有积极意义，但风险较大，且有研究机构分析认为高点处存在速度异常，实际相对较低；经过从砂体发育、沉积相展布、地震反演等资料分析以后，认为小范围内速度不可能存在这么大变化，果断决策在构造南部部署HY1-1-3井。测试过程也是一波三折，常规储层二开半小时后井口一般即可见气，但本井开井2小时后井口还未见气。受HY1-1-2井测试结果影响，很多人认为本层无产能，可以结束测试。继续测试还是关井结束？从井口压力曲线来判断，虽然压力不高，但一直存在缓慢上升趋势。经过仔细分析后，认为H5层属于常规低渗透储层，不能按常规储层标准来测试，果断决策继续开井，终于在开井6小时后见气，气产量达到$15.5\times10^4m^3/d$，3500m储层宣告突破，拓展了西湖凹陷常规低渗透储层勘探领域，提升了西湖凹陷勘探潜力与前景。

四、模式看清理论成，万亿气区已成局

2013年东海油气勘探获得重大突破，发现初步评价探明储量规模超千亿立方米的大气田，这是东海油气勘探30年来取得的最大的勘探成果。该气田从2013年3月9日第一口勘探井开钻，到2口评价井的完成，从发现到评价仅用不到1年的时间。从前期研究、钻前准备、作业实施到后期评价，高效、得力、圆满地完成了各项勘探任务的组织实施。该大气田的发现奠定了东海万亿立方米油气储量的勘探局面，其勘探发现形成的各项勘探技术更是为东海类似气田的勘探积累了成功的宝贵经验。

1.“塔式成藏”理论，油气勘探新领域

2008年，上海分公司向总公司申请的“东海陆架盆地大中型油气田形成条件与勘探方向”的研究课题得到了总公司的批准，首次开始了上海分公司主导的全面石油地质研究。课题联合了中国海洋大学，历时约3年，从控制东海陆架盆地形成的板块运动、30000km区域二维地震资料的构造和层序解释、35口代表井的岩心精细描述等基础资料和基础研究入手，系统地研究总结了东海陆架盆地的地质结构、构造格架、构造演化模式、盆地成因模式、地层层序格架、沉积体系和沉积模式、主要目的层沉积体系的空间分布特征和规律、地层异常高压和油气的关系、油气成藏体系及成藏主控因素等，编制了构造、沉积、成藏系列图件600多幅，指出了东海陆架盆地具有形成大中型油气田的有利地质条件、成藏模式、16个不同级别的有利勘探区带，提出了西湖凹陷中央反转构造带中北部宁波27-1背斜圈闭群等近期5个最有利的大中型油气田勘探目标，并提出低渗透储层是盆地最重要的勘探新领域、特点是“近源、深聚、保存好、成群成带”。

在借鉴已钻井和已钻圈闭的成败经验教训来剖析油气成藏的地质条件、类比评价预探勘探目标成藏潜力的工作中，通过“去伪存真、去粗取精、追根溯源”，勘探家惊喜

地发现：在既往的勘探钻井中，井深约 3200～3500m 以上，只要钻在有效圈闭内、在烃源断层到达的层位，基本上有油气发现甚至有 100% 充满的迹象，显示出充足的烃源供给；井深约 3200m 以下，多数砂岩储层的渗透率开始进入低渗 1～10mD 和近致密 0.1～1mD 的范畴，钻井的气测录井显示好，异常值高，且有向下增高的现象，可解释为气层，但产能测试的结果不佳，虽无水却也只产少量气，综合解释结论是干层甚至水层。但是，中粒以上砂岩储层，即使埋深近 5000m，渗透率依然大于 1mD 甚至大于 10mD，这类砂岩占已钻遇砂岩储层的 10%～20%。这种现象的发现，部分打消了“烃源评价好、生烃量大但供烃不足”的疑惑，并提出了落实“有效圈闭和有效储层”的勘探工作思路。

2009 年 8 月，沉寂了 5 年的西湖凹陷勘探钻井作业得以重启，开始尝试应用“东海陆架盆地大中型油气田形成条件与勘探方向”的初步研究成果指导勘探实践。受地缘政治的影响，勘探的首钻目标选择了近岸方向的西湖凹陷西斜坡带仅有的三个入库目标中的宁波 25-3 滚动背斜圈闭，井位选择在有效圈闭内。首钻即获得成功，在 2842.6m 钻遇油层，在 3176.7m 钻遇气层，至完钻井深 3779m，总计钻遇油气层 12 层、垂厚总计 66.4m，钻遇的 P4 气层单层垂厚 30.5m，为当时的东海之最，测试 3 层，合计日产 1246m^3 油当量，也创下了东海勘探史的新高。2010 年上半年，海上钻探作业依然被限于近岸的西部斜坡带，入库目标中余下的宁波 25-6 和宁波 25-2 断层圈闭成了唯一选择。由于断距小，有效圈闭也小，但地震地质信息显示有构造岩性复合圈闭的可能，井位部署在有效圈闭外的岩性圈闭高部位。实钻结果宣告失利，两口预探井均未钻遇商业性油气藏，但深层表现出相对较好的气测录井显示。其中一井，在井深 4040～4236m 的平湖组砂岩，测井解释孔隙度 19.5%～15.1%、渗透率 31.8～81.3mD，气测异常值高达 20%，并有 60% 以上的荧光显示。2010 年下半年开始，上海分公司坚定地按“东海陆架盆地大中型油气田形成条件与勘探方向”课题形成的认识调整勘探策略，在勘探目标和井位的评价选择上，上下兼顾：中深层（小于 3500m）以上或中高渗透储层发育层段着重落实“有效圈闭”，不放弃含油高、产能优的“塔顶珠”或“鹤顶红”小型油气藏；深层超深层（大于 3500m）的低渗透和近致密储层发育层段着重落实“有效储层”和“甜点”，并将深层和超深层锁定为大中型油气藏的最重要的勘探方向。根据地层异常压力顶界的区域、深度分布及其与孔深、孔渗关系，勘探目标和井位的评价选择方法可简要的表达为“高压界面以上找有效圈闭、高压界面以下找有效储层”，不同构造区带的突破目标则首选保存条件相对较好的“裙边构造、低伏构造、低断块”并避开区域性张应力方向的东西向断层。勘探由此走向良性发展：西湖凹陷的油气发现接踵而至，商业成功率 100%，商业发现的深度和规模也不断突破。

2010 年下半年，天外天气田以西的勘探钻井作业被批准，勘探领域扩大至西湖凹陷中央反转构造带的南部，首选的突破目标为被壳牌和优尼科公司钻后放弃的黄岩 1-1 裙边低伏背斜构造，钻探的结果证实了原先钻遇的 H5 低渗透气层的存在，并在 3960～4186m 井段发现 H8 和 H11 厚层近致密气层。钻后评价计算，黄岩 1-1 构造已钻遇地层的三级天然气地质储量达 $368 \times 10^8 m^3$，资源量规模初步迈入了大型气田的行列，其中 H6 层及以上为常规中低渗透气层，新增探明地质储量天然气 $82.89 \times 10^8 m^3$、原油 $232.56 \times 10^4 t$。

2011年，西湖凹陷开始大面积部署和采集三维地震资料，并围绕宁波25-3构造和黄岩1-1构造成藏领域展开勘探。2010年和2011年自营勘探共钻探井13口，发现油气田8个，为上海分公司制定2015年上产500×10^4t油当量的奋斗规划目标奠定了基础。

2012年，勘探进一步甩开至西湖凹陷西次凹低伏反转背斜构造带，首钻宁波31-1构造获成功，从井深3600～4802m钻遇油层1层14.2m、气层31层215.5m，揭示的三级天然气地质储量规模可达$3000 \times 10^8m^3$，主力气层分布在H7、H8、H11和P2、P3层，均为厚层砂岩，展现出大型气田的巨大前景，但储层物性绝大多数为近致密，由于测试失利，目前暂定为控制和预测储量。

同年，多年申请未果的西湖凹陷中央反转构造带中部宁波27-1构造区三维地震采集作业被批准，勘探又进一步向东甩开，首选已具备三维地震资料的GZZ裙边低伏背斜作为突破目标，于2013年实施钻探后终于获得了商业性大气田的发现。

通过2010—2011年两年的勘探实践，上海分公司于2012年初将东海陆架盆地特色的大中型油气田形成条件和模式形象化地凝练为“高压控藏、塔式聚集”即“塔式成藏”理论体系，主要由三大核心部分组成：一是形成大中型油气藏的优势地质条件，即广覆式深埋含煤系地层持续富生烃，宽缓海陆过渡相浅水厚层洁净砂岩储层发育、有效储集性能保存深度大，中央反转和断陷边缘的大中型背斜、构造岩性圈闭成群成带分布；二是形成大中型油气藏的特色地质条件或是主控地质因素，即交互式盖层受压实、成岩和断裂等作用影响区域性封盖能力“浅弱深强”，至深层具备区域性封盖能力，生烃和快速沉降主控的地层异常高压在深层、超深层广泛发育；三是油气成藏基本特征表现为“深大浅小”“上油下气”“近源近断”以及“近压富集”，油气主要滞存于深层—超深层的低渗透、近致密、致密储层，纵向叠置呈“塔状”。

基于这一认识，上海分公司在2012年明确提出了勘探思路的“三个转变”：一是转变勘探方向，由中深层转向深层、超深层，由寻找中小型油气田转向大中型油气田；二是转变开发模式，由常规为主、兼顾非常规油气藏向低渗透支撑开发转变，由单个油气田独立开发向区域联合开发转变；三是转变增长方式，由依靠要素投入转为依靠科技进步实现油气主业的增长。

2. 致密气技术创新，铺就勘探新通途

2006年天外天A5井加深钻探发现了平湖组P1气层22m令人高兴，合作伙伴曾用“震惊”来表示，但接下来气层的表现却又再次让人感到震惊。虽然资料显示该层含气性较好，但气层射孔后久候不见天然气产出，开发和作业人员不曾放弃，尝试了气举诱喷、深穿透射孔等多项举措，仍无果，开发和作业人员仍不死心，反复关井憋压、开井放喷近一年始终未求得天然气产出。针对这种情况，地质、油藏和钻完井作业技术人员展开了激烈的讨论，两种意见争执不下，一种意见认为是气层、被钻井伤害而无法产出，另一种占多数的意见则认为原本就是干层或水层而没有产能。为了维护保产和勘探的“希望之光”，上海分公司决定“走出去、请进来”发展低渗透开发的技术能力以求证P1层的含气性及其产能。领导带队，技术和作业人员携带地质、录井、测井和钻井资料赴长庆油田，向专家请教低渗透和近致密地层的含气解释、钻井伤害和伤害程度的判别。在得到P1层是气层的倾向性意见后，又将专家请进来到现场取样，分析研究污染物和共同研制解污解堵配方和作业方案。

2007 年 6 月，上海分公司向有限公司申请的“东海低孔低渗气田勘探开发关键技术研究”综合科研项目被批准，联合油服、川庆钻采研究院及相关大专院校开始了系统的技术攻关。

2008 年 1 月，尝试性压裂酸化作业成功实施，人们终于迎来了期盼已久的天然气流，稳定日产量达到 $1.8\times10^4m^3$、不产水，有效期近两年，证实了气层解释的正确性，更激励了勘探向低渗透领域进军的信心。另外，投入产出比 3.2，产生了效益。

2009 年 11 月，通过设备小型化和相应的工艺改造等，陆上成熟的、适用于低渗透的技术工艺终于可以在海上平台实施，形成了平台化的小型加砂压裂技术，并成功地对天外天 A5 井实施加砂压裂，加砂 $17.5m^3$。压裂后增产 9 倍，日产气由 $0.8\times10^4m^3$ 增至 $7.3\times10^4m^3$，日产油从 $1m^3$ 增至 $10.2m^3$，有效期 18 个月，投入产出比 4.7。

从 2008 年 1 月至 2011 年 9 月，上海分公司在仅有的 3 个生产平台上共进行了 5 井 8 井次的低渗透近致密气储层压裂改造，合计动用地质储量 $25.09\times10^8m^3$，尽管技术还不成熟、部分层属底水气藏，但均获得了天然气产出，累计增气 $8578\times10^4m^3$，累计增油 $1.2\times10^4m^3$，实现净利润 1.5 亿元，投入产出比 0.2～6.7，平均 3.7。同时，还形成了低自由水泥浆体系、深穿透射孔、射孔压裂测试一体化管柱等配套技术。

2010 年 8 月，重启勘探后的第一口向深层低渗透领域探索的预探井黄岩 1–1–2 井在 3960～4186m 井段发现 H8 和 H11 厚层含气层，录井气测异常高，气测总烃值达 20%～40%，其中 H8 层测井解释孔隙度为 9.9%，渗透率为 0.26mD（岩心孔隙度 8.5%、渗透率 0.17mD，地层压力系数 1.34），上海分公司果断决策将开发实践形成的平台化压裂技术移植到勘探钻井平台，尝试对 H11 气层进行加砂压裂测试求产，以揭示录井和测井解释近致密气层的真实含气性和商业性勘探开发潜力。钻完井作业人员紧急对设备和工艺进行了适应性改造，成功地在探井平台实施了加砂压裂作业，加砂 $19m^3$，获日产天然气 $2.9\times10^4m^3$、无水。虽然测试作业最终由于封隔器胶皮耐温不合格，压裂中途发生胶皮脱落，影响了测试产能和商业性的准确判断，但证实了近致密气层的含气性，揭开了近致密气层产能面纱的一角。

2011 年 4 月，黄岩 2–2–1 预探井在深层 3963～3980m 发现 H8 近致密气层，气测录井显示平均总烃 31.4%，测井解释平均孔隙度 10.5%、渗透率 0.25mD（岩心平均孔隙度 8.9%、渗透率平均 0.38mD），地层压力系数 1.5，上海分公司决定乘胜追击进行第二次勘探的加砂压裂测试。在吸取了第一次作业的经验教训后，第二次加砂压裂作业一举获得成功并提高了加砂量，加砂 $35m^3$，日产天然气 $9.6\times10^4m^3$。这个结果极大地鼓舞了勘探开发人员的士气和探索近致密气的信心，2011 年、2012 年逐年加大了深层勘探的力度，平均钻井深度从 2010 年的 3800m，增加至 2012 年的 4848m。但随后勘探的 5 井 6 层的近致密气层加砂压裂测试结果却几乎又将人们的士气和信心带回谷底。6 层测试层中，2 层日产天然气达 1.3×10^4～$2.2\times10^4m^3$，3 层日产天然气仅达 0.18×10^4～$0.2\times10^4m^3$，1 层日产气微量、产油 $3.5m^3$，产气量不高但产液量却一反常态的高，平均日产液量达 $82m^3$，最高可达 $205m^3$，很多人自然地将测试层确定为含气水层。

2012 年 1 月底，黄岩 2–2S–1 井在深层 4216m 发现 H11 近致密气层，测井解释平均渗透率 0.4mD（岩心 0.35mD），地层压力系数 1.5，特征与邻近的黄岩 1–1–2 井 H11 近致密气层相似，加砂 $19.7m^3$ 压裂求产，日产天然气 $1.28\times10^4m^3$、日产液 $205m^3$，产气量与黄岩1-1-2井相当，产液量从0骤变为205m^3。同时，产气组分中，首次奇怪地检测出一氧化碳和浓度较高的硫化氢，含量分别为68～180μg/g、12～50μg/g，且在产出过程中产出量基本稳定。这个现象引起了上海分公司勘探决策人员的高度警觉，要求作业技术人员排查来源和成因。技术人员反复排查压裂作业注入近致密气层中的固、液成分之间及其与气层的可能反应，找不到产生一氧化碳和硫化氢的来源和成因。勘探决策人员立即将排查转入邻层。由于海上近致密气压裂尚属国内外前沿，中国海油内部没有压裂后评价技术，在征询测井技术人员的意见后，上海分公司决定尝试性地采用交叉偶极子阵列声波测井和SBT固井质量测井进行压后裂缝探测评价的技术探索。测后资料的处理解释成果为一氧化碳和硫化氢来源解释提供了依据，并成了压后裂缝评估的一种手段。压裂作业后固井质量变差、压裂缝高超设计缝高并穿达煤层，煤层裂缝发育，近致密气层通过固井水泥段可直接与煤层沟通，而煤层含一氧化碳、硫化氢和高含水是正常现象。复查所有的压裂井段，最初的两口压裂井——黄岩1-1-2井和黄岩2-2-1井，压裂层段邻近煤层不发育；剩下的5井6层中，5层压裂层邻近煤层发育且多数固井质量欠佳，压裂后产水量大，1层压裂层段邻近煤层不发育但固井质量欠佳，压裂后产液量较前5层呈4～10倍减小。尽管西湖凹陷的煤层厚度不大，多数小于1m，但压裂效果依然明显受固井和煤层的影响。

2012年下半年开始，上海分公司强化了高温高压深层“尾管固井及其配套技术、适度压裂技术”等的攻关研究。在总公司工程技术部领导、专家的要求和支持下，固井技术取得了较大的进步，2013年，施工作业的两口探井固井质量良好，有效地支撑了气层的测试作业，并获得了高产天然气流。为了暂时规避固井和煤层出水难题，尽快落实近致密气层的含气性和产能，2012年7月，有限公司批准上海分公司实施宁波31-1-3H井钻探，进行H7近致密气层水平井裸眼测试的技术尝试。钻井顺利地完成了水平井的钻探，在井深3938m准确中靶H7含气砂岩顶，钻水平段695m，均为含气的洁净砂岩。但测试作业再遇挫折，射孔枪爆燃落井293m，造成孔渗条件最好的裸眼水平段未完全射孔且一直浸泡在钻井液里，不能破胶，处理事故后期又遇台风被迫关井等待，油气层射孔后泥浆浸泡长达7天。开井测试后井筒流动性差，折算井筒流体增加14.6m^3，井下取样2个，上取样器天然气体积占3.3%，下取样器天然气体积占83%，但之下的流体是气是液难以判明。

2012年10月22日以及10月29日，有限公司勘探部与总公司工程技术部分别组织专家在上海召开了宁波31-1-3H井钻后H7层含气性分析会及宁波31-1-3H井H7层产能测试工程技术分析会。地质类讨论认识分歧较大，有倾向判别为含气水层的，也有坚持判别为气层的；作业工程类讨论则较一致，倾向性认为存在作业伤害，含气性和产能难以判断。此后有限公司勘探部于12月25日在上海再次组织召开了东海致密气藏勘探总结及下步勘探方向分析会。通过充分的、细致的技术分析和讨论，与会领导及专家对东海致密气勘探基本达成三点共识：一是含气的H7近致密层是气层；二是西湖凹陷巨大天然气资源蕴藏于深层；三是解放东海致密气资源应先易后难。

西湖凹陷深层的近致密气储层改造属世界级难题。高温高压、近致密砂岩的破裂压力＞泥岩＞煤岩，高压体系中煤层的破裂压力与地层压力接近，储层易被伤害、钻井易下喷上漏、压裂易窜层，与国内外陆上近致密气的地质条件有较大的不同。虽然上海分公司目前的近致密气储层改造技术尚处在积累资料、探索前进的起步阶段，时有意想不到的复杂情况或难点出现，但一旦攻坚克难成功，就为勘探和公司发展开拓出一片新天地。

（1）昔日的禁区——渗透率 1～10mD 的低渗透气藏成了目前西湖凹陷勘探开发的常规领域，这主要得益于储层改造配套的井筒、储层保护技术的进步，如低自由水泥浆体系、防气窜水泥浆体系等。其实，从西湖凹陷的第一口探井开始，一直到 2004 年，低渗透气藏被屡屡钻遇，但均被定为干层或水层而放弃。而如今“沧海桑田，顽石成金”。

（2）高难度的高温高压钻井成了上海分公司常态化钻井。上海分公司 2011—2012 年共钻探井 13 口，井数不多但井深大，2011 年平均井深 4349m，2012 年平均井深 4848m，井底温度 159～170℃，井底压力系数 1.2～1.7。为了能够揭开深层的资源潜力并有效地控制成本和安全，上海分公司创新和集成了系列配套技术如满足压力系统封隔的井深结构、上部井段快速钻进、下部井段提速钻进、抑制性封堵性和抗温性优化泥浆等，尽管上海分公司钻完井部人员不多，但钻井组织紧张有序，钻井时效有了较大的提高，钻井成本也降低至常规温压井的范畴。

（3）“思路决定出路、创新支撑发展”正在成为上海分公司的自觉行动。目前，上海分公司正在满怀信心地深入开展近致密气勘探开发的关键技术攻关，期望能在较短的时间内，形成有效技术并付诸实践，将近致密气的勘探开发尽可能地转变为常规勘探开发。

第二节 台北坳陷

一、合作钻探勘探初期，14 口井全部失利

位于东海盆地西南隅的台北坳陷，是中国近海海域第四轮招标的主战场。坳陷面积 56900km^2。它包括了 5 个次一级的凹陷，即西侧的钱塘凹陷、椒江凹陷、丽水凹陷和东侧的闽江凹陷、福州凹陷，分别组成了西部凹陷带和东部凹陷带，其间是温州 12-1、温州 22-1、温州 33-1、福州 2-1 等凸起组成的雁荡凸起带。

这里的油气勘探大体可以分为两个阶段，即 1992 年 7 月 1 日以前的自营勘探阶段和 1992 年 7 月 2 日以后的对外合作勘探阶段。

在自营勘探阶段，先后有石油工业部海洋石油勘探局、地质矿产部上海海洋地质调查局、中国海洋石油东海公司等单位做了工作，重点是区域普查。联片的可供使用的地震剖面近 30000km、重力剖面 5000km、磁力剖面 20000km，还有钻井 4 口，分布在椒江及丽水凹陷。这些资料使我们对台北坳陷的构造格架、地层层序、沉积环境和石油地质条件等问题有了初步的认识。

对外合作以后，主要是展开地震详查及钻探工作。重点对钻探目标进行评价选择，并取得了丰富的地质资料，对坳陷的含油气问题有了较深入的认识。

1. 盼开放，等招标，寄予厚望

东海的油气资源长期为中外学者和石油公司所关注。早在二战以前，日本地质学家

就已醉心于东海潜在的石油蕴藏。到20世纪60年代，以埃默里为首的“亚洲近海地区矿产资源勘探协调委员会”就悄悄地对东海进行了地质调查，在技术报告中称东海为“世界上石油远景最好而未经勘探的地区之一”，还写道：“同其他的大陆架相比，可以预言，只要对东海进行周密的地球物理和地质勘探，成功的机会看来是很好的”。20世纪70年代，几家公司对东海的评价都很高。克林顿国际石油公司总经理特德·芬德斯说：“克林顿租让区的初步地震调查报告极为令人鼓舞，表明可能具有像中东那样规模的巨大石油储量。”日本石油公团总裁池边攘欢呼东海的潜在蕴藏足以与“沙特阿拉伯媲美”。

到20世纪70年代末80年代初，我国才开始对东海的油气进行勘探。石油和地矿两个系统都提出了评价报告，预测了油气资源，有一份油气资源评价报告。用三种生烃量计算方法计算的台北坳陷的资源量为：石油 21.9×10^8t、天然气 2046.4×10^8m^3。以福州凹陷最丰富，石油为 11.731×10^8t、天然气为 1335×10^8m^3，资源量的丰度为 21.823×10^4t/km。石油资源量和丰度分列我国海洋七个富油凹陷的第四位和第五位。

中外人士都为丰富的油气资源所牵动，都盼望早日开放东海，早日开发东海。许多外国石油公司急不可耐，利用各种场合打探消息，甚至向国家高层领导人进言，希望尽早招标。中国海洋石油总公司和中国海洋石油东海公司的领导，通过各种渠道，抓住一切机遇，促进、协调、争取东海早日对外招标。

时机终于来到，经国务院批准，1992年6月30日中国海洋石油总公司发布了中国近海海域（部分东海海域）第四轮招标公告。为此，海洋石油职工一片沸腾，奔走相告。外国石油公司则争先恐后，纷纷出动，先后派员，或到北京去中国海洋石油总公司和地质矿产部看资料，或到上海与中国海洋石油东海公司交流情况，与地质矿产部上海海洋地质调查局讨论问题，还到中国海洋石油勘探开发研究中心看资料，交流认识。来访者一批批络绎不绝，可以说中国海洋石油东海公司门庭若市，热闹非凡。据不完全统计，看资料、交流情况者有44家公司之多，购买资料者有21家，申报投标者多达71家公司。

台北坳陷划出了16个区块对外招标，最终有13家石油公司组成的7个投标集团，签订了11个石油合同；由6家石油公司组成的2个投标集团，签订了3个物探协议。中标的14个区块（合同区加协议区）的面积为45950km^2。义务工作量为：二维地震13850km、三维地震275km^2、钻井22口。义务费用1199万美元。迎来了中国近海海域第一轮招标之后的又一次对外合作的高潮。接着就开始了地球物理勘探的野外采集、资料处理和综合评价研究工作，很快就选出了一批钻探目标投入钻探。

2. 大构造，大目标，大失所望

温州33–1构造被认为是台北坳陷寻找大油气田最有希望的大背斜，被中外人士普遍看好，所以温州33–1构造所在的33/31块也就成了招标中的抢手货。最终被以德士古公司为首的投标者，以比较多的义务工作量和比较高的义务费用所取得。这家公司经过地震详查后，提供的圈闭要素是：主要目的层下始新统顶面（T33）圈闭面积333km^2，闭合幅度153m，计算的原始石油储量为 3.98×10^8t。温州33–1–1井设计的主要目的层是始新统瓯江组砂岩，次要目的层是始新统平湖组砂岩、温州组石灰岩、古新统灵峰组砂岩和基岩风化壳，设计井深2100m。

该井是第四轮招标后的第一口钻井，是中国海洋石油东海公司在台北坳陷自营钻探之后，等待了近 8 年时间才等来的第一口井，又是一家有名气有实力的大公司承当作业者。因此，人们对其抱有很大希望。它的钻探，牵动着中外双方人士的心，即使该井的圈外人士也拭目以待。钻井准备是充分的、认真的。开钻之前还举行了仪式，预祝钻探成功。

这口井于 1994 年 12 月 31 日 12：15 正式开钻。从此，地质家的心就和这个不大不小的钻头连在了一起，靠着它，随时摸着、看着地下的情况。它的转动，带动了地质家脉搏的跳动。

1995 年 1 月 14 日，钻头穿过了 1309m，进入了预计的一个上始新统的次要目的层，钻遇到连续厚度达 150m 的砂岩、粉砂岩，可谓是一套很好的储层。除地层时代后来有所变动之外，其深度和岩性的预测十分准确，但未见到任何油气显示。

1995 年 1 月 18 日，钻入了预测的第二个次要目的层——始新统石灰岩，钻遇连续厚度近 20m 的石灰岩，其深度和岩性的预测也是准确的，但还是不见烃类显示。钻穿石灰岩之后，进入了作业者预测的本井的主要目的层段——始新统下部的砂岩段，预测无误，确有连续分布的砂岩，井段长达 100 余米，遗憾的是仍然不见油气踪影，因而带来了强烈振动。这不仅是因为这一口井的主要目的层落空，而且是这套砂岩和石灰岩之上有台北坳陷广泛分布的、厚度近百米的泥岩、粉砂质泥岩区域性盖层，它们构成了区域性的储盖组合。这个目的层的落空，使人们不能不想到这个圈闭的前途，也不能不想到和温州 33-1 构造相似的其他构造的前景，更不能不想到这套区域性储盖组合的远景，地质家陷入了沉思。

气氛由热烈变得紧张，温州 33-1 大构造开始贬值，人们的企望指数下跌，心理开始走向平静。

井在平稳快速地钻进，到 1 月 19 日，井深已达 1735m，钻入了作业者预测的另一个次要目的层——古新统目的层。出乎意料的是，不是砂岩储层，而是钻入了厚达 44m 的厚层块状碎屑灰岩。在钻入石灰岩之前的 1603～1609m 井段的气测数据还略有上升，从 0.19% 上升到 0.26%，在进入石灰岩之后，于 1722m 开始漏失钻井液，累计漏失量达 1272m^3 之多。这些又引发了小小的轰动。连续厚度达 44m 的古新统石灰岩在东海盆地是首次发现；又覆于高大的潜山之巅，实为壮观；又有良好的缝洞系统，乃为形成高产大油气田不可缺少的条件，而且古新统又是台北坳陷肯定了的烃源岩层。似乎温州 33-1 构造的含油气前景又有了一丝希望，人们盼望着这个预测的次要目的层能够是真实的。结果石灰岩钻穿之后，又钻遇 20m 厚的风化壳，于 1780m 进入同位素年龄为 105.8～127.7Ma 的中生代花岗岩。全井始终未看到烃类的残留，希望彻底破灭。

钻探之后再看温州 33-1 构造，其他资料也未显示出含烃层段的存在。寻找大油气田的构造圈闭落实无疑，是潜山披覆背斜构造，继承性良好。有中始新世厚近 100m 的区域性盖层。有 200 余米（井段 1550～1782m）的储层段，砂岩、粉砂岩、碎屑灰岩和花岗岩风化壳的厚度占地层厚度的 80% 以上。据声波资料计算的孔隙度为 15%～30%，一般为 22%，渗透率为 15～353mD，一般为 200mD，可见储集条件是良好的。对于烃类的来源问题，作业者认为，对温州 33-1 构造区来说，来自福州凹陷的同裂谷期的湖相烃源岩的贡献较小，因为在有效盖层沉积之前，烃类已生成并运移。中期同裂谷海相烃源岩的时间配置有利，油气生成及运移发生在构造形成及储盖层沉积之后。中方专家也曾预测过福州凹陷和丽水凹陷的烃类都可运移而来，丽水凹陷的东次洼已证实有早古新世烃源岩的分布，确有烃类的生成，且与温州 33–1 构造仅有一条断层之隔，但就是运移不到温州 33–1 构造。可以说，温州 33–1 构造失利的最主要原因是烃类的来源及其运移途径不落实，是地质认识上的失误。

和温州 33–1 的构造类型和沉积剖相似的温州 15–1 构造、诸暨 25–1 构造，也都是因为油气源不落实而未见任何油气显示。

3. 误“定凹”，集中钻，口口落空

台北坳陷东部凹陷带的福州凹陷和闽江凹陷，面积分别为 9200km^2 和 10100km^2，沉积岩厚度分别为大于8000m 和 7500m。凹陷中局部构造圈闭众多，面积大、幅度高、形态完整、落实。如福州 10–1 构造的圈闭面积可达 180km^2，幅度高达 510m。预测的油气资源量相当丰富，20 世纪 80 年代末再次进行油气资源评价时，用盆地模拟法预测福州凹陷的资源量为：石油 11.731 $\times 10^8$t、天然气 1335 $\times 10^8$m^3；闽江凹陷的资源量为：石油 20802 $\times 10^8$t，天然气 233.8 $\times 10^8$m^3，被认为是含油气远景相当乐观的两个凹陷。但这些预测和研究都是在没有钻井资料，深部（始新统之下）地层的时代和岩性不清的情况下进行的。

人们首先是对这两个凹陷的性质就有不同的看法。在 20 世纪 80 年代初期进行资源评价时，因深部的反射资料不好，而称这两个凹陷所在的地带为“渔山东低隆起”，并且认为是“在晚白垩世到始新世发育了一些断陷”。到 80 年代中后期，随着地震勘探技术水平的提高，新的地震资料有了连续的深层反射，才改称为凹陷。但对凹陷发育的时代仍有不同的看法，绝大多数研究者认为是中生代凹陷，在一份研究报告中指出：东部凹陷带的沉积层系中，白垩系的厚度较大，而古近系在大部分地区厚度明显减小，另有一些研究人员认为有较厚的古新统。

到 1992 年对外招标之后，对地震资料重新进行解释时，看到了外商处理的丽水凹陷南部过 YIX–1 井的 s–132 剖面，解释有 1000 余米尚未钻穿的古新统火山岩。另外也考虑到原来就认为台北坳陷东部凹陷带有厚度较大的古新统，本次还是从良好的愿望出发，希望有一定厚度的古新统，以提高福州、闽江凹陷的身价。所以这次再解释时，对“七五”期间的解释方案作了局部调整，压低了原解释的 T60 反射层，才有了厚逾千米的古新统的分布。

对此两凹陷烃源岩层的认识更是推论加设想。一份早期研究报告指出，“盆地西部各凹陷在始新世初期继续处于断陷期，相对比较，以渔山东低隆起上的新竹和福州两个凹陷较好—下部有 2000m 厚的地层可能是成熟了的好生油岩系”；另一份研究报告说：“由地震资料解释推断的潜在生烃层系，最可能的有两套：第一套是中生界白垩系，主要分布在东区，第二套是东区始新统的潜在生烃岩系”；还有一份报告说：“始新统生油层在丽水、椒江凹陷不具备作为烃源岩的条件。但在闽江、福州凹陷，特别是福州凹陷，可能有较深水环境下的沉积，形成烃源岩是有希望的”；日本石油公司（JT）预测的烃源岩是“中古新统的浅海相泥岩是主要的，上古新统的煤和泥岩是好的烃源岩，下古新统的剖面，如果我们的（41/17）区块受到海侵的影响，则可能是次要的烃源岩”。这些看法都是根据有关丽水凹陷的烃源岩资料和福州、闽江两个凹陷的地震资料解释、推断所得，没有本凹陷的钻井资料为依据。

由日本石油公司（JT）作业的位于福州凹陷的福州 13-2-1 井，于 1995 年 2 月 6 日开钻。该井设计井深 3500m，预测 1177m 进入始新统，1577m 进入古新统，3245m 钻穿古新统进入基底。勘探目的层是古近系及其前古近系。

实际钻探于 1185m 钻遇始新统，1498.5m 钻遇古新统，1636m 钻遇白垩系，2545m 钻入侏罗系，3523m 完钻。全井除进入始新统的深度预测较准、误差仅 8m 外，其余揭示深度及地层时代与预测都有较大的出入。含油气情况的预测就更出人意料，岩屑、泥浆、气测、电测等资料均无油气显示。但从蛇口的中国岩心研究有限公司实验室传来了福州 13-1-1 井的岩心中有棕色抽提物的消息。回头再看 1810～1810m 井段的岩心时，地质人员极其兴奋地发现了滴水呈珠且有油味的粉砂岩。也就是说，在上白垩统粉砂岩中见到了石油的残留物，当时引起了轰动。终因全井没有可确定的油气层而宣告钻探失利。

该井钻后总结有 4 点认识：

一是有比较好的盖层条件。始新统中下部 1284～1498.5m 井段，有厚达 214.5m 的泥岩段，是整个台北坳陷的区域性盖层，属浅海相泥岩，分布相当稳定。另外，古新统也有比较发育的暗色泥岩，可列为次要的盖层。而且古新统和中—下始新统连续分布，共同组成良好的盖层。

二是有储层分布，但物性较差。白垩系和上侏罗统为陆相的砂泥岩互层沉积（白垩系夹有 5 层火山岩），中—下侏罗统为受海洋影响的砂泥岩互层沉积，都有比较多的粉砂岩、砂岩及含砾砂岩。

三是生烃条件不够好。分析了本井两个古新统泥岩样品，有机质丰度较低。中生界的地球化学指标也不高。至于白垩系 1810～1816m 井段岩心中的烃类残留物来自何处，目前还不能做出确切的回答。

四是圈闭形态不够完整。

从以上的分析中可以看出：盖层、储层、圈闭诸条件基本是具备的，烃源岩是不落实的。尽管上白垩统已见烃类的残留物，但来路不明，是否是深凹陷中运移而来，是哪一套地层所产，都难以回答。

相继钻探的有福州 10-1-1、台北 13-1-1、温州 23-1-1、温州 10-2-1、台北 8-1-1、福州 2-1-1 等 6 口井，地层剖面类型基本相同，都是在始新统之下仅有很薄的（70～290m）古新统，再是厚达 252～1435m 的白垩系和厚度超过 1092m（福州 10-2-1 井）的侏罗系。始新统、古新统、白垩系都不具备生烃条件，侏罗系虽夹一些煤层和暗色泥岩，但生烃指标不高，也只能说是有潜在的生烃能力。

尽管福州凹陷、闽江凹陷都有始新统中部稳定的海相泥岩作区域性盖层，始新统下部、古新统、白垩系、侏罗系的储层圈闭条件也不错，但因没有烃源岩，致使 7 口井全部落空。这是不按勘探程序工作，在“定凹”不准的情况下连续钻探的必然结果。

4. 认准凹，坚持钻，迎来曙光

接二连三失利之后，台北坳陷的勘探处于低迷状态。台北坳陷到底有没有油气？还要不要继续勘探？到哪儿去勘探？引起了中外双方有关人士的沉思。

“祸，福之所倚。福，祸之所伏。”随着钻探工作量的减少和勘探气氛的降温，相伴而来的是勘探人员的冷静和理智。经过认真地分析与研究，地质家明确地提出，台北坳陷有油有气，这是对外合作以前的钻探就肯定了的事实。钻探工作要继续，要到古近系的深洼陷中去，要到古新统烃源岩分布的地带去钻探。但也有人指出，古近系凹陷中已经钻了温州 20–1–1、金华 36–1–1 井，不是也落空了吗？这里有必要再看看这两口井落空的原因。

温州 20–1–1 井位于丽水凹陷的东次洼与西次洼之间的温州 20–1 构造上。这是一个被断层复杂化了的潜山披覆构造。作业方预测的主要勘探目的层是古新统石门潭组滨岸相砂岩，其盖层是古新统灵峰组海侵层的粉砂质页岩；次要勘探目的层是始新统瓯江组和古新统明月峰组河流相及沿岸相砂岩；附带的勘探目的层是花岗岩或变质基底。设计井深 2220m。主要的地质风险是烃源岩的存在和运移。钻探结果：有两套好的盖层，有两套好的储层。两套盖层和储层构成了两套良好的储盖组合。温州 20–1 构造两侧的洼陷是肯定能够生烃的，而且温州 20–1 构造是长期发育的古隆起，是油气运移的指向区。所以该地带的生储盖条件是好的。问题出在圈闭条件不理想，虽然温州 20–1 构造有背斜的形态，但被断层切割后，在潜山顶面古地形的控制下，有 4 个局部高点，每个局部高点的闭合幅度都很小。温州 20–7–1 井这个高点，欧江组构造的闭合幅度不足 20m，明月峰组构造的闭合幅度亦不足 20m，石门潭组上部构造的闭合度不足 40m，作业方在评价温州 20–1 构造时，以上三层构造的风险度分别为 65%、70%、70%，是构造、储层、盖层和充满度 4 项地质风险中最高的。所以我们认为这个构造没有油气聚集的主要原因是圈闭问题。当然，也有人认为烃源岩不好，油源不足问题是主要的，在此不予详细讨论。

金华 36–3–1 井落空的原因也同样是圈闭问题。这口井钻在潜山披覆背斜的一个高断块上，北、东、西三面靠断层封闭，而且断层的落差不大，仅 50m 左右，和盖层的厚度 42.5m 相差无几。所以这个断块在横向上是否封闭就有问题。加之该井没有钻遇好的盖层，始新统中上部的泥岩厚度普遍超过 100m 的区域性盖层在该井也只有 42.5m；上古新统下部的大套泥岩在该井变为砂泥岩互层段，泥岩单层最大厚度也不过 10m 左右。

有了上述的认识之后，中外双方共同商定了钻探温州 26–1–1 井的计划，坚持在台北坳陷继续钻探。与此同时，由麦克休斯（Maxus）公司作业的一直被看好的温州 4–1–1 井开钻了。

温州 4–1–1 井位于椒江凹陷中部的温州 4–1 潜山披覆构造上。预测的烃源岩层为古新统中上部的湖相和海相页岩及古新统下部的温州湖页岩；主要的储层为上白垩统及下古新统的砂岩以及始新统下部、古新统上部的砂岩和基底；主要的盖层为古新统下部的温州湖页岩、古新统中部页岩。

钻探结果在古新统下部井深 2511.5～2524.5m 井段有 4 层厚 7m 的气层，用声波资料计算的孔隙度分别为 4.9%、33.3%、27.3% 和 12.4%，与预测的结果比较接近，是令人满意的一口井。终因作业方急于结束作业而未能测试，留下了无法弥补的遗憾。但还是告诉我们，椒江凹陷有好的烃源岩的分布，有油气的聚集，找到油气田是有可能的。

温州 26–1–1 井位于丽水东次洼中心部位的温州 26–1 背斜构造上，地震 T50 反射层的圈闭面积约 17km^2，闭合幅度为 145m。作业者预测的主要勘探目的层是古新统上石门潭组（原地层组定名）海相或三角洲相砂岩，次要勘探目的层是始新统欧江组海相粉砂岩和砂岩，伴随的勘探目的层是古新统下石门潭组河流相或湖相砂岩。预测的烃源岩层是古新统下石门潭组湖相泥岩，设计井深3800m。

该井于1996年3月1日开钻，1996年4月12日完井，完钻深度4099m。自上而下钻遇的地层：第四系、新近系、始新统、古新统、白垩系及中生界花岗岩。作业者预测的深度不准，预测的主要目的层段、次要目的层段都未见到油气痕迹。由中方地质人员预测古新统下部见到了油气层，于井深3584.5～4044.0m井段有油层7层厚24.4m、气层6层厚16.2m，差油层2层厚5.1m。其中井深3584.5～3907.7m井段的油层、差油层属下古新统。在井深3996～4044m井段的气层划归上白垩统。在井深3905m的RFT测压不成功，但取得了300ml原油、0.049m^{3}天然气和300ml钻井液。作业者认为油层物性不好，商业价值不大，决定弃井不予试油，虽经多方交涉也未能如愿，所以又留下了一个难解之谜。尽管如此，还是能说明丽水凹陷有好的湖相烃源岩分布，也有油气聚集。另外，从井深2713～3574m井段的古新统上部是连续厚达861m的暗色泥岩，不能排除有生烃的可能。

二、合作钻探第15口井发现高产天然气

接连14口井没有获得重大突破之后，人们的目光很自然地凝视着第15口探井，即丽水36-1-1井，位于超准石油公司（Primeline petroleum corg.）中标的32/32区块。要了解这口井的情况，还得从区块的评价、选择说起。

1. 占凹陷，重证据，选块准确

中国近海海域第四轮招标公告发布之后，到北京看资料并到上海交流情况的外国石油公司有44家之多，申报投标者有19个国家的71家公司。他们对台北坳陷石油地质条件的认识不同，选择区块的思路有别，预期的目标各异。多数公司都看中新地区、寄希望于大凹陷、选择大构造、甘冒大风险。唯独英国的克拉夫（Cluff）石油公司（有超准石油公司参与）独立思维、独辟蹊径，首先看中的是台北坳陷已被肯定了的古近纪古新世凹陷——丽水凹陷。再则重视灵峰1井和石门潭1井的钻井资料，因为这两口井已经获得了低产油流和高含CO_2的天然气流，是确信无疑有油又有气的、最直接最可靠的证据。克拉夫石油公司在其东海第四轮投标申请技术评价报告中解释说，“灵峰1井显示了成熟源岩的存在”“有倾斜断块圈闭的分布”“远景评分为16”，是他们对20个区块评价中打分比较高的一个（最高分为20），“属于第2等级的区块”（共分为1～10个等级）。

由于他们对32/32区块评价比较好，但又不愿贸然投入较多的义务工作量，所以仅购买了千余千米的地震资料（4km×4km测网），签订了联合研究协议。经过8个月的联合研究，其成果比预期的要好，找到了13个局部构造圈闭，其中的丽水36-2（灵峰构造）和南平11-1构造被看好。东海公司石油地质研究所根据其掌握的资料，为外方推荐了一个位于洼陷中央的，但又是跨区块的丽水36-1背斜构造，面积为12km^2。这时，克拉夫石油公司决定将32/32区块的权益全部转让给超准石油公司。最后于1994年12月12日，以超准石油公司的名义与中国海洋石油总公司签订了石油合同。承诺钻探一口井的义务工作量，并且100%的承担风险。

2. 查构造，选目标，反复论证

签订石油合同之后，超准石油公司开始购买资料，物色研究力量，对32/32区块内的圈闭进行落实、评价，以选择钻探目标。他们想尽量借助中方的资料和技术力量，以

最少的投入换取丰厚的成果。

首先在联合研究阶段看好的丽水 36-2 和南平 11-1 构造上，布置了 220km 的地震剖面，进行野外采集和处理。同时购买了地质矿产部上海海洋地质调查局早年在 32/32 区块采集的地震资料 4000km，并以 5 万美元的研究费用，委托上海海洋地质调查局对区块内的圈闭进行落实，并提出综合评价意见。与此同时，要求联管会的中方专业代表对 6000 余千米的新老地震资料进行解释，编制构造图，并进行评价研究，还委托同济大学对区内的重磁资料做了处理和解释。在上述三方进行研究的同时，又聘请美国 Qustavson 咨询公司为其负责评价研究的质量控制。1996 年 5 月，该公司派专家来上海验收了上述三方的研究成果。在验收会上，各方把注意力集中在丽水 36-1、丽水 36-2 和南平 6-8 等 3 个构造，但在具体优选排序时，各方意见则大相径庭，地质矿产部上海海洋地质调查局的排序为南平 6-8 构造第一，丽水 36-2 构造第二，丽水 36-1 构造第三；中国海洋石油东海公司石油地质研究所和联管会中方专业代表则把丽水 36-1 排在第一位，理由是圈闭形态为背斜，简单、完整，面积虽小但可肯定在 12km^2 以上，且位于深洼陷之中，过构造高点的 D202 测线有“平点”显示，其次是南平 6-8、丽水 36-2 构造。最后，Qustavson 咨询公司的专家同意各方建议，以丽水 36-1、丽水 36-2、南平 6-8 构造为对象，在进一步研究时，最终把丽水 36-1 作为首选钻探目标。从而改变了超准石油公司早期看好南平 11-1 构造的想法，并对中国海洋石油东海公司石油地质研究所的研究成果和水平给予了较高的评价。

接着，超准石油公司又购买了针对上述三个构造的地震原始磁带，委托中国海洋石油东海公司石油地质研究所和联管会的地质、物探专业代表共同进行精细处理和针对“平点”的 AVO 处理，并对三个构造做进一步的评价研究，最终选出可供钻探的目标。经过对各圈闭石油地质条件的逐一分析比较，一致认为丽水 36-1 的条件最好，是位于古新世深洼陷之中的一个反转背斜构造，圈闭落实可靠；烃源岩发育良好，预测有下古新统“自生自储”和上古新统下部的“下生上储”等两套含烃目的层。精细解释后所做的构造图，上古新统下部的圈闭面积为 33.8km^2，幅度 75m，高点埋深 2225m；下古新统的圈闭面积为 41.6km^2，幅度 125m，高点埋深 2775m。预测的石油资源量为 1.0296×10^8t。于是将丽水 36-1 构造作为首选目标，推荐给超准石油公司，而且提出了井位意见，即丽水 36-1-1 井位于 D202 测线 1260 炮点。同时也指出该构造的风险，主要是储层及其物性。

为了尽量减少首钻目标的风险，超准石油公司又委托江苏油田南京物探研究院对丽水 36-1 构造的过井地震剖面做叠前深度偏移处理和岩性预测，并对丽水 36-1 构造再次进行评价。其结果与东海公司石油地质研究所的推荐意见基本相同，唯独预测的石油资源量较小，仅 4200×10^4t。

如此这般，经过中方四个研究单位和外国一家咨询公司，历时两年半的反复评价研究，最终使超准石油公司下定决心，选择丽水 36-1 构造作为钻探目标。从这里我们可以看到，作为房地产开发经营起步的超准石油公司，在投资油气勘探之后，深知自身技术实力明显不足，但他们能紧紧依靠中方的技术力量和资料，精心组织、反复论证、精打细算、谨慎从事，最终选定钻探目标的做法，有值得借鉴之处。为了保证构造的完整性，应超准石油公司的请求，中国海洋石油总公司同意将 32/32 区块向北扩大（纬度）

10′，使丽水 36–1 构造全部处于 32/32 区块之中，为超准石油公司更加放心地独家占有丽水 36–1 构造，有了更加充分的法律保证。

3. 获气流，再评价，前景喜人

从 1993 年 12 月 15 日签订联合研究协议算起，历经了 3 年零 7 个月，丽水 36–1–1 井终于在 1997 年 7 月 25 日开钻。由于钻前的地质研究工作比较细致，预测的主要目的层段比较准确，中外双方都把古新统看作是找油找气的主要对象，改变了前 14 口井在设计中多把始新统中下部列为主要目的层的看法，这是地质认识上的一个重要变化。尽管在超准石油公司的预测剖面中，仍有始新统下部目的层，但只看作是次要对象。预测的主要目的层的埋藏深度也比较接近实际。当井深达到 2121.0～2124m 时，有微弱气测显示；到达 2130～2167m 时，气测显示增强；到达 2247～2327m 时，气测值明显升高，总烃高达 25.65%～67.5%，其中 CH_4 为 18.52%，C_2H_6 为 1.093%～4.822%，C_3H_8 为 0.556%～4.221%，这是令人鼓舞的发现，地质家的认识得到了验证，预测比较准确。当井深达到 2573.5m 时，再度出现气测异常，直至 3300m 终孔为止，连续出现了比较活跃的烃类显示。

9 月 22 日开始完井电测，最终在井深 2250.7～2758.4m 长达 500 余米的上古新统发现了 11 层厚 52.1m 的气层，2 层厚 3.3m 的差气层，2 层厚 4.5m 的气水同层。气层的含气饱和度为 51.40%～87.3%，差气层和气水同层的含油气饱和度为 50.5%。据对井深 2573.61～2589.41m 井段岩心的分析，得到的孔隙度多在 12%～19%，渗透率为 0.4～1.6mD。

9 月 29 日射孔试油。射开了测井解释中含气饱和度最高的三层气层，射开厚度 24m，经测试，19mm 油嘴日产天然气 $28\times10^4m^3$，凝析油 $18.67m^3$。从而打开了台北坳陷勘探的新局面，结束了第四轮招标以来连续 14 口井没有重大发现的历史，同时还揭开了中国海洋石油东海公司 14 年勘探历史的新篇章。

丽水 36–1–1 井获得油气流，使超准石油公司士气大振，信心倍增，首次尝到了油气勘探的刺激和乐趣。为了扩大战果，超准石油公司立即聘请英国 QUAD 石油地球物理咨询公司进行钻后评价，他们将丽水 36–1 构造及其临近的圈闭都做了研究，预测了油气资源量，结果是：丽水 36–1 构造主体控制加预测的天然气储量为 $116.7\times10^8m^3$；丽水 36–1 构造附近潜在的天然气储量为 $365.3\times10^8m^3$；丽水 36–1 构造周围探查的天然气储量为 $617.3\times10^8m^3$；合计，含气面积为 $186.7km^2$，天然气储量为 $1099.3\times10^8m^3$。

中国海洋石油东海公司石油地质研究所也及时进行了钻后评价研究，计算了资源量。结果是：丽水 36–1 构造主体控制（A 块）加预测（B 块）的天然气储量为 $157.24\times10^8m^3$；丽水 36–1 构造附近潜在的加探查的天然气储量为 $165\times10^8m^3$；合计，含气面积为 $120.8km^2$，天然气储量为 $322\times10^8m^3$。

这里不讨论谁家算的正确，谁家不正确。只是说明，中外双方预测的天然气资源量都很乐观，表明台北坳陷，特别是丽水凹陷的勘探前景良好。而且从地质条件来看，更加肯定了丽水凹陷是古新世的沉积凹陷，烃源岩发育良好，下古新统和上古新统都是可能的烃源岩层和储油气层，使找油找气的层系和范围都得到扩大，形势非常喜人。这里需要说明的是，丽水 36–1–1 井所产出的天然气中，含有比较高的 CO_2，这是一个不利因素；另外，对深部地层的高压问题，亦应有所估计。

从丽水 36-1 构造的发现、评价和丽水 36-1-1 井的钻探并获得油气流，以及钻后评价所展示的良好前景说明：

（1）看准凹陷，重视钻探资料，特别是重视能够判断有油无油、贫油富油的资料，如烃源岩的质量及有关资料，对选择区块及其钻探目标有着极其重要的意义。

（2）利用多种资料，采用多种方法，选用不同单位（包括不同国家）、不同层次、不同风格的技术人员，对钻探目标进行反复的综合评价研究，利于充分认识地下的复杂情况。在注重落实圈闭的同时，逐一落实与油气藏形成有关的各种条件，过细的工作，以把握预测的准确性。

（3）及时的钻后评价是勘探过程中的重要一环，有无发现都需要进行。

石油和天然气的勘探，似乎是神秘而具刺激性的生产活动。有时候超越人们的认识而鬼使神差般地有所发现，有时候则像捉弄人似的不随心愿而使勘探的希望破灭。不知情者说地质家无能，进行勘探要靠运气。我们说地质家不是神仙，也不是算命先生，更不是呼油唤气的魔术师。勘探活动是一项以地质资料为依据，以科学理论为指导，借鉴实践经验而开展的生产活动。大量的成果说明，勘探家的勘探活动是卓有成效的。但或因资料数据不足，或因理论的不完备，或因实践经验的狭隘，做出一些有悖于实际情况的判断是常有的事。有时候，地质人员的分析认识并不错，但或因施工的方法不对，或因措施不当，或因决策失误，或因甘冒风险而导致一些出乎意料的事端亦屡见不鲜。勘探家要妙想天开，破除禁锢，做勇敢的探索者；勘探家又要尊重资料，脚踏实地，做讲求科学的实践者；勘探家还要解剖自我，反思成败，做经一事长一智的愚翁。

东海陆架盆地的油气资源是肯定的，勘探的前景是乐观的，但找到油气田又是费神的、艰难的。东海陆架盆地地质特征非常复杂，它既不像松辽盆地那样完整、富足，其凹陷也并非都是“小而肥”，更不是标准的海相盆地。它所处的大地构造位置、构造格架、沉积环境、发育历史、成烃条件、成藏模式及油气藏特征，充分显示了其独特的个性。在东海陆架盆地勘探开发油气田，需要开辟新的思维方式，探索新的研究领域，构筑新的石油地质理念，引进新的科学技术手段，采用新的勘探方法，合理的、有效的投入资金，以提高勘探开发的水平和效益。电子信息、智能技术的发展和现代生物工程的突飞猛进，必将促进和带动生物地层、沉积环境、成烃物质、成烃演化、烃类运移、烃类聚散及许多石油地质疑难杂症的突破，为石油天然气的勘探开发开辟广阔的前景，为在东海陆架盆地找到更多的、高效益的石油和天然气资源发挥巨大作用，以迎接新时代的到来。

第十章　油气资源潜力与勘探方向

东海陆架盆地油气资源非常丰富。自然资源部、国家发展改革委员会、财政部“新一轮全国油气资源评价成果通报（2009）”，东海盆地石油远景资源量 16.58×10^8t，地质资源量 7.23×10^8t、待探明石油地质资源量 6.91×10^8t，可采资源量 2.95×10^8t、待探明可采资源量 2.83×10^8t；天然气远景资源量 $51027.79\times10^8m^3$，地质资源量 $36361.38\times10^8m^3$、待探明地质资源量 $35675.87\times10^8m^3$，可采资源量 $24753.02\times10^8m^3$、待探明可采资源量 $24304.58\times10^8m^3$。

西湖凹陷是东海陆架盆地富烃凹陷之一。据计算，凹陷现今总生烃量约为 1567×10^8t，其中生油量为 426×10^8t，生气量为 1141×10^8t（$114.8\times10^{12}m^3$）；总排烃量为 1079×10^8～1216×10^8t，平均为 1147×10^8t，其中排油量为 126×10^8t，排气量为 953×10^8～1097×10^8t（95.3×10^{12}～$10.97\times10^{12}m^3$），平均排气量为 1022×10^8t（$102.2\times10^{12}m^3$）；石油总资源量约为 8.8×10^8t，天然气总资源量为 66.7×10^8～76.3×10^8t（6.7×10^{12}～$7.6\times10^{12}m^3$），平均为 71.5×10^8t。

第一节　油气资源潜力

一、西湖凹陷

1. 中央反转构造带中北部

西湖凹陷中北部靠近凹陷生烃中心，烃源条件好；圈闭为凹中隆的大型背斜构造，面积大；花港组发育大型辫状河—三角洲沉积体系，沉积了多套巨厚的储层，储层条件十分优越；同时交互式发育的泥岩具有较好的封盖作用，在花港组顶部（H1—H2）发育了一套300～400m厚以泥岩为主的沉积体，形成了有效的盖层条件。这些均使中央反转构造带中北部具备油气大规模成藏的石油地质条件。已钻井钻遇了多套上百米的巨厚气层，以及主力目的层的高充满度和高气柱高度，进一步预示着该区成藏条件优越，具有巨大的勘探潜力。

其中GZZ构造已钻井4口，油气显示活跃，在花港组H3层DST2测试产气 $6.26\times10^4m^3/d$，该层已达到工业产能，揭示了该构造的勘探潜力。整个GZZ构造面积巨大，上下分成两个层次，浅层H3及以上，共有A—K等7个独立高点，局部高点均独立成藏；深层H4及以下，连片含气，充满度较高。先期评价A、B高点天然气圈闭资源量巨大，约 $5000\times10^8m^3$。

宁波6-1构造为背斜型圈闭，圈闭形态好，圈闭面积大、幅度大。晚期近东西向断层未断至主要目的层，T20及以下背斜圈闭形态完整，成藏条件优越。该构造目前已钻

LJ–2 井，完钻井深 4227.26m，完钻层位为渐新统花港组下段 H6 砂层组；录井显示该井气显示较为活跃，层数较多。气体成分以甲烷为主，多次取样点火即燃。由于处于台风季节，LJ–2 井测试时间紧迫，该井仅测试一层，共射开三小层，采用一次射开合试，共厚 5.5m，测试获得工业产能。

嘉兴 31–1 构造背斜形态完整，被北北东向断层分割复杂化，圈闭面积较大，圈闭幅度大。该构造已钻探 DH–1 井，完钻井深 4200m，完钻层位花港组 H6。该井气测录井气测异常 651m/97 层，主要位于龙井组和花港组。

嘉兴 25–2 构造背斜形态清晰，圈闭面积大、幅度大。晚期近东西向断层未断至主要目的层，T20 及以下背斜圈闭形态完整，勘探条件优越。该构造已有钻井 LJ–1 井，LJ–1 井于 1980 年 12 月 16 日开钻，1981 年 2 月 12 日完钻，完钻井深 3574.46m，录井显示该井气测非常活跃；从龙井组到花港组均有气测异常，气测异常层为 134.8m/7 层。所钻砂层气测异常明显，钻井液槽面有大量气泡，电阻率较高，钻至 3484～3574m 时钻遇气层并遇到猛烈井涌。

宁波 12–1 构造整体为北北东向展布的背斜—断背斜构造，构造长轴北北东向，短轴北西向。由于受挤压程度及断层发育层位的不同，从浅至深构造形态有较大的差异。该区主控断层下断至平湖组，向上消失于龙井组，在浅层 T17 以上层位，构造为完整的背斜构造，圈闭规模较大，圈闭闭合度较大；在 T17 以下，构造为发育于受两条共轭断层控制的楔形断垒构造上的断背斜构造。该区早期北东向油源断层发育，有效地沟通了下部油源，浅层东西向断层不发育，后期破坏作用相对较弱，圈闭条件较优越。

中央反转构造带中北部目前为止发现多个气田，证实了该带中北部具备形成万亿立方米大气区的烃源条件。

2. 中央反转构造带中南部

中央反转构造带南部已有钻井在多个构造获得商业性油气流。南部构造面积大，主要目的层为花港组和平湖组，埋藏深度适中。该部位为早期拉张、晚期挤压形成的复合断背斜构造带，属背斜型油气富集带。长期处于油气运移指向，具有较高的勘探成功率。但受晚期近东—西向断层破坏、改造的影响，因此构造油气充满度较低。目前已经发现了多个油气田，是西湖凹陷较为有利的区带。

中央反转构造带南部黄岩 7–1 构造早期北北东向断层下断至平湖组深层，上断至花港组上段，可以有效地沟通油气源和主要储层，有利于油气沿断层运移。但晚期形成的浅层近东西向断层对黄岩 7–1 构造也起到了改造作用，这些近东西向断层主要影响花港组，但平湖组顶部也因此形成了很多微断层，剖面上显示为较为模糊的反射区。正是在早晚期断层共同影响下，黄岩 7–1 气田油气成藏规律表现较为复杂，简单分析：由于深部油源断层的油气运移供给，使得花港组上段（H1—H4）存在多套油气层，但是同时也受到浅层东西向断层的影响，致使部分油气散失，导致现今呈现“油（气）帽子”的现象；H9—H12 以及 P1、P2 没有成藏的原因，其一就是受到浅层近东西向断层影响，导致油气逸散，其二是因为这几套砂体连续厚度大，而起到封盖作用的泥岩较薄，也导致了油气散失。而 P3—P5 虽然物性变差，但依然成藏，主要是因为靠近气源断层且 P3 层上部泥岩较厚，封盖能力强。

中央反转构造带南部深层平湖组泥岩盖层发育，而且平湖组泥岩压实作用比花港组更强，具有比花港组同等厚度泥岩更强的垂向封堵能力。黄岩 7–1 构造东西向断层最深断至 H9，深部圈闭未受到改造，且上覆泥岩较厚，封盖能力强，使得平湖组深部储层仍然具备成藏条件，其中黄岩 7–1 气田的 P3–P5 气层就是典型的代表。

总体来说，中央反转构造带南部中深层和深层都具有较好的成藏条件，是寻找大中型油气田的有利区带。

同时，中央反转构造带中南部裙边发育有一系列低伏背斜构造群。这些局部构造依靠大型挤压反转构造而发育，靠近生烃中心，长期处于油气运移指向区，虽然这些低伏背斜构造的目的层埋深较大，但仍然具备较为优越的油气地质条件。圈闭构造形态多呈完整或较完整的背斜，背斜核部地层弯曲程度较小，早期断层为油气运移提供了良好通道；晚期断层不发育，油气保存条件较好。目的层花港组为一套砂泥互层的湖泊—三角洲沉积体系，已钻井揭示该区纵向上形成多套储盖组合，最主要的有 H1—H3、H4—H5、H6—H7、H9—H12 等组合。目的层砂体以三角洲水下分流河道砂体和河口坝砂体为主，具有厚度大、分选好的特点，厚度一般在 10～45m，储层条件优越，花港组顶部 H1—H2 段为中央反转构造带的区域性盖层。

已发现的黄岩 2–2 气田位于中央反转构造带中南部的裙边低伏背斜群。黄岩 2–2 构造平面上按照北、中、南 3 个局部构造高点划分为北区、中区、南区，整体为低幅背斜、断背斜构造，幅度比较低，一般为几十米。该构造位于生烃凹陷，烃源条件比较好，早期断层切割黄岩 2–2 构造，断层上部断至花港组顶部，是很好的油气源断层。且没有晚期断层的破坏，成藏配置优越。该构造三个高点各钻探一口探井，三口井在该构造圈闭均发现了油气层。钻探证实黄岩 2–2 构造油气充满度高，油气柱高度与构造圈闭幅度几乎相同，面积也近乎全充满，具有“小而肥”的特点，表明在该区域小构造也会有高油气充满度，小构造也有很大储量潜力。

总体来说，西湖凹陷中央反转构造带中南部发育的裙边低伏背斜群，油气成藏具有“近源、深聚、保存好”“圈闭成群发育”等优势地质条件，目的层段圈闭几乎全充满油气，具有“小而肥”的油气富集特点，油气资源量和勘探潜力较大，是近期大中型油气田的最有利勘探目标之一。

3. 西斜坡岩性油气藏

西湖凹陷西部斜坡带自南向北划分为天台斜坡、平湖斜坡和杭州斜坡，自西向东又可划分为高带（超覆带）、中带和低带，具南北分块、东西分带的特点。平湖斜坡带是斜坡带勘探程度最高的地区，其中平湖区从 1983 年钻探 PH1 井开始陆续钻探了 13 口探井，发现了以构造控藏为特征的平湖油气田。该油气田历经 30 多年的开发生产，目前已经进入开发中后期。平北地区勘探程度相对较高，且油气显示活跃，成为西部斜坡带油气接替的主要目标区。从钻探 BYT1 井至今，平北区已钻探井近 20 口，处于高带的 LHT1 井从 2686.5m 就出现淡乳白色的录井荧光显示，位于低带的 NB14–3–1 井在 3707m 钻遇气层，从花港组上段到平湖组三段、四段出现了近 33 段次的荧光显示。NB25–5–1 井在 P6 层 4386～4459m 进行常规 DST 测试，天然气产量 $3.2\times10^{4}m^{3}/d$，拓展了西湖凹陷获得常规自然产能的深度下限，这昭示着该区从高带到低带，从浅层到深层都具备良好的勘探潜力。另外，由于该区断裂系统复杂，目前已钻遇的均为小断鼻、小断块构造，难以形成规模产能，经济效益较低，在全区实现三维全覆盖的情况下，继续发现大型构造圈闭的可能性越来越小。近年来的勘探、开发实践，证实平北地区平湖组气藏的分布明显受到岩性控制，斜坡背景下的岩性圈闭成为油气勘探战略的重要指向。

平北区平湖组沉积时期整体上自西向东往西湖凹陷逐级下掉，区内具有“三隆夹一洼”的构造格局，“三隆”分别为宝云亭古隆、武云亭古隆和孔雀亭古隆。“一洼”为三古隆呈环状夹持的宁波 19 洼，已钻探井揭示该洼在始新统平湖组沉积时期沥青质煤层发育，该种煤层总有机碳含量普遍在 50% 以上，灰分少，以生油为主，生烃物质基础好。

平北区在盆地裂陷、断陷、坳陷到构造反转期一系列构造运动的作用下，形成了以平湖大断裂为主，一系列复杂派生断裂为辅的断裂系统。在斜坡背景下，复杂的断裂系统有利于岩性砂体的广泛分布，同时各类断裂成了油气运移的有利通道，岩性成藏条件非常优越。该区先后在 BYT3 井区等多个井区发现了岩性油气藏，展示了岩性油气藏良好的勘探潜力。潜力岩性目标有三种类型：一是西侧的控凹大断层下降盘可能发育的大型三角洲岩性圈闭；二是类似宁波 14-6 西侧潮间带向潮上带岩性变化形成的岩性—构造圈闭；三是诸如宁波 14-6、宁波 14-5 等古潜山之上发育的滩坝—沙坝等岩性圈闭。

（1）类型一：大断层下降盘大型三角洲朵叶体。

来自西部海礁隆起的物源通过古冲沟顺坡而下，在西部边界大断层下降盘、古鼻状构造围斜区形成大型三角洲朵叶体。三角洲平面上呈朵叶体状散开，纵向上在远端呈进积型楔状体展布，地震纵剖面上也可见丘状发射以及透镜体反射（代表分流河道）。通过地震追踪，目前已从南向北追踪了此类三角洲储集体，并从平面上追踪出其展布范围，自南向北共发育宁波 25-3 东、宁波 13-5 东、宁波 13-4 北及宁波 2-1 东四个大型三角洲扇体。国内外勘探实践证实，该种类型三角洲内易发育构造岩性油气藏，目前针对该类型岩性圈闭尚处于前期研究阶段，下一步还要继续以下几方面的研究工作：

① 在层序地层学理论指导下，井震结合，识别关键的层序界面，结合单井沉积相，在平面及纵向上建立整个工区的层序地层格架。

② 地震、测井沉积结合，利用地震相、测井相识别出楔状体前积、顶超、上超等地震相，并对其内部反射结构（如杂乱发射、帚状前积等）进行详细刻画。

③ 综合层序地层学、地震（反演）、测井及沉积等方法，从平面及纵向上建立正确的地质沉积模式，以此为指导，预测大型优质储层的存在。

（2）类型二：潮间带向潮上带尖灭形成的岩性—构造圈闭。

研究表明，平北区平湖组中下部为潮坪沉积，潮间带砂岩发育，潮上带泥岩发育，这样在斜坡较低部位潮间带发育的潮道砂体在上倾方向被潮上带发育的泥岩遮挡，从而形成构造岩性圈闭。目前通过地震反演，已经在宁波 14-3N 及宁波 14-6W 发现两个该种类型的规模巨大的构造岩性圈闭。

宁波 14-6W 岩性圈闭位于宁波 14-6 构造以东，储层反演表明该区位于潮间带，潮道砂体发育，而上倾方向为潮上带，泥岩相对发育，加之上倾方向上 NE 向断层相对发育，也可以对该岩性圈闭形成遮挡。该岩性圈闭面积 98km^2，圈闭资源量天然气 $480 \times 10^8 m^3$。

宁波 14-3N 岩性圈闭位于宁波 14-3 构造北西方向，岩性圈闭面积 67km^2，圈闭资

源量 $360 \times 10^8 m^3$。

（3）类型三：古构造之上发育的滩坝—沙坝等岩性圈闭。

在靠洼陷的位置，可能发育滨浅湖沉积相，在古隆潜山之上的位置，属于水下低隆起，在断陷扩张期，水域面积大，很容易围绕古隆起发育滩坝或者沙坝沉积。此类储集体往往单层厚度大，粒度适中，分选较好，以高渗透率为特征。NB14-6-1 井，在 P7 层 4950m 左右钻遇一套疑似为该类型的砂体，钻井过程中发生井涌，且地层压力骤增，油气显示异常明显。宝云亭古鼻状构造上钻探的 BYT-2 井在 P9 层钻遇疑似为该类型的砂体，在地震剖面上呈丘状反射特征，该层测井解释为油层，单层测试日产油 $64.6m^3$，气 $3.92 \times 10^4 m^3$，测井解释该层渗透率 18.4mD，说明该类型砂体具有良好的物性及含油气性。

对于平北区乃至西部斜坡区岩性构造目标，目前的工作还只处于初步研究的阶段，尚有很多模式与理论未深入研究。建议加强层序地层学研究，建立本区地层格架，在此基础上划分沉积相，并开展储层预测及烃类检测，力争在该领域取得勘探突破。

4. 深部层系

前已述及，西湖凹陷是一个广覆式多层系富生烃凹陷，煤系烃源岩形成的气源资源丰富。烃源岩演化程度高，中深层储层埋藏较大，储层致密，有利于低渗—特低渗（致密）气田的形成。通过与北美及国内四川盆地、鄂尔多斯盆地的地质条件类比，西湖凹陷具有形成大型低渗—特低渗（致密）气田的良好勘探前景，将成为东海未来油气增长的主要潜力区。

1）宽缓稳定的古地貌背景

西湖凹陷形成于太平洋板块俯冲产生的弧后伸展环境，是由弧后深部物质上涌和软流圈上升造成拉伸形成的裂谷盆地。从弧后拉张到弧后挤压，主要受东侧“大洋板块的北西向俯冲、俯冲带向东迁移引发弧后次生扩张中心以及岩浆底辟中心同步东迁”的影响。西湖凹陷始新统平湖组发育的构造背景为前期弧后盆地的强烈拉张已经趋于缓和，前期构造拉张产生的巨大的盆地沉积可容纳空间进入充填期，沉积盆地处于残余弧后热沉降阶段。随着海平面下降及钓鱼岛岛弧的逐渐隆升，西湖凹陷开始演变为受局限的“陆表海盆地”，其地貌特征为盆宽底浅、地形平坦、水体不深。

根据西湖凹陷构造发展演化史及现今构造特征，西湖凹陷在始新世主要受引张力作用，地层未发生褶皱反转，地层倾角较小，且沉积范围已经延伸到钓鱼岛隆褶带，超出目前西湖凹陷的范围，在地震剖面上显示为一稳定宽缓地貌。同时平湖组稳定的地震相反映平湖组沉积时期为一宽阔稳定的沉积环境，没有出现控凹断层控制沉积使地层厚度突然增大的现象，这种宽缓稳定的古地貌特征为深盆气的聚集提供了良好的构造条件。

2）广覆式多层系煤系烃源岩持续生烃

西湖凹陷发育了始新统平湖组、渐新统花港组主要烃源岩。其中平湖组为半封闭海湾背景下的陆表海、沼泽相煤系沉积，发育西湖凹陷主力烃源岩，烃源岩类型包括泥岩、碳质泥岩和煤。烃源岩厚度大，分布面积广，埋藏深，广覆式分布于整个凹陷。暗色泥岩总体围绕凹陷中心呈环带状分布，凹陷中心最厚，向隆起和斜坡区逐渐减薄，并具有明显的分区性，在平面上南部厚度大于北部。煤层及碳质泥岩主要发育于沼泽、潮坪沉积环境，其分布格局与暗色泥岩有所不同，在凹陷中心分布较薄，而西部边缘区相对厚度较大，厚度一般为30～50m，局部地区厚度超过50m，具有巨大的油气资源量。花港组沉积时期西湖凹陷演变为淡水湖泊或淡水海湾沉积环境，烃源岩同样包括泥岩、碳质泥岩和煤层，花港组下段烃源岩发育较好，暗色泥岩厚度较大，碳质泥岩和煤层也相对较发育，也是西湖凹陷一套重要烃源岩层；花港组上段烃源岩发育程度一般。

有机质丰度分析表明，始新统平湖组煤和碳质泥岩具有较高的有机质丰度，加之其分布广泛、厚度大、多处于成熟—高成熟阶段，为凹陷的主力烃源岩层系。这些烃源岩有机碳含量高，是一般泥岩的数十倍以上。大部分地区 R_o大于1.2%，局部地区多在2%以上，尤其是在盆地深凹内部，烃源岩多数都达到了高成熟—过成熟阶段，有机质已进入大量生气阶段。

西湖凹陷烃源岩类型以高等植物来源的腐殖型为主，因而烃源岩以生气为主要特点，广覆式分布，生烃强度高，总生气量大，且烃源岩有机质是“全天候”的优质烃源岩，至今仍在生排烃，属于晚期仍继续大量生排烃的生烃凹陷。烃源岩的持续供烃为西湖凹陷深盆气藏的形成提供了有利条件。

3）深层广泛分布低渗—特低渗（致密）砂岩储集体

深盆气藏以低渗—特低渗（致密）储层为特征。西湖凹陷平湖组发育潮道和水下分流河道等水道相沉积，厚层储集体广泛发育；花港组发育湖泊三角洲沉积，水下分流河道砂体大面积叠合连片。西湖凹陷储层埋深在2000～3500m的中深层时，大部分储层孔隙度大于15%，渗透率大于10mD，以中—高孔、中—高渗储层为主，其次为低渗储层。在埋深3500～4500m的深层时，大部分储层孔隙度在5%～15%之间，渗透率小于1mD，主要为低渗—特低渗储层，局部存在中孔、中渗储层“甜点”。

4）“千层饼”式交互接触的源储组合

西湖凹陷平湖组砂岩层多为薄层，且绝大部分属于低渗—特低渗（致密）储层，储层粒度较细，非均值性较强。煤系地层发育在海陆过渡环境，沉积旋回性明显，稳定分布的煤系气源岩与低渗—特低渗（致密）储层紧密相邻呈“千层饼式”交互接触，相邻储层具有“近水楼台先得月”的优势条件，煤系烃源岩生成的大量烃类物质，直接排替地层水进入低渗—特低渗（致密）储层中，而断陷—坳陷期广泛发育的张性断层又为沟通烃源岩与储集体创造了有利的输导条件，同时烃类又不可能借助砂体进行长距离的侧向运移，这种有机质丰度较好的烃源岩与低渗—特低渗（致密）储集岩的交互接触方式为深盆气的聚集成藏提供了有利的条件。低渗—特低渗（致密）储层中，气体与含水岩石之间的界面张力远大于浮力，气体很难单独在浮力驱动下上浮。在驱动压差作用下，气体不断推进气水界面前缘，当气体运动前缘达到渗透性更好的砂体时，界面张力逐渐消失，浮力成为主要运移动力。此时，如果持续供气，将会在上部渗透性砂岩中形成受构造控制的常规气藏，而在低渗—特低渗（致密）砂岩中则形成上水下气的气水倒置现象，大量的烃类被上覆水体封闭在低渗透储层中形成深盆气藏，形成一种气水的动态平衡，而不需要质量很好的泥岩盖层。平湖组大面积分布的低渗—特低渗（致密）储层与煤系烃源岩的交互接触方式有利于形成深盆气藏。

5）生气高峰期和成藏期晚

西湖凹陷平湖组烃源岩自始新世末期开始进入生烃门限，渐新世末期达到生烃高峰，同时受喜马拉雅运动期间岩浆作用影响，于渐新世末期—中新世发生了第一期油气充注事件。此时生成的油气主要在受花港运动控制的局部反转背斜带的有限圈闭中聚集，但烃源岩演化程度偏低，是区内一期次要的油气运聚事件。中新世中期至末期，盆地持续沉降，随着埋深增加，地温升高，平湖组烃源岩达到以生成湿气为主的高成熟阶段，底部甚至达到过成熟阶段，大量生排烃期来临。中新世末期，平湖组之上的沉积地层厚度达 2500m 以上，强烈的机械压实作用和胶结作用，导致薄互层的平湖组砂岩大面积致密化而形成低渗—特低渗（致密）储层。生排气高峰期、低渗—特低渗（致密）储层形成时间一致，促成了平湖组及其以下始新统—古新统深盆气藏的形成，在盆地的西部斜坡带以及中央反转构造带浅部地层形成常规天然气藏，完成了最为重要的油气充注事件。此后，西湖凹陷并未经受大的构造运动影响，盆地保持持续沉降，所形成的油气藏未遭受大的破坏，并且平湖组烃源岩现今仍在大量供气，上新世末至今研究区油气持续充注，有利于深盆气藏气水平衡的保持，为深盆气藏的保存起到关键作用。

6）普遍发育的地层超压

已发现的深盆气藏地层压力在含气层段附近存在地层压力异常，有的以超压为主（如加拿大艾伯塔盆地深盆气田），有的以异常低压为主（如美国绿河盆地深盆气田）。西湖凹陷存在异常压力，主要分布在西部斜坡带、中央反转构造带和西次凹三个构造部位，不同构造部位具有各异的压力特征。西部斜坡带中部超压出现的深度相对较浅，约为 3300m，且压力系数较高，最大压力系数可达 1.8 以上，已达到强超压标准；西部斜坡带中北部的超压发育的顶界埋深相对较大，约为 3600m，且其压力系数相对较小，多小于 1.5，为超压或弱超压；西部斜坡带中南部 3800m 以上的储层属正常压力系统。西部斜坡带中部与中北部超压的深度虽然存在差异，但其对应的层位基本一致，多位于平湖组上部一二段内。西次凹异常压力出现的深度较大，超压顶界面大致位于 3700m，且超压幅度较小，压力系数多小于 1.4，以弱超压为主。中央反转构造带内花港组下段及平湖组存在明显的超压。

二、丽水凹陷

1. 西次凹西部斜坡带

此构造带位于丽水西次凹西斜坡带，为凹陷的主要物源方向，对层序发育和砂体的发育起着明显的控制作用。在沉积作用过程中，沟谷地貌决定了沉积物的运送通道和沉积区域，坡折带决定了沉积物的卸载场所，当两者有机配合时，则构成了储层的发育空间。明月峰组沉积时期，西斜坡部分出露水面，其上发育了若干沟谷作为物源通道，目前在明月峰组下段和灵峰组上段发现了一系列下切水道，物源通过这些下切水道在坡折带之下堆积成一系列的扇体沉积，形成了典型的“沟坡扇”沉积格架。

西部斜坡带岩性圈闭主要目的层为明月峰组、灵峰组。岩性砂体主要为明月峰组下段的低位体系域和下降体系域的水下扇体沉积以及灵峰组上段的潮控潮汐沙脊和沙坝；在明月峰组和灵峰组发育大套的厚层泥岩盖层，能够形成良好储盖组合。另外这一构造带的东侧即为生烃中心，烃源岩成熟度适中，水下扇砂体及构造沙脊位于异常压力和流体势的低势区，位于油气运移通道的有利指向区，是岩性油气藏的有利发育区。目前探井揭示的丽水 36-1 构造 + 岩性复合圈闭气田和丽水 35-3 岩性圈闭含气构造都属于这个区带。

2. 丽水凹陷灵峰潜山带周缘

构造带位于丽水凹陷的中部，主要岩性砂体为西侧的扇三角洲沉积和东侧缓坡带的三角洲沉积（图 1-10-1）。在灵峰潜山带两侧，陡坡带坡折发育，来自灵峰潜山带物源在陡坡带坡折的控制下在明月峰组和灵峰组的厚层泥岩形成岩性圈闭，且灵峰潜山带物源的物性相对西部斜坡带较好，紧邻丽水东次凹和西次凹的生烃中心，位于凹陷中心边部低势区，是油气近距离运移的有利方向，是岩性油气藏的有利聚集带。

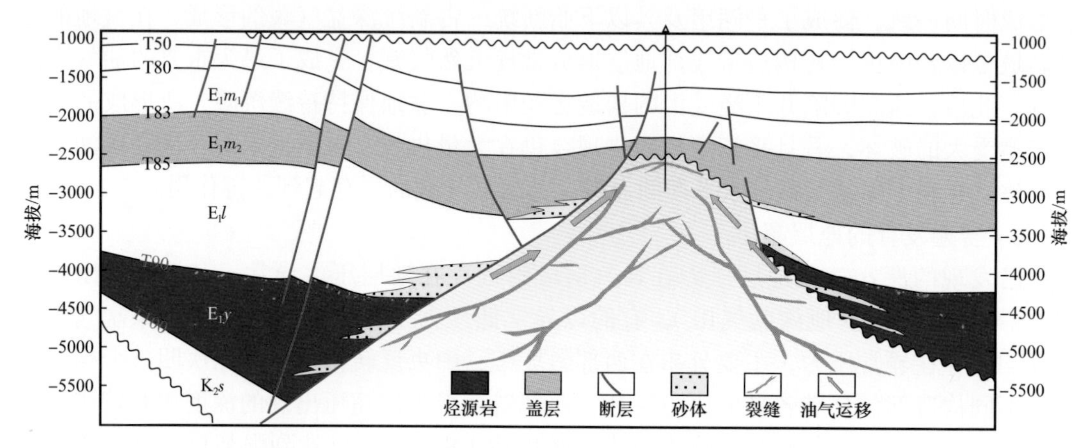

图 1-10-1 丽水凹陷灵峰潜山带岩性油气藏成藏示意图

东部缓坡带受波浪水动力的影响，将三角洲前缘形成的砂体进行改造，超覆于缓坡带之上，形成向缓坡尖灭的岩性体。

第二节 油气勘探方向

根据东海陆架盆地不同地区成藏条件的综合分析，认为东海陆架盆地近几年勘探方向有以下两个。

一、西湖凹陷

1. 中央反转构造带中北部勘探领域

中央反转构造带中北部紧邻西湖凹陷中部和北部的主要生气中心，油气资源供给丰富。西湖凹陷中北部是平湖组有效烃源岩（TOC 大于 1%）的主要分布区；从生气强度所反映的生烃中心分析，西湖凹陷中北部是凹陷最大的生烃中心。中央反转构造带中北部发育了大型辫状河三角洲，反转带以辫状河三角洲前缘为主，以中粗砂岩为主，在深埋条件下依然保存有比较好的储集物性，砂层厚度大。钻井已经揭示单砂层厚度大于100m 的有四套：H3、H4、H5、H6，但每一套的砂岩厚度在不同地区有所变化。

该区的主要盖层是 H1-H2 泛滥盆地泥岩，砂地比 10%～12%，厚度 180～200m，在成岩作用下，具有比较好的封盖能力，GZZ 气田就是以此为盖层，能封挡大于 200m 的气柱高度。

勘探实践表明，该区油气资源丰富，勘探潜力巨大，有望形成万亿立方米级的油气区。

2. 西斜坡岩性油气藏勘探领域

西部斜坡区构造岩性圈闭是勘探的后备战场。西部斜坡区先后在 BYT3 井区、WB1 井区、NB13-4-1 井区及 BG4 井区发现了岩性油气藏，展示了该区构造岩性油气藏具有良好的勘探潜力。前已述及，西部斜坡区未来有潜力的岩性目标有三种类型：一是西侧的控凹大断层下降盘可能发育的大型三角洲岩性圈闭；二是类似宁波 14-6 西侧潮间带向潮上带岩性变化形成的岩性—构造圈闭；三是诸如宁波 14-6、宁波 14-5 等古潜山之上发育的滩坝—沙坝等岩性圈闭。

3. 低渗储层油气勘探领域

凹陷的深层、超深层仍然具有较好的油气显示。随着勘探的不断深入，深层、超深层虽然体现出“低孔低渗”的特点，但仍然具有较好的储盖条件，深层、超深层具备丰富的勘探潜力。

首先，从西部斜坡区来看，储层为平湖组，而烃源岩也主要发育在平湖组，油气源条件好，储层离油源近。储层主要为多物源、小物源受潮汐影响的三角洲和潮坪沉积，砂体薄厚不均，薄的地方 3～15m，厚的区域 60～80m 储层物性好。通过地震相分析，在斜坡带主控断层的下倾方向存在一系列强振幅、连续性中等的地震相，这种地震相往往反映粗粒沉积物。在平湖组，粗相带都有比较好的储集物性，有利于油气成藏。盖层主要为平湖组潮上带发育的泥岩，粗相带粗粒沉积物在平面上呈扇形分布，是低水位时期小型三角洲或者扇体的响应。这些砂体与近南北向走向的断层形成了良好的封闭体系（圈闭）。在古构造背景和异常压力共同控制下，油气层连片较好。在实际钻探中，有探井已经发现深层、超深层油气成藏的实例。

西次凹区深层、超深层储层以中—厚层为主，低孔、低渗；盖层主要为分流间湾泥岩，油源断裂发育，所以西次凹深层、超深层勘探领域较好。

中央反转构造带在中部黄岩 1-1、黄岩 7-1、黄岩 14-1 及其周边的构造区以花港组为目标的勘探在前期已经获得成功，发现了黄岩 1-1、黄岩 2-2、黄岩 7-1、黄岩 14-1 等油气田。该区位于凹陷的中央，油气资源丰富，前期的勘探已经得到了证实。

2012 年完钻的 HY2-2S-1 井在平湖组 P1、P2、P3 均发现了良好油气显示，电测解释气层 5 层 22.6m。DQ-1 井在平湖组一段发现多层厚度在 15～40m 的砂岩，并且油气显示良好，电测解释近致密气层 7 层 66.4m，平均孔隙度 9.2%，渗透率 0.55mD。说明深层、超深层的平湖组具有良好的成藏条件。

沉积相研究认为，中央反转构造区深层、超深层平湖组主要是来自西面受潮汐影响的三角洲体系，联井对比砂体分布稳定。平湖组圈闭发育，主要以背斜型圈闭为主。圈闭形态完整，圈闭的规模往往比浅层的花港组大。

同时，深层早期断层发育，有利于油气源沟通，利于大型气藏的形成。主要生烃期与大型构造的形成时期有比较好的匹配关系。根据西湖凹陷的成藏特征，深层有更优越的成藏条件，深层平湖组是西湖凹陷重要的勘探领域。

二、丽水凹陷

根据丽水凹陷已发现的丽水 36-1 气田的成藏模式以及丽水凹陷其他已钻构造的成败分析，丽水—椒江凹陷寻找大中型油气田的勘探领域主要集中在以下三个方面。

1. 古潜山

灵峰潜山构造位于丽水凹陷中部，为一分隔丽水东、西次凹的中央隆起带（图 1–10–2），主要发育披覆背斜构造圈闭。

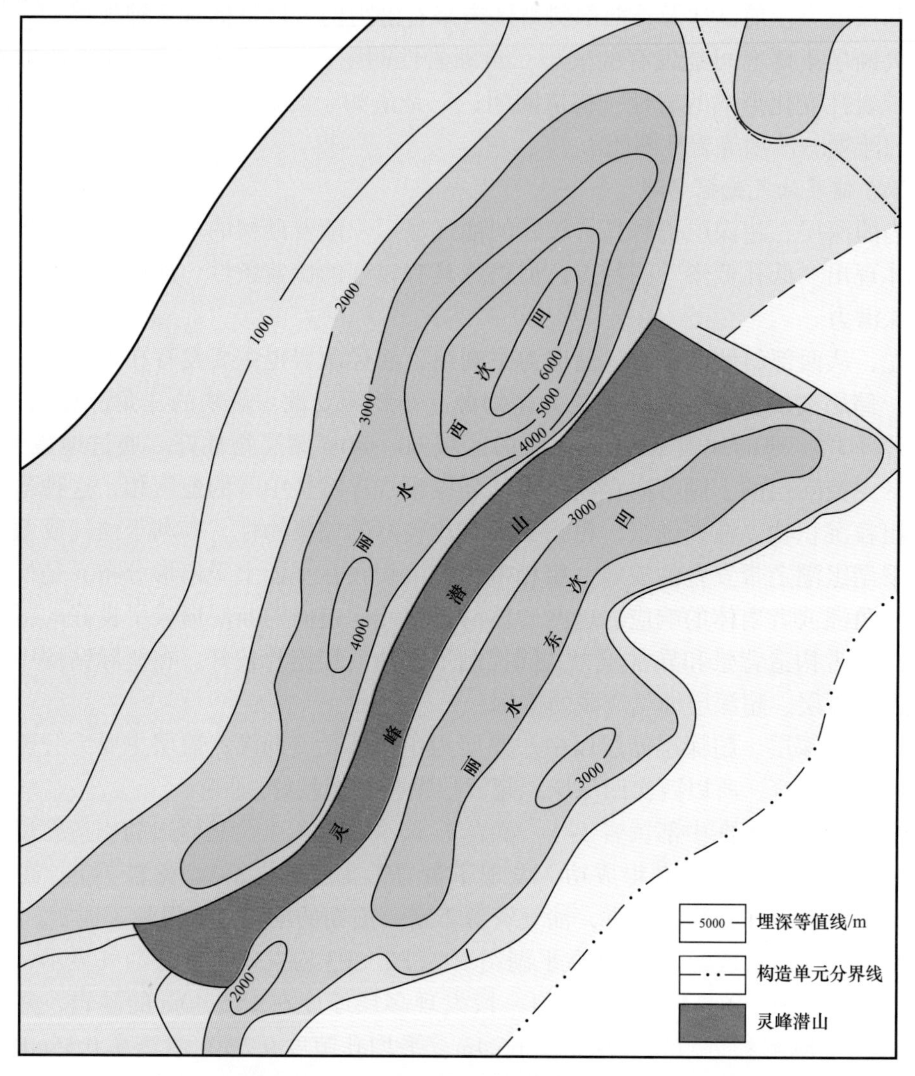

图 1–10–2　丽水凹陷灵峰潜山带区域位置

目前在古潜山钻探的两口探井，分别钻至基底潜山片麻岩 320m 和 470m，古潜山储层主要是由于遭受了长期的风化剥蚀，经过了多次的构造抬升沉降，在潜山一定的厚度范围内形成了大量的溶蚀孔洞和裂缝，储层储集性能良好，且在片麻岩储层中已见到多层的油气显示。其中一口探井测试获得少量油流。

古潜山具备良好的运移通道，在古潜山两侧发育控制凹陷的大断裂（图 1–10–3），且紧邻东、西次凹两个凹陷的生烃中心，古潜山是油气运移的有利区域。目前经油源对比分析认为古潜山的油流来自月桂峰组烃源岩，证明了丽水东西次凹生烃中心月桂峰组烃源岩与古潜山油气运移通道不存在问题，表明烃源岩和古潜山储层之间具备良好的油气运移通道。

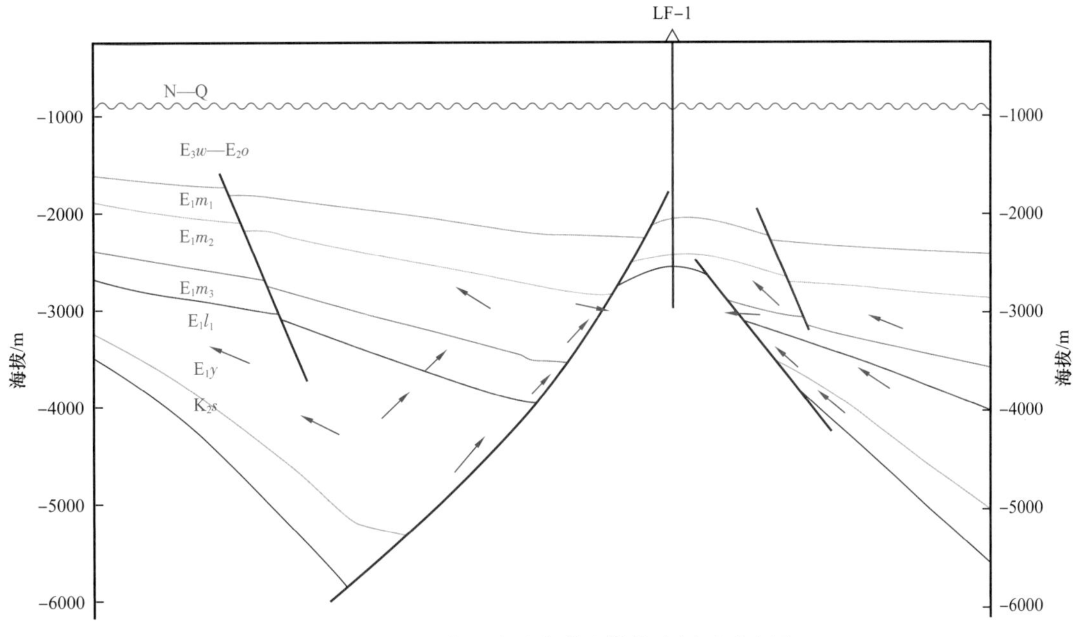

图 1-10-3　丽水凹陷灵峰潜山带构造剖面示意图

另外在古潜山上部主要发育丽水凹陷明月峰组的区域性泥岩盖层，已钻两口探井明月峰组下段的泥岩盖层厚度在 140～200m 之间，泥质含量在 73%～95% 之间，为一套优质的泥岩盖层，泥岩盖层直接披覆在古潜山储层之上，具备良好的封盖作用，可以形成良好的储盖组合。

对丽水凹陷的生排烃及构造活动分析认为，古潜山的生、储、盖在时间上具有很好的匹配关系。且已钻探井也已揭示了灵峰潜山构造带元古宇片麻岩古潜山已经成藏，证明古潜山具备良好的油气勘探前景。

2. 下组合

下组合是以灵峰组和月桂峰组泥岩为盖层，以灵峰组下段砂岩、月桂峰组砂岩、石门潭组砂岩为储层。目前丽水凹陷钻穿灵峰组及月桂峰组厚层泥岩的探井共 5 口，除一口探井未见到油气显示外，其余 4 口均见油气显示，3 口井成藏；椒江凹陷钻穿灵峰组或月桂峰组泥岩的探井共 3 口，其中有 2 口井见油气显示并成藏，下组合在两个凹陷的勘探成功率达 70%，具有较高的勘探成功率。

下组合勘探具备四个方面的优势：一是下组合的泥岩盖层较好，在古新统灵峰组上、下段发育海进时期的厚层泥岩，泥岩盖层泥质含量高、厚度大，为一套区域性的盖层，且月桂峰组的泥岩具备形成局部盖层的条件，优质的盖层必然会封盖大量月桂峰组烃源岩和灵峰组生成的油气并形成油气聚集；二是下组合具有近源成藏的优势，下组合中月桂峰组和灵峰组烃源岩生成的油气往往近源运移到月桂峰组砂岩中成藏或者向上就近运移到灵峰组砂岩中成藏，在所有的成藏模式中，这种成藏的路径是最短的，因此成藏的概率就高；三是下组合的砂岩储层较发育，月桂峰组在凹陷的边缘往往发育三角洲或扇三角洲，而灵峰组沉积时期也发育厚层扇体，且根据对下组合的储层条件分析认为其具有储层厚度大、物性好等特征；四是丽水—椒江凹陷的下组合有利目标众多，且以构造圈闭为主，有利目标构造面积大、形态好。因此，下组合具有盖层好、近源成藏、储层发育、有利目标多等优势条件，是潜在的有利勘探领域。

3. 岩性油气藏

岩性圈闭主要发育在丽水—椒江凹陷明月峰组和灵峰组上段，以明月峰组泥岩为区域盖层，以明月峰组上段和下段泥岩为直接盖层，以明月峰组下段砂岩和灵峰组上段砂岩为储层。

丽水—椒江凹陷的岩性圈闭是以局部发育的不连续砂体为主要储集体，这些不连续储集体包括扇体、扇三角洲、局部发育的水下浅滩相砂岩，其特征是单个砂体厚度小、横向上分布数量多。目前发现岩性圈闭的层位以明月峰组下段、灵峰组上段为主。椒江凹陷灵峰组水道十分发育，也可能发育扇体、扇三角洲砂岩和高位三角洲砂岩。这些不连续发育的储集体为明月峰组下段的低位体系域和灵峰组上段的高位体系域和海侵体系域发育的三角洲砂体，其处于泥包沙的环境中，并位于明月峰组区域盖层之下，具备良好的储盖条件。

在丽水—椒江凹陷岩性圈闭的成藏主要是依靠断裂，其次是砂体和不整合面。沟通月桂峰组和灵峰组烃源岩的断裂在活动期是主要油气运移通道，油气沿沟源断裂向上运移到灵峰组上段砂体中或明月峰组下段的砂岩中成藏。

目前在丽水凹陷钻探了两个岩性圈闭—丽水 36–1 构造和丽水 35–3 构造，其中丽水 36–1 构造是构造 + 岩性圈闭，丽水 35–3 构造是岩性圈闭。丽水 35–3 岩性圈闭发育明月峰组下段和灵峰组上段三个扇体。

LS35–3–1 井钻遇了丽水 35–3 扇体并在灵峰组岩性砂体测试获得天然气流，证实在丽水凹陷纯岩性圈闭可以成藏。

根据历年研究成果，丽水凹陷岩性圈闭（扇体）特别发育，在丽水凹陷三维区内已经落实了浅层扇体；由于三维区只覆盖了扇体发育区很小一部分区域，在丽水凹陷及椒江凹陷三维区以外的广大区域仍有大量扇体发育，对这些扇体进行成藏评价后可能会发现更多的油气藏。所以，丽水凹陷和椒江凹陷的岩性勘探潜力巨大。

结合丽水—椒江凹陷构造演化及储盖组合的发育情况分析，在丽水—椒江凹陷三个勘探领域分布在以下几个有利区带。

（1）中央构造带：位于丽水东、西次凹中央，椒江凹陷不明显，主要由一系列反转背斜构造组成，构造条件好，且这一构造带位于生烃中心上方，构造位置好，普遍发育沟通古新统生、储层的油源断层，油气短距离垂向运移，其上方的区域盖层发育，构造形成与油气运聚时空配置好。中央反转构造带是一种短距离垂向运移成藏模式，只要储层发育，勘探成功率将会很高。此带内发育盆地内低潜山断块圈闭、反转背斜构造 + 岩性圈闭两种类型，其主要的勘探方向为中下组合。

（2）西斜坡顺向圈闭发育带：此构造带位于丽水西次凹和椒江凹陷西斜坡带，主要为顺向边界断层活动形成的断块构造和沿着斜坡带发育的岩性圈闭，以岩性圈闭为主。主要目的层包括明月峰组、灵峰组，甚至月桂峰组。该带位于凹陷边缘，岩性油气藏发育，三角洲岩性砂体发育在厚层泥岩中，储盖组合好。另外这一构造带的东侧即生烃中心，烃源岩成熟度适中，三角洲、扇三角洲砂体伸入生烃中心可形成良好的侧向运移通道。

（3）灵峰潜山披覆构造带：位于丽水东、西次凹中间，是一长期继承性发育的花岗片麻岩和花岗闪长岩潜山构造带。古潜山片麻岩裂缝发育，紧邻生烃中心，与烃源岩及上覆的厚层泥岩能形成好的生储盖组合；另在顶部以披覆背斜构造为主，东翼主要为地层尖灭、岩性、断块圈闭，其西侧下降盘主要由牵引断块构造组成。古潜山顶部的明月峰组上部砂岩发育，埋藏浅，物性好。翼部发育有近源扇三角洲。在这一构造带两侧供烃，且是丽水东次凹油气运移的主要指向区，油气运移距离短，可形成短距离侧向运移复合油气藏。

（4）东侧断阶带：分布在丽水东次凹东侧、椒江东次凹东侧边界断层下和丽水西次凹东侧南部的断阶带，由一系列断块、断鼻构造组成。断阶带下降盘通常发育扇三角洲，构造带位于凹陷内，盖层发育，储盖组合好。其西侧即为生烃中心，砂体伸入西侧的生烃中心而形成优良的油气侧向运移通道，运移距离短，供烃窗口长，可形成短距离侧向运移。

第十一章　中国台湾省周围海域主要沉积盆地

我国台湾省及其周围海域在印支—燕山褶皱基底之上发育了台湾西部、台湾西南部及台湾东部三个古近纪—新近纪为主的沉积盆地，观音及北港—澎湖—东沙两个隆起。这些盆地和隆起都与台湾岛陆地部分相连。沉积盆地总面积约 9×10^4km^2，隆起总面积 1×10^4km^2，各有不同的地质构造特征。

第一节　台西盆地

台湾西部盆地（台西盆地）面积约 79000km^2（其中台湾岛上面积近 20000km^2）。有闽江、九龙江、韩江、晋江等四条主要水系向盆地搬运沉积物质，使得盆地沉积厚度达 8000 余米（图 11-1-1）。

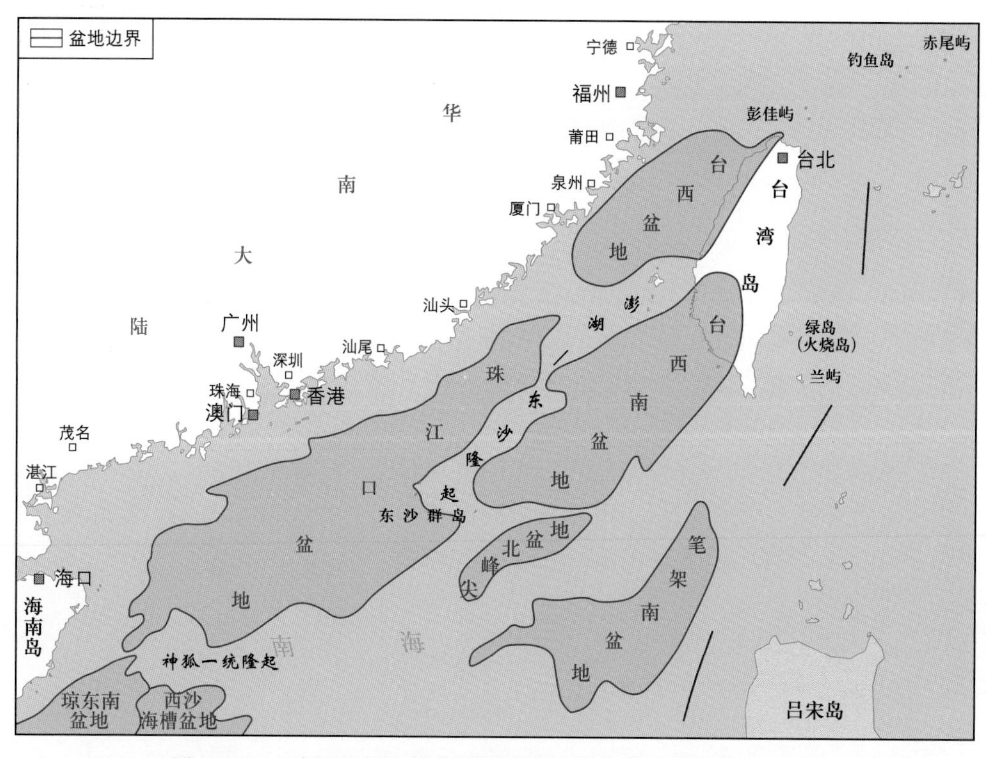

图 1-11-1　南海北部边缘东部海域盆地分布图（据邱燕，2004）

一、构造地质特征

1. 构造事件与盆地演化

台西盆地是叠置在古生代地层上的中—新生代盆地。钻探揭示盆地基底为古生代和早中生代地层，当时该区与中国大陆为统一的地质单元。福建的福鼎南溪中生代火山岩“构造窗”中发现中石炭世海相碎屑和硅质岩及千枚岩等。台湾台南佳里一井4612～5415m钻遇石炭纪—二叠纪结晶灰岩。万兴一井2595～3003m钻遇前中生代碎屑岩。台湾岛出露的最老地层为二叠纪大南澳群。台湾岛上数十口井揭示有中生代地层。中生代末期的造山运动对海峡地区影响较大，广大地区露出水面遭受剥蚀，甚至古生界也受到剥蚀（王国纯，1997）。

1）主要构造事件

台西盆地处于欧亚板块、太平洋板块及印度三大板块的三联点，经历多期构造活动。从区域构造活动背景看，台西盆地新生代构造事件主要有五次（钟建强，1994）：

第一次发生于晚白垩世晚期—古新世早期（距今70—60Ma），主要表现为区域角度不整合，上白垩统至中—下古新统大部分缺失，距今约62.5Ma岩浆活动（以中性为主），倾向北西的北东向断裂强烈断落以及基底断陷。该事件在区域上广泛发育，持续时间长，强度高，以东亚陆缘扩张为特征，称之为“太平事件”。

第二次发生于古新世末—始新世初（距今54—51Ma），延续时间较短，主要表现为局部不整合、古新统顶部至始新统底部缺失以及倾向南东的北东向断裂形成。

第三次发生于始新世晚期—渐新世早期（距今42—32Ma），延续时间长，强度大，可能最早始于中始新世末（距今约44Ma），结束于中渐新世初（距今约30Ma）或稍后。主要表现为区域角度不整合、区域性地壳隆起、上始新统—下渐新统缺失、第二期岩浆活动（以基性为主）、北东向断裂活动及近南—北向正断层的产生。

第四次发生于晚中新世—上新世初（距今10—5Ma），主要表现为区域角度不整合、上中新统普遍缺失、第四期岩浆活动（基性）、断裂重新活动等。该事件在台湾断褶带表现尤甚，中新统及前中新统强烈挤压—褶皱—变质、断裂逆冲，称为“海岸山事事件”。

第五次发生于上新世末—中更新世（距今2.5—1Ma），主要表现为局部不整合、上新统顶部到第四系下部普遍缺失、第五期基性—超基性岩浆活动、断裂重新活动、盆地东部抬升成陆等。该事件在台湾断褶带表现剧烈，以中央山脉和海岸山脉拼贴并强烈隆起为特征，称之为“蓬莱事件”。

2）盆地演化

中生代末，南海第一次扩张出现，东亚陆缘由主动型转化为被动型。晚白垩世初—古新世早期，陆缘深部地幔隆起，地壳拉伸、减薄、抬升—侵蚀，导致北东—北北东向断裂张裂或重新活动，并伴有中酸—中基性岩浆活动，太平事件全面发生。随后，地壳进一步张裂，形成一系列东断西掀的半地堑式陆缘断陷并接受充填式沉积，台西盆地的雏形出现并开始进入裂谷幼年期。

至古新世末，地壳活动性有所加强，造成又一次较明显的构造热活动，地壳抬升—侵蚀，形成不整合、地层缺失和断裂活动等；随后，地壳发生强烈沉降，海水上侵，台西盆地形成一套以三角洲前缘—半深海相泥岩为主的含油沉积建造；始新世中期前后，由于太平洋板块相对于东亚大陆由北西转变为北西西运动和印度洋板块与欧亚板块沿喜马拉雅构造带碰撞，导致中国东南陆缘产生近南—北向强烈拉张的构造应力场，地壳拉张减薄和隆起，断裂—岩浆强烈活动，裂谷作用显著，南海事件发生。此次事件在区域上主要表现为南海第二次扩张的开始。经过这期的构造作用，台西盆地已步入裂谷成熟期；到渐新世中期—中中新世，地壳逐渐冷却收缩，构造沉降加速，海水由东而西侵入到盆区，形成一套三角洲相、滨—浅海相砂岩为主的沉积；其中，中新世初盆地边缘有较明显的岩浆和断裂活动，但影响范围较小，持续时间不长。中中新世后期，海侵达到最大，全区均被海水淹没而广泛接受沉积。

晚中新世，新近纪后期形成的、可能属于马尼拉海沟向北延伸的、向东俯冲的洋—洋俯冲带已后退至台西盆地以东陆缘附近，接着，生长于太平洋板块边缘的台东岛弧（台东地块）与台西盆地以东陆缘发生初始碰撞，台东地块仰冲到陆缘之上，海岸山事件发生，从而揭开了台西盆地以东陆缘发生挤压—收缩—隆起的历史，使得碰撞带附近地层褶皱和动力变质。此次事件导致台西盆地发生东掀西坳、断裂活动和大量基性为主的岩浆喷发，裂谷作用中止，盆地逐渐迈向裂谷衰亡期而成为残留裂谷；同时，地壳抬升，海水退出，全区发生沉积间断或侵蚀。随后，地壳再度沉降；到中新世末，海侵仅到达新竹凹陷，形成以砂岩为主的滨—浅海相堆积。到上新世早期，海侵广泛，形成以泥岩为主的超覆沉积。

上新世末—第四纪初，由于持续强烈的碰撞挤压，台西盆地以东陆缘在水平方向上已大幅度收缩，形成台湾断褶带，其地壳厚度已逐渐增至接近大陆型地壳的厚度。在强烈推挤和均衡调整的联合作用下，中央山脉急剧隆起成山，导致构造作用的进一步加强，此即蓬莱事件。该事件使台西盆地地壳抬升，断裂和岩浆重新活动。第四纪中期以来，构造活动强度相对减弱，台西盆地地壳缓慢沉降，沉积作用主要受冰期—间冰期海面升降变化控制，形成海—陆交互相至海相的碎屑沉积（钟建强，1994）。

2. 构造单元划分

东西成带、南北分块是台西盆地构造划分的特点，这与东海、珠江口盆地划分相似。盆地西带为半地堑类型，以左列雁行式展布。北部乌丘屿凹陷新生代沉积最大厚度为4500m，西部最薄处约1000m，新生界底部坡度为7.3°～9°。南部厦澎凹陷东侧新生界最大厚度为3500m，西部约1000m，新生界底部坡度11.3°～17.4°。

1）凸凹相间，东西成带

西部凹陷带包括厦澎凹陷和乌丘屿凹陷，凹陷呈右行雁列展布；中央隆起带由北段观音隆起、南段澎湖—北港隆起组成，这些隆起也呈右行雁列展布；东部坳陷带包括台南凹陷和新竹凹陷，这些凹陷也呈右行雁列展布（图1–11–2，表1–11–1）。这种构造格局是区域性燕山运动和喜马拉雅运动的产物，尤其与北西—南东向的走滑断层作用有关。

2）地质差异，南北分块

台西盆地北以闽江口东断裂与东海盆地分隔，南以巴士海峡—汕头断裂为界与珠江口盆地毗邻。在盆地内部，厦门东至台湾阿里山—玉山断裂把盆地分成南、北两块，其地质特征差异较大。

（1）基底面坡度南陡北缓。

厦澎凹陷西坡基底坡度为11.3°～17.4°，乌丘屿凹陷西坡基底坡度为7.3°～9°。这种基底坡度对沉积岩的厚度存在影响，陡基底沉积层薄，缓基底沉积层厚。

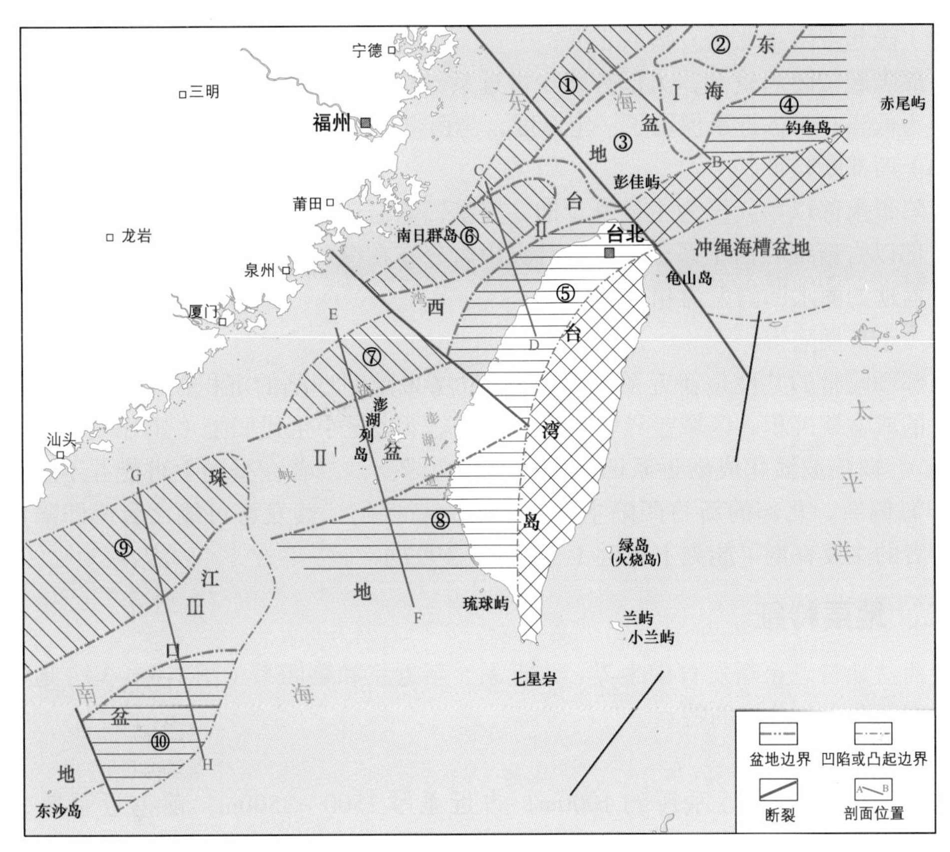

图 1-11-2　台湾海峡及邻区构造区划图

Ⅰ—渔山东低隆起，Ⅱ—观音隆起；Ⅱ′—澎湖—北港隆起；Ⅲ—东沙隆起；

① 丽水凹陷；② 福州凹陷；③ 彭佳屿凹陷；④ 钓北凹陷；⑤ 新竹凹陷；⑥乌丘屿凹陷；⑦ 厦澎凹陷；

⑧ 台南凹陷；⑨ 韩江凹陷；⑩ 潮州凹陷

表 1-11-1　台西盆地构造区划分

盆地名称		构造单元		
		西部带	中央带	东部带
台西盆地	北部	乌丘屿凹陷 （南日岛盆地、晋江盆地、南日岛凹陷） 面积约 700km^2 新生界厚均 4500m 沉积岩厚约 8500m 半地堑（东断西超）	观音隆起 新近系厚约 1000m 前古近系约 4000m 缺失古近系 西断东超	新竹凹陷 （台西盆地、台西—台中凹陷） 新生界厚约 8000m 第四系约 2000m 中新统 5000～5500m 渐新统 500～1000m 坳陷类型
	南部	厦澎凹陷 （澎潮盆地、九龙江盆地、澎西凹陷） 面积约 5500km^2 新生界厚约 3500m 沉积岩厚约 8500m 半地堑（东断西超）	澎湖——北港隆起 新近系 500～1000m 前古近系 1000～2000m 缺失古近系 西断东超	台南凹陷 （台财盆地） 新生界厚约 6000m 第四系 + 中新统约 5000m 坳陷类型

（2）隆起带南高北低，南宽北窄。

南部隆起带隆起较高，大部分缺少古近系，与两侧负向单元以双断形式对接；北部隆起带为低隆起，古近系保留了一定厚度，与西带以断层为界，与东带为超覆关系。

（3）西部断陷带。

断陷带南部以始新统为主要发育期，厦澎凹陷与珠江口盆地内的凹陷可比性强，断陷带北部以古新统和白垩系较发育，且火山岩分布在纵、横向上均较普遍，乌丘屿凹陷与东海盆地的丽水凹陷尤为相似。

（4）东部坳陷带。

东部坳陷带的共性是新近系较为发育，边界断层对凹陷的沉积控制作用不明显，为裂谷后的成盆期沉积，区域差异较大。台南凹陷下边是中生代凹陷（如 CFC 等众多井所证实的），向陆坡演化成新近系凹陷，属大陆边缘型，二者在垂向上可能并不重叠，而是向外海偏新。北部的新竹凹陷主要形成期为新近纪，其发育可能比台南凹陷更老一些，后者的主发育期可能为上新世（王国纯，1997）。

二、地层特征

台西盆地自老至新发育中生界、古近系、新近系和第四系（图 1–11–3），地层时代有西老东新和南北分块的特点。

1. 西老东新

台西盆地西带新近系厚约 1000m，古近系厚 2500～3500m，前古近系厚 3500～4000m；东部坳陷带的新竹凹陷，岛上竹东断层和新竹断层之间第四系厚 2000m，上新统约 1000m，中新统厚约 5000m，海峡区明显地表现出沉降中心随着时代变新而向东转移。

2. 南北分块

在北纬 24° 附近，以北地区壳厚 30km 的北东向狭长带，带内有两个 29km 的薄壳区，反映凹陷的镜像关系；北纬 24° 以南为 30km 厚壳宽缓带，向南急剧变薄，表现出南薄北厚形态的差异（图 1–11–4）。在剩余磁力资料上北纬 24° 以北为低平滑磁场，以南为强磁场。图 1–11–5 磁性基底深度上南北有别，说明磁性基底的埋深差异甚大。上述这些深部地质因素的差异为沉积盖层的发育演化造成南北各异。

3. 中部隆起

北部观音隆起为巨厚的前新生界，中生界厚达 5000m，这一部分可与东海盆地渔山东低隆起上的福州凹陷对比，均为中生代沉积盆地回返后的局部下沉。南部澎湖—北港隆起规模大、范围广，隆起的南、东其揭示较厚的白垩系，而顶部只有 300 多米厚的中生界。地震资料表明北段为厚的中生界，反射特征清楚；南段中生界薄，无反射特征，可能以火成岩为主。

三、石油地质条件

台西盆地发育白垩系、古近系及新近系多套生烃层系（杜德莉，1994）。白垩系湖相泥页岩夹煤层在台西盆地新竹凹陷和澎湖——北港隆起倾没端有生烃能力，在澎湖——观音凸起上 CCT 井 2231m 处 TOC 含量达 1.56%；古新统烃源岩主要分布在台

界	系	统	组	地层厚度/m	地震反射层	时间/Ma	岩性描述	沉积相	油气田或代表井	构造事件
新生界	第四系	全新统								台北幕
		更新统	头料山统	1000~2500	T20	2.6	砂岩、页岩夹砾岩	滨—浅海		蓬莱造山运动(台湾运动)
	新近系	上新统	卓兰组	500~3500			砂岩、粉砂岩、页岩互层			弧后沉积
			锦水组	100~400			页岩，局部夹砂层			
			桂竹林组	300~1800	T30	5.3	上部鱼藤坪砂岩，中部十六份页岩，下部关刀山砂岩	半深—浅海	牛山 六重溪	海岸山运动
		中新统	南庄组	400~3000			上部上福基砂岩，下部东坑砂岩夹煤层、页岩	海陆过渡		裂 南庄运动
			南港组 观音山	300			砂岩与页岩			
			南港组 打鹿	500			页岩夹砾岩		竹头崎、青草湖、冻子脚、竹东	
			南港组 北寮	700			砂岩夹页岩			?
			石底组	200~600			砂岩(出磺坑砂岩)、页岩与煤层		宝山、白沙屯	后
			大寮组	300~500			砂岩和页岩，碧灵页岩			
			木山组	200~700	T20	2.6	砂岩(八掌溪砂岩)、页岩与煤层		新营、八掌溪崎顶、长隆、长康、台西、长德、长安、长恩	期 ?
	古近系	渐新统	五指山组	400~1200	T80	32	砂岩、页岩，夹劣质煤		山子脚、致昌、锦水(永和)铁砧山(通霄)	裂 埔里运动
		始新统		3000	T90	56.5	砂岩、页岩、火山岩，主要发育在夏澎、乌丘屿凹陷	滨浅海	振威、振安	陷 双溪运动
		古新统			T100	65	火山岩、砂岩、页岩	非海相		太平运动
中生界				500~1500			主要发育在北港高区，台西南凹陷及西部带砂岩、页岩		建丰、致胜	期
前中生界							北港区及基岩高区、砂岩、页岩、变质岩			

图 1-11-3　台西—台西南盆地地层综合柱状图

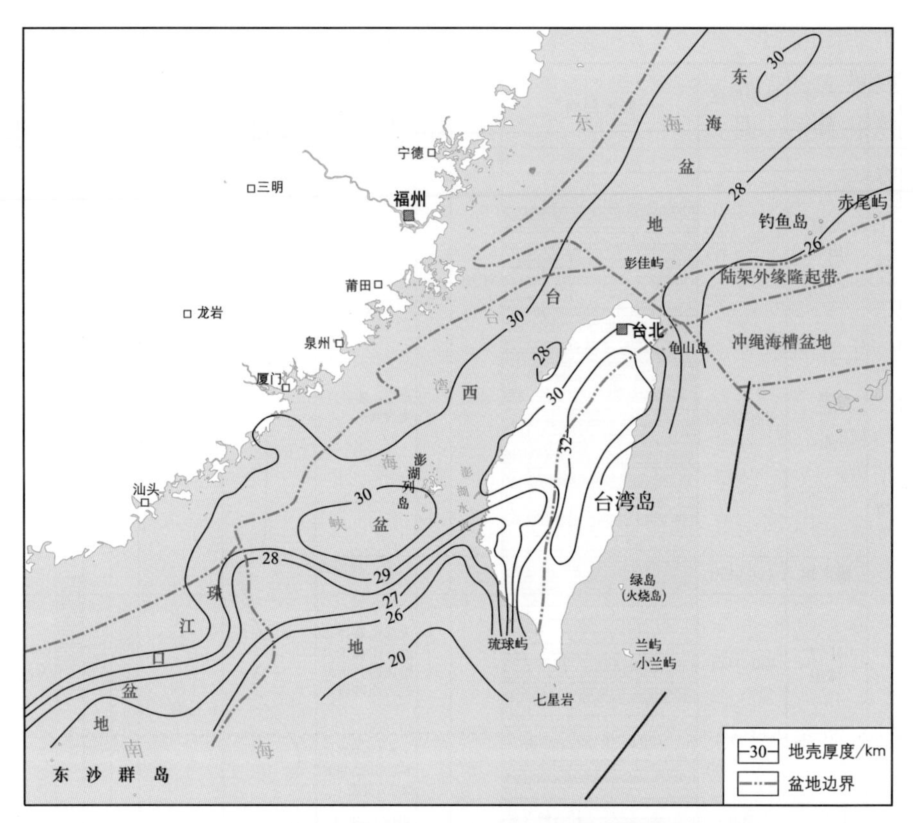

图 1-11-4　台湾岛及邻区地壳厚度图（据刘光夏等，1990）

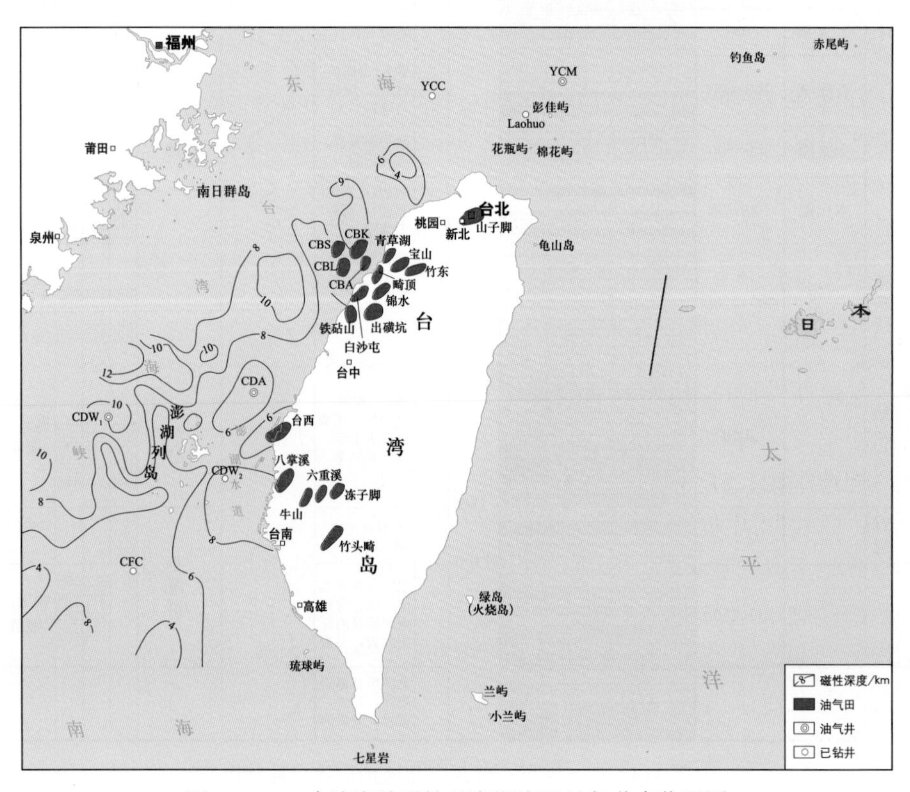

图 1-11-5　台湾海峡磁性基底深度及油气分布位置图

西盆地乌丘屿凹陷，TOC 含量 1.0%～1.6%，为Ⅲ型干酪根；始新统则为台西盆地厦澎凹陷、乌丘屿凹陷的主要烃源岩，岩性为湖相泥页岩，TOC 含量 1.03%～2.64%，以Ⅲ型干酪根为主；渐新统生烃层主要分布在新竹凹陷，岩性为泥岩夹煤层，TOC 含量 0.5%～1.0%。

中新统是台西盆地新竹凹陷主要生烃层，为海陆交互、浅海、海湾相沉积，岩性主要为泥岩（页岩）、砂岩间互层，夹煤层、石灰岩及凝灰岩。总厚度达 4000～5000m。自下而上中新统与上新统下部组成三个含煤层—海相泥岩沉积旋回。

（1）五指山组（砂岩段）—木山组（含煤砂、泥岩间互段）—大寮组下部（泥岩为主）。

（2）大寮组中上部（砂岩夹泥岩）—石底组（含煤砂、泥岩间互段）—南港组的北寮砂岩段及打鹿页岩段。

（3）南港组观音山砂岩—南庄组（含煤砂、泥岩间互层）—桂竹林组（砂岩夹泥岩）—锦水组页岩。

这三个沉积旋回中的木山组、石底组及南庄组三个含煤层组，总厚度大于 1500m，富含腐殖型干酪根。已发现的油气藏以产气为主，多含凝析油，具有煤成气的特点，兼生少量凝析油及轻质原油。

中新统生烃层有机质丰富，其中，木山组及石底组煤系泥岩 TOC 含量 0.5%～2.0%，打鹿段海相页岩 TOC 含量 0.5%～1.0%，碧灵页岩 TOC 含量 0.5%～1.0%，其母质以Ⅲ型干酪根为主。中新统泥页岩已被证实为台湾岛上各油气田的主要烃源岩。

台西盆地具有良好的生储盖条件，有利于油气生成和聚集。白垩系、古新统、始新统及渐新统和中新统砂岩储层较发育。白垩系和古近系湖相泥页岩及新近系海相泥页岩是该区良好的盖层，可形成多套储盖组合类型（杜德莉，1994）。尤其是上新统锦水组和中新统打鹿段页岩厚度大且分布稳定，是重要的区域封盖层。

台湾西部盆地油气层分布很广，从上渐新统一直到上新统上部，从井深 300m 到 4679m 都分布有油气层，有的油气田有 40 个产油气层。但主要产层为中新统，特别是打鹿页岩中的石英砂岩储层，是迄今发现的最有经济价值的油气生产层。

四、含油气远景

台西盆地新竹凹陷新生代自东向西的水平挤压活动强烈，形成了成排成带分布的背斜构造圈闭及与逆冲断裂相关的断鼻、断块圈闭。在台湾岛上已发现新竹凹陷东部存在大批背斜构造圈闭；在台西盆地西部乌丘屿及夏澎凹陷，拉张断裂活动形成的逆牵引背斜及断鼻、断块圈闭主要沿大断裂展布，亦有一定分布规律；澎湖—观音隆起则以新近系披覆构造为主，古近系地层岩性及断鼻、断块圈闭主要沿断裂带展布。

在台西盆地的新竹凹陷、澎湖—北港隆起，已发现了一批小型油气田和含油气构造。在新竹凹陷岛上部分已发现山子脚、宝山、出磺坑油田和青草湖、畸顶、永和山、锦水、白沙屯及铁砧山等气田；在新竹凹陷海域部分已发现长康（CBK）油气田和长胜（CBS）及振安（CDA）等含油气构造；在澎湖—北港隆起东部，已发现台西（THS）、八掌溪含油气构造。

第二节　台西南盆地

台西南盆地位于台湾岛西南部，属华南大陆边缘。北接澎湖台地，西南为东沙隆起，东为雪山山脉，东南是南海东北边。它是一个呈北东—南西向延伸的长条形盆地。面积约 46000km^2，其中 90% 是海域。北部水深一般小于 200m，东南边水深达 3000m（图 1-11-1）。

台西南盆地属裂谷型（张裂型）中—新生代叠合型或残留型盆地，基底主要由晚古生代的褶皱带组成。根据台西南盆地主要钻井揭示，中央隆起带中部（CFC、CFS 和 CGF 地区）主要沉积地层有中生界侏罗系 / 白垩系近海陆相地层和新生界上渐新统—中新统、上新统及第四系海相地层，普遍缺失自早白垩世末以来沉积的上白垩统、古新统、始新统及下渐新统等地层；而盆地低凹地区存在古新统—始新统。

一、构造地质特征

1. 构造区划分

台西南盆地北界为北东—南西向的义竹断层，南界则处于深水区，故南部边界不易划定。盆地内部根据北东—南西向展布的断裂特征，自北而南可划分为北部坳陷（凹陷）、中央隆起带和南部坳陷（凹陷），且均为北东—南西走向（图 1-11-6）。该区的油气勘探工作及钻井，主要集中在中央隆起带（中部），且已发现 CFC、CFS 和 CGF 等含油气构造及商业性油气，有钻井单井产气量高达 $76 \times 10^4 m^3/d$ 以上（何家雄，2006）。由于该区油气勘探及研究程度尚低，加之探井及研究工作亦主要集中在中央隆起带的中部地区，故对该中—新生代叠合型断陷盆地构造、地质特征及油气运聚成藏规律的认识，目前仍处于探索阶段。

2. 构造演化特征

根据断裂发育特征和盆地结构，结合区域地质资料分析，将新生代台西南盆地演化分为 3 个发展阶段：晚古新世—早渐新世大陆边缘裂陷期、晚渐新世—中中新世大陆边缘盆地坳陷期和晚中新世—全新世被动大陆边缘张裂期（易海等，2007）。

1）晚古新世—早渐新世大陆边缘裂陷期

晚古新世—早渐新世末，神狐运动在台西南地区形成一系列孤立的地堑和半地堑。此时期发育的较大断裂多为地堑的边界断裂，走向多为北东向，或以单条出现或以多条成组出现。这些边界断裂的发育情况控制了断陷盆地的形成和沉积层序的发育。上古新统、始新统和下渐新统沉积于这些地堑内部。结合钻井和区域资料，台西南盆地上古新统—始新统为一套断陷式充填河、湖沼相沉积，并夹喷溢的中酸性火成岩，向上逐渐发生海侵；下渐新统为砂岩、页岩夹煤层，为滨浅海相。

2）晚渐新世—中中新世大陆边缘盆地坳陷期

晚渐新世—中中新世，台西南盆地转入坳陷阶段，摆脱了早期箕状断陷边界断层的控制。此时期盆地的主要坳陷主体和沉积中心位于台西南盆地的南部坳陷，沉积了 3500m 厚的上渐新统—中中新统。此时期北部坳陷和中央隆起沉降幅度均远小于南部坳陷。据钻井资料揭示，北部坳陷和中央隆起晚渐新世处于隆起剥蚀状态，缺失古新统—

下中新统，至早中新世末北部坳陷才开始发育一系列北倾的生长断裂，并沉降接受浅海陆棚沉积。台西南盆地上渐新统岩性组合为海陆过渡相特征。早中新世，地壳拉张作用进一步加强，盆地发生快速沉降，发育由外浅海—半深海相细碎屑组成的下中新统巨厚沉积，岩性主要为深灰色页岩、薄层泥质砂岩。中中新世，南海扩张逐渐停止，陆缘拉薄作用减弱乃至中止，盆地以冷却—缓慢沉降为特征，形成以页岩为主夹粉细砂的浅海—半深海相沉积，岩性主要为灰色厚层砂岩夹深灰色泥岩。

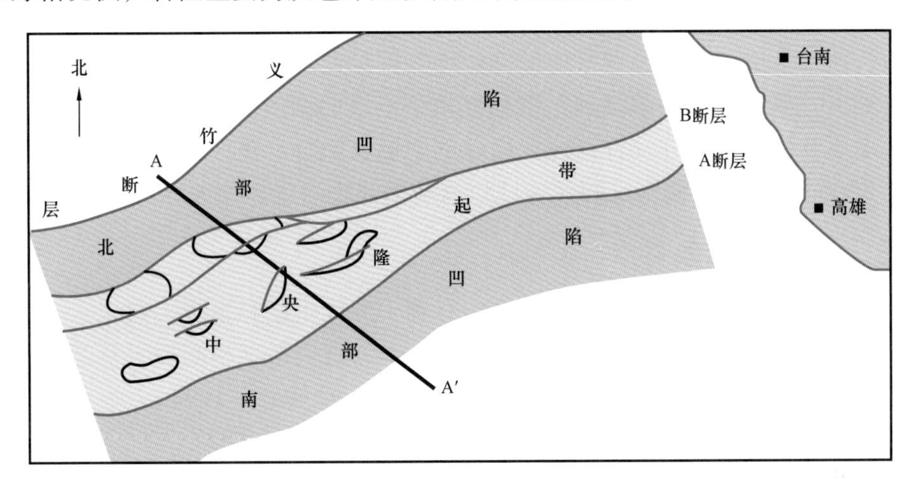

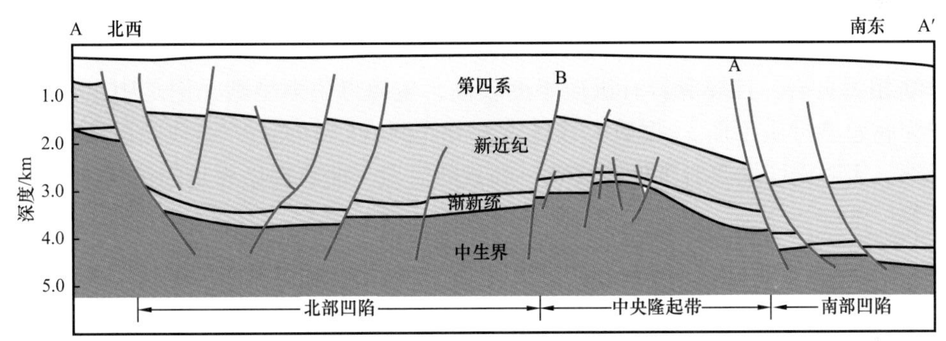

图 1-11-6 台西南盆地构造单元划分及“裂谷型”盆地发育特征❶

3）晚中新世—全新世被动大陆边缘张裂期

中中新世末—晚中新世，由于东沙运动的影响，台西南盆地地层抬升，形成区域不整合面，在中央隆起附近形成局部小型逆冲断层和背斜。此时期在南部坳陷内断裂不甚发育；在北部坳陷，早中新世开始发育的生长断裂则持续发育。

上新世—全新世，菲律宾海板块沿琉球海沟向北西俯冲，台湾海岸山脉岛弧与台湾岛主体发生碰撞（蓬莱运动）。受其影响，台西南盆地北部坳陷东部以地层隆起、褶皱和逆冲为主，并伴有近东西向的压缩；北部坳陷西部则为持续热沉降期，断裂活动不明显，早中新世发育的生长断裂逐渐停止活动。此时期北部坳陷和中央隆起接受了一套浅海—外陆架沉积，并成为盆地的沉积中心。而在台西南盆地南部坳陷，由于南海洋壳开始沿马尼拉海沟向吕宋岛弧俯冲，南部坳陷沿现今的陆坡区发生一期新的张裂活动，并快速沉降，最终使南部坳陷演变为深海盆地。南部坳陷内接受了一套半深海—深海沉

❶ 数据来自台湾中油股份有限公司。

积。此间在南部坳陷北侧和西侧的陆坡区发育了大规模的拉张断裂、走滑平移断裂和重力滑动断裂。

二、地层特征

台西和台西南两盆地东西、南北构造地质演化特征差异较大。其中，台西盆地近大陆一侧的乌丘屿、厦澎凹陷，古近纪为箕状断陷，充填了厚度很大的古新世及始新世河湖相沉积，渐新世沉积遭到剥蚀，新近纪中上新世为披盖式沉积；而台湾岛一侧的新竹凹陷和台西南盆地，则只是在盆地低部位坳陷区存在古新统及始新统，隆起地区该套地层普遍缺失，但新近纪坳陷强烈，沉积充填了巨厚的滨浅海相地层（图 1-11-3），且泥页岩、煤层及砂岩均十分发育，构成良好的生储盖组合。该区沉积厚度平均 5000m，最厚可达 8000m，与盆地西南部邻区珠江口盆地潮汕坳陷差异较大。

三、石油地质条件

台西南盆地具有良好的生储盖条件，有利于油气生成和聚集。白垩系、古新统、始新统及渐新统和中新统砂岩储层较发育。白垩系和古近系湖相泥页岩及新近系海相泥页岩是该区良好的盖层，可形成多套储盖组合类型（杜德莉，1994）。尤其是上新统锦水组和中新统打鹿段页岩厚度大且分布稳定，是重要的区域封盖层。

1. 烃源岩

台西南盆地烃源岩主要为渐新统—下中新统海相泥页岩，次为中生界侏罗系 / 白垩系近海陆相泥页岩，且烃源岩有机质丰度较高，生源母质类型则无论是中生界还是新生界，均为腐殖型母质（Ⅲ）。据研究该区大部分烃源岩处于成熟—高成熟阶段，少部分已达过成熟。表明该区烃源岩多处在成熟—高成熟阶段，能够提供充足的油气（表 1-11-2；何家雄等，2006）。

表 1-11-2　台西南盆地及粤东陆上新生界及中生界烃源岩地球化学特征（据何家雄等，2006）

<table>
<tr><th>层位</th><th>样品位置</th><th>TOC/%</th><th>HI/（μg/g）</th><th>T_{max}/℃</th><th>R_o/%</th><th>生源母质类型</th></tr>
<tr><td>下中新统</td><td rowspan="2">CGF-1/CFF-1/
CJF-1D-CJA-1</td><td>0.33～0.95</td><td>38～114</td><td>430～443</td><td>0.48～0.70</td><td rowspan="11">Ⅲ</td></tr>
<tr><td>渐新统</td><td>0.35～0.94</td><td>60～103</td><td>430～458</td><td>0.51～1.02</td></tr>
<tr><td rowspan="9">白垩系</td><td>CDJ-1</td><td>1.6</td><td>22</td><td>509</td><td>1.70</td></tr>
<tr><td>CET-1</td><td>2.5</td><td>67</td><td>435</td><td>—</td></tr>
<tr><td>CGF-1</td><td>1.0</td><td>91</td><td>449</td><td>0.89</td></tr>
<tr><td>CFS-4</td><td>0.6</td><td>109</td><td>454</td><td>0.78</td></tr>
<tr><td>CFC-9</td><td>0.8</td><td>51</td><td>446</td><td>0.71</td></tr>
<tr><td>香港平洲 1</td><td>0.9</td><td>130</td><td>439</td><td>0.11</td></tr>
<tr><td>香港平洲 2</td><td>0.7</td><td>128</td><td>436</td><td>1.00</td></tr>
<tr><td>香港平洲 3</td><td>4.3</td><td>578</td><td>437</td><td>1.11</td></tr>
<tr><td>平均</td><td>1.2</td><td>96</td><td>443</td><td>0.84</td></tr>
</table>

续表

层位	样品位置	TOC/%	HI/（μg/g）	T_{max}/℃	R_o/%	生源母质类型
侏罗系	CFC-1	1.5	200	456	0.68	Ⅲ
	CFM-1	1.2	2	444	1.38	
	CFS-2	0.6	80	452	0.95	
	CFD-1	0.9	—	443	1.26	
	CFC-10	0.7	83	447	0.79	
	CFC-5	1.8	67	448	0.75	
	平均	1.0	76	448	0.96	

1）侏罗系

台西南盆地中央隆起带中部所钻遇的侏罗系近海陆相黑色页岩，其有机质类型属Ⅲ型，有机质丰富，TOC一般多在0.9%～1.8%之间，R_o值为0.85%～1.38%，属成熟—高成熟，部分烃源岩达过成熟。在广东粤东地区的下侏罗统泥页岩，地球化学分析TOC值为0.5%～2.0%，平均0.78%，R_o值多在2.69%～3.75%，已达过成熟，但仍具较大的生气潜力。

2）白垩系

台西南盆地中央隆起带中部探井均钻遇到下白垩统近海陆相泥页岩，地球化学分析其有机质类型为腐殖型（Ⅲ型），有机质丰度较高，TOC值为0.6%～2.5%，R_o值多在0.6%～1.1%之间，属成熟—高成熟成烃演化窗范围产气带油（凝析油）的烃源岩。中央隆起带部分探井在白垩系中已钻遇固体沥青及少量残余油气，则进一步确证了白垩系烃源岩具有良好生烃潜力。同时，白垩系烃源岩在广东粤东地区陆上亦得到了进一步佐证，如粤东上白垩统泥页岩地球化学分析，其TOC值为0.7%～1.0%，R_o值在0.92%以上；香港平洲岛白垩系泥页岩的TOC值为0.88%～4.26%，R_o值为1.11%；而在南海南部的礼乐滩盆地钻井钻遇的下白垩统烃源岩，其TOC值最高达1.5%～2.0%，亦是高有机质丰度的好烃源岩，表明白垩系烃源岩在南海北部及邻区与南部海域等地区分布具有一定的区域稳定性。

3）上渐新统—下中新统

该套烃源岩主要在台西南盆地中央隆起带中部的部分探井所钻遇，其TOC一般多在0.56%～1.82%之间，R_o值为0.57%～1.02%，亦属成熟—高成熟烃源岩，生源母质类型仍为Ⅲ型。

此外，据研究渐新统五指山组也为好的烃源岩；始新统是区域性烃源岩，已被珠江口盆地文昌组、恩平组证实，东海盆地始新统平湖组也证实为区域性主力烃源岩；东海盆地南部证实古新统为重要烃源岩。

综上所述，即台西南盆地中新生界具备了良好烃源条件，油气源较充足，烃源岩主要为渐新统—下中新统有机质较丰富的海相泥页岩，次为侏罗系/白垩系高有机质丰度的陆相近海泥页岩及古近系（坳陷区）烃源岩。由于不同层位烃源岩生源母质类型均属腐殖型，加之多处在成熟—高成熟甚至过成熟的阶段，故该区烃类产物及油气成因类型应以天然气为主并伴生少量轻质油及凝析油（何家雄等，2006）。

2. 主要储层、储盖组合和圈闭类型

根据盆地中央隆起带中部探井资料，主要发育有侏罗系/白垩系、渐新统、中新统中下部及中新统中上部4套储层，但以渐新统—下中新统孔隙型海相砂岩为主，次为侏罗系/白垩系近海陆相致密砂岩裂缝型储层以及上中新统海侵孔隙型砂岩储层；盖层则为中生界侏罗系/白垩系近海陆相泥岩与上渐新统—中新统及上新统海相泥页岩，由此与上述4套储层构成了相应的含油气储盖组合。白垩系裂缝型储层孔渗物性较差，孔隙度一般小于10%，渗透率小于1mD，但由于白垩纪地层受南中国海盆地地壳张裂与海洋扩张运动影响，发生断裂、褶皱作用而发育一系列高角度的构造性裂缝，这些无沉淀物充填的裂缝在岩层中纵横分布、脉络相通，故有利于油气运聚与储集。因此对于白垩系储层，在其构造应力集中的裂缝发育区储物性变好即可成为良好的储集，如CFS-1井下白垩统及渐新统裂缝型砂岩储层，储集物性良好，测试获得了$48\times10^8m^3/d$的高产天然气流；渐新统及中新统砂岩储层孔渗物性良好，孔隙度一般为5%～19%，渗透率为0.2～100.3mD，其在中央隆起带中部的CFC、CFS和CGF等构造均获得了高产天然气流。

台西南盆地局部构造圈闭，均主要展布于夹持在北部凹陷与南部凹陷之间的中央隆起带上，且多为东—西或近东—西走向，由此构成了总体呈北东—南西或近东—西走向的构造带，如致昌（CFC）构造、建丰（CGF）构造区、大埔（DP）构造带等。构成这些构造带的局部构造与非构造圈闭类型，均以断块及断背斜构造圈闭为主，亦有断块、断块—背斜、断块—不整合、背斜、地层及复合圈闭等，且主要分布在白垩系与渐新统—下中新统中。这些不同类型、不同规模大小的圈闭，形态完整，保存条件较好，且又“四面逢源”，邻近南、北2个生烃凹陷和本身中央隆起带上较深的生烃洼陷，故其具备了良好的油气运聚成藏条件，因此，可以预测中央隆起带上众多的构造与非构造圈闭，无疑将成为该区寻找大中型油气田的主要领域和主要的勘探目标（何家雄等，2006）。

四、含油气远景

台西南盆地历经40多年的油气勘探活动，台湾中油公司（TCPOC）在中央隆起带中部已发现CFC、CFS和CGF等多个含油气构造及商业性油气，且发现有单井天然气产量达$76\times10^4m^3/d$以上的探井。所钻探井，在中生界及新生界不同层位的砂岩及泥质砂岩段与致密裂缝型砂岩段中，均不同程度地见到大量油气显示，尤其是天然气显示非常普遍，但由于勘探及研究程度较低，目前该区尚未取得油气勘探的重大规模性突破。从该区所获油气勘探成果及其启示，可以充分证实和表明，台西南盆地南、北部2个凹陷具备良好的生烃潜力及烃源条件，而处在两凹之间的中央隆起带属区域上油气运聚的低势区，亦是有利油气运聚的富集区，在该带之上发育展布的局部构造与非构造圈闭，应是有利油气勘探目标，只要存在较好的圈闭储集条件尤其是物性好的储层，其形成中新生代富集高产的油气藏尤其是天然气藏是不成问题的（何家雄等，2006）。因此，整个中央隆起带及局部构造目标，都可能是油气富集的有利区带和方向。

第十二章　探区油气勘探技术重要进展

东海地区经历多期剧烈构造运动，断裂系统发育，对油气藏的形成及分布产生重要影响。通过对该区已知油气田分析发现，主要目的层段埋深较大，薄互层油气预测难度较大；同时该区勘探程度不均衡，早期地震资料品质差异较大，这些因素极大地制约了该区勘探开发进程。随着近几年东海油气勘探的不断深入，钻井的增加，在高精度全三维地震采集及处理的基础上，进行了综合地震构造解释，使得探区油气勘探取得重大突破，海洋油气勘探理论及地震勘探新技术的应用与创新实现了长足进步。

第一节　油气勘探理论认识创新与实践

我国石油地质家多支持源控论，认为富油气凹陷必定是富生烃凹陷。我国东部富生烃凹陷普遍具有三大特征：凹陷面积大（一般在 3000km^2）；发育有巨厚湖相烃源岩（一般大于 1000m）；烃源岩有机质类型好、丰度高（多为Ⅱ$_1$型，TOC 大于 1.5%）。富生烃凹陷另一显著特征是各类储层圈闭普遍含油，勘探成功率高。

富生烃凹陷研究和分析在石油勘探中具有重要的实用价值，其成果可以帮助我们降低勘探选区风险、提高勘探成效。如辽河坳陷、黄骅坳陷、冀中坳陷、济阳坳陷、东濮坳陷等富生烃凹陷都成为主要油气生产基地。中国海油早在 20 世纪 90 年代中期就将其列为研究重点，所选择的富生烃凹陷也都先后成为勘探重点，东海盆地的西湖凹陷即是已经被证实的富烃凹陷。

一、构造特征与富烃响应

西湖凹陷原型盆地经历裂陷、挤压反转和陆架边缘等演化阶段，不同阶段具有各异的构造样式，并以裂陷期和挤压反转期构造样式最为特征和重要。

西湖凹陷的裂陷期构造主要是指从断陷开始形成至始新世末（T30 界面）的构造，它控制着盆内裂陷期地层的发育和沉积体系的总体展布特征。

总体上，西湖凹陷裂陷期原盆地的构造格架为一复杂的半地堑结构。凹陷中部和东部边缘的同沉积断裂控制着凹陷的最大沉降带，地层总体由东向西上超，地层变薄。研究表明，断陷期原盆地的构造格架主要受控于三组北东向的断裂带：（1）构成半地堑的东缘陡坡断裂带，主干盆缘断裂带由区域性西倾犁形同沉积断裂组成，伴生反倾羽状断裂或同向断阶，控制着盆地的最大沉降中心；（2）控制着盆地中部断洼带分布的中央断裂带，发育断阶、次级地堑及地垒等构造，主控同沉积断裂以西倾为主，部分东倾，具有“Y”字形断裂组合样式，且不同区带的断裂构造样式存在明显变化；（3）西部斜坡带多发育东倾的调节性断裂，形成多级断阶构造，或由规模较大的反向断裂与伴生断裂组合。不同单元具有各异的特征（图 1-12-1）。

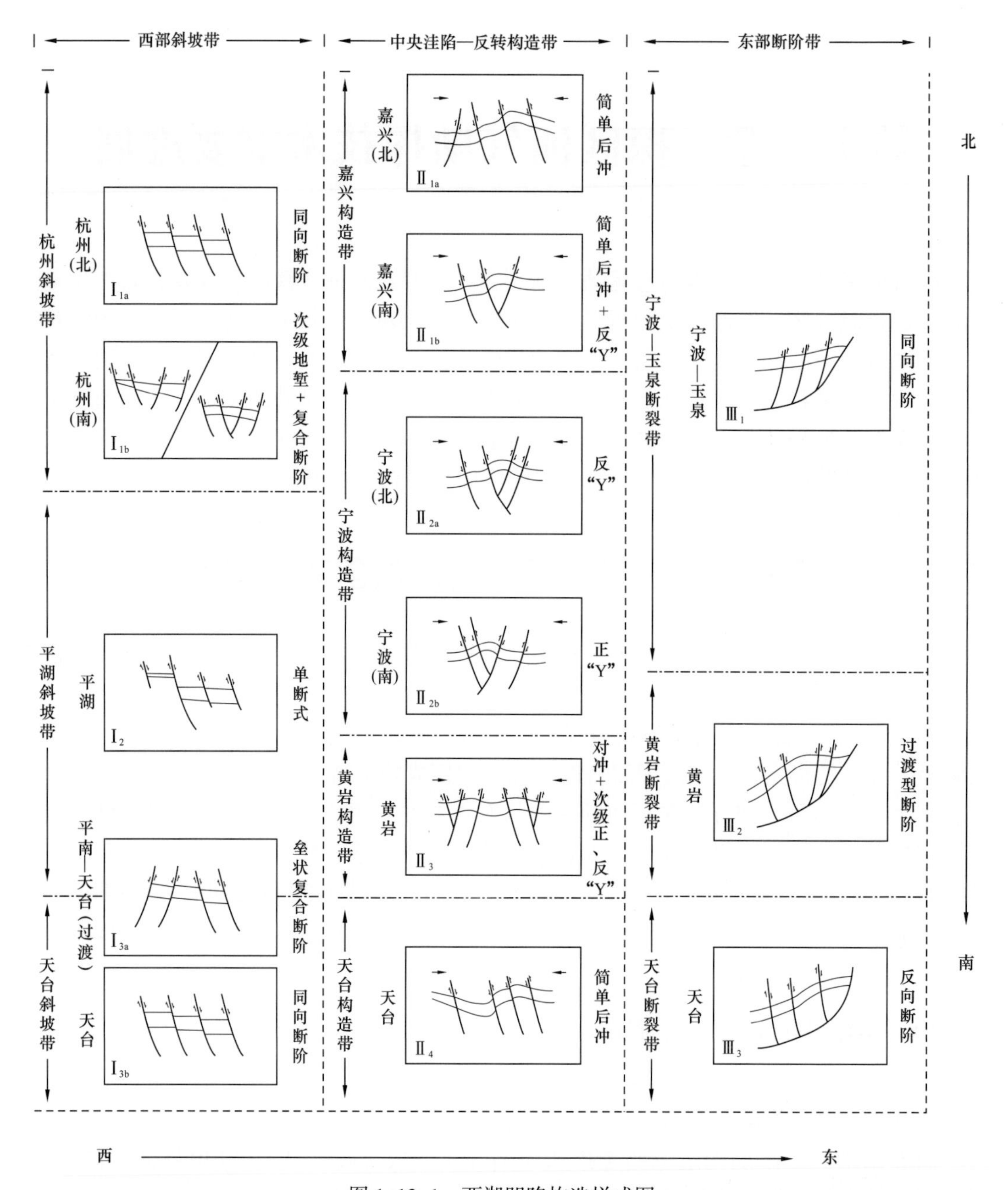

图 1-12-1　西湖凹陷构造样式图

1. 东缘陡坡断裂带裂陷构造样式

据现有资料推测，盆地东缘存在着控制盆地发育的盆缘断裂带。地震剖面上识别的盆缘断裂深度在 10km 以上，在深部可能终止于下地壳的韧性剪切带，推测是深达上地壳下部的控盆大断裂，形成了控制裂陷期最大沉降带及东部边界；在重力基底图上表现为突变的梯度带。在北部的 640、625 至 605 剖面和南部的 580 至 540 等剖面都可观察到东缘大型盆缘断裂的存在，断裂面均向西倾，倾角为 45°～50°，往深部变缓。其伴生断裂常见三种组合样式：（1）宁波—玉泉断裂带主要发育反向调节断层，呈“Y”字形或梳状组合；（2）天台断裂带以反向断阶为主要特征；（3）黄岩断裂带则为过渡型断阶，东部呈“Y”字形，向西转换为反向断阶。

2. 中央洼陷断裂带裂陷构造样式

中央洼陷断裂带发育有两至三条规模较大的同沉积断裂，形成凹陷中部的次级地堑、地垒或同沉积断阶带，有些断裂深切基底。这些断裂在裂陷期强烈活动，生长指数达1.6～3，控制着T30界面以下盆地次级的沉降带和沉积中心及主要烃源岩分布，如中央断洼带内裂陷期沉积厚达8000余米。在大多数剖面上，这些断裂早期表现为正断层，倾角较大，可达50°～60°，在下部变缓呈犁形，断裂面倾向在盆地不同部位发生变化，如北部主要向东倾，中部主要向西倾，南部则形成次级的地堑、地垒构造。断裂具有简单后冲型、简单后冲+反“Y”字形、复合“Y”字形、对冲+次级正等、反“Y”字形类型，后期多沿先存断裂面发生逆冲反转。

平面上，这些断裂由于受到后期挤压反转作用的改造，其走向变化大，但总体上呈北东向的斜列状排列，如中北部的嘉兴—宁波断裂带、中南部的黄岩断裂带等，并导致早期盆地充填的最大沉积中心也具斜列状特点。更进一步地，中央洼陷带不同部位的构造样式存在有明显差异，如中北部存在一与发育地垒构造有关的、较为明显的低凸起，其东侧为最大的洼陷沉降带，西侧发育次一级的洼陷；低凸起上沉积变薄，缺少T34界面以下的沉积。中南部最大沉降中心则偏于凹陷的中部，并由于多个次级半地堑的发育形成多个次级沉降中心。

3. 西部斜坡带裂陷构造样式

西部斜坡带裂陷期断裂活动较弱，一般发育东倾的调节性同沉积断裂，形成多级断阶构造，或由规模较大的反向断裂与伴生断裂组合形成“Y”字形等断裂样式。斜坡与洼陷带一般以东倾的调节性断裂带为界，构成斜坡与洼陷过渡的断裂坡折带，并对沉积体系域的分布起到一定的控制作用。总体上，可划分出下列几种斜坡带类型。

（1）多米诺断阶斜坡带：如杭州斜坡带中北部（625、680等剖面）以发育一系列多米诺（骨牌式）反向断阶为特征，局部发育次级地堑或地垒构造，对局部沉积中心具有明显的控制作用。这些断阶在后期的挤压反转弱或不明显反转。

（2）断裂坡折带：杭州、平湖斜坡带与中央洼陷之间常存在一断裂枢纽带或坡折带，对沉积起着重要的控制作用。断裂坡折带控制着来自斜坡的三角洲、受潮汐作用影响的三角洲或低位体系域的沉积中心，同时这一部位也是滚动背斜广泛发育的地带。杭州斜坡、平湖斜坡和天台斜坡带的边缘断裂等同沉积断裂均构成古构造枢纽带（断裂坡折带），断裂生长系数为2～3。这些断裂在后期挤压反转常形成简单断展背斜，构成区内重要的圈闭构造。

（3）简单斜坡带：仅发育少量断裂的简单斜坡带，且后期反转弱。

4. 反转构造样式

如前所述，发育多样化的反转构造是西湖凹陷构造格架最为显著的特征。凹陷经历了渐新世末和中新世末的构造挤压反转，形成两个明显的构造不整合面（T20和T10），并遭受了中新世末的强烈挤压和压扭反转，形成广布全区的T10高角度不整合面和多样化的反转构造。

西湖凹陷的反转构造样式类型复杂、分布广泛，包括多期的反转断裂以及与反转作用有关的背斜或断褶等构造形迹。反转构造描述与分析可从几何样式和组合样式两个方面进行。单一反转构造的几何样式包括简单后冲反转、花状或“似花状”反转、地堑式背冲反转、地垒式对冲反转、“Y”字形或反“Y”字形反转等样式及各种伴生的背斜构造。对西湖凹陷而言，以简单后冲反转和复合“Y”字形反转两种样式最为重要，其中简单后冲反转构造在西部斜坡带较为多见，“Y”字形反转构造则在中央反转构造带十分发育。

沉积盆地反转构造的组合样式一般从动力学的角度出发，并常与盆地总体的反转过程有关，主要组合样式有高角度反冲叠瓦状反转构造、高角度后断叠瓦式逆冲扇状构造、反冲叠瓦式逆冲构造、“似花状”背冲构造等（图 1–12–2）。

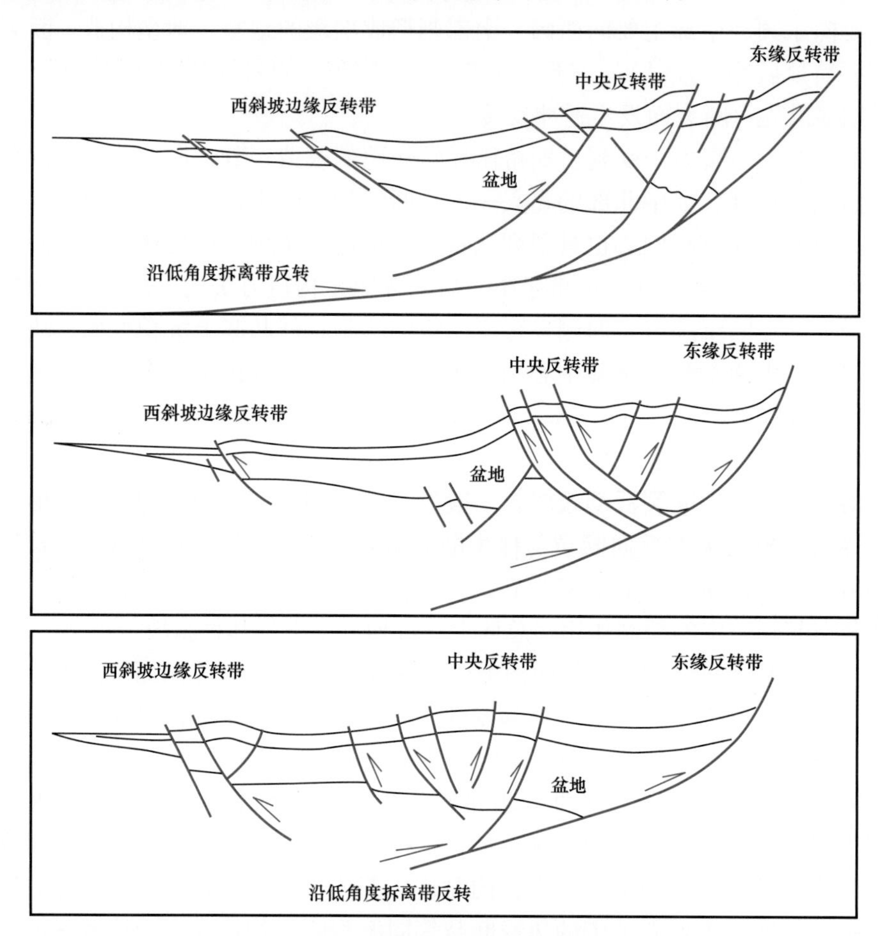

图 1–12–2　沉积盆地反转构造的组合样式示意图

综上所述，西湖凹陷的反转构造样式是由先存的裂陷期伸展构造经多期、特别是 T10 期构造反转而形成的。总体上具有如下基本特点：（1）盆地的反转是由早期的同沉积断陷半地堑（中北部）或近似地堑构造反转而形成的，总体上受到半地堑大型犁形断裂系反转过程的制约；（2）盆地的反转构造基本组合样式（中北部）是由东缘的大断裂与反冲叠瓦或后断叠瓦断裂组合而成的，主要发育有由上盘后断断裂组成的后断高角度叠瓦式反转构造和反冲断裂组成的反冲高角度叠瓦式反转构造，不同区带的反转构造样式伴随着平面上断裂走向的变化而变化；（3）从北向南，中央反转构造带的反转强度总体上具有变弱的趋势，反映出北部受到更强的挤压或压扭作用；（4）西湖凹陷的构造格架是由不同期、不同力学性质构造作用叠加的结果。

二、沉积充填与富烃响应

中—晚始新世，东海陆架盆地沉降中心跃迁至西湖和钓北凹陷，西湖凹陷受钓鱼岛隆褶带限制，主要为半封闭海湾沉积环境，主要表现为水退沉积，经历了海湾—潮坪—潮汐影响三角洲。西湖凹陷西侧缓坡带海侵体系域以发育河流—潮汐三角洲、潮坪、滨岸等海陆交互相砂泥互层为特点，煤层较发育；高位体系域陆棚三角洲略显进积特征。盆地内部主要为滨浅海沉积（图 1–12–3）。平湖组六段（宝石组？）、平湖组五段沉积

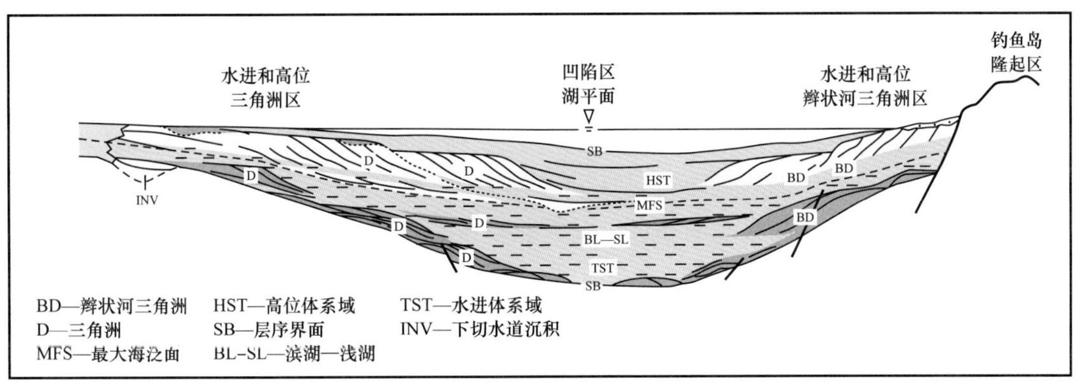

c. 渐新世早期

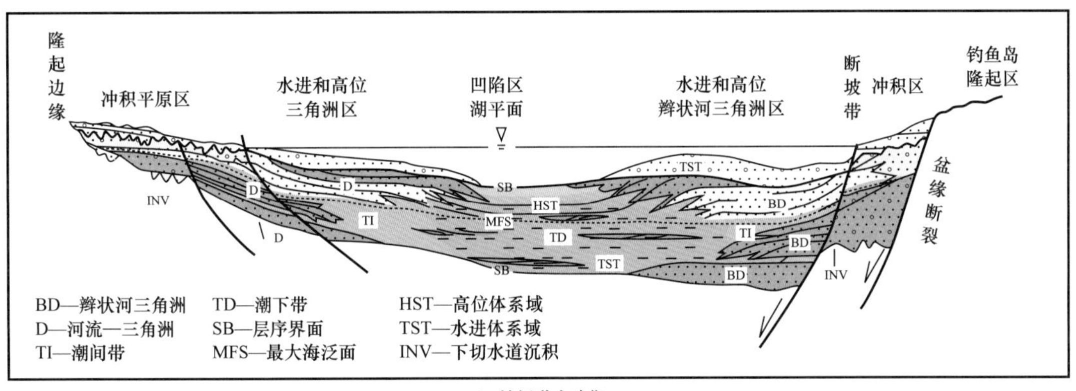

b. 始新世中晚期

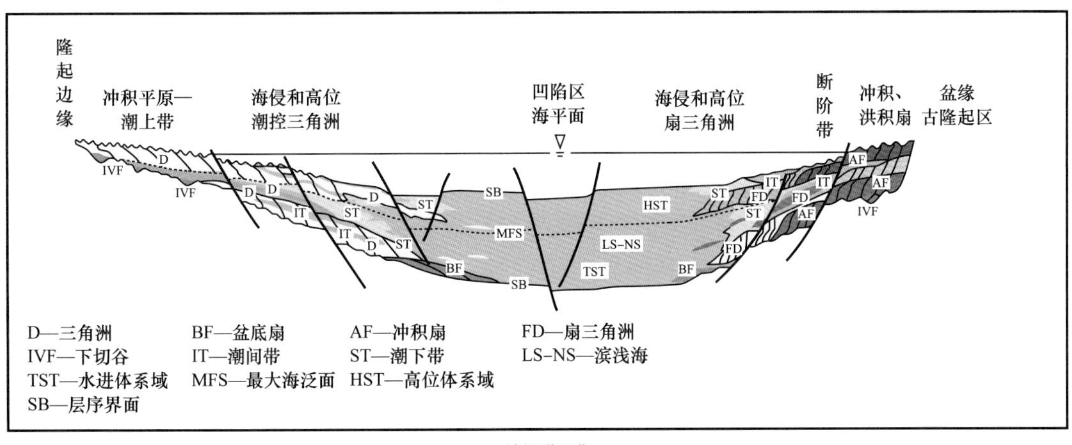

a. 始新世早期

图 1–12–3　东海陆架盆地东部坳陷带层序地层模式

时期水体较深，海湾较深水相的分布区域较大，地层厚度大。其岩性以暗色泥岩、灰质泥岩为主，夹灰质粉砂岩，是西湖凹陷主力烃源岩系之一。西湖凹陷西侧缓坡带平湖组三段、四段以发育潮坪沉积为主，水体相对较浅，潮上带—潮间带发育，西边界存在少量物源进入凹陷形成潮汐三角洲，但发育范围较小，以砂泥互层为特点，以泥岩暗色为主，碳质泥岩、煤层发育，是西湖凹陷主力烃源岩之一，同时，经钻井揭露，该层序具有较多的油气显示。平湖组一段、二段沉积时水体已明显淡化，因此其沉积主要是潮坪背景下的浅水潮控三角洲沉积体系，高位体系域陆棚三角洲略显进积特征。经钻井证实，其为以泥岩为主的浅水相沉积，是一套较好的烃源岩。

三、西湖凹陷富生烃凹陷评价

生烃中心是烃源岩沉积厚度、有机碳丰度、有机质类型及有机质成熟度的综合表现，是生烃强度最大的区域，在断陷盆地中，一般具有断层发育，砂体横向连续性差的特点，这种特点对于油气远距离运移不利，因此距离生烃中心越近的圈闭越有利于捕获油气。西湖凹陷自古新世到渐新世，沉积中心总体都沿中央反转带分布，呈北东向的长条形，并且从古新世到渐新世，沉积中心由南向北迁移；根据单井烃源岩厚度的统计及结合地球物理方法预测的烃源岩厚度分布趋势，烃源岩最大厚度也基本与各个时期沉积中心的分布相符，而通过盆地模拟软件得出的生烃中心的分布范围也基本与各时期烃源岩分布中心相符。根据生烃中心的分布显示，西湖凹陷生气强度最高可达 $170 \times 10^8 m^3/km^2$，最高生气强度区主要分布在 CX1 和 YQ1 井之间区域及 DH1 井附近；生油强度最高可达 $48 \times 10^6 t/km^2$，最高生油强度区主要分布在 CX1 井和 LJ1 井附近。西湖凹陷已发现的油气田均分布于西湖凹陷最大生烃中心附近，且距离生烃中心不远，其中西部斜坡带发育的油气田较中央反转带发育的油气田距离生烃中心稍远些，中央反转带的油气田具有近源成藏的特点。通过西湖凹陷生烃中心和油气田的分布来看，生烃中心控制着油气田的分布，且油气田多围绕生烃中心分布或者直接位于生烃中心之中。

总体而言，距离富生烃中心近的区带其油气富集程度较高；反之，距离富生烃中心较远的区带，如若其自身生烃条件又较差，则油气富集程度就低。如西部斜坡平湖斜坡带，位于其东侧的西次凹为凹陷内的主力生烃洼陷，存在始新统平湖组、渐新统花港组及古新统等多套烃源岩层系，生烃强度大，供烃能力强，且该平湖构造带上的始新统平湖组及其以下地层也已达到了成熟门限（如 PH1 井），具有一定的生烃和供烃能力，这为平湖斜坡带内油气藏形成与油气富集奠定了良好的资源基础；对中央反转带南部的天台构造带和黄岩构造带而言，其毗邻西次凹和东次凹两大富生烃中心，具有得天独厚的双向供烃优势，且反转带本身沉积有厚度较大的始新统平湖组、渐新统花港组及古新统等烃源岩系，加之构造带具有较高的地温梯度，使烃源岩达到了较高的成熟度，具有优越的烃源供给条件，从而奠定了春晓、天外天、残雪、断桥等油气田形成的物质基础，形成了凹陷内重要的油气富集带。总的来看，西湖凹陷烃源岩总的生烃量为 1567 亿吨［其中油资源量 $426 \times 10^8 t$，天然气为 $1141 \times 10^8 t$（油当量）］，其生烃强度为 $364 \times 10^4 t/km^2$；西湖凹陷油气资源总资源量为 $80.3 \times 10^8 t$（其中油资源量 $8.8 \times 10^8 t$，天然气资源量 $71.5 \times 10^8 t$（油当量）］；其资源丰度约为 $17.8 \times 10^4 t/km^2$。国内研究成果认为含油气盆地的生烃强度大于 $300 \times 10^4 t/km^2$ 即可称为“富生烃凹陷”，油气资源丰度大于

$15 \times 10^4 \sim 20 \times 10^4 t/km^2$ 即可称为“富烃凹陷”。本次研究成果说明西湖凹陷具有非常良好的勘探前景，既是一个“富生烃凹陷”，也是一个“富烃凹陷”。

第二节　地球物理勘探技术进展

20 世纪 40 年代以来，地球物理勘探技术在油气勘探中的作用日趋重要，在现有的地球物理勘探技术中，地震勘探技术尤其重要，且近些年采集处理方法有不少新的突破。实践中，地震解释也经历了构造解释、地层解释、岩性解释以及流体分析等多个阶段。一般来说，利用地震勘探技术发现油气藏是一个系统工程。首先，合理设计采集参数，以得到高品质的地震资料；其次，对采集到的地震数据进行针对性的精细处理，得到高信噪比、高保真、高分辨率的地震资料；最后，针对不同盆地的地质背景和资料特点，研发并运用不同的地震预测技术来预测目的层位的岩性、物性和含油气性等。

中国海域构造运动频繁，东海地区也经历了多期的剧烈构造运动，断裂发育，影响对本区油气藏的认知程度。同时，东海地区勘探程度不均衡，主要目的层段埋深较大，加之，早期地震资料品质较差，种种因素制约着东海地区勘探开发的进程。随着近些年本区油气勘探工作的不断深入，综合利用高精度三维地震采集及处理技术，进行地震资料综合解释，使得东海地区油气勘探取得了重大突破。

一、东海地区资料面临问题

1. 浅水勘探，噪声干扰严重

东海地区地理位置特殊，紧邻中国经济最发达的长三角地区，人类水面活动频繁。地震资料采集时受到各种噪声干扰严重，影响到地震资料采集的品质；本区属浅水区，水深在 70～110m 之间，受潮汐作用明显。噪声干扰及对地震数据的影响简单介绍如下：

（1）浅水采集环境下接收到水面产生的直达波，属于干扰信息，需要剔除。

（2）人类活动频繁，经过的船只（如运输船和渔船）产生的噪声被采集船接收到形成外源干扰噪声；此类噪声在记录上一般从浅到深均存在，与震源无关。因干扰源频率不同，造成噪声频率也不固定。

（3）海况对面元覆盖的效果影响较大，因受到风声流和洋流的影响，实际采集数据线有漂移，且不规则。

（4）障碍物（潜山和平台等）对炮点产生能量的散射，引起低频噪声或线性噪声，此类噪声以不同速度出现，随着距离的远近，干扰强度不同，方向各异。

（5）涌浪或某些气泡产生的噪声干扰。此种噪声垂直记录，频率较低，随机性较强，波浪较大时，几乎可以完全淹没有效信号。

以上干扰信号混杂于有效信号中，使得地层反射波连续性差，能量减弱，影响地震数据的准确性，因此必须在地震资料处理中进行有针对性地压制。

2. 薄互层发育，多次波干扰严重

地震勘探中，地震多次波不但影响地震成像的可靠性，而且会干扰地震资料解释的准确性。因此，识别和压制多次波是地震资料处理的一个重点和难点。

海上多次波主要是由海底、基岩面等较强的波阻抗界面形成的。根据反射特点多次波可分为层间多次波、全程多次波和海上鸣震。层间多次波是在薄互层的顶底界面间多次连续反射，并常与一次波干涉。层间多次波对储层反射波的振幅、频率和相位研究影响较大，造成地震分辨率降低。

全程多次波是反射波在海底向下发生多次来回反射，传播路程比同深度的一次反射波传播长，且为具有周期性的独立同相轴，在地震剖面上比较好识别。此外，从东海中央带地震资料近道分析和速度谱分析图上可以清晰地看到海上鸣震产生的多次波。

3. 目的层埋藏深，地震资料分辨率低

东海地区已经发现的主力油气层埋深都在2500m以下，大多数油气显示层厚度在30m以内。一般来说，考虑本区2500m以下平均地层速度，对30m以内的油气层进行分辨，地震资料的主频需达40～60Hz。

对新三维地震资料频谱进行扫描（图1-12-4），浅层1.5s以上频带较宽，频率范围在10～90Hz，随着深度增加，高频能量衰减严重，1.5s以上主频约为50Hz，2s以下主频大约在30Hz，远远达不到对30m以内地层的分辨能力，对储层顶底面的确定和油气层的解释造成一定困难，因此需要对地震资料进行有针对性的处理，以提高地震资料分辨率。

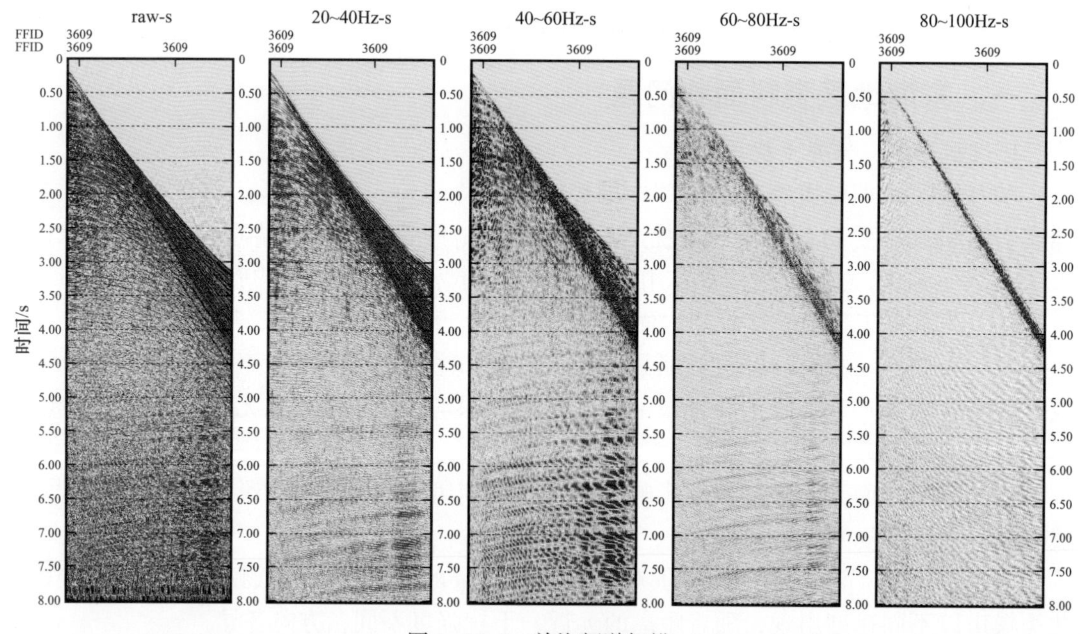

图1-12-4　单炮频谱扫描

4. 断裂发育，成像效果差

通过对东海地区地质背景分析可知，本区经历多期剧烈构造运动，断裂非常发育。在不同时期，尤其渐新世及以前地层，形成多方向、多期的断裂体系。在断裂异常发育的情况下，地层反射波、断面波和绕射波以及次声波交叉干涉一起，对有效信号形成严重干涉；同时由于断面对下伏地层产生屏蔽和射线畸变作用，使断层下地层反射信号较弱或者产状发生变形。这些地质因素造成本区断面难以精确成像。

二、东海地区采集技术进展

地震采集是地震处理和解释以及后期储层预测、含油气检测的基础。可以说，地震勘探成功的关键便是地震采集技术。针对东海地区噪声干扰多、深层反射能量弱、地震资料分辨率低等问题，对海上地震采集技术进行技术攻关，寻找适合本区的采集技术方法和参数，以提升地震资料品质。通过长排列大容量震源采集技术、上下源 / 上下拖缆宽频采集技术、拖缆宽频双检采集技术、双方位采集技术、Q-Marine 采集技术等地震采集技术，本区地震资料品质得以提高，特别是中深层干扰信号减弱，有效信号增强，频带增宽，为后期提供了可靠的地震数据。

1. 长排列大容量震源采集技术

长排列大容量震源适用于本区二维长线采集，主要解决深层—超深层下的成像问题。该技术一方面利用深层—超深层下反射在大排列上较强的有效信号开展成像，另外一方面利用大震源提高深层—超深层下反射能量。本区同一位置不同采集方法得到的地震数据（图 1-12-5）显示，长排列大容量震源采集数据在深层—超深层偏移结果更加清楚。

2. 上下源 / 上下拖缆宽频采集技术

目前海上地震勘探存在地震反射波分辨率和穿透性的问题。解决分辨率问题需要高频信号，而解决穿透性问题需要低频信号。采集高分辨率地震数据需要震源和电缆沉放的浅一些，而低频数据又需要沉放的深一些。采集过程中使用不同沉放深度的震源—上下源（或不同沉放深度的拖缆—上下缆）同时采集数据，相加处理，以达到扩展频带宽度的目的。

上下源和上下缆采集技术在基本原理上没有差别，根据检波点和源点的互易性，上下源采集技术获得的信息分选成共检波点道集后处理方法与上下缆采集完全一样，区别仅在于采集过程中两个不同沉放深度的震源交替激发。本区利用上下源技术采集的二维线，有效地压制了噪声，扩展了频带宽度，提高了地震资料的分辨率。

3. 拖缆宽频双检采集技术

双检采集主要是利用双检波器来接收不同方向的信号，提高地震资料的采集优良品率，较好地压制鬼波和海水鸣震，从而提高地震资料解释精度。双检波器是海洋压电检波器和高灵敏度磁电式检波器的组合。压电检波器是加速度检波器，高频衰减较小，随着频率的升高，其灵敏度也在提高。磁电式检波器在水中始终保持垂直向上，由于加入阻尼，所以在使用中损耗也较小，正好与磁电检波器互补，从而使双检检波器采集的数据更可靠。双检检波器理论工作水深 0.5～200m，完全适用于水深条件为 50～120m 的东海。拖缆宽频双检采集技术在采集过程中同时记录压力和速度场，能够提供更多采集信息；获得的波场信号经过处理，能够将上行、下行波场信号分离，并去除检波器记录的虚反射，得到较可靠宽频带地震数据和深部复杂构造的图像，减少地震资料的不确定性。

4. 双方位采集技术

双方位地震采集方法可以解决上覆介质结构复杂，不同方向获得的地震剖面差异较大的问题。海洋上双方位地震采集采取多船协同作业，及一条震源船多条拖缆船，或一条拖缆船沿螺旋形采集，也可多条震源船与多条拖缆船同时作业，但往往带来了数据记录点的不规则形，为数据处理带来了较大挑战。通过过东海盆地中央反转构造带的常规采集二维偏移剖面和双方位地震采集三维偏移剖面（图 1-12-6）对比，可以看出双方位采集技术具有良好的成像效果。

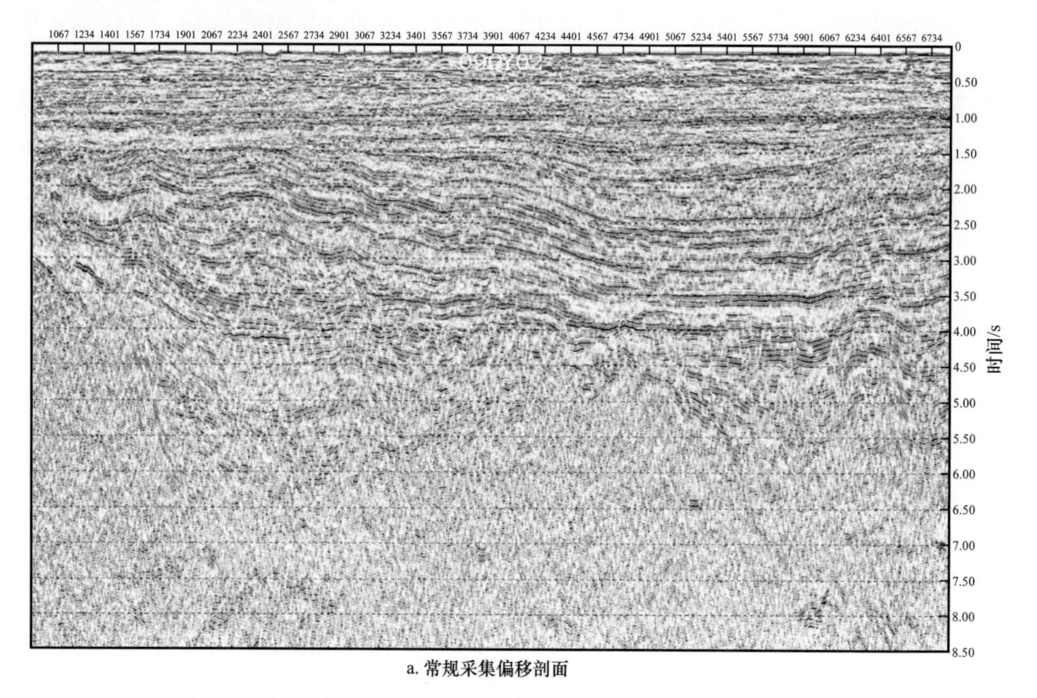

a. 常规采集偏移剖面

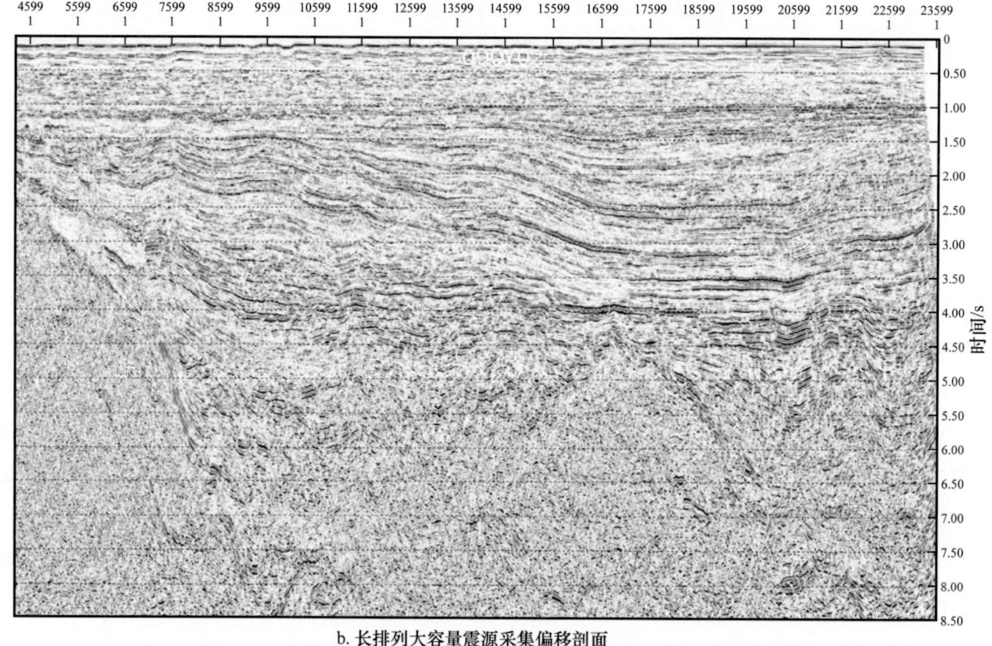

b. 长排列大容量震源采集偏移剖面

图 1-12-5　常规采集偏移剖面和长排列大容量震源采集偏移剖面对比

5. Q-Marine 采集技术

Q-Marine 是 WestemGeco（Schlumberger 子公司）推出的海上地震采集新技术，较其他常规地震具有可标定的震源、可标定的单检波器、可标定的定位系统、可控的拖缆等技术优势，提高了数据采集的质量和稳定性，满足了时移地震对高分辨率海洋三维地震数据重复性的基本要求。从东海工区复杂断裂带 Q–Marine 采集偏移剖面和常规采集偏移剖面对比（图 1–12–7）来看，Q–Marine 资料中深层断裂特征明显，基底成像更清楚，信噪比更高。

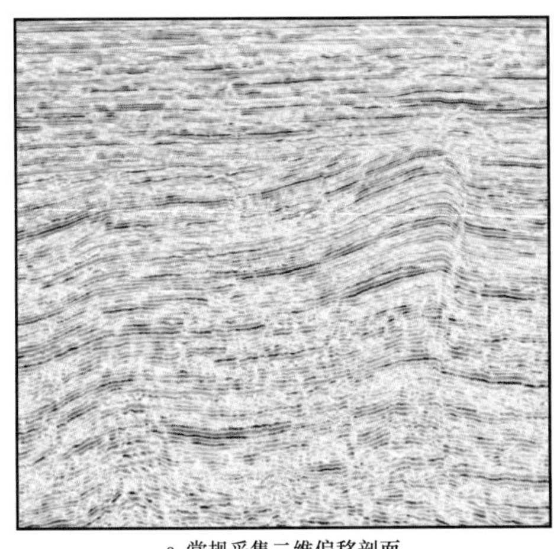

a. 常规采集二维偏移剖面　　b. 双方位采集三维偏移剖面

图 1–12–6　常规采集二维偏移剖面和双方位采集三维偏移剖面对比

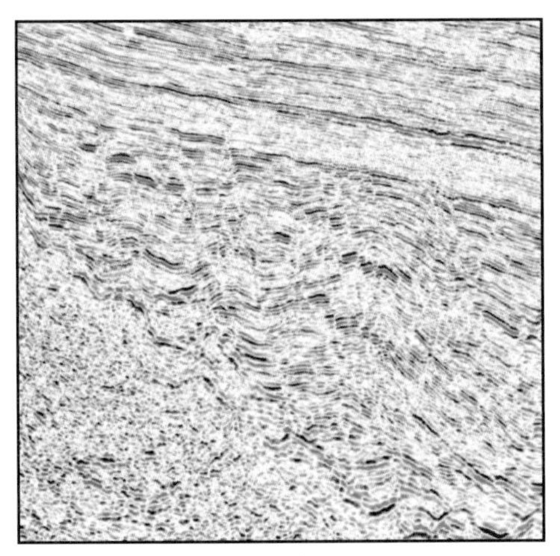

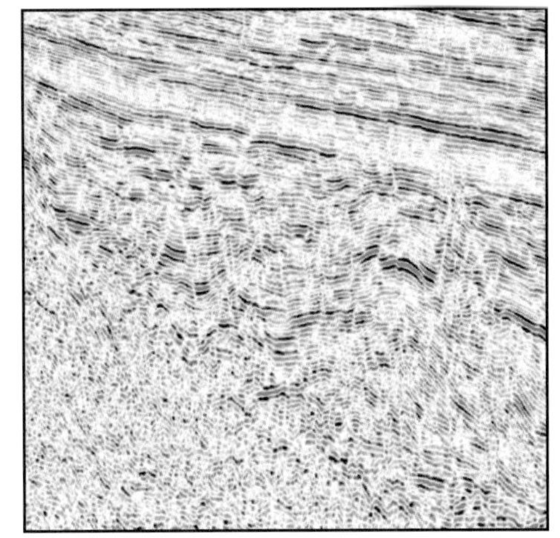

a. 常规采集偏移剖面　　b. Q–Marine采集偏移剖面

图 1–12–7　常规采集偏移剖面和 Q–Marine 采集偏移剖面对比

三、东海地区处理技术进展

1. 叠前噪声组合压制技术

目前东海地区叠前噪声压制技术主要有两种：一种是基于模型的噪声压制技术；另一种是根据噪声类型进行的噪声组合压制技术。

1）基于模型的噪声压制技术

东海地区发展了 LIFT（Linear interference filter technique）噪声压制技术，LIFT 技术的原理是：首先从原始数据中求取模型道，将其从原始数据中减掉，并将噪声数据分离出来，然后对分离出来的含有高百分比的噪声和低百分比的有效信号进行去噪，最后将剩余数据与信号模型道重构。此方法认为去除的噪声信号中仍存在有效信号，为使有效信号不缺失，将去除的噪声信号按比例再加回到剩余数据中。通过无限循环，逐步达到去噪，压制多次波的目的。

2）按噪声类型的噪声组合压制技术

按噪声类型的噪声组合压制技术主要依据噪声类型和形成原理，在不损坏有效信号的基础上，进行逐步去噪。

（1）直达波能量压制。

在浅水环境下，存在气枪震源能量不经过海底及地下地层反射而直接通过海水到达水听器，产生直达波，通常只是反映海水速度。对于这种直达波，一般在 TauP 域进行有效信号切除。将得到的直达波模型变换到 TauP 域，并在 TauP 域将直达波模型从原始数据中去除（图 1-12-8）。

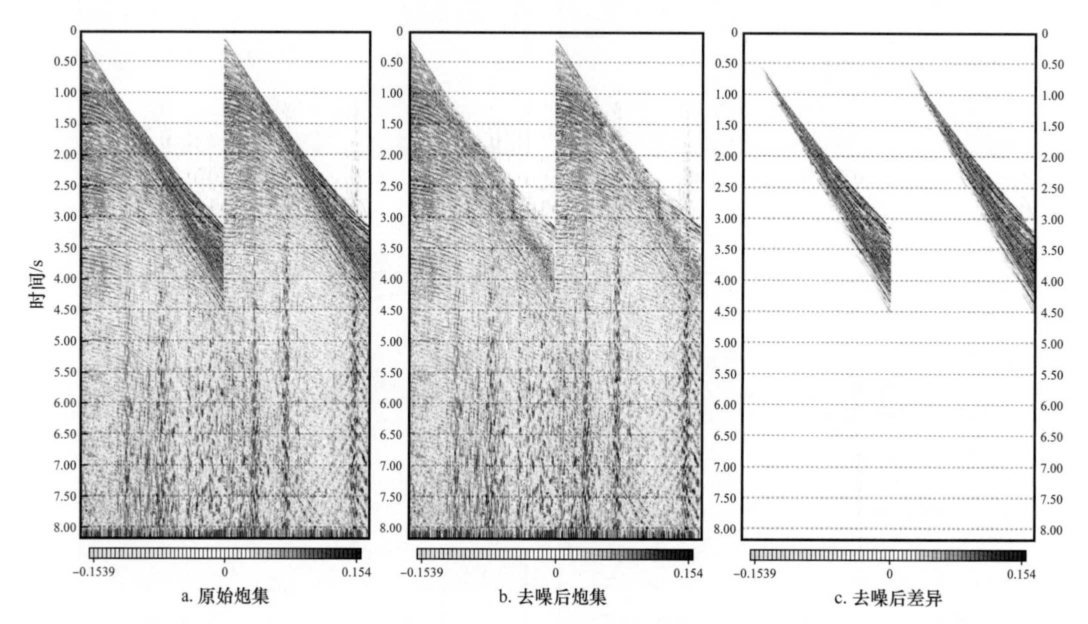

图 1-12-8　直达波衰减前后炮集对比图

（2）涌浪噪声压制。

涌浪噪声在海洋地震采集中不可避免，当拖缆较浅时，涌浪噪声尤其严重。涌浪噪声压制就是在一定数据时窗内，通过采用频率域滤波处理将地震数据转换到频率域来压制随机噪声。其原理通过比较时窗内地震道振幅与环境平均振幅之间的差值来判定是否噪声道。该方法通常应用在全通频带压制高频噪声，在低通频带来压制异常低频噪声（图 12-2-6）。涌浪噪声压制是一种空间中值滤波技术，具有较高灵活性，可以用在任何地震数据分选域，也可以应用于处理的各个阶段。

（3）线性噪声压制。

线性噪声一般相对规则的存在于地震数据中，并在一定程度上对有效信号产生干扰，可以通过一定的处理手段来成功压制。其主要原理是将地震数据从炮域转换到 TauP 域，再利用定义时变动较范围的大小来区分（图 1-12-10）。

（4）随机噪声压制。

由于海洋勘探采集过程和海上钻探活动中，钻探船产生的随机噪声也会对地震成像形成影响。随机噪声压制将每个子体经傅立叶变换到 F—X—Y 域。通过在每个频率切片内比较单炮的平均振幅与所有炮的平均振幅来监测单炮的噪声量。如果噪声量超过了事先设定的允许噪声门槛值，那么可以认为该炮为噪声炮。压制识别出的噪声炮则需要在频率切片内的弱信号带提取强单一倾角同相轴简单模型来进行空间预测误差滤波。

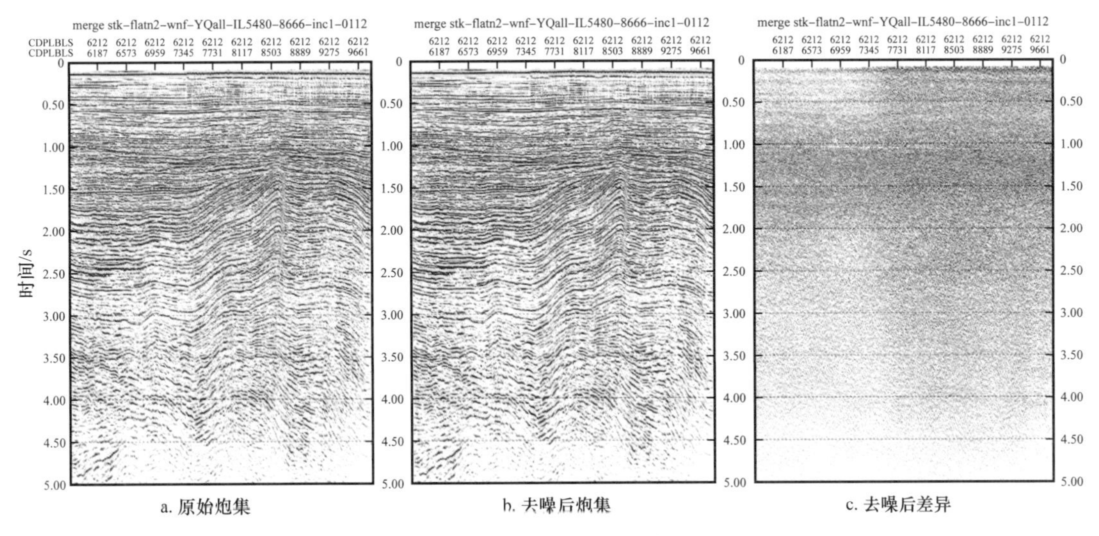

图 1-12-9　涌浪衰减前后炮集对比图

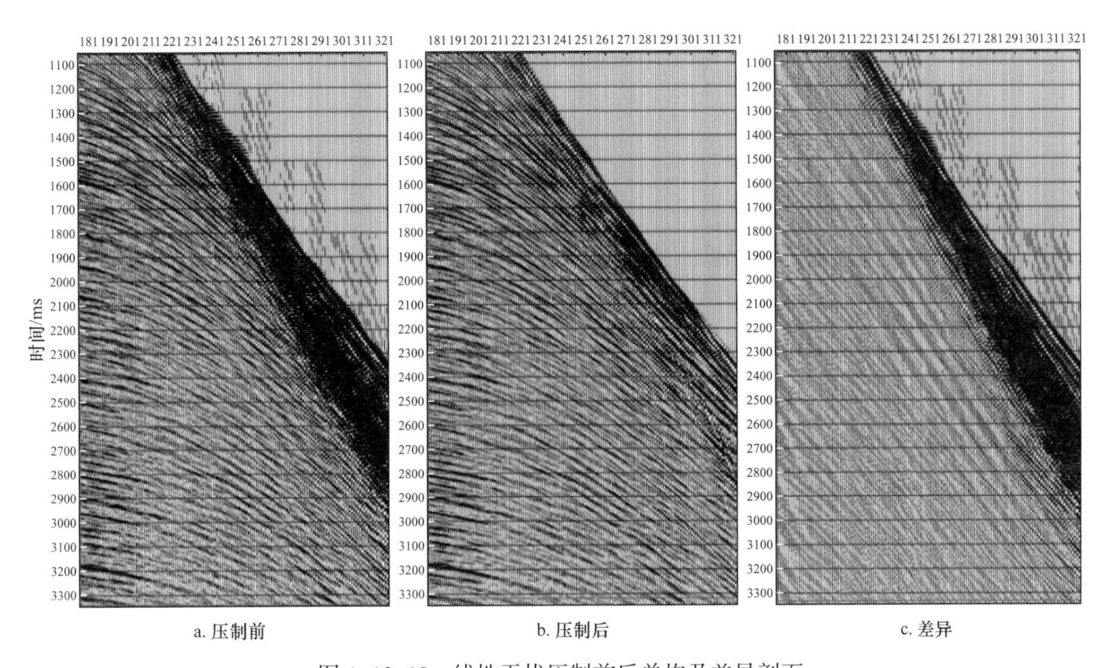

图 1-12-10　线性干扰压制前后单炮及差异剖面

经过了一系列直达波、洋流噪声、线性噪声和随机噪声以及相干噪声压制之后，原始数据中存在的各种干扰噪声被基本压制干净。

2. 多次波组合压制技术

地震资料对多次波的处理，主要根据多次波的产生机理及特点，根据多次波的周期性、速度差异、可预测性进行合理压制。针对东海地区薄互层干扰严重的特点，地震处理中利用多项技术串联组合压制多次波：一种是以去除表面多次波（SRME，Surface relected multiple elimination）为核心的压制技术；另一种是组合式 SDM+SRME+ 预测反褶积多次波压制技术。

1）组合去表面多次波（SRME）

去除表面多次波方法（SRME）不需要层位、构造和速度等信息，完全是数据驱动的，因而受人为因素影响较小，在压制近炮检距道的多次波具有较明显优势。该方法从反馈模型和波动方程出发，正演复杂海底表面多次波的地震波场，将其多次波分级展开，再利用迭代算法压制任意阶复杂表面多次波，预测多次波算子为原始地震信息，不需任何预设信息，经过反复迭代，达到去多次波的目的。实际地震数据处理过程中，多用数据驱动 srme+ 波动方程 srme+ 多道预测反褶积的组合方法进行多次波去除（图 1-12-11）。

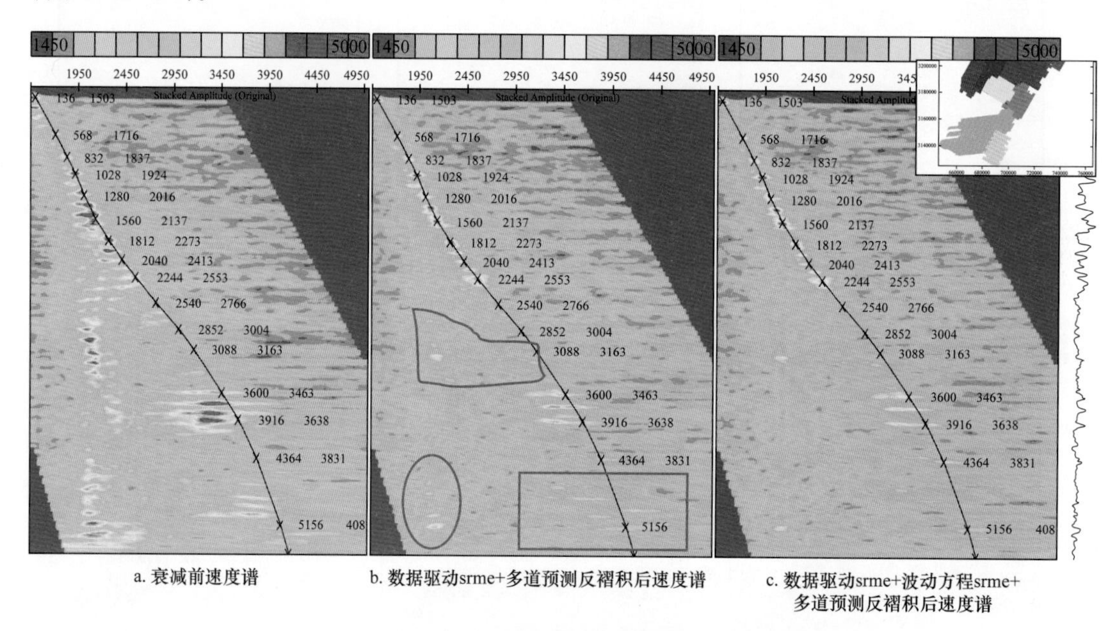

a. 衰减前速度谱　　b. 数据驱动srme+多道预测反褶积后速度谱　　c. 数据驱动srme+波动方程srme+多道预测反褶积后速度谱

图 1-12-11　多次波衰减速度谱分析图

在地震资料处理中，数据采集区地质条件和数据特点皆存在差异，一种处理技术难以去除所有工区数据的多次波，所以，在实际处理应根据地质条件和数据特点选择多种不同压制方法的组合去除多次波。

2）SDM+SRME+ 预测反褶积组合式多次波压制技术

多次波衰减一直是地震资料处理的难点，特别是短、中周期多次波难以压制。衰减短、中周期多次波目前比较好的方法是水层多次波衰减技术（SDM），以及与自由表面相关多次波衰减技术。从正演模拟数据的测试（图 1-12-12 至图 1-12-15），可以看出，SDM+SRME 技术可以比较好地衰减浅水多次波。

根据图 1-12-16、图 1-12-17 组合法衰减多次波前后的效果对比分析，可以看出采用 SDM+SRME+ 预测反褶积（GAP=24ms）方法对压制多次波有明显的效果，得到剖面更加干净、纵向“串珠状”反射明显减少，短、中周期多次波得到了很好的压制。

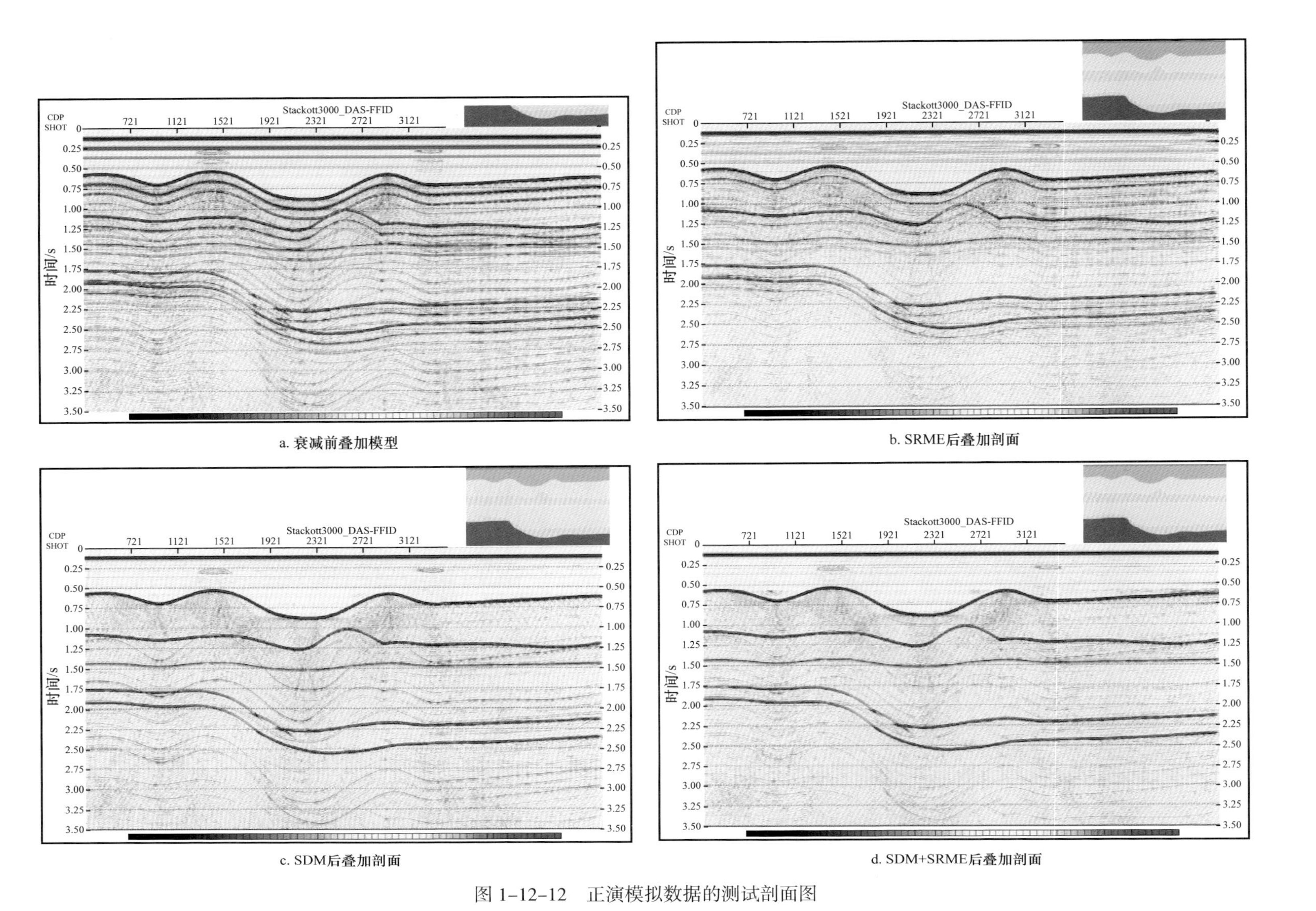

a. 衰减前叠加模型

b. SRME后叠加剖面

c. SDM后叠加剖面

d. SDM+SRME后叠加剖面

图 1-12-12　正演模拟数据的测试剖面图

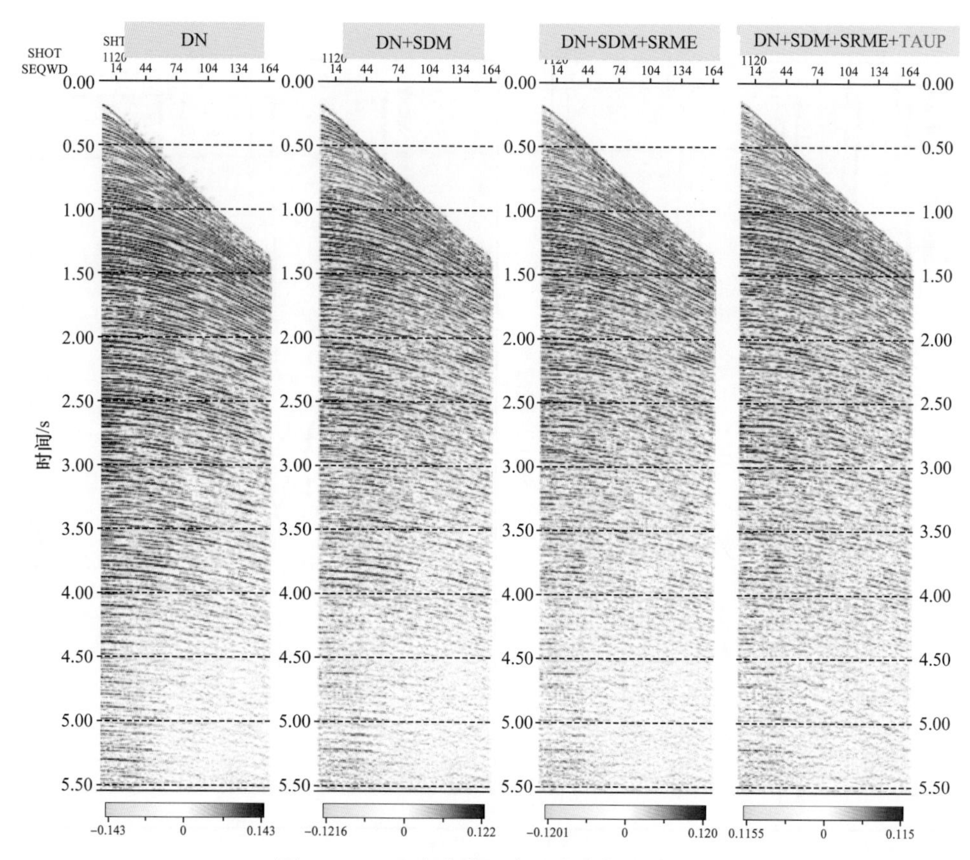

图 1–12–13　多次波组合试验炮集对比图

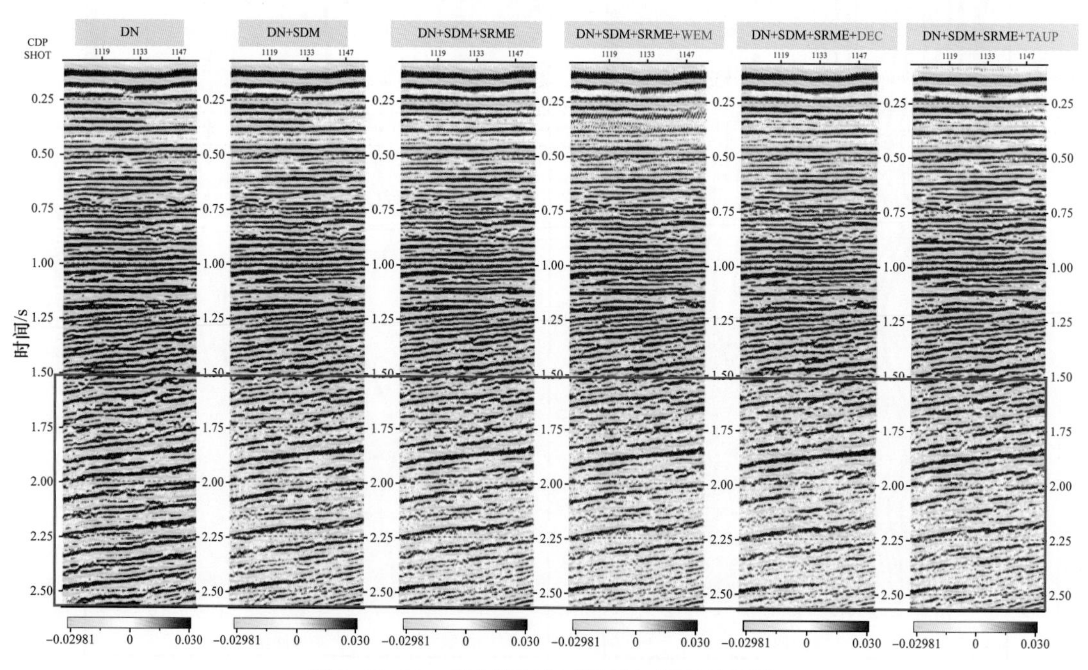

图 1–12–14　多次波组合试验叠加剖面对比图

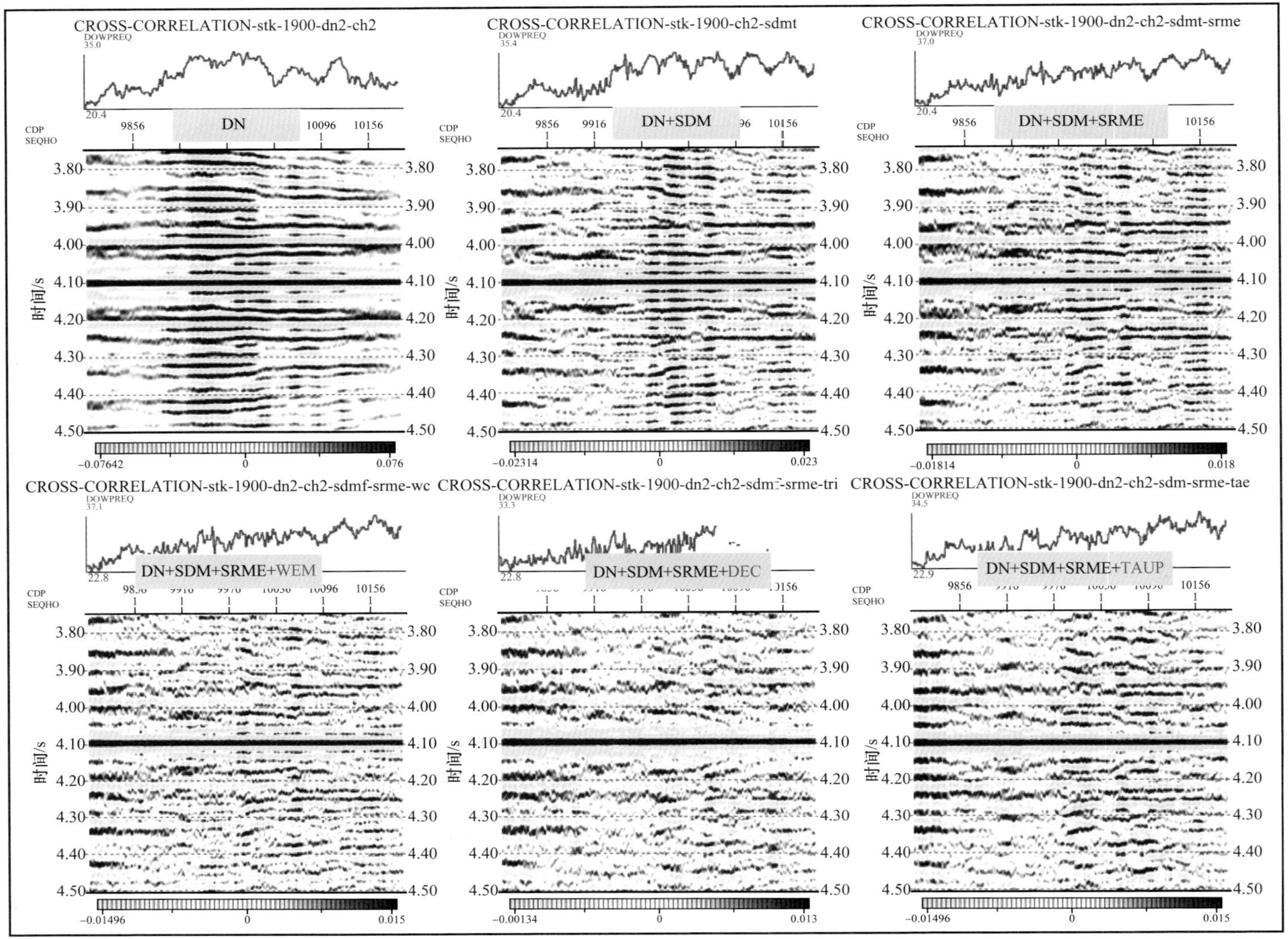

图 1-12-15　多次波组合试验自相关对比

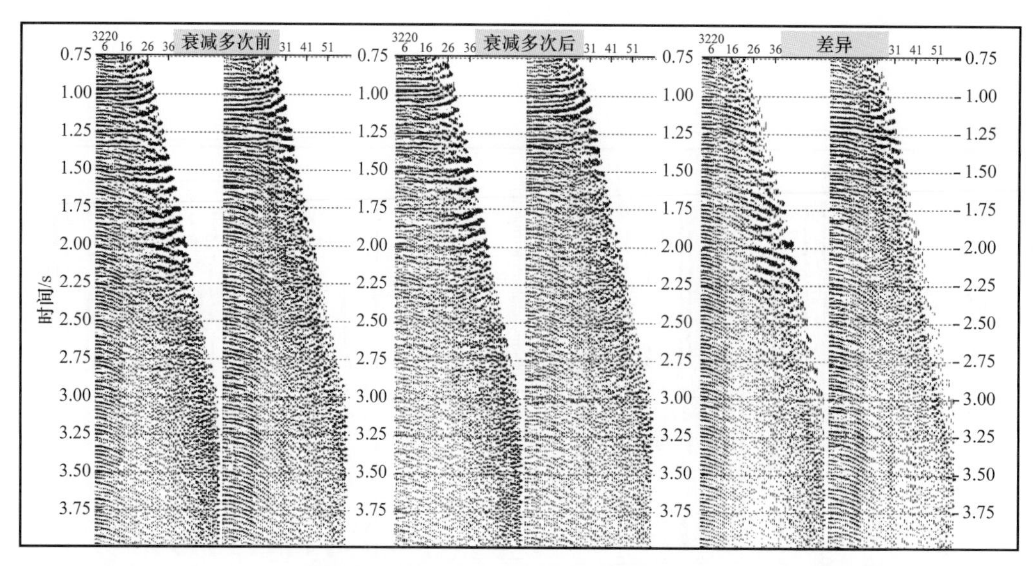

图 1-12-16　多次波衰减前后炮集对比图

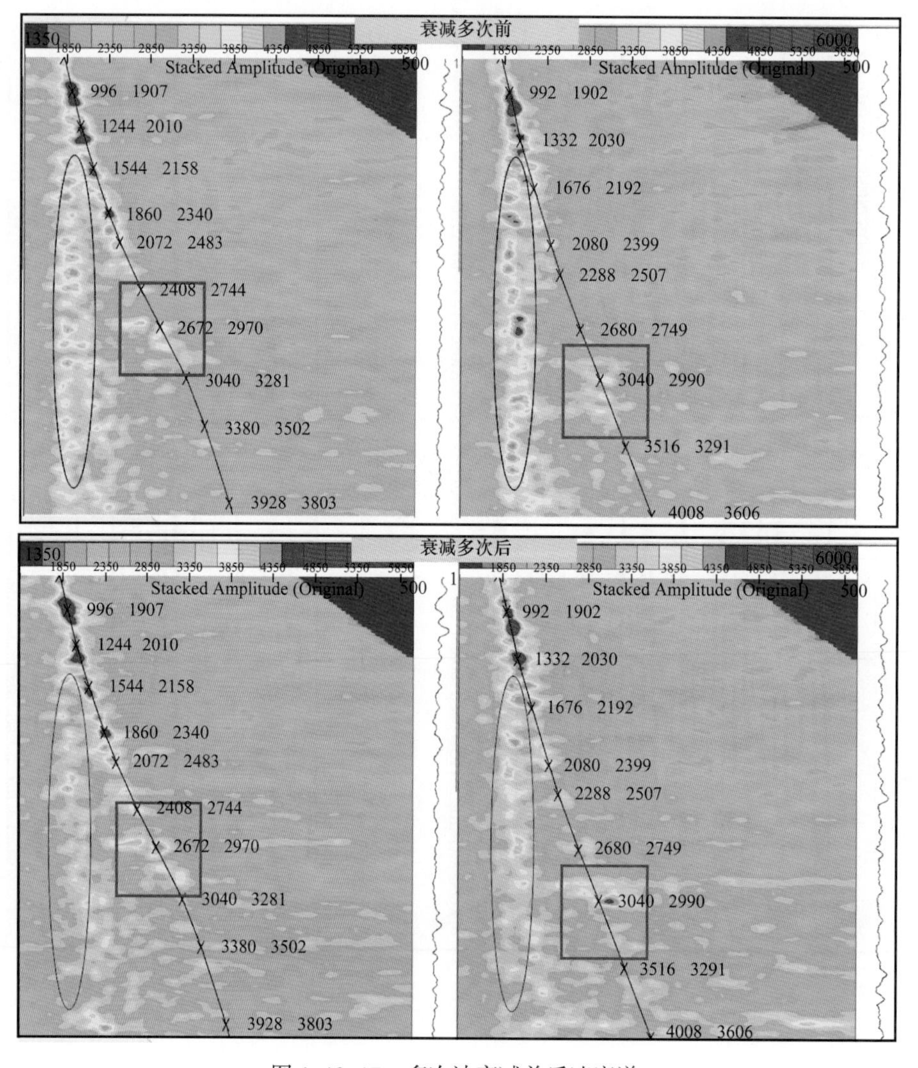

图 1-12-17　多次波衰减前后速度谱

从速度谱和叠加剖面上（图 1-12-18）分析，组合式衰减多次波技术对于多次波衰减效果是十分明显的，达到了比较理想的衰减效果。

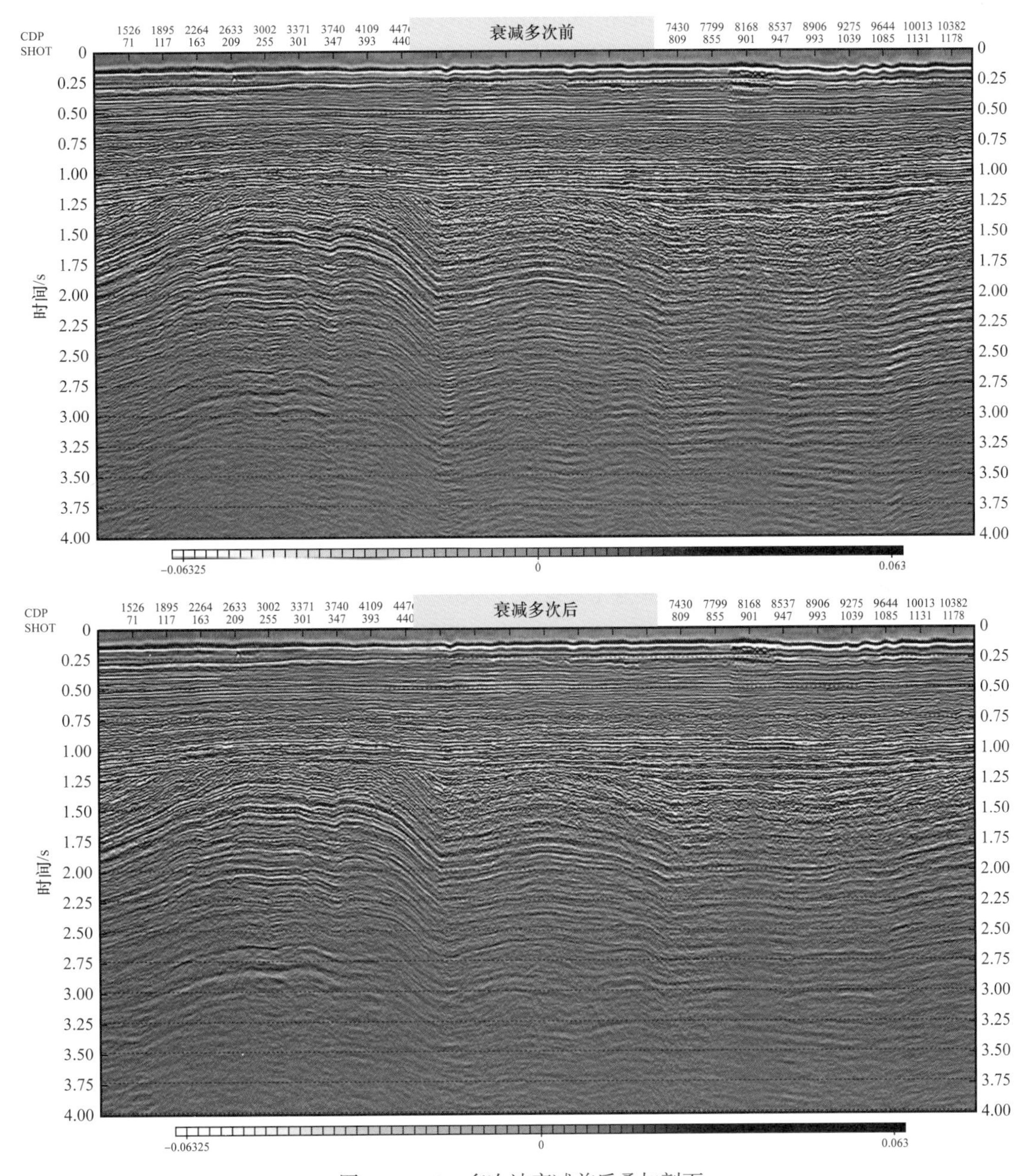

图 1-12-18　多次波衰减前后叠加剖面

3. 复杂断面成像技术

基于 Kirch-hoff 积分、有限差分和 Fourier 变换三个数学工具完成的地震偏移方法主要分为：叠后时间偏移（常规处理）、叠前深度偏移、叠前时间偏移、叠后深度偏移几类。叠前时间偏移基于绕射叠加或者 Claerbout 的反射波成像的原则，解决叠后时间偏移存在的问题，适用于横向速度中等变化的地质情况，但对偏移速度场不敏感，具有较好的构造成像效果和保幅性，能满足大部分工区对地震资料精度的要求；叠前深度偏移也是基于绕射叠加或者 Claerbout 的反射波成像原则，为一种没有横向偏差的反射线成像，适于横向速度剧烈变化的工区，具有较好的保幅性和构造成像效果，但对偏移速度场敏感，成像效果依赖于偏移速度场的精度；叠后时间偏移基于爆炸反射面的原理，做水平层状介质的假设，不能对同一深度具有不同叠加速度的不同倾斜层准确成像。目前，东海地区应用的主要偏移方法为基于波动方程 Kirch-hoff 积分法进行的时间和深度偏移。

以东海盆地中央带资料为例，构造区内小断层发育，主要构造部位发育逆断层，对偏移成像质量要求比较高，同时兼顾后期与其他片区资料连片拼接，通过优选偏移参数，经过偏移处理，资料成像在分辨率、波组特征、断层及基底成像等方面取得较好效果（图 1-12-19、图 1-12-20）。

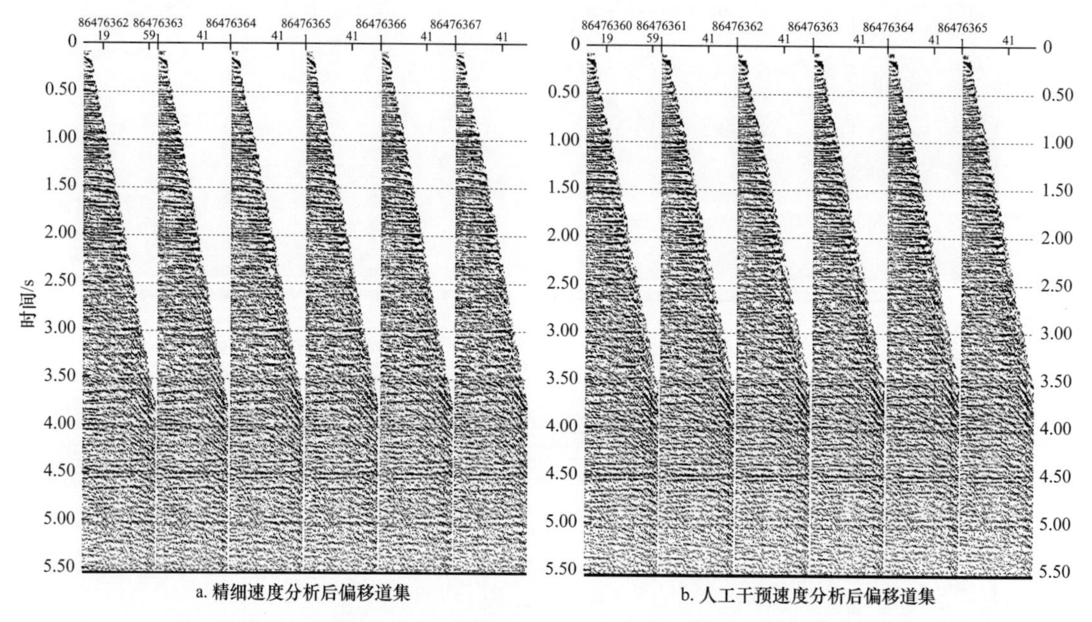

图 1-12-19 精细速度分析后偏移道集与人工干预速度分析后偏移道集

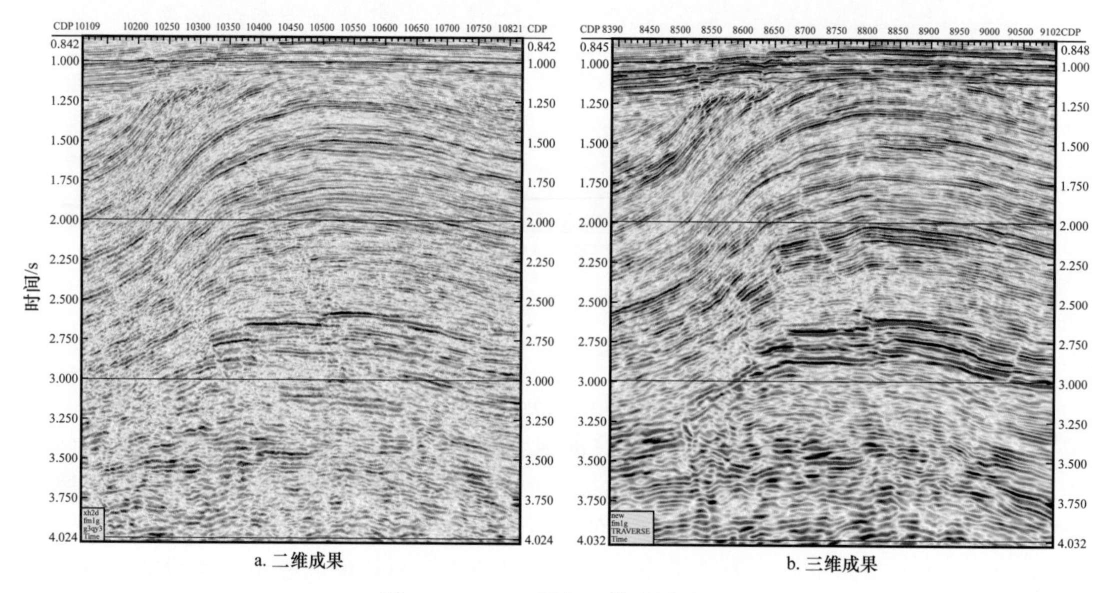

图 1-12-20 二维与三维成果对比

4. 提高分辨率

为了提高油气水层界面的辨识度，更好地刻画油气层平面展布，需要对地震资料进行高分辨率处理，同时，为了兼顾波组特征及反射同相轴的可追性，需要达到分辨率和信噪比的平衡。在东海地区实践中，利用测井数据，采用不同频率理论子波做理论地震合成记录，根据实际资料，确定达到目标分辨率的理论主频值和频带范围。参考主频值及频带范围，在保证信噪比的情况下，尽量提高分辨率。

通过高分辨率处理前后不同时间段的频谱对比（图 1–12–21），浅、中、深层地震数据的频带都有不同程度拓宽，补偿了由于吸收衰减等造成的频带的损失。通过高分辨率处理前后叠加对比（图 1–12–22），分辨率提高后断层成像也更清楚，且未影响反射同相轴的横向可追性，目的层段分辨率得到明显提高。

四、东海地区解释技术进展

东海地区地震解释严格按照中国海油地震勘探解释技术规程，主要应用各种解释系统的一体化综合地学平台，采用二维、三维地震解释技术进行复杂层位、断裂体系的识别以及精细构造的落实，应用的技术主要包括相干体技术、时间切片技术和三维可视化技术。

1. 井震标定

合成地震记录标定主要利用多种提取子波的方法，经过频率提取和对比分析，一般采用与实际地震记录频率相当的雷克子波，通过井震结合，对区域性标志层进行标定。

2. 层位解释

按照地震勘探解释技术规程，在井震标定的基础上，对工区进行层位解释。解释过程中，在相干体技术、时间切片技术和三维可视化技术的基础上，采用手工解释和自动追踪相结合的方法，充分利用地震数据进行层位解释。对于地震资料品质较差的测线，进行地震资料抽稀，逐剖面进行人工解释，并应用三维可视化技术进行实时质控和修改（图 1–12–23）。

3. 断层解释

断层的解释主要通过常规剖面、相干体、时间切片、可视化、任意线等技术。在断层解释之前利用相干（方差）体的三维可视化，建立本区断裂空间模式，进而在地震剖面上进行断层的解释（图 1–12–24）。

五、东海地区储层预测及油气检查技术进展

随着海上地震数据采集、处理技术的发展，东海地区地震数据品质大幅提高。与此同时，东海地区经过近几年对地震反演技术的不断应用与总结，从高品质的地震资料中提取更多的储层物性、流体信息，摸索出一套适合本区的储层预测和烃类检测技术——叠前地震反演技术。

下面以工区某气田叠前地震反演为例，介绍东海地区叠前地震反演技术。

1. 叠前子波标定

与叠后地震反演合成记录标定不同的是，叠前反演的标定必须同时完成多套角度叠加地震数据的标定，而且具有一样的时深关系。根据工区已有的 VSP 数据，对平目的层进行多次的调整，充分考虑地质界面和波组对应情况，得到较好的地震合成记录。

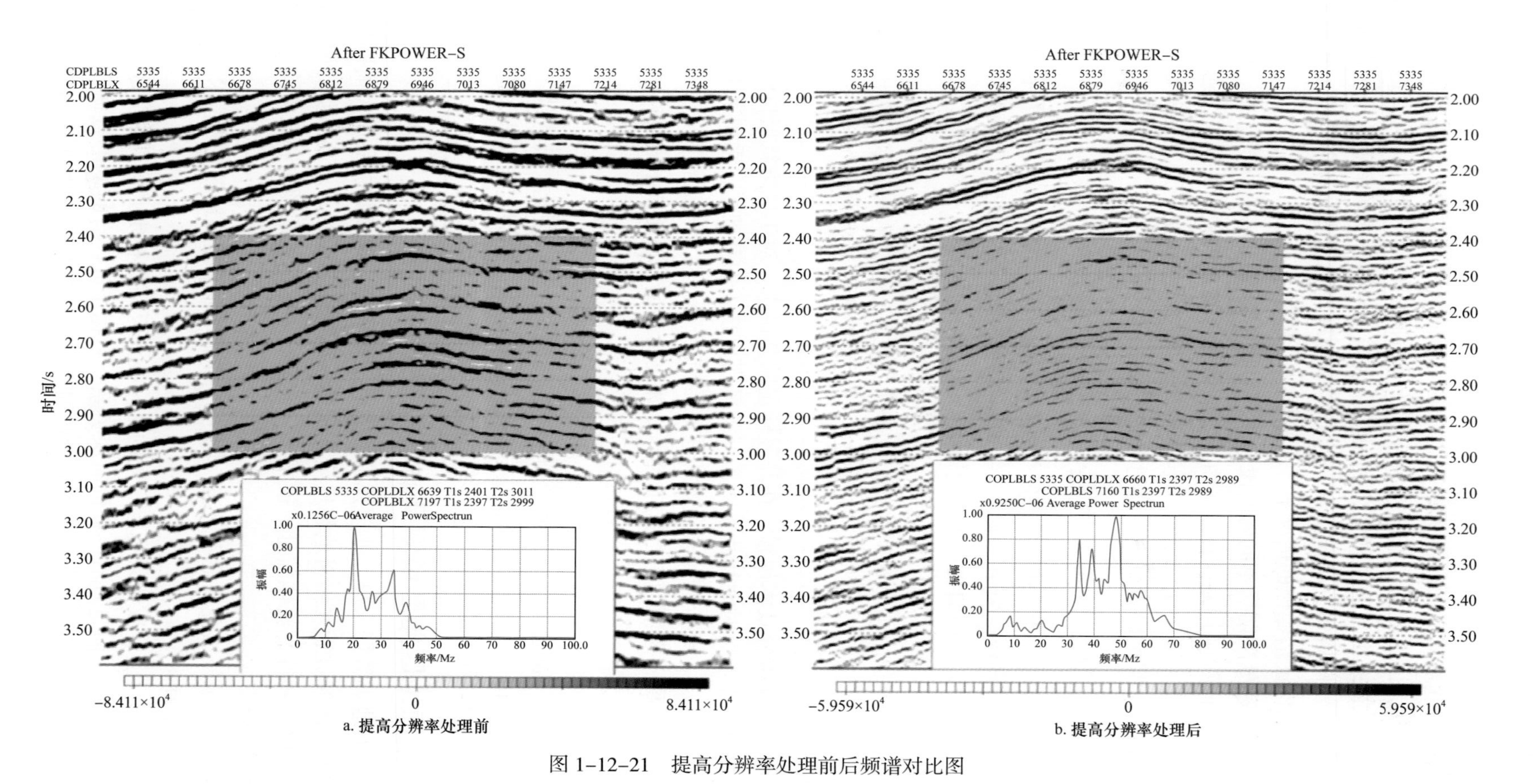

a. 提高分辨率处理前

b. 提高分辨率处理后

图 1-12-21　提高分辨率处理前后频谱对比图

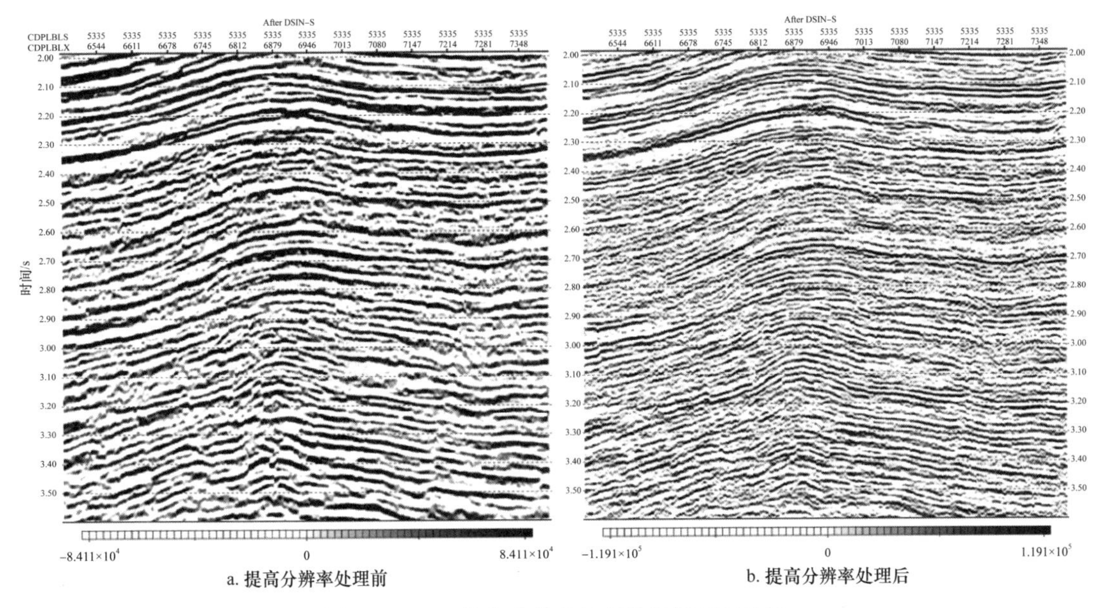

a. 提高分辨率处理前　　b. 提高分辨率处理后

图 1-12-22　提高分辨率处理前后剖面对比图

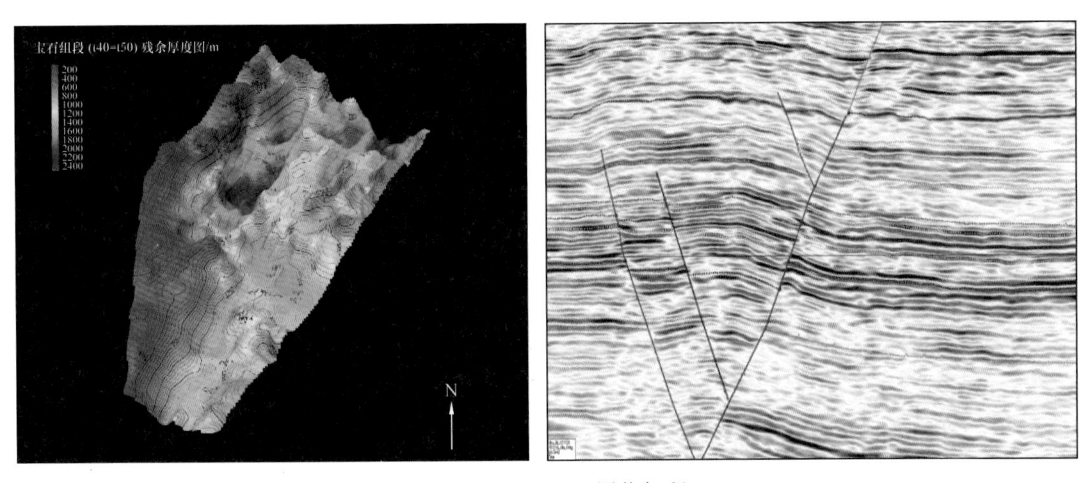

图 1-12-23　工区层位解释

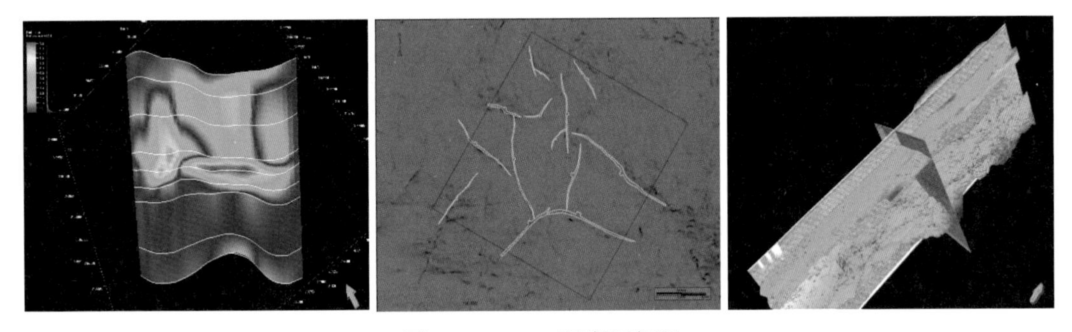

图 1-12-24　工区断层解释

2. 低频模型建立

建立初始波阻抗模型的过程，实际上就是把地震界面信息与测井信息结合起来的过程，将沉积环境分析、层位解释和地层单元接触类型（如整合、不整合、上超、下超、顶超、削截等）研究成果合理纳入模型中，最终获得集地震、地质及测井信息为一体的，含有丰富高低频信息的初始模型。

图 1-12-25a 至图 1-12-25c 是不同频带宽度信息对图 1-12-25d 中模型的表征，可以看出低频段信息对地质界面识别的重要性，在缺少低频信息的情况下，图 1-12-25a 和图 1-12-25b 中地震波的旁瓣没有有效的收敛，容易造成地质假象，高频信息也没有达到理想的效果，而图 1-12-25c 中低频部分信息有效降低了子波的旁瓣效应，增强了地质边界的识别能力。

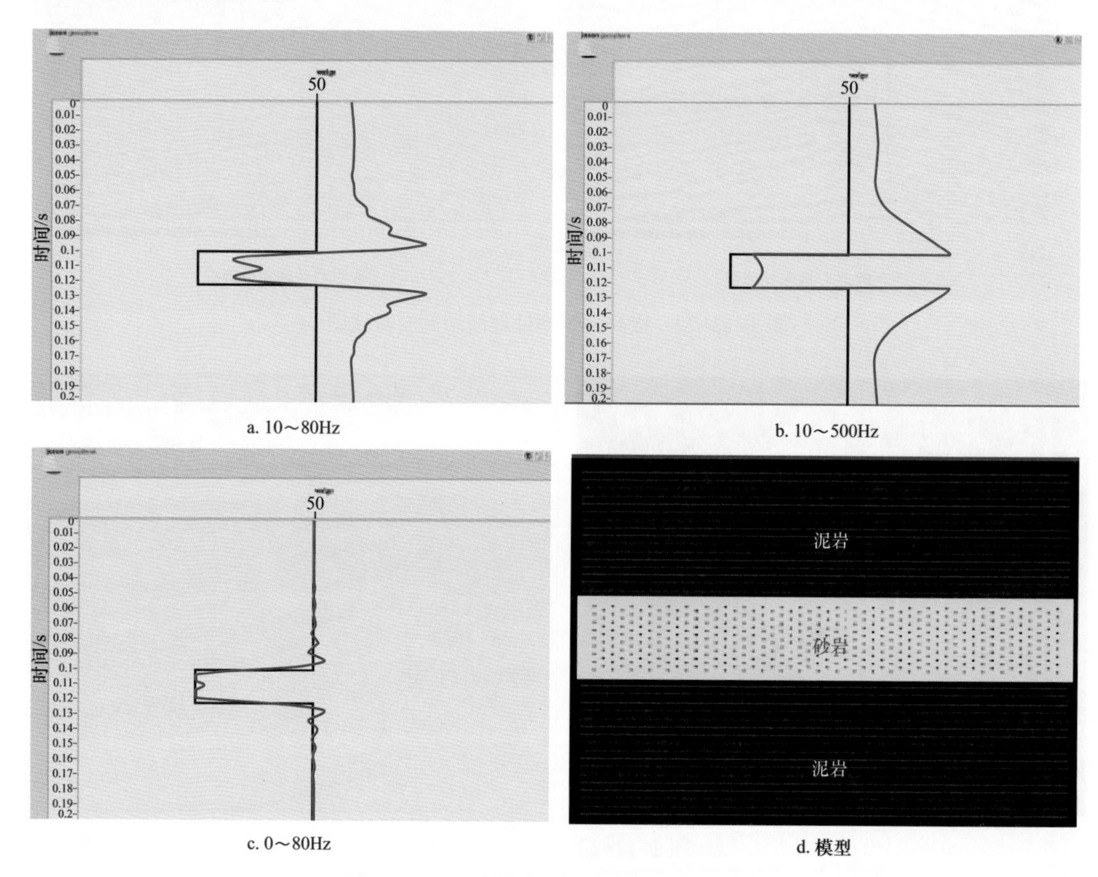

a. 10～80Hz　b. 10～500Hz　c. 0～80Hz　d. 模型

图 1-12-25　低频频带范围对反演的影响

通常情况下，低频信息是利用井资料与速度谱获取的，其中井资料提供低频模型中 2～6Hz 的部分，速度谱提供 0～2Hz 部分信息。

图 1-12-26a 为层速度剖面图，通过测井资料中的速度与阻抗经验关系，将速度体转换成甚低频阻抗背景，与测井插值得到的低频阻抗体（图 1-12-26b）合并，得到带有地下构造背景的低频趋势模型（图 1-12-26c），使得反演结果更加符合地质规律。

3. 反演结果分析

通过反演参数实验，得到了纵波阻抗、横波阻抗、纵横波速度比、泊松比等反演数据体，图 1-12-27 是过钻井的纵横波速度比反演剖面图，红色代表纵横波速度比低值，即表示砂岩，与测井解释结论吻合较好，主要厚层砂岩在反演剖面中均有良好的对应关系，部分薄层砂体由于测井与地震分辨率的尺度差异而丢失，总体上满足了勘探工作对砂体预测的要求。

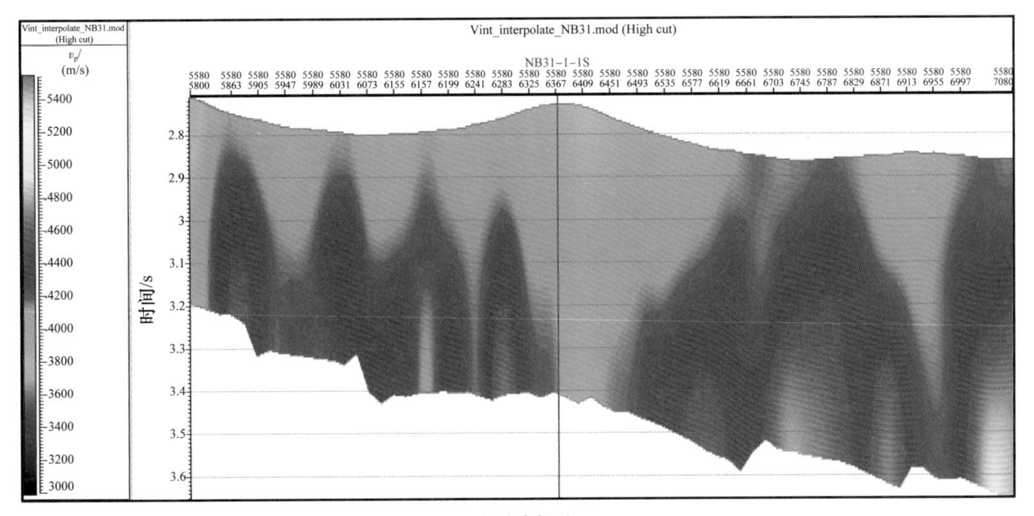

a. 层速度剖面

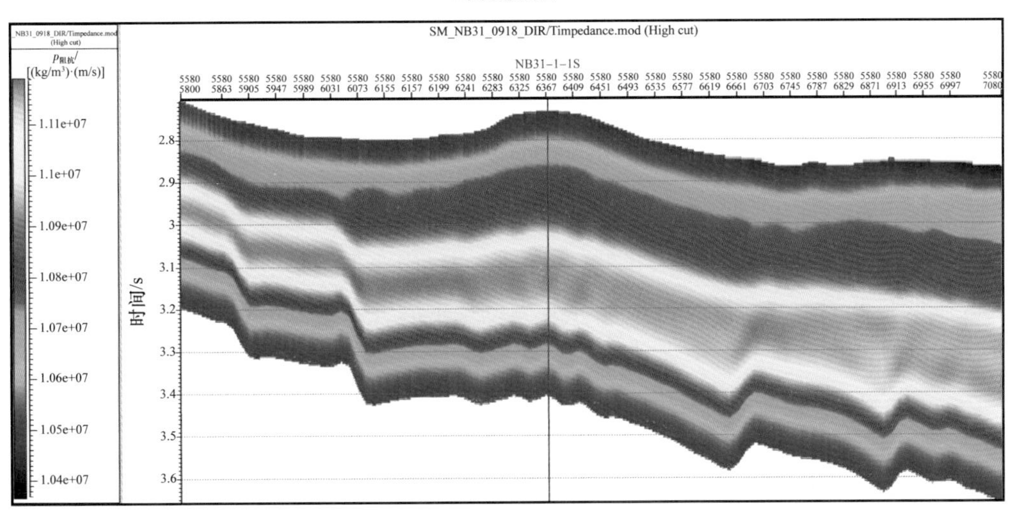

b. 测井插值低频模型

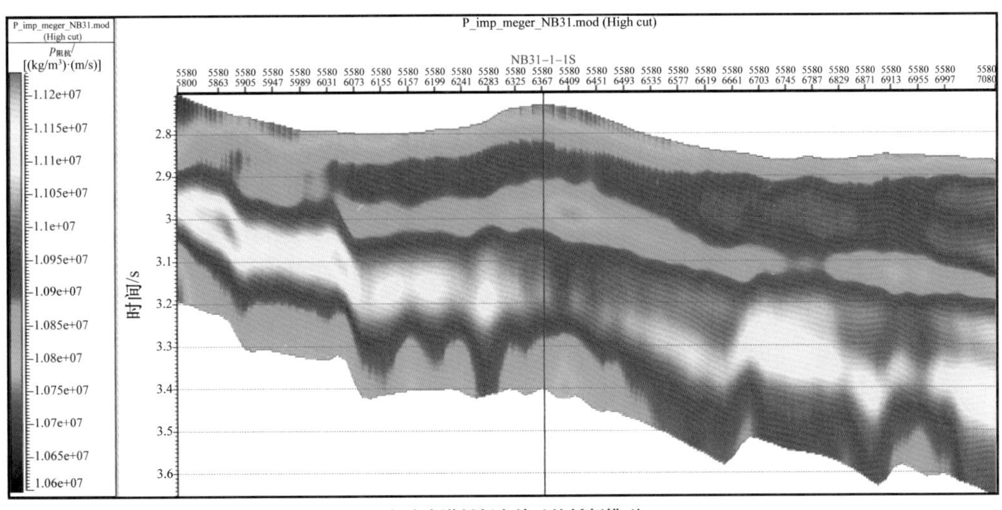

c. 与速度谱低频合并后的低频模型

图 1-12-26　低频模型的建立

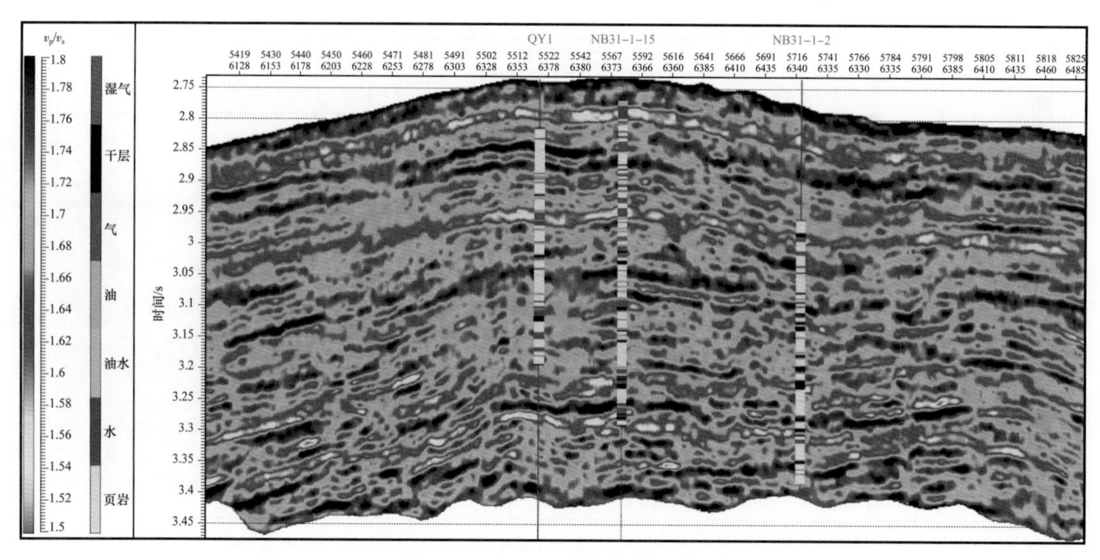

图 1-12-27　v_p/v_s 连井剖面图

第三节　低孔低渗气藏勘探开发钻完井测试技术进展

低孔低渗储层是东海陆架盆地非常重要的含油气层系。东海区域低渗天然气储量丰富，其中西湖凹陷存在具有整体开发条件的含油气构造带，是寻找大中型油气田的重要有利区。低孔低渗油气藏勘探开发钻完井测试技术的突破与进展，是全面推动东海海上低孔低渗气藏勘探开发的基本保证，是实现海洋油气勘探开发战略规划的重要一环。

一、低孔低渗气藏勘探关键技术进展

低孔低渗储层在东海陆架盆地广泛发育，平面上基本覆盖整个凹陷，特别是在西湖凹陷 3500～5500m 的深层和超深层广泛分布。低孔低渗储层发育的有利沉积相带主要为潮汐水道、辫状河心滩和河床、（辫状）三角洲分流河道和水下分流河道等“水道相”。强水动力沉积体系环绕充填凹陷，为低孔低渗储层的广泛分布提供了条件。

1. 低孔低渗气藏沉积储层综合评价成果

通过多次对西湖凹陷钻井取心进行详细观察描述，并应用重矿物等资料，结合东海陆架盆地区域地质背景和最新地球物理资料，针对西湖凹陷低孔低渗储层发育的沉积环境和沉积相取得了新的成果和认识，深化了对平湖组潮坪、受潮汐影响三角洲沉积相的认识，确定了花港组中北部发育大型辫状河沉积体系，并在此基础上明确了低孔低渗储层形成的有利沉积相带。

综合评价发现，砂岩洁净程度、石英含量高低、砂岩粒度、溶蚀强度以及超压和烃类早期充注是控制西湖凹陷低孔低渗储层物性的主要因素，强水动力条件下形成的厚层砂岩中的中粗砂岩、含砾粗砂岩等高刚性颗粒含量的洁净砂岩是优质储层发育的有利部位。因此，综合物性主控因素及优质储层形成条件，以测试产能为判别标准，储层岩相成因类型及成岩相为关键参数，首次建立适用于东海低孔低渗储层的分类标准，并对低孔低渗储层进行分段评价，为确定相对有利的储层分布区以及为测试方案优选提供了依据。

研究取得沉积相认识和储层评价方法在 GZZ 气田、HG 气田的发现过程中起到了很好的应用效果，极大地助推了大气田的发现，并能为以后气田的勘探发现提供理论和方法支持。

2. 低孔低渗气层录井—钻井环境校正技术

西湖凹陷主要采用气测录井技术来快速识别低渗透储层流体性质。低渗透储层井筒作业环境十分复杂，气测录井钻井环境影响因素校正方法可以消除复杂钻井环境对气测录井的影响，比较准确恢复了低渗透储层真实含气性；现场引用常规—低渗透气层一体化无因子识别图版大幅提高了低渗透气层解释精度，应用效果理想；低渗透储层钻井液侵入新模式指导 MDT 作业选层选点，提高低渗透储层泵抽取样的作业效率；"泵抽 + 气垫"联合取样法的创新应用，使特低渗透储层泵抽取样物性下限突破 0.01mD/cp 级别，达到了世界级水平。

二、低孔低渗气藏有效开发关键技术进展

1. 深层厚层低渗透气藏有效开发关键技术

初步形成了厚储层内部"甜点"地震预测技术。地层条件下岩石物理实验发现，弹性参数可识别厚层内部"甜点"与"非甜点"，"甜点"储层的纵波模量和剪切模量的表现为低值，基于地震弹性参数（纵波模量和剪切模量）建立了 3 类地震"甜点"储层的划分标准；正演模拟表明可有效识别厚层内部厚度大于 12m、孔隙度大于 8%（暂定，待进一步核实）的Ⅰ类"甜点"，Ⅱ类和Ⅲ类"甜点"识别难度相对较大；通过推导角道集弹性阻抗计算纵波模量和剪切模量公式，结合叠前反演和岩相流体概率分析，建立了"甜点"分布概率体，预测了厚层内部"甜点"空间展布。

初步明确了厚层低渗透气藏储层"甜点"地质成因及其发育规律。厚层低渗透气藏储层发育四类"甜点"，"甜点"发育受沉积作用和成岩作用综合控制。

初步形成了厚层低渗透气藏渗流机理实验表征技术，基本明确了厚层低渗透气藏渗流机理。首创了测试水锁效应及解除水锁启动压差的联测方法。

初步形成了基于厚层低渗透气藏渗流特征的产能测试及评价技术。根据海上低渗透气藏测试特点，提出了适用于海上厚层低渗透气藏的四种测试方法（稳定点法试井、简化修正等时试井、不关井等时试井、短时不关井等时试井），并针对不同储层类别推荐了相应的测试工作制度；基于产能测试方法与产能预测方法的研究成果，研制了厚层低渗透气藏产能评价及试井解释软件，为产能评价与试井解释提供了新手段。

2. 中深层薄—中层低渗透气藏有效开发关键技术进展

形成了基于岩相流体概率分析的薄—中层低孔渗储层"甜点"预测技术。在叠前同时反演基础上，利用基于贝叶斯判定方法的岩性和流体概率分析技术，得到地震分辨率下的岩性概率体和有利储层概率体，实现储层"甜点"预测，由此形成基于岩相流体概率分析的储层"甜点"预测技术及流程。相关成果已在多个油气田的开发实践中得到较好应用。

从薄—中层低渗透气藏微观渗流入手，建立了包括"渗透率、孔隙度、主流喉道半径、可动水饱和度、含气饱和度"的储层综合分类标准。

提出适合海上短时修正等时试井方法及工作制度。通过产能方程误差项分析，首次提出适合海上的短时修正等时试井方法，并给出了东海不同类型低渗透气藏短时修正等时试井工作制度建议，大大缩短了开井与关井时间，总测试时间缩短到7～10天，同时计算产能误差较小。

探索出东海薄—中层不同类型低渗透气藏有效开发合理井型，已实现1mD以上储层的有效开发，其中渗透率大于1mD的气藏宜采用直井、分支井及丛式井开发；渗透率为0.1～1mD的气藏宜采用压裂水平井开发。

三、低孔低渗气藏钻完井测试关键技术进展

1. 保护储层稳定井壁的低自由水钻井液体系

针对东海地区低孔低渗储层特点，研究入井流体中水的存在状态，将自由水转化为束缚水，开发了低自由水钻井液体系，该体系前期在部分钻井储层段使用取得了很好的应用效果。但在后期应用中，也体现出一些井壁失稳、硬质泥页岩易坍塌掉块、煤层的井壁失稳、中孔中渗储层的封堵及储层及部分区块地层温度较高钻井液高温稳定性等问题。为了进一步推广应用低自由水钻井液体系，解决这些问题，室内对低自由水钻井液体系进行了进一步优化和完善，针对东海地区煤层、砂泥岩互层、泥页岩掉块、非低孔低渗储层以及高温地层开展针对性的低自由水钻井液抑制、封堵和储层保护优化技术研究，优化了相应的钻井液配方并进行了相关应用。优化后的低自由水钻井液应用过程中遇阻情况明显减少，起下钻的时效明显提高，很大程度上提高了钻井时效，取得良好的应用效果。

形成了四项应用技术：煤层及砂泥岩互层温压成膜封堵技术；泥页岩纳微米封堵技术；煤层深部抑制技术；高温钻井液胶体稳定技术。建立了三套评价方法：煤层井壁稳定评价仪器及方法；泥页岩孔隙压力及井壁稳定评价仪器及方法；钻井液纳米材料测试仪器及方法。

低自由水钻井液体系已成功推广应用到东海海域20余口井的钻井作业，该钻井液体系能有效保护储层、稳定井壁，减少复杂情况，提高起下钻时效，同时具有良好的抗温性能，取得了良好的应用效果。

2. 深层低孔低渗储层压力精确预测技术

东海西湖凹陷地区异常高压形成机理复杂，异常高压出现的区域和地层判断难度大，孔隙压力预测不准即影响钻井工程，又不利于储层保护。东海海域经历多期构造运动，现今地应力状态复杂，而地应力状态是预测坍塌压力的重要参数，又关系到低孔渗储层的压裂增产。对地层压力和地应力状态进行精确的分析和预测，评估待钻井的井壁稳定性，形成一套适合东海深部低孔渗储层的压力精确预测技术是钻井工程顺利进行的重要保证。

技术成果在东海西湖凹陷目标区块中得到了成功应用，大幅地提高了地层孔隙压力的预测精度，为定向井井眼轨迹和压裂增产提供了技术指导和保障，同时确保了钻井过程中井壁稳定，在安全高效地完成作业的同时，减少了处理事故和复杂情况的时间，提高了钻井时效。该技术成果可推广应用于东海或其他海域探井、开发井和调整井的钻井作业，推广应用效益巨大。

3. 水平井多级压裂工艺及配套技术

通过目前国内外主流的水平井压裂工艺技术优缺点对比，优选内投球滑套和裸眼封隔器多级压裂工艺作为东海低孔渗储层的水平井多级压裂主体工艺技术。管内（裸眼）投球滑套压裂工艺成熟可靠，在国内外低渗透储层水平井压裂作业中已有上千口井的应用；压后即可实现返排投产，时效高；无须压井作业，最大限度释放了地层产能。

根据海上平台空间小、储液空间有限的特点，通过平台设备空间展布优化、施工流程优化、水质过滤方案优化、压裂液检测快速评价优化等关键技术综合研究，形成了一套海上平台压裂液连续混配施工工艺技术，为海上水平井大规模压裂提供了技术保障。

根据连续混配施工工艺特点，形成了3套海水基压裂液体系，并设计了一套连续混配设备。两套高温、超高温植物胶压裂液，耐温150～170℃，速溶性能好、降阻率66%，破胶液对支撑裂缝导流能力伤害率小于20%，显示出低伤害特性，并获得国家发明专利。中低温VES海水基压裂液体系具有“无残渣、低摩阻、可混酸”技术特点，耐温小于130℃，可由浓缩液直接添加海水配制，实现平台连续混配作业。海水连续混配装置设计工作流量2～8m^3/min，单次配液量不受限制，配液浓度0.2%～0.7%可调，能实现压裂液黏度在线监测，满足连续混配施工作业要求。

第四节　油气勘探经验与启示

东海陆架盆地油气勘探始于1958年9月，截至2015年12月底，共经历58年的勘探历史，取得了较好的效果，目前处于油气勘探与开发并举阶段。油气勘探经验与启示表明，烃源岩、圈闭、储层、储保耦合和垂向高效运聚是西湖凹陷形成大型油气田的关键因素。

（1）西湖凹陷广覆式煤系烃源岩持续强生烃，为大型气田奠定雄厚的物质基础。

东海陆架盆地西湖凹陷发育的烃源岩具有“层系多、分布广、体积大、品质优、生烃持续时间长”等特点，良好的烃源岩发育条件为西湖凹陷形成大型油气田奠定了雄厚的物质基础。发育前宝石组（E_1+E_2？）、始新统宝石组和平湖组、渐新统花港组、中新统龙井组等多套烃源岩，其中平湖组是主力烃源岩。整个西湖凹陷发育煤系烃源岩，分布广，厚度大，最大厚度达2800m。按照沉积岩类型和有机质类型，西湖凹陷烃源岩为煤系烃源岩，包括暗色泥岩、碳质泥岩和煤。从主要烃源岩花港组和平湖组的有机质丰度指标TOC与生烃潜量相关关系中可以看出，西湖凹陷暗色泥岩、碳质泥岩和煤达到中等至优质。对比不同层段烃源岩的有机质丰度图，明显看出平湖组的烃源岩有机质丰度最高，是西湖凹陷最为重要的烃源岩。烃源岩热解资料表明，西湖凹陷烃源岩有机质类型主要为Ⅲ—$Ⅱ_2$型，其中平湖组烃源岩$Ⅱ_1$型、$Ⅱ_2$型和Ⅲ型均有分布，以Ⅲ型为主；花港组下段烃源岩则以Ⅲ型—$Ⅱ_2$型为主，部分$Ⅱ_1$型；花港组上段烃源岩较花港组下段和平湖组烃源岩有机质类型差异更大，不均一性更明显，$Ⅱ_1$型—$Ⅱ_2$型—Ⅲ型均有分布，个别样品甚至达到Ⅰ型，但总体上花港组上段烃源岩还是以Ⅲ—$Ⅱ_2$型为主。

西湖凹陷生烃史和排烃史比较一致，大约在44Ma时开始大量生烃，一直持续到大约36Ma，生烃速率较大；大约36Ma至今，虽然仍然保持继续生烃，但与44～36Ma生烃阶段相比，生烃速率有所下降。排烃史也显示同样的特征。通过盆地模拟计算西湖凹陷烃源岩总生烃量约 1567×10^8t 油当量，为西湖凹陷的大型油气田提供了有利的烃源条件。

（2）晚中新世龙井运动造就中央反转构造带，发育面积大、类型好的背斜圈闭，为大型油气田提供了油气聚集场所。

西湖凹陷中央发育大型中央隆起带，又称中央反转构造，贯穿整个西湖凹陷。此构造带发育一系列反转背斜，圈闭面积介于 35～680km^2。这些圈闭具有面积大、类型好、埋藏浅的特征，为西湖凹陷大型油田提供了聚集场所。

（3）花港组上段发育轴向大型辫状水道体厚层砂岩，为大型油气田提供了优质储层。

西湖凹陷花港组沉积期，由于北东向展布的凹陷地貌及北东轴向物源体系的发育，在花下段和花上段层序发育时，自北向南发育了 3 大沉积体系：轴向大型辫状水道系统、三角洲系统和湖泊系统。其中轴向水道系统包括低辫状（河）水道、高辫状（河）水道、网结（河）水道体系。轴向水道沉积体系主要发育于花下段和花上段层序低位沉积期，自北向南沿谷底平原带低辫状河水道（上游）、高辫状河水道（中游）及网结河水道（下游）等三种水道体系依次分布，不同水道体系其沉积充填特征具明显差异。最有利储集相带区沉积相类型主要是辫状河主河道、三角洲相的河口坝，此类储集体物性较好，孔隙度一般大于 15%，渗透率 10～100mD。

在高精度等时格架控制下对花港组的砂体展布及其沉积相的横向变化进行研究，发现花港组上段 H5、H4 和 H3 砂体非常发育，而且砂体横向上延伸远，垂向上叠置性很好，在中央反转带中部 GZZ 和 HG 气田花港组上段单层砂岩厚均大于 100m。如 H3 砂体可以细分出 H3-1、H3-2、H3-3 三个期次，可以看到，H3-1 砂体在 HG-1 井区尖灭，H3-2 砂体持续推进至 YQ-2 井区处，H3-3 砂体稍微有所弱化，大致在 YQ-1 井处尖灭。对于 H4 砂体来说，依然可以细分为 H4-1、H4-2、H4-3 三个期次，H4-1 砂体在 NB27-1-1 井区处尖灭，H4-2 砂体持续推进至 YQ-1 井区处尖灭，H4-3 砂体稍微有所弱化，具有不连续的摆动性，大致在 YQ-1 井处尖灭。这充分说明了砂体的发育具有继承性，垂向上不断的叠加；在横向上具有很好的延伸性，沉积砂体由北至南表现出了非常好的推进性，从而构成了西湖凹陷大型厚砂堆积的特性。

（4）良好的储保耦合，H3-H5 砂组形成大型气藏。

西湖凹陷中北部花港组储层物性总体为特低孔—特低渗、低渗。孔隙度主要分布在 5%～15% 的区间，其次为 15%～20%，渗透率主要分布在 0.1～10mD 的区间内，其次为 10～100mD 及小于 0.1mD，同时保存有渗透率大于100mD 的储层。但是，中央反转构造带上的 GZZ 和 HG 气田花港组储层埋深在 2900～4700m，以低渗透储层为背景，整体随着埋深的加大而物性变差，局部保存着优质储层，渗透率大于 10mD。GZZ 气田优质储层分布在 H3 小层，HG 气田优质储层分布于 H3 和 H4 小层。通过扫描电镜和薄片分析，H3 和 H4 优质储层属于次生溶蚀孔隙发育带，溶蚀作用对砂体的改造是 GZZ 和 HG 气田在 H3 和 H4 形成优质储层最关键的因素。两个气田岩石类型为长石岩屑质石英砂岩，长石稳定性差，在酸性流体介质下常发生溶解作用，常被溶蚀为蚕食状、残余状甚至形成铸模孔。在扫描电镜下常可见到粒间溶蚀扩大孔及长石溶蚀成残骸状，岩屑溶解形成岩屑粒内溶孔。GZZ 和 HG 气田在 H4 和 H3 砂组发育次生溶蚀孔隙带，属于优质储层发育带，与上覆 H2 和 H1 大套区域盖层构成较好储盖组合，而且 GZZ 和 HG 构造不发育晚期东西向断层，保存条件好，与次生溶蚀孔隙带构成较好储保耦合，在 H5、H4 和 H5 砂组形成大型气藏。

（5）垂向运聚。

断陷盆地油气的二次运移与断裂的活动密不可分。断层在油气运移中可以成为油气运移的通道，使油气沿断层作垂向运移或横穿断层作侧向运移，同时也可以成为阻止油气运移的屏障，使油气在断层旁侧形成油气藏。东海陆架盆地断裂活动发育，特别是晚白垩世至始新世断陷期间，断裂活动强烈，发育的张性正断层大都具有开启性，且这一阶段发育的正断层一般都穿过了下部主要生油层，成为油气垂向运移的良好通道。虽然东部坳陷带西湖凹陷和西部坳陷带丽水凹陷油气成藏都具有垂向运聚的特征，但二者亦有所差异。

西湖凹陷油气成藏具有明显的一源多层和多源同层特点。花港组上段油气可能来源于平湖组煤系烃源岩，花港组下段油气则是来源于花港组下段暗色泥岩和部分平湖组煤系烃源岩，平湖组一段、二段油气来源于同层位的平湖组一段、二段及下部煤系烃源岩，平湖组三段、四段油气具有深部来源特征，可能来源于平湖组三段、四段及下部烃源岩。从油气运移的观点来看，西湖凹陷主要烃源岩生成的油气曾发生过大规模垂向运移，使同源生成的油气聚集于不同的储层中和不同烃源岩生成的油气聚集于同一储层中。在油气分布上，西部斜坡带轻质油主要聚集在渐新统花港组，天然气则主要聚集在始新统平湖组；中央反转构造带已发现的油气主要聚集在渐新统花港组。西湖凹陷油气藏流体特征和下部烃源岩特征相似，即西部斜坡带油气特征和西部斜坡带烃源岩相似，中央反转构造带油气和中央反转构造带烃源岩相似。由此不难看出，垂向运移在西湖凹陷油气聚集成藏及油气分布中起着十分重要的作用。

西湖凹陷不同油气层内的油气地球化学参数变化规律性也说明油气具有垂向运移的特征，如自始新统平湖组到渐新统花港组，再到上部的中新统龙井组储层，天然气中 N_2 含量不断增多，$^{40}Ar/^{36}Ar$ 值和 $\delta^{13}C_1$ 值不断减小，凝析油含量、重烃含量不断增加，而气油比和甲烷含量却逐渐减少。

大量的研究结果表明，断裂是油气运移的主要通道。西湖凹陷深部地层广泛发育早期正断层，为深部烃源岩生成的油气垂向运移提供了通道，断层向上一般终止于花港组上段，部分断至中新统龙井组，对油气成藏破坏不大。同时龙井运动形成的挤压逆冲断层在活动期也成为油气运移通道，活动停止后封闭性好，对油气成藏起到非常有利的作用。勘探成果证实，西湖凹陷烃源断层所断经层位往往是油气的富集层位；而烃源断层没有断达的层位，油气不能向上运移，难以聚集成藏。如位于西湖凹陷西次凹的宁波 31–1、黄岩 1–1 气田和中央反转构造带中南部的黄岩 7–1 北和黄岩 2–2 气田，断层断达的层位油气富集成藏，而上部地层由于缺少烃源断层输导，油气难以向上进一步运移聚集，尽管有良好的圈闭和有利储盖组合条件，却未能成藏。总体来说，西湖凹陷油气分布在垂向上具有沿烃源断层聚集的特征。此外，由超压产生的微裂缝也可成为油气垂向运聚的隐伏输导通道。

第二篇

黄 海 盆 地

第一章 概 况

黄海盆地包括南黄海、北黄海两个沉积盆地，在大地构造位置上，位于东亚陆壳的东部边缘，跨越了中朝克拉通、扬子克拉通和苏鲁造山带 3 个大地构造单元。中古生代南黄海、北黄海分属于扬子和华北克拉通，目前的黄海盆地总体上是发育在前印支期基底之上的两个中—新生代断陷盆地。第四纪初约 1.70Ma 发生海侵，黄海开始形成，晚更新世末海平面上升至现代海岸线位置。

第一节 自 然 地 理

一、黄海概况

黄海是我国的四大海域之一，是一个大陆架浅海，北起辽宁省东沟，南抵长江口启东嘴至济州岛西北角的连线，东面是朝鲜半岛，北面和西面是我国辽宁省、山东省和江苏省，总面积达 $38\times10^4\mathrm{km}^2$。中国的主要河流，如碧流河、鸭绿江及朝鲜半岛的汉江、大同江、清川江等注入黄海，因河水携带泥沙过多，使近海水呈黄色而得名。由于山东半岛从中插入，使海域分为南北两部分，北为北黄海，南为南黄海。北黄海夹持在辽东半岛、山东半岛和朝鲜半岛之间，西界庙岛列岛，面积 $8\times10^4\mathrm{km}^2$，平均水深约 40m，最大水深在白翎岛西南侧，达 86m。南黄海面积约 $30\times10^4\mathrm{km}^2$，平均水深为 46m，最大水深在济州岛北侧，为 140m。南、北海以山东半岛的成山角与朝鲜半岛的白翎岛连线为界。

黄海沿海城市有中国连云港、盐城、南通、日照、青岛、烟台、威海、大连、丹东，朝鲜的新义州、南浦，韩国的仁川等。在中国沿岸重要的港湾有大连湾、胶州湾、海州湾等，港口有大连、青岛、烟台、威海、日照、东台、连云港、南通等，航运事业发达，是对外贸易的重要海域。

海域地处温带，大部分水域水深不足 80m，主要繁殖着暖温性生物，在较深水域，因存在冷水团，冷水性生物也能生存与繁衍。黄海是我国重要的渔场之一，著名的渔港有南通吕四港、盐城黄沙港、连云港、青岛港及烟台港等。

海域内有北黄海、南黄海两个以晚中生代—古近纪为主的沉积盆地。北黄海盆地处于辽东半岛、山东半岛和朝鲜半岛之间，为大体呈北东向延伸的长椭圆形浅洼地，面积 $3.07\times10^4\mathrm{km}^2$，其范围大致为 37°20′～39°50′N、121°00′～125°30′E；南黄海盆地的北缘大致在北纬 37° 左右，以山东半岛的最东端成山角与朝鲜白翎岛连线为界，与北黄海相连。东界在东经 125°37′ 附近，临朝鲜半岛西岸；西界为山东半岛南部和苏北平原；南面以长江口北角启东嘴与朝鲜济州岛西南端连线为界，与东海相连。盆地面积 $15.1\times10^4\mathrm{km}^2$（图 2–1–1）。

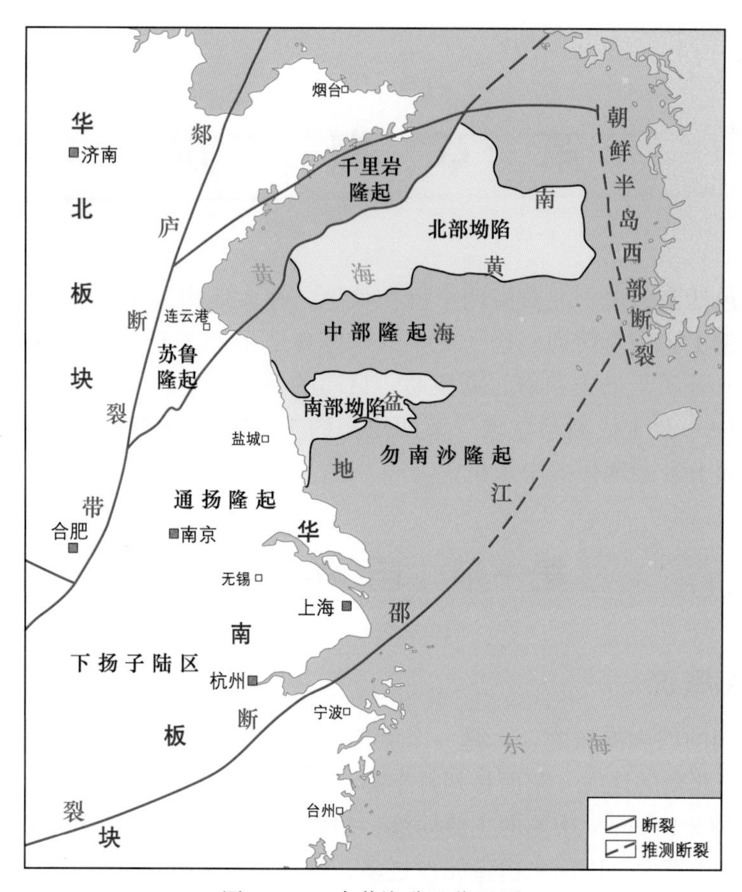

图 2–1–1　南黄海盆地位置图

二、地貌概况

1. 沿岸自然地理

黄海东岸是沉溺海岸，海岸线迂回曲折，沿岸大小岛屿、岩礁星罗棋布，用 ^{14}C 法对沿岸泥炭测定同位素，在最近 6700 年里已下沉 5.48m，年沉降速率为 0.426～1.14mm。西海岸较东海岸要平直，但南北有很大差异。辽东半岛和山东半岛海蚀港湾海岸和海积平直海岸交替出现，沿岸岛屿众多，岬湾相间，岸线比较曲折，多天然良港，并有海蚀崖、海蚀穴、海蚀平台及沙堤、沙坝、沙嘴、潟湖等滨岸地貌景观。辽东半岛、山东半岛以及朝鲜半岛河流短促，比降大，输沙量少，物质较粗，主要堆积在近岸地貌景观。苏北海岸自更新世以来变迁大，近 13 万年里曾三度海进，二度海退，沉积厚度为 45～80m，每年下沉 0.346～0.615mm，比东岸下沉慢。苏北海岸的北段即射阳河口以北，主要为海蚀平原岸，岸线平直。射阳河口以南为冲积、海积平原岸，潮间带岸滩十分发育。射阳港至射阳河口的岸滩最宽，可达 25km，平均坡降为 10～15cm/100m，陆地向海洋方向年伸长 50～100m。射阳港以南至启东嘴岸滩宽几千米至十几千米，淤涨速率为 50m/a，这些岸滩涨潮时被水淹没，退潮时露出水面。

苏北境内河流纵横交错，但含沙量少，对海域沉积影响不大。对黄海西部海域沉积影响最大的是黄河和长江。由于物质来源丰富，沉积速度快，扩散面积大，对西部海岸和海底地貌的塑造以及沉积物分布产生重要的作用。

2. 海底地貌及沉积物

南黄海海底是一个近南北向不对称的洼地，地势由西、北、东三面向中央和东南方向倾斜，坡度较缓。西部和中部海底宽广平坦，平均坡度仅 0°01′21″，东部海底坡度较大。南黄海最大水深在济州岛北侧，达 140m，但南黄海大部分海域水深小于 60m，平均水深为 46m。

北黄海则为一个向东南方向敞开的箕状洼地，海底平坦，西坡平缓，平均坡降为 4cm/100m，东坡稍陡，为 7cm/100m，中间有一条较深的洼地。北黄海大部分海域水深不到 50m，最深处为 86m。

黄海海底地貌类型繁多，地形复杂。

1）东部水下台地

东部海域自鸭绿江口起，往南沿朝鲜半岛沿岸为一狭长台地，台地上有大量的岛屿、岩礁，并有北东向和东西向的溺谷，海底地形复杂，由于朝鲜半岛河流较短，河床坡降较大，带来的碎屑物较粗，因而海底表层多为砂或砂泥混杂沉积。

2）西部水下台地

西部水下台地位于山东半岛向黄海伸入端及其南北两侧。台地的坡降较大，水下地形比较复杂。北部威海遥远嘴和成山角外有深潭，成山角外深水潭水深达 80m。台地的南部有一个宽阔的潮流浅滩，水深小于 20m。其内侧是一条水深 30～40m 的通道，外侧与浅海平原坡降明显。水下台地的表层沉积物主要为粉砂和泥，岸边多砂砾。

3）南黄海西部倾斜浅海平原

从海州湾至水深 55m 处为一开阔坦荡的浅海平原，东西长 150km，地势微向东倾，平均坡降为 2cm/100m。在这一平坦地形之上，东部和中部各有一个形体较大的沙坝，沙坝之间为一较大的条形洼地和丘陵，呈上弧形向海州湾弯曲。条形洼地与沙坝之间的相对高差为 5～10m。此外，平原之上还有若干小的洼地和丘陵。倾斜浅海平原表层沉积在岸边多砾石和中细砂，沙坝则为砂和粉砂，其他地区为粉砂和泥的混杂沉积，钙质结核也比较丰富。

4）古黄河水下三角洲

古黄河水下三角洲以扇形向东南方向展开，东西长 180km，南北宽 160km。在近岸水深小于 20m 地带地形十分平坦，平均坡降只有 1cm/100m，其上有一个“Y”字形的小沟槽，高差仅 1m。水深 20～50m 处等深线明显密集，坡降达 15cm/100m，为水下三角洲外缘陡坡带。古黄河水下三角洲表层沉积物较细，以粉砂、粉砂质泥为主。

古黄河水下三角洲之南是苏北浅滩。浅滩水下地形十分复杂，以港为中心，高低相间的地貌呈辐射状向外伸展，外部沙脊呈似火焰状向北和北北东方向延伸。由粉砂和砂组成的沙脊大者长达数十千米至上百千米，小者仅数千米，沙脊同其间的低地相对高差约 5～10m。外缘沙脊一直延至古黄河水下三角洲的前缘，浅滩的中心部分是大片浅水区，最浅处仅 1～2m，有的地方甚至在低潮时露出水面，浅滩上还分布着一些深水潭，最深处达 46.2m。浅滩西侧为一条大致顺岸延伸的沟槽，沟槽同其两侧高差一般约 10m，沟槽以西即为宽阔的潮间岸滩。

5）古长江水下三角洲北翼

这里地形缓缓向东倾斜。平均坡降 3cm/100m，其上有一些北、北东向延伸的长江古河道，宽为5～6km。该区的表层沉积物除少部分为粉砂外，主要是砂、粉砂和泥的混杂物。

6）中部浅海平原

中部浅海平原在水深大于50m地区，其中50～65m等深线之间为一明显的斜坡，平均坡降4cm/100m，海水深于65m的海域开阔平坦，其上分布了一些洼地和丘陵、这些洼地和丘陵与海岸线关系已不明显，而呈北西向分布。由于中部浅海平原已处于南黄海中心部位，表面沉积物以泥为主，斜坡上则为砂、粉砂及泥的混杂物。

三、气候

1. 风场

受季风影响，黄海冬季寒冷而干燥，夏季温暖潮湿。黄海海域无论南北，冬季都盛行偏北风，夏季盛行偏南风。北黄海冬季的北风、西北风平均风速为6～7m/s，6—7月份的偏南风平均风速为4～5m/s。北黄海又是个大风区，当冷空气进入本区后会产生7级以上大风，尤其成山角附近海面风力更大，比其他海区大2级左右，成为有名的大风带。但北黄海很少受台风影响。

南黄海自10月起至翌年3月，北风、西北风平均风速可达8～9m/s。6—8月份，由于太平洋高压和蒙古低压的作用，西南季风来临后不如偏北风稳定，经常出现中断和加强现象。一次季风加强的过程大致持续5～10天。4—5月份和9月份是盛行风转换季节。9月份冷空气排除暖空气的过程很迅速，9月初就基本完成转换。

南黄海在春秋两季移动高压活动频繁。冬季冷高压最强，但位置偏南，夏季冷高压很少。冷高压的前沿有一条冷锋。冬季冷高压的冷锋过后，海面经常有西北大风，风力达8级左右，有时可达10级，大风频率可达30%，济州岛附近是冬季大风的中心。强冷锋过后，常伴有强烈降温（多降至0℃以下）和阵性降水。春季冷空气的强度较弱、周期明显，锋前的南风和锋后的北风很大，如果没有大风，冷高压中心到海上2～3天后沿海有雾出现。

南黄海有时出现温带气旋和台风。温带气旋以4—7月份最多。这类气旋往往造成偏东大风，气旋过后多西北大风。进入南黄海的台风比较少，多在5—9月份出现，而以8、9两个月最多。

2. 降水和气温

1）降水

黄海总的看冬季盛行偏北风，降水量偏少。当寒潮侵袭到南黄海时，往往伴有能见度很低的降雪，但降雪量只相当于山东半岛的二分之一左右。春季由于气旋活动频繁，阴雨天气增加，春夏之交，云层很低，同时伴有细雨。7—9月份是台风盛行季节，台风来临时伴有大雨或暴雨天气。进入秋季，风小云稀，雨量很少。年平均降水量南部约1000mm，北部为500mm；6—8月为雨季，降水量可占全年的一半。

黄海的雾也是一种重要大气现象。冬、春季和夏初，沿岸多海雾。雾带与西海岸平行，4—7月份是黄海的雾季。黄海西部成山角至小麦岛，北部大鹿岛到大连，东部从鸭绿江口、江华湾到济州岛附近沿岸海域为多雾区。其中成山角年均雾日为83天，最多一年达96天，最长连续雾日有长达27天的记录，有“雾窟”之称。

2）气温

黄海气温受季节和大陆的影响，冬夏变化很大。平均气温 1 月最低，为 -2～6℃，南北温差达 8℃；8 月最高，全海区平均气温 25～27℃。

根据南黄海气候条件，每年 5—7 月和 9—10 月为海上气象条件最佳季节，也是海上地球物理调查最佳时期。每年 11 月至第二年 4 月经常受西北方向南下冷空气袭击，寒冷而风浪大；而每年 8—9 月经常受太平洋方向来的台风影响，风浪大而不安全；因此，每年 8—9 月和 11 月到第二年 4 月不利海上地球物理调查。

四、海洋水动力特征

黄海海洋水动力除黄海沿岸流和潮汐外，黄海暖流是黄海特有的一种海流，它们受陆地地形的制约，同时对海岸、海底地貌的塑造以及沉积物的搬运、改造、沉积和分布都有重要的作用。

1. 潮汐与潮流

黄海大部分海域属正规半日潮，仅成山角以东至朝鲜大青岛一带和海州湾以东一片海面为不正规半日潮。潮差以东岸仁川港附近最大，达 10m，是世界著名的大潮区。西海岸各地潮差变化明显，成山角潮差最小，为 0.7～1.5m；向北至山东半岛北岸增大为 2～3m；南岸乳山口为 2.4mm，石臼所为 2.8m，海州湾为 3.4m，苏北沿岸为 2.5～3m。西岸最大潮差在青岛为 5.3m，连云港为 6.4m，吕四为 6.8m，呈现出潮差向南逐渐增大的趋势。

潮流是与潮汐同时发生的周期性水平流动。南黄海的潮流主要是左旋的，流速大，东侧朝鲜半岛沿岸大都在 3 节以上，有的水道达 10 节。苏北近岸大致以港外为界，其北为左旋流，主流方向为南南西—北北东；以南为右旋流，主流方向为北西—南东，平均流速为 1.5 节，最大流速 3 节。在局部槽沟中，由于潮量明显集中，因而出现急流区，最大流速达 9 节。山东半岛近岸主要为往复流，河口、岬角和海峡处，因受地形影响，流速增大，成山角附近可达 3 节。

2. 海流

黄海的海流比较弱，表层流因受风的影响，流向不稳定，中深层流主要是黑潮分枝—黄海暖流及其余脉。黄海暖流在济州岛东南由对马暖流分出来后，大致沿南黄海东部的黄海槽向北略偏西方向流动。在北上途中逐渐削弱，至北纬 35° 附近从左侧分出一股与苏北沿岸流汇合，并调头南下，到成山角以东又从右侧分出一股与朝鲜沿岸流汇合后调头南下，主枝则进入北黄海，然后向西经老铁山水道流入渤海。黄海暖流具有高温高盐性质，流速很低，最大流速为 0.2 节，平均只有 0.1 节，进入北黄海后已很弱，平均不到 0.1 节。黄海暖流上下层流速和流向均相当稳定。暖流在 1—4 月份形成明显水舌，到夏季，潜伏于黄海中下层的冷水团向东南方向扩展，阻塞了黄海暖流的通道，流速减低甚至停滞。

在南黄海西部沿岸浅于 10m 海水等深线处，因河流入海冲淡水和潮流影响，形成了流幅较窄、流速较大、含砂量较高的沿岸流，这类沿岸流具有泥沙流的性质。它有两个汇聚中心，一个在海州湾，一个在弶港湾。前者汇聚了旧黄河口北西向沿岸流和鲁南南西向沿岸流，后者汇聚了苏北沿岸流和长江北西向冲淡水。由于两股沿岸流汇聚使水位明显增高，产生了离岸的倾斜流。倾斜流在弶港湾表现显著。

3. 海浪

黄海的海浪以风浪为主，具有明显的季节性，其次海岸的形状和走向、海底地形、岛屿分布对局部海区的海浪也有一定的影响。南黄海除风浪外，涌浪亦较多，冬季在偏北风作用下，以北浪、西北浪为主，总频率为37%～47%，浪高一般1.4～2m。但连云港以东则以西浪占优势。当有强大寒潮侵袭时，海面出现大浪，如山东半岛以南浪高可达6m以上，苏北沿岸则为2.9～4.1m。夏季南黄海盛行西南风，海域内以偏南浪为主，总频率达50%以上，浪高一般小于0.5m，但连云港附近海域以东浪为主。当台风影响本海域，海面可出现大浪，山东半岛以南浪高达4.4m，苏北附近海面最高可达9m。春秋季节海浪变化具有向冬夏过渡的性质，浪向紊乱，浪高一般0.6～0.9m，最高可达5.0～6.0m。

4. 水温和盐度

黄海的温度和盐度地区差异显著，季节变化和日变化较大，具有明显的陆缘海特性。由南向北，由海区中央向近岸，温度和盐度都几乎均匀地降低。

1）水温与冰情

黄海地处北温带，又是一个开阔的洼地，水温不但受季节影响，海流、地形对水温也有重要的作用。南黄海近岸处水温以1、2月份最低，为1～5℃；中部海域以2、3月份最低，为4～11℃；黄海暖流水舌中心最高温度高于12℃。夏季，表层水温度分布均匀，8月份最高，大部分海域在26℃以上，沿岸较高，为28℃，海域中部较低，为23℃。

南黄海冬季不出现冰情，北黄海冬季除鸭绿江口一带外，一般冰情较轻，只有在冰情特别严重的年份，才有流冰出现。

2）盐度

海域内的盐度取决于蒸发量、降水量、河流径流量和黄海暖流的强弱变化。南黄海平均盐度为32.0‰，暖流流经的东南部通常大于32.0‰。冬季，黄海暖流向北流动，盐度由南部的34.0‰向北逐渐减低。春季盐度一般下降0.5‰。春末，34.0‰等盐线由海水表层降到水深35m处。夏季随着地表径流加大，海面盐度下降，沿岸出现低盐化。

五、天然地震

根据历史记载，黄海西部海域从16世纪到现在共发生过强烈地震13次，震级都在6～6.75级，最早一次地震发生在1505年10月9日。最近的一次是1984年5月21日，震中位置在北纬32°42′。这些地震有两个比较明显的特点，一是地域相对集中，主要分布在射阳县到启东市海岸外20～130km的海区，即北纬32.7°～34°之间。该区自1505年到1984年发生过7次6级以上的地震，占总数的53.9%，其中1846年以来发生了6次强烈地震，平均每23.5年一次。二是短时期内往往连续发生地震，如上述海域1846—1853年有3次，1921—1927年又连续发生2次。

第二节　勘探简况

由于在南黄海盆地未取得商业性油气突破，所以历年来投入的勘探工作量总体较小，油气勘探程度总体仍很低。

据不完全统计，截至2015年底，南黄海中国海油共采集二维地震61055km（含自营29590km，合作31465km），三维地震554km²；钻井27口，中国22口，总进尺54530m（表2-1-1），韩国5口（不含ⅡH-1X，表2-1-2），钻达中—古生界及以下地层的钻井有7口，南黄海主要勘探工作量见表2-1-3。

表2-1-1　南黄海盆地中方钻井统计表

序号	井名	完钻井深/m	井位	完井年份	完钻层位/测试情况
1	HH1	1544	南部坳陷南七凹陷	1974	戴南组二段（工程问题未钻达目的层）/盐城组、戴南组荧光显示
2	HH2	1769	北部坳陷北凹陷	1975	中三叠统/未见油气显示
3	HH3	535	南部坳陷南七凹陷	1975	事故报废
4	HH4	2276	南部坳陷南七凹陷	1976	阜宁组四段/三垛组—戴南组、阜宁组四段气测异常
5	HH5	2310	北部坳陷西凹陷	1977	阜宁组一段/未见油气显示
6	HH6	2412	南部坳陷南五凹陷	1978	戴南组二段/戴南组气测异常
7	HH7	2394	北部坳陷北凹陷	1979	上白垩统泰州组/未见油气显示
8	HH9	2320	北部坳陷中凹陷	1979	阜宁组四段/未见油气显示
9	WX20-ST1	3500	南部坳陷南五凹陷	1980	阜宁组四段/未见油气显示
10	WX5-ST1	3260	南部坳陷南七凹陷	1981	二叠系龙潭组/二叠系、三叠系气测异常
11	CZ6-1-1A	3907	南部坳陷南四凹陷	1984	阜宁组三段/戴南组、三垛组多层荧光显示；阜三段钻遇含油砂岩、砂砾岩，测试折算日产原油2.45t
12	WX13-3-1	228	南部坳陷南二凸起	1984	二叠系栖霞组/未见油气显示，但在下盐城组见硬质沥青
13	CZ12-1-1A	3511	南部坳陷南四凹陷	1985	石炭系高骊山组/三垛组见油侵；石炭系见气测异常，岩心薄片中见细条状、短片状沥青质
14	CZ6-2-1	2600	南部坳陷南五凹陷	1985	阜宁组四段/未见油气显示
15	CZ24-1-1	3546	南部坳陷南五凹陷	1985	三叠系青龙组/阜二段、阜三段多层见气测异常
16	ZC1-2-1	3423	北部坳陷北凹陷	1986	白垩系泰州组/泰州组泥岩岩心裂隙原油渗出
17	ZC7-2-1	1625	北北部坳陷北凹陷	1988	白垩系浦口组/未见油气显示
18	FN23-1-1	2784	南部坳陷南二凹陷	1993	阜宁组三段/未见油气显示
19	WX4-2-1	2732	南海坳陷南七凹陷	2000	二叠系/未见油气显示
20	CZ35-2-1	2728	勿南沙隆起	2001	二叠系/未见油气显示
21	RC20-2-1	2784	北部坳陷东北凹陷	2008	侏罗系/未见油气显示
22	ZC7-1-1A	2341	北部坳陷北凹陷	2008	阜宁组/未见油气显示

截至 2015 年底，中国海洋石油总公司共拥有南黄海盆地矿权面积约 $6.5\times10^4km^2$，预探圈闭 18 个，其中自营 2 个，合作 9 个，1979 年之前 7 个。

勘探成效方面，虽然未取得大的油气突破，但在新近系、古近系、白垩系、三叠系、二叠系和石炭系等多个层系有不同程度的油气发现。新近系盐城组 HH1 井见荧光显示，WX13-3-1 井发现硬质沥青；古近系三垛组 CZ6-1-1A 井见荧光显示，HH4 井（三垛—戴南组）见气测异常；戴南组分别在 HH1 井、CZ6-1-1A 井见荧光显示，HH6 井见气测异常，ZC1-2-1 井发现油砂；阜宁组 HH4 井、CZ 24-1-1 井见气测异常，CZ12-1-1A 井见油侵，CZ6-1-1A 井钻遇含油砂岩、砂砾岩，测试产油 2.45t/d；白垩系泰州组 ZC1-2-1 井于泥岩岩心见裂隙油；三叠系分别在 CZ 24-1-1 井、WX 5-ST1 井见气测异常；二叠系 WX 5-ST1 井见气测异常；石炭系 CZ 12-1-1A 井见气测异常，岩心薄片中见细条状、短片状沥青质。

表 2-1-2　南黄海盆地韩方钻井统计表

井号	作业者	凹陷	完钻年份	井深 /m	终孔层位	结果
ⅡH-1	GULF	东凹陷	1973	826	—	干井
ⅡH-1Xa	GULF	东凹陷	1973	3467	K_1	干井
ⅡC-1X	GULF	东凹陷	1989	2017	K_1	干井
Inga-1	Marathon/ PEDCO	东凹陷	1991	4103	K_1	K 录井气显示；油斑
Kachi-1	Marathon	东凹陷	1991	2726	T_1q	K 录井气显示
Haema-1	PEDCO	东北凹陷	1991	2541	K_1	干井

表 2-1-3　南黄海盆地主要勘探工作量一览表

项目		中国	韩国
地震	二维 /km	61055①	72500
	三维 /km^2	554	
重力 /km		13538	—
海磁 /km		36971	—
航磁 /km		31953	—
钻井 / 口		22	5

注：① 中国海油自营与合作工作量。

南黄海盆地经历了 50 多年的油气勘探，一直没有商业性发现，其油气前景及勘探方向等一系列问题是人们关注的焦点。至 2015 年，南黄海盆地已施钻井 27 口井，虽未取得商业性油气突破，但多口井在多个层段发现不同级别的油气显示，韩国 Inga-1 井和 Kachi-1 井白垩系录井有气显示、Inga-1 井见油斑，这些均说明盆地内曾经有过油气的生成、运移与聚集过程。随着勘探工作量的增加，地质认识的深入，南黄海盆地油气勘探尤其是在中—古生界一定会有大的发现。

第二章 勘探历程

南黄海盆地位于南黄海海域，盆地内从北向南依次为北部坳陷、中部隆起、南部坳陷和勿南沙隆起。南黄海石油勘探从 1961 年开始以来，经历了区域普查、详查部分凹陷及区带、中—古生界初探等过程，虽然未获得商业突破，但取得很多成果，认识不断提高，形势越来越好。

南黄海的油气资源勘探工作是由中国科学院和地质部开始启动的，从 1961 年开始到 2015 年，已经历了近 55 年，但始终没有获得油气商业发现，也没有大规模的勘探高潮。其勘探历程大致经历了三个阶段：（1）试验和区域普查阶段（1961—1979 年），该阶段主要为区域概查和普查钻探工作，初步确认了古近系古新统阜宁组可能具备生烃条件；（2）合作勘探，详查部分凹陷及区带阶段（1979—1993 年），该阶段主要以地震采集和石油合同钻探为主，其中 CZ6-1-1A 井获得低产油气流；（3）区域补充调查及中—古生界初探阶段（1994—2015 年），该阶段主要是对前期勘探经验进行总结，继续选择部分新生界凹陷或区带进行详查、对中—古生界进行普查勘探，使新生界重点凹陷地质认识得到进一步提升且获得了有明显改善的地震反射资料，并为中—古生界的综合评价提供了一定的资料基础。

第一节 试验和区域普查阶段（1961—1979 年）

一、勘探简史

该阶段石油勘探分为三个时期。

1. 准备、概查时期（1961—1970 年）

1961 年中国科学院青岛海洋研究所在南黄海进行的地震反射点测是海域内地球物理调查的初步探索。

1966 年地质部航磁 909 队在南黄海西部 $17 \times 10^4 km^2$ 的海域内完成 1∶50 万的航磁测量。1967 年地质部派 543 浅水地震队和重力浅滩组在南黄海浅滩区开展“五一型”地震仪的试验工作。同年地质部中国地质科学院组建第一海洋地质调查大队（简称“一海”，现中石化海洋石油工程有限公司物探分公司）承担南黄海西部的地震和重力勘探，确定的工区范围为苏北东海岸外 15～80km 起到东经 124°，北纬 32°～37°，部分测线南延至北纬 31°。地震勘探主要用“五一型”光点地震仪进行 10km、30km、40km 和 80km 不等线距的大剖面地震概查，在部分区域进行了重力面积测量和少量磁力测量，主测线方位角为 335°。

1970 年又用“实践号”补作了 10km 线距的磁力测量。应用的磁力仪为 AM—101A

核子旋进式磁力仪。

这个阶段虽然受到光点地震反射层资料质量差的限制，但第一次掌握了东经 123° 以西的构造轮廓，划出了三个隆起（千里岩、中部和勿南沙隆起）及两个坳陷（南部、北部坳陷）的范围，指出南北两个中—新生代坳陷具含油气远景，是今后进一步勘探的重点区。

2. 普查、详查时期（1971—1976 年）

这一时期做了大量地震、重力和磁力测量，并在详查基础上钻了 3 口预探井。

1971 年 3 月，中国地质科学院决定以南部坳陷中南部的两个凹陷为主开展连片普查，并将主测线改为南北方向，同年 9 月“一海”在水深大于 30m 的海区选择有利构造进行普查以提供探井片位，同时也在北部坳陷的北部凹陷带开展物探综合普查。1974 年调查范围扩大到东经 124°，完成了东经 123°～124° 区内重力、磁力、地震 40km × 40km～40km × 80km 测网的综合概查。1976 年又完成纵贯南、北两个坳陷和勿南沙隆起的 6 条地震、磁力、重力、测深综合大剖面调查，磁力测量应用的仪器为 CHHK 1—69 型海空核子旋进式磁力仪，重力仪为 GSS—3 型海洋重力仪。

地震详查工作于 1973 年开始，同年 1 月国家计划委员会地质总局在北京召开南部坳陷南四凹陷和北部坳陷北二凹陷的地球物理普查成果评审会，确定首先对南四凹陷带的 2411 构造（当时的局部构造名称是凹陷的编号后缀 + 构造编号命名的）进行地震详查，提供南黄海第一口石油预探井井位。“一海”于当年底完成该构造的地震详查，并拟定了黄海 1 井、黄海 4 井两口井的井位。1973 年起该队根据国家计划委员会地质总局的要求，详查 2411 构造后，又在南部坳陷南二二凹陷，北部坳陷北二一凹陷、北三二凹陷和北三一凹陷进行线距为 1km × 1.5km～2km × 4km 的地震详查，到 1976 年又设计了黄海 2 井、黄海 5 井、黄海 6 井等三口井的井位。

1974 年 6 月 7 日，第三海洋地质调查大队（以下简称“三海”）在南四凹陷带的 2411 构造用“大庆一号”（后改称勘探一号）船开钻南黄海第一口石油预探井—黄海 1 井，在钻到 1544.35m 时因工程问题而报废，完钻地层渐新统（未钻达目的层），该井在盐城组、戴南组见荧光。1975 年在北三凹陷带的 422 构造区钻探了黄海 2 井，完钻井深 1769.44m，该井在古近系之下钻遇到基底轻变质岩系地层，判断可能为前寒武系、寒武系或者三叠系。1976 年，为了弥补黄海 1 井工程报废未达目的层的损失，在 2411 构造黄海 1 井的西南钻探了黄海 4 井，完钻井深 2276.28m，该井钻穿古近系戴南组后进入阜宁组 111.78m，三垛组—戴南组、阜宁组四段见气测异常，并首次揭示了古近系古新统的烃源岩。3 口预探井共计进尺 5590.07m。

通过这一时期的勘探，初步查明了两个坳陷区内几个局部构造的性质和特征，对北部坳陷东部的构造格架也有了大致了解，并初步查明南黄海海域新近系 + 古近系的层序、岩性特征、沉积环境和生油条件等。

3. 继续普查时期（1977—1979 年）

经过前 9 年的工作，有些海区地震测线仍比较稀，因此从 1977 年起，在北三凹陷带的 4311 构造、4312 构造和北二凹陷带 4222 构造进行 2km × 4km 普查的同时，先后完成南北两个坳陷的 4km × 8km 连片普查和北部坳陷 5km × 10km 加密测线工作，提出了黄海 7 井、黄海 9 井井位建议，并进行了磁力普查和完成了浅水区（水深不足 10m）

5km × 5km 重力面积测量，这对陆海构造对比起了重要作用。

在此期间，“三海”仍用勘探一号在选定的井位中钻探北部坳陷北二一凹陷4212构造上的黄海5井（井深2310.2m）、北三一凹陷4312构造上的黄海7井（井深2393.96m）、北二二凹陷4222构造上的黄海9井（井深2320.12m）和南部坳陷南二二凹陷中2224构造上的黄海6井（井深2413.27m），共计进尺9437.55m，黄海6井戴南组见气测异常。另有3口井报废，即黄海三井、原黄海五井及原黄海六井。

除此以外，早在1968年，美国海军海洋局地磁计划组曾在南黄海东经123°以东进行地震、重磁区域大剖面调查。韩国早在1968—1973年大致在东经123°以东海域划出四个租让区块，进行过地震、重磁调查，测网线距为15km × 20km、6km × 6km、15km × 20km～25 × 40km、5km × 5km不等。在南黄海北部坳陷东部及南部坳陷东北部揭示称之为群山和黑山两个中生界为主的中小型盆地，局部还做过三维地震调查，并钻探过5口探井，但均未获商业油气流。

1979年8—10月，“一海”全面整理分析已有资料，完成了南黄海两个坳陷区的含油气远景评价和构造体系研究，初步探讨了南黄海西部海域的地质构造特征和含油气前景。

这一阶段西部海域的地球物理勘探使用了国产相位差式“航测—Ⅰ型”定位仪定位，导航过程中一直使用北京坐标系统。地震勘探在1970年以前是用“五一型”光点地震仪进行的，1971年起改用模拟磁带地震仪，并发展成6次覆盖方法采样，震源也由炸药改为6个气枪组合。海洋磁力测量所用仪器在1970年以前为AM-101A核子旋进式磁力仪，1971年起为CHHK1-69型海空核子旋进式磁力仪逐渐取代。重力测量时其基点与7个国家基点连接组成43个闭合的基点网，为便于测量，1977年起还从原基点网引出了11个次一级基点，基点都用海底重力仪在短时间内进行重复观测。重力普通点是用工业电视海底重力仪（主）和GSS-3型海洋重力仪进行观测的。水深资料用681回声测深仪测定。

上述不同时期地震、磁力勘探所用仪器的变化，表明本阶段勘探技术在不断进步，资料的质量有所提高。这一阶段的预探井都是大庆一号钻井船施工的，井的深度较小，均未超过2500m。

二、工作程度与阶段成果

1. 工作程度及完成工作量

1）磁力测量

北部坳陷在东经123°以西和南部坳陷全区已达到5km × 5km测网线距的普查程度，东经123°～124°、北纬32°～37°范围内达到40km × 40km～40km × 80km测线距的概查，其他海区为10km线距概查。测线总长为27432.7km。

2）重力测量

北部坳陷在东经123°以西部分和南部坳陷已达2.5km × 5km测网线距的面积普查，浅水区达到5km × 5km普查，隆起部分在东经123°以西。北纬32°～37°范围内基本上达到了5km × 10km概查，东经123°～124°海区仅做了几条海洋重力试验性剖面。共完成普通点5725个，基点104个。

3）地震勘探

北部坳陷在东经 123° 以西和南部坳陷完成测网距达 4km × 8km 的普查，南部坳陷在东经 121°30′ 以西浅水区测网距达到 20km × 30km，北部坳陷在东经 l23° 以东部分完成了 10 × 20km 的概查，隆起区以及东经 123°～124°、北纬 32°～35° 范围内仅达 40km × 80km 概查，坳陷内少数局部构造则已完成 lkm × l.5km～2km × 4km 的详查，累计完成测线长 25925km。

4）航空磁测

南黄海西部海域完成了 1∶50 万的航磁测量，面积约 17×10^4km，测线长 31953km。

5）预探钻井

西部海域共钻 7 口预探井，进尺 15027.62m，主要凹陷都有了钻井控制。

2. 主要成果

从 1968 年到 1979 年的 12 年间完成了南黄海西部海域 $16.5 \times 10^4 km^2$ 的石油普查勘探，早期几口探井虽然都没有高级别油气显示，但取得了丰富的资料和成果。

（1）基本揭示了南黄海海区区域地质构造轮廓，查明海域有五大构造单元，即千里岩隆起、北部坳陷、中部隆起、南部坳陷和勿南沙隆起。其中南、北两个坳陷和中部隆起同苏北坳陷共同构成一个跨越陆海的含油气盆地——苏北一南黄海盆地（南黄海部分简称南黄海盆地），盆地面积达 $64 \times 10^4 km^2$。海域内南、北两个坳陷进一步划分成 10 个凹陷带，8 个凸起带，共包括 22 个凹陷和 14 个凸起。此外，在勿南沙隆起上圈出了一个凹陷。

（2）建立新生代地层层序，南黄海盆地新生界最大厚度达 5000～6000m，主要属陆相沉积，其内有两个明显的区域不整合面，使其分成下部古新统—始新统、中部渐新统和上部新近系与第四系等三套地层。新生界最大厚度分布在靠近主断层下降盘一侧。

（3）盆地具对称于中部隆起的箕状凹陷结构，南部坳陷南断北超，而北部坳陷北断南超。

（4）盆地内断层发育，绝大部分属高角度正断层，断层下部倾角变缓。少数主要断层控制着新生界的厚度和分布，成为各级构造单元的分界线和盆地发生、发展的重要因素。

（5）盆地中南北两个坳陷在基底性质、构造格局、地层发育、沉积物性质以及岩浆活动等方面有明显的差异。

（6）上白垩统和新生界存在有利于油气生成的三套暗色岩系（泰州组、阜宁组和戴南组），厚度大于 1100m。

（7）盆地内发现了 46 个构造，面积共计 $6353 km^2$，一般圈闭幅度大，褶皱形态清楚，成排成带出现，局部构造圈闭条件较陆上苏北地区优越，因而认为南黄海盆地是一个具有良好含油气前景的大盆地。

（8）南黄海盆地有古生界、中生界和新生界三个找油领域，南、北两个坳陷是勘探中、新生界，尤其是新生界含油气的远景区，中部隆起和勿南沙隆起是古生界和中生界含油气的远景区，北部坳陷的西部和南部坳陷的中部是有利的含油气远景区，其中 2223、2224、2322、2324、4221、4222、4223 和 4311 等 8 个构造是最有利的局部构造。

由于勘探工作是陆续进行的，因而在仪器性能、施工工艺上不同时期差别较大，使得资料质量前后不一，地震深层资料质量差，因此很难准确了解认识盆地结构和构造，南黄海所钻的7口井均未发现油气显示，井位定不准应是重要因素。

第二节　西部海域部分凹陷及区带详查阶段（1979—1993年）

1979年之前，整个中国海域基本为自营勘探，对南黄海盆地勘探投入较少，多为航空、重磁等区域初级普查，相关认识较低。为加快海上油气资源的勘探开发，从1979年起南黄海西部海域开始中外合作勘探。其间，对外合作勘探签订物探协议3个和石油合同4个，共采集重磁资料9538km，采集二维数字地震28255km，钻探地质参数井2口，石油普查井8口。这一阶段又可分为两个时期。

一、区域普查时期（1979—1982年）

1. 勘探工作简况

这是以进行地球物理调查为主，进一步查明南黄海西部海域南、北两个海区的地质构造特征，较正确地圈定局部构造和全面评价两个海区含油气远景的时期。

中外合作勘探工作开始于1979年4月27日。当时石油工业部下属中国石油天然气勘探开发公司与国外石油公司签署了两项地震普查协议，分别为1979年4月27日与法国埃尔夫—阿奎坦（ELF）、道达尔石油公司（Total）签署《联合在南黄海北部海域开展地震普查工作的协议》，1979年6月8日与英国石油有限公司（BP）签订了以评价含油气前景为目标的《南黄海南部海域开展地震普查工作的协议》。两份协议确认法国国营埃尔夫阿奎坦公司和道达尔勘探公司是北部海区地震普查的经营者，英国石油有限公司是南部海区地震普查的作业者。协议规定作业者（经营者）及其他参与者承担相应工程的全部费用和必须向中国石油公司提交所得的原始地震记录（磁带）、阶段性解释成果和最后解释报告，作业者（经营者）及其他参与者有权分享地震数据资料。石油工业部为做好海洋油气资源评价，于1979年10月成立“海洋油气资源评价委员会”。该委员会委托海洋石油分公司（即海洋石油勘探局）组成“南黄海南部资源评价组”（由石油工业部苏北石油勘探局和地质部海洋地质调查局参加）和“南黄海北部评价组”分别负责南北两个作业区油气资源的综合评价。

南部海区的地震和重磁力普查是分1979年度和1980年度两次进行的，1980年11月完成资料采集。北部坳陷的地震普查开始于1979年7月16日，至11月30日采集工作全部结束，1981年1月前，两个公司先后完成资料处理。南部海区为了取得地震解释参数资料，于1980年5月23日中英双方公司签订了一项补充协议，协议确定由英国石油公司独家在南部坳陷的南五凹陷和南七凹陷各钻一口地层参数井，上述两口井先后于1980年12月5日和1981年3月9日完钻。至1981年8月和11月，南北两个资源评价组分别完成了“中国南黄海北邻坳陷石油地质评价报告”和“南黄海南部石油地质评价报告”。

1）南部海区普查勘探简况

南部海域作业者为英国石油有限公司，另有 31 家国外石油公司作为参与者。1979—1980 年采集重磁资料 9538km。地震普查的主要范围为北纬 32°00′～34°00′、东经 120°00′～123°00′，面积约 $3.26\times10^4km^2$，向东延伸部分直到东经 124°00′，面积 $1.06\times10^4km^2$。在此范围内主测线方位角为 317°，联络测线方位角为 47°。1979 年 7 月 10 日至 1980 年 6 月 19 日共采集二维地震 10996km，坳陷区测网密度 4km×8km，隆起区为 4km×8km 或 8km×8km，边缘区为 16km×16km～32km×32km。

该海区是由英国石油公司租用不同船进行作业的。在中深水区用中国海洋石油分公司的“滨海 511”船做地震勘探，“滨海 503”船从事重力、磁力测量，浅水区用德意志联邦共和国普拉卡地球物理公司“海洋调查者”号船进行地震勘探，用“好望”号船做水文调查和重力、磁力调查。

进行地震勘探时各船均用单船拖缆，数字地震仪、多次覆盖连续作业，共完成地震测线 10996km。地震资料由英国石油有限公司伦敦物探计算中心用 TIMAP 计算机进行常规处理，得到水平叠加剖面和叠加偏移剖面，特殊处理则由美国三角公司（Seiscom Deltaincorported Houston）进行。

重力、磁力调查是美国勘探数据咨询公司（EDCON）用 Lacoste romberg 空中—海上重力仪和 Geontrics G901/3 质子精密磁力仪进行的。该公司在做了数据处理后，提交了由人工绘制的水深等值线图、布格重力图和总磁场强度图。

中国南黄海南部资源评价组对地震资料和 BP 公司提交的地层参数井资料进行了综合分析，编写出石油地质评价报告。

1980 年 5 月 23 日，中方与 BP 公司签署补充协议，确定在南部海域南部坳陷内钻 2 口参数井做进一步研究，BP 为作业者。南部坳陷的两口参数井有英国石油有限公司租用中国石油公司海洋石油分公司的“渤海 8 号”船施工。

1980 年 8 月 5 日，WX20-ST1 井开钻，该井位于南部坳陷南五凹陷，1980 年 12 月 5 日完钻，完钻井深 3500m，完钻层位古近系阜四段，该井自上而下钻遇的地层有第四系东台组、新近系盐城组、古近系三垛组、戴南组与阜宁组，缺失古近系渐新世地层。1980 年 12 月 15 号，WX5-ST1 井开钻，该井位于南部坳陷南七凹陷，于 1981 年 3 月 9 日完钻，完钻井深 3259.84m，完钻层位上二叠统，该井自上而下钻遇的地层有第四系东台组、新近系盐城组、古近系三垛组和阜宁组、白垩系泰州组上段、三叠系青龙组、二叠系大隆组和龙潭组。由于这两口井都是地层参数井，钻探目的是探索坳陷内地层发育情况，没有钻遇圈闭。两口井除 WX5-ST1 井二叠系、三叠系显示气测异常外，未发现商业油气流，但前者探明了新生界的岩性，后者钻穿了新近系 + 古近系和白垩系、下三叠统，并钻遇上二叠统煤系地层。这两口井都取得了齐全的测井资料，并做了较系统的分析化验。

2）北部海区普查勘探简况

北部海域作业者为法国埃尔夫（ELF）石油公司，另有 33 家外国石油公司为参与者。地震普查西起中国海岸，东至东经 123°00′，南抵北纬 34°00′，北到北纬 37°00′，面积约 $6.00\times10^4km^2$，实际主要工作区为北部凹陷西半部的 $1.85\times10^4km^2$。其测线布置充分考虑了前人工作经验，规定在东经 121°～123°、北纬 34°～37° 区内主测线方位角为

0°，联络测线方位角为 90°，在其西南角东经 121° 附近，主测线方位角为 337°，联络测线方位角为 67°。地震测线密度在坳陷区为 4km × 8km，其中 8 条测线延伸到隆起区。此外在中部隆起布置了 4 条测线。北部海区共完成地震测线长 8579.15km，无钻井工作量。

海区内的地震普查由法国埃尔夫公司雇用我国海洋石油分公司“滨海 503”“滨海 511”两艘地震船完成，资料采集都采用单船拖缆、数字地震仪、多次覆盖连续作业。地震资料经法国地球物理总公司（CGG）巴黎处理中心用 CYBER175 计算机常规处理后，得到水平叠加剖面和叠加偏移剖面。此外该公司还做了特殊处理，1981 年 8 月以前 33 家参与者公司都向中国石油公司提交了解释成果，南黄海北部坳陷资源评价组对资料做了解释，并编写了该海区的石油地质评价报告。

2. 完成的工作量及主要的地质成果

1）工作程度及完成的工作量

南黄海南、北两个海区的中外合作地震勘探是在中国已进行了地震普查的基础上进行的，因而工作一开始就以古近系坳陷区为主，兼探勿南沙隆起，并参考前已查明的构造线方向，设计了测线走向，用近两年时间完成了两个海区的地震勘探。工作中全面应用了数字地震仪、电子计算机以及相应的资料处理流程。

经过中外合作早期勘探，坳陷区数字地震测网密度已达到 4km × 8km，隆起区也有了较高质量的地震测线。累计完成地震测线 19575.15km；重磁 9538km；水文 3819km；探井 2 口（WX20-ST1、WX5-ST1），进尺 6759.84m。

2）主要地质成果

（1）新近纪 + 古近纪沉积自老至新从半深湖—浅湖相逐渐演化为湖沼相、河流相。整个新生界被三个不整合面和一个假整合面分成五套，即古新统—始新统、渐新统下部、渐新统上部、中新统及上新统—第四系。古新统、始新统中上部和渐新统可能存在生油层。

（2）根据基岩地质和构造特征，将北部坳陷东经 123° 以西部分划分为 5 个凹陷、3 个凸起，南部坳陷划分为 6 个凹陷、3 个凸起，勿南沙隆起圈出 2 个凹陷，认为“一海”所命名的南一一凹陷是一个中生代凹陷，不应包括在古近纪坳陷内，并对凹陷和凸起重新进行了命名。在南、北两个坳陷和勿南沙隆起共圈出背斜、断鼻、潜山圈闭 286 个，其中落实和比较落实的有 210 个。

（3）证实了南部坳陷前古近系的基岩主要由中—下三叠统和古生界组成，推测局部地区保存有中生界，并可同下扬子区的古生界、中生界对比。

（4）南黄海西部海域不论是古近纪坳陷，还是由古生界、中生界组成的隆起，都具备了形成油气藏的条件。南部坳陷的构造形成期同油气生成运聚期配合较好，其生油门限深度为 3100～3500m；北部坳陷生油门限浅，推测为 2400m。因此认为这两个坳陷是最有利的含油气区。

二、区块勘探时期（1983—1993 年）

1. 勘探工作简史

1982 年我国成立中国海洋石油总公司（简称“中国海油”），并正式公布南黄海第一轮招标区块。1983 年 5 月 10 日中国海洋石油总公司与英国石油开发有限公司（简称 BP）及其各合作者公司代表在北京签订《中国南黄海南部 23/06 合同区石油合同》，同年 6 月 1 日生效。区块位于南部坳陷南三凹陷、南四凹陷、南一凹陷和中部隆起南段的局部地区，总面积 4136km^2。接着中国海洋石油总公司于 1983 年 10 月 29 日同英国克拉夫石油有限公司（CLUFF OIL P.L.C）签订《中国南黄海北部 10/36 合同区石油合同》，同年 12 月 1 日生效。区块位于北部坳陷中部，包括部分千里岩隆起和西凸东端，总面积约 4458km^2。1983 年 12 月 2 日，中国海洋石油总公司同美国雪佛龙海外石油有限公司（Chevron Overseas Petroleum Limited）、德士古东方石油公司（Texaco Orient Petroleum Company）签订《中国南黄海南部 24/11 合同区石油合同》，1984 年 1 月 1 日生效。区块位于南部坳陷，主体包括南二低凸起西坡和南五凹陷中西段，还包括部分勿南沙隆起北端和南一凸起南端局部地区，总面积约 2287km^2。

上述三个合同规定其宗旨是：对合同区内可能存在的石油进行勘探、开发和生产，如合同区内发现了油气，由中国海洋石油总公司投资 51%，合同者公司投资 49% 进行开发、生产。1985 年 2 月，应雪佛龙海外石油公司—德士古东方石油公司（简称雪—德、C/T）的要求，扩大 24/11 合同区范围，将 24/24 基本块纳入该合同区，面积亦由 2001km^2 增加到 2287km^2。

1983 年 7 月 29 日中国海洋石油总公司在上海成立南黄海石油公司，委托其执行各项有关南黄海对外合作勘探开发合同，协调组织国内外承包服务，并监督各承包合同的执行，完成国家交付的南黄海石油勘探、开发任务，同时负责东海的勘探开发工作。南黄海石油公司成立后对三个合同区做了大量的资料分析和准备工作，并先后同三个外国公司（组织）分别组成三个联合管理委员会（简称 BP 联管会、雪德联管会、克拉夫联管会），管理各个合同区的勘探开发事宜。

三个合同区的海上地震详查和钻井勘探于 1983 年 9 月和 1984 年 4 月分别付诸实施。

最早进行地震详查的是 23/06 合同区。1983 年 9 月英国石油开发有限公司作为作业者租用美国国际地球物理服务公司（GSI）“波罗的海海豹号”地震船用数字地震仪在合同区进行了地震详查，地震测网为 1km × 1km～2km × 2km，1983 年 9 月采集二维地震 1693.7km，后于 1985 年 2 月采集地震测线 208km，合计完成二维地震 1901.6km。

合作期间共复查 17 个构造，面积约 500km^2，其中新发现 4 个构造，面积约 22km^2。经评价先选择南四凹陷常州 6-1 构造作为钻探目标。1984 年 4 月 15 日 CZ6-1-1A 井开钻，1984 年 9 月 18 号完钻，完钻井深 3907m，完钻层位古新统阜三段，自上而下主要钻遇的地层有第四系东台组、新近系盐城组、古近系三垛组、戴南组和阜宁组。钻后分析戴南组和三垛组主要发育砂岩，阜宁组发育大段泥岩，阜四段烃源岩指标较好，属于湖相优质烃源岩。该井在 3107m 以下的古近系陆续发现油气显示，并在阜宁组三段钻遇含油砂岩、砂砾岩。经测试，阜三段 3823～3830m 井段日产原油 2.45t。1985 年 8 月在常州 6-2 构造上钻探第二口探井 CZ6-2-1 井，完钻层位古新统阜四段，完钻井深 2600m，该井自上而下主要钻遇的地层与 CZ6-1-1A 井钻遇地层相同，但未见油气显示。

24/11合同区的地震详查是雪佛龙—德士古公司于1984年、1985年分两次租用“波罗的海海豹号”和“滨海511”船完成的，测网密度达1km×1km～2km×2km，测线总长为3453.9km。

1984年首批测线采集完毕后，经解释最终选择无锡13-3构造为钻探目标，于1984年11月在无锡13-3构造高点部位开钻第一口探井WX13-3-1。该井12月19日完钻，完钻井深2228m，完钻层位二叠系。该井自上而下钻遇的地层主要有第四系东台组、新近系盐城组、古近系三垛组和阜宁组，缺失戴南组。全井未见明显油气显示，但在井深1701m下盐城组见硬质沥青。

1984年底在常州12-1构造上开钻第二口探井CZ12-1-1A井，钻探目的是了解中生界和古生界含油气情况。该井于次年3月21日完钻，完钻井深3211m，完钻层位石炭系石灰岩。自上而下钻遇的地层主要有第四系东台组、新近系盐城组、古近系三垛组和二叠系，缺失白垩系、侏罗系、三叠系等中生界。该井在2064.5～2072.9m三垛组井段的7个岩心薄片中见到细条状、短片状沥青质，最高含量达20%，说明三垛组末期曾有过油气生成或运移的过程，该井在2566～3452m石炭系中也见到气测异常。

1985年第二次采集地震测线之后，经解释评价选择常州24-1构造钻探第三口探井CZ24-1-1井。该井于1985年10月27日完钻，完钻井深3546m，完钻层位三叠系，钻遇的地层自上而下主要有第四系东台组、新近系盐城组、古近系三垛组、戴南组、阜宁组及白垩系泰州组。该井在2359～2449.5m阜三段中见到多层异常气测显示，全烃值为1.6%～6%。

上述英国石油开发有限公司和雪佛龙—德士古公司所钻的井都是租用渤海石油公司“渤海10”钻井船完成的。24/11合同区3口井主要目的是寻找中生界和古生界潜山油气藏，兼探古近系油藏，因此有2口井布置在南二低凸起的潜山上，另1口井则以南五凹陷的常州24-1潜山构造为主要目标。这3口井都钻入前古近系基岩。23/06合同区2口井以古近系阜宁组和戴南组为目的层。因此选择了古近系保存较为完整的构造。

10/36合同区于1984年4—5月由克拉夫公司租用中国奇科公司的“阿尔法号”船做了地震详查，1986年在诸城1-2构造钻探ZC1-2-1井，该井完钻井深3423m，完钻层位泰州组，并在泰州组3417m泥岩岩心裂隙见原油渗出。

三个合同区的地震勘探都采用了单船拖缆，以DFS-V数字地震仪、多次覆盖连续作业施工，并加大了震源能量，因而取得了比前一时期更深的反射层信号，资料质量也有了提高。地震资料采集后各合同公司分送不同国家、不同公司进行处理。各合同区地震数据经处理后都得到了水平叠加剖面、叠加偏移剖面和少量特殊处理剖面。南黄海石油公司据此进行了平行解释。

第一轮招标签订的石油合同尚在执行之中，为了使对外合作持续发展下去，中国海洋石油总公司于1984年11月16日宣布开始第二轮招标。1986年2月5日，中国海洋石油总公司与英国CLUFF公司签订合作勘探开发南黄海24/16区块石油合同，同年3月1日生效。合同区包括南部坳陷南一凹陷、南二凹陷和勿南沙隆起西北角以及西侧的浅海区，总面积约16739km^2。1987年2月17日克拉夫公司提出放弃原合同区中E121°30′

以东和 N33°50′ 以北地区，剩余合同区面积约 6450km^2。

1987 年 9 月采集二维地震测线 501km，1991 年 10 月采集测线 330km，两次共采集测线 831km。经解释评价后，选择阜宁 23-1 构造作为钻探目标，作业者由 CLUFF 变更为 Monunment，钻探 FN23-1-1 井。该井于 1993 年 4 月 11 号开钻，5 月 7 号完钻，完钻井深 2784m，完钻层位阜宁组，全井未见明显油气显示。

1986 年 8 月 26 日，中国海洋石油总公司与英国 BP 公司签订南黄海 25/02 矿区物探合同，同日生效。合同区位于南部坳陷包括南五凹陷、南六凹陷、南七凹陷和南二低凹陷、南三凸起，总面积为 5431km^2。由于该合同为物探协议，主要的勘探工作量集中在地震采集方面，共采集地震测线 1137km。1989 年 12 月 2 日合同终止。

2. 完成工作量及阶段成果

经过 1983—1993 年的勘探，南黄海有 7 个区块进行对外招标，英国、美国的 4 家石油公司参与了竞标，共在 6 个区块内签订了勘探与研究协定。其中，有石油合同 4 个（23/06 区、24/11 区、10/36 区、24/16 区石油勘探合同），1 个物探协议（25/02 区物探协议），1 个联合研究协议（11/33 区联合研究协议）。合同区与协议区总面积达 44465km^2，外国石油公司的风险投资达 7320 万美元。

在各招标区块内，外国公司进行 1km × 1km、1km × 1.5km 地震详查，完成地震测线 8680.1km，断续钻探井 10 口（WX13-1-1、WX5-ST1、CZ6-2-1、CZ6-1-1A、CZ12-1-1A、CZ24-1-1、WX20-ST1、FN23-1-1、ZC7-2-1、ZC1-2-1），南部坳陷 8 口，北部坳陷 2 口。其中，CZ6-1-1A 井在古新统阜宁组测试获 2.45t/d 原油，CZ24-1-1、CZ12-1-1A 和 ZC1-2-1 等井见油迹和岩石裂隙油。通过这一轮的对外招标钻探，国内外不少石油公司对南黄海含油气远景总体评价认为风险较高，局部的油气显示和少量的工业油流，其经济价值表示怀疑，因此外国公司都退出招标区块。

这一时期因地震勘探测线密度和震源能量加大，获得了更深的反射层资料，构造形态清晰，同时由于钻井深度加大，获得了比较丰富的资料。

（1）1984 年 9 月南四凹陷 CZ6-1-1A 井首次获得油流，并在阜宁组上部钻遇近 600m 的生油层。在此之前南黄海西部海域曾钻过 9 口井，但均未见到可靠高级别的油气显示，也未钻遇过良好的生油层段。CZ6-1-1A 井获得的成果证明，南黄海盆地具有油气形成条件和勘探前景。

（2）查明了南四凹陷褶皱轴线主要呈北北西走向，后期东西向断层十分发育，查明凹陷的北西向断层比原先增多。

（3）新发现局部构造 8 个，面积为 80.9km^2。

（4）发现南二低凸起基岩有倒转褶皱、逆冲断层及叠瓦状构造，表明基岩构造复杂，为今后评价南黄海古潜山内幕结构提供了有价值的资料。

该阶段勘探，完成了大量的地球物理和钻探工作量，南黄海两个坳陷，其主要凹陷的地震测网比较密，并有了钻井控制。这些工作证明南黄海盆地上白垩统上部和古近系厚度大（6000m），暗色泥岩较厚（1100m），局部构造多，有的局部构造生储盖配置较好，因而具有较好的成油条件和勘探前景；但勘探程度尚低，需要加深研究，坚持勘探，树立找油信心。

第三节　中—新生界区域补充调查及中—古生界初探、普查阶段（1994—2015年）

随着南黄海油气勘探的失利，人们对其油气前景产生了疑问和困惑，此时，大多数外国石油公司已停止了在南黄海的勘探活动，南黄海的石油勘探进入低谷阶段。但这一期间，中国勘探家和石油地质工作者更多地重视前期勘探经验的总结，在中—新生界区域补充调查的同时，逐渐地意识到中—古生界具有较大的油气资源潜力，对勿南沙隆起和南部坳陷的中—古生界局部大构造进行地震加密调查。

1994—2015年，在中—新生界区域补充调查及中—古生界初探、普查阶段，中国海洋石油总公司共完成二维地震49206.5km，三维地震554km²，探井3口（WX4-2-1、CZ35-2-1、RC20-2-1），进尺8244m。

一、新生界详查工作简史及阶段成果

1. 南部坳陷南五凹陷、南四凹陷及北部坳陷北凹陷详查、评价（2000—2002年）

2000年共采集二维地震2437km，其中在南部坳陷南五凹陷采集二维地震773km，在北部坳陷西凹陷采集二维地震903km，北凹陷采集二维地震761km；2001年采集1条区域试验二维线498km；2002年采集了10条区域大二维线共3063km。在南五凹陷落实无锡20-4、无锡20-1构造，在南四凹陷落实无锡1-2、无锡1-3、常州6-3构造，在北凹陷落实诸城1-4、诸城1-5、诸城1-6、诸城13-1、诸城7-1构造，未钻井。

2. 北部坳陷东北凹陷详查、评价（2003—2010年）

2003年在北部坳陷东北凹陷采集二维地震2525km；2004年采集地震4058km，韩国石油公司在凹陷东南边缘高部位钻探了Haema-1井。

2005—2008年落实了一批构造，并对凹陷的烃源岩情况、油气资源规模及成藏条件进行了评价，认为中央反转构造带是成藏的最有利区带。重点评价了位于反转带中部的荣成20-2构造及西南翼的荣成20-8构造，认为该凹陷资源规模十分可观，但未能说明凹陷潜力。2009年在荣成20-2构造上钻探风险探索井RC20-2-1井，发现侏罗系及白垩系中等品质烃源岩，潜力有限，未深入评价。

3. 北部坳陷北凹陷详查、评价（2005—2015年）

2005年通过总结苏北盆地油气勘探经验，根据富生烃凹陷和有利勘探区带的标准，优选了北凹陷凹中断鼻构造带上的诸城1-1构造进行评价，认为该构造落实，圈闭规模较大，构造离生烃中心较近，且处于油气运移通道上，储盖组合发育，成藏条件匹配好，且在低部位已见到良好的油气显示，是一个值得钻探的目标，但未钻井。

2006年2月21日，中国海洋石油总公司与丹文能源中国有限公司（DEVON）签订南黄海11/34区块石油合同，该区块面积10843km²，位于南黄海北部坳陷内。合同期内在2006年采集二维地震测线3276.6km，进一步落实诸城7-1构造，2008年9月13日开钻探井ZC7-1-1A，10月12日完钻，完钻井深2341m，完钻层位古新统阜宁组，未

见油气显示。

2012—2015 年再次对北部坳陷北凹陷进行深入研究，认为北凹陷发育泰州组、阜宁组两套烃源岩，且现今仍处于生烃高峰期，有一定勘探潜力。鉴于此，2013 年在北凹陷部署了三维地震 554km^2，落实诸城 1-6、诸城 2-1、诸城 1-1、诸城 1-8、诸城 1-7、诸城 7-3、诸城 7-4、诸城 1-5 构造，优选了诸城 1-1、诸城 1-6、诸城 2-1 构造进行评价，未进行钻探。

在对北部坳陷北凹陷详查、评价同时，2013—2015 年再次对南部坳陷南五凹陷进行了评价，研究认为南五凹陷烃源条件落实，与苏北盆地品质相当，资源潜力与高邮凹陷相近。

二、中古生界初探、普查及阶段成果

南黄海盆地早期参数井 WX5-ST1 井钻遇了下三叠统青龙组孔隙较好的白云岩，南黄海中—古生界的勘探前景充满期待。上扬子四川盆地五百梯等气田的勘探成功，中国海油掀起了在南黄海勿南沙隆起探索古生古储型气藏的热潮。1997 年采集了二维地震 3875.4km，发现了常州 35-2、常州 35-1、常州 29-1、常州 29-2 等一批构造。

为了进一步落实常州 35-2 构造，1999 年围绕该构造加密部署了 1077km 二维地震，2000 年补充采集了 212km 二维地震。并于 2000 年 12 月开钻 CZ35-2-1 井，钻探结果为干层。失利的原因是储层致密，缺乏储层条件。

1999 年苏北盆地在盐城凹陷发现了朱家墩气田，控凹断裂深入扬子地台古生界烃源岩，将气源与朱家墩构造沟通，揭示了古生新储的成藏模式。受其启发，2000 年中国海油在南部坳陷南二、南四、南七凹陷进行了目标搜索，按照古生新储模式，仅在南七凹陷落实了符合该模式的无锡 4-2 构造，并且在 2001 年钻探 WX4-2-1 井，未能取得预期成果。失利的主要原因为油气源不足，中—古生界烃源岩生成的油气未沿断裂垂向运移到新生界储层中，新生界烃源岩生成的油气量少且分散，未聚集成藏。

2002 年中国海油采集了区域二维大剖面共 3063km，涵盖南部坳陷、北部坳陷和中部隆起，初步揭示中部隆起中—古生界地震特征。

2008—2015 年，中国海油承担了“十一五”及“十二五”国家重大专项，“十一五”期间采用“大震源长缆、拖缆双检、上下源宽线”等技术共采集二维地震资料 3636km，“十二五”期间采用“海底电缆（OBC）、富低频阵列组合技术”采集二维地震资料 10333.5km；2011—2012 年在南黄海中部地区采集了 4000km 重磁力资料，并进行了重磁震联合反演。

除中国海油外，该阶段国家层面和其他单位在南黄海也完成了部分工作量，取得了一定认识。

1996—2000 年，基于油气资源战略性评价的需要，国家再次进行南黄海油气的补充调查，地震调查采用 240 道长排列，30 次覆盖，道间距 12.5m，完成地震采集 4484.5km，目的是了解南黄海中—古生界的分布，并完成跨越南、北黄海区域地震剖面的采集，对了解区域构造格局和中—古生界海相地层的分布起到了重要的作用。

1997 年，中国石油化工集团公司（简称“中国石化”）上海分公司承担了“我国专属经济区和大陆架勘测专项（“126”项目）”课题之一“南黄海海区多道地震补充调查”，

1997 年 9—10 月完成了 60 道 30 次覆盖地震测线 820km，其中主测线 2 条 370km，联络测线 450km，资料品质较好，为再次评价南黄海盆地提供了部分基础资料。地震资料解释表明，南黄海北部坳陷是一个以中生代沉积为主的盆地，而南部坳陷则是以古近系为主的盆地，中部隆起区则为三叠系青龙群、古生界及局部燕山期火成岩组成的隆起。

2000—2001 年，广州海洋地质调查局在黄海进行地震方法试验，开展区域性剖面调查，至 2001 年相继完成地震测线 4246km（其中 1053km 为“215”项目工作），对前新生界深部地质构造的认识取得重要进展。

2002—2012 年，国土资源部青岛海洋地质研究所委托中国石化海洋石油工程有限公司物探分公司，针对南黄海中—古生界盆地勘探新领域，分年度采集了一批区域二维地震测线，工作量约 4200km。

2013 年 12 月，中国石化上海分公司通过竞标在南黄海盆地南部坳陷获得油气勘查区块，区块面积 3529km^2，勘查期限自 2013 年 12 月 12 日至 2016 年 12 月 12 日。2015 年，中石化上海分公司在南黄海探区针对海相中—古生界盆地勘探领域采集 27 条二维地震测线，工作量约 1547km，探区东部测网 2km × 4km、西部测网 4km × 8km。

2012—2015 年，中国石油天然气集团有限公司（简称“中国石油”）在南部坳陷取得盐城东区块，采集二维地震 628.9km，主要目的层是新生界与中—古生界兼顾；中国石化在南部坳陷取得海安东区块，采集二维地震资料 1112km。

通过中—新生界区域补充调查及中—古生界初探、普查，该阶段取得不少认识：

（1）南黄海盆地整体上为建立在中—古生代海相地层之上，经中—新生代构造运动强烈改造的叠合盆地。沉积盖层包括震旦系、寒武系、奥陶系、志留系、泥盆系、石炭系、二叠系和三叠系等 8 个地质时代的海相地层及侏罗系、白垩系、古近系、新近系、第四系 5 个地质时代的陆相地层。其中海相地层上震旦统、中—上寒武统、中—下奥陶统、上奥陶统底部、下石炭统顶部、中—上石炭统、下二叠统底部和中—下三叠统主要发育碳酸盐岩，下寒武统、上奥陶统顶部（五峰组）、下志留统底部（高家边组底部）、下二叠统顶部（孤峰组）、上二叠统底部（龙潭组）、上二叠统顶部（大隆组）主要发育页岩，其他层段主要发育砂泥岩；陆相地层主要发育砂岩、泥岩。

中—古生界海相地层全区分布，目前主要探区集中在中部隆起、勿南沙隆起；中—新生界主要分布在北部坳陷和南部坳陷，主要探区包括北凹陷、东北凹陷、南五凹陷、南二凹陷等。

（2）南黄海地区沉积相类型可划分为海相组、海陆过渡相组和陆相组三大沉积体系组。其原型盆地可以划分为以下五种类型：晚震旦世—中奥陶世克拉通盆地、晚奥陶世—志留纪前陆盆地、晚泥盆世—中三叠世被动大陆边缘盆地、晚三叠世一早白垩世前陆盆地及晚白垩世—新近纪断坳 + 断陷、坳陷盆地阶段。不同时期的原型盆地沉积模式分别为：晚震旦世至中奥陶世为克拉通盆地沉积模式，以碳酸盐岩沉积为主；晚奥陶世至志留纪为前陆盆地沉积模式，以碎屑岩沉积为主；早石炭世至中三叠世为被动大陆边缘盆地沉积模式，碳酸盐岩沉积与碎屑岩沉积并存；晚三叠世—新近纪前陆盆地、断坳 + 断陷、坳陷沉积模式，以碎屑岩沉积为主。

（3）南黄海盆地控盆断裂基本上以北东东—南西西向展布，从断裂发育规模上分析，对探区起主要控制作用的断裂主要为 5 条，从北向南分别为连云港断裂、嘉山—响水断裂（或称中部隆起北断裂）、南部坳陷北断裂、沿江断裂—南部坳陷北断裂、勿南沙隆起北断裂。它们不仅控制了中—古生界盆地的北部强褶皱变形区、中部叠瓦状构造变形区、中南部对冲变形区、南部的逆冲变形区的平面4种构造变形格局，而且对海相中—古生界地层的沉积充填特征及后期新生界盆地的构造格局也起着重要的控制作用。以这些断裂为界分别与新生界盆地的千里岩隆起、北部坳陷、中央隆起、南部坳陷和勿南沙隆起相对应。

（4）南黄海地区自下而上发育六套主要生油气层：海相幕府山组（$\epsilon_1 m$）泥岩、高家边组（$S_1 g$）—五峰组（$O_3 w$）灰黑色页岩、二叠系栖霞灰岩（$P_1 q$）、大隆组泥岩（$P_2 d$）和龙潭煤系（$P_2 l$），陆相泰州组（$K_2 t$）、阜宁组（Ef_2、Ef_4）泥岩。其中下古生界幕府山组和上古生界二叠系是好的烃源岩，上奥陶统—下志留统及泰州和阜宁组为较好或中等烃源岩，泰州组是北部坳陷中—新生界较好烃源岩，阜宁组是南部坳陷中—新生界较好的烃源岩。

不同构造单元由于其演化史的不同，可具有不同的烃源岩供给。研究认为，南黄海北部坳陷是以中—新生代陆相烃源岩为主的含油气系统，南黄海南部坳陷是以古近系陆相和中—古生界海相烃源岩为主的含油气系统，勿南沙和中部隆起区是以中—古生界原生烃源岩为主的含油气系统。

（5）南黄海海相中—古生界主要发育两种储层类型：碳酸盐岩储层和碎屑岩储层，其中碳酸盐岩储层主要发育于上震旦统灯影组、中晚寒武统、奥陶系、石炭系、二叠系及下三叠统，碎屑岩储层主要发育于上二叠统龙潭组和中、上志留统—上泥盆统五通组。碎屑岩储层岩石类型主要为（长石岩屑质）石英砂岩，孔隙类型主要为溶蚀扩大孔，为中低孔低渗储层，其中长石质石英砂岩溶蚀作用最发育，储层物性最好；碳酸盐岩储层岩石类型主要为白云岩和石灰岩，孔隙类型主要为溶蚀孔缝—裂缝，为中低孔储层，其中构造活动较强的位置溶蚀作用最发育，储层物性最好。

陆相中—新生界主要包括泰州组下段、阜宁组上部、戴南组和三垛组四套储层，其中阜宁组与戴南组是较好储层。

南黄海盆地经历了55年的油气勘探，一直没有商业性发现，其油气前景及勘探方向等一系列问题一直是人们关注的焦点。虽然，南黄海盆地探井早已证明盆地内曾经有过油气的生成、运移与聚集的过程；然而，无论是中国还是韩国，在南黄海盆地的勘探都未能实现实质性的突破。

综合分析认为，南黄海盆地油气勘探未获重大突破的主要原因有三个方面：一是各凹陷内虽然有古新统阜宁组和上白垩统泰州组两套烃源岩，但有机质丰度中等到一般，其中的砂岩物性差，渗透率低，输导条件不好。二是古生界和中生界有与下扬子地台相似的碳酸盐岩分布，但坳陷区埋藏太深；隆起区地震资料品质差，成像不好；钻井太少，未能在中生界、古生界获得油气突破。三是南黄海盆地的断陷半地堑形成早（晚白垩世）、结束也早（古新世末），始新世末到早中新世沉积间断达13～15Ma，缺失全部渐新统，对油气成藏有不利的影响。

总之，南黄海盆地经历了多次勘探低潮期，至今未获突破，但石油地质工作者一直坚定信心，总结经验和教训，认为南黄海尤其是中—古生界仍具有较大的勘探潜力，相信南黄海油气勘探在不久的将来一定会迎来大的突破。

第三章　地　　层

南黄海盆地在大地构造位置上位于下扬子地区，西与苏北地区相连，北部以苏鲁造山带为界与中朝块体相邻，南部以江绍—沃川结合带为界与华南块体相邻，现今的南黄海盆地整体上为建立在中—古生代海相地层之上，经中—新生代构造运动强烈改造的叠合盆地。

根据钻井及邻区地质露头揭示结合地震资料推测，南黄海盆地的变质基底为太古宇—元古宇变质岩系，其上覆盖着5000m厚的中—古生代（震旦纪—早三叠世）海相地层及中—新生代（晚侏罗世—新近纪）陆相地层。

南黄海盆地中—古生界在全盆地均有分布，目前主要探区集中在中部隆起、勿南沙隆起；中—新生界主要分布在北部坳陷（也称南黄海北部盆地）和南部坳陷（也称南黄海南部盆地）。

第一节　盆地基底特征

区域构造及地层分析认为，南黄海盆地存在太古宇—古元古界深变质基底和中元古界浅变质基底。苏北—南黄海海相盆地是在晋宁运动之后大范围的区域沉降基础上形成的，晋宁构造运动不整合面之下的变质岩系构成海相盆地的结晶基底。由于巨厚海相沉积层系的覆盖，对其地层时代归属、岩性对比划分问题长期存在争议。孔祥生（1994）等通过地壳地震测深和大地电磁测深证实苏浙皖区海相盖层之下具有双层基底结构，即变质结晶基底由上部的浅变质岩系和下部的深变质岩系构成，按电性特征划分为低阻变质岩系和高阻变质岩系，低阻变质岩对应于浅变质岩系，高阻变质岩对应于深变质岩系。低阻浅变质岩系最厚7km，平均厚度3～5km；高阻深变质岩系较厚，最厚达22km，平均厚度14～18km。深部地质研究发现，低阻浅变质岩系主要保存于中生代和古生代沉积盆地之下，而高阻结晶深变质岩系遍布全区，在鲁苏隆起和江南隆起大面积出露。全区变质岩系分布厚度上具有极大的差异性，在苏浙皖西部地区变质岩系较厚，东部地区相应减薄，推测东部海域变质岩系更薄。

苏北及邻区变质岩系可划分为太古宇、古元古界、中元古界、新元古界，古元古代与太古宙时限为2500Ma，中元古代与古元古代时限为1900Ma，新元古代与中元古代时限为1000Ma。区域变质岩分布具有一定的时空性，区内同一时代变质岩的分布与邻区具有可比性，其特征如图2-3-1所示。

由陆上推测本区结晶基底主要由古元古界深变质岩和中—新元古界浅变质岩系组成。其中古元古界见于陆上江苏镇江东埤城地区，同位素年龄为1771Ma。重磁场资料综合显示，本区属于东西走向的巨大的下扬子坳陷区。

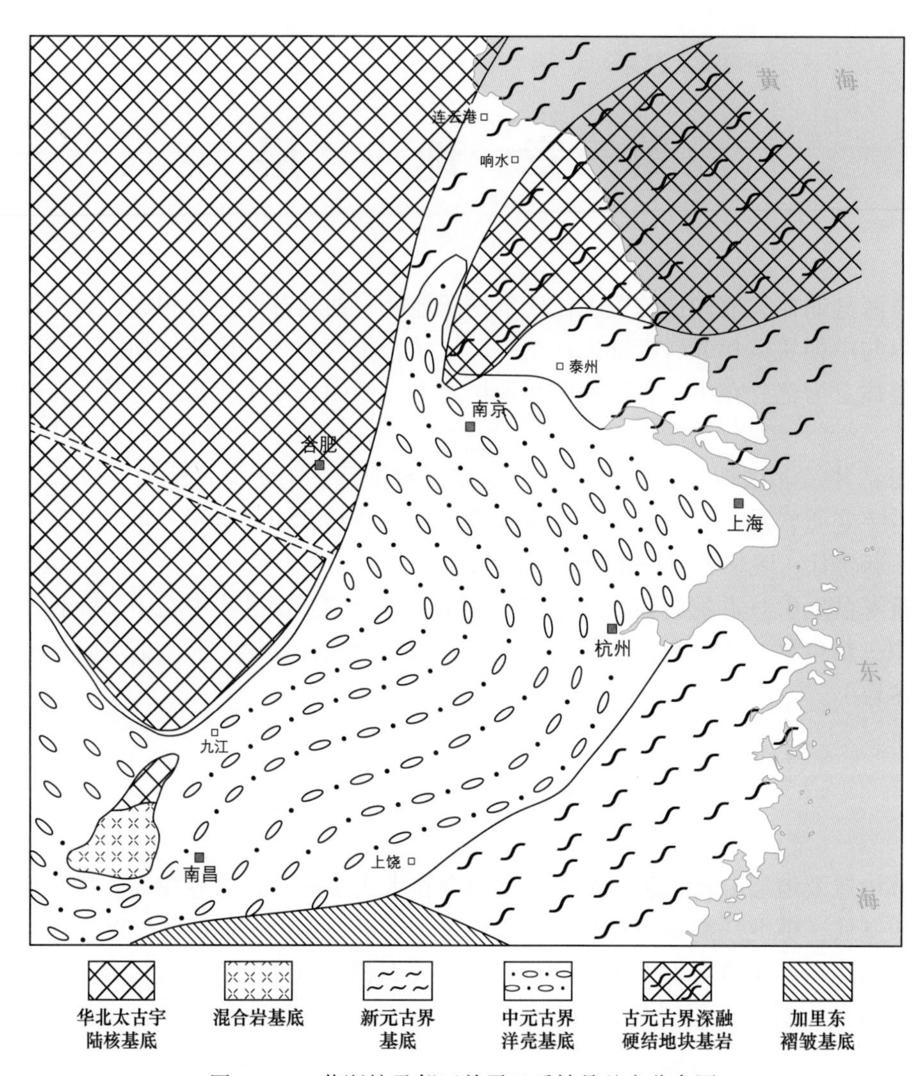

图 2-3-1　苏浙皖及邻区前震旦系结晶基底分布图

第二节　中—古生界发育特征

南黄海海相中—古生界包括从震旦系到下三叠统的所有海相地层（图 2-3-2）。南黄海盆地中—古生界发育特征由于资料缺乏，研究程度较低。目前，南黄海海区有 7 口井钻遇古生界，其中 CZ12-1-1A 井钻遇下石炭统高骊山组，其上沉积了石炭系、二叠系、三叠系和新生界地层，侏罗系和白垩系缺失；CZ6-1-1A 井井底为厚层泥岩夹薄层粉砂岩或石灰岩，阜宁组可能性较大。但在下扬子陆区，前人通过大量野外露头及江苏油田地震资料研究，已经证实了区内震旦纪、寒武纪、奥陶纪、志留纪、泥盆纪、石炭纪、二叠纪和三叠纪等 8 个地质时代的海相地层发育齐全。

本书所指下扬子地区为中国南方海相油气勘探的重要地区，一般指郯庐断裂东南、江山—绍兴断裂西北，包括南黄海在内的广大地区；行政区划上，主要包括苏、皖、沪、浙西北地区。

界	系	统	组	厚度/m	岩性描述	微相	亚相	相	成岩作用	地震反射界面	主要事件	备注
中生界	三叠系	中统	周冲村组	131.8	灰色、灰黄色泥质灰岩夹灰黄色泥质白云岩	潟湖	局限台地	台地	溶解作用 去膏化作用	T18	印支运动	南就珠山
		下统	青龙组	1409	灰色石灰岩夹薄层粉砂岩、粉砂质泥岩、泥质白云岩	浅滩	开阔台地	台地	白云化作用 重结晶作用 交代作用			WX5-ST井
					黑色泥岩，富含硅质	远洋泥	盆地边缘	盆地	压实作用 交代作用			
					灰黑色泥岩、碳质泥岩与灰色细砂岩、中细砂岩、泥质粉砂岩互层，夹煤层	水下分流河道 / 前三角洲泥	三角洲前缘 / 前三角洲	三角洲				
古生界	二叠系	上统	大隆组	115	灰色含粉砂质泥岩，含双壳类和植物化石							
			龙潭组	270	黑色泥岩，硅质、灰质泥岩夹粉细晶白云质灰岩，含磷、放射虫化石	陆棚泥	外陆棚	陆棚				CZ35-2-1井
		中统	堰桥组	45.32	深灰色、黑灰色泥晶、细粉晶灰岩夹少量黑色泥岩薄层。底部为粉砂质、灰质泥岩，生屑灰岩、粉晶灰岩与泥岩互层；下部富含沥青质；中部有硅质灰岩；顶部富含硅质块	潟湖	局限台地	台地	重结晶作用 交代作用			江宁孔山
			孤峰组	18.06								
		下统	栖霞组	268.67								CZ35-2-1井 / 江宁孔山
	石炭系	上统	船山组	133	深灰色生屑泥晶灰岩夹薄层泥岩	浅滩	开阔台地	台地	重结晶作用 交代作用		东吴运动	
		中统	黄龙组	255	浅灰色、灰绿色、棕灰色灰岩、生屑灰岩							CZ12-1-1A井
			老虎洞组	10.61	灰色块状细晶白云岩	潮坪	局限台地		压实作用 胶结作用			南京茨山
		下统	和州组	263	灰色白云质灰岩，局部灰质泥岩							
					灰色、紫灰色泥岩夹浅灰色、灰黑色细砂岩，局部含煤	潮间带	前滨	滨岸				CZ12-1-1A井
			高骊山组	163	灰黄色泥岩夹灰黑色生屑灰岩	浅滩	开阔台地	台地				
			金陵组	28.9	灰色中、细砂岩与灰、灰绿色、灰黑色泥岩、粉砂质泥岩互层，底部为含砾砂岩	潮下带	近滨	滨岸		T11	皖南运动	南京汤山阳山
	泥盆系	上统	五通组	72.78								
	志留系	上统	茅山组	33.02	紫红、棕灰色中、细砂岩、泥质粉砂岩，夹深棕色、灰绿色泥岩				压实作用 胶结作用		加里东运动	南京汤山坟头村
		中统	坟头组	349.88	绿灰色、紫灰色细砂岩、泥质粉砂岩与绿灰色泥岩、粉砂质泥岩互层							
			侯家塘组	122.92	上部为棕黄色粉砂质泥岩夹薄层细粒岩屑石英砂岩，下部为厚层棕黄色泥岩，底部为细粒岩屑石英砂岩	潮间带	前滨		重结晶作用 压实作用			
		下统	高家边组	1028.8	浅黄色、灰黄色泥岩、粉砂质泥岩夹泥质粉砂岩、细砂岩、长石石英砂岩，局部夹泥晶灰岩条带，底部发育灰黑色泥岩	潮上带	后滨					
					灰黑色泥岩，富含硅质、有机质及黄铁矿，夹少量粉细砂岩条带	远洋泥	盆地边缘	盆地	重结晶作用 压实作用			
	奥陶系	上统	五峰组	7.44	灰色、灰绿色泥岩夹棕色生屑灰岩、泥质灰岩	陆棚泥	内陆棚	陆棚				
			汤头组	17.55	灰色泥晶、细粉晶灰岩、生屑灰岩、瘤状灰岩	浅滩	开阔台地	台地		T12	早加里东运动	南京汤山建新村
		中统	汤山组	10.31	灰色生屑泥晶灰岩							
			大田坝组	2.04	灰色瘤状生屑泥晶灰岩							
		下统	牯牛潭组	14.42	灰色凝块石灰岩夹泥晶灰岩，顶为泥晶生物灰岩，含泥质灰岩							
			大湾组	33.66	灰色凝块灰岩夹细晶灰岩，底部为灰色粉晶白云质灰岩				白云化作用 胶结作用			句容石宕村采石场
			红花园组	256.78								
			仑山组	87.69	灰色白云质灰岩、白云岩，含硅质条带，或团块							南京汤山建新村
	寒武系	上统	观音台组	228.82	灰色粉、细晶白云岩，夹硅质、泥质、灰质白云岩，含硅质条带	潟湖	局限台地		白云化作用 重结晶作用 淡水溶解作用			句容仓山林场
		中统	炮台山组	88.18	深灰色粉、泥晶白云岩夹硅质白云岩							
		下统	幕府山组	180.23	灰黑色含磷泥岩、碳质泥岩，夹泥晶、粉晶白云岩、泥质白云岩				白云化作用 压实作用	T13	桐湾运动	南京幕府山采石场
元古宇	震旦系	上统	灯影组	182.03	微晶白云岩、隐晶白云岩及含石膏隐晶白云岩	浅滩	内陆棚	陆棚		Tg	晚澄江运动	句容仓山林场

图 2-3-2　南黄海盆地中—古生界综合柱状图

根据钻井及地震资料研究成果，南黄海中—古生界顶面埋深在中部隆起区为800～1000m，到北部坳陷北凹陷和南部坳陷各新生界凹陷发育区埋深达到4000～7000m。南黄海中—古生界基底深度则普遍达到6000～12000m，中—古生界厚度为5000～10000m。

平面上，中—古生界盆地规模巨大，目前根据现有地震资料盆地面积已达$12.28 \times 10^4 km^2$，还有周缘大面积地区没有地震资料，但根据目前地震资料预测古生界仍然存在，加上这部分预测盆地范围，整个海区的盆地面积已达$20 \times 10^4 km^2$。据推测，中—古生界盆地向西延伸进入陆区，和陆区的中—古生界连通形成一个大型板内克拉通盆地。

南黄海盆地海相中—古生代地层在全区广泛分布，但由于多期构造事件，造成不同构造部位某些地层有不同程度的缺失。根据南黄海地震测线的地震解释成果，震旦系—志留系全区分布、保存完整；泥盆系—石炭系主要分布在中央隆起、南部坳陷和勿南沙隆起，北部坳陷仅部分地区发育；二叠系主要分布在中央隆起、南部坳陷和勿南沙隆起，北部坳陷全部缺失；三叠系主要在南部坳陷和勿南沙隆起，中央隆起部分地区发育，北部坳陷全部缺失（图 2-3-2）。

一、震旦系

震旦系是下扬子—南黄海地区第一套沉积盖层，在下扬子陆上露头和部分钻井中都有揭露。自下而上分为南沱组、陡山沱组和灯影组（图 2-3-2）。南沱组下段和上段均为大陆冰碛岩，中段为含锰岩系；陡山沱组下部以页岩、泥岩夹砂岩为主，上部为泥质或硅质条带状灰岩；灯影组全区分布较广，以微晶白云岩、隐晶白云岩及含石膏隐晶白云岩为主，为一套斜坡—陆棚区沉积。与下伏地层角度不整合接触、上覆寒武系呈平行不整合接触。

震旦系在下扬子陆区盐城市、南京市等西南部地层厚度差异大，厚度分布一般为300～750m，最大厚度可达900m；东北部南黄海地区厚度变化小，一般在400～600m之间。

二、寒武系

寒武系露头见于苏北淮阴—响水一线的东南地区，自下至上可分为寒武系下统幕府山组、中统炮台山组和上统观音台组。以碳酸盐岩为主，与下伏灯影组假整合接触（图 2-3-2）。

幕府山组（$\epsilon_1 m$）：下部为灰黑色碳质泥岩夹泥晶、粉晶白云岩，上部以白云岩为主。局限台地浅滩—潟湖沉积，该组含碳层位为本区烃源岩之一。

炮台山组（$\epsilon_2 p$）：下部为深灰色、灰黑色泥晶白云岩夹硅质白云岩，上部为灰色泥晶、粉晶白云岩、核形石白云岩，夹白云质泥岩，开阔—局限台地沉积。

观音台组（$\epsilon_3 g$）：灰色细晶白云岩，含硅质块和条带，开阔台地—局限台地浅滩相沉积。

下扬子—南黄海地区寒武系厚度为750～1200m。

三、奥陶系

奥陶系露头见于苏北淮阴—响水一线的东南地区，自下而上分为下统仑山组、红花园组、大湾组、牯牛潭组，中统大田坝组、汤山组，上统汤头组和五峰组（图 2-3-2），岩性以介壳相碳酸盐岩为主，笔石页岩次之。

仑山组（O_1l）：灰色厚层白云质灰岩、白云岩，含硅质条带或团块，开阔台地沉积。

红花园组（O_1h）：灰色厚层石灰岩，底部为灰色粉晶白云质灰岩，开阔台地沉积。

大湾组（O_1d）：灰色石灰岩夹泥晶灰岩，顶为泥晶生物灰岩，开阔台地沉积。

牯牛潭组（O_1g）：青灰色及微红色石灰岩与瘤状灰岩互层，开阔台地沉积。

大田坝组（O_2d）：紫灰色石灰岩与小型龟裂纹灰岩互层，开阔台地沉积。

汤山组（O_2t）：灰色泥粉晶灰岩、生物屑灰岩、瘤状灰岩，开阔台地沉积。

汤头组（O_3t）：灰色、灰绿色泥岩、生屑灰岩、泥质灰岩，局部夹瘤状灰岩，浅水陆棚沉积。

五峰组（O_3w）：灰黑色、黑色泥岩，富含硅质、有机质及黄铁矿，属盆地相，该组泥岩为本区烃源岩之一。

奥陶系在下扬子陆区盐城—上海一线西南部地层变化较大，厚度一般为 300～900m 不等，南黄海地区变化小，厚度 450～600m。

四、志留系

志留系在南黄海目前还没有钻井揭示，仅在地震剖面上推断解释认为区内较为发育，与上覆上泥盆统五通组呈不整合、下伏奥陶系呈不整合或整合接触。

苏北地区志留系广泛分布于淮阴—响水一线东南，总体反映为碰撞拼合过程中形成的海退沉积旋回，自下而上分为下统高家边组、侯家塘组，中统坟头组和上统茅山组（图 2-3-2），沉积环境表现为盆地相—陆棚相—滨岸相的逐步转变过程。

高家边组（S_1g）：浅灰色泥岩、粉砂质泥岩，局部夹泥晶灰岩条带，底部灰黑色泥岩较发育。

侯家塘组（S_1h）：上部为棕黄色粉砂质泥岩夹薄层细粒岩屑石英砂岩，下部为厚层棕黄色泥岩，底部为细粒岩屑石英砂岩。

坟头组（S_2f）：绿灰色细砂岩与绿灰色粉砂质泥岩互层。

茅山组（S_3m）：紫红色、棕灰色中、细砂岩、泥质粉砂岩，夹深棕色、灰绿色泥岩。

志留系在下扬子—南黄海地区分布厚度大、范围广，厚度可达 4000m，南黄海地区一般为 2500～3500m。

五、泥盆系

在下扬子—南黄海地区由于加里东运动而缺失中—下泥盆统，仅存上泥盆统五通组（图 2-3-2），滨岸沉积。

五通组（D_3w）：灰色细、中砂岩与灰绿色泥岩、粉砂质泥岩互层，底部为含砾砂岩。

下扬子—南黄海地区泥盆系厚度相对较薄，一般在100～200m之间，最厚达250m。

六、石炭系

石炭系自下而上发育下石炭统金陵组、高骊山组、和州组，中石炭统老虎洞组、黄龙组，上石炭统船山组。南黄海盆地CZ12-1-1A井钻遇石炭系，是南黄海地区唯一一口钻遇石炭系的探井。

金陵组（C_1j）：灰黄色泥岩夹灰黑色生屑灰岩，台地沉积，与下伏上泥盆统五通组呈假整合接触。

高骊山组（C_1g）：主要为灰、紫灰色泥岩夹浅灰色、灰黑色细砂岩，局部含煤，滨岸沉积。

和州组（C_1h）：以灰色白云质灰岩为主，夹泥岩和泥灰岩，局限台地沉积。

老虎洞组（C_2l）：灰色块状细晶白云岩，局限台地相沉积。也有学者称之为老虎洞白云岩，将其归属于早石炭世晚期。

黄龙组（C_2h）：浅灰色、灰绿色、棕灰色厚层灰岩、生屑灰岩，开阔台地沉积。

该组在生屑灰岩井段中产 *Profusulinella* cf. *keramilicnsis* 克拉美丽原小纺锤（比较种），*P.hoxkudukensis* 科什库都克原小纺锤，*Schubertella* aff. *Pseudoglobulosa* 假球形苏伯特（亲近种），*S.*aff.*gracilis* 柔苏伯特（亲近种），*Eostaffella* sp. 始史塔夫（未定种）；在另外两个井段石灰岩中产少量孢子，主要为 *Zonotriletes* 具环孢属，*Retriculatisporites* 粗网孢属，*Verrucosisporites* 形块瘤孢属，*Punctatisporites* 粒面单缝孢属，*Lycospora* 鳞木孢属等。原小纺锤和始史塔夫等均为中石炭统标准化石，所产孢子亦常见于山东本溪组，因而定其层位为中石炭统。

船山组（C_3c）：为开阔台地沉积。中下部由褐灰色藻团细粉晶灰岩、深灰色含生物粉晶灰岩组成；上部为浅灰色生物藻团粉晶灰岩、灰色生物细碎屑粉晶灰岩、泥晶灰岩和含隧石灰岩。其下与黄龙组呈整合接触，顶与二叠系栖霞组为平行不整合接触。

该组中下部产 *Triticites Ovoidus* 卵形麦粒，*T.*sp. 麦粒（未定种），*Eoparafusulina*. sp. 始拟纺锤（未定种）及有孔虫麦粒、始拟纺锤均系上石炭统标准化石，故本组层位定为上石炭统。

石炭系残留地层与泥盆系所差无几，但与泥盆系相比，分布范围有所缩小，厚度略有增加，一般为150～300m（图2-3-3）。

七、二叠系

二叠系自下而上包括下二叠统栖霞组，中二叠统孤峰组、堰桥组，上二叠统龙潭组和大隆组（图2-3-2）。

根据南黄海盆地钻井资料和地震解释成果，二叠系广泛分布于中央隆起、南部坳陷和勿南沙隆起，北部坳陷全部缺失。以台地相为主，并分布有斜坡和盆地相沉积。WX13-3-1井、CZ35-2-1井、WX5-ST1井和CZ12-1-1A井四口井均有钻遇，揭示最大厚度651m。自下而上发育下二叠统栖霞组、上二叠统龙潭组和大隆组，缺失中二叠统孤峰组、堰桥组。

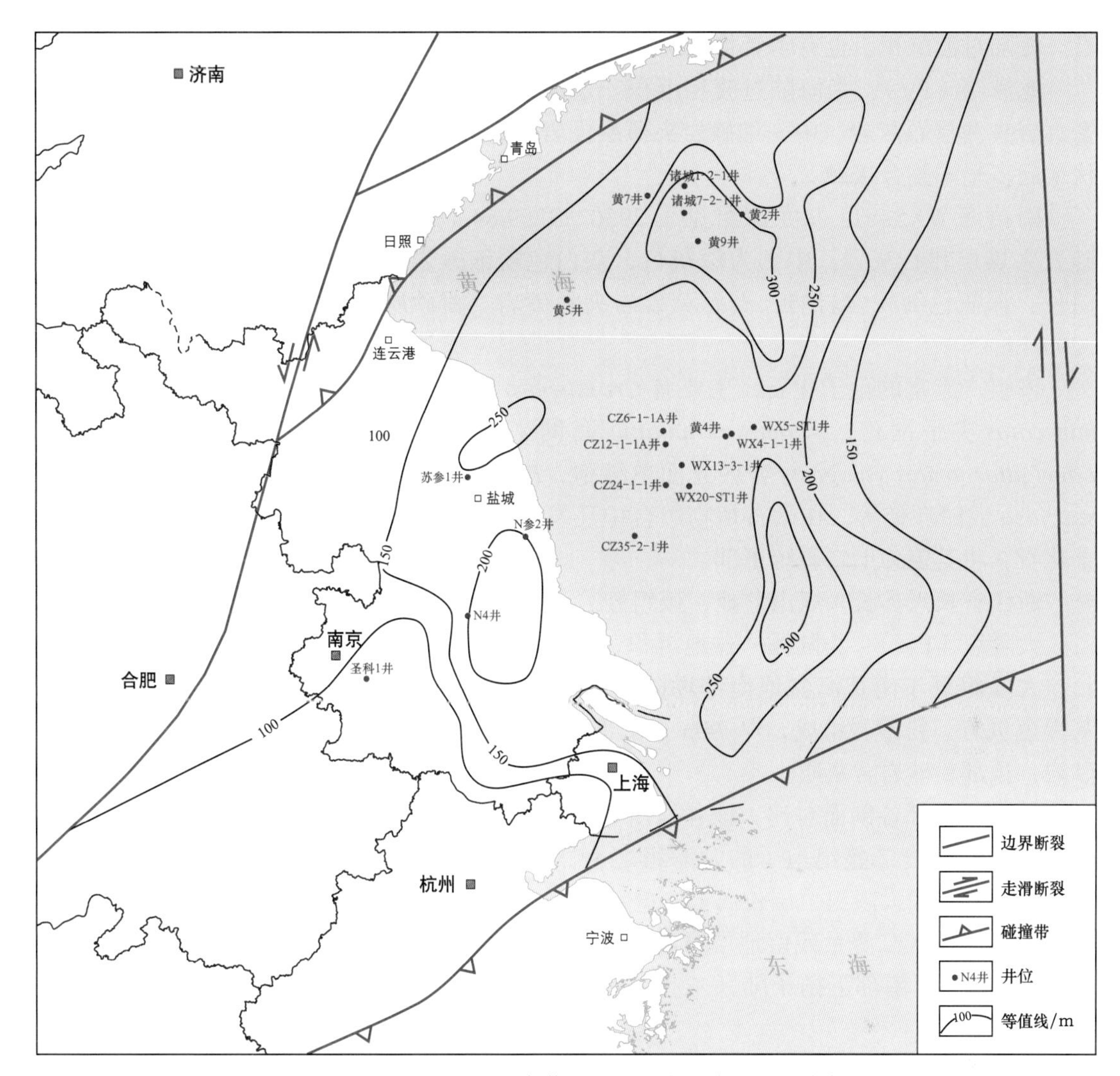

图 2-3-3　下扬子陆区—南黄海地区石炭系残留地层分布图

栖霞组（P_1q）：为台地和局限海盆沉积，主要为深灰色、灰黑色中至厚层灰岩、含沥青质灰岩、生物碎屑灰岩、薄至中厚层硅质灰岩、中厚至块状含燧石结核或条带灰岩夹泥灰岩、泥岩。

海域钻井栖霞组岩性可与江苏省宜兴县湖庙桥丁蜀团山剖面对比。庙桥剖面栖霞组上部为灰黑色石灰岩、含隧石灰岩及臭灰岩；下部为臭灰岩、石灰岩、砂岩、碳质页岩夹煤线。海陆两区栖霞组相似，反映出二者类似的沉积环境。

WX13-3-1 井石灰岩产 *Schwagerina densa* 紧希瓦格，*S.*cf.*pseudochiaensis* 假栖霞希瓦格（比较种），*Misellina Claudiae* 喀劳得米斯，*Nankinella* sp. 南京（未定种），及介形类、有孔虫是等化石。喀劳得米斯等化石为下二叠统栖霞组标准化石，故将该段地层划为下二叠统下部。

孤峰组（P_2g）：在南黄海部分地区缺失。黑色泥岩，硅质、灰质泥岩夹粉细晶白云质灰岩，含磷、放射虫化石。属台盆沉积。

堰桥组（P_2y）：在南黄海部分地区缺失。灰色含粉砂质泥岩，含双壳类和植物化石。海陆过渡沉积。也有学者将该组划归孤峰组。

龙潭组（P_3l）：为海陆过渡相沉积。下部为大套泥岩，夹碳质泥岩；上部为黑色致密页岩夹薄层石灰岩、中—细砂岩夹薄层泥岩、碳质泥岩。在南黄海盆地该套地层与下伏地层多呈不整合接触。

南黄海 WX5-ST1 井龙潭组见于 2930～3259.84m 井段。其下部是褐色和深灰色粉砂岩夹煤层和石灰岩，中部为深灰色、灰白色粉细砂岩夹灰白色微晶灰岩，上部由灰白色、深灰色细粒含岩屑长石石英砂岩夹粉砂岩、粉砂质页岩及少量煤层组成，厚度 329.84m。

该组产丰富的孢子化石，主要有 *Crassispora kosankei* 克桑克厚环孢，*Dictyotriletes muricatus* 尖平网孢，*D. densoreticulatus* 套网平网孢，*Lycospora pusilla* 极弱鳞木孢，*Laevigatasporites vulagaris* 普通光面单缝孢，*Raistrickia saetosa* 叉瘤孢，*Reinschospora speciosa* 成鳍环孢等。在微古植物组合中还发现一颗牙形刺化石。根据岩性组合和古孢子化石，将其定为上二叠统下部。

浙江省长兴县长兴煤山盆地，该组砂岩见少量油流。

大隆组（P_3d）：为陆棚—盆地沉积，多见深灰色、灰黑色泥岩，夹碳质泥岩。

大隆组见于南黄海盆地南部坳陷 WX5-ST1 井 2820～2930m 井段。其下部由灰色、灰黑色页岩、粉砂岩组成，厚 74m；上部为 36m 厚的浅黄色、深灰色、灰黑色粉砂岩、砂岩，顶部粉砂岩含灰质。

与江苏南部各剖面对比，该井段由碎屑岩组成，粉砂岩厚度大，未见硅质层。由于这套地层位于含二叠纪孢子的龙潭组之上，产菊石化石的下三叠统之下，顶部分界清楚，故将其划归大隆组，层位属上二叠统上部。

南黄海地区二叠系残留地层厚度大于西南部下扬子陆区。厚度 400～600m，最厚处可达 800m；西南部下扬子陆区二叠系呈北东向条状零星分布，厚度大处可达 400m 以上（图 2-3-4）。

八、三叠系

三叠系见于 CZ24-1-1、CZ35-2-1、WX4-2-1 和 WX5-ST1 等井，地层大部分缺失，主要残余下三叠统青龙组，中三叠统周冲村组局部发育（图 2-3-2）。

青龙组为台地相，局部浅—深水陆棚相，分为下青龙组和上青龙组。

下青龙组（T_1xq）：见于 WX5-ST1 井 1990～2820m 井段，厚 830m。分为上、下两段。

下段：浅灰色石灰岩与暗灰色石灰岩互层，夹多层粉砂岩和泥岩，厚 271m。

上段：浅灰色薄层石灰岩与深灰色、灰黄色薄层石灰岩互层，夹泥质灰岩、白云岩、白云质灰岩，底部夹黑灰色瘤状灰岩，部分石灰岩中有石膏假象，厚 559m。

上青龙组（T_1sq）：见于 WX5-ST1 井 1441～1990 井段，厚 549m。也分为上、下两段。

下段：浅灰色、灰白色局部灰黄色、红褐色石灰岩夹泥质灰岩、泥岩，上部夹白云岩、白云质灰岩、鲕状灰岩，厚 342m。

上段：土黄色、灰色石灰岩与泥质灰岩互层，夹灰黄色、黄绿色和红褐色泥岩、泥质灰岩、黑灰色泥质粉砂岩，下部夹团粒灰岩、鲕状灰岩，部分石灰岩具石膏假象，产菊石化石。厚237m，青龙组与下伏大隆组砂岩整合接触，其上多为上白垩统泰州组所覆盖，部分地区上覆中三叠统周冲村组。

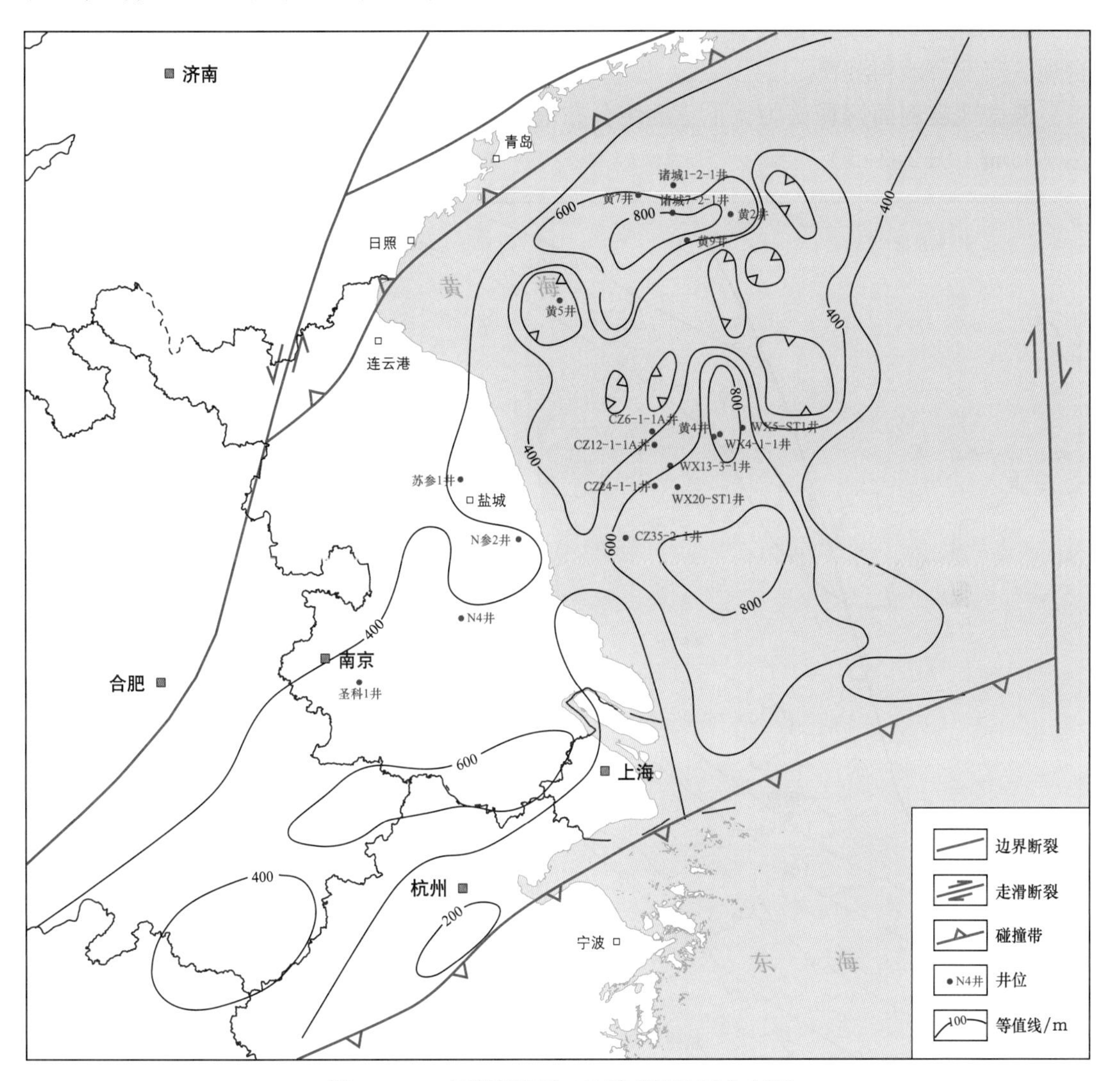

图2-3-4　南黄海地区二叠系残留地层分布图

与江苏省宁镇地区各剖面相比，不同之处是本区青龙组主要是石灰岩，夹白云岩，泥质岩很少，局部具石膏假象，顶部出现红褐色泥岩夹层。

WX5-ST1井产化石较多。二段产牙形刺化石 *Ketinella* sp.，*Hindeodella* sp.，*Neohindeodella* sp.，*Cypridella* sp.，*Neospathodus* sp.；四段产 *Gyrinites* sp. 环齿菊石（未定种）和有孔虫类的 *Glomosprira* sp. 球旋虫，*Meandro sprira pusilla* 微小回旋虫，*Nodosraids* sp. 节房虫（未定种）等。孢粉以 *Jugasporites delasaucei*，*J.shhaubergeroides*，*Perisaccus* sp. 窄囊粉（未定种），*Kraeuselisporites* sp. 稀饰环孢（未定种），*Rubinella triassica* 三叠莓瘤孢为主。

对海域这套地层的归属尚有不同意见，有学者将其定为上二叠统—下三叠统，也有将其划为下—中三叠统或部分划为中三叠统。WX5-ST1井所产有孔虫在我国四川及中南各地均为中—下三叠统分子。孢粉以 *Jugasporites delasaucei* 为主，见于欧洲和我国上二叠统—下三叠统，牙形刺 *Neospathodus* 曾见于无锡嵩山下青龙组，而环齿菊石产于南京下青龙组、安徽殷坑组。因而该井 1411～2820m 井段石灰岩层位应为下三叠统青龙组。

周冲村组（T_2z）局部发育，主要岩性为泥质灰岩、含膏云岩、白云岩、膏岩。局限台地、蒸发台地相沉积。

根据地震剖面解释认为，下三叠统分布范围和龙潭组的分布基本相同，最大厚度可达 1200m（图 2–3–5）。

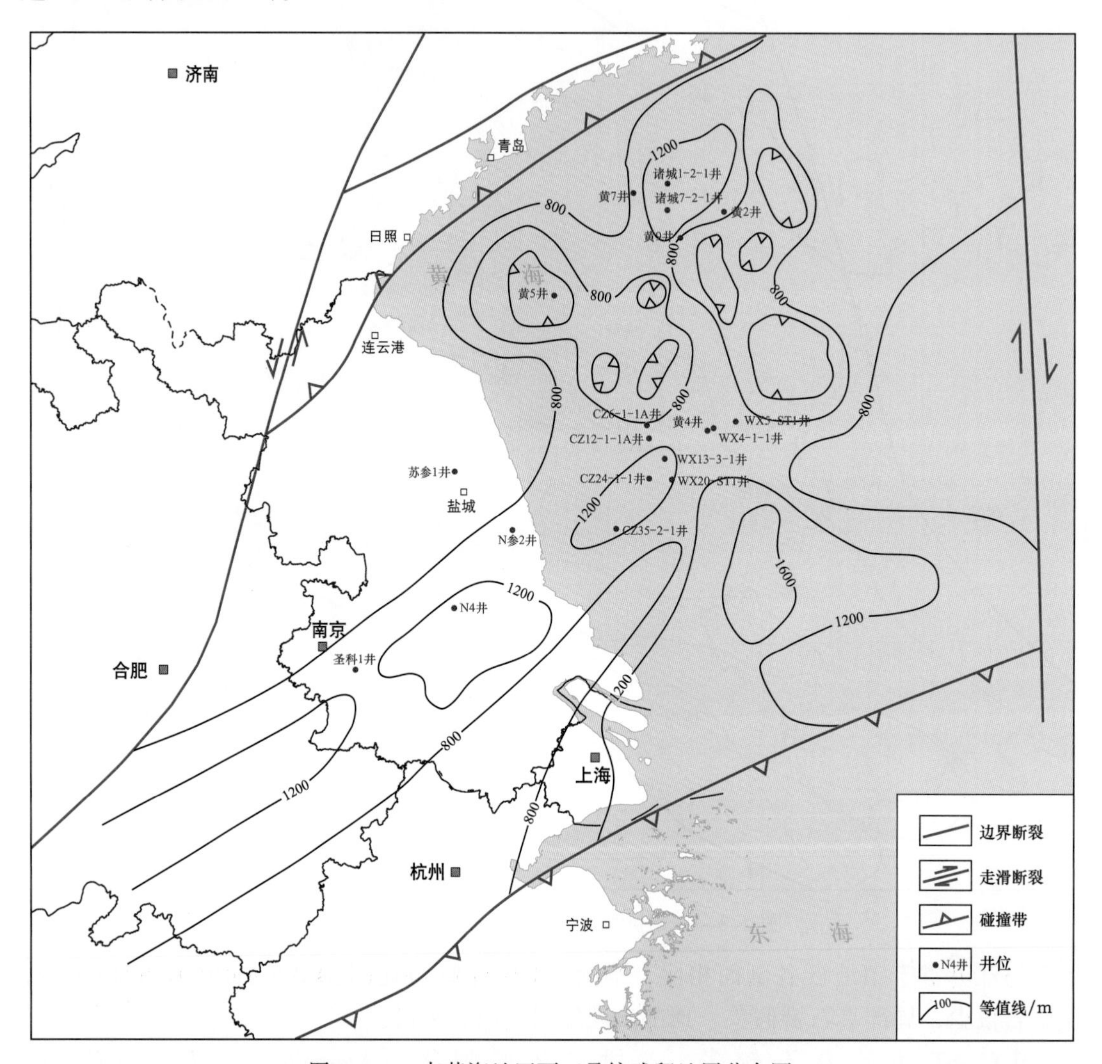

图 2–3–5　南黄海地区下三叠统残留地层分布图

第三节　中—新生界发育特征

南黄海中—新生界盆地是从晚白垩世开始发育起来的裂陷盆地，叠置于扬子准地台之上。其基底由震旦系、古生界和中—下三叠统的海相碳酸盐岩和陆相碎屑岩及煤层组成。中生代，印支—燕山运动改造了准地台沉积。白垩纪晚期，仪征运动使得区内产生了以中部隆起相隔的两侧断陷，盆地发育开始进入了伸展张裂阶段。

晚白垩世—古新世是伸展张裂阶段的高峰期，所形成的半地堑内发育了以湖泊相为主的碎屑沉积，古新世末吴堡运动使区内发生一次抬升，形成了一期区域不整合。始新世为伸展张裂的萎缩阶段，发育了湖泊—沼泽相及河流相碎屑沉积。始新世末三垛运动发生强烈区域抬升和剥蚀夷平，使盆地内大范围缺失晚始新世和渐新世沉积，间断沉积时间达13～15Ma。

新近纪是盆地裂后坳陷发育阶段，它覆盖全盆地，以曲流河、泛滥平原及海陆交互相沉积为主（朱伟林等，2010）。

中—新生界自下而上发育的主要地层有白垩系下统葛村组（局部发育）、上统蒲口组、赤山组、泰州组，古近系阜宁组、戴南组、三垛组，新近系下盐城组、上盐城组，第四系东台组（图2-3-6），侏罗系仅零星分布。

一、侏罗系

南黄海海区侏罗系分布有限，目前仅有北部坳陷东北凹陷一口钻井钻遇。该井在1078m以下钻遇三套三角洲—湖泊体系暗色砂泥岩沉积。自下而上分为三个层段。

一段：未钻穿。大套的深灰色、灰黑色泥岩夹少量灰色、浅灰色泥质粉砂岩、灰质粉砂岩。见较丰富孢粉化石，可建立克拉梭粉高含量组合。

组合以裸子植物花粉占绝对优势地位，其含量高达98.5%～100%，蕨类孢子少量，含量0～1.5%，未见被子植物花粉。

裸子植物花粉中以克拉梭粉（*Classopollis*）占绝对优势，其含量高达75%～100%；带气囊的单/双束松粉属次之，含量为0～8.1%；冷杉粉（Abiespollenites）、云杉粉（*Piceaepollenites*）、罗汉松粉（*Podocarpidites*）、拟云杉粉（*Piceites*）、假云杉粉（*Pseudopicea*）等常见，但含量一般低于5%，苏铁粉（*Cycadopites*）、原始松粉（*Protopinus*）、四字粉（*Quadraeculina*）、原始松柏粉（*Protoconiferus*）、薄壁粉（*Perinopollenites*）等偶见。

蕨类孢子以光面三角孢、紫萁孢为主，光面单缝孢、多环孢偶见。

本组合以克拉梭粉属繁盛为特征，而克拉梭粉属繁盛是中国北方晚侏罗世植物群的重要标志。同时，组合中未见被子类花粉和早白垩世的典型分子如希指蕨孢、无突肋纹孢等，而在早—中侏罗世发育的气囊不发育的原始松科如原始松粉、原始松柏粉、四字粉等及苏铁粉偶见。因此，其时代应为晚侏罗世。

二段：厚1100m。上部灰色、深灰色泥岩与灰色、浅灰色泥质粉砂岩、粉砂岩、细砂岩略等厚互层，局部泥夹砂，粉砂岩、细砂岩局部含灰质；中下部深灰色泥岩与浅灰色泥质粉砂岩、粉砂岩、细砂岩互层，夹少量褐灰色、灰黑色泥岩，局部泥岩含炭屑。自下而上，组成一个大的粗→细的正旋回。

三段：厚1021m。上部灰色、深灰色泥岩夹少量薄层褐灰色、灰色灰质、泥质粉砂岩和红褐色、褐色泥岩、粉砂质泥岩；中下部褐色、紫褐色、灰色泥岩与浅灰色粉砂岩、细砂岩互层。自下而上，组成一个大的粗→细的正旋回。

孢粉化石的发现证实了东北凹陷发育有侏罗纪地层，上述的三段地层自下而上分别对应于上侏罗统诸城组、荣成组和即墨组。

系	统	组	段	代号	地层厚度/m	岩性剖面	地震反射	岩性描述	沉积相	构造事件
第四系	更新统	东台组		Qd	205～321		T0	浅灰色细砂岩和灰色泥岩为主，薄层粉砂岩和砾岩		东台运动
新近系	上新统	上盐城组		N_2y	176～260		T10	上部泥岩、粉砂岩、含砾细砂岩；中部灰色泥岩、粉砂质泥岩；下部细砂岩、泥质粉砂岩、含砾砂岩	河流相	
	中新统	下盐城组		N_1y	351～897		T20	上部泥岩、粉砂岩夹细砂岩；中部灰色泥岩、粉砂质泥岩；下部细砂岩、泥质粉砂岩	河流相	
古近系	渐新统					缺失				三垛运动
	始新统	三垛组	二段	E_2s	0～392		T42	上部红棕色、灰绿色泥岩、粉砂质泥岩夹极细砂岩 下部灰色泥岩夹粉砂砂岩、泥质粉砂岩、含砾砂岩	河流沼泽相	
			一段				T50	红棕色、灰绿色泥岩夹粉砂岩、泥质粉砂岩、含砾砂岩		
		戴南组	二段	E_2d	0～1030		T55	上部含砾砂岩、薄层粉砂岩、极细砂岩；中部红棕色、灰绿色泥岩夹薄层粉砂岩；下部厚层砂岩、粉砂岩	河流沼泽三角洲相	真武运动
			一段				T80	上部厚层砂岩、薄层粉砂岩、粉细砂岩；中部红棕色、褐红色泥岩夹薄层粉砂岩；下部厚层砂岩、粉砂岩		
	古新统	阜宁组	四段	E_1f	0～1075			上部砂岩、含砾砂岩、细砂岩；下部深灰色、灰褐色泥岩夹薄层细砂岩	湖泊三角洲相	
			三段				T85	上部淡灰色泥岩夹薄层砂岩、含砾砂岩；下部砂岩、细砂岩夹浅灰色泥岩		
			二段					上部深灰色泥岩夹薄层砂岩、细砂岩；中部砂岩、细砂岩与灰色泥岩互层；下部灰色泥岩夹薄层细砂岩		
			一段				T100	上部细砂岩、细砂岩夹薄层泥岩；中部浅灰色泥岩、粉砂质泥岩；下部含砾砂岩、粉细砂岩夹灰色泥岩		吴堡运动
白垩系	上统	泰州组	二段	K_2t	93.5～1101			上部灰色、灰黑色泥岩夹薄层细砂岩、泥灰岩；下部灰黑色泥岩、泥灰岩	中—深湖相	
			一段				TK20	上部砂岩、粉砂岩夹灰色泥岩；下部粉砂岩、泥质粉砂岩夹泥岩	滨浅湖三角洲相	
		赤山组		K_2c				上部棕色粉细砂岩与棕色、深灰色泥岩相间；下部棕褐色泥岩、浅棕色细砂岩	沙漠湖风成沙丘	仪征运动
		浦口组		K_2p				上部红棕色泥岩夹粉细砂岩；下部砂岩、含砾砂岩、砾岩	冲积扇	

图 2-3-6　南黄海盆地中—新生界主要地层综合柱状图

二、白垩系

钻井和地震解释成果表明，南部坳陷白垩系分布范围和地层厚度较小，钻井揭示主要为上白垩统；北部坳陷白垩系分布范围和厚度较大，除在较大的凸起部位缺失外，大部分地区均有分布，最大厚度达4500m。地震剖面解释认为该地层主要分布于北部坳陷北凹陷和东北凹陷，明显受到边界同沉积断裂控制。

目前，北部坳陷HH7井、ZC1-2-1井、ZC7-1-1A井及韩国部分探井钻遇白垩系。其中韩国的一口探井钻遇的白垩系较全，包括相当于下白垩统的葛村组和上白垩统的浦口组、赤山组以及泰州组，为湖泊—河流—湖泊相沉积旋回。厚度一般为1000～2000m，最大厚度达4500m；南黄海南部坳陷有2口井钻遇白垩系，岩性为杂色角砾岩夹红色泥岩，为冲积—洪积沉积，属上白垩统沉积旋回，地层分布局限于边界断层的下降盘，明显受边界断层控制。地层分布面积小，厚度小，一般厚度为200～700m，最大厚度达2000m。

1. 葛村组（K_1g）

仅韩国一口探井钻遇。岩性为褐色泥岩和粉砂岩夹黄褐色石灰岩和钙质白云岩、砂岩、火山岩。厚度大于1300m。岩性可分为上、下两段。

下段上部为红褐色泥岩和粉砂岩夹 层流纹质凝灰岩，中部为隐晶质中—基性火山岩，下部为红褐色硅质胶结块状细—粗砂岩，化石贫乏。

上段上部为褐色、红色泥岩和粉砂岩夹黄褐色石灰岩和钙质白云岩，下部为褐色、红褐色泥岩和粉砂岩与砂岩互层。砂岩分选差，偶见煤岩碎片及炭屑，含孢粉化石*Polycingulatisporites*多环三缝孢，*Eucommidites*假杜仲粉，*Clssopollis*克拉索粉，*Cranwelia*克氏粉，*Ephedirpites*麻黄粉等。

2. 浦口组（K_2p）

见于北部坳陷ZC7-2-1井和韩国探井。主要岩性为红褐色泥岩夹浅褐色粉—细砂岩、褐色砾岩、砂砾岩、砂岩，砾石成分主要为石灰岩和石英岩。含轮藻化石*Latocharacutula*稍短宽轮藻。厚度大于400m。

3. 赤山组（K_2c）

见于北部坳陷北凹陷的HH7井1902～2393.96m井段，钻遇厚度491.96m，其上与泰州组为假整合接触，其下未见底。该组岩性主要为棕褐色泥岩、粉砂质泥岩，棕红色、浅棕色、棕灰色泥质粉砂岩，灰质粉砂岩、灰质细中砂岩、细砂岩。上部砂岩较少，呈夹层；中部砂岩发育，呈砂泥岩不等厚互层，并夹有细砂岩；下部砂岩较细而少，为夹层。

该段地层产丰富化石，介形类主要有*Cyprinotus huanghaiensis*黄海美星介、*Cristocypridea chinensis*中华冠女星、*Cypridea Pseudocypridina* cf. *aversa*回转假伟女星介（比较种）、*C.cavernosa*穴状女星介等。

根据上述古生物组合和与江苏剖面对比，将HH7井这一套地层划归于赤山组，层位为上白垩统中部。

4. 泰州组（K_2t）

泰州组分布于北部坳陷的北凹陷、东北凹陷以及南部坳陷的南五凹陷、南七凹陷，有 3 口井钻遇，最大钻遇厚度为 574m。在北凹陷该组与下伏赤山组呈假整合接触，在南部坳陷与下伏古生界为不整合接触。

该组地层横向变化大，在各地的岩性及所含古生物有较大变化。在北部坳陷 ZC7-2-1 井以红层为主已呈现边缘相，在南部坳陷的 CZ24-1-1 井为大套角砾岩夹红色砂质泥岩，WX5-ST1 井已变为砾岩层。

北部坳陷 HH7 井 1345～2120m 井段钻遇泰州组，该组剖面自下而上分为两段。

泰一段（棕红色砂泥岩段）：下部为浅棕灰色、棕红色泥岩；中部为粉砂岩、泥质粉砂岩并夹软泥岩；上部为灰白色、浅棕色粉细砂岩、含砾粉细砂岩、含砾粗中砂岩、砂砾岩与棕褐色、棕红色泥岩，粉砂岩含灰质。厚 446m。

泰二段（灰色泥岩段）：下部为灰色、深灰色泥岩，上部为深灰色、灰黑色泥岩、粉砂质泥岩夹泥质粉砂岩、粉细砂岩和少量泥灰岩、鲕状灰岩、灰质页岩，部分砂岩、泥岩含灰质。厚 329m。

HH7 井上、下两段岩性组合与苏北泰州组相似。

南部坳陷南五凹陷 CZ24-1-1 井 3100～3341m 井段的泰州组以杂色角砾岩为主，夹紫红色薄层泥岩、灰白色和杂色粉砂岩，局部含灰质，顶部为 6m 厚的红色泥岩，含砾泥岩夹黑灰色灰质泥岩，钻井厚 241m。

北凹陷所产化石比较复杂。其中长形假伟女星介见于鄂东京山地区上白垩统公安寨组、贡店组和苏北泰州组，弯背假伟女星介、中瘤女星介、穴状女星介、冠女星介见于江苏上白垩统，枣星介是侏罗系、白垩系常见化石。

此外尚有不少繁盛于新生代的属，如玻璃介、小玻璃介、金星介等，其中有些种曾见于我国陆相晚白垩世地层中。该凹陷所含希指蕨平均含量达 30%，具晚白垩世特征。高腾粉、博镇粉则为泰州组所特有。这一古生物组合说明其为上白垩统至古新统的过渡地层。

综合上述古生物组合、岩性特征，将该地层划归泰州组，层位属上白垩统。

北凹陷泰二段于 1987 年在 ZC1-2-1 取心井段泥岩岩心裂缝中见到有原油渗出，表明该地层是南黄海盆地的生油地层之一。

三、古近系

南黄海古近系分布广泛，但其多受断陷控制。根据岩性特征、古生物组合、接触关系及与苏北盆地古近系对比，发育古新统阜宁组、始新统戴南组和三垛组。累计钻遇厚度 3270m。

1. 阜宁组（E_1f）

阜宁组在南北两个坳陷均有钻遇，由暗色泥岩夹砂岩组成，具有厚度大、暗色泥岩发育的特点，是南黄海盆地主要生油层之一。按岩性和古生物组合该组可分为四段，钻井累计最大厚度为 1090m。阜宁组大都限制在长条状的箕状凹陷内。在凹陷其最大厚度可达 4000m，但真正大于 2000m 的范围有限。在北部坳陷的西部阜宁组普遍含石膏，其下与上白垩统泰州组呈整合接触。

该组南北两个坳陷的岩性有差别，南部坳陷以南五凹陷 CZ24-1-1 井 2269～3100m 井段剖面为代表（钻厚 831m），其层序自下而上分为四段。

阜一段：以杂色角砾岩为主，下部夹暗紫色粉砂质泥岩，上部夹灰白色薄层灰质粉细砂岩、暗紫色泥岩，顶部为棕红色含砾泥岩。厚48m。

阜二段：为深灰色、灰黑色泥岩、灰质泥岩夹灰色粉细砂岩、灰质粉砂岩，其下部尚夹浅灰色含砾砂岩、碳质粉砂岩，中部夹一薄层劣质油页岩，上部夹泥灰岩条带。厚367.5m。

阜三段：下部为深灰色、灰黑色泥岩与灰色、灰白色粉砂岩、细砂岩互层，上部为泥岩夹砂岩、粉砂岩、碳质页岩。该段部分砂岩、泥岩含灰质。厚332.5m。

阜四段：以灰色、灰黑色灰质泥岩为主，下部夹薄层碳质泥岩，上部夹3～4层浅灰色、浅黄灰色泥灰岩条带或薄层石灰岩。厚83m。

北部坳陷阜宁组含石膏，以西凹陷HH5井1220～2310m井段剖面为代表，钻遇厚度1090.2m，其层序自下而上分为四段。

阜一段：仅见顶部地层，为灰色、深灰色泥岩夹灰质泥岩、含膏泥岩、棕红色泥岩和粉砂岩，泥岩占63.7%，厚73.2m。

阜二段：为灰色、灰黑色部分灰绿色、灰黄色泥岩、砂质泥岩夹灰白色、浅棕色、褐黄色粉砂岩、灰质细砂岩、含膏泥岩和少量油页岩、泥灰岩，泥岩占69.3%，上部砂岩较多，呈砂泥岩互层，底部为含锶石膏层。厚398m。

阜三段：下部为灰色、深灰色、棕红色，上部为灰色、灰黑色泥岩、粉砂质泥岩与灰色、灰白色、黄灰色粉砂岩、细砂岩互层，夹含石膏泥岩和少量软泥岩，泥质岩占56.8%。该段部分砂岩含灰质，上部夹劣质油页岩。厚329m。

阜四段：为灰色、灰黑色泥岩、粉砂质泥岩夹灰色、灰白色粉砂岩、细砂岩，暗色泥岩占总厚度的70%，近底部夹一层褐灰色油页岩，中部夹碳质泥岩和少量砾岩。厚290m。

北部坳陷北凹陷的黄海7井岩性为泥岩和粉砂岩，含粉砂岩、砂砾岩互层，下部泥岩呈棕红色，中上部呈褐灰色、灰绿色，钻井厚度为439.5m。从其碎屑粗及其与下伏泰州组呈假整合分析，阜一段保存较全。

上述南、北两个坳陷的阜宁组具有以下特点：

（1）阜一段颜色较杂，砂岩较多；阜二段以暗色泥岩为主，夹砂岩、石灰岩，局部地区夹煤线；阜三段为暗色砂泥岩段，砂岩增多；阜四段为暗色泥岩段，很少夹甚至不夹砂岩。

（2）阜宁组一、二段和三、四段各组成一个沉积旋回。

（3）南部坳陷的阜宁组含较多灰质、北部坳陷的阜宁组一段至三段夹含石膏泥岩。

南部坳陷阜宁组各段岩性可与苏北盆地阜宁组一至四段对比，北部坳陷阜宁组含石膏，与苏北盆地盐城凹陷的阜宁组相似。

北部坳陷阜宁组主要分布于北凹陷和东北凹陷；南部坳陷阜宁组主要分布于南五凹陷、南四凹陷和南七凹陷。

2. 戴南组（E_2d）

戴南组主要为滨浅湖、河流三角洲沉积，局部发育扇三角洲相。戴南组分布范围较窄，主要分布于南部坳陷的南四凹陷、南五凹陷、南七凹陷，北部坳陷的北凹陷、西凹陷、东北凹陷。岩性为一套下黑上红的砂泥岩地层，其下部为深灰色和黑色泥岩，是南黄海盆地的次要生油岩。地层最大钻遇厚度1101m，与下伏阜宁组呈假整合或不整合接触。

戴南组在南部坳陷南五凹陷的WX20-ST1井2274～3375m井段可分为上、下两段。

下段厚438m，下部为灰色、深灰色、褐色泥岩与浅灰色粉砂岩、细砂岩和中粒石英砂岩互层，夹页岩、煤和灰质砂岩；上部为291m厚的深褐色、黑色泥岩、粉砂质泥岩夹碳质页岩、薄层煤，偶夹细—中粒砂岩。

上段厚663m，以浅灰色、深灰色、褐色泥岩为主，夹浅灰色细—粗石英砂岩、灰质砂岩、碳质泥岩和褐煤；顶为83m厚的褐色、红褐色、绿灰色泥岩夹砂岩和褐煤。

该井戴南组上、下两段各构成一个下粗上细的沉积旋回。其岩性特征与苏北盆地戴南组相似。

北部坳陷北凹陷有ZC1-2-1和ZC7-1-1A两口井钻遇了戴南组，其中ZC1-2-1井在1261～1272m及2011～2014m取心。

1263.24～1266.80m：块状泥岩和泥质砂岩。顶部15cm为暗紫色含绿灰色砂岩颗粒的泥岩。中部96cm为紫色泥质砂岩，砂岩含量向上逐渐减少，砂岩颗粒为粗—中粒，分选较差，次棱角状，颗粒成分主要为含钙石英，粒度向上逐渐变细。

1266.8～1267.90m：灰绿色含砾细—中砂岩，性较软，分选较差，次棱角状。颗粒成分主要是石英和含白云母碎片的长石，局部黏土向上逐渐富集。

2011.00～2011.08m：褐灰色富含白云母碎片的细粉砂岩，分选较好。

2011.08～2011.88m：深褐色含黏土和砾石的粉砂岩。砾石主要由石英组成，富含钙，呈层状分布。

2011.88～2012.41m：含黏土和砾岩的细砂岩，褐灰色，分选较差。粒径0.2～0.3cm，砾石主要由植物碎片和石英组成。

2012.41～2012.69m：灰褐色含黏土细砂岩，黏土含量向上逐渐减少。局部含钙。

2012.69～2012.87m：褐灰色富含白云母碎片和黑色矿物碎片的细砂岩，分选好。

2012.87～2013.65m：深褐色含砾细砂岩，偶见少量块状碳酸盐岩，分选较差，次棱角状。粒径0.2cm，主要为石英和少量长石，富含黏土。

戴南组整体岩性偏粗，砂岩百分含量占到60%以上，厚层砂岩占主体，单层厚度大于5m的砂岩多达30层，占到砂岩厚度的40%以上。GR曲线以齿化或弱齿化的箱形或漏斗形为主，表明沉积时期水体能量比较强，为河道沉积特征。

戴南组岩性变化不大，都具有下部泥岩以灰色、深灰色、灰黑色为主，上部呈紫红色、褐红色、棕红色、深灰色等色，普遍夹煤层或碳质泥岩，碎屑岩含炭屑等特点。在南部坳陷的南五凹陷、南七凹陷和北部坳陷的北凹陷，上、下两段各构成一个下粗上细的沉积旋回，不同之处是南七凹陷上部旋回的砂岩含火山岩岩屑。南部坳陷的南四凹陷不具两个旋回，西凹陷颜色较浅，顶部棕红色泥岩夹含膏泥岩。

3. 三垛组（E_2s）

三垛组基本上继承戴南组的沉积格局，但厚度变小，范围变广，盆地内凹陷沉降逐渐转变为整体沉降。该套地层由红色和深灰色、绿灰色泥岩和灰白色碎屑岩组成，以红色地层发育、碎屑粗为特征。与其下伏不同时代地层呈假整合或不整合接触。此时盆地开始进入消亡阶段，气候亦转为以干热为主，多以河流相为主。

三垛组在南黄海南部坳陷分布较广，有9口钻井见及，大部分地区都小于500m，仅南四凹陷、南五凹陷的局部可达1000m以上；北部坳陷较厚，一般为500～1000m，但分布范围有限，主要分布于北凹陷、东北凹陷和西凹陷，仅有两口井钻遇，靠近千里岩断裂处（下降盘）最厚可达2000m。

以南部坳陷南四凹陷的CZ6-1-1A井1930～3009m井段剖面为代表，按沉积旋回和古生物组合自下而上分为垛一段、垛二段两部分，最大钻遇厚度为1079m，其下与下伏不同时代地层呈不整合或假整合接触。

垛一段：棕红色、深灰色泥岩、粉砂质泥岩夹浅灰色、灰白色灰质砂岩、含砾砂岩，底为含泥砾的砾岩。厚218m。

垛二段：灰绿色、深灰色、棕红色、紫红色、紫灰色泥岩、粉砂质泥岩夹粉砂岩、砂岩，下部夹多层含膏泥岩，上部夹油页岩、泥灰岩。厚861m。

该井三垛组与上覆下盐城组为假整合接触，与下伏戴南组为不整合接触。

南部坳陷的南四凹陷垛二段夹含膏泥岩，南二低凸起垛二段夹玄武岩；北部坳陷的西凹陷垛一段夹含膏泥岩，北凹陷东部垛一段夹玄武岩和酸性凝灰岩。三垛组上、下两段的岩性组合特征可与苏北盆地三垛组对比。

四、新近系

新近纪是盆地裂后坳陷发育阶段，沉积地层遍布全海域，是南黄海分布最广的地层。根据岩性组合、古生物群及接触关系，地层划分为两部分，分别称为中新统下盐城组和上新统上盐城组，钻遇总厚1604m，其下与阜宁组或三垛组呈不整合接触。

1. 下盐城组（N_1y）

下盐城组由杂色砂砾岩和泥岩组成，按岩性组合分为上、下两段，最大钻遇厚度962m，其下与下伏地层呈不整合接触或假整合接触。

南部坳陷下盐城组沉积连续，以南七凹陷的HH1井678～1301m井段为代表，其层序自下而上分为两段。

一段：中下部为灰色、浅灰黄色含砾砂岩、细中砂岩与灰色、绿灰色、棕红色粉砂质泥岩、泥质粉砂岩互层，夹泥岩、粉砂岩，底部夹油页岩，泥质岩含炭屑；上部为灰色、浅褐灰色、浅棕色、棕褐色粉砂质泥岩与浅黄色、浅棕灰色粉细砂岩、含砾砂岩、砂砾岩构成旋回层，岩石疏松。该段部分砂岩含灰质，厚418m。

二段：下部为褐色、浅棕色、灰色、灰黑色泥岩、粉砂质泥岩；上部为灰色，紫灰色、浅灰绿色、土黄色泥岩，粉砂质泥岩与泥质粉细砂岩互层，泥岩含灰质，厚205m。

南部坳陷下盐城组岩性稳定，仅南五凹陷夹薄煤层，但厚度变化较大，为371～962m。

北部坳陷以北凹陷HH2井为代表，地层层序自下而上分为两段。

一段：下部为灰绿色泥岩、粉砂质泥岩与粉细砂岩、含砾细中砂岩互层，中夹黑色页岩，底为砂砾岩，厚132m；中部为棕褐色、灰绿色粉砂质泥岩夹粉砂岩、细砂岩、灰质含砾砂岩，厚70.5m；上部为灰色、绿色、灰白色泥岩夹泥质粉细砂岩、粉砂质泥岩、中粗砂岩及含砾砂岩，厚102.5m。

二段：下部为黄灰色粉细砂岩、含砾砂岩，夹灰绿色泥岩、粉砂质泥岩，底为砂砾岩；中上部为灰色、浅绿灰色、浅棕色、棕红色泥岩、粉砂质泥岩与粉砂岩互层，厚 591m。

2. 上盐城组（N_2y）

上盐城组为一套灰色、土黄色、绿灰色细碎屑沉积，最大钻遇厚度为 705m，南部坳陷按沉积积旋回可分上、下两段，南七凹陷 HH1 井 266～678m 井段剖面的层序自下而上分为两段。

一段：下部为灰黄色、灰色、绿灰色泥质粉砂岩、粉细砂岩夹同色粉砂质泥岩，局部为杂色泥岩，底为粉细砂岩；上部为灰色、土黄色粉砂质泥岩、粉细砂岩、底部夹含砾粉砂岩，黏土层含灰质。厚 282.5m。

二段：为灰色、绿灰色、土黄色粉砂质黏土夹黄灰色、灰色细砂层及粉细砂层，砾石细小、成分简单，黏土层往往含灰质。厚 129.5m。

该组与上覆第四系及下伏下盐城组均为假整合接触。

南部坳陷的上盐城组上、下两段各自构成一个下粗上细的沉积旋回，岩性细而稳定，仅南五凹陷稍粗，两段的砂岩、砾岩夹层较多，局部夹煤层，厚度变化不大，为 412～705m。

北部坳陷上盐城组较薄，只有一个沉积旋回，以泥岩、粉砂岩为主，底部为含砾砂岩、砾岩，厚度仅 153～244m。

五、第四系

东台组（Qd）在全区分布稳定、厚度变化不大，为 150～350m。由灰色、灰白色粉砂质黏土、黏土质粉砂、细砂层组成，主要为滨海相。

第四章　构　　造

南黄海盆地构造地质主要集中于盆地构造演化和形成机制、断裂系统的分布及构造单元划分等方面，这几个问题从开始石油地质调查以来，就引起各方面的关注，并取得不少认识；但受地质、地震资料制约，研究成果多集中于中—新生界盆地。本书在更新中新生界构造研究成果的同时，重点加强了南黄海中—古生界盆地构造地质研究。

第一节　盆地构造演化和动力学特征

南黄海地区自晋宁期以来，经过多期次区域构造事件的改造作用，尤其是印支—早燕山期的挤压推覆构造作用，彻底改变了中—古生代海相地层的构造形态和面貌，造成黄海海区及下扬子其他陆区不仅在地层的残留分布方面，而且在地貌特征方面都存在较大差别，表现为苏北和南黄海地区巨厚中—新生代地层覆盖。

本区发生的构造运动主要有：晋宁运动形成下扬子板块的变质基底；加里东运动形成以海相碳酸盐岩建造为主的海相构造层；印支运动、燕山运动使下白垩统及其以下的地层受到变形改造和剥蚀；喜马拉雅期构造运动受到进一步的拉张，形成断陷盆地，主要表现为区域性拉张断陷，广泛发育了陆相断陷、盆地沉积建造。

南黄海及苏北盆地是一个自新元古代以来，不断迁移叠合，并经多次改造，而使原貌不完整的残留盆地。

一、晋宁期（Pt_2—Pt_3）

在扬子地区该时期的主要构造事件是晋宁运动。晋宁运动所发生的时间应该为中元古代末期，即距今1000—750Ma。

这次构造事件在南黄海地区及下扬子陆区主要表现为两期造山性质的运动：早期的四堡运动表现为周缘地体向扬子古陆核上的拼贴；晚期的晋宁运动表现为南面的华夏地块往扬子古陆核下的俯冲及扬子古陆核北缘向华北板块下的俯冲。根据现今残留的晋宁期花岗岩分布特征勾画出一个围绕下扬子周缘形成的花岗岩或火山岩构造带，分别出露在江南隆起带边缘、苏鲁地区、张八岭地区、大别造山带及其南缘等（刘海军，2009）。下扬子区结晶基底形成于晋宁早期，之后的俯冲作用在下扬子古陆核南、北两面形成两个火山岛弧，导致下扬子板块横向增生，固结为统一的下扬子区结晶基底（图2-4-1）。

下扬子区结晶基底固结之后就进入南华纪裂解期，开始了其早古生代被动大陆边缘盆地沉积阶段。

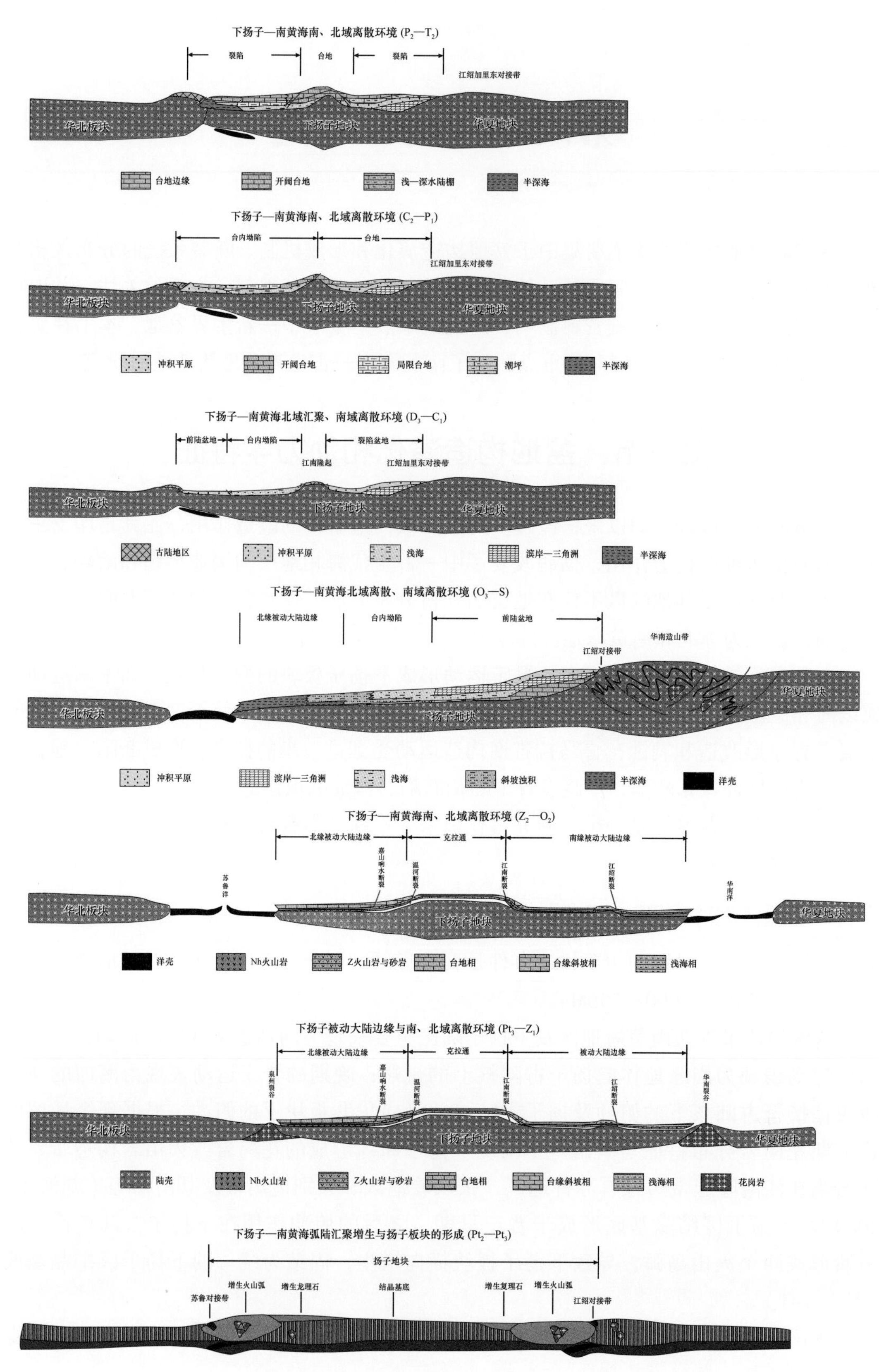

图 2-4-1　南黄海及下扬子陆区 Z—T_2 构造演化与动力学机制图

二、加里东期（Z—S）

加里东运动代表的是发生于震旦纪—志留纪期间的主要构造运动，是南黄海地区及下扬子陆区最重要的构造事件。表现为震旦系及下古生界遭受到变质、强烈变形、岩浆侵入以及泥盆系或更新的地层不整合在志留纪或更老地层之上（夏邦栋，1995）。

马永生（2000）将中国南方加里东期的基本构造格架概括为：一个稳定克拉通和若干不同时期碰撞拼贴的地块（体）、一个加里东构造域、一个陆内基底拆离造山带和周围环绕的不同时期的造山带。在下扬子及邻近地区，相关的地块有扬子地块、华北地块、华夏地块、浙闽地块等。这些地块的来源均与Rodinia的裂解相关（郭进京等，1999；张文治，2000）。

加里东运动在中国东南大陆主要表现为华夏内部各块体间相互拼合及其与扬子板块东南缘间的碰撞拼合。下扬子区加里东运动从晚奥陶世末启动，具多幕式特征，但最强烈的一幕发生于志留纪，主要由于发生在华南与扬子之间的碰撞造山作用，推测萧山—球川断裂与江绍断裂之间的区域应为低角度造山前缘冲断带，并造成下扬子区域性的抬升、“江南古陆”开始隆升，早古生代地层遭受严重剥蚀。

震旦纪—中奥陶世下扬子区为克拉通盆地和被动大陆边缘阶段，晚奥陶世—志留纪北缘为被动大陆边缘，中部为台内坳陷，南缘为俯冲碰撞前陆盆地阶段（图2-4-1）。

加里东末期的构造运动，影响非常强烈，在南黄海地区—下扬子陆上陆区造成了上志留统遭受剥蚀，中—下泥盆统没有沉积，缺失中—下泥盆统。

三、海西期（D—T_1）

海西期的构造作用在南黄海及下扬子地区并不显著，但从全球构造背景看，海西期相当于最后一个超级大陆的形成时期，也是中国南方海相碳酸盐岩分布区，从古特提斯被动大陆边缘裂陷盆地向弧后盆地、前陆盆地的转换时期。二叠纪时，由于受古特提斯关闭俯冲的影响，南黄海及下扬子地区由泥盆纪开始的拉伸下沉状态转变为挤压上升状态。到早二叠纪末期，由于粤海洋向北俯冲，导致华南地块再次向北挤压。但这些构造作用对南黄海及下扬子区的影响均十分有限，因此，多数地区二叠系下统和中、上统之间往往表现为整合接触，整体表现为稳定的构造环境，以大面积沉降为主要特征。

四、印支—燕山早（Ⅰ）期（T_2—J_2）

印支运动是南黄海及下扬子地区最重要的一次构造事件，它彻底改变了南黄海及下扬子地区自加里东期以来形成的沉积构造格局，造成大部分地区褶皱抬升成为陆地。

印支运动对南黄海及下扬子地区最重要的构造影响事件包括：华北与扬子板块间沿大别山—张八岭—苏北—胶南一线继续碰撞挤压；大别山在郯庐、襄广断裂带的夹挤下向南挤入，扬子板块沿苏北—胶南一线向华北板块俯冲，并发生碰撞；扬子板块沿郯庐一线与华北板块发生斜向碰撞；扬子板块沿大别山地区与华北板块发生俯冲、碰撞等。

在印支期造山作用的大背景下，南黄海及下扬子地区经历了印支早期的构造抬升作用和膏盐沉积、印支晚期—燕山早期的同造山和造山期后的区域挤压作用，其中后者对南黄海及下扬子地区现今构造格局的形成起着决定性作用。对于晚印支期的构造，主要表现为南北向挤压与江南区诱发的陆内造山并存，早期南北向形成东西向构造带，晚期江南区诱发的陆内造山形成一系列北东向的逆冲推覆构造带，推测宁镇逆冲推覆构造带就是下扬子区江南诱发造山逆冲带的前缘带。燕山早期的构造，主要表现为造山带旋扭向挤压应力场的转换，导致北北东向压扭性构造与江南区北东向压性逆冲推覆构造并存，并控制早—中侏罗世压性盆地沉积（图 2-4-1）。

下扬子—南黄海区的印支运动是一次造山运动，其造山过程一直延续至燕山期。印支运动诱发下扬子—南黄海及邻区发生逆冲推覆构造，对本区海相沉积盆地产生了强烈的改造作用。经过印支运动，下扬子区的区域构造发生了较大改变，海相沉积结束，由此开始了陆相沉积的历史（图 2-4-2）。

在大别苏鲁造山带北侧的北黄海盆地和胶莱盆地，由于挤压而隆起，缺失晚三叠世至早侏罗世的沉积。

五、燕山中（Ⅱ）期（J_3—K_1）

翁文灏先生最早命名的“燕山运动”，是指发生在华北燕山地区中—晚侏罗世时期的重大构造事件，包括中侏罗世晚期的构造运动 A 幕、侏罗纪末期的构造运动 B 幕和晚侏罗世期间的中间幕。对燕山运动的性质，目前大多数学者认为燕山运动的本质是中国东部近东西向的特提斯构造域向北北东向的滨太平洋构造域的转换，即从大陆碰撞构造体制转为以西太平洋陆缘俯冲构造体制为主导的陆内变形和陆内造山。燕山运动在我国甚至在东亚具有特殊的地质意义，是全球中生代构造演变的重大事件。

燕山Ⅱ期运动对南黄海—下扬子地区及邻区最重要的构造影响事件包括古太平洋 lzanagi 板块北西向移动，并俯冲到东亚大陆之下；东亚 Andes 型边缘开始形成；以郯庐一线为主体的一系列北北东向左旋（transtension）活动的构造断裂活动；西伯利亚与华北板块（含朝、蒙）的碰撞（J_{2-3} 开始，持续至 K_1），形成蒙古—鄂霍次克缝合带；拉萨板块与羌塘板块的碰撞（J_3—K_1，挤压持续至 K_2）。

在此多种构造应力场共同作用下，使得下扬子—南黄海处于伸展—走滑和岩浆喷发作用阶段，大规模火山—侵入活动遍布长江中下游及皖南地区；一系列晚中生代火山岩拉分盆地的形成；张八岭造山带的第二期变形；周边造山带继续隆升剥露，榴辉岩返回到地表；玄武质下地壳熔融形成埃达克岩（adakite）；富碱玄武质岩浆沿着郯庐断裂等一系列北北东向走滑断裂上升，并与下地壳岩石同化混染和分离结晶（FAC）过程形成高钾富碱钙碱性系列闪长岩类（图 2-4-2）。

六、燕山晚（Ⅲ）期—早喜马拉雅期（K_2—E）

在该时期随着太平洋板块由南东向北西方向的高角度俯冲、消减，以及由此产生的南东—北西向剪切应力的释放，中国东部完成了从挤压环境向伸展环境的构造转换，造成大别—苏鲁造山带、华北板块和扬子板块晚中生代火山岩源区的差异性在此阶段渐渐趋于消失，最后被统一偏亏损的地幔源区火山岩所取代，出现了范围广阔的弧后扩张伸展活动。区域应力场由挤压转为拉张（“黄桥转换面”），苏北、南黄海拉张盆地产生，早期形成的逆冲断层反转为正断层（图 2-4-2）。

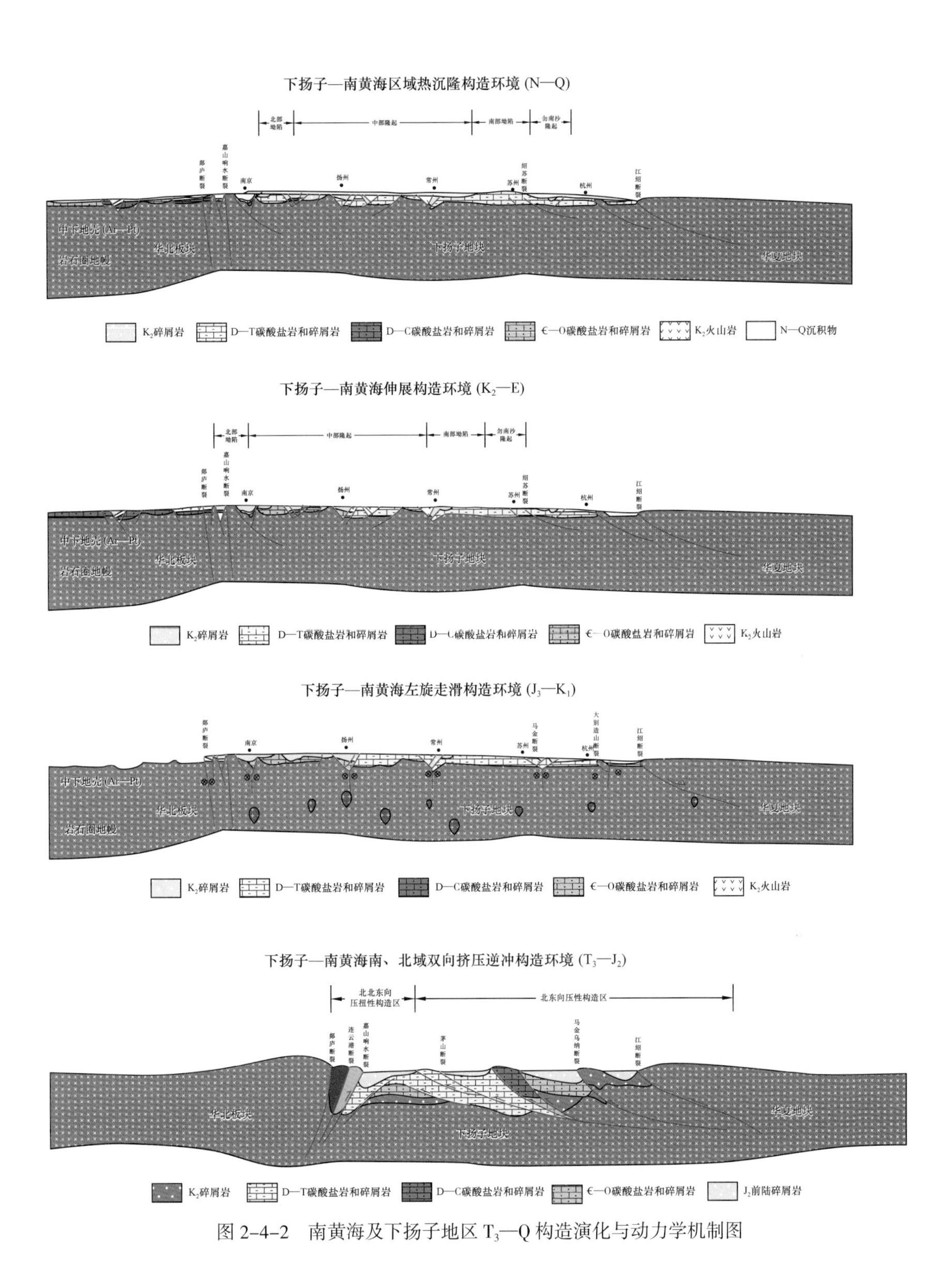

图 2-4-2　南黄海及下扬子地区 T_3—Q 构造演化与动力学机制图

七、晚喜马拉雅期（N）

在该时期随着印度与欧亚板块的碰撞、澳大利亚与菲律宾海板块的碰撞作用及古太平洋板块向北北西运动速率的增加，使研究区及邻区在近东西向挤压作用下发生了强烈的隆升。全区古近系和上白垩统均遭受了强烈剥蚀，缺失渐新统；新近系大多缺失或仅发育上新统。至新近纪末后，第四系仅分布于平原与山麓地区，陆相伸展断陷盆地最终消亡，转而以反转盆地发育为特征，发育一系列的反转断层和玄武岩的喷发（图 2-4-2）。在中国东部陆上，华北盆地、苏北盆地、黄海盆地从断陷变为坳陷。

第二节　断裂系统的分布

一、断裂展布特征

南黄海盆地断层按走向分为北东—北北东、北东东、东西、北西西和北西—北北西向五组。北部坳陷以北东东走向的断层为主，北西向断层较少，东西向断层规模较小；中部隆起主要发育北东东、北西西两组逆断层和近东西向走滑断层及其伴生正断层；南部坳陷主要有北西西向、北西—北北西向、北东东向和近东西向四组断层，但起主要控制作用的是前三组断层；勿南沙隆起的断层主要是形成较早的北东—北北东向断层（图 2-4-3）。

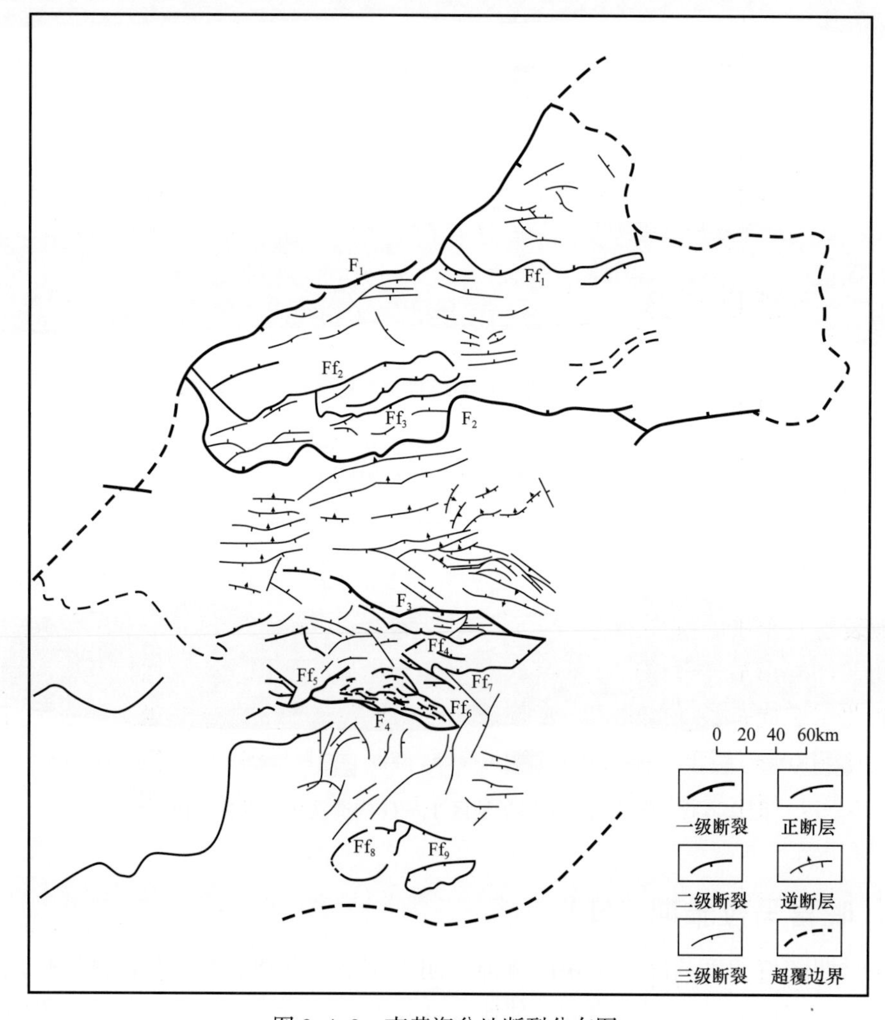

图 2-4-3　南黄海盆地断裂分布图

1. 北东—北北东向断裂

在勿南沙隆起，该组断层主要走向为北东 45°～50°，隆起北部和南部坳陷东部断层走向偏为北北东向。这是一组平行印支褶皱的断层，长 30～60km，个别达 112.5km，主要为正断层，西部断褶带有逆断层、逆掩断层，形成于印支期。

2. 北东东向断裂

分布在南、北两个坳陷区，沿走向断裂呈波状弯曲，长度 50～100km，最长达 193km，地震 T8 层断距 2～6km，主要活动时期是古近纪。

3. 东西向断裂

主要分布在南、北两个坳陷区，长数千米至 35km，一般断距小，是一组横切局部构造的正断裂，形成于古近纪晚期，少数控制凹陷边界的主断裂开始发育于古近纪。

4. 北西西向断裂

分布于南部坳陷，走向 285°～290°，沿走向断裂呈波状弯曲，长 85～158km，地震 T11 层断距可达 6.2km，主要活动期为古近纪。

5. 北西—北北西向断裂

分布于南、北两个坳陷区，数量少而分散，大多呈直线状，延伸长达 38km。该组断裂有两个形成时期。第一期断裂主要活动于古近纪，第二期断裂主要活动于新近纪，有正断裂，也有逆断裂。

6. 北东东、北西西向逆断裂

主要分布于中部隆起，断裂延伸长度较长，达 35～90km，逆断距较大，主要形成于印支期。

二、主要断裂特征

1. 主要断裂描述

南黄海盆地（海域部分）识别出的较具规模的断裂近 300 条，其中可以落实的一级断裂 4 条，二级断裂几十条，三级断裂 200 余条（图 2-4-3）。其主要断裂特征（表 2-4-1）为：

1）一级断裂

（1）F_1 断裂。

该断裂也叫千里岩断裂或连云港断裂，为南黄海盆地与千里岩隆起的分界断层，亦是控制北部坳陷形成与发展的主断层，位于北部坳陷的北侧。断层西段呈北东走向，向东转成北北东走向，长 324km，为断层面向东南倾的正断层，下降盘上白垩统与古近系最大厚度达 6000m，上升盘缺失。由地震剖面推断其最晚形成于中生代晚期，古近纪继续活动、发展，至中新世结束，是一条早期形成、长期发展的同生断层。

（2）F_2 断裂。

位于北部坳陷的南缘，分隔北部坳陷和中部隆起区，为盆地（南黄海北部坳陷）边界断裂，总体走向近东西向。该断裂控制着北部坳陷西凹陷、南凹陷的形成和发展，下降盘内上白垩统和古近系厚 4000m，上升盘缺失古近系。其走向西部为北西向，呈反“S”形弯曲，长 26km，垂直断距 750～3580m，为一东盘下降的正断层。东部转为近东西向，走向较稳定，长151km，北盘为下降盘。据重力梯阶带和地震剖面推断其形成于燕山期，在古近纪持续活动，至上新世活动结束。

表 2-4-1　南黄海盆地主要断裂活动特征表

<table>
<tr><td colspan="2">序号</td><td>1</td><td>2</td><td>3</td><td>4</td><td>5</td><td>6</td><td>7</td><td>8</td><td>9</td></tr>
<tr><td colspan="2">级别</td><td>Ⅰ</td><td>Ⅰ</td><td>Ⅰ</td><td>Ⅰ</td><td>Ⅱ</td><td>Ⅱ</td><td>Ⅱ</td><td>Ⅱ</td><td>Ⅱ</td></tr>
<tr><td colspan="2">断层名称</td><td>F_1</td><td>F_2</td><td>F_3</td><td>F_4</td><td>Ff_1</td><td>Ff_2</td><td>Ff_3</td><td>Ff_5</td><td>Ff_6</td></tr>
<tr><td colspan="2">主要走向 /（°）</td><td>NE—NNE</td><td>NW—EW</td><td>EW—NW</td><td>NWW</td><td>NEE</td><td>NEE</td><td>NEE</td><td>NWW—NE</td><td>NW</td></tr>
<tr><td colspan="2">主要倾向 /（°）</td><td>SE—SEE</td><td>NEE—N</td><td>SW—S</td><td>NNE</td><td>N</td><td>SSE</td><td>SSE</td><td>NNE—NW</td><td>SW</td></tr>
<tr><td colspan="2">长度 /km</td><td>324</td><td>177</td><td>95</td><td>97</td><td>71</td><td>193</td><td>107</td><td>57</td><td>43</td></tr>
<tr><td colspan="2">T8 层落差 /m</td><td>6310</td><td>3580</td><td>3200</td><td>6200</td><td>5230</td><td>3100</td><td>1180</td><td>2500</td><td>1200</td></tr>
<tr><td rowspan="4">上下盘厚度差 / m</td><td>N</td><td></td><td></td><td>180</td><td>220</td><td></td><td></td><td></td><td>100</td><td>260</td></tr>
<tr><td>E_2s</td><td>540</td><td>260</td><td>680</td><td>570</td><td>160</td><td>290</td><td>390</td><td>600</td><td>340</td></tr>
<tr><td>E_2d</td><td>1040</td><td>650</td><td>660</td><td>1040</td><td>780</td><td>160</td><td>40</td><td>760</td><td></td></tr>
<tr><td>K_2t—E_1f</td><td>4510</td><td>3010</td><td>1420</td><td>4910</td><td>4490</td><td>1650</td><td>360</td><td>890</td><td>660</td></tr>
<tr><td rowspan="3">发育时期</td><td>发生期</td><td>K_2</td><td>K_2</td><td>K_2</td><td>K_2</td><td>E_1</td><td>K_2</td><td>K_2</td><td>K_2</td><td>E_1</td></tr>
<tr><td>活动期</td><td>E_1—E_3</td><td>E_1—E_3</td><td>E_1—N</td><td>E_1—E_3</td><td>E_1—E_2</td><td>E_1—E_3</td><td>E_1—E_2</td><td>E_1—E_3</td><td>E_3</td></tr>
<tr><td>消失期</td><td>N_1</td><td>N_2</td><td>Q</td><td>N_1</td><td>E_3</td><td>N_1</td><td>N_1</td><td>N_1</td><td>N_1</td></tr>
</table>

（3）F_3 断裂。

为南部坳陷与中部隆起分界断裂，位于南部坳陷北缘。断裂东部走向近东西—北西西，中段变为近东西向，向西走向变为北西向，呈“入”字形弯曲，其长度约为95km，为一南盘下降的正断裂，垂直断距约700～2000m。两盘均缺失侏罗系、白垩系，青龙组石灰岩厚度约700m。根据断裂走向、断穿层位及地层缺失等现象分析，认为该断裂形成于中生代，在印支期形成的早期逆断裂断面基础上发育，在古近纪、新近纪再次活动，至第四纪活动停止。

（4）F_4 断裂。

为南黄海盆地与勿南沙隆起的分界断裂，位于南部坳陷的南缘，为北西西走向，沿走向呈锯齿状，似由北西西向和东西向断裂“追踪”而成，其长度在古近系约为97km，向东延入古生界。断裂的断面向北北东倾，为北盘下降的正断裂。其垂直断距中间大，两端小，为600～6200m，北盘上白垩统和古近系厚600～6200m，南盘缺失。根据断至层位、纵向上断距的变化和中生界被破坏等现象分析，该断裂形成于中生代，在古近纪强烈活动，至中新世早期停止活动。

2）二级主要断裂

（1）Ff_1 断裂。

位于北部坳陷中部，为东北凹陷与中凹陷分界断裂。走向北东东—北西，长71km，沿走向呈“W”状弯曲，为一北盘下降的正断裂。垂直断距中间大、两头小，最深处可达3000m。断裂控制了东北凹陷的形成与发展，北部下降盘上沉积新生界厚500～3000m。该断裂形成于新生代早期，主要活动于古新世、始新世，至渐新世停止活动。

（2）Ff_2断裂。

位于北部坳陷中部，为西凹陷与西凸起、中凹陷与北凹陷之间的分界断裂，走向北东东，长193km，沿走向呈波状弯曲，为一南盘下降的正断裂，垂直断距中间大、两头小，为70～3100m。断裂控制西凹陷、西凸起和中凹陷的形成与发展，控制作用西强东弱，西段下降盘上白要统和古近系厚度大于5000m，而上升盘缺失；东段下降盘上白垩统和古近系厚3000～3500m，上升盘仅缺失部分古近系。该断裂最晚形成于中生代晚期，古近纪强烈活动，东段活动停止于渐新世末，西段活动停止于中新世早期。

（3）Ff_3断裂。

位于北部坳陷南部，为南凹陷与南复合凸起的分界断裂。走向北东东，长107km，沿走向呈波状弯曲，为一南盘下降的正断裂，断距较小，为100～800m。断裂形成于中生代白垩纪晚期，主要活动时间在古新世—始新世，至中新世活动停止。

（4）Ff_5断裂。

为南一凸起与南五凹陷之间的分界断裂。西部为北西西走向，东部走向转为北东向，长57km，断面北西方向倾伏，为东盘下降的正断裂。断裂东段断距较大，西段断距较小，垂直断距300～2700m。下降盘上沉积新生代地层厚度达2500m，上升盘缺失。断裂形成时间为晚白垩世，在古近纪强烈活动，至中新世早期结束，是一条早期形成、长期活动的同生断裂。

（5）Ff_6断裂。

为南五凹陷与南二复合凸起之间的分界断裂，断裂东部为南五凹陷与勿南沙隆起分界断裂。断裂走向北西向，长度43km，为南盘下降的正断裂，断距西部较大，东部较小，垂直断距500～1500m。下降盘主要沉积新生代地层和部分中生代残留地层，厚度500～3500m，断裂生成时间较早，后持续活动，至中新世结束，是一条早期生成，长期活动的同生正断裂。

2. 主要断裂特点

根据对南黄海盆地主要断裂研究，有以下基本特点：

（1）延伸长、断距大、活动强烈。断裂的发生和发育控制了盆地的形成和发育，也控制了上白垩统和古近系的厚度分布，使南部坳陷呈南断北超的箕状结构，北部坳陷呈北断南超的箕状结构。

（2）主要断裂分割凹陷和凸起，控制了凹陷和凸起的展布，使坳陷呈南北分带、东西分块的构造格局。

（3）主要断裂都是同生断裂，其明显特点是断裂面上陡下缓，断距上小下大。

（4）断裂形成早，发育时间长。根据重力资料和地震剖面分析，这些断裂最晚发生于中生代晚期，从断至层位、断裂落差和上下两盘古近系厚度分析，古近纪尤其古新世断裂活动强烈，大部分断裂于中新世活动逐渐消失。

（5）逆断裂主要发育于中部隆起及勿南沙隆起内，延伸长度较长，断穿层位深。多发育于印支运动时期，后期基本不活动。

第三节　构造单元划分

一、盆地基本构造格局

南黄海盆地下古生界构造相对简单，以大型宽缓褶皱为主，岩层产状较为平缓；上古生界存在较为复杂的逆冲推覆构造体系。在下扬子地区的中南部发育对冲构造带，在勿南沙隆起有所显示，大部分地区发育不明显，勿南沙隆起的古生界内幕构造形态以较宽缓的褶皱为主，海相中—古生界逆掩推覆构造虽也存在，但变形强度较苏北地区弱。在南黄海勿南沙隆起及南部坳陷西段，发育有可与陆上相对应的推覆构造体系，且呈现为北部向东南逆冲，南部向北西逆冲的对冲格局。对冲中心较陆上有向北偏移的趋势，所不同的是，推覆构造在南黄海南部弱化，前缘隆起与后缘凹陷的分界不再明显，且推覆构造向东北减弱并消失于南部坳陷北侧一线。对冲复向斜中心与海相中—古生界的保存中心并不完全一致。苏北对冲复向斜中心居于扬中一带，而海相中—古生界保存中心居于其南的黄桥一线，南黄海的对冲中心居于南部坳陷西南一带，而海相中—古生界的保存中心也居于其南十数千米以上。初步推断这种现象一是由于在推覆构造发育前后，海相中—古生界区域上表现为南低北高的格局造成的；二是由于对冲复向斜中心成山后期剥蚀量很大，地层保存不完整，而对冲复向斜两翼因其上部有逆掩推覆体覆盖而使其受剥蚀时间相对较短，地层保存较为完整。推覆构造在南黄海中部隆起、北部坳陷中不发育。中部隆起及北部坳陷的逆断层是高角度逆冲断层，而非低角度推覆断层。虽然在北坳存在着低角度推覆的迹象，但其总体发育是非常局部的，不占主导地位。

中白垩统以上的地层仅受后期的区域拉张应力控制，以拉张变形构造为主，发育多级别、多样式的正断掀斜、拉张块断；中—新生代普遍发育箕状断陷、坳陷。南部坳陷大部分表现为不对称的“南断北超”的箕状凹陷；北部坳陷则表现为“北断南超”。

二、主要构造不整合特征

南黄海盆地自形成以来经历了多期构造运动，形成了多个与古构造运动有关的不整合面，包括三个一级不整合面和多个二级不整合面。

1. 一级不整合面

1）T20 反射界面对应的不整合

三垛运动构造面，古近系与新近系的分界面，其上的新近系与下伏地层呈角度不整合接触，是南黄海盆地北部坳陷的断坳转换面。该不整合面可在全区追踪。

2）T8 反射界面对应的不整合

印支—早燕山构造运动面，其下为中—古生界海相沉积地层，其上为中—新生界陆相沉积地层。

3）Tg 反射界面对应的不整合

对应的是晋宁构造运动面，其上为震旦系—下三叠统海相沉积地层。

2. 二级不整合面

1）T50 反射界面对应的不整合

真武运动构造面，始新统内戴南组与三垛组的分界面。

2）T80 反射界面对应的不整合

吴堡运动构造面，古新统阜宁组与始新统戴南组的分界面。

3）T100 反射界面对应的不整合

中生界与新生界的分界面，其上的古新统阜宁组与其下的上白垩统泰州组呈假整合或不整合接触。

4）T11 反射界面对应的不整合

加里东运动末期构造面，志留系与上泥盆统五通组的分界面。

5）T12 反射界面对应的不整合

奥陶系与志留系高家边组的分界面。

6）T13 反射界面对应的不整合

加里东运动早期构造面，寒武系幕府山组与震旦系灯影组的分界面。

三、构造层划分

构造形变层的划分主要依据构造不整合界面，该界面具有明显的构造剥蚀现象，同时在区域范围内普遍存在，可以做区域性等时地层格架对比，同一构造层内的地层应具有相同或相似的变质、变形、热历史和沉积史。

南黄海盆地是一个大型多旋回沉积盆地，由下往上可分为三个大构造层：基底构造层、中—古生界海相构造层、中—新生界陆相构造层，每个大构造层又可划分出二至四个亚构造层。

1. 基底构造层

前已述及，苏北—南黄海海相盆地是在晋宁运动之后大范围的区域沉降基础上形成的，晋宁构造运动不整合面之下的变质岩系构成海相盆地的结晶基底，主要由古元古界深变质岩和中—新元古界浅变质岩系组成。

2. 中古生界海相构造层

南黄海中—古生界海相构造层包括从早震旦世磨拉石建造和冰碛沉积，至晚震旦世—中三叠世下扬子海相碳酸盐岩和碎屑岩沉积，以海相沉积为主。划分为上、下两个亚构造层。

海相下构造层（Z—S）：主要指下古生界构造组合（寒武系 + 奥陶系 + 志留系），代表了加里东期构造运动影响的构造组合。顶、底板分别由志留系和下震旦统两套巨厚的泥质碎屑岩区域性滑脱层作为上、下拆离滑脱构造界面所限定。在该志留系滑脱面的调节下，挤压推覆作用对下部地层的影响减弱，形成了上古生界复杂下古生界稳定的构造特点。加里东期构造运动主要以区域性的抬升为主，本区加里东运动从奥陶纪末启动、志留纪末整体抬升露出水面，造成了本区上泥盆统五通组超覆不整合在前泥盆纪不同地层之上。

海相上构造层（D_3—T_{1-2}）：主要指上古生界构造组合（泥盆系 + 石炭系 + 二叠系 + 中—下三叠统），代表了海西期构造运动影响的构造组合。晚古生代该区表现为稳定的构造环境，以大面积沉降为主，海西期构造运动对本区的影响较小。后期的印支运动对该构造层改造较大，使下扬子区沿江一带形成了形式上的对冲格局，在南黄海盆地中部隆起西侧形成一系列自北向南、叠瓦状逆断层，大多数逆断层向下消失于志留系塑性地层中。

3. 中—新生界陆相构造层

该构造层是燕山运动晚期至喜马拉雅期形成的以断陷作用为主的构造层。印支运动是该区最重要的一次构造事件，它彻底改变了下扬子区加里东期以来的沉积构造格局，该区抬升成为陆地，侏罗系和白垩系大部分地层遭受剥蚀，下白垩统—上三叠统可能仅残留于局部地区。钻井揭露的地层主要为上白垩统泰州组、古新统阜宁组、始新统戴南组、三垛组，为一套河流—湖泊相沉积，地震解释最大厚度 8000m，主要分布在北部坳陷、南部坳陷以及勿南沙隆起的勿一和勿二凹陷。

1）上白垩统泰州组—古近系阜宁组亚构造层

该亚构造层的突出特点是属断坳（断陷）期的充填超覆沉积，断陷发育期从晚白垩世一直持续到渐新世，至晚渐新世末的三垛运动前结束，形成了本区北部坳陷、南部坳陷和中部隆起及勿南沙隆起等“两隆两盆”的基本构造单元。

亚构造层以一系列半地堑、不对称的双断地堑为其主要特征。北部坳陷总体表现为北断南超，南部坳陷为南断北超，而勿南沙隆起上的勿一、勿二凹陷则为北断南超。坳陷内上白垩统和古近系厚度可达 6000～7000m，沉积层向中部隆起超覆，反映出晚白垩世和古近纪中部隆起的长期隆升。坳陷内各个凹陷的规模差异较大，地层厚度、埋深和构造沉降幅度也有很大的不同。

2）始新统戴南组—三垛组亚构造层

亚构造层以断陷和右旋走滑作用为特点，戴南组和三垛组沉积时期受郯庐断裂平移影响，在本区引起了右旋走滑活动，使该亚构造层的特征与断陷期迥然不同，由于右旋走滑，形成了呈北西走向的剪切挤压背斜，这在北部坳陷表现得较为明显。

3）新近系—第四系亚构造层

本区坳陷期沉积，为一套以河流相为主的沉积层，在南黄海盆地广泛发育分布，厚度变化不大，地层产状平缓，断裂和褶皱均不明显。

四、构造单元划分与分布

根据南黄海地区的构造及沉积特征，可将南黄海中—新生代盆地划分为北部坳陷、中部隆起、南部坳陷、勿南沙隆起四个一级构造单元（图 2-4-4）。北部坳陷和南部坳陷是盆地内上白垩统—古近系沉积厚度最大的区域，进一步可划分为多个二级构造单元。南黄海中—古生代盆地由于资料有限，仅对中部隆起进行了初步划分，分为西部强烈推覆逆冲褶皱带、中部向斜构造带、东部背斜构造带等二级构造单元。构造单元特征的描述以中—新生代盆地为主。

1. 北部坳陷

北部坳陷面积 $5.3\times10^4km^2$，北以千里岩断裂为界，南缘大致到 35°N 附近与中部隆起以断层或古近系缺失线相接。东部边界根据韩国资料主要为斜坡带，以古近系缺失线与隆起区相连。呈北断南超的箕状结构，是一个以中—新生界沉积为主的坳陷，上白垩统—古近系最大厚度达 7000m。二级构造单元划分为 6 个凹陷和 6 个凸起（图 2-4-4，表 2-4-2）。

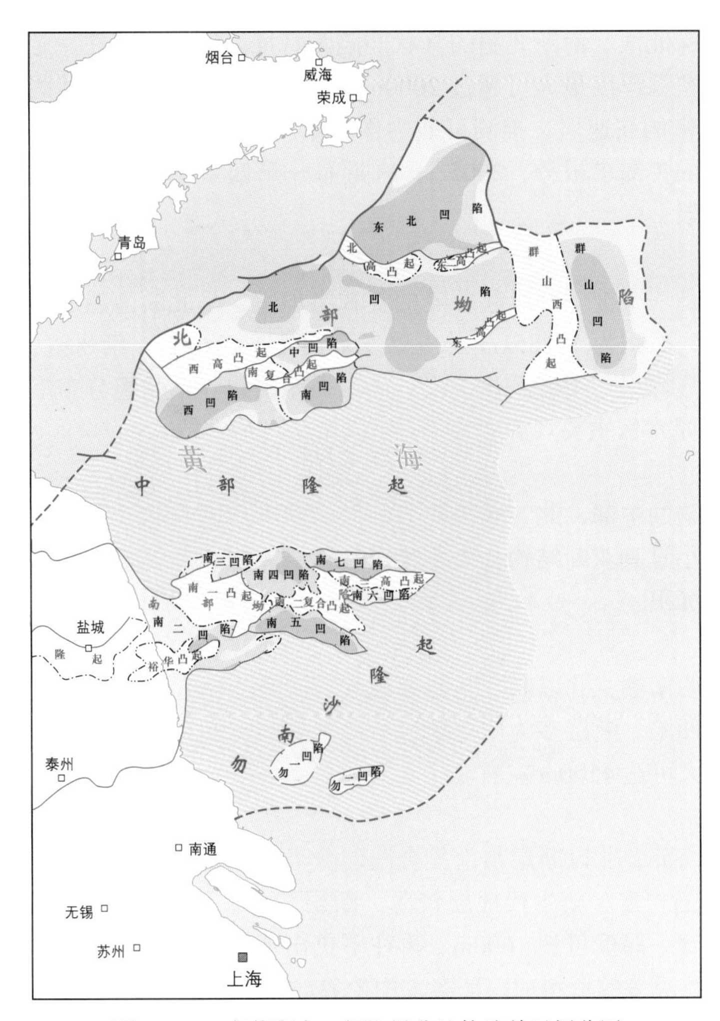

图 2-4-4　南黄海中—新生界盆地构造单元划分图

表 2-4-2　南黄海盆地北部坳陷主要构造单元基本要素表

名称	面积 /km^2	名称	面积 /km^2	沉积厚度 /m	
				K_2—E	K_2—Q
北高凸起	964	东北凹陷	8688	5000	7000
东一高凸起	370	北凹陷	18885	5600	7000
东二高凸起	452	中凹陷	1031	3600	4800
西高凸起	3173	南凹陷	1718	2600	4000
南复合凸起	1213	西凹陷	3850	＞3500	＞4500
群山西凸起	4685	群山凹陷	399	—	＞5000

1）东北凹陷

位于盆地的东北部，北为千里岩隆起，南以断层与北高凸起、东二高凸起相接，大致呈北东向展布，主体部分位于 123°E 以东。发育一定厚度的中生界，较薄的古近系。

本区古近系以南深北浅、南断北超的箕状凹陷为特征。凹陷除存在一定厚度侏罗系沉积外，部分地区白垩系厚度最大可超过 2000m。在东北凹东部，根据韩国地震剖面新生界下部发育一套致密的高速层，推测可能为侏罗系—白垩系，向北迅速加厚，厚度巨大，可达 5000～6000m（郑求根等，2005）；古近系—第四系厚度约 5000m，但新生界大于 2000m 的范围有限。

2）北凹陷

北凹陷现今是一个被中部隆起分隔的复式半地堑，呈北断南超的形态，主凹深处可达 5000～7000m，面积为 18885km^2。主要发育白垩系赤山组、泰州组，古新统阜宁组，始新统戴南组、三垛组，新近系盐城组，第四系东台组。泰州组分布广泛，最大厚度可达 1800m 以上，是本区主要烃源岩之一。

3）中凹陷

位于北部坳陷的中部，北、南两侧分别以断层与西高凸起、南复合凸起相接。走向北东东向，面积小且具双断结构，内部断层和褶皱不发育。新生界最厚可达 5000 多米，可能不具白垩系沉积。

4）西凹陷

位于盆地的西南端，北以断层与西高凸起、南复合凸起相接，南以断层与中部隆起区为界，东连南凹陷。断层多为同生断层，延伸较短，断距大，发育时间较长。中—新生界沉积厚度最大可达 4500m 左右。

5）南凹陷

位于盆地的南部，北以断层与南复合凸起分界，南以断层与中部隆起分界，东连北凹陷，西与西凹陷相连。新生代地层较薄，断层发育，以北东东向为主，地层倾角大，下部有中生界发育，厚度可达 1600m。再往下仍出现数层层状反射结构，推测为前白垩纪的沉积层，有待更多的资料加以证实，中生界向东明显加厚。

6）群山凹陷

位于盆地的东部，主体处于韩国水域内。构造格局与盆地西部基本类似，断裂控制沉积，钻井和地震反射剖面揭示，东凹陷南侧的边界断层在白垩纪多伴随有火山喷发，形成一套火山岩系。

2. 中部隆起

位于南黄海北部坳陷与南黄海南部坳陷之间，走向为近东西向。其与南、北两坳陷之间主要以超覆的形式相接触，部分地段为断层相隔。长约 300km，宽 110～120km，面积约 4.63×10^4km^2。

渐新世，由于太平洋板块向北西西向俯冲作用的加强，强烈的挤压同时伴随剪切走滑活动，南、北两坳陷迅速抬升，形成一系列北西向褶皱构造和逆断层，中部隆起一直相对隆起，大部分地区基本未接受沉积。渐新世末的挤压改造运动结束了南黄海盆地断陷的发展历史，整体进入区域沉降阶段。新近纪早期南、北两个坳陷首先开始填平补齐的沉积，中部隆起和勿南沙隆起区随后沉入水下开始接受沉积，发育一套近似粗—细交替的泛滥平原—河流相的韵律沉积，第四纪海水逐渐从东、东南部侵进，广泛沉积一套以灰色黏土为主的地层。

南黄海中—古生界盆地中部隆起区包括三个二级构造单元：西部强烈推覆逆冲褶皱

带、中部向斜构造带、东部背斜构造带。其中西部强烈推覆逆冲褶皱带构造抬升剧烈，变形程度最大，逆断层发育，埋深最浅，由多个挤压褶皱背斜组成；东部背斜构造带变形程度适中，断裂不发育，埋深较大，表现为一个褶皱成因背斜形态；中部向斜构造带相对变形程度最小，埋深最大，地层较为平缓，印支面 T8 与新生界底面 T20 近似平行，厚度相对变化较小，是一个自印支—燕山运动以来以长期隆升为主的地区，构造变形相对微弱。由于受到北部挤压影响，发育一组北东东向逆断层。中部隆起在北部通过断裂与北部坳陷相连，在南部构造变低进入南部坳陷。

根据邻区钻井资料、地震资料及区域构造演化分析，推测南黄海盆地中部隆起地层自下而上沉积了古生界寒武系、奥陶系、志留系、泥盆系、石炭系、二叠系，中生界三叠系和新生界新近系和第四系。受区内多期次构造运动影响，不同地层在不同构造部位的地层厚度、构造变形程度、地层接触关系等会有很大差异，上覆第四系和新近系沉积厚度一般为 800～900m。

3. 南部坳陷

南部坳陷与陆上苏北盆地相连，面积 $1.6\times10^4km^2$，位于中部隆起之南，与中部隆起主要以地层超覆为界，南部与勿南沙隆起以断层相隔，走向东—西，呈南断北超的箕状结构，上白垩统—古近系厚度达 6500m，在主断层控制下，坳陷内在南北方向分割成两个凹陷带和一个凸起带，包括 6 个凹陷和 4 个凸起（图 2-4-4，表 2-4-3）。

表 2-4-3　南黄海盆地南部坳陷主要构造单元基本要素表

名称	面积 /km^2	名称	面积 /km^2	沉积厚度 /m	
				K_2—E	K_2—Q
裕华凸起	838	南二凹陷	2207	4000	5500
南一凸起	2621	南三凹陷	826	2100	3850
南二复合凸起	1588	南四凹陷	1575	4500	6400
南三高凸起	905	南五凹陷	1792	6500	7300
—	—	南六凹陷	531	800	2100
—	—	南七凹陷	1179	3000	4550

1）南二凹陷

南二凹陷与苏北油田较近，位于南黄海南部坳陷的西部，北接中部隆起，东接南一凸起，南部边界为裕华凸起，东部为南部坳陷陆上部分，从北向南依次为盐城凹陷、建湖隆起和白驹坳陷的大丰次凹。南二凹陷整体长约 107km，最宽 39km，面积约为 $2207km^2$，北西走向，可分为南北两个次级洼陷，是一个在上白垩统基底上发育的南断北超形态的复式半地堑。南二凹陷北与西侧陆上的盐城凹陷接壤，南与陆上的白驹坳陷相连，南北次级凹陷之间的隆起位置，能够与西部建湖隆起的延伸部分相接。构造演化与南部坳陷大体相一致，构造形态受早期逆冲推覆作用和晚期的伸展作用共同控制。

其中南二凹陷北次洼与陆上盐城凹陷结构相似，在成因上有一定的联系。建湖隆起在海上延伸的部分逐渐消亡，裂陷作用不强烈，从地震剖面上看，最大埋深可达

3000m，相比南部次洼，埋藏较浅，呈南断北超的形态，受南部单面山控制，与南次洼相分割；南二凹陷南则与陆上的白驹凹陷差别较大，期间在海陆过渡带存在沿海岸的基底断层，从而造成海陆过渡上的差异。从地震剖面上看，最大埋深可达5000m以上。整体上，南北两个次洼呈南断北超的半地堑形态，经历了“坳—断—坳”的三期构造演化。

2）南四凹陷

南四凹陷现今是一个近东西走向的复式半地堑，呈南断北超的形态，主凹新生界基底最深处可达6400m。南四凹陷北临中部隆起，西侧为南三凹陷，南连南一凸起和南三凸起，东接南七凹陷，面积1575km^2。南四凹陷的深洼偏向于东面，仅占整个凹陷面积的32%，这与南四凹陷的结构有关。

从地震剖面上看，南四凹陷从晚白垩世晚期的仪征运动开始进入盆地伸展阶段，初始张裂期沉积了泰州组和古新世阜宁组，边界断裂对泰州组控制作用微弱，断陷形态不明显，后期断层开始强烈活动，控制了阜宁组的沉积。此外，阜宁组在隆起上也有沉积，表明这一时期不仅具有坳陷期的特征还具有断层控制沉积的断陷特征，所以，晚白垩世至古新世的泰州组和阜宁组沉积时期，凹陷构造演化整体处于断—坳期。现今“两洼夹一隆”的复式半地堑结构并不是凹陷初始演化阶段的原始形态，而是后期构造运动改造的结果。

南部坳陷南四凹陷乃至整个苏北—南黄海盆地，从始新世戴南组沉积时期便进入了断陷演化阶段。随着阜宁组沉积末期（古新世末期）吴堡运动的发生，阜宁组和泰州组均遭受了不同程度的剥蚀，随后凹陷拉张速率稍有减缓。从始新世戴南组沉积期开始，整个苏北—南黄海盆地才开始了真正意义上的断陷沉积期，凹陷具有了典型的箕状断陷特征，盆地边界断裂对地层控制作用显著增强。戴南组沉积之后，整个苏北—南黄海盆地进入了真武运动阶段，和吴堡运动一样，这一沉积时期也是以凹陷的快速拉张为标志的断陷沉积期，沉积了三垛组。可以说，南四凹陷现今“两洼夹一隆”的复式半地堑结构就是在这一构造演化阶段才得以成型。

三垛运动对南四凹陷含油气系统和圈闭形成造成了重要影响，南四凹陷发育的一系列与断层相关的圈闭，均在这一时期定型，近东西向水平挤压作用在南黄海南部坳陷的东部表现的非常明显，往西逐步减弱，渐新世地层被强烈削蚀而全部缺失。三垛运动在南黄海盆地一直持续了整个渐新世，南黄海盆地直到中新世后才再次接受沉积，进入了整体坳陷阶段，沉积了盐城组、东台组，断裂基本不再活动。

通过以上对南四凹陷构造演化的分析可以看出，不同于中国东部和近海新生代凹陷“下断—上坳型”的双层结构样式，南四凹陷具有极为特殊的“坳—断—坳”的三层结构样式。从初始张裂期仪征运动开始进入持续性的北西—南东向伸展运动阶段，在南四凹陷形成了一系列的北西—南东向断裂，而随着早始新世末期真武运动的产生，盆地逐渐遭受由东向西挤压应力的改造，这一作用没有像北凹陷那样强烈，形成挤压逆冲背斜，而是形成了一系列反向断层遮挡的小型断块圈闭。

3）南五凹陷

南五凹陷位于南部坳陷的南部，南和东面以边界断层为界紧邻勿南沙隆起，西南与南二凹陷以断层相接，西北是南一凸起，北面为南二低凸起。南五凹陷整体长约

100km，宽 15～25km，面积约为 1792km^2，北西走向，是南部坳陷比较完整也比较大的一个凹陷，中—新生代基底（上白垩统泰州组底）最深处可达 7300m。

南五凹陷虽然整体比较完整，但是结构却具有极大的差异性，呈现出东西分块、南北分带的区带特征。西部和东部都是不对称的南深北浅的双断式断陷，中部却为单断型。

4）南六凹陷

位于南三凸起的中北部，属凸起部位发育的小凹陷，其构造面积仅为 531km^2，新生代最大地层厚度仅为 2290m，为东、西走向的单断地堑式小凹陷。

4. 勿南沙隆起

位于本区的最南部，隆起总体呈近东西向，面积约 3.6×10^4km^2。除局部形成有古近系的小断凹如勿一凹陷、勿二凹陷外，广大地区在古生界、中生界三叠系基岩之上直接为新近系—第四系所覆盖。基岩埋深一般在千米左右。但基岩内幕构造浅层主要显示为北东走向的“垒、堑”相间的窄条状地垒和宽缓的地堑成排的出现，很可能为逆冲断层作用形成的窄陡背斜与宽缓向斜沿北东走向的成排分布。在向斜内往往存在三叠系和上二叠统，而背斜上则为前上二叠统。

第五章 沉 积 相

沉积相研究对评价一个地区的成油条件特别是储层条件至关重要。根据南黄海特殊的构造、沉积特征，南黄海盆地可分为中—古生界、中—新生界沉积相。

第一节 中—古生界沉积相

南黄海盆地中—古生界是下扬子在海域的延伸，和下扬子陆域部分是一个有机的整体。在充分利用南黄海盆地钻井、地震资料基础上，借鉴下扬子陆域野外露头、钻井和地震资料，对南黄海盆地中—古生界沉积相类型和特征进行综合分析与论述。

一、沉积相类型

基于前人研究成果，结合下扬子陆区—南黄海地区中—古生界的岩性、沉积构造、古生物等特征，可将中—古生界沉积相划分为海相和海陆过渡相两种类型（表 2-5-1）。

表 2-5-1 下扬子陆区—南黄海地区中—古生界主要地层沉积相划分

<table>
<tr><th colspan="4">地层</th><th rowspan="2">地层揭露最大厚度 / m</th><th rowspan="2">主要岩性</th><th rowspan="2">沉积相</th></tr>
<tr><th>界</th><th>系</th><th>统</th><th>组</th></tr>
<tr><td rowspan="2">中生界</td><td rowspan="2">三叠系</td><td>中统</td><td>周冲村组</td><td>495</td><td>含膏云岩、白云岩、膏岩</td><td>局限—蒸发台地相</td></tr>
<tr><td>下统</td><td>青龙组</td><td>1189</td><td>薄层石灰岩、石灰岩、泥岩</td><td>台地、斜坡—陆棚相</td></tr>
<tr><td rowspan="10">古生界</td><td rowspan="4">二叠系</td><td rowspan="2">上统</td><td>大隆组</td><td>59</td><td>石灰岩、硅质泥岩</td><td>盆地相</td></tr>
<tr><td>龙潭组</td><td>379</td><td>砂岩、泥岩、薄煤层</td><td>滨岸—三角洲相</td></tr>
<tr><td>中统</td><td>孤峰组</td><td>79</td><td>硅质泥岩、泥岩</td><td>陆棚—盆地相</td></tr>
<tr><td>下统</td><td>栖霞组</td><td>292</td><td>含燧石灰岩、石灰岩</td><td>台地相</td></tr>
<tr><td rowspan="5">石炭系</td><td>上统</td><td>船山组</td><td>92</td><td>石灰岩、球状灰岩</td><td rowspan="2">台地相</td></tr>
<tr><td>中统</td><td>黄龙组</td><td>209</td><td>石灰岩、白云岩</td></tr>
<tr><td rowspan="3">下统</td><td>和州组</td><td>15</td><td>泥质灰岩夹灰质泥岩</td><td>局限台地、陆棚相</td></tr>
<tr><td>高骊山组</td><td>82</td><td>杂色泥岩、砂岩</td><td>滨岸相</td></tr>
<tr><td>金陵组</td><td>26</td><td>北部石灰岩、南部碎屑岩</td><td>滨岸—台地相</td></tr>
<tr><td>泥盆系</td><td>上统</td><td>五通组</td><td>204</td><td>石英砂岩、少量泥岩</td><td>滨岸相</td></tr>
</table>

续表

地层				地层揭露最大厚度 / m	主要岩性	沉积相
界	系	统	组			
古生界	志留系	中统	茅山组	95	砂岩、紫色泥岩	滨岸相
		下统	坟头组	539	砂岩、泥岩互层	临滨—陆棚
			高家边组	1719	泥岩	陆棚—盆地
	奥陶系	上统	五峰组	18	泥岩、硅质泥岩	盆地相
			汤头组	40	泥岩、石灰岩	缓坡—盆地
		中统	汤山组	25	石灰岩、瘤状灰岩	台地—陆棚—盆地
		下统	大湾组	89	石灰岩	开阔台地—斜坡—盆地
			红花园组	107	白云质灰岩、石灰岩	
			仑山组	212	白云质灰岩、白云岩	
	寒武系	上统	观音台组	354	白云岩、硅质云岩	局限台地—斜坡—盆地
		中统	炮台山组	229	白云岩	
		下统	幕府山组	134	白云岩、硅质泥质岩	
新元古界	震旦系	上统	灯影组	380	白云岩	局限台地—盆地

1. 海相组

以碳酸盐岩为主的海洋沉积体系是下扬子陆区—南黄海地区中—古生界最发育的沉积相类型。参考威尔逊碳酸盐岩沉积相模式，可将其划分为 6 种沉积相类型：蒸发台地相、局限台地相、开阔台地相、斜坡相、陆棚相和盆地相。

1）蒸发台地相

在下扬子陆区—南黄海地区中三叠统的周冲村组发育蒸发台地相，岩性为膏溶角砾岩、灰泥灰岩和准同生粉晶白云岩，风化后成蜂窝状。

2）局限台地相

局限台地为低能潟湖沉积环境，常处于极浅水位置，一般不受海浪的冲刷，以受潮汐作用影响为主，主要沉积灰泥灰岩。宁镇地区上寒武统观音台组沉积了一套典型的局限台地相地层（图 2-5-1）。

3）开阔台地相

位于台地向海一侧，岩石类型为颗粒灰岩、生物灰岩、泥质颗粒灰岩等，岩石颜色为浅色到暗色，发育大量的生物碎屑。

下扬子宁镇地区下奥陶统仑山组发育开阔台地相（图 2-5-2），岩性主要为灰色、深灰色中厚层含砾屑、砂屑灰岩、亮晶生物屑灰岩等，含少量燧石结核，层理不发育，有时可见生物搅动构造和小型交错层理等。生物群较丰富，有三叶虫、腕足类、腹足类、藻类及少量笔石等。

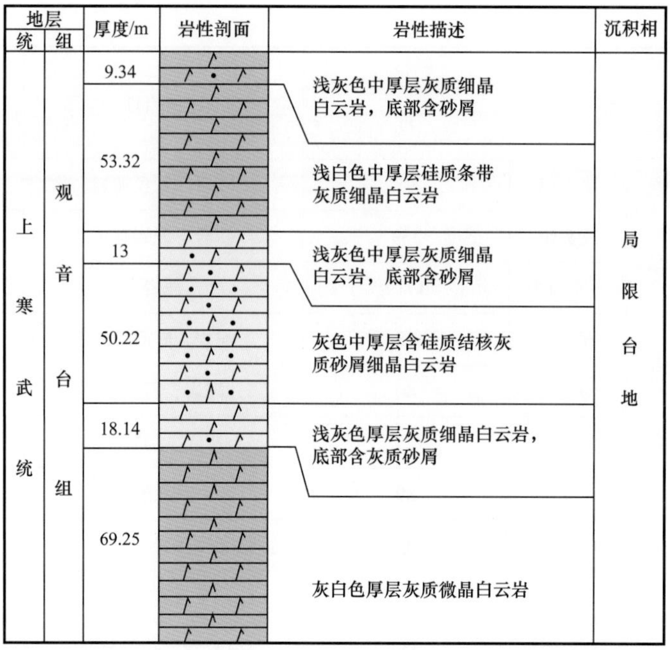

地层		厚度/m	岩性剖面	岩性描述	沉积相
统	组				
上寒武统	观音台组	9.34		浅灰色中厚层灰质细晶白云岩，底部含砂屑	局限台地
		53.32		浅白色中厚层硅质条带灰质细晶白云岩	
		13		浅灰色中厚层灰质细晶白云岩，底部含砂屑	
		50.22		灰色中厚层含硅质结核灰质砂屑细晶白云岩	
		18.14		浅灰色厚层灰质细晶白云岩，底部含灰质砂屑	
		69.25		灰白色厚层灰质微晶白云岩	

图 2-5-1　宁镇地区观音台组局限台地沉积相特征

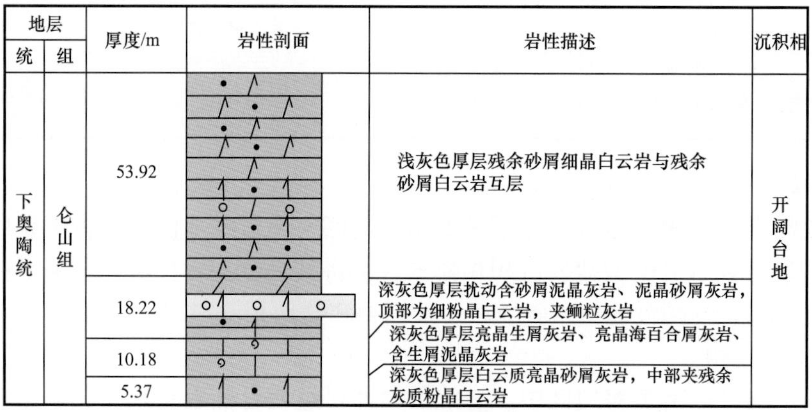

地层		厚度/m	岩性剖面	岩性描述	沉积相
统	组				
下奥陶统	仑山组	53.92		浅灰色厚层残余砂屑细晶白云岩与残余砂屑白云岩互层	开阔台地
		18.22		深灰色厚层扰动含砂屑泥晶灰岩、泥晶砂屑灰岩，顶部为细粉晶白云岩，夹鲕粒灰岩	
		10.18		深灰色厚层亮晶生屑灰岩、亮晶海百合屑灰岩、含生屑泥晶灰岩	
		5.37		深灰色厚层白云质亮晶砂屑灰岩，中部夹残余灰质粉晶白云岩	

图 2-5-2　宁镇地区仑山组开阔台地沉积相特征

4）斜坡相

南黄海地区下三叠统青龙组部分层段发育斜坡相，二叠系栖霞组也可见到一小段斜坡相沉积。主要沉积物为灰泥灰岩、异地灰泥颗粒灰岩、颗粒灰岩、角砾岩等，颗粒大小和形状变化极大，沉积物组分不稳定，岩石颜色为暗色到深色，有大型滑塌变形构造。

5）陆棚相

南黄海地区的石炭系和州组和三叠系青龙组都发育陆棚相。CZ12-1-1A 井和州组 3503～3511m 发育中、厚层泥晶灰岩和薄层灰质泥岩组成的条带状灰岩，含有少量化石，说明当时海平面频繁变化，是浅水陆棚环境；WX5-ST1 井上青龙组 1451～1458m 和下青龙组 2355～2365m 都发育大量的浅灰褐色链条状灰岩（瘤状灰岩），说明风暴作用强烈，是深水陆棚的典型岩相之一。

6）盆地相

盆地相位于浪基面和氧化界面以下，为静水还原环境。在下扬子陆区—南黄海地区，该沉积相主要发育在中二叠统孤峰组（图 2–5–3）和上二叠统大隆组，岩性以暗色泥岩为主，带有杂色，主要有微晶灰岩、硅质页岩及放射虫硅质岩等，发育薄层水平层理，以浮游生物为主，如放射虫、有孔虫、海绵骨针等，自生矿物常见黄铁矿、磷、锰结核。沉积环境稳定，具有良好的生油潜力。南黄海地区石炭系和州组和二叠系栖霞组发育盆地相。

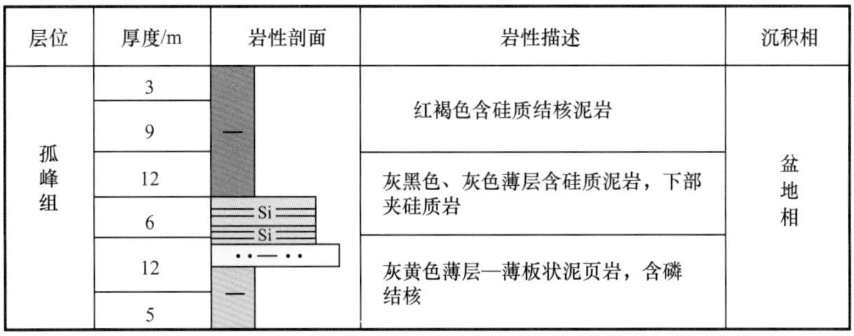

层位
厚度/m
岩性剖面
岩性描述
沉积相
孤峰组
3
9
12
6
12
5
Si
Si
红褐色含硅质结核泥岩
灰黑色、灰色薄层含硅质泥岩，下部夹硅质岩
灰黄色薄层—薄板状泥页岩，含磷结核
盆地相

图 2–5–3　下扬子陆区—南黄海地区孤峰组盆地相分析

2. 海陆过渡相组

海陆过渡相是受大陆水系和海洋水体共同作用的沉积环境。下扬子陆区—南黄海地区的海陆过渡相组主要为三角洲沉积体系，岩心及野外露头可见波痕、大型交错层理、生物扰动构造、反粒序漏斗形测井曲线形态等岩相标志。

中二叠统孤峰组及上二叠统龙潭组为代表，分别表现为海侵期的潮控型和浪控型三角洲。宁镇地区龙潭组潮控型三角洲典型剖面包含完整的 3 个沉积亚相（图 2–5–4）。

层位
剖面结构
沉积环境
龙潭组
孤峰组
C
C
C
C
C
0
20
40
60m
三角洲平原
沼泽
分支河道
沼泽
三角洲前缘
河口坝
远沙坝
前三角洲

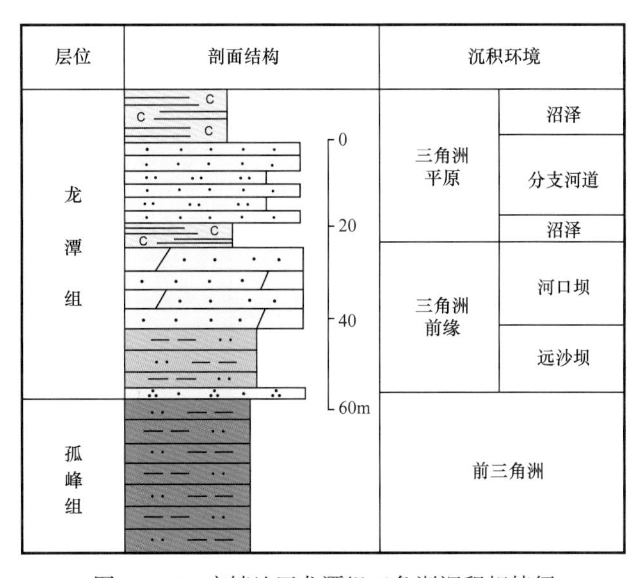

图 2–5–4　宁镇地区龙潭组三角洲沉积相特征

在南黄海地区 WX5–ST1 井龙潭组发育潮坪沉积环境。潮上带以红褐色、褐色泥质沉积为主，可见结核、水平层理和波状层理，属于低能环境。潮间带为过渡带，以粉砂

岩夹薄层棕色泥岩为主，发育交错层理和脉状、透镜状、波状层理。潮下带为粉、细砂岩，发育大型交错层理和人字形构造，可见黄铁矿和生物扰动，属于高能环境。

二、沉积相平面展布

1. 晚震旦世—中奥陶世沉积特征

下扬子早古生代克拉通盆地是在早期裂陷作用基础上发育而成，经历前震旦纪的地槽发展阶段，晋宁运动之后，下扬子地区终止了地槽发展历史。晚震旦世开始，全区相继进入了稳定的地台型海相沉积，沉积格局具有陆缘海“一台两盆”的特征，即中央台地和其两侧的深水盆地为主体共同构成了克拉通盆地的沉积体制。中央台地大致位于巢湖—南京—南黄海勿南沙隆起一带，以开阔台地相碳酸盐岩沉积为主，中央台地向南、北两侧逐渐过渡为台地边缘斜坡及深水盆地沉积，深水盆地以硅质岩、暗色细粉晶灰岩沉积为主（图 2–5–5）。

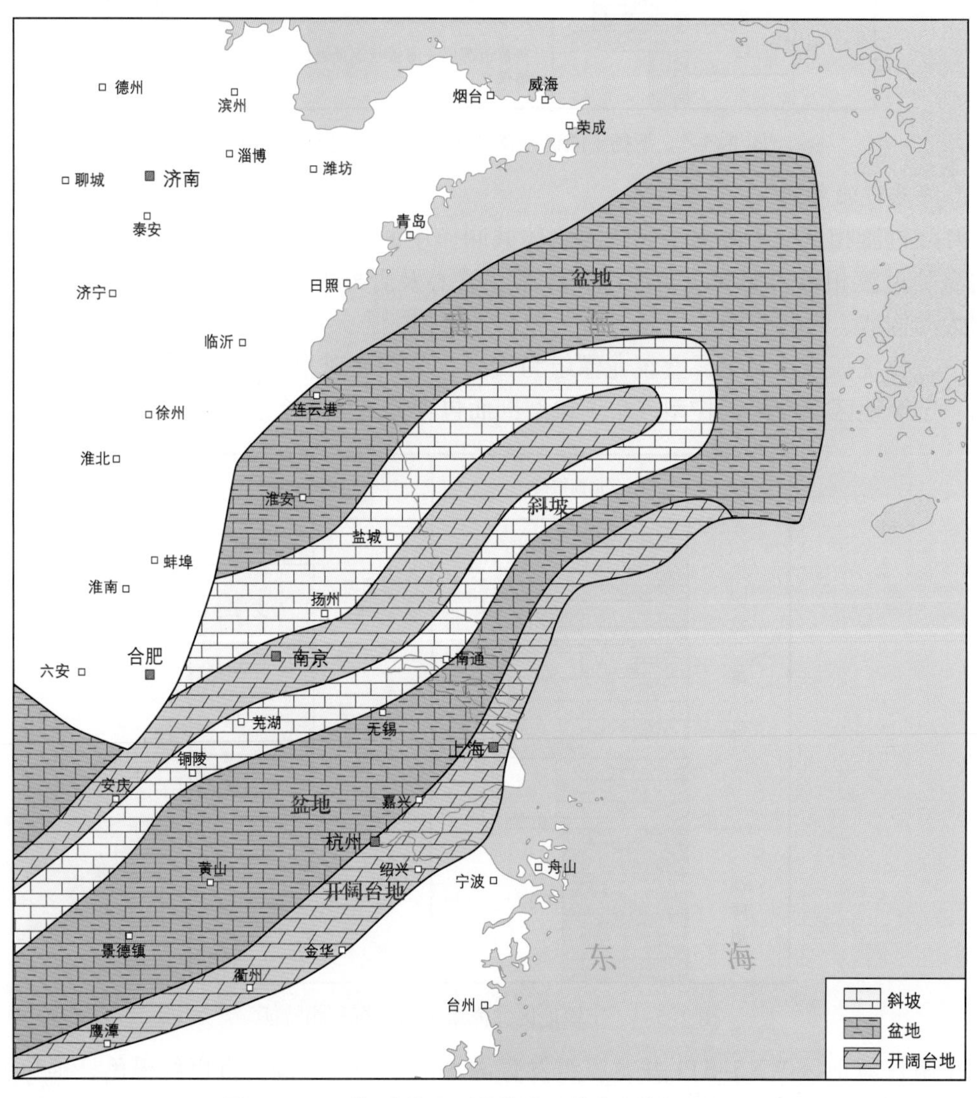

图 2–5–5　下扬子陆区—南黄海区早古生代沉积相图

2. 晚奥陶世—志留纪沉积特征

从晚奥陶世末到晚志留世末，下扬子区出现全新的构造格局。从晚奥陶世开始，由于受到华夏板块向扬子板块俯冲碰撞作用的影响，在下扬子区的东南部出现一个前陆盆地。该前陆盆地的基本特点是存在前陆磨拉石。苏皖南部的五峰组、霞乡组（高家边组）及浙北、浙西堰口组（五峰组）及安吉组（高家边组下部）、大白地组（高家边组上部）、康山组（坟头组）及茅山组（唐家坞组）就是一个前陆磨拉石建造，它是一个由东南向西北尖灭的碎屑楔，在浙西最大厚度超过6000m。磨拉石的下部为滨岸沉积，上部为河流沉积。就此可将磨拉石划分为海相下磨拉石与陆相上磨拉石两部分。这一特点同阿尔卑斯磨拉石很相似，也符合磨拉石沉积相由浅海相到陆相的演化规律。相应的沉积相带从东南到西北也由扇三角洲相逐渐过渡为陆棚相和盆地相（图2-5-6）。

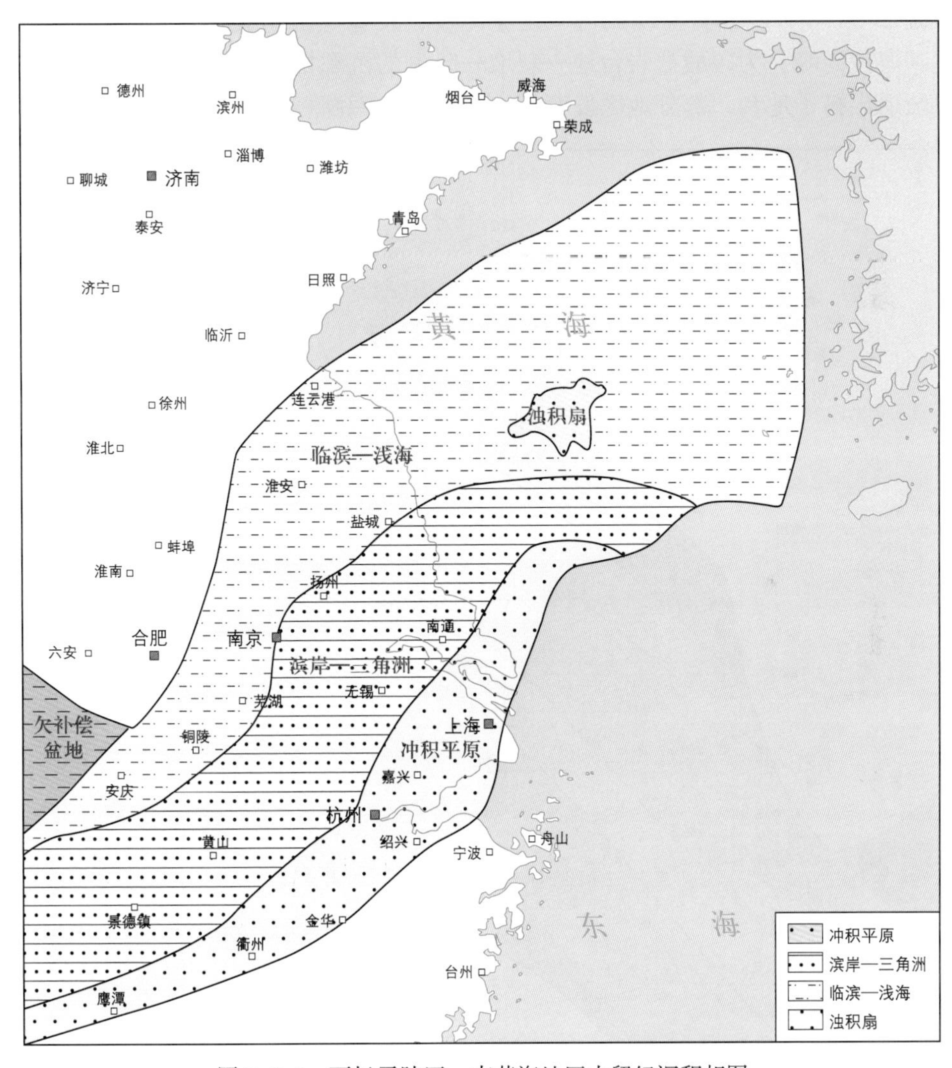

图2-5-6 下扬子陆区—南黄海地区志留纪沉积相图

3. 晚泥盆世—早三叠世沉积特征

从泥盆纪初开始，下扬子区进入了又一新的构造演化阶段，其重要表现是磨拉石沉积作用的结束，前陆盆地消亡，全区经历了夷平作用，普遍缺失早—中泥盆世沉积。从晚泥盆世开始下扬子区重新接受沉积。

二叠纪时中国南方的外围东西向古特提斯洋强烈打开，引起南方陆壳内部的引张，主要表现为早二叠世晚期玄武岩的大喷溢及晚二叠世有规律的拉张断陷槽的出现，在下扬子地区，这些反映也非常明显。在古特提斯洋壳的拉张作用控制下，下扬子区晚古生代及早—中三叠世总体处于被动大陆边缘盆地阶段，由栖霞期的初始拉张发展到茅口组沉积期、长兴组沉积期的强烈拉张；从早三叠世初拉张开始减弱，早三叠晚期拉张活动趋于稳定；中三叠世盆地开始消亡。

岩相古地理特征表现为：早石炭世以滨岸相为主，中石炭世开始，发生大规模海侵，晚石炭世到早二叠世主要发育碳酸盐岩台地相及潮坪相；早二叠世末的东吴运动，使得全区发生大范围海退，到晚二叠世早期龙潭组沉积期发育了一套滨岸三角洲碎屑岩沉积（图 2-5-7）；晚二叠世晚期再次发生海侵，发育大隆组硅质岩、硅质泥岩；早三叠世达到海侵高峰，为碳酸盐岩台地—斜坡—陆棚的沉积格局（图 2-5-8），到中三叠世海水逐渐退出扬子地台，部分地区发育了一套潮坪—潟湖相白云岩沉积。

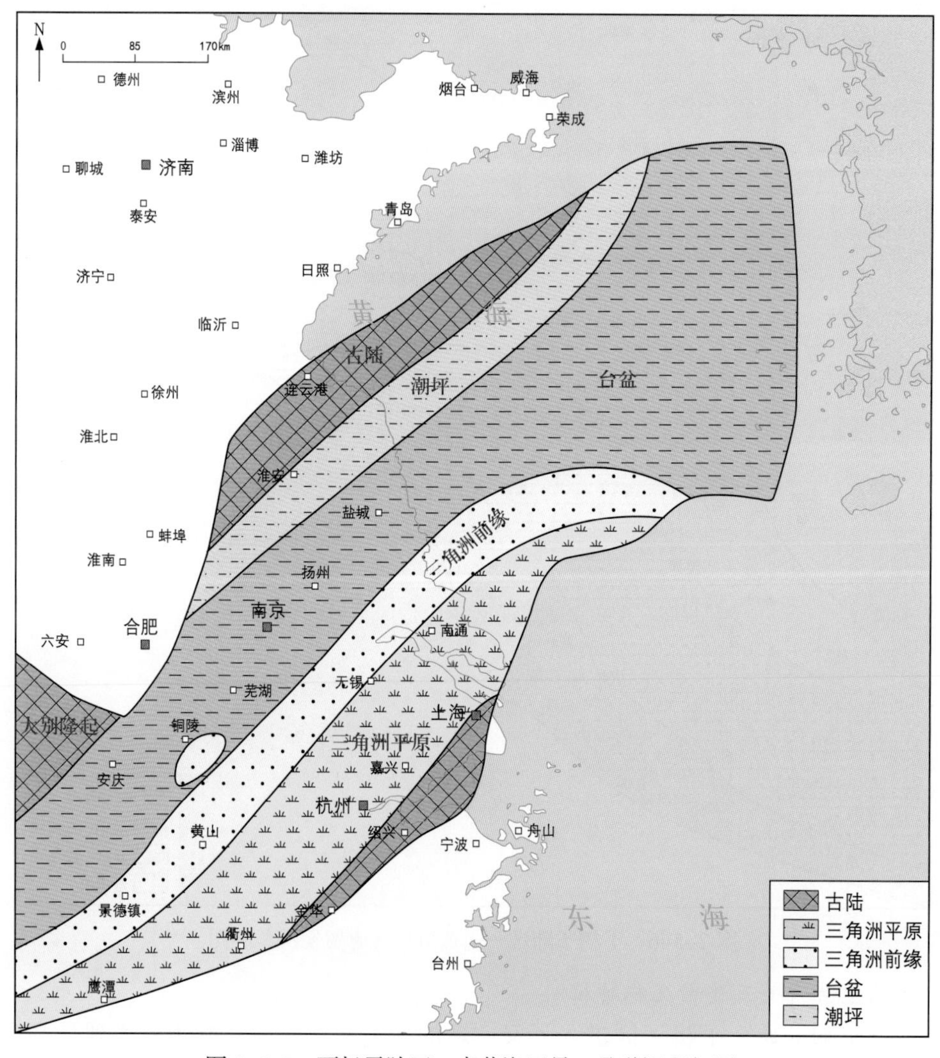

图 2-5-7　下扬子陆区—南黄海区早二叠世沉积相图

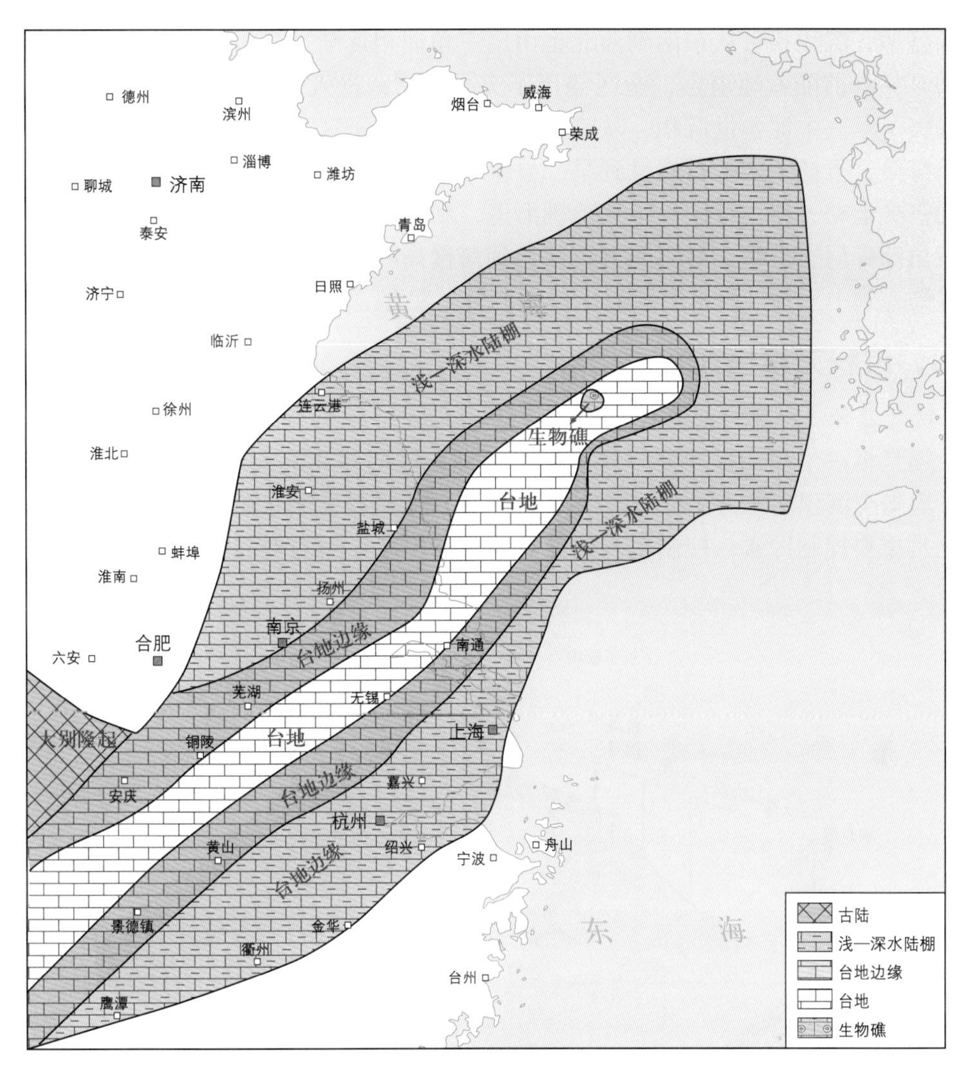

图 2-5-8　下扬子陆区—南黄海区早三叠世沉积相图

三、沉积演化

通过对下扬子区区域构造演化与盆地发育的结构、构造特征、沉积充填特征及其相互关系的分析，结合南黄海海域的钻井及地震资料，认为南黄海自晚震旦世以来的中—古生代海相沉积地层是由三种不同性质和类型的盆地沉积物所组成，分别为：晚震旦世—中奥陶世的克拉通盆地，发育海相台地—盆地沉积；晚奥陶世—志留纪的前陆盆地，发育海陆过渡相；晚泥盆世—中三叠世早期的被动大陆边缘盆地阶段，发育海相台地—潮坪沉积和海陆过渡相。

综述其沉积演化历史，扬子早古生界克拉通盆地是在早期裂陷作用基础上发育而成，在几亿年漫长演化过程中，经历前震旦纪的地槽发展阶段；晋宁运动之后，下扬子地区终止了地槽发展历史；晚震旦世开始，全区相继进入了稳定的地台型海相沉积，沉积格局具有陆缘海“一台两盆”的特征；从晚奥陶世开始，由于受到华夏板块向扬子板块俯冲碰撞作用的影响，在下扬子区东南部转化为具磨拉石建造的前陆盆地，北部为被动陆缘盆地，沉积相带从东南到西北也由扇三角洲相逐渐过渡为陆棚相和盆地相；从泥盆纪初开始，前陆盆地消亡，全区经历了夷平作用，进入被动陆缘盆地局部裂陷阶段，普遍缺失了早—中泥盆世沉积，从晚泥盆世开始下扬子区重新接受沉积；中石炭世发生大规模海侵，下扬子区晚石炭世到早二叠世主要发育碳酸盐岩台地相及潮坪相；早二叠世末的东吴运动，使得全区发生大范围海退，到晚二叠世早期龙潭组沉积期发育了一套滨岸三角洲碎屑岩沉积；早三叠世再次达到海侵高峰，为碳酸盐岩台地—斜坡—陆棚的沉积格局，到中三叠世海水逐渐退出扬子地台，发育了一套潮坪—潟湖相白云岩沉积。

四、沉积充填模式

1. 晚震旦世—中奥陶世沉积模式

晚震旦世—中奥陶世主要发育克拉通盆地，该层序和沉积模式在下古生界寒武系、中—下奥陶统沉积期尤为典型（图 2-5-9）。以浅水碳酸盐岩自旋回沉积作用为主，海平面变化是重要控制因素，控制了碳酸盐岩旋回和层序界面的形成，古气候也是重要的控制因素。

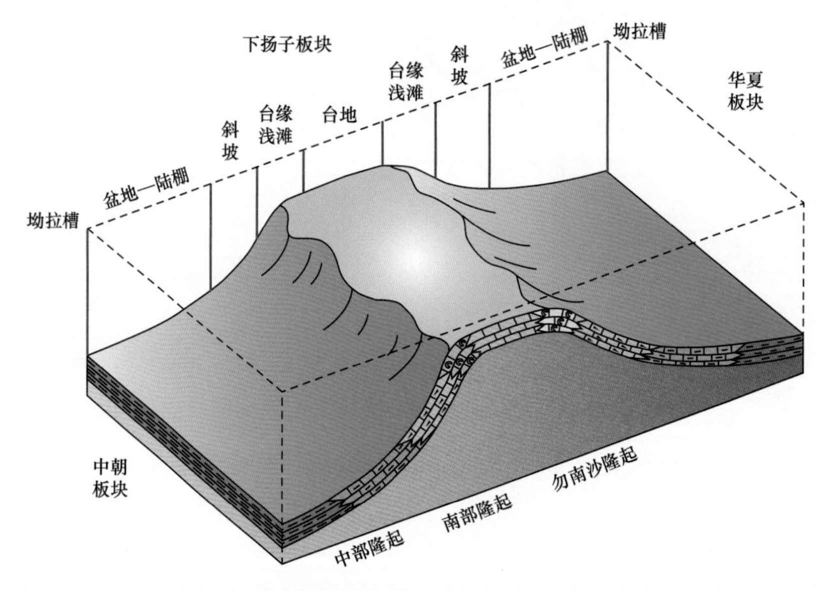

图 2-5-9　下扬子陆区—南黄海地区晚震旦世—中奥陶世克拉通盆地沉积模式图

这一时期的沉积特征和岩相古地理展布主要受沉积盆地古构造格局的控制。下古生界沉积期，大的构造格局处于拉张背景下，在盆地南部、北部分别发育了两个坳拉槽，中部发育相对稳定的克拉通台地，从而形成了两坳夹一隆的构造格局，中部的南京—巢湖—宿松—南黄海中部隆起一带为北东—南西向古陆，周边地区为台地—台地前缘斜坡。在下古生界特别是寒武系—中奥陶统沉积期，该构造格局基本稳定，中部隆起地带主要发育了碳酸盐盐台地，两侧的坳陷地带多发育斜坡—盆地相，海平面的升降变化控制了碳酸盐建造与碎屑岩沉积的范围。

构造古格局控制沉积体系的展布，由于“两坳夹一隆”的古地貌格局稳定发育，沉积体系的展布具有对称性，中部为台地相沉积，此时期台地总体上为开阔台地，岩性以颗粒灰岩和白云岩为主，颗粒类型多为鲕粒、生物碎屑，可进一步分为开阔台地边缘浅滩、台地浅滩沉积，局部地区为局限台地沉积。在台地的南部边缘地带，台地边缘浅滩沉积发育，如安徽丁香剖面，仑山组下部主要为高能浅滩相，岩性为残余鲕粒白云岩、砂屑亮晶灰岩及部分残余砂屑白云岩，发育斜层理，是有利储层发育带。台地两侧发育了台地边缘斜坡相沉积，斜坡相前部为陆棚—盆地相及北东走向的坳拉槽沉积，如滁州—盱眙—盐城台地斜坡—陆棚沉积区，沉积为深灰色、灰色巨厚层灰岩、灰色泥质灰岩，含燧石结核。

2. 晚奥陶世—志留纪沉积模式

晚奥陶世到志留纪主要发育前陆盆地（图 2-5-10）。在前陆盆地中，沉积作用主要受构造运动强度及相关物源、构造古地理、基底沉降幅度及古气候的综合控制，其次是相对海平面变化。这一阶段层序、沉积发育的主控因素为物源供给，以单物源为主，其次为古气候，海平面变化则为间接、次要因素。值得提及的是，沉积速率远大于海平面升降速率，而且是由逆冲带边缘向前陆隆起方向递减的。前陆盆地虽然也具有双物源区，但沉积物来源主要受控于冲断带一侧由构造作用引起的地形起伏。

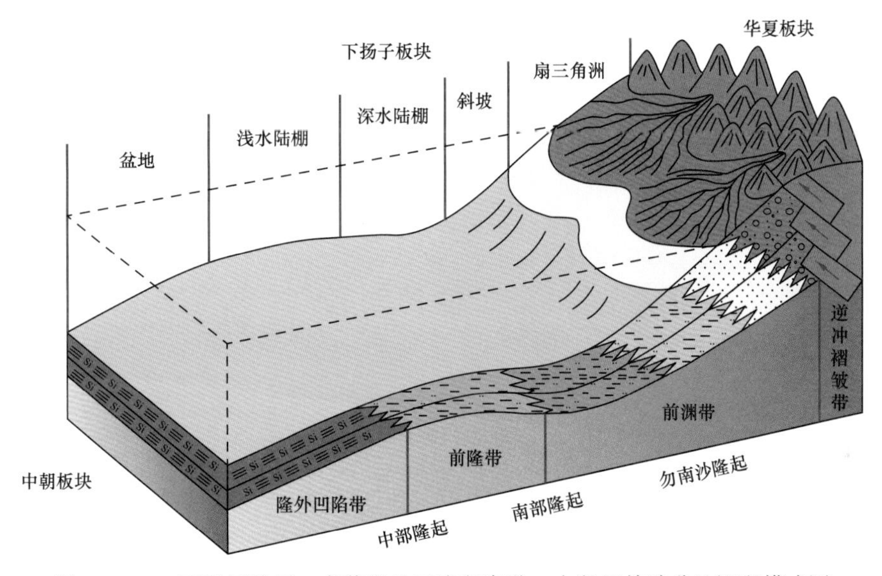

图 2-5-10　下扬子陆区—南黄海地区晚奥陶世—志留纪前陆盆地沉积模式图

该时期构造活动主要表现为升降运动，在盆地发育初期，盆地沉降速率、幅度较大，如在五峰组和高家边组沉积早期，盆地沉积沉降速率、幅度很大，导致了海水快速海侵，形成了广阔的深水盆地，同时，由于此时沉积物供给量有限，使该时期的深水盆地处于欠补偿状态。晚奥陶世末的早加里东运动使得扬子板块和华夏板块逐渐拼合，形成江南造山带。由于造山带的快速隆升和剥蚀，提供了大量碎屑物质。由于前陆盆地沉积物一般具有双物源，盆地中沉积物供给主要受控于与冲断造山有关的地形起伏的影响，与海平面升降无关。因此，前陆盆地的层序地层充填呈楔形，地层厚度由盆缘向盆地减薄，而且粗碎屑楔状体的出现是盆缘造山带构造复活的沉积响应。在浙江长兴—南黄海勿南沙隆起一线以北地区为前陆盆地的山前带，该区带为志留系滨岸相和近源粗粒扇三角洲沉积，储层砂体发育，由于造山带（华夏古陆）的不断向北逆冲，控制了储集砂体的进积迁移。在浙西可见典型的磨拉石构造，露头层序格架上表现为一个由东南向西北减薄的楔状沉积，也表明了沉积物来源于东南的造山带。安徽泾县、石台地区和南黄海南部坳陷为前渊带，水体深，主要发育了高家边组海相页岩。在巢湖、南京龙潭一线及南黄海中部隆起区，接近前隆带，发育了浅水陆棚细粒沉积。苏北地区至南黄海北部坳陷为隆外凹陷带，沉积了盆地相硅质岩。

3. 晚泥盆世—中三叠世沉积模式

晚泥盆世到中三叠世主要发育被动大陆边缘盆地。该时期下扬子地区岩相古地理特征主要受古构造、海平面升降和古气候等因素的控制。沉积发育的主控因素是构造古格局和沉积物供给，海平面变化是直接但次要的控制因素，而古气候是次要控制因素。

古构造主要是指在石炭纪沉积前的古地貌和同沉积断裂活动。

在石炭纪沉积以前，加里东运动之后，在中国南方形成了扬子隆起区、华夏隆起区、滇黔桂汀凹陷区、中下扬子凹陷区等大的古地貌单元；扬子板块和华夏板块拼合成统一的华南板块，下扬子—南黄海区总体表现为相对稳定的陆表海沉积环境（图 2–5–11）。海平面升降变化对其影响较大，海侵期主要为陆棚相，随着海平面的下降，开始发育浅水沉积。

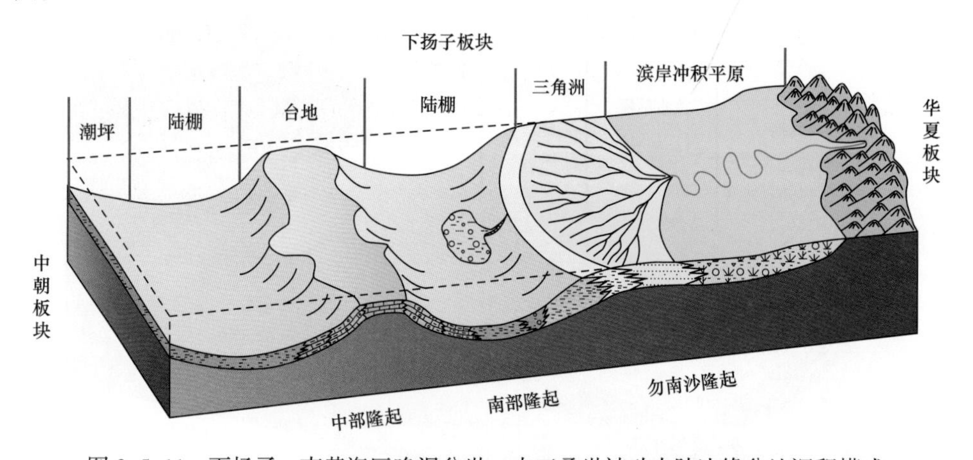

图 2–5–11　下扬子—南黄海区晚泥盆世—中三叠世被动大陆边缘盆地沉积模式

在石炭纪各层序发育的过程中，我国南方的构造运动并不强烈，较重要的有三期。同时石炭纪海平面升降较为频繁，从地层和层序特征可以看出，至少有三次较大规模的海平面升降，且都表现出了周期短、频率高、幅度大的特点，其形成机制与当时特提斯海扩张和南半球冈瓦纳冰川有密切关系。每次海平面的升降变化均造成了各沉积相带在平面上的大规模迁移以及垂向沉积层序的规律性变化。早石炭世岩关期发生第一次海侵，在下扬子地区发育以高骊山组底部石灰岩为代表的海侵沉积，层序以发育碳酸盐岩台地相为特征。而该时期第一期较重要的构造运动发生在早石炭世大塘期，称古港运动，主要表现为差异性的升降运动。古港运动在扬子地区表现不明显，在南部地区表现为基底的抬升和频繁的振荡运动，在大塘中晚期发生第二次海侵，海侵造成了广泛的海岸上超，形成了以和州组为代表的沉积。而在早石炭世末期，发生第二次海退，其结果是海水后退，在滨岸地区形成滨海沼泽煤系，这次海退在部分地区造成了和州组的缺失、岩关阶遭受不同程度的剥蚀和具潮上暴露标志的德坞阶老虎洞组白云岩浅水沉积。第二期较重要的构造运动发生在早石炭世末，称淮南运动。这一运动使扬子地区一度上升为陆，使大塘阶甚至岩关阶遭受侵蚀而残留不全。但在南部地区仅表现为差异性的升降，形成一些次一级的隆起和凹陷。在威宁期初期发生第三次海侵，在全区造成了最广泛的大规模海岸上超，形成了广泛分布的以黄龙组为代表的碳酸盐岩台地相。第三期较重要的构造运动发生在石炭纪末，称云南运动。整个南方几乎整体抬升，除部分残留海盆与二叠系呈连续沉积外，绝大部分地区上升为陆，遭受剥蚀，与二叠系呈假整合接触。到马平阶，海平面有所下降，在扬子地区缺失二叠系底部达拉阶沉积及马平阶上部沉积，仅发育船山组的沉积。在石炭纪沉积发育过程中，与构造运动伴生的还有同沉积断裂活动。这些同沉积断裂控制着其邻近地区岩相古地理的发育和展布。如早石炭世碳酸盐台地相区的南界、江南古陆的边界均受同沉积断裂控制。古地磁、碳酸盐岩稳定同位素、沉积特征及古生物资料均表明，石炭纪下扬子地区处于低纬度地区，气候温暖、雨量充沛，这一古气候特征对沉积层序发育的影响是深刻的，表现在：（1）形成了一套温湿气候条件下的沉积组合，如碳酸盐岩、含煤岩系和生物礁；（2）发育了特提斯型暖水动物群和欧美热带植物群，前者对碳酸盐岩的沉积贡献巨大，后者与含煤岩系的形成息息相关；（3）有利于化学风化作用进行，为沉积区陆源细碎屑物质的沉积和化学溶解物质的富集提供了条件，如铝土矿、鲕状和豆状赤铁矿及锰矿等的形成均与古气候有关。在浙西长兴到南黄海南部坳陷一线，发育长兴组三角洲平原相的灰黄色细砂岩，长兴以北地区为陆棚沉积，发育殷坑组前三角洲或三角洲前缘相的青灰色泥页岩，陆棚泥岩中可见。南京至南黄海中部隆起一线则发育碳酸盐岩台地相，发育了栖霞组的含硅质致密灰岩。龙潭地区至南黄海北部坳陷一线则发育潮坪—潟湖相，发育了龙潭组的薄层杂色页岩。

第二节　中—新生界沉积相

一、沉积相类型

通过对南黄海盆地中—新生界沉积相类型研究，共划分出河流、湖泊、河流三角洲、扇三角洲等主要沉积相类型。

1. 河流相

1）河道亚相

河道亚相在泰州组、阜宁组、三朵组和戴南组均有发育，岩性主要为砾岩、砂砾岩、含砾砂岩、粗砂岩、中砂岩、细砂岩，其次为薄层粉砂岩和泥质粉砂岩，电测曲线为钟形，局部箱形。河道亚相的沉积微相主要为心滩微相（图 2-5-12）。

2）泛滥平原亚相

泛滥平原亚相岩性主要为棕红色泥岩、粉砂质泥岩夹灰色泥岩、粉砂质泥岩及薄层浅灰色细砂岩、粉砂岩。自然电位曲线为不规则齿状（图 2-5-12）。

2. 三角洲相

三角洲相在泰州组、阜宁组、戴南组—三朵组普遍发育。岩性为砂岩与泥岩互层，砂体性质有正韵律的水下河道，也有反韵律的河口坝及其他类型坝体。砂体在测井曲线上呈钟形、漏斗形、齿形等，在 GR 曲线上正反韵律均存在（图 2-5-13）。

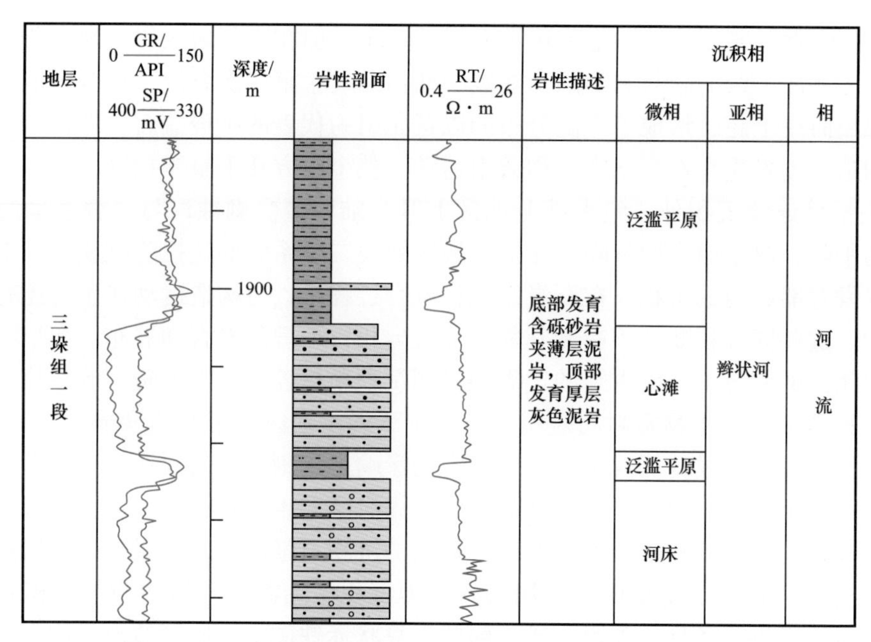

图 2-5-12　南黄海盆地 FN23-1-1 井三朵组一段河流相特征图

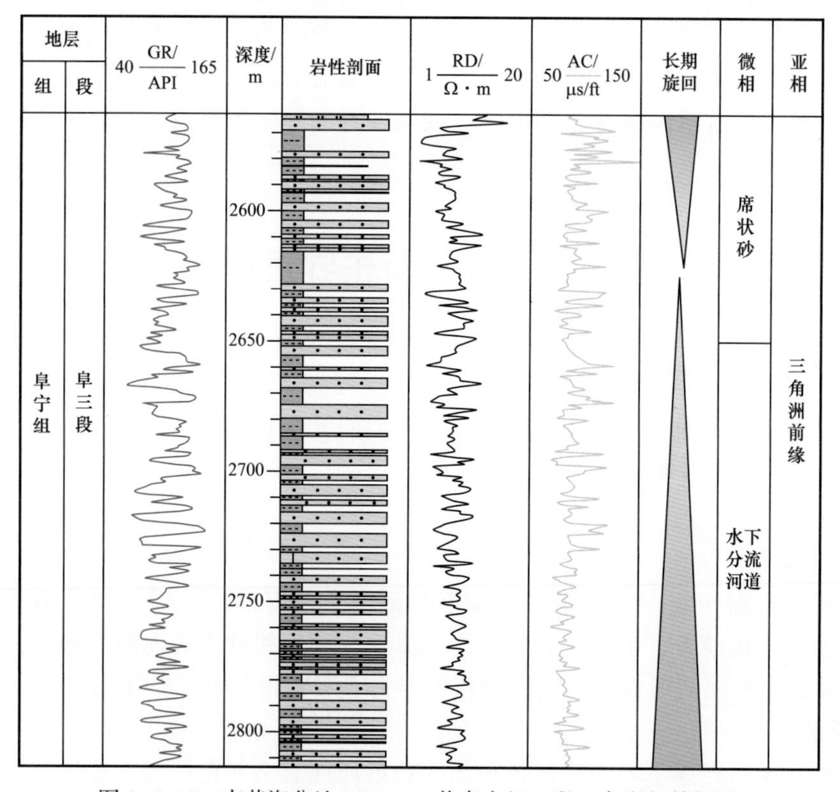

图 2-5-13　南黄海盆地 ZC1-2-1 井阜宁组三段三角洲相特征图

3. 湖泊相

1）滨浅湖亚相

滨浅湖亚相主要表现为砂泥岩互层（图 2-5-14），砂岩单层相对较薄。岩性主要为细砂岩、粉砂岩、泥质粉砂岩及泥岩，泥岩颜色相对较浅，为褐灰色、灰绿色、灰色。

滨浅湖亚相砂岩主要为沙坝及席状砂，沙坝电测曲线呈漏斗形或指形，席状砂主要为指形。泰州组、阜宁组、戴南组均有发育。

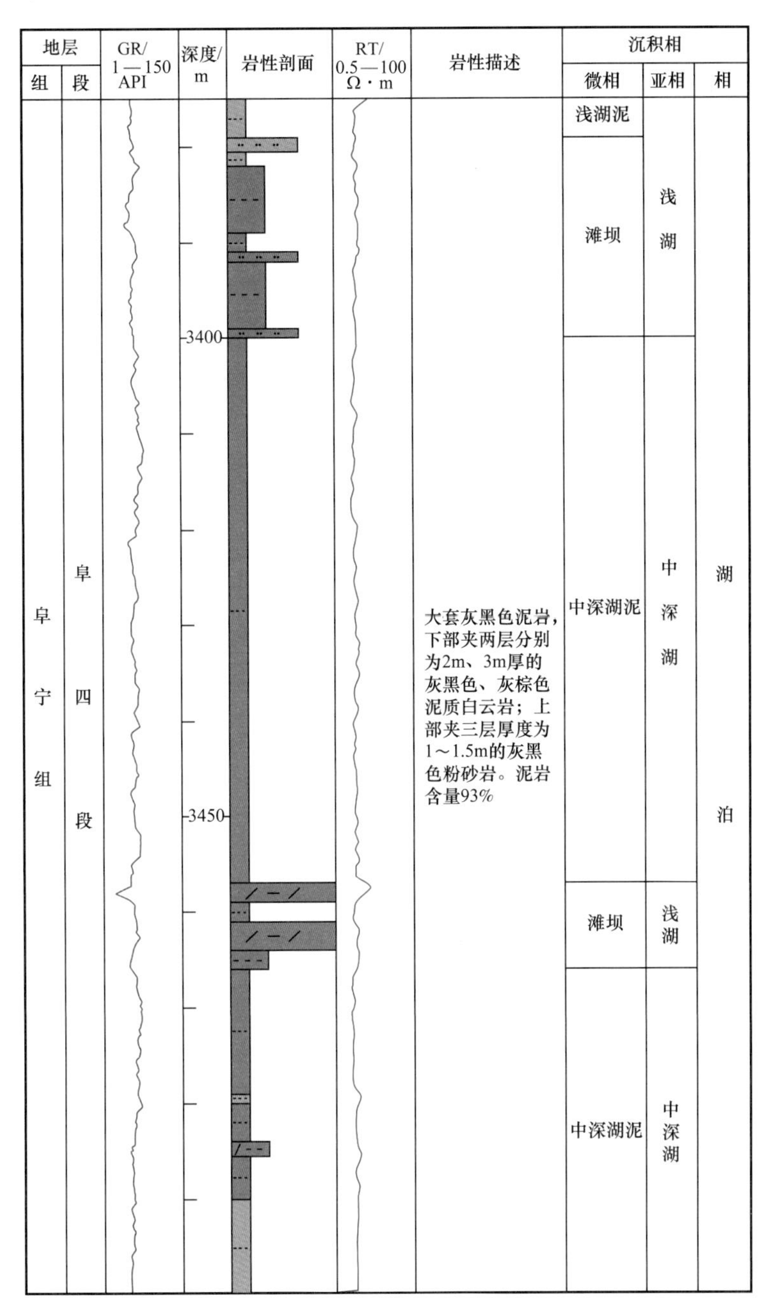

图 2-5-14　南黄海盆地 WX20-ST1 井阜四段湖泊相特征图

2）半深湖—深湖亚相

半深湖亚相以泥岩沉积为主，岩性主要为灰色、深灰色泥岩，夹薄层灰色粉砂质泥岩，局部夹薄层细砂岩、粉砂岩、泥质粉砂岩。沉积微相主要为半深湖泥，其次为席状砂，局部发育浊积砂体。电测曲线以平直为主，局部锯齿状、指状（图 2-5-14）。泰州组、阜宁组此相发育。

4. 扇三角洲相

1）扇三角洲平原亚相

扇三角洲平原亚相包括分流河道和漫滩沼泽两种微相类型。分流河道微相岩性主要为灰色细砾岩、含砾粗砂岩、砂砾岩与棕红色泥岩互层，含孢粉化石，自然电位曲线显示微齿化的钟形；漫滩沼泽微相的岩性主要为砂泥岩互层，一般为粉砂、黏土及细砂的薄互层，且泥岩含量较高，含少量孢粉化石，自然电位曲线形态呈锯齿状。泰州组、阜宁组均有发育。

2）扇三角洲前缘亚相

扇三角洲前缘亚相包括水下分流河道、水下分流河道间、河口沙坝、前缘席状砂等四种微相类型。水下分流河道微相的岩性主要为褐灰色、灰白色含砾砂岩、砂砾岩，含有泥岩夹层，自然电位曲线呈钟形或者箱形。水下分流河道间位于水下分流河道的两侧，为砂泥岩互层的过渡相。河口沙坝位于水下分流河道的前方，并继续顺其方向向湖盆中央发展，与正常三角洲河口沙坝相比，扇三角洲河口沙坝的沉积范围和规模较小，但含砂量高；河口沙坝的岩性主要以砂岩、含砾砂岩、粉砂岩为主，有泥岩夹层；自然电位曲线反映粒度反韵律的特征，显示漏斗形、顶底渐变的箱形。前缘席状砂位于河口沙坝的侧方或前方，紧临前三角洲；其岩性较细，成熟度高，以粉砂岩和砂岩为主，显示反韵律的特征；自然电位曲线为漏斗形（图 2-5-15）。在泰州组、阜宁组、三朵组和戴南组均有发育。

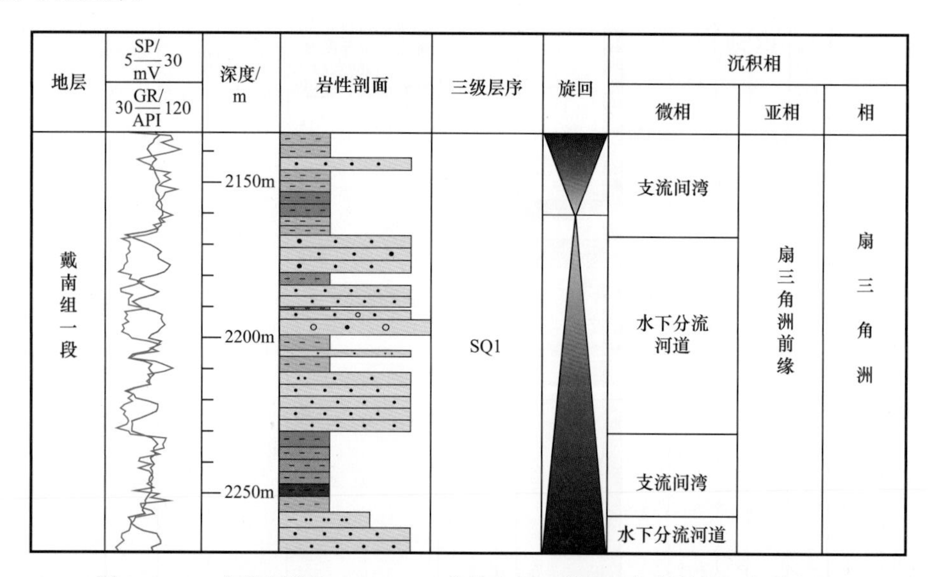

图 2-5-15　南黄海盆地 CZ24-1-1 井戴南组一段扇三角洲前缘亚相特征图

3）前扇三角洲亚相

岩性为深灰色、灰黑色泥岩，夹灰色砂岩。发育水平层理，含丰富的介形虫、鱼类化石。自然电位曲线平直，可见到远沙坝。有时，在前扇三角洲中还存在透镜状浊流砂体。阜宁组发育前扇三角洲亚相。

二、沉积相平面展布

南黄海中—新生代盆地大多缺失中—上三叠统，侏罗系也只在盆地东北凹钻遇，其沉积地层主要包括下白垩统葛村组、中白垩统浦口组、赤山组、上白垩统泰州组，古近系阜宁组、戴南组、三垛组，新近系下盐城组、上盐城组和第四系东台组。根据储层、烃源岩发育特征，中—新生界沉积相研究的重点主要为泰州组、阜宁组、戴南组和三垛组。

1. 泰州组

泰州组主要分布在北部坳陷，南部坳陷局限分布。赤山—浦口组沉积时期盆地沉积了一套河湖相地层，主要沉积相带由河流相、滨浅湖相、半深湖相、冲积扇和水下扇组成。沉积物主要来自千里岩隆起、中部隆起和勿南沙隆起剥蚀区。从地震剖面解释来看，当时沉积范围较大，尤其是北部坳陷；上白垩统泰州组沉积时期湖盆萎缩，沉积范围明显缩小，发育河流三角洲、扇三角洲、滨浅湖、半深湖等沉积相类型。

泰一段为断陷盆地发育初期形成，沉积水体较浅，只在北部坳陷的北凹陷西部和南部坳陷的南四凹陷、南二凹陷局部发育滨浅湖相，其余地区为河流三角洲相，南部坳陷大部分地区未接受沉积。

泰二段沉积时水体加深，北部陡坡带的三角洲由于受到湖水的顶托作用向后退缩，北部坳陷基本为滨浅湖沉积，中央深洼带出现了半深湖相；南部坳陷沉积范围仍很小，除南四凹陷为三角洲沉积外，其他为滨浅湖相，局部发育半深湖相。该段发育了南黄海中—新生界盆地第一套烃源岩。

2. 阜宁组

古新世是断陷盆地快速沉降期，构造活动频繁，阜宁组沉积初期以河流、三角洲充填为主，随着盆地快速沉降，湖泊面积逐渐增大，水体加深，逐渐演化为浅湖—半深湖沉积环境。阜宁组沉积范围较大，广泛发育了河流相和湖相沉积，还发育有三角洲、冲积扇以及水下扇沉积，沉积物主要来自千里岩隆起和勿南沙隆起剥蚀区。

阜一段以滨浅湖、河流三角洲相为主，局部发育半深湖相，沉积范围北部坳陷大于南部坳陷。

阜二段沉积时期水体进一步加深，沉积范围继续扩大。三角洲沉积范围缩小，滨浅湖、半深湖相沉积范围增大，呈近东西向展布。主要发育半深湖相、滨浅湖、河流三角洲相，局部发育三角洲相。

阜三段沉积时期，湖盆有所抬升，水深变小，北部坳陷与阜二段相比，北侧砂体更为发育，主要沉积类型为滨浅湖相、半深湖相、河流三角洲相。

阜四段沉积时期湖盆更大、更深，沉积物粒度变细。南部坳陷主要发育半深湖相，北部坳陷为半深湖—滨浅湖相。

总体上，阜二段、阜四段沉积时期是南黄海盆地两次湖泛期，其典型特征为中深湖相发育；阜三段沉积时期是上述两次湖泛期之间的一次湖退期，这一时期在缓坡带发育有三角洲沉积，因此阜宁组二段和四段沉积期是南黄海中—新生界盆地主要烃源岩发育时期之一。

3. 戴南组

阜宁组沉积末期，基底上升湖盆萎缩，形成滨浅湖。戴南组沉积初期主要充填了河流相沉积，其后沉降加快，水体有所扩大，但整体上湖相沉积范围比阜宁组有所缩小，沉积厚度明显变薄，沉积物的颜色也由暗色转变为褐色或红色，主要相带为滨浅湖相、河流三角洲相，局部发育扇三角洲相。此时期的沉积物北部坳陷主要来自千里岩隆起及北部坳陷的西高凸起、南复合凸起和中部隆起，南部坳陷主要来自中部隆起和勿隆沙隆起。

4. 三垛组

三垛组沉积时，南部坳陷滨浅湖相沉积范围有所缩小，北部坳陷和南部坳陷发育滨浅湖相、河流三角洲相，局部发育扇三角洲相。此时期的沉积物北部坳陷主要来自千里岩隆起、北部坳陷的西高凸起、南复合凸起和中部隆起，南部坳陷主要来自中部隆起和勿隆沙隆起。

5. 盐城组

北部坳陷盐城组下段以河道和河道之间的泛滥平原沉积为主，盐城组上段主要为河流平原相；南部坳陷下盐城组总体代表辫状河平原—曲流河平原—局部湖泊演化过程，上盐城组为河流、平原相沉积。

三、沉积演化

印支运动结束了该地区海相沉积的历史，中—晚三叠世至侏罗纪南黄海大部分地区隆起，遭受剥蚀。

早白垩世陆相盆地沉积主要分布于南黄海北部坳陷，物源来自中部隆起区。发育河流相、冲积扇、滨浅湖相及半深湖相，大部分地区为湖相。

中—晚白垩世，湖盆萎缩，沉积范围明显缩小，沉积了浦口组、赤山组和泰州组，其中浦口组岩性较粗，主要为砾岩、砂砾岩夹砂泥岩为主的河流相沉积；赤山组发育河流相、扇三角洲相和滨浅湖沉积，局部地区发育蒸发岩地层（含硬石膏）。

晚白垩世，盆地进入新一轮的断坳沉积时期，泰州组湖相沉积范围相对较大，发育河流三角洲、扇三角洲和浅湖、半深湖沉积。

新生代开始，盆地进入新一轮的断陷沉积时期，阜宁组沉积时期由于盆地快速沉降，沉降速度大于沉积速度，形成大高差的地形，加上当时的气候温暖潮湿，阜宁组沉积范围较大，广泛发育了河流、河流三角洲、扇三角洲和滨浅湖相沉积，局部地区发育深湖相沉积。初期为粗碎屑的河流相充填，随着盆地加速下沉，湖泊面积逐渐增大，水体加深，演化成浅湖—半深湖沉积环境。各个凹陷分割性较强；阜宁组沉积末期，构造上升湖盆收缩，形成小而分散的浅湖，戴南组沉积范围缩小，初期充填了河流相，其后沉降加快，水体有所扩大，主要相带为滨浅湖、河流三角洲、扇三角洲相和河流相。

三垛组基本上继承了戴南组的沉积格局，但厚度变小，范围变广。沉积地层由红色和深灰色、灰绿色泥岩和灰白色碎屑岩组成，以红色层发育、碎屑粗为特征。

古近纪末期的三垛运动使得盆地整体上升，此后古近系受到较长时间的剥蚀、夷平。由于遭受强烈的三垛运动致使现今的三垛组保存不全，范围不及戴南组。

在此基础上，下盐城组先在低洼区沉积，然后逐渐披覆到全区。从早期的冲积—洪积相充填，变为网状河流相、局部沼泽相；至上盐城组，再演变为蛇曲河或泛滥平原相沉积。沉积范围逐渐萎缩，最后结束了陆相沉积盆地的沉积历史。

四、沉积充填模式

早白垩世，南黄海盆地开始了陆相断陷盆地的沉积，主要发育一套河湖相地层；至中白垩世，湖盆沉积范围有所缩小，沉积了浦口组、赤山组，其中浦口组岩性较粗，主要为砾岩、砂砾岩夹砂泥岩为主的河流相。赤山组发育河流相、冲积扇和滨浅湖相。因此，中白垩统的沉积相类型主要为河流相；至上白垩统泰州组，初期湖相沉积范围相对较小，后期滨浅湖相范围增大，局部发育半深湖相。因此，泰州组是一套河流、冲积扇、河流三角洲、扇三角洲和湖相沉积体系。

阜宁组沉积时期是中国东部的一个大型坳陷型湖盆，阜二段、阜四段沉积时期是南黄海盆地尤其是南部坳陷的两次湖泛期，其典型特征为中深湖相发育且满盆发育，不发育边缘相；阜三段沉积时期是上述两次湖泛期之间的一次湖退期，这一时期典型特征是滨浅湖分布广泛，同时缓坡带发育大型三角洲（图 2-5-16、图 2-5-17）。

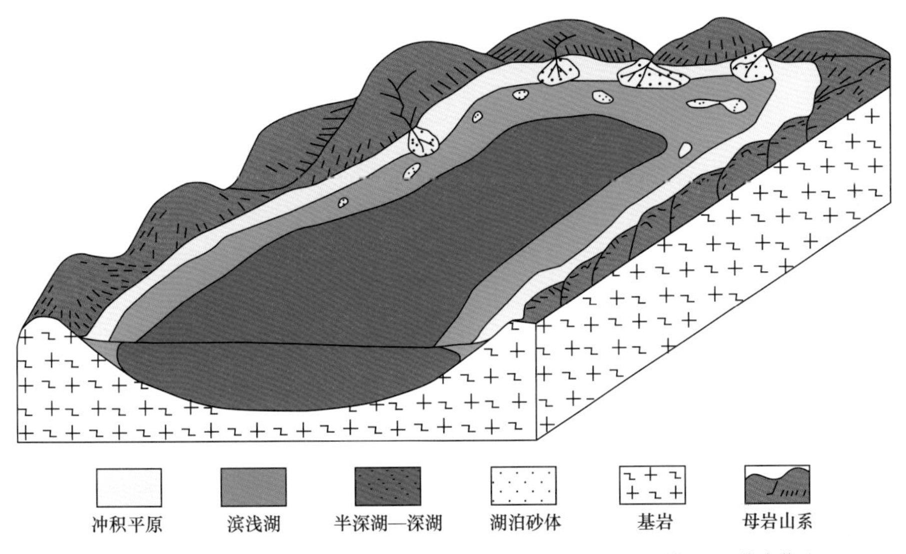

图 2-5-16　苏北—南黄海南部坳陷大型坳陷型湖盆沉积模式（洪水期）

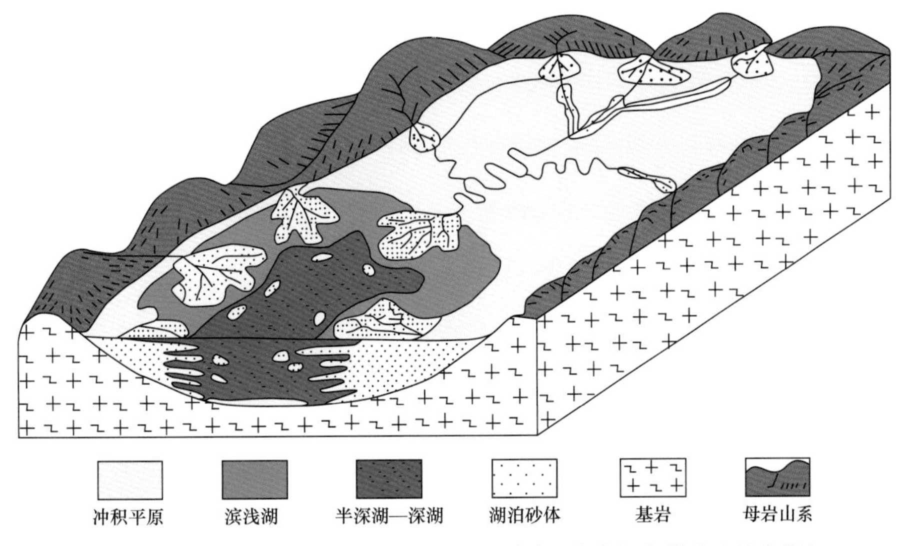

图 2-5-17　苏北—南黄海南部坳陷大型坳陷型湖盆沉积模式（枯水期）

戴南组沉积时期，南黄海盆地以断块运动为主，中部隆起上升，南、北两个坳陷下降，呈现为南、北两个坳陷对称于中部隆起的箕状结构。戴南组以河流—滨浅湖相为主，但沉积范围比阜宁组明显缩小；进入三垛组沉积时期，南黄海盆地的地形逐渐被夷平，在同生断层继续活动的背景下，三垛组开始河流沉积，早期振荡运动频繁，沉积旋回明显，沉积物较粗，中晚期以紫红色泥岩为主。总体来说，三垛组—戴南组沉积时期以河流三角洲、滨浅湖相为主，局部发育三角洲相。

第六章 烃 源 岩

烃源岩是盆地油气生成的物质基础，是形成油气藏的必要条件。南黄海盆地为建立在中—古生代海相地层之上，经中—新生代构造运动强烈改造的叠合盆地，既发育中—古生界海相烃源岩，又发育中—新生界陆相烃源岩。

第一节 烃源岩评价及分布特征

一、中—古生界海相烃源岩

截至 2015 年，南黄海盆地中方钻井 22 口，其中只有 7 口井钻遇了海相中—古生界，而且仅揭示了石炭系以上的地层，没有一口井钻遇下古生界。

根据区域地质条件研究及已有的勘探实践证实，我国南方主要发育下寒武统、上奥陶统—下志留统、下二叠统、上二叠统四套区域性烃源岩；而南黄海盆地位于我国南方下扬子地台东段，与下扬子苏北盆地在中—古生代乃至在中—新生代发展过程中一直是一个整体，二者在构造演化、沉积充填具有相似性。因此，借鉴苏北盆地的资料，结合海域构造演化、地层分布、沉积环境特征来预测南黄海盆地中—古生界烃源岩分布是现实有效的方法。

根据南黄海钻井以及安徽巢湖页岩气钻井揭示的中—古生界烃源岩情况，结合下扬子陆上烃源岩揭露情况及南黄海地震资料，认为南黄海海相烃源岩主要包括下寒武统幕府山组、上奥陶统—下志留统五峰组—高家边组、下二叠统栖霞组、上二叠统龙潭组—大隆组四套烃源岩。

1. 中—古生界海相烃源岩评价标准

南黄海海相地层是下扬子的一部分，包括碳酸盐岩和泥岩两种岩性烃源岩。海相烃源岩评价标准一致存在争论，不同的学者给出了不同的标准。总的来看，对于泥质烃源岩的评价标准，国内外比较一致，大都采用 TOC 为 0.3%～0.5% 作为下限值，评价标准如表 2-6-1 所示。

碳酸盐岩烃源岩的评价标准争议较大。西方绝大多数石油公司和地球化学服务公司将有机质丰度下限值定在 0.4%～1%，但在石油勘探风险投标时，会优先考虑有机碳含量大于 2% 的地区。

梁狄刚等（2008）考虑到我国碳酸盐岩烃源岩的特点，根据勘探实践认为：海相商业性烃源岩（包括泥质岩和碳酸盐岩）有机碳含量应至少不小于 0.5%，高—过成熟区可降低到 0.4%。商业性气源岩的有机碳含量下限标准应与油源岩相近，因为气虽然更容易排出，但二次运移和成藏散失也更多。

表 2-6-1　海相泥岩烃源岩有机质丰度分级标准（据陈建平等，2012）

烃源岩等级	热解生烃潜力 S_1+S_2/（mg/g）	有机碳含量 /%		
		下古生界（$Ⅱ_1$ 型）	上古生界（$Ⅱ_2$）	上古生界（煤系）
非	<0.5	<0.5	<0.5	<0.5
差	0.5～2.0	0.5～0.75	0.5～1.0	0.5～1.0
中	2.0～6.0	0.75～1.5	1.0～2.0	1.0～2.5
好	6.0～10	1.5～2.0	2.0～3.0	2.5～4.0
很好	10～20	2.0～4.0	3.0～5.0	4.0～7.0
极好	>20	>4.0	>5.0	>7.0

张水昌等（2002）认为，评价海相地层或碳酸盐岩烃源岩，有机质丰度下限沿用0.5%是合适的。同时认为，恢复有机质丰度必须慎重。我国古生界碳酸盐岩多为陆表海的台地相沉积，有机质丰度总体不高，即使恢复 1.5 倍也不会有质的变化，而采用更高的恢复系数，可能会人为地拔高对烃源岩的评价。对于有机碳含量小于 1% 的烃源岩，由于生、排烃过程对有机碳含量影响不明显，还是不恢复为好。

秦建中等（2004）认为在油气勘探初期是很难一下就找到有机碳大于 0.5% 的烃源层。如果把有机碳下限值定得过高，有机碳小于 0.5% 的认为是非烃源岩，当勘探早期未找到有机碳大于 0.5% 的烃源岩时，就有可能过早地否定或漏掉了某些烃源层。如果考虑了有机质类型，又考虑了有机质成熟度，那么碳酸盐岩的有机碳下限值就不是一个，而是几个，其中有高的，也有低的（表 2-6-2）。

表 2-6-2　碳酸盐岩烃源岩的划分标准（据秦建中等，2004）

演化阶段	有机质类型	指标	烃源岩类别				
			很好烃源岩	好烃源岩	中等烃源岩	差烃源岩	非烃源岩
未成熟↓成熟	Ⅰ	有机碳 /%	>1.4	0.7～1.4	0.4～0.7	0.2～0.4	<0.2
		S_1+S_2/（mg/g）	>10	5～10	2～5	1～2	<1
	$Ⅱ_1$	有机碳 /%	>1.8	1～1.8	0.5～1	0.3～0.5	<0.3
		S_1+S_2/（mg/g）	>10	5～10	2～5	1～2	<1
	$Ⅱ_2$	有机碳 /%	>2.8	1.4～2.8	0.7～1.4	0.4～0.7	<0.4
		S_1+S_2/（mg/g）	>10	5～10	2～5	1～2	<1
高成熟↓成熟	Ⅰ	有机碳含量 /%	>0.55	0.3～0.55	0.2～0.3	0.1～0.2	<0.1
	$Ⅱ_1$		0.9	0.5～0.9	0.25～0.5	0.15～0.25	<0.15
	$Ⅱ_2$		1.6	0.8～1.6	0.4～0.8	0.25～0.4	<0.25

参考国外著名产油气盆地的烃源岩有机质丰度（表 2-6-3），能够形成商业油藏的碳酸盐岩烃源岩有机碳一般平均都在 0.5% 以上，多数大于 1%，并且不论其平均值高低，

都存在有机质丰度大于 2% 的优质烃源岩，且作为有效碳酸盐岩烃源岩的岩石基本都为泥灰岩、泥质灰岩，纯碳酸盐岩的例子较少。

表 2-6-3　国外部分含油气区中碳酸盐岩有机质丰度（据夏新宇等，2001）

产地	层位	有机碳含量 /%			样品数	油气产状	岩性
		最大值	最小值	平均值			
澳大利亚东 Officer 盆地 Wilkinson-1 井	€	0.68	0.15	0.36	1.5	油浸裂缝	泥晶碳酸盐岩
澳大利亚东 Officer 盆地 Wallira West-1 井	€	0.54	0.06	0.40	5	油浸裂缝	泥晶碳酸盐岩
澳大利亚东 Officer 盆地 Marla-1 井	€	4.56	0.08	0.68	10	无显示	细粒碳酸盐岩夹泥晶灰岩、泥岩
美国密执安盆地	O_2	4.23		1.3			页岩、石灰岩
美国 Smackover 走向带	J_3	2.52	0.05	0.48	22	商业油藏	泥灰岩
美国南佛罗里达盆地	K_1	1.23	0.26	2.35	32	商业油藏	泥灰岩
美国奥斯汀	K_1	7.36	0.05	1.73	101	商业油藏	含生物碎屑灰泥
西班牙卡萨布兰卡	E	4.73	0.5	2.93	42	商业油藏	泥灰岩
西加拿大盆地	D_3	17		5～10			泥灰岩
俄罗斯东西伯利亚尤罗勃钦	Z	坳陷中 2.4～8.7				商业油藏	泥灰岩 + 泥岩
哈萨克斯坦田吉兹	C_2—P_1	1.2～4				商业油藏	泥灰岩
美国密执安盆地奥尼安—斯西皮奥	O_2	0.5～15				商业油藏	石灰岩、泥岩

对于南黄海及下扬子地区高—过成熟海相烃源岩的有效评价指标（TOC）含量，考虑到勘探评价实际应用的可操作性，海相烃源岩的评价标准要与国际接轨，碳酸盐岩烃源岩的标准要与泥岩接轨，故统一采用 TOC 0.5% 作为商业性烃源岩有机质丰度的下限值（表 2-6-4），并且不进行成熟度恢复（梁狄刚等，2000；张水昌等，2002；梁狄刚等，2008）。

表 2-6-4　南黄海及下扬子地区烃源岩总有机碳（TOC）含量分级标准（据梁狄刚等，2008）

评价的岩类	TOC/%					
	非	差	中	好	很好	极好
古生界海相烃源岩	<0.5	0.5～1.0	1.0～2.0	2.0～3.0	3.0～5.0	>5.0

2. 烃源岩形成的沉积环境

下寒武统幕府山组沉积时期，扬子板块在离散拉张作用下发育克拉通与周缘被动大陆边缘盆地，整个扬子地区发生大规模海侵，细屑物暗色泥岩和黑色页岩覆盖了原来的碳酸盐台地，沉积类型主要为广海型的陆棚相和盆地相，次为台地相。发育了下扬子第一套区域烃源岩。这套区域烃源岩层分布广泛，层位稳定，是中—古生界最有潜力的烃源岩层位之一。该套烃源岩在南黄海海区没有钻井钻遇，但在下扬子陆区南京地区野外露头幕府山组发育陆棚相—盆地相暗色泥岩，推测南黄海盆地发育该沉积相类型的烃源岩。

下志留统高家边组与上奥陶统五峰组为连续沉积。该时期沉积背景比较特殊，对应于该时期全球性缺氧事件，属于极度缺氧和具备强还原条件的潜水滞留盆地沉积，缺氧和强还原条件的水体，有利于烃源岩的形成和保存。同时，晚奥陶世末扬子板块被动大陆边缘盆地反转为前陆盆地，由于前陆盆地相对上隆引起的克拉通盆地的不均衡沉降，在整个中国南方海平面下降的背景下，发育了上奥陶统五峰组薄而稳定的区域性烃源岩。下志留统高家边组沉积时期，扬子板块东南边缘前陆盆地已经形成，伴随着海平面的逐渐上升，在上、中、下扬子地区陆后带的克拉通盆地造成广泛的海侵，发育一套以硅质页岩、页岩、碳质页岩为主的烃源岩，沉积相类型主要为盆地相和陆棚相。该套地层在南黄海海区没有钻井钻遇，但在下扬子南京地区野外露头高家边组发育陆棚—盆地相灰色、深灰色、黑色泥岩，推测南黄海盆地同样也发育该沉积相类型的烃源岩。

早二叠世栖霞组沉积期是晚古生代以来的最大一次海侵期，普遍沉积了富含蜓类、珊瑚、有孔虫、钙藻等为主的生物碎屑灰岩，形成了岩相、厚度稳定的南方巨型碳酸盐岩。根据下扬子陆上圣科 1 井沉积特征分析，其主要由深灰色、灰黑色中厚层状泥晶生物碎屑灰岩、泥晶生物碎屑颗粒灰岩、生物碎屑泥晶灰岩夹黑色薄层泥岩、条带状泥质灰岩组成，水平层理、波状层理发育，石灰岩中富含燧石结核、团块及条带。较深水盆地以一套钙屑浊积岩为主，包括灰黑色、黑色含放射虫泥质岩、页岩、硅泥质岩、硅质岩及纹层状泥灰岩等，为缺氧环境沉积，属欠补偿的饥饿盆地。在南黄海盆地，WX13-3-1 井、CZ12-1-1A 井和 CZ35-2-1 井三口钻井钻遇该套地层，从剖面地层发育来看，二叠系栖霞组顶部为深灰色泥灰岩、石灰岩，为开阔台地潮下低能环境，水体较深，形成缺氧环境；向下为深灰色、灰色、石灰岩与黑色、深灰色泥灰岩互层，局部见黑色碳质泥岩，显示水体稍浅而具有一定流动性；下部为大套灰色、深灰色石灰岩，相比之下较中上段水体更深，其沉积环境以开阔台地潮下环境为主，水动力略为偏弱。整体看，栖霞组沉积环境为少氧远陆架和贫氧—缺氧远陆架环境，是烃源岩形成的有利环境。

上二叠统烃源岩主要为龙潭组—大隆组烃源岩。龙潭组主要以碳质泥岩与煤层作为烃源岩，以滨岸沼泽相为主要沉积环境；大隆组以陆盆相泥岩为烃源岩，其厚层暗色泥岩、页岩富含有机质，是有利的烃源岩。

3. 有机质丰度及干酪根类型

1）下寒武统幕府山组

该套地层泥页岩分布广、厚度大、有机质丰度高。根据昆阳下寒武统筇竹寺组（幕府山组下部）露头黑色泥岩实验结果表明，有机碳含量为 1.41%～2.84%，平均为 2.01%（表 2-6-5）。有机质以腐泥组成分为主，含量大于 98%，为 I 型有机质（表 2-6-6）。同时根据下扬子苏北地区中—古生界海相烃源岩的地球化学分析资料，下寒武统烃源岩有机质含量较高，已达到或超过良好烃源岩标准。下扬子陆上黄桥地区烃源岩统计表明，下寒武统碳酸盐岩有机碳平均值为 0.49%，泥岩平均值为 3.17%（图 2-6-1），幕府山组烃源岩具有很高的有机质丰度，干酪根类型为 I 型。根据海相地层的稳定性，推测南黄海盆地下寒武统幕府山组烃源岩有机质丰度和类型大体与陆上相似，以Ⅰ型为主，具有较高的生烃潜力，为好的烃源岩。

表 2-6-5　下扬子陆区昆阳下寒武统筇竹寺组有机质丰度表

编号	层位	岩性	样品类型	有机碳含量 /%
1	筇竹寺组	黑色泥岩	露头	2.84
2	筇竹寺组	黑色泥岩	露头	1.41
3	筇竹寺组	黑色泥岩	露头	1.78

表 2-6-6　下扬子陆区昆阳下寒武统筇竹寺组有机质类型评价表

产地	层位	类型指数（Ti）	类型
昆阳露头	ϵ_1	97	Ⅰ
昆阳露头	ϵ_1	98	Ⅰ
昆阳露头	ϵ_1	98	Ⅰ

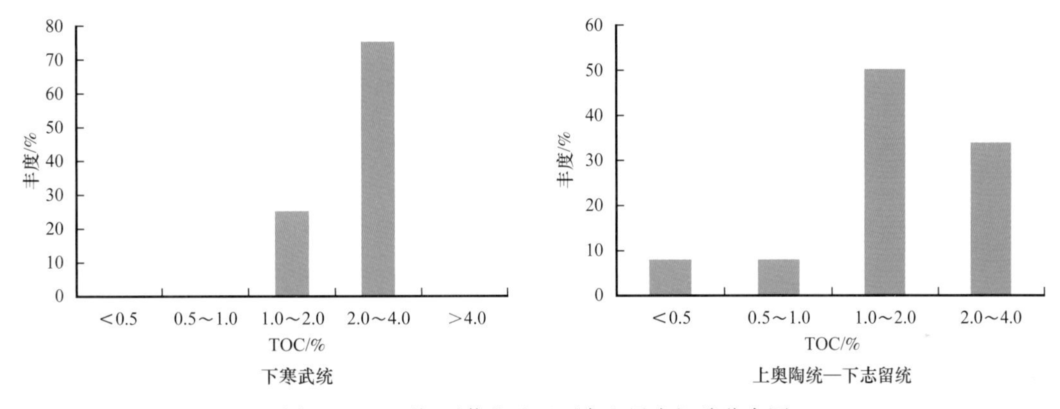

图 2-6-1　下扬子苏北地区下古生界有机碳分布图

2）上奥陶统五峰组—下志留统高家边组

该套烃源岩，尤其是下志留统高家边组分布范围较广，厚度较大，有机质丰度较高。据下扬子安徽巢湖地区上奥陶统—下志留统烃源岩的地球化学分析资料，有机质含量较高，从都参 1 井所揭示的暗色泥岩来看，有机碳含量高，在 0.44%～3.44% 之间，平均为 1.72%（图 2-6-1），有机质类型为Ⅰ型（表 2-6-7）；苏北黄桥 N 4 井有效烃源岩厚度 75 m，有机碳含量 1%～2%。南京汤山 3 号井（南京大学，2014）揭示，其岩性组合为深灰—黑色泥页岩、碳质页岩、硅质泥页岩，夹薄层粉砂质泥岩，有效烃源岩厚度大于 80m，有机碳含量一般为 1.5%～3%，有机质类型为Ⅰ和$Ⅱ_1$型。推测南黄海盆地下志留统高家边组烃源岩与下扬子陆区相近，有机质丰度及干酪根类型相对较好。

3）下二叠统栖霞组烃源岩

通过对南黄海海域 CZ35-2-1 井烃源岩样品进行系统地球化学指标分析表明（表 2-6-8），下二叠统栖霞组烃源岩岩性为灰黑色石灰岩，TOC 含量范围为 0.45%～

1.52%，平均 1.1%；S_1+S_2 范围为 0.34～1.3mg/g，平均为 0.84mg/g；氯仿沥青“A”含量平均为 0.09%；热解氢指数范围为 37.5～152.38，平均为 69.16。从井上来看，二叠系栖霞组烃源岩为较好—好烃源岩。

表 2-6-7　下扬子安徽巢湖地区上奥陶统—下志留统有机质类型评价表

井号	层位	类型指数（Ti）	类型
都参 1 井	O_3w	100	I
都参 1 井	O_3w	100	I
都参 1 井	S_1g	100	I
都参 1 井	S_1g	100	I
都参 1 井	S_1g	95.4	I
都参 1 井	S_1g	85.7	I
都参 1 井	S_1g	91.5	I

表 2-6-8　南黄海盆地 CZ35-2-1 井二叠系烃源岩综合评价表

地层		深度 / m	厚度 / m	有机质丰度			母质类型		烃源岩评价
系	组			有机碳含量 / %	S_1+S_2/ mg/g	氯仿沥青“A”/ %	热解氢指数 / mg/g	干酪根镜鉴	
二叠系	大隆组	2077～2192	115	2.077（6）/（0.92～3.48）	2.71（6）/（1.29～3.42）	0.22（6）/（0.12～0.33）	107.28（6）/（78.14～142.62）	Ⅲ	中等—好烃源岩
	龙潭组	2192～2471	279	1.704（15）/（0.75～5.43）	3.093（15）/（0.89～7.79）	0.3（15）/（0.09～0.76）	148.25（15）/（70.53～411.18）	Ⅲ	较好烃源岩
	栖霞组	2471～2728	257	1.1（14）/（0.45～1.52）	0.846（14）/（0.34～1.3）	0.09（16）/（0.02～0.19）	69.16（14）/（37.5～152.38）	Ⅲ	较好烃源岩

4）上二叠统龙潭组—大隆组烃源岩

苏北苏 32 井龙潭组和大隆组有效烃源岩厚度达 200m，有机碳含量 2%～5%；新苏泰 159 井龙潭组有效烃源岩厚度 100m，有机碳含量 1%～5%；苏 32 井大隆组有效烃源岩厚度 35m，有机碳含量 2%～5%；浙江长兴煤山 13 井龙潭组有效烃源岩厚度达 670m，有机碳含量 1%～2%。

南黄海 CZ35-2-1 井上二叠统地球化学样品分析资料表明，上二叠统龙潭组黑色泥岩夹煤线 TOC 范围为 0.75%～5.43%，平均为 1.70%（表 2-6-8）；S_1+S_2 范围 0.89～7.79mg/g，平均为 3.09mg/g；氯仿沥青“A”平均为 0.3%；热解氢指数范围为 70.53～411.18mg/g，平均为 148.25。干酪根类型主要为Ⅲ型，综合评价为中等—较好的烃源岩。

上二叠统大隆组岩性为灰黑色泥岩，TOC范围为0.92%～3.48%，平均2.08%（表2–6–8）；S_1+S_2范围为1.29～3.42mg/g，平均为2.71mg/g；氯仿沥青“A”平均为0.22%；热解氢指数范围为78.14～142.62mg/g，平均为107.28。有机质类型主要为Ⅰ型和$Ⅱ_1$型，综合评价为中等烃源岩。

总之，根据烃源岩形成环境，有机地球化学分析，南黄海盆地中—古生界海相烃源岩主要发育四套生油气层：（1）幕府山组（$€_1m$）泥岩；（2）高家边组（S_1g）—五峰组（O_3w）灰黑色页岩；（3）二叠系栖霞灰岩（P_1q）；（4）二叠系大隆组泥岩（P_2d）、龙潭煤系（P_2l）。综合评价认为，下古生界幕府山组和上古生界二叠系是好—较好的烃源岩，上奥陶统—下志留统为较好的烃源岩（表2–6–9）。

表2–6–9　南黄海盆地中—古生界烃源岩综合评价表

界	系	统	组	岩性	成熟度	类型	厚度/m	评价结果
上古生界	二叠系		栖霞组、龙潭组、大隆组	石灰岩、泥岩	成熟—高成熟	Ⅱ（Ⅰ、Ⅲ）	30～430	较好
下古生界	志留系	下统	高家边组	泥岩	高成熟	Ⅰ、Ⅱ	40～80	较好
	奥陶系	上统	五峰组	泥岩、硅质岩				
	寒武系	下统	幕府山组	泥岩	高—过成熟	Ⅰ	50～200	好

4. 烃源岩分布特征

1）下寒武统幕府山组

根据沉积相研究成果，下寒武统幕府山组有利烃源岩发育的沉积相类型为盆地相和陆盆相，次为台地相。结合地质结构及地层展布的认识，南黄海盆地下寒武统幕府山组有利烃源岩分布于盆地相区，为有利烃源岩区，其次是中央台地相地区，几乎覆盖整个盆地区。

（1）有机质丰度平面特征。

下扬子陆区下寒武统烃源岩有机质丰度分布有很好的规律性。位于最南部的浙西江山、常山地区泥岩的有机碳含量在2%左右，属于相对低丰度带；向北至开化地区有机碳含量明显增高，平均达到了6.59%；皖南休宁—宁国—浙西北安吉一带有机碳含量略低，但平均有机碳含量仍然高达4.7%左右，为一高丰度带；至皖南黄山一带有机质含量又有所降低，平均有机碳含量为1.67%；苏南苏州一带也是一个有机碳相对低值区，平均有机碳含量为2.06%；南京幕府山—泰兴黄桥一带有机碳含量略有增高，平均有机碳含量在2.9～3.0%；至海安—东台一带，有机碳含量又略有增加，平均有机碳含量达到3.5%左右。因此，在平面上，由南到北下寒武统泥岩有机质丰度基本上呈现低—高—低—高—低的弧形条带状分布。根据沉积相和地层厚度展布特征，推测南黄海南部地区有机质丰度亦呈条带状分布，在中南部（WX5–ST1井附近）有机碳可能高于3.0%。

（2）烃源岩厚度分布特征。

该套烃源岩在安徽东南部石台—休宁—泾县—广德、浙江西北部安吉—常山一带很发育，烃源岩的厚度在200m以上；安徽滁州—江苏扬州—兴化—盐城—东台—海安是另一发育带，烃源岩的厚度在50～150m；安徽马鞍山—江苏南京—句容—常州—无锡一带烃源岩的厚度在0～50m之间。根据地层和沉积相展布特征推测，南黄海地区可能存在厚度在150m以上的烃源岩区，中南部（WX5-ST1井附近）烃源岩应更为发育。

2）五峰组—高家边组

（1）有机质丰度平面特征。

五峰组与高家边组基本上是连续沉积，可以作为一套烃源岩。下扬子有许多井揭露了大段的高家边组，但几乎没有烃源岩，这可能主要是由于这些井揭露的仅是高家边组上部，或者由于断层而断缺，尚没有钻达高家边组底部—五峰组。但是，现有的资料看，该套烃源岩的有机质丰度也不是很高，句容—海安—东台地区一般在0.5%～1.5%，由此可见，下扬子地区上奥陶统五峰组—下志留统高家边组烃源岩并不发育。根据地层和沉积相展布特征，并结合下扬子地区该套地层有机质丰度分布情况，推测南黄海地区有机质丰度也在0.5%～1.5%范围。

（2）烃源岩厚度分布特征。

下扬子陆区该套烃源岩主要分布在句容—海安—东台地区，厚度为40～80m，其他区域基本没有分布。根据地层厚度和沉积相展布特征，推测南黄海地区烃源岩主要沿沉降中心分布，但范围比较局限。

3）下二叠统栖霞组烃源岩

（1）有机质丰度平面特征。

从区域上看，在皖南和海安两个地区，栖霞组石灰岩的有机碳含量较高，平均有机碳含量在1%左右。南黄海地区平均有机碳含量在0.23%～0.96%范围，由CZ12-1-1A等井有机碳分布来看，该区南部沉降中心有机碳含量可能在1.0%以上，北部沉降中心有机碳可能在0.5%以上。地层整体有机质丰度虽然不太高，但在整个下扬子和南黄海地区分布十分稳定。

（2）烃源岩厚度分布特征。

下扬子陆区下二叠统栖霞组烃源岩的厚度通常在50～100m，主要分布在句容—海安地区。南黄海地区栖霞组石灰岩烃源岩厚度在24～77m，根据沉积相和地层厚度展布特征推测，在其中部可能有100m厚的烃源岩存在。

4）上二叠统龙潭组—大隆组烃源岩

（1）有机质丰度平面特征。

龙潭组泥岩有机质丰度较高的区带是句容—海安地区，平均有机碳含量在2.0%以上，尤其是句容地区甚至高达3%～5%。其他地区龙潭组的有机碳含量相对要低一些。南黄海南部地区龙潭组有机质丰度分布基本在1.0%以上，CZ35-2-1井TOC达1.72%。

下扬子陆区大隆组以泥岩沉积为主，平面上，高淳—句容—常州—靖江—如皋一线地区大隆组有机质丰度高，有机碳含量在3%以上；皖南地区略低，有机碳含量在2%～3%；苏北海安—盐城地区相对低一些，通常在2%以下。南黄海南部地区大隆组有机质丰度分布在0.69%～2.08%，根据地层厚度和沉积相展布特征，推测南部地区有机碳分布特征应与下扬子地区相当，中北部沉降中心亦可能存在一个有机碳含量的高值区。

（2）烃源岩厚度分布特征。

上二叠统龙潭组烃源岩的厚度相对比较大，下扬子地区通常在50~200m之间，尤其在苏南—皖南地区厚度基本上在200m左右，分布范围与孤峰组类似，也是该地区重要的烃源岩。南黄海南部地区发育的龙潭组烃源岩厚度主要分布在100～200m范围，应是该区主要的烃源岩层之一。

下扬子陆区上二叠统大隆组厚度一般在20～50m，主要分布在高淳—句容—海安地区。南黄海南部地区大隆组烃源岩厚度主要在50～100m，该套烃源岩有机质丰度也很高，是该区主要的烃源岩层系。

二、中—新生界陆相烃源岩

1. 中—新生界陆相烃源岩评价标准

南黄海盆地中—新生界发育湖相泥质烃源岩。对于陆相泥质烃源岩，国内外学者曾先后提出过许多烃源岩的评价标准。中国石油天然气总公司1995年在黄第藩等建立的陆相生油层评价标准的基础上修订发布了中国石油天然气总公司行业标准（表2-6-10）。

表2-6-10　陆相烃源岩有机质丰度评价指标（SY/T 5735—1995）

指标	湖盆水体类型	非生油岩	生油岩类型			
			差	中等	好	最好
TOC/%	淡水—半咸水	＜0.4	0.4～0.6	＞0.6～1.0	＞1.0～2.0	＞2.0
	咸水—超咸水	＜0.2	0.2～0.4	＞0.4～0.6	＞0.6～0.8	＞0.8
氯仿沥青“A”/%		＜0.015	0.015～0.050	＞0.050～0.100	＞0.100～0.200	＞0.200
HC/（μg/g）		＜100	100～200	＞200～500	＞500～1000	＞1000
S_1+S_2/（mg/g）			＜2	2～6	＞6～20	＞20

注：表中评价指标适用于成熟度较低（R_o=0.5%～0.7%）烃源岩的评价，当热演化程度高时，由于油气大量排出和排烃程度不同，导致有机质丰度指标失真，应进行恢复后评价或适用降低评价标准。

前人的研究成果已概括出烃源岩有机质数量的评价参数（表2-6-11）。南黄海中—新生界湖相烃源岩采用的评价标准，主要是在中国海洋石油总公司1987年生油专业会议拟订的中国海域烃源岩评价参数基础上修订的评价标准（表2-6-12）。

表2-6-11　烃源岩有机质数量评价参数

烃源岩类别	TOC/%	热解 S_2/mg/g	氯仿沥青“A”/%	总烃含量/μg/g
极好	＞4	＞20.0	＞0.4	＞2400
很好	2.0～4.0	10.0～20.0	0.20～0.40	1200～2400
好	1.0～2.0	5.0～10.0	0.10～0.20	600～1200
中等	0.5～1.0	1.0～5.0	0.05～0.10	300～600
差	＜0.5	＜1	＜0.05	＜300

表 2-6-12　中国海域湖相烃源岩级别划分标准

（据中国海洋石油总公司生油专业会议，1987，有修改；黄正吉，2012）

烃源岩级别	有机碳含量 /%		氯仿沥青“A” / %	总烃含量 / μg/g	S_1+S_2/（mg/g）
	淡—半咸水湖盆	咸水湖盆			淡—半咸水湖盆
很好	＞2.0		＞0.2	＞1000	＞10
好	1.0～2.0	＞0.6	0.1～0.2	500～1000	6～10
中等	0.6～1.0	0.4～0.6	0.05～0.1	200～500	2～6
差	0.4～0.6	0.2～0.4	0.01～0.05	100～200	2～0.5
非	＜0.4	＜0.2	＜0.01	＜100	＜0.5

2. *烃源岩形成的沉积环境*

南黄海盆地中—新生界盆地构造沉积演化经历断坳、断陷、坳陷等阶段（表 2-6-13）。其发育时期分别为断陷期泰州组—阜宁组二段沉积时期、断坳期阜宁组三段—阜宁组四段沉积时期、断陷期三垛组—戴南组沉积时期、新近纪—第四纪坳陷期沉积阶段。北部坳陷与南部坳陷构造沉积演化差别仅为断陷、断坳发育高峰时间上前后之分。北部坳陷断陷高峰时期为泰州组沉积时期，断坳高峰时期为阜宁组三段沉积时期；南部坳陷断陷高峰时期为阜宁组二段沉积时期，断坳高峰时期为阜宁组四段沉积时期。

表 2-6-13　黄海盆地构造沉积演化表

地层				沉积—构造演化阶段	主要沉积相	
系	统	组	段		南部坳陷	北部坳陷
第四系		东台组		区域沉降（坳陷期）	海相	海相
新近系		盐城组			河流相	河流相
古近系	始新统	三垛组		断陷期	河流相、沼泽相、浅湖相	河流相、浅湖相
		戴南组				
	古新统	阜宁组	4	广湖沉积（坳陷期）	滨浅湖相、河流相	滨浅湖相、河流相
			3			
			2		中—深湖相	滨浅湖相
			1		盐湖相	滨浅湖相
白垩系	上统	泰州组			河流、沼泽	中—深湖相

南黄海盆地与所有断陷盆地一致，主要烃源岩为断陷高峰时期沉积的中—深湖相泥岩，次要烃源岩为断坳高峰时期沉积的中—浅湖相泥岩。

根据南黄海盆地构造、沉积演化背景，南黄海盆地南部坳陷发育以阜宁组（阜四段、阜二段）为主的烃源岩，次要烃源岩为泰州组、戴南组；北部坳陷发育以泰州组（泰二段）为主的烃源岩，次要烃源岩为阜宁组和戴南组。

3. 有机质丰度及干酪根类型

南黄海盆地已知的烃源岩为上白垩统泰州组和古新统阜宁组暗色泥岩，可能的生油层为始新统戴南组，主要分布于南部坳陷和北部坳陷。

1）南部坳陷

南黄海南部坳陷是苏北—南黄海南部盆地的海上部分，南部坳陷与苏北的盐阜、东台坳陷同属于华南板块下扬子地块大陆型地壳上的中—新生代裂陷盆地。古近纪裂陷具有南断北超、南北分带、凹凸相间、既相连又分割的格局，继承性的凹陷局限分布在南四、南五、南七三个凹陷中（图 2-5-4）。

通过对南部坳陷钻探揭示的各套暗色泥岩生烃潜质甄别，地球化学指标表明，南部坳陷有 K_2t_2、E_1f_2、E_1f_4、E_2d 和 E_2s 等 5 套泥岩，有机质丰度可达烃源岩标准；同时，地球化学指标反映烃源岩品质横向变化不很稳定。

（1）泰州组。

目前，南部坳陷仅在南 5 凹陷 CZ24-1-1 井、南 7 凹陷 WX4-2-1 井钻遇泰州组。WX4-2-1 井平均 TOC 达 1.57%，S_1+S_2 为 3.235mg/g，达到较好烃源岩的标准；而 CZ24-1-1 井生烃指标较差，为非烃源岩。

（2）阜宁组。

古新统阜宁组四段和二段的暗色泥岩是南部坳陷主要烃源岩。南部坳陷有多口井钻遇这两套烃源岩，其中，有 6 口井钻遇阜四段烃源岩，均为中深湖相；有 3 口井钻遇阜二段烃源岩，为中深湖与滨浅湖交互相。

南五凹陷 WX20-ST1 井阜四段烃源岩厚度约 100m，阜四段泥岩 TOC 平均为 1.75%，S_1+S_2 为 5.46mg/g，氢指数平均为 299mg/g，干酪根类型为 II_1—II_2，属于中等—好的烃源岩。

南五凹陷 CZ24-1-1 井阜四段钻遇烃源岩厚度约 70m，阜四段泥岩 TOC 平均 1.43%，S_1+S_2 为 0.71mg/g，干酪根类型为 II_2—Ⅲ，属于中等—较好的烃源岩。阜二段烃源岩厚度约 290m，阜二段泥岩 TOC 平均为 1.44%，S_1+S_2 为 2.01mg/g，综合比较，该段应属于中等—好的烃源岩。

南五凹陷 HH6 井阜四段泥岩 TOC 平均为 0.71%，氯仿沥青“A”为 0.022%，S_1+S_2 为 8.31mg/g。

南四凹陷 CZ6-1-1A 井阜四段 TOC 平均为 1.9%，氯仿沥青“A”为 0.144%，S_1+S_2 为 4.9mg/g，氢指数平均为 284mg/g，属于较好烃源岩。上部 3340～3480m 段约 100m 褐黑色、灰黑色、深灰色泥岩 TOC 平均为 7.2%，S_1+S_2 为 40.6mg/g，氢指数达到 417mg/g。

南七凹陷 WX4-2-1 井阜二段烃源岩厚度约 60m，阜二段泥岩 TOC 平均为 1.35%，S_1+S_2 为 3.5mg/g，氢指数平均为 251mg/g，干酪根类型为 II_1—II_2，属于中等—较好的烃源岩。

与苏北盆地类似，南部坳陷阜四段、阜二段有机质丰度高，干酪根类型亦较好，以Ⅱ型为主，特别是阜四段都发育中深湖相的优质烃源岩；阜一段和阜三段除个别样品有机质较高外，生烃潜力等其他指标较差，达不到烃源岩标准。

（3）戴南组。

南四凹陷、南五凹陷、南七凹陷烃源岩岩性为深灰色泥岩夹碳质页岩和煤线。其中，南五凹陷 CZ6-2-1 井钻遇泥岩 90m，有机碳含量为 1.56%，氯仿沥青“A”含量为 0.0759%，总烃含量为 231μg/g，S_1+S_2 为 3.23mg/g。南五凹陷 WX20-ST1 井钻遇泥岩 16m，有机碳含量为 1.768%，氯仿沥青“A”含量为 0.035%，总烃含量为 171μg/g，S_1+S_2 为 1.66mg/g。南七凹陷 HH4 井钻遇泥岩 40m，有机碳含量为 2.00%，氯仿沥青“A”含量为 0.0889%，总烃含量为 337μg/g（陈建文等，2005）。除总烃值较低外，其 TOC 可达到好烃源岩的标准，但其他指标相对较低，以Ⅱ—Ⅲ型有机质为主，总体上为差—中等烃源岩。

（4）三垛组。

南四凹陷 CZ6-1-1A 井钻遇三垛组杂色泥岩互层夹油页岩、泥灰岩、含膏泥岩，跨度 300m。南四凹陷、南五凹陷的有机质丰度（TOC、氯仿沥青“A”、HC）、生烃潜量基本上都达到好—较好烃源岩标准，以Ⅱ型有机质为主，但底界埋深一般小于 2500m，处于未成熟演化阶段，整体评价为无效烃源岩。

2）北部坳陷

南黄海盆地北部坳陷目前钻探探井 6 口，钻遇多层组泥岩。通过对北部坳陷钻探揭示的各套暗色泥岩生烃潜质甄别，地球化学指标表明，北部坳陷有泰州组和阜宁组等两套泥岩，有机质丰度可达烃源岩标准。

（1）侏罗系烃源岩。

侏罗系主要存在于北部坳陷的东北凹陷。即墨组泥岩 TOC 变化范围为 0.29%～0.73%，主峰分布位于 0.4%～0.6% 之间，平均 0.475%；有机质类型以Ⅲ型为主；S_1+S_2 变化范围为 0.08～1.5mg/g，主峰分布位于小于 0.5mg/g 区间，平均为 0.46mg/g。以 TOC 为标准即墨组泥岩为差—中等烃源岩，但以热解生烃潜量为标准则属于差烃源岩，综合评价即墨组泥岩为差烃源岩。

根据 56 个荣成组泥岩样品分析：TOC 变化范围为 0.23%～2.04%，主峰分布位于 0.6%～0.8%之间，平均为 0.865%；有机质类型以Ⅲ型为主，存在少量Ⅱ型有机质；S_1+S_2 变化范围为 0.07～3.11mg/g，主峰分布位于 1～2mg/g 之间，平均为 1.28mg/g。以 TOC 为标准约 27% 的样品为好烃源岩，但以热解生烃潜量为标准则仅有 7% 样品达到中等烃源岩标准，综合评价荣成组泥岩整体为差—中等烃源岩。

根据 7 个诸城组泥岩样品分析：TOC 变化范围为 0.64%～1.23%，主峰分布位于 0.8%～1.0%之间，平均为 0.82%；有机质类型以Ⅲ型为主；S_1+S_2 变化范围为 0.06～1.44mg/g，主峰分布位于小于 0.5mg/g 的区间，平均为 0.52mg/g。样品分析结果 TOC 均大于 0.6%，S_1+S_2 均小于 2mg/g，热解特征评价为差烃源岩，综合评价诸城组泥岩为差烃源岩。

（2）泰州组烃源岩。

北部坳陷北凹陷 ZC1-2-1 井钻遇泰州组中深湖相泥岩，根据干酪根显微组分鉴定及类型划分结果（表 2-6-14），北凹陷泰州组优质烃源岩层段以层状藻类体为主，含量在

95% 以上，并见有少量的显微藻类体和动物碎屑有机质，层状藻类体呈强黄色荧光—黄绿色荧光，且表现为负变化，少量的镜质组碎屑，鉴定结果为 I 型有机质。

表 2-6-14　南黄海盆地北部坳陷 ZC1-2-1 井干酪根显微组分分析表

井号	岩性	深度 / m	腐泥组 / %	壳质组 / %	镜质组 / %	惰性组 / %	类型
ZC1-2-1	黑色泥岩	3420	95	3	2	—	I

泰二段 TOC 平均为 1.15%，S_1+S_2 指标平均为 3.52mg/g，平均氢指数为 1101.3mg/gTOC。参考中国海域湖相烃源岩级别划分标准（表 2-6-12），应为好—中等烃源岩。

ZC1-2-1 井钻遇 24m 中深湖相深灰色灰质泥岩，但未钻穿；黄海 7 井钻穿了泰州组，钻遇的中深湖相泥岩段累计厚度可达 140m，由此推测 ZC1-2-1 井完钻深度以下仍可能存有中深湖相泥岩。

其他钻遇泰州组的井，有机质丰度整体较差。

（3）阜宁组烃源岩。

该组烃源岩整体差—中等。ZC1-2-1 井阜宁组 TOC 最大可达 1.25%，平均为 0.65%，S_1+S_2 最大值为 1.36mg/g，平均为 0.36mg/g；ZC7-1-1A 井根据 72 块样品统计结果，阜宁组 TOC 最大值为 1.24%，平均仅为 0.32%，S_1+S_2 最大值为 1.12mg/g，平均仅为 0.4mg/g，氢指数最大值为 257mg/g，平均仅为 72mg/g。另据 H9、H5 层资料分析，除个别样品可达较差—中等烃源岩标准，总体较差，离成藏要求的烃源岩质量尚有距离。

此外，E_2d，E_2s 未检测到优质烃源岩。

从南黄海盆地地球化学指标分析，南部坳陷主要烃源岩为阜宁组四段和二段，次要烃源岩为泰二段；北部坳陷主要烃源岩为泰二段，次要烃源岩为阜宁组。

4. 烃源岩分布特征

1）南部坳陷

南部坳陷烃源岩主要为古新统中深湖相阜宁组四段和中深湖与滨浅湖交互相阜宁组二段的暗色泥岩。目前，有 6 口井钻遇阜四段烃源岩，钻揭厚度 70～430m（表 2-6-15）；有 3 口井钻遇阜二段烃源岩，钻揭阜二段烃源岩厚度在 60～293m（表 2-6-16）。

表 2-6-15　南部坳陷阜四段烃源岩厚度统计表

井名	地层厚度 /m	层位	烃源岩厚度 /m	备注
FN23-1-1 井	424	阜四段	347	
CZ24-1-1 井	83	阜四段	70	
WX20-ST1 井	125	阜四段	102	未钻揭
CZ6-1-1A 井	508	阜四段	430	
CZ6-2-1 井	14	阜四段	12	未钻揭
WX4-2-1 井	150	阜四段	100	

表 2-6-16 南部坳陷阜二段烃源岩厚度统计表

井名	地层厚度 /m	层位	烃源岩厚度 /m
CZ24-1-1 井	367	阜二段	293
WX4-2-1 井	70	阜二段	60
WX5-ST1	81	阜二段	68

2）北部坳陷

南黄海盆地北部坳陷尤其是泰州组—阜宁组沉积时期是盆地发育的兴盛期，该时期为盆地断陷、断坳广湖沉积时期，沉积相带规模巨大，呈现跨构造单元以及具有多沉积中心的特征。盆地沉降速率加快，湖盆扩大，水体加深，形成了水域广阔的湖泊，整个南黄海北部坳陷为一广湖，沉积了以深水湖泊为主的暗色泥岩沉积。这些暗色泥岩达几十米甚至百米以上。由于湖泊处于高水位期，水生生物繁茂，生油母源物质好，烃源岩发育，该时期是北部坳陷烃源岩最重要的发育期。

其中泰州组烃源岩主要集中于北凹陷。ZC1-2-1 井钻遇泰州组 24m 中深湖相深灰色灰质泥岩，但未钻穿；黄海 7 井钻遇泰州组中深湖相泥岩段累计厚度可达 140m。

北凹陷、西凹陷、中凹陷均有阜宁组烃源岩分布。

第二节 烃源岩热演化史

一、区域构造热历史背景与特征

包括南黄海海域在内的下扬子地区现位于华北板块和华南板块之间。受扬子板块与秦岭微板块、华北板块及华夏板块的相互作用控制，以及特提斯的演化、古太平洋板块的演化，喜马拉雅造山和太平洋板块向西俯冲碰撞的联合等作用的影响，下扬子地区主要经历多期构造演化。与之相对应，下扬子地区热演化历史可以大致分为以下几个阶段。

（1）印支运动前（Z_2—T_2^2），为原始地层沉积—构造稳定阶段。这段时期整个区域热流稳定，烃源岩成熟度演化主要受埋深控制。

（2）印支—中燕山旋回（T_2—K_1），为强烈挤压改造、压性盆地叠加阶段。印支—早燕山剥蚀量巨大，因此这段时期大部分地区烃源岩停止热演化。但部分地区晚侏罗世—早白垩世岩浆活动可能对烃源岩热演化有强烈影响。

（3）晚燕山—喜马拉雅旋回（K_2—Q），为拉张为主、拉张与挤压交替改造、大型坳陷与断—坳复合型盆地叠加阶段。凹陷处，在热流升高和地层深埋共同作用下，烃源岩成熟度进一步增加（相对于印支运动前）；但在相对隆起区，由于晚燕山—喜马拉雅沉积厚度有限，而印支—早燕山剥蚀量很大，即使较高的热流也并不能使中—古生界烃源岩的热演化程度超过其在印支运动前的热演化程度。

二、中—古生界海相烃源岩

1. 埋藏史与成熟度演化史分析

根据南黄海中—古生界盆地资料情况，主要对中部隆起和南部坳陷烃源岩热演化特征进行分析。

印支事件之前，下扬子苏北地区上古生界烃源岩热演化程度较高，由于寒武系幕府山组和志留系高家边组埋藏深度均在4500m以上，镜质组反射率值变化范围较大，从该地区钻遇奥陶系的探井测得的包裹体数据来看，下古生界古地温一般在150～173℃、165～185℃之间，平均古地温梯度大约为2.8℃/100m（刘倩茹，2013）。

根据埋藏史、地层温度史和成熟度史重建研究：在南黄海盆地中部隆起，上古生界保留完整。前印支沉积末期上古生界烃源层处于生油早期—主生油期，下古生界烃源层处于干气晚期—过成熟期；印支—早燕山期由于地温梯度，各地层部分阶段成熟度略有增加（部分地区受岩浆活动影响，成熟度可能明显增加）；新生代成熟度没有进一步增加（图2-6-2）。

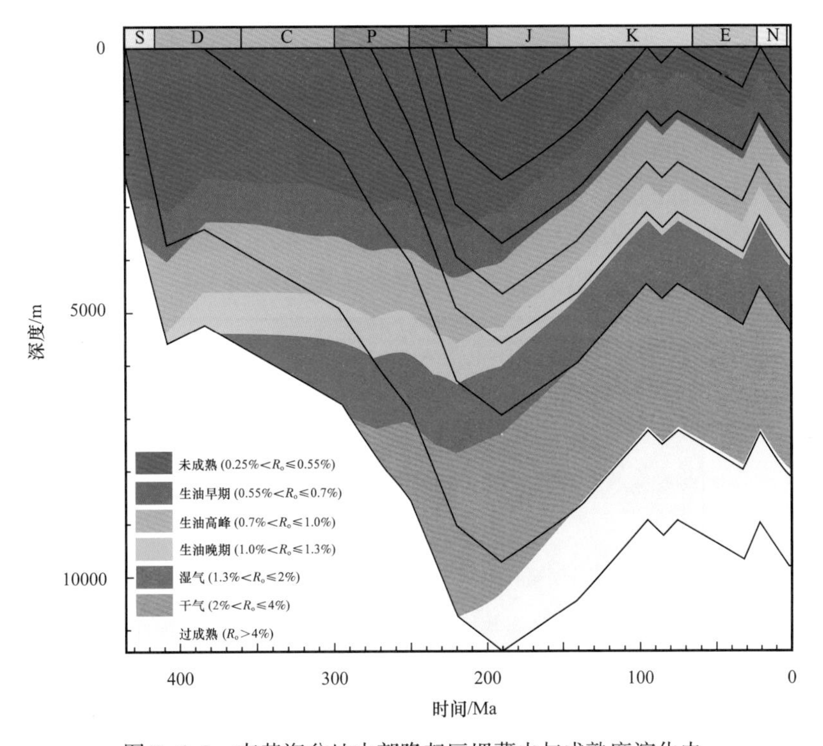

图2-6-2　南黄海盆地中部隆起区埋藏史与成熟度演化史

在南部坳陷深凹陷（大于3000m），上古生界保存较完整；前印支沉积末期上古生界烃源层处于生油早期—主生油期，下古生界烃源层处于干气晚期—过成熟期；晚侏罗世—早白垩世阶段受岩浆活动影响，下古生界地层成熟度明显增加（不受岩浆活动影响的地区，成熟度只是略有增加），上奥陶统五峰组—下志留统高家边组二次生烃明显；三垛组沉积末期，上古生界有明显二次生烃，并持续至今（图2-6-3）。

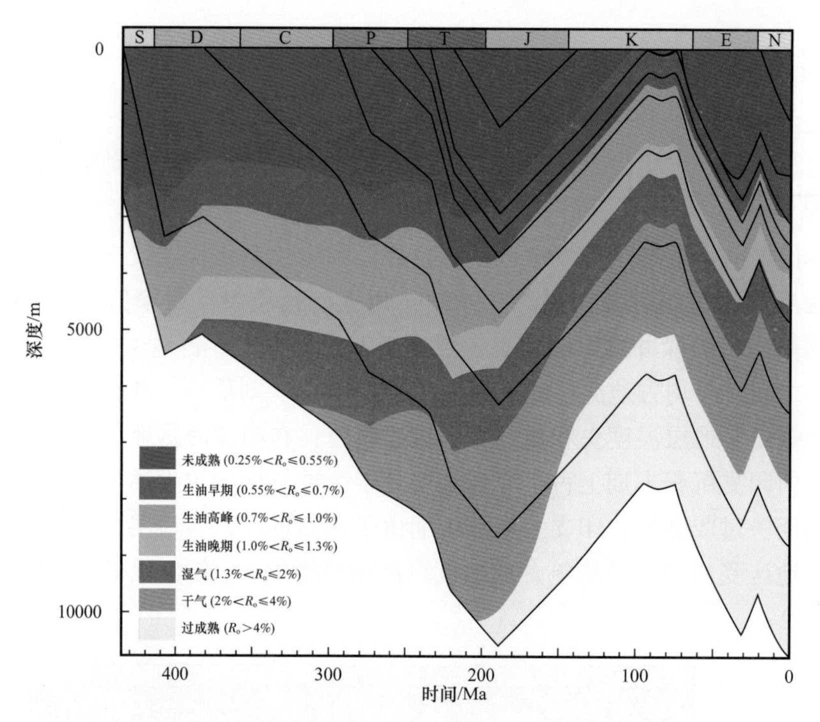

图 2-6-3　南黄海南部深凹陷区（大于3000m）埋藏史与成熟度演化史

在南部坳陷（约 2000m），上古生界保存较完整；前印支沉积末期上古生界烃源层处于生油早期—主生油期，下古生界烃源层处于干气晚期—过成熟期；印支—早燕山期由于地温梯度，各地层部分阶段成熟度略有增加；三垛组沉积末期，上奥陶统五峰组—下志留统高家边组有明显二次生烃，并持续至今（图 2-6-4）。

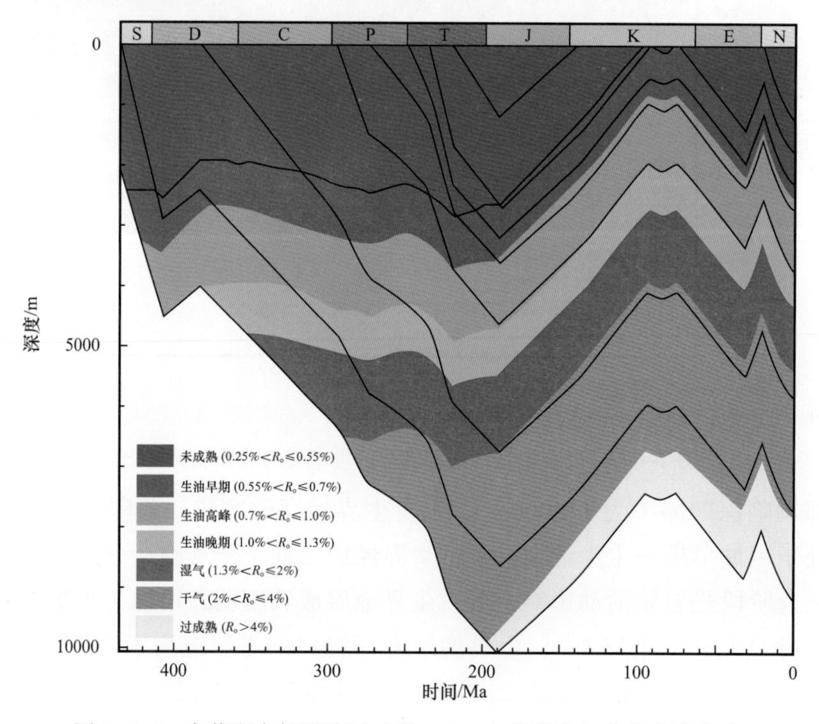

图 2-6-4　南黄海南部凹陷区（约 2000m）埋藏史与成熟度演化史

由南黄海盆地不同地区埋藏史与成熟度演化史可以看出：前印支沉积末期，下古生界烃源层已处于生干气晚期—过成熟期，上古生界烃源层处于生油早期—主生油期；在上侏罗统—下白垩统岩浆发育区，受岩浆活动影响，古生界烃源岩成熟度明显增加，并出现了二次生烃；三垛组沉积末期，古生界烃源岩成熟度又有所增加，并持续至今。

2. 烃源岩成熟度平面分布

1）幕府山组

印支期末成熟度普遍大于 3.5%；晚侏罗世—早白垩世阶段，受岩浆活动影响的地区成熟度达到 4.66%；三垛组沉积末期至现今，整个区域普遍接近或达到 4.66%。

2）五峰组—高家边组

印支期末成熟度普遍大于 2.7%，处于过成熟阶段（表 2-6-17）；晚侏罗世—早白垩世阶段，受岩浆活动影响的地区成熟度普遍接近 4.66%，不受影响的地区未明显增加；三垛组沉积末期南部凹陷成熟度增加明显；至现今南部深凹陷成熟度略有增加。

表 2-6-17　南黄海烃源岩成熟度与生烃阶段划分表

成熟度状态	低成熟	成熟早期	成熟晚期	高成熟	过成熟
生烃阶段	生油早期	生油高峰	生油晚期	湿气阶段	干气阶段
R_o/%	0.5～0.7	0.7～1.0	1.0～1.3	1.3～2.0	＞2.0

3）二叠系栖霞组石灰岩

印支期末刚刚进入生油高峰，区域上差别不大；晚侏罗世—早白垩世阶段，受岩浆活动影响的区域，进入成熟晚期，其他地区成熟度未明显增加；三垛组沉积末期南部凹陷成熟度增加明显，进入生油晚期—湿气阶段；至现今南部深凹陷成熟度仍有明显增加，主要处于湿气阶段。

4）二叠系龙潭组—大隆组泥岩

印支期末处于低成熟，区域上差别不大，东部成熟度略高于西部；晚侏罗世—早白垩世阶段，受岩浆活动影响的区域进入成熟早期，其他地区成熟度未明显增加；三垛组沉积末期南部凹陷埋深较大的地区进入生油早期；至现今南部深凹陷成熟度进入生油晚期—湿气阶段。

三、中新生界陆相烃源岩

1. 南部坳陷

南部坳陷主要烃源岩为阜二段、阜四段，泰州组为次要烃源岩。研究表明泰二段烃源岩已进入成熟阶段，南七凹陷 WX4-2-1 井 R_o 值为 0.87%～0.99%（肖国林，2014）。阜宁组烃源岩是否进入大量生烃阶段存在争议。例如，南四凹陷 CZ6-1-1A 井，阜四段烃源岩镜质组反射率测定为 0.5%～0.7%，镜质组反射率趋势线确定的成烃门限深度为 3200m，至 3550m 进入成熟排烃阶段；而通过研究，CZ6-1-1A 井在 3200m～3600m 井段出现 R_o 倒转的现象，属于富氢烃源岩的镜质组反射率抑制现象。对 CZ6-1-1A 井镜质组反射率校正后，重新确定该井成烃门限深度为 2500m，生烃门限深度变浅，显示阜四段、阜二段已进入大量生油成熟阶段。

油源对比确认阜四段、阜二段已成藏。CZ6-1-1A 井阜三段储层测试获 18bbl 原油，以往研究认为油源来自阜四段烃源岩。由于前人采用老的色质资料，谱图分辨率低，C_{27} 甾烷鉴定不准确。2014 年，在色质分析（GC-MS）结果的基础上，又进行了 GC-MS-MS（双质谱）分析。结果发现，该样品 C29 重排甾烷含量很高，以前认为的 αααC27 规则甾烷峰，实际上为 C29 重排甾烷，αααC27 甾烷的含量比较低。在此工作基础上开展油源对比，发现南四凹陷 CZ6-1-1A 井阜三段原油和南五凹陷 CZ24-1-1 井阜二段烃源岩的相似度很高。CZ6-1-1A 井阜三段原油的甾烷特征是以 C_{29} 甾烷优势的反“L”形分布，中等含量的 4- 甲基甾烷，低含量的伽马蜡烷，这些都与 CZ24-1-1 井阜二段烃源岩特点类似，属于水体盐度不高，陆生和水生生源均有贡献的沉积环境。重排甾烷含量高（C_{27-29} 重排甾烷 / 规则甾烷 =2.6）也说明来自陆源的黏土矿物含量高。另外，CZ6-1-1A 井阜三段原油的甾烷异构化程度高（SM=0.54，C_{29}αββ/（ααα+αββ）=0.61），说明原油成熟度要远大于阜四段烃源岩的成熟度。双质谱鉴定结果否定了原油来自阜四段烃源岩的观点。而真正的 CZ6-1-1A 井阜四段优质湖相烃源岩，与真正生成的原油的相似度较低（图 2-6-5）。通过对南四凹陷 CZ6-1-1A 井戴一段和阜三段原油样品的分析，基本可以断定南部坳陷以阜四段为烃源岩、戴一段砂岩为储层的组合，以阜二段为烃源岩、阜三段砂岩为储层的组合均已经成藏。

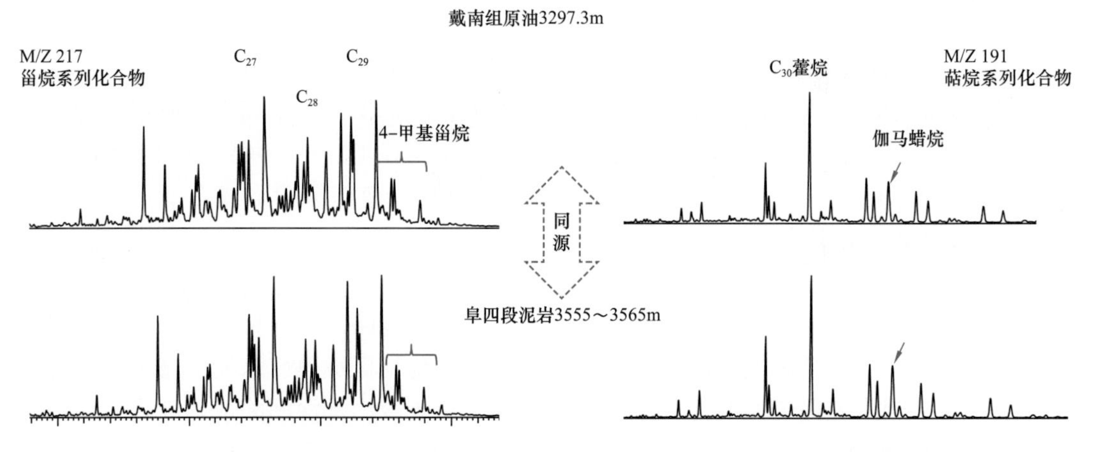

图 2-6-5　南黄海盆地南四凹陷 CZ6-1-1A 井油—岩 GCMS 生物标志物特征对比

南五凹陷也存在与南四凹陷组合一样的油气显示情况。1981 年的资料表明，在 WX20-ST1 井进行荧光分析时，在该井 2190～2790m 发现有中性沥青和胶质沥青。在 WX20-ST1 井上，随着深度的增加，沥青含量增大，重质组分增多。储层沥青是指储层岩石中溶于有机溶剂的可溶有机质，这部分有机质是烃类二次运移的滞留物，是天然气运移过程中去沥青化和大气水的风化淋滤产物。油气在向上运移过程中，沥青质首先在储层沉淀出来，使得 WX20-ST1 井中垛一段至戴二段中的沥青含量增大。在距离烃源较近的储层中，重质组分首先析出沉淀，形成胶质沥青，随后在运移过程中，油气中重质组分减少，析出的中性沥青增多。此外，在 CZ24-1-1 井揭示了阜二段的湖相烃源岩，并在阜三段 2359～2630m 和阜二段 2785～2982m 地层全烃测试中分别发现了 0.7%～6.0% 合计 9 层、0.6%～3.0% 合计 3 层的油气显示异常。这些证据都表明南五凹陷与南四凹陷一样的两套勘探组合存在油气运移过程。

热演化史与生烃史研究表明，在埋深较大的凹陷（南四凹陷、南五凹陷、南二凹陷），阜二段在戴南组沉积期开始生烃，并在三垛组沉积期达到生烃高峰；阜四段分别在三垛组沉积期和之后开始生烃并达到生烃高峰，一直持续至今。因此，阜宁组存在两期油气充注。

2. 北部坳陷

泰州组是北部坳陷的主要烃源岩，阜宁组为次要烃源岩。对 ZC1-2-1 井阜一段和戴南组 16 块流体包裹体样品进行均一温度测试表明（王存武等，2014），戴南组样品存在两个均一温度峰值，指示存在两期油充注：第一期均一温度范围 70～80℃，投影到埋藏史图上，确定出充注时间在 35Ma 左右，对应三垛组沉积晚期—渐新世；第二期均一温度范围 70～120℃，充注时间为现今。阜一段因所取样品均为粉砂岩，第一期较低成熟度的油没有检测到，但根据荧光观察结果，推测应存在第一期较低成熟度油充注；也同样存在第二期油充注，时间为现今。

根据烃源岩埋藏史和生烃史研究，泰州组烃源岩在阜宁组沉积后期即开始生烃，油气大规模运移主要发生在三垛运动时期，泰州组烃源岩进入生排烃高峰期；新近纪和第四纪至今可能有二次生烃补充，但生烃量较少。

根据岩心实验分析，北凹陷泰州组优质烃源岩层段 R_o 分布在 0.82%～0.93% 之间，表明北凹陷烃源岩已经成熟。由于测试样品点井位并非处于深凹区，推测深凹区烃源岩热演化程度更高。

根据盆地模拟预测，北部坳陷主要凹陷内泰州组烃源岩大部分区域 R_o 大于 0.5%，已经进入了生烃门限，湖盆中央 R_o 为 0.8%～1.4%，为成熟阶段，局部地区 R_o 大于 1.4%，已进入高成熟阶段。北部坳陷主要凹陷北凹陷泰州组烃源岩大面积处于生油窗阶段，有利于油气大量生成。

北部坳陷阜宁组现今热演化程度较低。研究表明，阜宁组只有在凹陷中心处于成熟演化阶段，其他大部分地区处于未成熟演化阶段，北部坳陷阜宁组成熟烃源岩分布非常局限。

第三节　烃源岩综合评价

通过对南黄海盆地烃源岩地球化学特征、热演化特征分析，南黄海盆地具有较大的勘探潜力，主要发育海相中—古生界和陆相中—新生界两大套烃源岩层。

与下扬子陆区一样，中—古生界海相主要发育下寒武统、上奥陶统—下志留统、下二叠统、上二叠统四套区域性烃源岩。整体评价认为，下寒武统幕府山组、二叠系龙潭组和大隆组烃源岩有机质丰度高，类型好，生烃潜力高，为下扬子陆区和南黄海海区优质烃源岩层；二叠系栖霞组烃源岩、奥陶系—志留系烃源岩为次要烃源岩。古生界各烃源岩层成熟度普遍较高，其中下古生界寒武系—志留烃源岩普遍达到过成熟演化程度，二叠系各套烃源岩为成熟—高成熟演化程度，残余生烃潜力和残余可溶有机质的含量普遍较低。

中—新生界主要烃源岩，南部坳陷为阜宁组阜二段和阜四段，北部坳陷为泰州组。

南部和北部坳陷泰州组烃源岩都已成熟，均处于大规模生烃阶段；阜宁组烃源岩南部坳陷已进入大量生油成熟阶段，北部坳陷只有在个别凹陷中心处于成熟演化阶段，成熟烃源岩分布范围较小。根据烃源岩丰度、类型和热演化程度分析，南黄海中—新生界盆地南部坳陷的南四凹陷、南五凹陷和南二凹陷和北部坳陷的北凹陷是较好烃源岩发育区，其他凹陷则较差。

第七章　储层及储盖组合

储层一直是油气勘探的关键研究对象。根据南黄海盆地资料情况、构造沉积特征，将南黄海盆地中—古生界海相储层与邻区的下扬子陆区整体纳入研究，主要发育碎屑岩和碳酸盐岩储层；中—新生界陆相储层则在充分利用南黄海钻井、地震资料基础上，借鉴苏北盆地部分勘探成果。

第一节　中—古生界储层特征及储盖组合

一、储层特征

南黄海盆地海相中—古生界储层主要由碎屑岩和碳酸盐岩两大类岩石组成。碎屑岩类储层相对较少，主要发育在志留纪—泥盆纪和二叠纪晚期；碳酸盐岩类储层发育在古生界早期、晚期和中生代三叠纪，分布广，时间跨度大。

1. 碎屑岩储层

南黄海地区在奥陶纪晚期、志留纪、泥盆纪、石炭纪早期、二叠纪晚期和三叠纪早期形成了一系列碎屑岩沉积，部分地层由成分成熟度和结构成熟度均较高的砂岩组成，在合适的地质条件下，可以构成良好的储层。区内钻井和露头揭示的碎屑岩储层主要分布在二叠系龙潭组、泥盆系五通组及志留系。二叠系龙潭组储层主要为三角洲平原分支河道砂体及三角洲前缘砂体；泥盆系五通组滨岸相石英砂岩也具有一定的储集潜力；志留系滨岸相和盆地浊积砂体尽管年代老，经历的成岩过程复杂，但仍具有一定的潜力。

1）岩石学特征

（1）岩石类型。

南黄海盆地不同层位储层的岩石类型略有差别。龙潭组储层岩石类型以石英砂岩、长石岩屑质石英砂岩和长石质石英砂岩为主（图 2-7-1a），五通组则主要为石英砂岩（图 2-7-1b），志留系的储层以石英砂岩、岩屑质石英砂岩和长石岩屑质石英砂岩为主（图 2-7-1c）。

① 石英砂砾岩类。

石英砂砾岩类主要发育时期为泥盆纪和石炭纪早期，该时期南黄海大部分地区均处在海陆过渡阶段，为滨海相沉积环境，在海浪的淘洗作用下形成物质成分单一、颗粒分选好的中、厚层石英砂岩。泥盆系五通组的底部普遍发育了一套由石英砾石形成的石英底砾岩沉积，是五通组与志留系界线的标志层。此外，在龙潭组三角洲前缘和志留系的滨岸相砂岩中也发育有石英砂岩。

② 其他砂岩—粉砂岩类

岩屑质石英砂岩和长石岩屑质石英砂岩、粉砂岩类等主要发育在志留纪和二叠纪晚

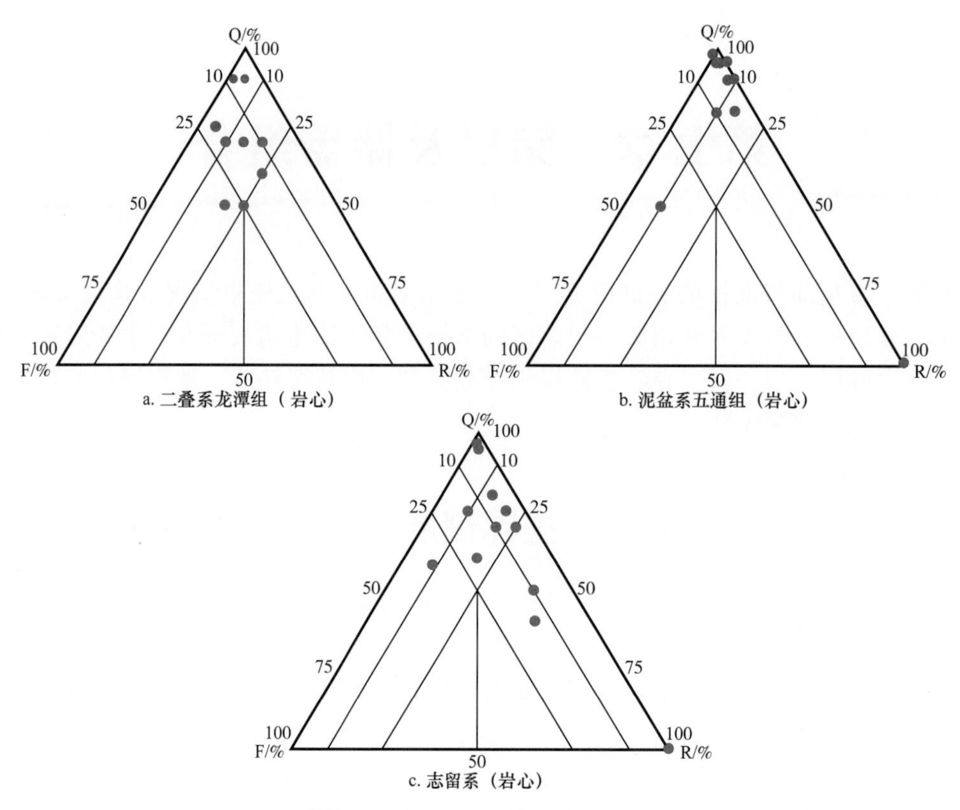

图 2-7-1　南黄海盆地中—古生界碎屑岩储层岩石成分三角图

期的海陆过渡阶段，储层总体物性中等。

（2）成岩作用特征。

南黄海碎屑岩储层成岩作用类型以压实、次生加大和溶蚀作用为主。压实作用使得颗粒成线—凹凸接触，有时云母等塑性颗粒被压弯，刚性颗粒则可能发生破裂，原始孔隙很难保存下来（图 2-7-1a、b）。次生加大主要在石英砂岩中发育，纯净的石英砂岩中石英次生加大也使得颗粒之间呈现出凹凸—缝合接触，原生孔隙被加大边占据（图 2-7-2b、c）。溶蚀作用主要发生在长石岩屑质石英砂岩中，长石及部分岩屑易发生溶蚀，形成次生溶蚀孔，改善储层物性（图 2-7-2c、d）。溶蚀作用在志留系、二叠系龙潭组及泥盆系均有较好的发育。

通过对南黄海盆地钻井成岩作用研究，推测南黄海地区龙潭组储层现今的成岩阶段不会早于中成岩 B 期，大多处于晚成岩阶段；而下部的泥盆系五通组和志留系砂岩储层其现今成岩阶段也应晚于中成岩 B 期，极可能也处于晚成岩阶段。从现今的成岩阶段来看，龙潭组的砂岩储层几乎没有较好的储集空间，但是在成藏期如果龙潭组可以保存有较好的储集空间，那么就可以成为很好的储层。

（3）储集空间特征。

南黄海盆地碎屑岩储集空间类型包括原生孔隙、次生孔隙和裂缝。原生孔隙仅有少量残留。次生孔隙较为发育，主要类型有粒间溶孔、粒内溶孔、铸模孔隙、特大孔隙和微裂隙等，其中以粒间溶孔最为发育。溶蚀孔隙是该区储层孔隙的最主要类型，溶蚀孔往往占总孔隙的 60% 以上。裂缝发育较少，大多为溶蚀过程中形成的溶蚀缝，这类裂缝

图 2-7-2　南黄海盆地及邻区碎屑岩成岩作用特征

a. 石英砂岩，颗粒线接触—凹凸接触，云母被压弯，龙潭组，2945.8m，正交光 ×10；b. 杂砂岩，塑性岩屑被压弯，龙潭组、坟头组下段，南京，40 倍，单偏光；c. 长石颗粒被溶蚀，泥盆系五通组，浙北，蓝色铸体，100 倍；d. 长石石英砂岩，颗粒溶蚀，二叠系龙潭组，巢湖地区，单偏光，蓝色铸体，40 倍

往往绕过颗粒，不会出现切穿颗粒的现象。

（4）物性特征。

南黄海及邻区碎屑岩储层物性较差，区域内碎屑岩面孔率普遍小于 15%，为中低孔低渗储层。上二叠统龙潭组孔隙度平均为 5.29%，上泥盆统五通组孔隙度平均为 4.67%，上志留统孔隙度平均为 5.42%，中志留统孔隙度较低，平均为 1.8%（表 2-7-1）。参照砂岩储层分类标准（表 2-7-2），达到差—很差储层标准。

表 2-7-1　南黄海盆地中—古生界碎屑岩储层物性表

层位	岩性	孔隙度 /%		渗透率 /mD	
		范围	平均	范围	平均
上二叠统龙潭组	石英岩屑砂岩	0.2～8.78	5.29	<0.1～1.75	0.64
上泥盆统五通组	石英砂岩	2.5～6.45	4.67	<0.1～3.49	1.34
上志留统	岩屑石英砂岩	5.1～5.79	5.42	0.77～1.13	0.95
中志留统	岩屑石英砂岩、泥质砂岩	1.6～2.2	1.8	0.04～17.4	

表 2-7-2 砂岩储集岩分类评价标准

类别	亚类	主要孔隙类型	粒度范围	物性		毛细管压力特征			最大连通孔喉半径 / μm	评价
				孔隙度 / %	渗透率 / mD	排驱压力 / MPa	饱和度中值毛细管压力 / MPa	最小非饱和孔隙体积 / %		
Ⅰ	a	粒间孔或溶蚀孔	细—中（粗）	＞25	＞600	＜0.02	0.07～0.2	＜20	＞37.5	非常好
	b		中—细	20～30	100～600	0.02～0.1	0.2～1.5	＜20	7.5～37.5	很好
	c		中—细—极细	20～30	100～300	0.02～0.1	1.5～3	＜20	7.5～37.5	好
Ⅱ	a	杂基内微孔和晶间孔	细—极细	13～20	10～100	0.1～0.3	0.5～1.5	20～35	2.5～7.5	中上等
	b		细—极细	13～20	5～50	0.3～0.5	1.5～3	20～35	1.5～2.5	中等
	c		细—粉	12～18	1～20	0.5～0.7	61.5～5.9	25～35	1.07～1.5	中下等
Ⅲ	a	杂基内微孔和晶间隙	细—极细	9～12	0.2～1	0.7～0.9	3～6	25～45	0.83～1.07	差
	b		细—粉	7～9	0.1～0.5	0.9～1.1	6～9	35～45	0.68～0.83	很差
Ⅳ			极细—粉	＜6	＜0.1		＞9	＞45	＜0.68	非储集岩

2）储层物性主要控制因素

影响碎屑岩储层物性的因素众多，岩石成分和溶蚀作用是区内影响储层物性的两个最主要的因素。

（1）岩石成分对储层物性的影响。

通过对南黄海钻遇中—古生界的5口井40余块岩心样品的分析（图2-7-3、图2-7-4），可以看出，杂基含量越高，面孔率值越低，也说明离物源越近，储层物性越差；而长石和易溶岩屑含量越高，溶蚀面孔率占总孔比例越大，但是长石与岩屑的含量小于20%时，溶蚀作用发育强烈，储层孔隙以溶蚀增孔为主，当大于20%时，溶蚀作用得到一定的抑制，储层孔隙以原生残余孔为主。

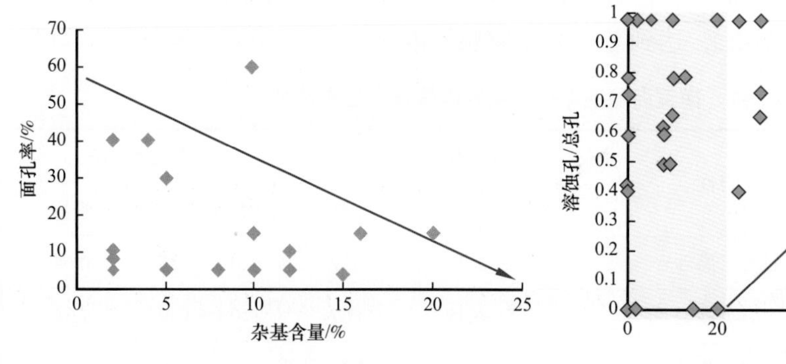

图 2-7-3 南黄海中—古生界碎屑岩杂基含量与面孔率关系图（岩心）

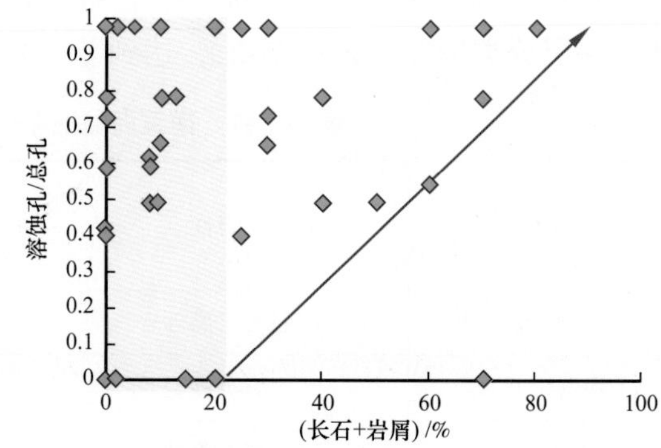

图 2-7-4 南黄海中—古生界长石＋岩屑含量与溶蚀面孔率比重关系图（岩心）

（2）溶蚀作用对储层物性起建设作用。

溶蚀作用可以改善储层的物性，长石质石英砂岩溶蚀作用最发育，储层物性最好，而石英砂岩溶蚀作用次之，保存一定的原生孔隙（图 2-7-5、图 2-7-6）。南黄海中—古生界碎屑岩以长石、岩屑溶蚀为主。

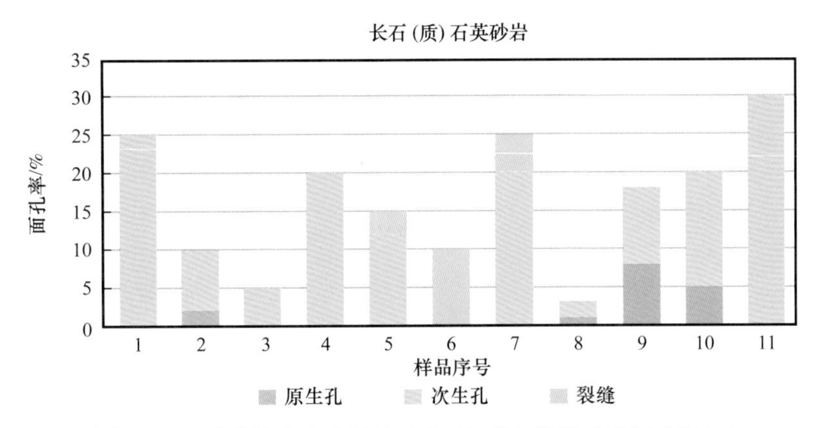

图 2-7-5　南黄海中古生界长石质石英砂岩孔隙类型图（岩心）

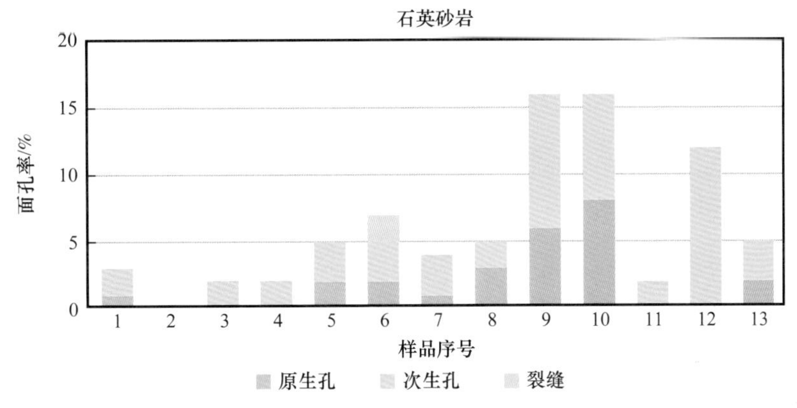

图 2-7-6　南黄海中—古生界石英砂岩孔隙类型图（岩心）

2. 碳酸盐岩储层

碳酸盐岩是南黄海中—古生界海相地层的主要储层，发育有 4 套碳酸盐岩储层：（1）震旦系灯影组的白云岩储层，储集空间主要为白云岩化所形成的晶间孔、溶孔、裂缝；（2）中—上寒武统白云岩、奥陶系颗粒石灰岩和白云岩储层，以次生溶蚀孔、裂隙孔为主要储集空间；（3）中—上石炭统—下二叠统内碎屑灰岩、生物礁灰岩储层，以裂隙孔、溶蚀孔为主要储集空间；（4）下三叠统青龙组石灰岩储层，以裂隙孔、溶蚀孔为主要储集空间。

1）岩石学特征

（1）岩石类型。

下扬子—南黄海地区的碳酸盐岩按其沉积环境划分为颗粒灰岩类、泥晶灰岩类及白云岩类。

① 颗粒灰岩类。

下扬子—南黄海地区发育规模较大的以浅水颗粒沉积为主的滩相沉积，其中以震旦纪、寒武纪、奥陶纪和二叠纪早期最为发育，此外三叠纪和石炭纪也有小型台地点滩和潮间滩的分布。按填隙物的不同将颗粒灰岩分为亮晶颗粒灰岩与泥晶颗粒灰岩两类。

区内亮晶颗粒灰岩发育种类较多，有亮晶内碎屑灰岩、亮晶生物碎屑灰岩、亮晶球粒灰岩等，而亮晶鲕粒灰岩较少见，在交代白云岩中可见重结晶的残余鲕粒白云岩。

区内生物碎屑泥晶灰岩比较常见，在船山组、栖霞组等沉积地层中更是普遍发育。其中某些颗粒泥晶灰岩中的颗粒成分完全为亮晶方解石所交代，反映了较为强烈的重结晶作用。

② 泥晶灰岩类。

泥晶灰岩主要指含颗粒很少的泥晶石灰岩，代表较为安静的海相或潟湖沉积环境。在发育碳酸盐岩的层位中基本都有此类岩石的发育。泥晶灰岩发育足够的裂缝时也可以成为良好的储层。

③ 白云岩类。

白云岩在震旦系、寒武系、奥陶系、石炭系船山组和三叠系青龙组都有发育，以寒武系最多。在 WX5-ST1 井 2302～2337m 段发育 25m 厚的白云岩，其有效孔隙度为 6%～8%，是优质储层。

（2）成岩作用特征。

根据对地层孔隙演化的影响，成岩作用可划分为建设性和破坏性两种，现今孔隙空间是二者在地质历史中长期相互作用的结果。下扬子—南黄海地区主要的建设性成岩作用有溶解作用、白云石化作用、压实碎裂及压溶作用等，破坏性成岩作用有胶结作用、重结晶作用、压实及压溶作用等，其中压溶作用在成岩过程中对储集空间的形成既有建设性作用又有破坏性作用。

① 压裂及压溶作用。

在南黄海地区可以看到多套地层发育裂缝和缝合线，说明压裂及压溶作用广泛存在。大多数裂缝都被方解石所充填，但仍有部分裂缝未被充填；在 CZ12-1-1A 井 2074.2m、CZ24-1-1 井 3471.45m 和 WX13-3-1 井 2101.01m 等处都发现了未被充填的裂缝（图 2-7-7）。强烈的压溶作用形成了可供油气运移的缝合线，缝合线上经常可以看到串珠状的溶孔（图 2-7-7），说明它曾经为油气的运移通道。未被充填的裂缝以及缝合线提高了储层的渗透率，可作为油气运移通道。

② 溶解作用。

由于碳酸盐矿物溶解性较碎屑岩矿物更强，溶解作用对碳酸盐岩储层的孔隙度和渗透性具有巨大的改造作用。溶解作用的发生主要与岩层中的酸性孔隙流体有关，多形成裂缝型溶孔、晶间溶孔、粒间溶孔和粒内溶孔。下扬子—南黄海地区从台地边缘至台地内部，从寒武系到三叠系，从碳酸盐岩到碎屑岩都广泛发育溶解作用形成的次生孔隙。WX13-3-1 井 2108.3m、CZ24-1-1 井 3470.3m 和 WX13-3-1 井 2109.6m 的镜下薄片观察到溶蚀孔隙，CZ12-1-1A 井 2075.5m 岩心上也观察到了溶洞（图 2-7-8）。

③ 胶结作用。

胶结作用是下扬子—南黄海地区具孔隙或裂隙碳酸盐岩的主要破坏性成岩作用类型。它在海水、大气淡水、区域地下水及深埋藏等成岩环境下均可发生，使岩层的孔隙度大大减小。南黄海地区大量岩心和镜下薄片都观察到被方解石充填的裂缝。

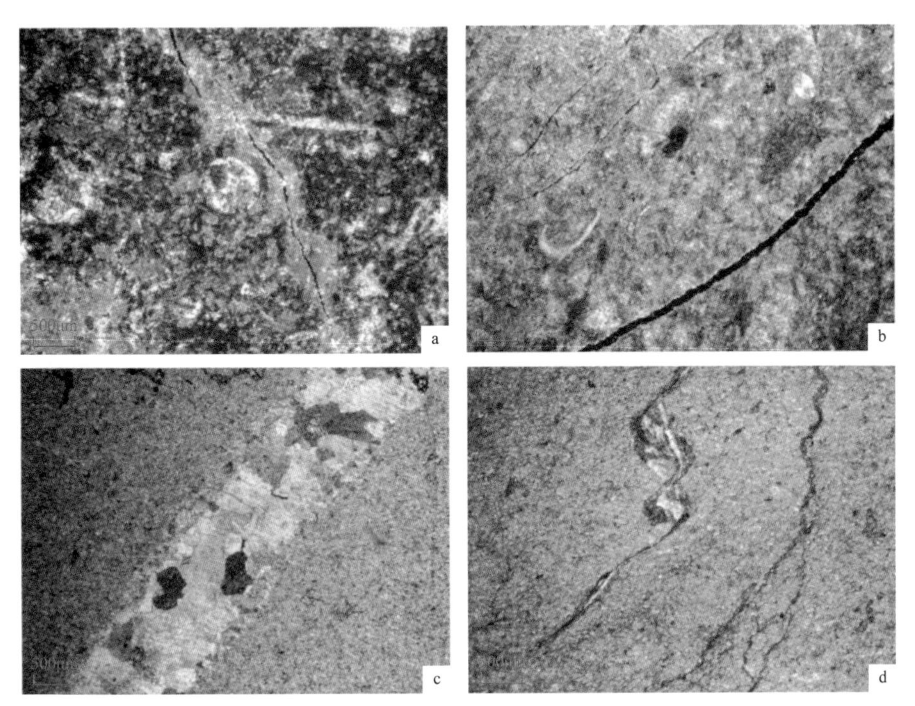

图 2-7-7 下扬子—南黄海地区中—古生界压裂及压溶作用

a. CZ12-1-1A 井，船山组，2074.2m，正交光 ×5，未充填裂缝；b. WX13-3-1 井，栖霞组，2101.01m，正交光 ×5，未充填裂缝；c. CZ12-1-1A 井，和州组，3502.3m，正交光 ×5，被充填裂缝；d. WX5-ST1 井，上青龙组，1451.9m，单偏光 ×5，缝合线含串珠状溶孔

图 2-7-8 下扬子—南黄海地区碳酸盐岩溶解作用

a. WX13-3-1 井，栖霞组，2108.3m，单偏光 ×5，溶蚀孔隙；b. WX13-3-1 井，栖霞组，2109.6m，单偏光 ×5，藻类，发育溶蚀孔隙；c. CZ24-1-1 井，下青龙组，3470.3m，单偏光 ×5，溶蚀孔隙；d. CZ12-1-1A 井，船山组，2075.5m，石灰岩，溶洞

④ 压实作用。

压实作用是使沉积物孔隙缩小和地层厚度减小的主要破坏性成岩作用。随着埋藏深度增大、地层压力和温度升高，地层水排出，引起孔隙降低和地层厚度减小。压实作用对储层的破坏性极大，区内圣科 1 井青龙组储层段内压实作用较强，孔隙度平均值仅为 2.41%。在 WX5–ST1 井镜下薄片中可以看到颗粒之间为线接触—凹凸接触，大部分云母被压弯，反映了较强的压实作用。

⑤ 重结晶作用。

重结晶作用是指晶体或颗粒由小变大的作用，其总的趋势是破坏孔隙，属于破坏性成岩作用。重结晶多发生在颗粒碳酸盐岩的早、晚成岩阶段。研究区内碳酸盐矿物的重结晶作用十分常见，从寒武系到三叠系均发育重结晶作用。

（3）储集空间特征。

震旦系灯影组的白云岩储层，储集空间主要为白云岩化所形成的晶间孔、溶孔、裂缝；中—上寒武统白云岩、奥陶系颗粒石灰岩和白云岩储层，以次生溶蚀孔、裂隙孔为主要储集空间；中—上石炭统—下二叠统内碎屑灰岩、生物礁灰岩储层，以裂隙孔、溶蚀孔为主要储集空间；下三叠统青龙组石灰岩储层，以裂隙孔、溶蚀孔为主要储集空间（图 2–7–9）。

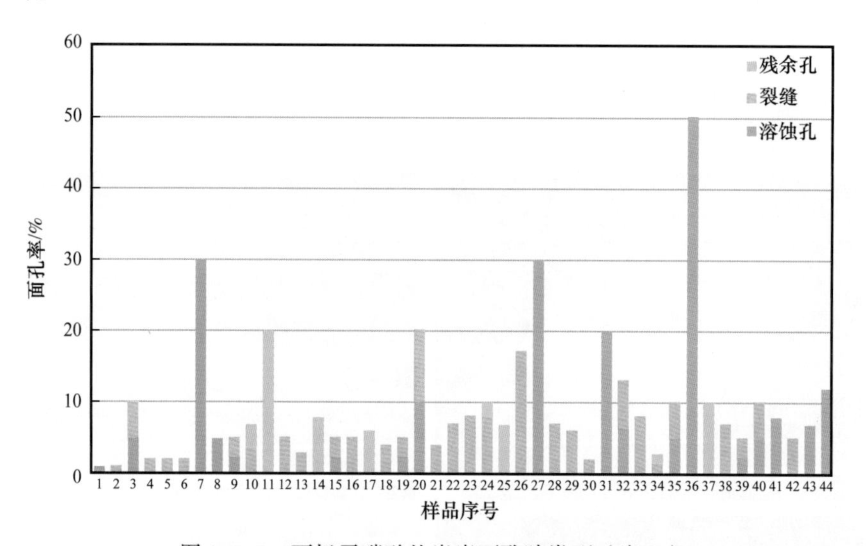

图 2–7–9　下扬子碳酸盐岩岩石孔隙类型（岩心）

（4）物性特征。

下扬子苏北地区海相中古生界碳酸盐岩采样分析发现 60% 以上的样品平均孔隙度为 0.82%～2.09%，渗透率小于 0.1mD（表 2–7–3），储层物性为低孔低渗。南黄海海相中—古生界碳酸盐岩储层物性与苏北地区基本一致。

栖霞组生物碎屑泥晶灰岩因压实和重结晶作用使原生孔隙损失。孔渗性较好的井段主要是裂缝发育带，储集空间以地层负载应力和构造应力所产生的裂缝为主，特别是裂缝经地表水溶蚀形成的溶蚀孔、洞、缝是良好的储集空间。WX13–3–1 井 2100～2118.2m 井段二叠系生物碎屑灰岩中富含四射珊瑚、有孔虫、腕足类、藻类等化石，中子孔隙度 5%～7%，有不规则的裂隙和溶孔，为较好的储层。

表 2-7-3　苏北地区中、古生界碳酸盐岩储层物性数据统计表

层位		岩性	孔隙度 /%		渗透率 /mD	
			最小值—最大值	平均值（样品数）	最小值—最大值	平均值（样品数）
三叠系	青龙组	泥晶、细粉晶灰岩	0.02～4.33	1.24（14）	0.04～1.59	0.22（13）
二叠系	栖霞组	泥晶、粉晶灰岩	0.25～1.89	0.85（16）	0.03～142.58	4.35（11）
石炭系	船山组	细粉晶灰岩	0.18～1.63	0.73（14）	0.03～3.84	0.64（12）
	黄龙组	泥晶、粉晶灰岩	0.46～1.50	0.88（7）	0.04～0.94	0.32（4）
	金陵组	细粉晶灰岩		1.60（1）		0.21（1）
奥陶系	汤山组	泥晶、粉晶灰岩		2.37（1）		
	大湾组	泥晶灰岩		2.14（1）		0.06（1）
	红花园组	细粉晶灰岩	0.37～6.77	1.91（18）	0.02～2.46	0.27（18）
	仑山组	细粉晶、细晶、中晶灰岩	1.14～1.61	1.38（2）		1.63（1）
寒武系	观音山组	细晶、中晶白云岩		0.94（1）		0.53（1）
	炮台山组	粉晶、泥晶白云岩	0.48～8.51	1.78（15）	0.01～1.88	0.19（3）
	幕府山组	粉晶、泥晶白云岩	0.19～1.25	0.82（5）	0.05～0.34	0.18（3）
震旦系	灯影组	细晶、中晶藻白云岩	0.40～8.78	2.09（10）	0.14～1.22	0.49（8）

青龙组泥晶灰岩中存在的鸟眼孔和生物灰岩中存在的生物体腔孔因胶结作用而失去了储集能力，但地下水的溶蚀作用所形成的溶蚀孔改善了其储集条件，有少量孔隙被沥青充填。

古风化带是溶蚀孔、洞、缝发育段，这是由岩溶和裂隙混合作用而成的，多见钻井放空、漏失、井喷等（表 2-7-3）。CZ12-1-1A 井钻至 2091m 时发生严重井漏，岩心资料显示上石炭统船山组石灰岩中有岩溶充填物，溶蚀带厚约 16m，中子孔隙度为 9%～11%。WX13-3-1 井栖霞组石灰岩顶部 2096～2108m 有厚约 12m 的高渗透率带，中子孔隙度为 9%～14%，有效渗透率达到 32.3mD。

裂缝发育带常位于构造断裂带附近（表 2-7-4）。CZ12-1-1A 井钻遇两条断层，发育了两个破碎带，第一条断层在 2391m 左右，第二条断层在 2956～3224m，中子孔隙度达到 9%～34%。CZ24-1-1 井青龙组也发育两个断层破碎带，即 3345～3404m 和 3408～3449m。

2）储层物性主要控制因素

碳酸盐岩的物性影响因素复杂，除原始岩石组构和成分特征等影响岩石的原始孔隙度因素外，构造活动和后期复杂的成岩作用是影响碳酸盐岩储层物性的最主要因素。碳酸盐岩储层野外和岩心样品的镜下分析发现，岩石成分、溶蚀作用和构造作用是下扬子陆区和南黄海海区碳酸盐岩储层物性的主控因素。

表 2-7-4　南黄海盆地中—古生界碳酸盐岩储层物性特征

地层	井名	岩性	孔隙度、渗透率	溶蚀、断裂作用
下三叠统	CZ24-1-1	细粉晶、泥晶灰岩	测井资料显示孔隙度很低	其中 94m 为断裂破碎带
	WX5-ST1	泥粉晶灰岩、白云质灰岩	白云质灰岩和灰质白云岩段孔隙度发育，孔隙度在 6%～20% 之间	白云质灰岩的白云岩化作用强烈
下二叠统	WX13-3-1	生物灰岩	溶蚀带厚 12m，孔隙度为 9%～14%，渗透率为 32.3mD。生物灰岩厚 46m，孔隙度为 5%～17%，占整个储层厚度的 32%	溶蚀带密度为 2.12g/cm^3
中—上石炭统	CZ12-1-1A	泥晶灰岩、白云质灰岩	溶蚀带孔隙度为 9%～11%，断裂带孔隙度为 9%～34%。白云质灰岩孔隙度较高，厚 42m，孔隙度为 6%～17%，占整个白云质灰岩厚度的 6%	顶部有 16m 厚的溶蚀带。整个层段除两个大断裂破碎带外，还有很多小断裂发育

（1）岩石成分决定储集空间类型。

白云石和方解石化学成分和晶体结构上的差异使得二者的白云岩在渗透率、抗压性、脆性及溶蚀特性上与石灰岩有着很大的差别。硬度和脆度决定了岩石的抗压、抗张强度，进而影响裂缝的发育密度。常规认为白云岩比石灰岩更易形成裂缝，但是下扬子陆区和南黄海海区实际石灰岩的裂缝相较于白云岩更为发育，石灰岩储层中裂缝是对储层物性的最主要控制因素（图 2-7-10）。一般认为，在近地表或浅埋藏条件下，石灰岩的溶解度高于白云岩，因此石灰岩易溶；而在较深的埋藏条件下，白云岩比石灰岩易溶，所以在深埋条件下白云岩储层优于石灰岩储层。区内白云岩储层主要分布在寒武系，经历了深埋环境，白云岩储层的物性最主要控制因素是溶蚀作用（图 2-7-10）。

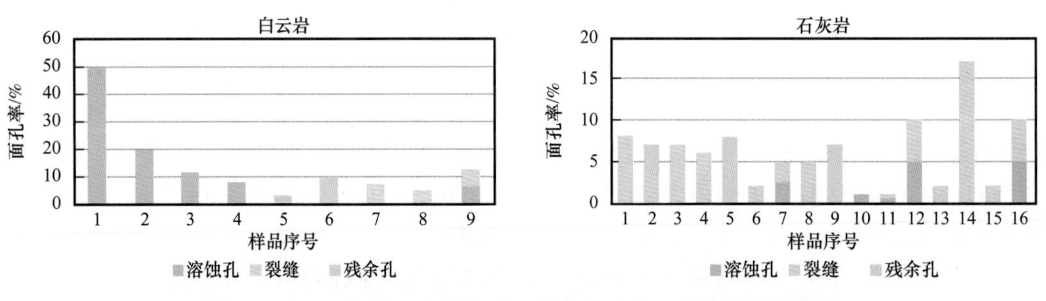

图 2-7-10　下扬子—南黄海地区石灰岩和白云岩储层孔隙类型

（2）溶蚀作用和构造作用对储层物性具改善作用。

对下扬子—南黄海地区不同时代的碳酸盐岩储层储集空间类型统计研究发现，溶蚀作用产生的溶蚀孔隙、构造作用产生的构造裂缝是储层主要的孔隙贡献因素（图 2-7-11）。构造裂缝产生后，不仅可以直接作为储集空间，也为后期的溶蚀作用提供了良好的流体运移通道和溶蚀场所，特别是在不整合面附近，裂缝和溶蚀孔洞都可以作为有利的储集空间。苏北盆地 N4 井揭示二叠系栖霞组石灰岩裂缝和溶蚀孔洞中含油。原生的孔隙在埋藏、构造作用过程中很少残留下来。年代较新的储层经历的成岩时间短、构造运动少，因而残留原生孔隙保存较好。但是区内大多数年代较老的碳酸盐岩储层，如震旦系和寒武系储层，经历了漫长的成岩过程和多期的构造运动，原生孔隙被完全改造，极少残留。因此，溶蚀作用和构造作用极大地改善了区内碳酸盐岩储层的物性。

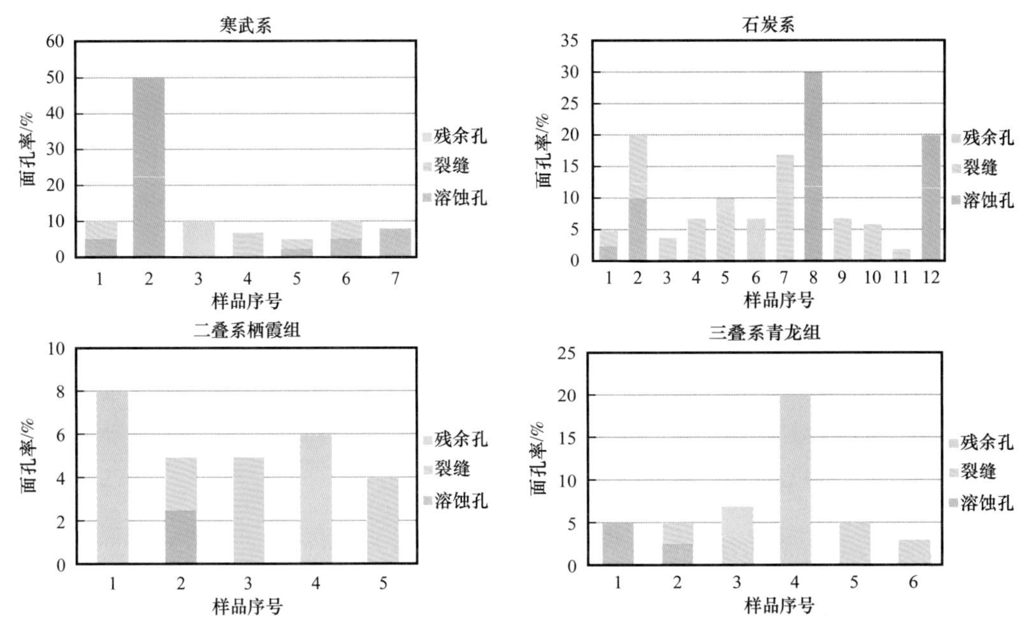

图 2-7-11　下扬子—南黄海地区不同层位碳酸盐岩储层孔隙类型

二、有利储层分布特征

1. 碎屑岩有利储层分布特征

通过前人对南黄海及邻区中—古生界储层研究（图 2-7-12），碎屑岩储层的总面孔率：二叠系＞泥盆系—石炭系＞志留系，即呈现时代较老的地层面孔率小于时代较新地层的规律，而不同层位的岩石总面孔率与（长石 + 岩屑）含量的变化规律一致。

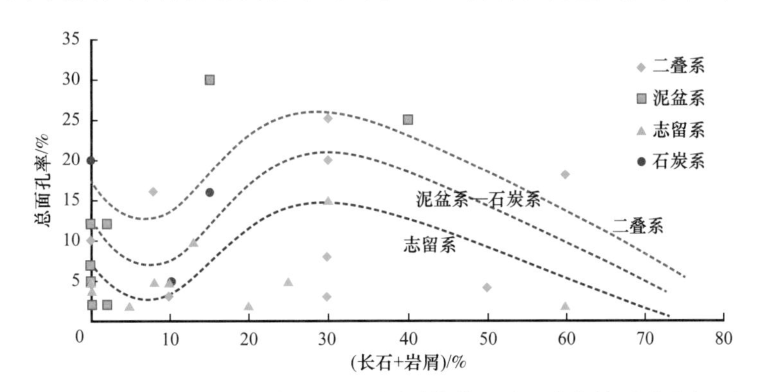

图 2-7-12　下扬子—南黄海地区不同时代储层总面孔率关系图（岩心）

1）志留系有利储层分布

志留系的砂岩储层主要分布在中—下志留统的茅山组和坟头组。这一时期是前陆盆地的发育末期，滨岸线向北推进到下扬子—南黄海地区的盆地腹部，砂体广泛发育，砂岩面孔率也较高。根据下扬子露头区和苏北盆地区的钻井岩心研究结果，砂岩中后滨相砂岩面孔率较高，滨岸—三角洲前缘相带砂岩物性次之（表 2–7–5）。此外，浊积岩砂体尽管物性相对较差，但由于浊积扇体紧邻烃源岩，因而其成为有利储层的物性下限也较低，是区内另一有利储层相带。下扬子—南黄海地区条带状展布的三角洲外前缘以及海域盆地中部砂质浊积扇是中—下志留统有利储层发育区。

表 2–7–5　下扬子—南黄海地区志留系砂岩样本岩性—物性特征

层位	岩性	面孔率 /%	孔隙类型	沉积相	数据来源
茅山组	石英砂岩	5	次生 + 原生	滨岸—三角洲前缘	新苏 159 井
茅山组	石英砂岩	4	次生 + 原生	滨岸—三角洲前缘	苏 147 井
茅山组	岩屑石英砂岩	5	次生 + 原生	冲积平原	南京及周边
坟头组	岩屑质长石杂砂岩	5	原生 + 次生	冲积平原	南京及周边
坟头组	纹层状泥质粉砂岩	2	次生	浅—半深海	N 参 2 井
坟头组	纹层状泥质粉砂岩	2	次生	浅—半深海	N 参 2 井
坟头组	石英岩屑砂岩	2	原生	三角洲	苏 148 井
坟头组	长石粉砂岩	15	次生 + 原生	后滨	南京及周边
高家边组	长石质石英粉砂岩	10	次生 + 原生	前滨	南京及周边
高家边组	石英粉砂岩	5	次生 + 原生	浅海	南京及周边
高家边组	石英杂砂岩	2	裂缝	冲积平原	巢湖

2）二叠系龙潭组有利储层分布

二叠系龙潭组储层有利相带以三角洲和滨岸相砂岩为主。根据苏南露头区的 3 个野外观察点、苏北盆地区和南黄海地区的 4 口钻井资料，对龙潭组砂岩储层面孔率及沉积相研究表明（表 2–7–6），龙潭组砂岩物性高值区分布特征为：北部三角洲平原砂，以溶蚀孔为主；海域盆地中部三角洲外前缘，以残余原生孔为主；南部三角洲平原砂，以溶蚀孔为主。

表 2–7–6　下扬子—南黄海地区二叠系龙潭组砂岩样本物性—沉积相特征

层位	岩性	面孔率 /%	沉积相	孔隙类型	数据点来源
龙潭组	石英杂砂岩	10	冲积平原	次生 + 原生	浙北
龙潭组	石英长石细砂岩	4	三角洲前缘	次生 + 原生	新苏 159 井
龙潭组	石英长石细砂岩	5	三角洲前缘	次生 + 原生	新苏 159 井
龙潭组	石英细砂岩	3	三角洲前缘	次生 + 原生	苏 146 井
龙潭组	长石石英砂岩	3	三角洲前缘	次生 + 原生	苏 145 井
龙潭组	长石石英砂岩	18	三角洲平原	次生 + 原生	南京及周边
龙潭组	长石石英砂岩	20	三角洲平原	次生 + 原生	南京及周边
龙潭组	长石岩屑质石英砂岩	25	三角洲平原	次生	巢湖

续表

层位	岩性	面孔率 /%	沉积相	孔隙类型	数据点来源
龙潭组	石英砂岩	16	三角洲前缘	次生 + 原生	WZ5–ST1
龙潭组	石英砂岩	16	三角洲前缘	次生 + 原生	WZ5–ST1
龙潭组	石英长石岩屑砂岩	8	三角洲平原	次生	N 参 4 井

2. 碳酸盐岩有利储层分布特征

下扬子—南黄海地区储层物性及其分布预测，主要依据岩石类型、溶蚀作用强度以及构造运动。

（1）构造运动形成风化壳储层。

二叠系青龙组和栖霞组顶部均发育风化壳，台地相石灰岩风化淋滤形成的风化壳，测、录井上均存在较好反映。

（2）有利沉积相带形成生物礁、滩等孔隙型储层。

震旦系灯影组、石炭系船山组和黄龙组、三叠系青龙组发育生物礁及滩，有较好的原生残余孔和次生溶蚀孔，尤其是三叠系青龙组有效孔隙度可达 6%～8%。

（3）构造和压溶作用形成裂缝型储层。

三叠系青龙组、二叠系栖霞组、石炭系船山组发育着大量的裂缝型储层（图 2–7–13），且裂缝及缝合线未被胶结物填充，有效地改善了储集空间；面孔率较高的样品对应藻坪或生物礁，主要发育于海区的中部及中东部地区。陆区面孔率较高的孔隙类型为裂缝，其次为裂缝溶蚀孔。

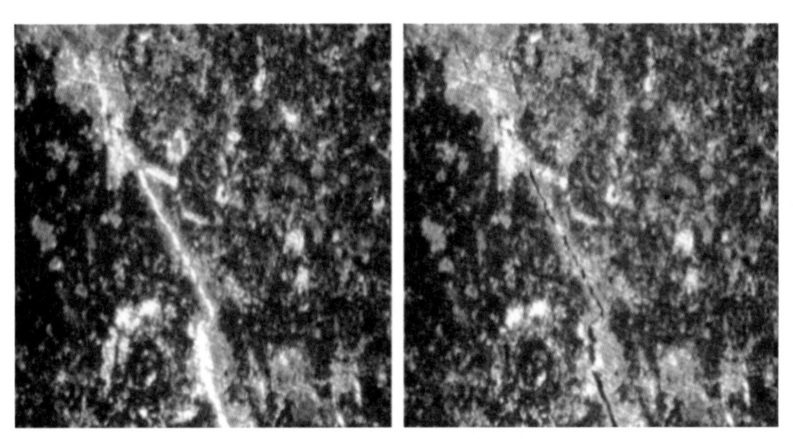

CZ12–1–1A，船山组，2074.2m，5倍，裂缝未被胶结

图 2–7–13　南黄海盆地 CZ12–1–1A 船山组裂缝发育照片

石炭系末期船山组—黄龙组由于地层剥蚀残留区储层受抬升暴露淡水淋滤作用强，储层物性好。因此，靠近不整合面附近的储层物性较好，其次为台内浅滩、开阔台地边缘相附近。

三、盖层特征

南黄海盆地中—古生界自下而上共发育 4 套区域性盖层，其中泥岩盖层有 3 套，分别是：以灰白色、浅紫色石灰岩及碳质泥岩夹煤层为主的下寒武统幕府山组，以灰黑色泥岩夹泥质粉砂岩以及黑色页岩为主的下志留统高家边组，以深灰色、灰黑色泥岩为主的二叠系栖霞组—龙潭组—大隆组；另外一套是蒸发岩盖层：以灰色、灰黑色石灰岩以及浅灰色白云岩、硬石膏岩为主的中三叠统周冲村组。区内这三套泥岩盖层也是工区内发育较好的烃源岩层位，因而其封闭类型以物性封闭和烃浓度封闭为主，而三叠系周冲村组膏岩盖层封闭机理为物性封闭。

1. 下寒武统幕府山组

该套盖层全区均有分布。地震剖面反映内部为杂乱反射结构，中振幅，中—低频率，连续性差。层序顶界面为岩性突变面，震旦系为碳酸盐岩和硅质岩，下寒武统幕府山组为碳质泥岩夹煤层为主的碎屑岩。

寒武系幕府山组发育的盆地相泥页岩，厚度大，平均100～200m厚的泥页岩覆盖了苏北盆地区和南黄海盆地北部坳陷和中部隆起带的大部分地区。

幕府山组的这套泥页岩由黑色页岩、碳质页岩及石煤夹层和硅质岩组成，是区内良好的生油层。这套盖层厚度大，生油能力高，分布广泛，是区内较为有利的一套区域性盖层。

2. 下志留统高家边组

上奥陶统—下志留统界面上下岩性发生了突变，在地震上可追踪到一条较连续、振幅不太弱的反射同向轴。从沉积相来看，下志留统发育浊流、浅海沉积，除北部坳陷及中部隆起东南部，几乎全区都有分布。

志留系高家边组岩性主要是泥岩、页岩、粉砂质泥岩，是现今保存最完整的岩性单一的盆地相至陆棚相沉积的均质泥岩盖层，其厚度可达1400m以上。高家边组盖层对下古生界成油气组合起到了良好的封盖作用，虽然后期断裂对其产生一定影响，但由于自身厚度巨大，并受其内部多重层间滑面的削减作用，高家边组巨厚泥岩盖层在大多数地区保持了自身的连续性，从而成为区内重要的区域盖层之一，属优质盖层。

3. 二叠系栖霞组—孤峰组—龙潭组—大隆组

该套盖层由中—下二叠统栖霞组—孤峰组（孤峰组在南黄海部分地区缺失）盆地相灰黑色泥岩，上二叠统龙潭组、大隆组滨海沼泽相的碳质泥岩、灰黑色泥岩和前三角洲泥岩以及中二叠统孤峰组台盆相灰黑色泥岩共同组成。其中WX5-ST1井、CZ12-1-1A井及CZ35-2-1井揭示到了栖霞组143～266m、龙潭组270～329m、大隆组110～115m。该套盖层主要分布于南黄海海域的东部地区。

4. 中三叠统周冲村组

中三叠统周冲村组以灰色、灰黑色石灰岩及浅灰色白云岩、硬石膏岩为主，沉积相主要为蒸发台地相。该套盖层主要发育于南部坳陷以及中部隆起东南部。

四、储盖组合特征及分布

区内中—古生界发育多套生储盖组合，自下而上分别为：震旦系灯影组—下寒武统幕府山组上生下储组合、寒武系—奥陶系—志留系下生上储组合、上奥陶统五峰组—下志留统高家边组—泥盆系—石炭系下生上储组合、二叠系栖霞组—孤峰组—堰桥组自生自储组合、二叠系龙潭组—大隆组自生自储组合，部分区域可能存在中—下三叠统青龙组—周冲村组自生自储组合或二叠系—中三叠统下生上储组合（图 2-3-2）。

（1）最好的深层生储盖组合为震旦系灯影组—下寒武统幕府山组上生下储组合。其中灯影组藻云岩物性好，幕府山组烃源岩质优，生烃能力强，盖层为幕府山组烃源岩，烃浓度封闭和物性封闭结合，同时盖层分布范围广。生储盖层在空间的匹配关系好，该组合为深层最优生储盖组合。最好的中浅层生储盖组合为二叠系龙潭组—大隆组自生自储组合。其中龙潭组碳质泥岩为优质烃源岩，三角洲平原河道砂体和三角洲前缘砂体是中浅层碎屑岩中物性最好的储层，并且分布范围广，厚度大。大隆组硅质泥岩盖层封闭能力较好。该套自生自储的生储盖组合为最优质的中浅层生储盖组合。

（2）相对较好组合为寒武系—奥陶系—志留系下生上储组合。幕府山组烃源岩质量好；储层层位多，中—上寒武统和奥陶系白云岩、云质灰岩均为较好的次生溶蚀孔缝型储层；高家边组泥岩厚度大，分布广，是较好的盖层。

（3）其他组合总体相对较差，但局部存在优质的勘探目标。中—下三叠统青龙组—周冲村组组合储层范围小，但局部生物礁及浅滩物性好，距烃源岩近，是具有潜力的勘探目标；二叠系栖霞组—孤峰组—堰桥组组合中盖层堰桥组厚度较薄，但栖霞组风化壳储层物性好，烃源岩质优，具有一定的勘探潜力；上奥陶统五峰组—下志留统高家边组—泥盆系—石炭系组合中高家边组烃源岩质量一般，五峰组烃源岩厚度极薄，并且志留系碎屑岩物性相对差，该套组合总体较差。

第二节　中—新生界储层特征及储盖组合

一、储层特征

南黄海盆地中—新生界主要发育泰州组下段、阜宁组、戴南组和三垛组四套储层。在北部坳陷东北凹陷还发育侏罗系储层；盐城组以河流相沉积为主，砂岩发育，但离油源太远，只有在断层作通道时这套储层才有意义，而在这套地层中很少见有断层切割，因此该套储层意义不大。

1. 泰州组一段

该套储层为河流相的砂、泥岩互层，砂岩单层厚一般为 3～5m。北部坳陷北凹陷 HH7 井钻遇该套砂体，砂岩岩性以粉、细砂岩为主，砂岩占地层百分比为 45.1%。孔隙度为 20.6%～24.5%，渗透率为 0.7～0.9mD。由于砂岩大部分含灰质，因此该段储层孔隙度较高，但渗透率较低。参照砂岩储层分类标准（表 2-7-2），达到差储层标准。

2. 阜宁组

南黄海盆地阜宁组自下而上分为阜一段、阜二段、阜三段和阜四段四个岩性段，储层主要发育于阜一段、阜三段。WX4-2-1 井、WX5-ST1 井阜一段以褐色泥岩为主，夹薄层粉砂岩，为滨浅湖相；CZ24-1-1 井以杂色角砾岩为主，为冲积扇沉积；CZ24-1-1 井、WX5-ST1 井阜二段以深灰色、灰黑色泥岩为主夹薄层细砂岩、粉砂岩，为中深湖、滨浅湖相；FN23-1-1、CZ24-1-1、CZ6-1-1A 等井阜三段以灰色泥岩为主夹薄层砂岩、泥质粉砂岩，为滨岸沙坝、滩坝和浅湖泥间互的浅湖相；FN23-1-1 井、CZ6-1-1A 井钻遇的阜四段以大套深灰色、灰色泥岩和粉砂质泥岩为主，见少量薄砂层，在大套灰黑色泥岩中可见薄的泥灰岩层，总体上为中—深湖相。

南部坳陷阜宁组储层以粉砂岩、细砂岩为主。从钻遇井揭示的砂层厚度来看，阜一段砂体总厚10～43m，砂地比5.8%～12.9%，单层砂岩厚度1～22m；阜三段砂体总厚12～101m，砂地比12.4%～42.6%，单层砂岩厚度0.5～10m（表2-7-7）。CZ6-1-1A井获得的18bbl原油（折算为2.45t）所对应的层段即为阜三段。

表2-7-7 南黄海盆地南部坳陷阜一段、阜三段砂体累计厚度及砂地比统计表

井名	地层	顶深/m	底深/m	砂层总厚/m	砂地比/%	单层砂体厚度大于5m累计厚度/m	厚度大于5m砂体总厚占总砂体比/%	单层砂体厚度范围/m	砂岩类型
FN23-1-1井	阜三段	2576	2782	54.5	26.5	32	58.7	0.5～8.5	细砂岩 粉砂岩
CZ6-1-1A井	阜三段	3810	3907	12	12.4	8	66.7	2～8	粉砂岩
WX4-2-1井	阜三段	1760	1920	48	30.0	22	45.8	1.5～6	粉砂岩 细砂岩
	阜一段	1990	2420	25	5.8	0	0	1～4	粉砂岩 细砂岩
WX5-ST1井	阜一段	1262	1340	10	12.8	10	100.0	10	粉砂岩
CZ24-1-1井	阜三段	2176	2413	101	42.6	57	56.4	2～10	粉砂岩 细砂岩
	阜二段	2685	3052	63.5	17.3	19	29.9	1～7	粉砂岩 细砂岩
	阜一段	2352	2685	43	12.9	43	100.0	6～22	角砾岩

从物性分析来看，南二凹陷阜宁组样品测试孔隙度为4.81%～12.91%，平均为7.2%；南四凹陷样品测试孔隙度为1.63%～5.1%，平均为2.67%；南七凹陷样品测试孔隙度为21.85%～22.27%，平均为22.05%。根据2015年测井资料重处理解释结果（表2-7-8），阜三段测井解释孔隙度5.4%～32.3%，平均21.5%。阜一段测井解释孔隙度1.7%～13.6%，平均8.5%。总的来看，阜宁组砂岩孔隙度变化比较大，局部存在较好的储集空间。

北部坳陷储层除阜一段、阜三段外，阜二段、阜四段砂岩相对比南部坳陷发育。北凹陷ZC1-2-1井阜一段累计砂岩厚度129.5m，其中小于2m占砂岩总厚的10%，2～5m占砂岩总厚的55%，5m以上占砂岩总厚的35%；阜二段累计砂岩厚度132m，其中小于2m占砂岩总厚的13%，2～5m占砂岩总厚的60%，5m以上占砂岩总厚的27%。西凹陷HH5井、中凹陷HH9井砂岩统计，阜三段砂岩厚度占13.3%～34.8%，阜四段占28.6%～29.9%，砂岩单层厚度为1～4m，最大8m。

表 2-7-8 南黄海盆地南部坳陷阜一段、阜三段测井解释成果表

井名	层位	顶深 / m	底深 / m	厚度 / m	GR/ API	CNL/ %	DEN/ g/cm³	RT/ Ω·m	AC/ μs/m	K/ mD	V_{sh}/ %	S_w/ %	ϕ/ %	结论
CZ24-1-1 井	阜三段	2387.2	2389.1	1.9	53.4	36.3	1.9	4.2	104.4	194.1	16.7	0.7	24.6	含油水层
		2389.1	2390.7	1.6	49.0	35.7	2.0	10.2	77.9	69.5	13.2	0.6	11.8	干层
		2426.8	2428.3	1.5	54.0	36.5	2.2	4.7	96.7	722.7	17.4	1.0	25.0	干层
		2557.9	2559.9	2.0	48.6	25.9	2.3	4.8	98.3	39.5	12.8	1.0	20.5	水层
		2559.9	2561.4	1.5	44.7	25.6	2.2	7.6	74.1	71.7	9.7	0.9	22.1	干层
		2561.4	2562.5	1.1	44.5	24.5	2.3	4.9	104.2	53.0	9.6	0.8	16.4	水层
		2584.0	2585.8	1.8	57.9	22.7	2.3	4.2	96.3	25.2	20.9	0.6	19.2	含油水层
		2590.8	2591.9	1.1	48.2	27.7	2.3	7.1	69.4	0.6	12.4	0.9	5.4	干层
		2616.4	2620.1	3.7	47.5	34.8	2.0	4.7	110.0	930.1	11.9	0.9	28.0	水层
	阜一段	3051.8	3073.0	21.2	60.8	11.1	2.4	12.6	62.4	1.3	23.6	1.0	10.3	二类层
		3083.4	3099.4	16.0	33.4	1.2	2.6	26.8	53.3	0.0	2.2	1.0	1.7	十层
WX4-2-1 井	阜三段	1806.7	1808.9	2.2	46.2	34.7	2.3	4.8	105.2	1123.5	16.6	0.9	29.3	水层
		1823.5	1825.4	1.9	47.4	36.9	2.4	6.4	100.3	1133.5	17.6	0.8	24.4	水层
		1827.7	1831.4	3.7	47.3	33.8	2.3	8.0	94.3	72.4	17.4	0.9	21.9	水层
		1864.8	1868.6	3.8	55.7	37.0	2.5	8.2	91.9	42.0	24.4	0.9	20.3	水层
		1882.8	1886.1	3.3	54.4	36.4	2.3	4.9	110.9	2217.5	23.3	0.8	30.0	水层
		1917.4	1923.5	6.1	58.3	35.6	2.2	4.2	109.6	3240.3	26.8	0.8	32.2	水层
	阜一段	2407.7	2410.5	2.8	53.7	21.4	2.5	16.4	72.6	2.9	22.7	0.9	13.6	水层
FN23-1-1 井	阜三段	2600.4	2609.6	9.2	79.8	0.3	2.3	2.5	101.2	108.5	48.3	0.8	22.5	水层
		2624.6	2633.5	8.9	59.3	0.2	2.3	2.4	95.8	28.3	25.0	0.9	18.9	水层
		2645.8	2649.9	4.1	73.6	0.3	2.3	2.4	101.1	157.9	40.4	0.8	22.4	水层
		2696.4	2702.6	6.2	63.6	0.3	2.3	2.5	98.3	429.2	29.2	0.7	26.7	水层
		2710.2	2713.9	3.7	69.6	0.3	2.3	2.1	81.9	6.5	36.1	1.0	15.7	水层
		2740.1	2746.8	6.7	75.4	0.2	2.4	3.1	79.2	3.3	42.6	1.0	13.9	水层

北凹陷钻井样品测试阜一段孔隙度 5.8%～15.5%，平均为 10.6%；阜二段孔隙度 10.5%～15.7%，平均为 13.5%；阜三段孔隙度 15.4%～20.6%，平均为 16.3%；阜四段孔隙度 15.5%～25.1%，平均为 22.1%。

整体上说，阜宁组南、北坳陷阜一段、阜三段砂岩都较为发育，局部不缺优质储层；北部坳陷阜二段、阜四段局部也发育较好储层。

3. 戴南组

以扇三角洲、辫状河三角洲和滨浅湖相为主要沉积特征的戴南组储层较好。

CZ24-1-1井戴一段砂层总厚的71.5m，砂地比53%，单层砂体大于5m的累计厚度为63.55m，占砂层总厚的88.8%，岩性以细砂岩、砂砾岩为主；WX20-ST1井戴一段砂层总厚154m，砂地比35.2%。单层大于5m的砂体累计厚度为66m，占砂层总厚的42.9%，以粉砂岩，细砂岩为主。戴二段砂层总厚167m，砂地比25.2%，单层大于5m的砂体累计厚度为61m，占砂层总厚的36.5%，以粉砂岩、细砂岩为主。HH6井戴一段砂层总厚81m，砂地比34.2%，单层大于5m的砂体累计厚度为23.5m，占砂层总厚的29%，以粉砂岩、细砂岩为主。戴二段砂岩总厚60.5m，砂地比27.6%，单层大于5m的砂体累计厚度为18m，占砂层总厚的29.8%，以粉砂岩、细砂岩为主。

从储层物性来看，WX20-ST1井戴南组砂岩样品属于长石岩屑石英砂岩，碎屑颗粒成分中，石英含量38%～50%，长石含量20%～27%，岩屑30%～34%，基质2%～7.5%，胶结物0～5.5%，基质和胶结物含量低，岩石结构疏松，有利于形成好的储层。孔隙类型以次生孔隙为主，相对面密度在65%以上，主要包括溶蚀孔、粒内孔、晶间孔、铸模孔及裂隙孔；孔隙度介于8%～21%，平均15.9%，渗透率介于0.09～982mD，平均100.6mD，总体达到中—好储层级别。

北部坳陷北凹陷ZC1-2-1井戴一段累计砂岩厚度384m，其中小于2m占砂岩总厚的6%，2m～5m占砂岩总厚的57%，5m以上占砂岩总厚的37%；戴二段累计砂岩厚度277m，其中小于2m占砂岩总厚的6%，2～5m占砂岩总厚的59%，5m以上占砂岩总厚的35%。岩心分析孔隙度介于5.9%～8.4%，平均7.2%，渗透率介于0.38～19.8mD，平均0.3mD。

戴南组除个别样品测试孔隙度、渗透率较低外，总体上储层物性较好。

4. 三垛组

三垛组具有上细下粗的特点。上段以泥质岩为主的浅湖相沉积，储层较差；下段储层发育，主要为三角洲相、河流相沉积。

南部坳陷CZ24-1-1井垛一段砂层总厚度为331m，砂地比为93.8%，均为大于5m的砂体，单层砂岩厚度范围6.2～85m，以细砂岩、砂砾岩为主；垛二段砂层总厚度为141.2m，砂地比为74.3%，单层大于5m的砂体累计厚度为133.34m，占砂层总厚的94.4%，单层砂岩厚度范围1.4～40.4m，以细砂岩、含砾砂岩为主。WX20-ST1井垛一段砂层总厚度为400m，砂地比为81.8%，单层大于5m的砂体累计厚度为370m，占砂层总厚的92.5%，单层砂岩厚度范围2～45m，以细砂岩、中细砂岩、砂砾岩为主；垛二段砂层总厚度为82.5m，砂地比为74.3%，单层大于5m的砂体累计厚度为33.53m，占砂层总厚的40.6%，单层砂岩厚度范围2～14.5m，以粉砂岩、泥质粉砂岩为主。HH6井垛一段砂层总厚度为305m，砂地比为80.5%，单层大于5m的砂体累计厚度为241.5m，占砂层总厚的79.2%，单层砂岩厚度范围1～36.5m，以粉细砂岩、砂砾岩为主；该井垛二段钻遇厚度较薄，砂层总厚度为14m，砂地比为12.4%，单层大于5m的砂体累计厚度为7m，占砂层总厚的50.0%，单层砂岩厚度范围1～7m，以粉砂岩为主。

南部坳陷南四凹陷CZ6-1-1A井三垛组砂岩物性测试孔隙度主要分布在12.6%～13.5%之间，平均13.1%，渗透率主要分布在62.6～101.4mD之间，平均82.1mD。南七凹陷 HH1、HH4 井三垛组孔隙度主要分布在 24.6%～27.4% 之间，平均 25.5%，渗透率主要分布在 2.1～42.3mD 之间，平均 21.5mD（表 2-7-9）。

表 2-7-9　南黄海盆地南部坳陷砂岩储层物性统计表

层位	井名	孔隙度 /%			水平渗透率 /mD			沉积相类型
		最小值	最大值	平均值	最小值	最大值	平均值	
三垛组	CZ6-1-1A	12.65	13.52	13.09	62.66	101.43	82.05	三角洲砂体
	HH1	24.63	27.36	26	2.13	42.25	22.19	河流相砂体
	HH4	25.03	25.03	25.03	20.63	20.63	20.63	河流相砂体
戴一段	CZ6-1-1A	10.35	19.57	14.55	0.07	245.43	40.25	三角洲砂体
	WX20-ST1	8	21	15.95	0.09	982	100.57	三角洲砂体
	HH1	20.62	33.45	26.87	8	2500.43	597.58	三角洲砂体
	HH4	19.73	25.03	22.54	2.09	20.63	9.04	三角洲砂体
戴二段	WX20-ST1	16	28.6	22.15	0.18	71.5	29.71	三角洲砂体
阜四段	HH4	21.85	22.27	22.06	2.45	2.73	2.41	三角洲砂体

北部坳陷三垛组与南部坳陷类似，北凹陷 ZC1-2-1 井样品测试孔隙度 4.7%～28.9%，平均为 21.7%，渗透率主要分布在 0.33～60.8mD 之间，平均 27.8mD。

总体来说，南黄海盆地三垛组储层发育较好，达到中等—好储层级别。

对南黄海盆地中—新生界泰州组、阜宁组、戴南组和三垛组四套储层综合评价，认为除泰州组物性相对较差外，阜宁组、戴南组和三垛组都不缺乏优质储层。

二、盖层特征

南黄海盆地中—新生界发育的区域性和重要的局部盖层主要有泰州组二段、阜宁组二段和四段、戴南组一段及三垛组二段。

1. 泰州组二段

该套盖层岩性为泥岩夹薄层粉砂岩，在 ZC1-2-1 井上钻遇 52m，泥岩含量达到 65%；该套盖层在 HH7 井上厚度超过 300m，泥岩含量可达 70%。在剖面上，泰二段盖层厚度稳定。在平面上分布广泛，是一套可靠的区域盖层。

2. 阜宁组二段和四段

阜二段、阜四段沉积时期是南黄海盆地两个重要的海侵时期，中深湖、滨浅湖相泥岩广泛发育。泥岩厚度大，岩性纯，具有有效封盖能力，是非常好的区域性盖层。阜二段、阜四段也是本区的主力烃源岩层段。

例如，CZ24-1-1 井、WX5-ST1 井阜二段以深灰色、灰黑色泥岩为主夹薄层细砂岩、粉砂岩，发育中深湖、滨浅湖相沉积；FN23-1-1 井、CZ6-1-1A 井阜四段，岩性为大套深灰色、灰色泥岩和粉砂质泥岩，见少量薄砂层，在大套灰黑色泥岩中可见薄的泥灰岩层，属中深湖沉积。

根据钻井资料推测，南部坳陷阜二段中深湖相泥岩厚度在局部地区可达 200m 以上，阜四段中深湖相泥岩厚度在局部地区可达400m左右；北部坳陷ZC1-2-1井阜四段钻遇80m湖相泥岩。这两套盖层剖面上稳定分布，平面上广泛发育，是两套非常好的区域性盖层。

3. 戴南组一段

根据钻井资料，WX20-ST1井戴一段中上部为一套灰黑色、灰色泥岩夹薄层砂岩、粉细砂岩，厚约288m，泥岩含量约73.4%，单层泥岩厚度为2～20m。戴二段中上部发育一套灰黑色泥岩、粉砂质泥岩夹薄层粉细砂岩，厚约496m，泥岩含量78.8%，单层泥岩厚度2～38m；HH6井戴南组总体以滨浅湖相为主，砂岩间夹在泥岩中，戴一段泥岩层段总厚155.5m，泥岩含量65.6%，单层泥岩厚0.5～15m，厚度大于5m泥岩占总厚的44.1%，以灰色、深灰色泥岩为主。戴二段整体泥岩层段厚157m，泥岩含量71.9%，但单层泥岩厚度相对小，最厚14m，厚度大于5m泥岩占泥岩总厚的29.8%，以灰白色、灰色、紫红色泥岩为主（表2-7-10）。ZC1-2-1井戴一段顶部滨浅湖相泥岩夹粉砂岩，厚度可达200m，泥岩含量达到60%。

表2-7-10　南黄海盆地部分探井戴南组盖层泥岩累计厚度及泥地比统计表

井名	地层	深度范围/m		泥层总厚/m	泥地比/%	单层泥岩厚度大于5m累计厚度/m	厚度大于5m泥岩总厚占总泥岩比/%	单层泥岩厚度范围/m	泥岩特征
WX20-ST1井	戴二段中上部	2274	2770	391	78.8	363	92.8	2～38	深灰色、灰黑色泥岩、灰色粉砂质泥岩
	戴一段中上部	2938	3220	207	73.4	171	82.6	2～20	灰色、深灰色泥岩为主
HH6井	戴二段	1957	2176	157.5	71.9	47	29.8	0.5～14	灰白色、灰色、紫红色泥岩为主
	戴一段	2176	2413	155.5	65.6	68.5	44.1	0.5～15	灰色、深灰色泥岩为主

戴南组泥岩厚度与质量虽然不如阜宁组，但在局部地区也有较高的封盖能力。

4. 三垛组二段

根据钻井资料，南部坳陷CZ24-1-1井垛二段泥岩层段累计厚度48.1m，泥岩含量45.4%，单层泥岩厚度最大达9m，单层厚度大于5m泥岩占泥岩总厚的87.3%；WX20-ST1井垛二段泥岩层段累计厚度77.5m，泥岩含量58.7%，单层泥岩厚度最大达17m，单层厚度大于5m泥岩占泥岩总厚的81.3%；HH6井垛二段泥岩层段累计厚度98.5m，泥岩含量87.6%，单层泥岩厚度最大达9.5m（表2-7-11）。

北部坳陷ZC1-2-1井三垛组为河漫滩泥岩夹粉砂岩，厚度达150m，泥岩含量70%。

受三垛运动的影响，垛二段泥岩遭受不同程度的剥蚀，但在部分凹陷垛二段泥岩残余厚度相对较大，厚度可达100～150m，可形成较好的盖层。

另外，在北部坳陷东北凹陷侏罗系发育几套滨浅湖—半深湖相泥岩，质较纯，封盖能力较好，横向分布应很稳定，也为一套良好区域盖层。

表 2-7-11　南黄海盆地南部坳陷南五凹陷垛二段盖层泥岩累计厚度及泥地比统计表

井名	地层	顶深 / m	底深 / m	泥层总厚 / m	泥地比 / %	单层泥岩厚度大于 5m 累计厚度 / m	厚度大于 5m 泥岩总厚占总泥岩比 / %	单层泥岩厚度范围 / m	泥岩特征
CZ24-1-1 井	垛二段	1675	1781	48.1	45.4	42	87.3	1.5～9	浅灰色泥岩为主夹棕红色、紫红色泥岩
WX20-ST1 井	垛二段	1653	1785	77.5	58.7	63	81.3	2～17	灰色、深灰色泥岩为主
HH6 井	垛二段	1465.5	1578	98.5	87.6	16	16.2	0.5～9.5	灰绿色、灰白色泥岩为主夹褐色泥岩

三、储盖组合

通过对南黄海中—新生界盆地地震及钻井沉积、储层、盖层特征分析，结合苏北盆地勘探实践，预测南黄海盆地自下而上主要发育三套储盖组合，即泰州组组合、阜宁组组合和戴南组组合（图 2-3-6）。另外，在部分凹陷还存在侏罗系组合与三垛组组合。

1. 侏罗系储盖组合

该套组合主要发育于北部坳陷东北凹陷。自下而上可分为三个亚组合。

1）上侏罗统荣成组下部储盖组合

该组合以荣成组底部砂岩为储层，荣成组中下部泥岩段为盖层。该组合泥岩盖层段厚达 261m，泥岩也为滨浅湖相泥岩，质较纯，封盖能力较好，横向分布应较稳定，为一套较好区域盖层；砂岩累计厚度 102.5m，最大单层厚度 14m，为湖泊、三角洲相细、粉砂岩，较致密，储层物性差。综合评价为一套较差的储盖组合。

2）上侏罗统荣成组上部储盖组合

该组合以荣成组中部砂岩为储层，上部泥岩段为盖层。该组合泥岩盖层段厚达 322.5m，泥岩为滨浅湖相泥岩，质较纯，封盖能力较好，横向分布应较稳定，为一套较好区域盖层；砂岩累计厚度 107.5m，最大单层厚度 8m，为湖泊、三角洲相细、粉砂岩，较致密，储层物性较差。本组合为一套较差的储盖组合。

3）上侏罗统即墨组储盖组合

该组合以即墨组中下部砂岩为储层，即墨组上部泥岩为盖层。该组合泥岩盖层泥岩段厚度较大，达 352m，且泥岩均为滨浅湖—半深湖相泥岩，质较纯，封盖能力较好，横向分布应很稳定，为一套良好区域盖层；砂岩总厚 373m，最大单层厚度 34m，多为河流、三角洲相细砂岩，储层物性较好。RC20-2-1S 井揭示的成熟烃源岩基本发育于该泥岩盖层之下。显然，本组合为一套良好的储盖组合。

2. 泰州组储盖组合

该组合以泰一段滨浅湖滩坝、河流相砂岩为储层，泰二段滨浅湖、中深湖相泥岩为盖层。该组合是南黄海盆地主要储盖组合之一，江苏油田分公司在苏北盆地该套组合中已获得工业油气流。

3. 阜宁组储盖组合

阜宁组包括两套亚组合：第一套亚组合以阜一段滨岸沙坝、滩坝、三角洲砂岩为储层，阜二段滨浅湖、中深湖相泥岩为盖层；第二套亚组合以阜三段滨岸沙坝、滩坝、三角洲砂岩为储层，阜四段中深湖相泥岩为盖层。该组合是南黄海盆地一套重要的储盖组合，CZ6–1–1A 井在此组合中测试折算日产原油 2.45t。另外，阜宁组各段中都发育自生自盖型组合。

4. 戴南组储盖组合

该套组合以戴一段扇三角洲、三角洲相砂岩及滨岸沙坝为储层，戴二段中下部滨浅湖相泥岩为盖层。该组合也是南黄海盆地主要储盖组合之一，HH6 井在戴南组组合中见气测异常。另外，戴一段和戴二段内部均发育自生自盖型组合。

5. 三垛组储盖组合

该套组合以垛一段和垛二段下部厚层含砾砂岩、中砂岩、细砂岩为储层，垛二段中上部滨浅湖、河漫滩相泥岩为盖层，储盖组合配置关系较好，CZ6–1–1A 井在该组合见荧光显示。但受到三垛运动地层剥蚀的影响，降低了该组合的有效性。

上述组合中，阜宁组和戴南组是南黄海盆地中—新生界最好的勘探组合，其次为泰州组；三垛组组合由于垛二段盖层受到不同程度的剥蚀，侏罗系储盖组合储层物性较差并且分布局限，这两套组合为较差的组合。

第八章　中—古生界油气资源潜力与勘探方向

资源潜力评价是油气勘探及部署的依据和基础。南黄海盆地资源潜力评价过去多集中于中—新生界，中—古生界很少涉及。南黄海中—古生界资料较少，本书主要是在参考其他盆地参数基础上，对南黄海地震覆盖区主要包括中部隆起与南部坳陷中—古生界资源潜力进行了初步评价。因此，这一成果内容存在着进一步深化并与生产实践相结合的过程。

第一节　油气显示特征

南黄海海相中—古生界盆地是下扬子向海区的延伸，也是下扬子地台的主体。在下扬子陆区的海相中—古生界油气显示活跃、类型多样，震旦系到中—下三叠统在不同的层系中均见到显示。总体上三叠系、上古生界以油为主，兼有少量气和沥青，中—下三叠统和二叠系油显示最为丰富；下古生界以沥青显示为主，兼有少量油气，下寒武统沥青含量最多。平面上宏观分带性特征明显，从北西到南东可分为三个带：即北带的烃气、油、无机 CO_2 气显示，中带的油、无机 CO_2 气显示，南带的固体碳沥青显示（梁兵等，2013）。

北带北至响水—灌南—淮阴—盱眙一线，南到海安—泰兴黄桥—六合一线，以苏北盆地区为主，显示类型主要为油、烃气和 CO_2 气，显示层位以下古生界为主，其次为上古生界；其中重要的油显示包括真 43 井寒武系原油（累计产油 95t），台 X8 井龙潭组油显示，老塘 1 井五通组原油等；气显示有盐城朱家墩气田、盐城 3 井五通组气显示等。油显示主要分布于古近纪箕状断陷主断裂两侧，如高邮凹陷南断阶、吴堡低凸起、泰州凸起，油源来自古近系。CO_2 气显示主要分布于深大断裂附近，属无机成因气。

中带陆上南至泾县—宁国，北到海安—泰兴黄桥—六合一带，沿北东向展布。该区地面油苗最为丰富，井下以油显示为主、CO_2 气次之，有少数烃气。分布地点为南陵、巢湖、句容、镇江、黄桥等。其中重要的显示有黄桥 CO_2 气田，溪桥浅层气田，江都地表油苗，句容地区容 2、容 3 井短时工业油流井（容 2、容 3 井分获初产 $6.6m^3$ 和 $10.1m^3$ 工业油流），镇江、宣城地区煤矿的十多口出油井，短时喷气的苏 32 井，宜兴南新镇水井油苗等。油气显示层位以上古生界、三叠系、侏罗系和白垩系为主。油源主要来自海相中—上古生界烃源岩，与晚燕山以来中生界、上古生界烃源岩的晚期生烃有关。CO_2 气主要分布在黄桥地区，以无机幔源成因为主。

南带包括石台—宁国—安吉地区，油气显示类型单一，以固体的脉状和孔隙型残留碳沥青为主。在皖南太平及石台一带多有分布，在浙西的吉安、临安、淳安等地分布普遍，层位以志留系、奥陶系及寒武系为主，油源来自下古生界，属原始油藏在印支—燕山期遭受破坏形成。

第二节　油气资源潜力

南黄海海相中—古生界资源量的预测处于初始阶段，主要是通过地层埋藏史和盆地热流史恢复，确定地层温度史，正演烃源岩的成熟度史，在此基础上进行资源量估算。

一、中—古生界烃源岩生烃潜力

生烃量计算包括了生气量与生油量的计算。根据南黄海盆地中—古生界烃源岩综合特征：（1）分别对下寒武统、上奥陶统—下志留统、二叠系泥岩与石灰岩等4套烃源岩在前印支末期、晚侏罗世—早白垩世和三垛期及现今的生气量进行了计算；（2）考虑到下古生界烃源岩在前印支末期已经过成熟，仅分别对二叠系泥岩与石灰岩等两套烃源岩在前印支末期、晚侏罗世—早白垩世和三垛期及现今的生油量进行了计算。

各阶段生烃量计算公式如下：

$$\text{生烃量}=\left[\mathrm{Tot}(R_{o2})-\mathrm{Tot}(R_{o1})\right]\times \mathrm{TOC}\times S\times H\times \rho \qquad (2\text{-}8\text{-}1)$$

式中　$\mathrm{Tot}(R_o)$——气体产率或产油率，它是热成熟度（R_o）的函数；

R_{o2}——终止成熟度，%；

R_{o1}——起始成熟度，%；

TOC——有机碳含量，%；

S——烃源岩面积，km^2；

H——烃源岩厚度，m；

ρ——烃源岩密度，g/cm^3。

公式中的主要参数说明：

（1）资源量计算的边界。由于需要计算残留地层厚度数据，因此仅对目前地震覆盖区进行生烃量计算，主要包括中部隆起与南部坳陷，面积共$9.12\times10^4km^2$。

（2）烃源岩分布范围与厚度。根据下扬子陆域烃源岩分布及沉积相分布，上述烃源岩在中部隆起与南部坳陷普遍存在。

（3）关键时期的R_o平面分布。在地层埋藏史和盆地热流史恢复的基础上，计算地层温度史，以此正演各烃源层在各个关键时期（前印支末期、晚侏罗世—早白垩世和三垛期及现今）的成熟度史。

（4）烃源岩的生烃率（气体产率及产油率）。对所涉及的烃源岩生烃率，根据下面的公式计算：

① 二叠系泥岩与石灰岩的气体产率根据蔡进功等（2010）对南黄海二叠系样品进行的生烃动力学模拟结果。

二叠系泥岩（P_2g–P_3d）：

$$\mathrm{Tot}(R_o)\approx\begin{cases}0,R_o<0.71\\557.5R_o^6-4880.5R_o^5+16935R_o^4-29976R_o^3+28646R_o^2-14005R_o+2739,0.71\%\leqslant R_o\leqslant1.65\%\\-2.5096R_o^6+41.065R_o^5-272.73R_o^4+939.92R_o^3-1764.1R_o^2+1735.8R_o-664.86,R_o>1.65\%\end{cases}$$

（2-8-2）

二叠系灰岩（P_1q）：

$$\mathrm{Tot}(R_o)\approx\begin{cases}0,\ R_o<0.71\%\\489.21R_o^6-2834.7x^5+6336R_o^4-6798.8R_o^3+3509.6R_o^2-688.43R_o-8.5,\ 0.71\%\leqslant R_o\leqslant1.65\%\\-1.0978R_o^4+11.426R_o^3-48.655R_o^2+129.24R_o-87.495,\ R_o>1.65\%\end{cases}$$

（2-8-3）

对于下古生界烃源岩（下寒武统、上奥陶统—下志留统），则根据塔里木盆地奥陶系黑色页岩（萨尔干露头）的热模拟结果计算气体产率。

$$\mathrm{Tot}\left(R_o\right)\approx\begin{cases}0,\ R_o<1\%\\2.8752R_o^4-37.704R_o^3+159.43R_o^2-180.37R_o+58.55,\ R_o>1\%\end{cases}\quad(2\text{-}8\text{-}4)$$

② 产油率根据塔中隆起烃源岩产油率图版（图 2-8-1），该图版涉及的烃源岩类型有Ⅰ、II_1、II_2和Ⅲ型，岩性涉及石灰岩和泥岩。根据下扬子地区二叠系烃源岩类型，南黄海地区二叠系泥岩与石灰岩分别使用图中泥岩II_1和石灰岩II_1生油曲线。

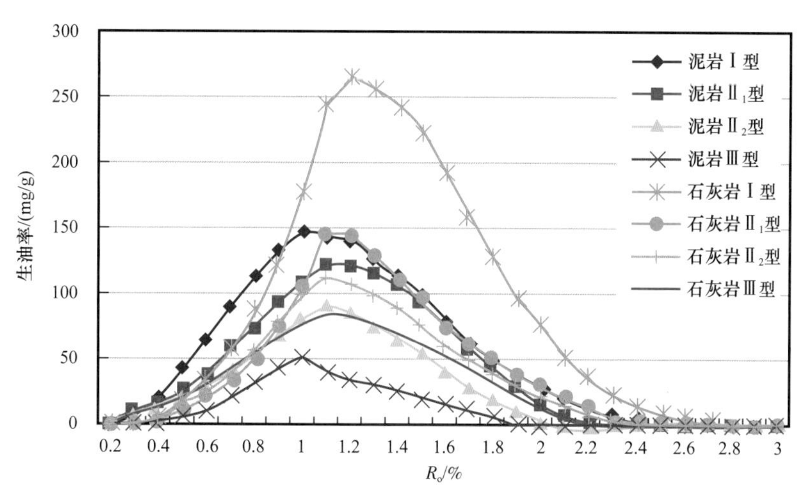

图 2-8-1　塔中隆起烃源岩产油率图版

南黄海盆地震覆盖区（主要包括中部隆起与南部坳陷）中—古生界不同时期各烃源层的生烃量计算结果见表 2-8-1、表 2-8-2。

表 2-8-1　南黄海盆地古生界主要烃源岩各时期生气量　（单位：10^8m^3）

层位	前印支期	晚侏罗世—早白垩世	三垛期	现今	累计	生气量占比
ϵ_1m	1527782	83865	43595	2997	1658239	76.5%
O_3w—S_1g	297287	55654	36466	5243	394650	18.2%
P_1q	0	2210	3161	7846	13217	0.6%
P_1g，P_2l，P_2d	0	5528	22180	74102	101811	4.7%
生气量合计	1825069	147258	105402	90189	2167917	
生气量占比	84.2%	6.8%	4.9%	4.2%		

表 2-8-2　南黄海盆地二叠系两套烃源岩各时期生油量　（单位：10^8t）

层位	前印支期	晚侏罗世—早白垩世	三垛期	现今	累计	占比
P_1q	173.9	6.0	12.8	7.9	200.5	8.7%
P_1g，P_2l，P_2d	1651.6	31.2	170.7	238.6	2092.1	91.3%
生油量合计	1825.4	37.2	183.5	246.5	2292.7	
占比	79.6%	1.6%	8.0%	10.8%		

生气量，寒武系烃源岩累计生气量为 $1658239 \times 10^8 m^3$，上奥陶统—下志留统烃源岩累计生气量为 $394650 \times 10^8 m^3$，二叠系烃源岩累计生气量为 $115028 \times 10^8 m^3$，南黄海古生界主要烃源岩各时期累计生气量为 $2167917 \times 10^8 m^3$。生气量主要由下古生界烃源岩贡献，其中幕府山组贡献 70%，而且前印支期约占整个生气量的 85%。

生油量，主要为二叠系烃源岩的贡献，累计生油量为 2292.7×10^8t，其中二叠系泥质烃源岩贡献超过 90%。而且前印支期生油量约占 80%。

二、中—古生界资源潜力

南黄海中—古生界资源潜力的评价和认识，主要是对其资源量的估算。

资源量的估算计算公式：

$$资源量 = 生烃量 \times 运聚系数$$

运聚系数（或排聚系数）是指地质储量和生烃量的比值，主要与有效烃源岩的年龄和成熟度、圈闭的发育程度以及上覆地层的区域不整合个数等因素有关。到目前为止，尚无确切的方法加以计算，大多以勘探和研究程度较高的盆地为实例，计算相应的生油量和已探明的地质储量，获得相应的运聚系数。南黄海地区缺乏实际资料，油气的运聚系数主要通过与相似盆地的对比予以确定。

表 2-8-3 为不同地区中—古生界运聚系数，其中，松辽盆地与渤海湾盆地为古生界二次生烃的运聚系数。二次生烃的运聚系数明显高于四川盆地等地区初次生烃的运聚系数，这是因为新生代的二次生烃具备较好的油气保存条件，而四川盆地等地区初次生烃后由于后期的构造运动油气藏受到了不同程度的破坏。四川盆地构造相对稳定，包括川东和川东北在内，天然气的运聚系数约为 0.5%。湘西北与苏北—南黄海地区更为接近，属于扬子板块内强烈变形区，因此南黄海地区初次生烃的油气运聚系数分别取 0.75% 和 0.25%，其中，天然气的运聚系数高于全国第一轮油气资源评价的取值。

南黄海地区中—古生界二次生烃的油、气运聚系数采用苏北—南黄海新生代断陷盆地的油、气运聚系数（表 2-8-4），分别取 4% 和 1%。

根据上述不同时期天然气的运聚系数，确定南黄海地区的天然气资源量为 $6886 \times 10^8 m^3$（表 2-8-5）。从时代上看，二次生烃（晚侏罗世—早白垩世、三垛期、现今）的资源量约占总资源量的 28%；从平面分布看，天然气资源主要集中于南部坳陷附近。

表 2-8-3　不同地区中—古生界运聚系数

地区	烃源岩层系	运聚系数 /%	备注
四川盆地		气：0.5	全国第一轮油气资源评价
鄂尔多斯盆地		气：0.4	
华北地区		气：0.3	
滇黔桂、鄂湘赣下扬子		气：0.1～1.5	
塔里木塔中	奥陶系	油：1.76	徐忠美（2011）
		气：0.58	
川东南地区	上奥陶统—下志留统	气：0.56	李辉（2013）
川东北通南巴	二叠系	气：0.4～0.7	中国石化新星公司西南分公司（2002）
川东北达县—宣汉	二叠系	气：0.5～0.7	
上扬子湘西北	新元古界—下古生界	油：0.75	焦鹏（2013）
		气：0.25～0.35	
松辽盆地	石炭系—二叠系	气：1	二次生烃，廉娟（2010）
渤海湾武清凹陷及邻区	石炭系—二叠系	气：1～2	二次生烃，华北油田勘探开发研究院（1988，1999）、中国石油勘探开发研究院廊坊分院（1990）

表 2-8-4　苏北—南黄海新生代断陷盆地的油气运聚系数

凹陷	运聚系数（油）/%	运聚系数（气）/%	来源
苏北盆地高邮凹陷	3～8		胡芬（2010）
苏北盆地金湖凹陷	2～6		
南黄海中部凹陷	4	1	中国海洋石油总公司，中国近海油气资源评价报告，内部报告（1993）
南黄海南部凹陷	4	1	
南黄海中部凹陷	4.57	1.14	地质矿产部海洋地质研究所，黄海、东海大陆架及邻近海域油气资源远景评价，内部报告（1995）
南黄海南部凹陷	2.68	0.67	

表 2-8-5　南黄海地震覆盖区四套烃源天然气资源量估算统计表　（单位：10^8m^3）

时期	前印支期	晚侏罗世—早白垩世	三垛期	现今	累计
生气量合计	1825069	147258	105402	90189	2167917
运聚系数	0.25%	0.25%	1.0%	1.0%	
资源量	4562.673	368.145	1054.015	901.8869	6886.7

根据上述不同时期石油的运聚系数，确定的南黄海盆地石油的资源量为 31.7×10^8t（表 2-8-6）。从时代上看，二次生烃（晚侏罗世—早白垩世、三垛期、现今）的资源量约占总资源量的 54%（以三垛期、现今为主）；从平面分布看，石油资源也主要集中于南部坳陷附近。

表 2-8-6 南黄海地震覆盖区二叠系两套烃源石油资源量估算 （单位：10^8t）

时期	前印支期	晚侏罗世—早白垩世	三垛期	现今	累计
生油量合计	1825.4	37.2	183.5	246.5	2292.7
运聚系数	0.78%	0.78%	4.0%	4.0%	
资源量	14.2	0.3	7.3	9.9	31.7

另外，中石化上海海洋油气分公司根据盆地模拟排烃量结果，采用聚集系数法评价南黄海盆地古生界寒武系—志留系烃源岩的油气资源量：石油 8.82×10^8t，天然气 18.31×10^8t（油当量），油气资源总量为 27.12×10^8t。其中，中部隆起石油 4.83×10^8t，天然气 9.64×10^8t（油当量）；南部坳陷石油 2.62×10^8t，天然气 5.83×10^8t（油当量）；北部坳陷石油 0.97×10^8t，天然气 2.16×10^8t（油当量）；勿隆沙隆起石油 0.39×10^8t，天然气 0.68×10^8t（油当量）；油气主要分布在中部隆起，其次是南部坳陷。

评价下二叠统栖霞组和上二叠统龙潭组—大隆组烃源岩的油气资源量为石油 5.48×10^8t，天然气 3.96×10^8t（油当量），油气资源总量为 8.97×10^8t。其中，中部隆起天然气 0.09×10^8t（油当量）；南部坳陷石油 4.58×10^8t，天然气 3.36×10^8t（油当量）；北部坳陷石油 0.90×10^8t，天然气 0.51×10^8t（油当量），区域上主要分布在南部坳陷。

整个南黄海古生界盆地总油气资源量为 36.09×10^8t，其中，石油为 13.92×10^8t，天然气为 22.18×10^8t（油当量），油气主要来源于下古生界烃源岩。

虽然上述二者在资源量评价上存在差异，但均说明南黄海盆地古生界存在较大的油气资源潜力。

第三节 油气勘探前景

一、生储盖组合系统特征

南黄海中—古生界盆地发育的四套主力烃源岩、多套储层与不同层系的盖层共同组合形成了区域两大套上、下生储盖组合系统（图 2-3-2）。

1. 下生储盖组合系统

下组合系统是指由下寒武统幕府山组为烃源岩，震旦系上统灯影组、下寒武统、中—上寒武统、中—下奥陶统碳酸盐岩为储层，上奥陶统五峰组和下志留统高家边组为区域盖层构成的生储盖组合。该组合系统广泛分布于南黄海地区的中部隆起至南部勿南沙隆起区域。

从系统内油气的时—空成藏匹配条件分析，在奥陶纪—志留纪油气的关键充注期后，经历了印支—早燕山期的油气破坏和改造作用（图 2-8-2），且目前在苏皖地区所发现的原油、天然气显示经对比没有来自下古生界烃源岩的，仅在中带黄桥地区和南带浙江余杭地区发现来自下古生界烃源岩的沥青显示，说明早期在下扬子陆域形成的油气藏已遭到严重破坏，赋存下来的概率很小。但由于南黄海地区相对变形程度弱，志留系泥质岩盖层的广泛发育，因此对油气系统的破坏作用也相对弱，尤其是印支—早燕山期在沿江地区处于南北对冲带之间的前陆盆地的发育，一方面使下伏海相古生界得以在强烈的前陆变形中保存下来，同时又是构造高部位，因此是油气运移的指向区；另一方面，前陆盆地中的泥质岩又为下伏的油气藏进一步提供了遮挡或作为盖层，因而有可能有较好的下古生界油气藏的保存。最有利的部位应该是中部隆起至南部勿南沙隆起，且推测可能为过成熟或高裂解的油气系统。

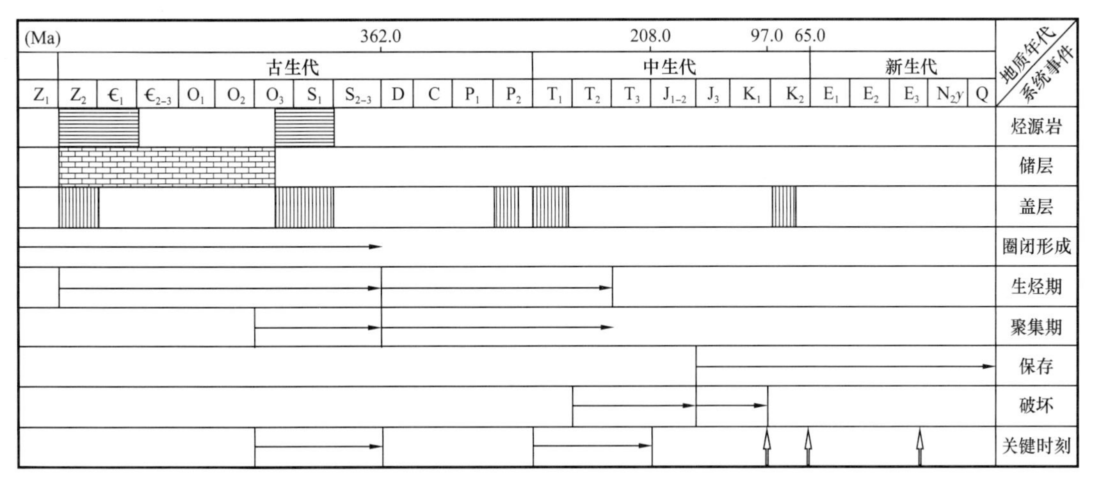

图 2-8-2　南黄海地区下生储盖组合油气成藏系统时空匹配关系图

2. 上生储盖组合系统

上组合系统是指由上奥陶统五峰组和下志留统高家边组、中—下二叠统栖霞组、孤峰组和上二叠统龙潭组、大隆组为烃源岩，二叠系泥质烃源岩与下三叠统致密灰岩、中三叠统膏盐岩为主构成的泥盆系—中三叠统盖层，它们与石炭系—二叠系碳酸盐岩、碎屑岩储层和下三叠统碳酸盐岩储层构建的优越的生储盖组合（图 2-8-3）。该组合系统广泛分布于南黄海的南部及其周边区域。

从苏北盆地该系统内油气的时—空成藏匹配条件分析，在 100—80Ma、60Ma、25Ma 三次油气的关键充注期后，基本没有经历大的油气破坏和改造作用（图 2-8-3），且伴随着晚燕山—晚喜马拉雅期一系列拉张断陷盆地的形成，下扬子区开始了快速的陆相地层沉积，与此同时，地温梯度也迅速增高。受此影响，上古生界海相烃源岩不同程度地经历了二次生烃作用，因此，该系统应该是南黄海地区最有油气勘探前景的海相油气成藏组合系统，其有利部位主要集中在南部坳陷及其周边区域。

二、主要油气成藏类型及模式

根据南黄海盆地区域构造特征、烃源岩条件、储盖层条件，参考下扬子陆域乃至整

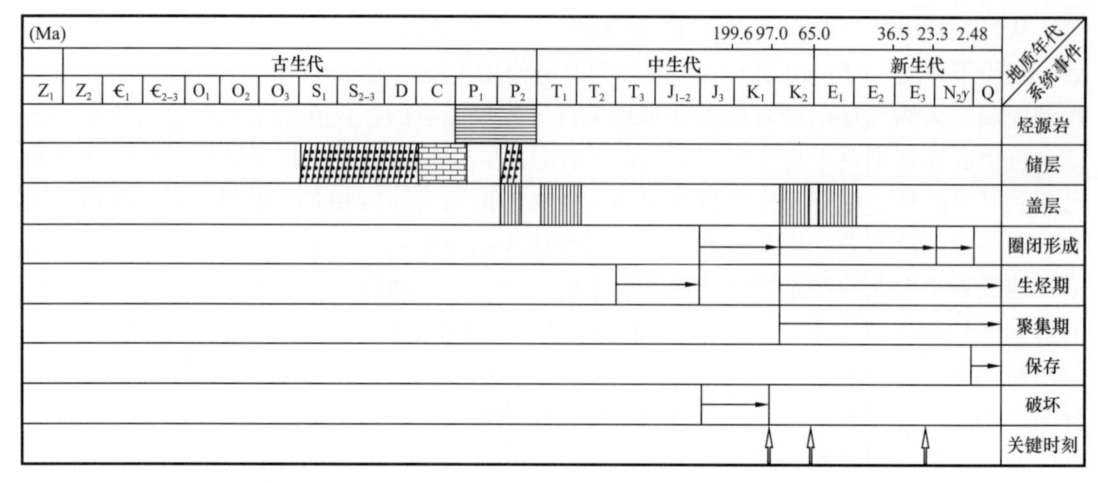

图 2-8-3　南黄海地区上生储盖组合油气成藏系统时空匹配关系图

个扬子地区海相油气主要成藏类型，对南黄海中—古生界海相盆地可能存在的油气成藏类型及模式进行预测。

1. 原生残留型油气藏

处于构造相对稳定的中部隆起—南部坳陷区，因中—古生界海相地层实体保存好、厚度大、变形弱、烃源岩基础好，晚期断陷叠加局限且幅度小，应以寻找海相原生油气藏为主。该区在中—新生代变革期虽然不具备四川盆地那样在中生代持续叠加了大型坳陷盆地，为海相油气保存提供了整体优越条件，但该区海相沉积盆地发育演化所处的相对稳定构造基础，后期较宽缓的变形格局，存在面积较大的完整块体，加之中—古生界海相盆地自身发育有多套良好的生储盖组合，这些有利条件为寻找海相原生油气藏奠定了基础，至少有可能找到类似苏北黄桥地区原生残留型油气藏（图 2-8-4）。

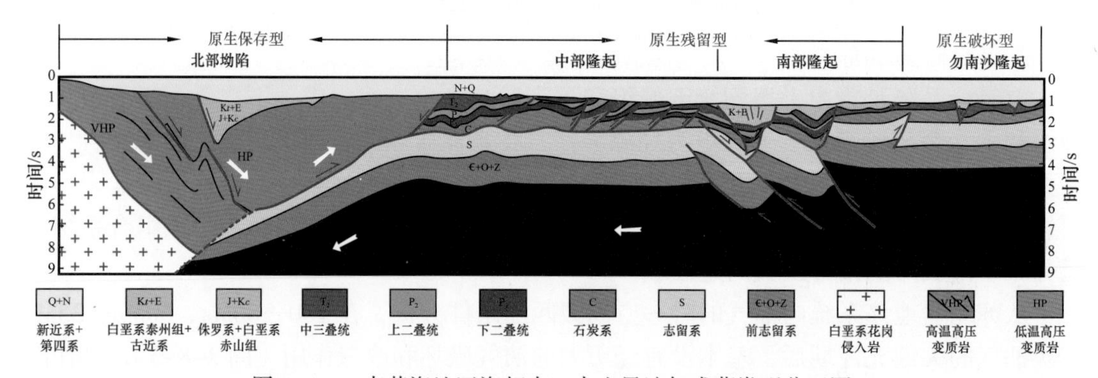

图 2-8-4　南黄海地区海相中—古生界油气成藏类型分区图

2. 再生重建型油气藏

在北部坳陷，该区因紧靠苏鲁造山带，海相中—古生界遭受了印支—燕山期来自北侧的强烈挤压而发生了变形与变位改造，同时叠加了挤压、拉张、沉降等不同性质的变格盆地。此构造演化特点决定了该区先前海相原生油气成藏系统遭受过多次复杂改造甚至彻底破坏，但在晚期断陷叠加下，有可能使中生代卷入山前冲断褶皱系的部分地区重建埋藏保存系统，而具有形成类似句容地区晚期重建型油气藏的条件（图 2-8-4）。

3. 原生破坏型油气藏

盆地南侧的勿南沙隆起，因处于下扬子南缘中生代冲断褶皱带和新生代断隆带，中—古生界海相地层受强烈改造而残缺不全，其原生油气成藏系统已遭到彻底破坏，可能以发育类似江南—雪峰带及其山前分布的原生破坏性古油藏为主（图 2-8-4）。

三、中—古生界勘探前景

针对南黄海中古生界海相残留盆地构造、沉积、生储盖组合系统特征，南黄海中—古生界海相盆地油气勘探的突破口应首先从构造改造相对薄弱的地区寻找。

油气藏要形成并最终保存，必须满足如下条件：（1）地史上较为充足的油气源；（2）有利的圈闭条件；（3）有利的保存条件；（4）合适的生、运、聚时空配置关系。

其中对南黄海而言，对保存条件的评价，应包括四个方面的含义：一是中—古生界海相地层实体的保存；二是上覆中—新生界陆相地层的保存；三是区域性盖层发育情况；四是岩浆活动规模。

而构造条件评价则包括两个方面：构造形变强度和隆升幅度的强弱。中—新生代构造活动影响相对较弱的地区是寻找中—古生界油气、特别是下古生界油气藏的有利地区。

根据以上分析，南黄海中—古生界海相油气勘探区域应满足：（1）构造稳定、海相地层变形程度弱；（2）海相残留地层发育齐全、厚度大；（3）生、储、盖配置关系好；（4）保存条件优越的区域。

因此，南黄海海相油气勘探方向应集中于南部坳陷、中部隆起和勿南沙隆起。

南部坳陷：中国海油和中国石化上海海洋油气分公司资源评价表明具有丰富的资源潜力，该区域具有中—古生界厚度大、保存好、后期构造变形相对弱的特点，应以寻找新生古储、古生古储的油气藏类型为主，有利勘探目的层系为下古生界、上古生界、中—新生界。

中部隆起区：中国海油和中国石化上海海洋油气分公司资源评价表明同样具有丰富的资源潜力，该区域具有下古生界厚度大、保存完整、埋藏浅的特点，但不利之处在于上古生界构造变形强，上覆新生界薄，所以勘探目的层系应为下古生界和以寻找古生古储的油气藏类型为主。

勿南沙隆起区：中国海油尚未对该地区进行系统的资源潜力评价，中国石化上海海洋油气分公司 2008 年油气资源评价结果虽具有一定潜力，但低于南部坳陷和中部隆起。该区域具有上、下古生界残留厚度大的特点，但不利之处在于上覆中—新生界薄，所以，根据现今拥有资料分析，勿南沙隆起区勘探潜力相对于南部坳陷和中部隆起稍差。该区应以寻找古生古储类型的油气藏为主，有利勘探目的层系为下古生界。

上述三大区域是未来南黄海中—古生界海相盆地勘探的主要方向。但综合前述有关残留地层分布特征、沉积背景、构造变形特征及油气藏类型预测的研究，认为中部隆起埋深适中（上古生界底 3000～4000m，下古生界底 6000～9000m）、始终处于油气聚集的有利部位（位于一个继承性发育的古隆起中）、稳定性强（构造变形较弱），是目前南黄海中—古生界最具现实意义的有利勘探区域。

（1）中部隆起埋藏深度适中。

根据前述对生储盖组合的研究，南黄海盆地中—古生界主力储层主要包括下奥陶统仑山组开阔台地颗粒灰岩、中志留统茅山组浊积扇砂岩、上泥盆统五通组砂岩、上二叠统龙潭组、大隆组三角洲砂岩。储层之上的地层埋藏过深，必然会随着成岩演化作用的进行而导致储层物性下降。中部隆起区，印支面埋深一般小于 2000m，加里东面一般小于 4000m，深度适中，类比于同一深度的下扬子苏北盆地，如昆 1 井，上寒武统白云岩储层孔隙度最大可达 6.33%，渗透率高达 120.39mD，作为气层产层，完全具有经济性能。五通组作为砂岩储层，岩性为石英砂岩，孔隙度为 2.5%～6.45%，平均为 4.67%，渗透率最大可达 1.34mD，作为气层产层，与东海地区的孔渗类比，也是具有经济性能的。

（2）中部隆起是油气运移的有利指向。

如前所述，古生代时期，南黄海中部地区处于“两盆夹一台”的“台”上，以碳酸盐岩台地沉积为主，其两侧为被动陆缘沉积。同时，南黄海中部的中部隆起在印支运动之前，其发展历史过程中处于地面隆起、剥蚀状态的时期相对较短，而长期被埋藏对中—古生界海相油气藏的形成和保存是有利的。地震剖面显示，印支期中部地区强烈隆起，青龙组以上的地层基本全部被剥蚀，甚至上二叠统也遭到部分剥蚀，估算的最小剥蚀厚度有 1000～1600m。晚白垩世至古近纪，南黄海中部地区始终处于隆起状态，其上缺失沉积；南北两侧为断陷沉积，沉积厚度较大，并且其沉积逐渐由两侧向中部隆起上超覆。在这样一个隆起的大背景下，中部隆起始终处于油气运移的有利指向区。同时，这种继承性的古隆起，圈闭的形成时间早于油气成熟期和运移期，形成良好的时空匹配，有利于成藏。

（3）中部隆起后期构造变形弱。

① 横向上，中部隆起比南、北两侧构造变形弱，相对稳定。

南黄海中部隆起构造变形强度远小于南北两侧的变形强度。南黄海地区构造特点之一是逆冲推覆构造发育（图 2-8-5），主要表现为苏鲁造山带由北向南的逆冲推覆，形成一系列由北向南的叠瓦状逆冲推覆带；华南造山带由南向北逆冲挤压，形成由南向北的逆冲推覆。在这些逆冲推覆作用中，北部由北向南的逆冲推覆作用规模较大，活动性较强；南部由南向北的逆冲推覆仅表现在勿南沙地区，挤压推覆作用次之。而中部隆起的中南部相对处于构造的稳定部位。

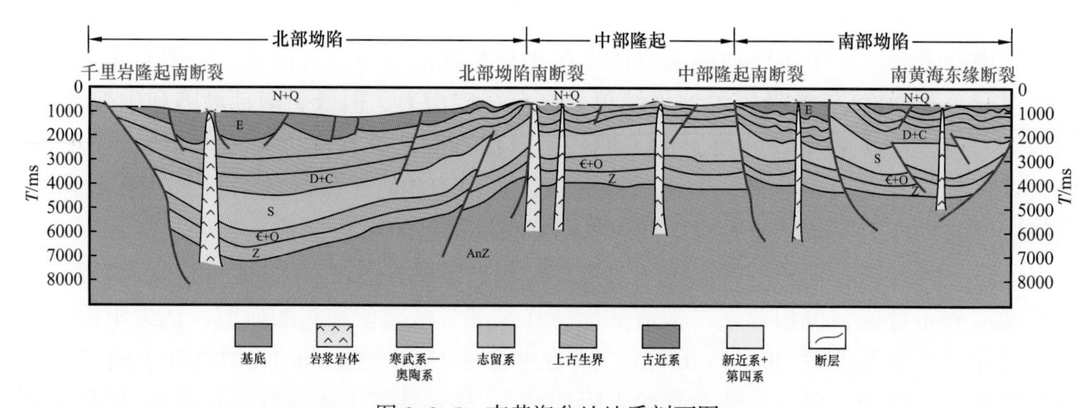

图 2-8-5　南黄海盆地地质剖面图

② 纵向上，下构造层比上构造层构造变形弱，相对稳定。

南黄海地区海相构造层内发育有多个滑脱层，其中主要的滑脱层有三个：下寒武统幕府山组滑脱层、下志留统高家边组滑脱层和上二叠统煤系地层滑脱层；同时，还有两个构造滑脱面：加里东构造面和印支构造面。由于这些滑脱层和构造滑脱面的存在，使印支运动及燕山运动的作用力沿滑脱层或滑脱面而消减，滑脱面之下的震旦系—下古生界受后期构造运动改造程度明显减弱，滑脱面上、下构造层形变特征具显著差异。从而造成上覆构造层的构造较复杂，而下伏构造层的构造相对稳定、简单（图 2-8-6）。

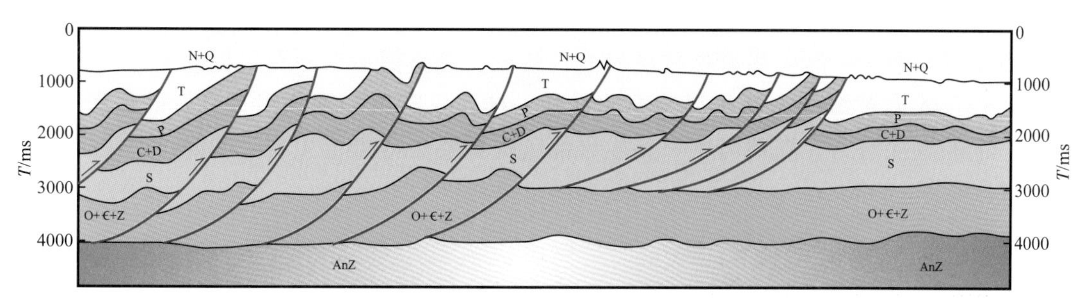

图 2-8-6　南黄海盆地志留系滑脱面图

从地震解释剖面可以看出，发育于龙潭组—青龙组中的叠瓦式逆冲推覆断裂构造，并没有向下或很少向下切割志留系滑脱面（或加里东构造面）而进入海相下构造层。组成这些滑脱和推覆构造的主干断裂及其派生断裂大都消失或收敛在龙潭组煤系地层中或志留系滑脱面（或加里东构造面）上。

第九章　中—新生界油气资源潜力与勘探方向

南黄海盆地中—新生界勘探程度目前仍较低，完整揭示中—新生界的钻井很少，但勘探已经证实南黄海中—新生界与苏北盆地一样，阜宁组和泰州组为良好的烃源层系，具有一定的勘探潜力，南黄海中—新生界油气资源潜力评价也主要是围绕这两个油气系统开展。

第一节　油气显示特征

南黄海盆地目前已钻井 27 口，其中中方钻井 22 口，韩方钻井 5 口。中方钻井中有多口井发现油气显示：HH1 井在戴南组—下盐城组岩屑可见荧光显示；HH4 井在阜三段—三垛组砂岩及煤系地层中有微量气显示；CZ12-1-1A 井在三垛组 2070m 处见到了油浸，石炭系见气测异常；WX5-ST1 井二叠系、三叠系气测异常；CZ6-1-1A 井油气显示较为丰富，在戴南组和阜三段均见到了油气显示，其中戴南组见油砂，阜三段 DST 测试反循环洗井获 18bbl 原油，确认为低渗透油层；ZC1-2-1 井在泰州组泥岩岩心中见裂隙原油渗出（表 2-2-1）。

第二节　油气资源潜力

资源潜力由于受勘探程度、评价单元及方法等因素制约，评价结果有所差异。南黄海中—新生界盆地油气资源主要经历过四次大规模评价及勘探研究单位自行组织的多次较小规模的评价工作。

1980 年，石油工业部组织“海上油气资源评价委员会”，以成因法为主对南黄海盆地进行了第一次资源评价，资源量评价结果约 4.03×10^8t。

鉴于当时的勘探程度，只对古近系凹陷的资源量进行了预测。

计算公式为

$$Q=\frac{SHDA}{1-K_a} \qquad (2\text{-}9\text{-}1)$$

式中　Q——原始生油量，10^8t；

S——有效生油层面积，km^2；

H——生油岩有效厚度，km；

D——生油岩密度，$10\times10^8t/km^3$；

A——氯仿沥青“A”含量，%；

K_a——排烃系数。

$$Q_p=QK_a \quad (2-9-2)$$

式中 Q_p——排烃量。

$$Q_y=Q_pa \quad (2-9-3)$$

式中 Q_y——聚集量即资源量；

a——聚集系数。

上列公式中除 K_a 和 a 外，其他各个参数根据实际资料和分析化验资料获得，K_a 和 a 是根据不同类型凹陷而确定的可变经验系数。

考虑到北部坳陷地温梯度高于正常梯度（3.31℃/100m，ZC1-2-1 井），成熟门限深度也浅于南部坳陷，对排烃有利，主成熟带 K_a 选定为 20%～30%，低成熟带选定为 15%～25%，而聚集系数 a 根据凹陷的类型和特点，在 25%～40% 间选择。

南部坳陷中的南四凹陷地温梯度也高于正常梯度，成油门限较浅，K_a 选定为 25%；南五凹陷地温梯度偏低，成熟门限较深，K_a 值选定为 13%；考虑到两个凹陷的沉降幅度较大，沉积岩厚，凹陷中局部构造发育，聚集系数 a 值选为 40%。

计算结果：

北部坳陷生油量 32.38×10^8t，资源量 2.19×10^8t。

南部坳陷生油量 48.3×10^8t，资源量 1.84×10^8t。

合计生油量 80.68×10^8t，资源量 4.03×10^8t。

1988—1993 年，为了配合中国海洋石油总公司的“中国近海油气资源评价”任务，运用盆地模拟方法、氯仿沥青“A”法、圈闭体积法等多种方法，并引入经济资源量的概念，对南黄海盆地的油气资源重新进行了估算，南黄海资源量约 6.28×10^8t，评价结果见表 2-9-1。

表 2-9-1 南黄海盆地资源评价结果统计表（1988—1993 年）

类别	坳陷	北部坳陷				南部坳陷						合计
	凹陷	北凹陷	中凹陷	西凹陷	南凹陷	南 2 凹陷	南 3 凹陷	南 4 凹陷	南 5 凹陷	南 6 凹陷	南 7 凹陷	
生成量	油 /10^8t	44.70	4.41	14.05	3.22	1.69	0.23	12.69	26.19	1.79	5.40	114.37
	气 /10^{11}m^3	21.62	2.81	7.93	2.12	1.28	0.18	8.02	14.62	1.17	3.79	63.54
	烃 /10^8t	66.32	7.22	21.98	5.34	2.97	0.41	20.71	40.81	2.96	9.19	177.91
	所占比例 /%	37.3	4.1	12.4	3.0	1.7	0.2	11.6	22.9	1.7	5.2	
聚集量	油 /10^8t	2.23	0.18	0.63	0.13	0.07	0.01	0.64	1.31	0.07	0.22	5.49
	气 /10^{11}m^3	0.216	0.025	0.079	0.193	0.012	0.002	0.080	0.146	0.010	0.034	0.798
	烃 /10^8t	2.45	0.21	0.71	0.32	0.08	0.01	0.72	1.46	0.08	0.25	6.28
	所占比例 /%	39.0	3.3	11.3	5.1	1.3	0.2	11.5	23.2	1.3	4.0	

续表

类别	坳陷	北部坳陷				南部坳陷						合计
	凹陷	北凹陷	中凹陷	西凹陷	南凹陷	南2凹陷	南3凹陷	南4凹陷	南5凹陷	南6凹陷	南7凹陷	
经济资源量	油 /10^8t	0.669	0.043	0.151	0.031	0.016	0.002	0.154	0.393	0.017	0.053	1.529
	气 /10^{11}m^3	0.065	0.006	0.019	0.046	0.003	0.000	0.019	0.044	0.002	0.008	0.213
	烃 /10^8t	0.734	0.049	0.170	0.078	0.019	0.003	0.173	0.437	0.019	0.061	1.742
	所占比例 /%	421	2.8	9.8	4.5	1.1	0.2	9.9	25.%	1.1	3.5	

1999—2003 年开展第三次全国油气资源评价，三大石油集团公司分别对各自矿权区进行油气资源评价工作。中国海洋石油集团有限公司主要采用地质模型与统计相结合的综合法，预测南黄海盆地未发现石油地质资源量为 1570×10^4～7703×10^4m^3，平均值为 5211×10^4m^3，地质资源量为 5950×10^4～29191×10^4m^3，平均值为 19747×10^4m^3（表 2-9-2）。

表 2-9-2　南黄海盆地石油资源量汇总表（1999—2003 年）

石油系统	评价单元	平均采收率	石油地质资源量 /10^4m^3				石油可采资源量 /10^4m^3			
			P95	P50	P5	平均	P95	P50	P5	平均
南五凹陷	南五上组合	0.33	0	2291	5148	2066	0	754	1694	680
	南五下组合	0.22	0	4334	7383	3347	0	944	1608	729
	概率小计	0.26	0	5140	10755	5360	0	1355	2835	1413
南四凹陷	南四	0.26	0	0	3953	971	0	0	1042	256
南二凹陷	南二	0.26	0	0	3995	933	0	0	1053	246
南部阜宁组总油气系统		0.26	0	7211	13528	7234	0	1901	3566	1907
北凹陷	北凹上组合	0.33	0	3479	6673	3200	0	1145	2196	1053
	北凹下组合	0.22	0	9220	16341	8076	0	2008	3559	1759
	概率小计	0.26	0	11225	18936	10705	0	2962	4997	2825
西凹陷	西凹	0.26	0	0	6484	1944	0	0	1711	513
北部泰州组总油气系统		0.26	2907	12778	21851	12521	767	3372	5766	3304
南黄海上组合		0.33	1407	6685	11693	6700	463	2200	3848	2205
南黄海下组合		0.22	1864	14353	23687	13802	406	3126	5159	3006
南黄海盆地		0.26	5950	17792	29191	19747	1570	4695	7703	5211

注：上组合储层为三垛组—戴南组成藏组合；下组合储层为阜宁组—泰州组成藏组合。

从石油系统（PS）的角度来看，南黄海盆地的未发现石油资源主要分布在北部坳陷北凹陷（53%），其次是南部坳陷南五凹陷（27%），其他凹陷资源较少；从成藏组合上来看，上、下组合的资源量大体相当，下组合略占优势；从未发现油田规模来看，南黄海盆地最可能发现的油田数为 12 个，其储量规模以 250×10^4～$500\times10^4m^3$ 为主；北部坳陷发现 500×10^4～$1000\times10^4m^3$ 储量规模的油田潜力也较大。

基于第三次资源评价结果和分析，预测南黄海盆地很可能未来发现石油资源量 $0.52\times10^8m^3$（平均值），或石油地质资源量 $2\times10^8m^3$（平均值）。其中，资源量主要集中分布在南黄海盆地北部坳陷北凹陷（$2825\times10^4m^3$）和南部坳陷南五凹陷（$1413\times10^4m^3$），分别占盆地未发现总量的 53% 和 27%；从勘探层系上看，上、下组合未发现资源量分别占总量的 42% 和 53%，大体相当，但后者的地质资源量是前者的 2 倍。

2003—2007 年，由国土资源部、国家发展和改革委员会、财政部联合组织开展新一轮全国油气资源评价。中国海油主要采用类比法，评价南黄海资源量约 $4.8\times10^8m^3$，其中石油地质资源量约 3×10^8t，天然气地质资源量约 $1800\times10^8m^3$。

上述即是高级别层面举行的四次较大规模资源评价。

第四轮资源评价之后，中国海油将南黄海盆地中—新生界的研究重心主要集中于北部坳陷和南部坳陷的主要凹陷。2010—2015 年，中国海油上海分公司采用盆地模拟的方法对北部坳陷的北凹陷、南部坳陷的南五凹陷重新进行了资源量的计算。

北部坳陷北凹陷从沉积相特征、微量元素分析、生物标志化合物分析及孢粉相分析认为，泰州组为咸水还原环境下的中深湖沉积，有利于富氢有机质的保存，是烃源岩形成的有利环境。北凹陷泰州组烃源岩分布广，厚度大，有机质丰度高，有机质类型好，成熟度高，生烃潜力巨大。通过 PetroMod 软件进行盆地模拟，泰二段（K_2t_2）总生烃量（油当量）为 48.11×10^8t，阜二段（E_1f_2）总生烃量（油当量）为 6.26×10^8t，生烃总量达到 54.3×10^8t。

据中国东部湖相生烃凹陷评价指标体系标准（表 2-9-3），北凹陷达到Ⅱ类凹陷的标准，运聚系数可取 10%，北凹陷的资源量约为 5.43×10^8t（表 2-9-4）。

表 2-9-3　中国东部湖相生烃凹陷评价指标体系标准

分类条件	Ⅰ类凹陷	Ⅱ类凹陷	Ⅲ类凹陷	北凹陷
有机碳含量 /%	>1.5	0.6～1.5	<0.6	0.99
氯仿沥青“A” /%	>0.15	0.05～0.15	0.015～0.05	0.17
有机质类型	Ⅰ型或Ⅱ1 型	Ⅱ型为主	Ⅲ	Ⅱ型为主
有机质成熟度	低成熟—成熟	低成熟—成熟	成熟—高成熟	R_o 主体为 0.8%～1.3%
湖相类型	深水—半深水	深水—半深水	半深水—浅水	深水—半深水
运聚系数 /%	10～15	5～10	<5	10

南部坳陷南五凹陷成熟烃源岩发育规模与苏北盆地高邮凹陷相当，南五凹陷阜宁组四段烃源岩分布范围约 $1350km^2$，其中阜四段成熟烃源岩（深度大于 2500m）面积约 $876km^2$；阜二段烃源岩分布范围约 $1300km^2$，其中成熟烃源岩（深度大于 2500m）面积约 $1285km^2$。

南五凹陷阜宁组成熟烃源岩体积 $576km^3$，而苏北盆地最富油气的高邮凹陷烃源岩体积为 466km^3，南五凹陷阜宁组厚度、成熟面积和体积与高邮凹陷相当，具有较好的油气资源潜力。

通过盆地模拟计算，南五凹陷石油资源潜量约为 3.5×10^{8}t。与南五凹陷资源潜量相当的苏北盆地高邮凹陷已发现三级储量 2.13×10^{8}t，其中探明储量 2000×10^{4}m^3 以上的油田 3 个（赤岸、真武和沙埝），探明储量在 1000×10^4～2000×10^{4}m^3 的油田 6 个（周庄、花庄、马家嘴、永安、黄珏和陈堡）。

表 2-9-4　南黄海盆地北部坳陷北凹陷资源量评价表

盆地	凹陷	层位	烃源岩面积 /km^2	总生烃量 /10^{8}t	资源量 /10^{8}t
南黄海	北凹陷	K_2t	1100	48.11	4.81
		E_1f_2	130	6.26	0.62
合计					5.43

南五凹陷的石油地质条件与高邮凹陷相似，因此推测南五凹陷具有发现数个千万吨级油田的潜力（表 2-9-5）。

表 2-9-5　南黄海盆地南部坳陷南五凹陷资源量评价表

凹陷	凹陷特征		阜四段			阜二段			生烃量 / 10^{8}t
	面积 / km^2	最大厚度 / m	生油岩面积 / km^2	生油岩体积 / km^3	有效厚度 / m	生油岩面积 / km^2	生油岩体积 / km^3	有效厚度 / m	
南五凹陷	1800	7300	367.0 / 876.0	29.36 / 306.6	350	189.0 / 1285.0	18.9 / 269.85	210	35
备注			2000～2500m 低成熟阶段 / 2500m 以下成熟阶段			2000～2500m 低成熟阶段 / 2500m 以下成熟阶段			

此外，2008 年，中国石化上海海洋油气分公司联合青岛海洋地质所开展了“南黄海地质构造和资源潜力评价”项目，对南黄海油气资源潜力进行了评估。

通过生烃模拟结果，南黄海盆地北部坳陷的总生烃量为 238.92×10^{8}t，其中生油量为 98.09×10^{8}t，占总生烃量的 39.68%；生气量为 147.075×10^{11}m^3，按 1000m^3 气折算为 1t 油，相当于 149.06×10^{8}t 油当量，占总生烃量的 60.32%。在生烃层系上，南黄海盆地北部坳陷的主要生烃层位为白垩系，累计生烃 179.09×10^{8}t，占总生烃量的 72.46%；其次为阜宁组，累计生烃 62.57×10^{8}t，占总生烃量的 25.32%；三垛组—戴南组仅生烃 5.49×10^{8}t，占总生烃量的 2.22%。中生界泰州组烃源岩是南黄海盆地北部坳陷最主要的烃源岩。

南黄海盆地南部坳陷的生烃量比北部坳陷明显要小，为 72.55×10^{8}t，其中生油量为 20.78×10^{8}t，占总生烃量的 28.6%；生气量为 51.77×10^{11}m^3，按 1000m^3 气折算为 1t 油，相当于 51.77×10^{8}t 油当量，占总生烃量的 71.4%。南部坳陷的主要生烃层为阜宁组，累计生烃 60.99×10^{8}t，占总生烃量的 84.06%，其主要生烃时期是三垛期—戴南期，共生烃 37.64×10^{8}t，占阜宁组总生烃的 61.71%。阜宁组以生气为主，生气量为

$47.52 \times 10^{11}m^3$，占阜宁组总生烃量的 77.9%。阜宁组烃源岩是南黄海盆地南部坳陷最主要的烃源岩。区域上，南五凹陷生烃量较大，其次为南四凹陷、南七凹陷。

排烃模拟结果表明，北部坳陷在层系上与生烃特征基本相同。总排烃量为 184.27×10^8t，其中排油量为 74.86×10^8t，占总排烃量的 40.63%；排气量为 $109.41 \times 10^{11}m^3$，占总排烃量的 59.37%。主要的排烃层位为白垩系，累计排烃 135.80×10^8t，占总排烃量的 73.69%；其次为阜宁组，累计排烃 44.72×10^8t，占总排烃量的 24.27%；三垛组—戴南组排烃 3.75×10^8t，仅占总排烃量的 2.04%。

南部坳陷总排烃量为 40.09×10^8t，其中排油量为 12.87×10^8t，占总排烃量的 31.1%；排气量为 $27.87 \times 10^{11}m^3$，占总排烃量的 68.9%。主要的排烃层位为阜宁组，累计排烃 34.2×10^8t，占总排烃量的 85.3%，其他地层仅占 14.7%。区域上，南五凹陷为主要排烃凹陷，其次为南四凹陷、南七凹陷。

运聚模拟结果表明，南黄海盆地北部坳陷的油气资源量为 11.41×10^8t，油气资源在纵向上主要分布在白垩系中，其资源量为 7.33×10^8t，占总资源量的 64.24%。其次为阜宁组，资源量为 3.73×10^8t，占总资源量的 32.69%。油气资源在平面上主要分布在北凹陷，其次为西凹陷和南凹陷。

南黄海盆地南部坳陷的油气资源量为 1.32×10^8t，油气资源纵向上主要分布在三垛组—戴南组，资源量为 0.878×10^8t，占总资源量的 66.36%，其次是在阜宁组，资源量 0.445×10^8t，占总资源量的 33.63%。区域上，南部坳陷的资源量主要分布于南五、南四和南七凹陷。

南黄海中—新生界盆地通过多轮次资源潜力评价，虽然评价结果有所差别，但每次评价结果都说明南黄海中—新生界盆地是一个油气资源较为丰富的含油气盆地，具备发现多个大油田的潜力。尤其是北部坳陷北凹陷和南部坳陷南五凹陷具有较大的油气生烃量和油气聚集量，资源潜力较大，相信通过地质工作者的努力，不久定会有所突破。

第三节　油气勘探前景

一、生储盖组合系统特征

南黄海中—新生界盆地主要发育泰州组和阜宁组两套烃源岩，北部坳陷以泰州组为主，南部坳陷主要为阜二段和阜四段；发育泰州组下段、阜宁组、戴南组和三垛组四套储层及多套不同层系（泰州组、阜宁组、戴南组、三垛组泥岩）的盖层，形成了泰州组、阜宁组两套生储盖组合系统（图 2-3-6）。

泰州组组合系统是指主力烃源岩为泰州组；泰一段、阜一段和阜三段、戴南组为储层；阜二段和阜四段、戴一段中上部和戴二段泥岩为盖层构成的生储盖组合。从系统内油气的时—空成藏匹配条件分析，泰州组烃源岩在三垛期达到生烃高峰，并大量排烃成藏；新近纪和第四纪至今可能有二次生烃补充，但生烃量较少。三垛运动一方面成就了一批圈闭，另一方面对早期形成的油气藏具潜在的破坏行为，是泰州组油气系统的关键时刻（图 2-9-1）。

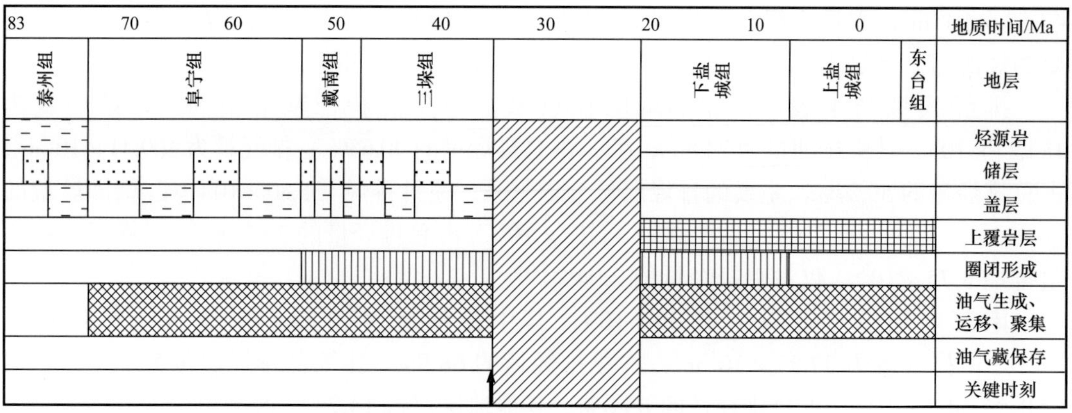

83	70	60	50	40	30	20	10	0	地质时间/Ma
泰州组	阜宁组	戴南组	三垛组		下盐城组	上盐城组	东台组		地层

烃源岩
储层
盖层
上覆岩层
圈闭形成
油气生成、运移、聚集
油气藏保存
关键时刻

图 2-9-1　南黄海盆地泰州组油气成藏系统时空匹配关系图

该油气系统北部坳陷最为有利。

阜宁组组合系统是指主力烃源岩为阜二段、阜四段；阜三段、戴南组、三垛组为储层；阜四段、戴一段中上部和戴二段、三垛组为盖层构成的生储盖组合。从系统内油气的时—空成藏匹配条件分析，在南部坳陷南四凹陷、南五凹陷、南二凹陷等凹陷，阜二段烃源岩在三垛期达到生烃高峰，阜四段分别在三垛期和之后开始生烃并达到生烃高峰。阜宁组油气系统存在两期油气充注，三垛运动对早期形成的油气藏有较大的破坏作用，为第一个关键时刻；现今是晚期油气成藏的关键时刻（图 2-9-2）。

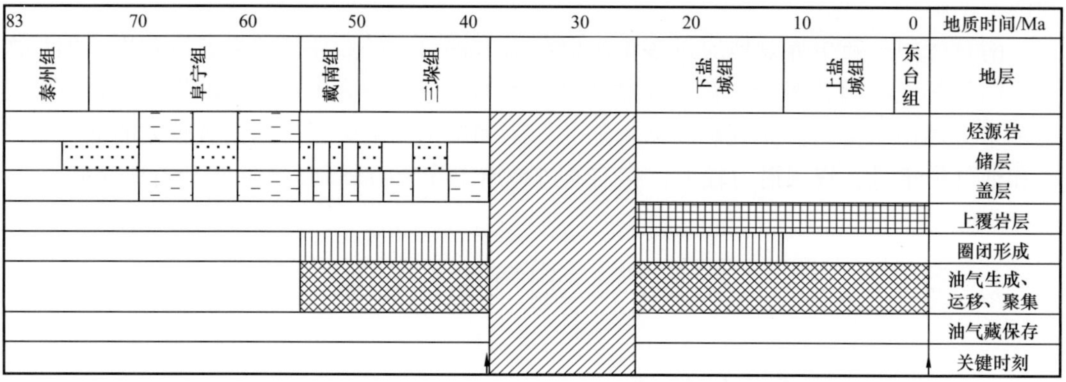

83	70	60	50	40	30	20	10	0	地质时间/Ma
泰州组	阜宁组	戴南组	三垛组		下盐城组	上盐城组	东台组		地层

烃源岩
储层
盖层
上覆岩层
圈闭形成
油气生成、运移、聚集
油气藏保存
关键时刻

图 2-9-2　南黄海盆地阜宁组油气成藏系统时空匹配关系图

该油气系统南部坳陷最为有利。

二、主要油气成藏类型及模式

根据南黄海中—新生界盆地区域构造特征、烃源岩条件、储盖层条件，参考苏北盆地油气主要成藏类型，对南黄海中—新生界可能存在的油气成藏类型及模式进行预测。

1. 自生自储油藏及下生上储油藏模式

根据苏北盆地勘探成果，结合南黄海盆地储层及其他地质因素，油气应以近凹短距离运移为主。泰州组、阜宁组烃源岩生成的油气有两个主要的运移方向，一是泰州组、阜宁组烃源岩油气生成后，近距离直接排入泰州组、阜宁组砂体中，泰州组、阜宁组砂泥岩沉积即作为烃源岩、储层，又作为油气藏的封盖层，形成泰州组或阜宁组自生自储油藏；二是泰州组、阜宁组烃源岩生成的油气通过断裂垂向运移，在上部地层遇到合适圈闭聚集成藏（图 2–9–3）。

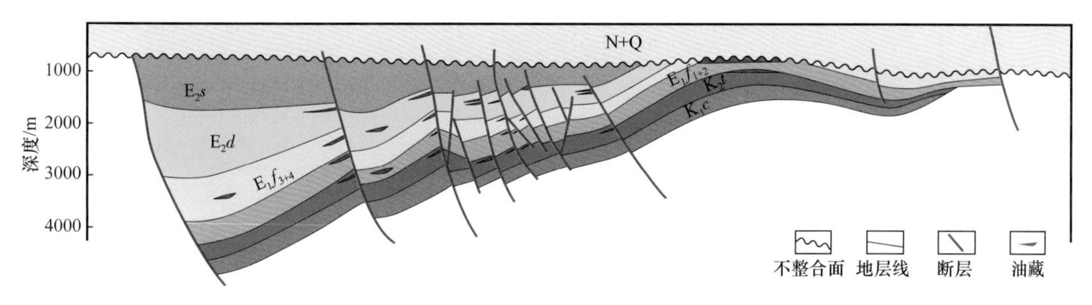

图 2–9–3　南黄海盆地白垩系—古近系预测油气成藏模式图

2. 新生古储式油气藏

在紧邻大断裂的陡带区，中—古生界多套储盖组合面向深凹，可近距离接受凹中古近系烃源岩提供的油气，甚至生储可直接相对，很有希望形成新生古储式油气藏（图 2–9–4）。

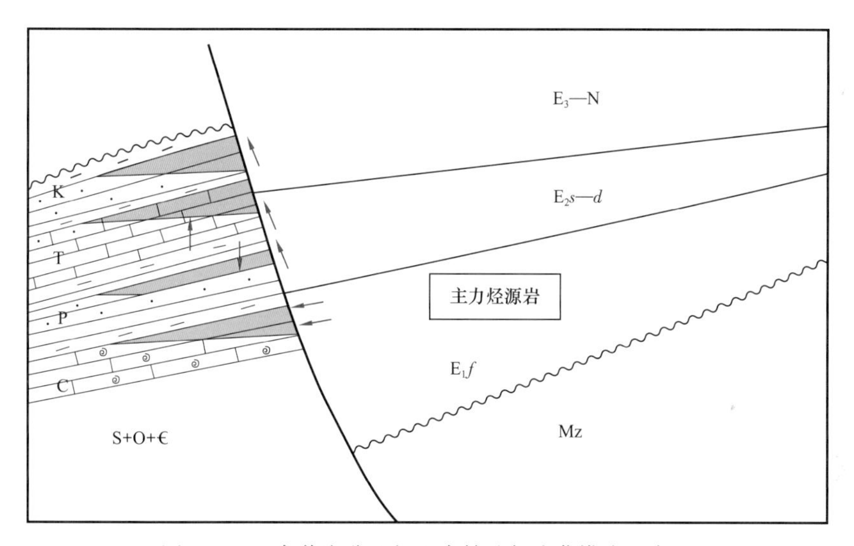

图 2–9–4　南黄海盆地新生古储油气成藏模式示意图

三、目前勘探存在的主要问题

通过南黄海盆地石油地质综合研究、资源潜力分析，认为南黄海中—新生界油气资源较为丰富，但勘探迟迟未获得突破。对南黄海盆地已钻的 18 口井失利原因进行分析，主要有以下几个方面（表 2–9–6）：圈闭问题（构造不存在或井位偏低）、油源问题（凹陷生烃条件差）、运移问题（不在运移路径上或距离生烃中心太远）、储层问题、盖层问题。其中，钻探在差生烃凹陷的有 7 口井（含 HH5 井、FN23–1–1 井），占 28%～39%。钻在较好生烃凹陷的有 11 口井，其中圈闭存在问题的 6 个，占 50%；运移存在问题的 4 个，占 33%；储层存在问题的 1 个。可见，生烃研究和落实圈闭是目前南黄海盆地油气勘探所面临的首要问题。尤其是圈闭的落实问题，目前评价的 191 个层圈闭中不落实的有 51 个，占 26.7%，较落实的 88 个，占 46.1%，落实的仅 52 个，占 27.2%。

表 2-9-6　南黄海盆地部分钻井失利原因分析表

区块	构造单元	钻井	圈闭名称	深度/m	完钻层位	油气显示	钻后失利原因分析
北部坳陷	西凹陷	HH5 井	SY6-3	2310.2	E_1f_1	—	沉积粗，盖层差
	中凹陷	HH9 井	ZC20-1	2320.12	E_1f_4	—	凹陷差；构造不落实
	北凹陷	HH7 井	JZ11-3	2393.96	K	—	剥蚀严重，盖层差；井位低
		HH2 井	ZC16-2	1769.44	T_2	—	运移问题；沉积粗，盖层差
		ZC1-2-1 井	ZC1-2	3423	K_2t	E_2d、E_1f_{3-4} 岩心含油，K_2t 油浸	构造圈闭外
		ZC7-2-1 井	ZC7-2	1625	K_1p	—	剥蚀严重，无盖层
南部坳陷	南二	FN23-1-1 井	FN23-1	2784	E_1f_3	—	油源不落实；断层封闭问题
	南二低凸起	CZ12-1-1A 井	CZ12-1	3511	C_1	E_2s 油质浸染，C 气测异常、沥青	运移问题；剥蚀严重，无盖层
		WX13-3-1 井	WX13-3	2228.26	P_1	N_1y 硬质沥青	运移问题；剥蚀严重，无盖层
	南四凹陷	CZ6-1-1A 井	CZ6-1	3907	E_1f_3	E_2d、E_2s 荧光，E_1f_3 油层、油斑	储层薄，致密
		CZ6-2-1 井	CZ6-2	2600	E_1f_4	—	运移问题；岩性圈闭
	南五凹陷	HH6 井	WX20-1	2412.27	E_2d_2	E_2d 气测异常	圈闭问题，未钻到下组合
		WX20-ST1 井		3500	E_1f_4	—	参数井，无构造
		CZ24-1-1 井	CZ24-1	3546	T_1	E_1f_{2-3} 气测异常	构造不落实
	南七凹陷	HH1 井	WX4-2	1544.35	E_2d_2	N_1y、E_2d 荧光	凹陷生烃差，没钻到目的层
		HH4 井	WX4-3	2276.28	E_1f_4	E_2s、E_2d、E_1f_4 气测异常	凹陷生烃差，构造不落实
		WX5-ST1 井	WX5-1	3259.84	P_3	P、T 气测异常	无圈闭
		WX4-2-1 井	WX4-2	2732	P_3	—	凹陷生烃差，运移条件差

例如，ZC1-2-1 井是英国克拉夫石油公司于 1986 年钻探，完钻于泰州组，完钻井深 3423m。该井钻遇的地层比较齐全，除缺失渐新统外，其他地层均有揭露。该井录井见气测异常，泰州组 3417～3423m 井段进行了取心，岩心观察到有原油渗出，荧光扫描也显示泰州组泥岩裂缝中有较强的荧光，并可见裂缝微观排烃现象。2012 年中国海油研究总院在该段岩心中取样进行流体包裹体分析，从荧光观察结果来看，在泥岩裂缝充填方解石脉中见到了大量发黄色、黄白色荧光油包裹体，直接证实了泰州组烃源岩已经成熟并排出了烃类。

ZC1-2-1 井阜一段、戴南组均见到发浅黄色、黄色荧光油包裹体，在阜三段和阜四段见到沥青包裹体，直接证实了泰二段烃源岩生成的油气发生了垂向运移，并在阜一段、戴南组聚集成藏。

ZC1-2-1 井阜宁组和戴南组前人测井解释油层 3.15m/3 层、可疑油层 3.5m/2 层、油水同层 2m/2 层。中国海油研究总院对 ZC1-2-1 井进行了测井重新解释。通过层内及层间测井响应特征分析，戴南组解释成果与前人大体一致，上油下水较为可靠；阜宁组测井认识存在差异，结合侧向和感应资料分析，2462～2465m 为水层，2532.3～2542m 上部油帽不可靠，将前人解释的 2462.3～2463m 油层及 2532.4～2533.3m 油水同层修订为水层。重新解释该井油层 2.45m/3 层、可疑油层 3.5m/2 层、油水同层 1.1m/1 层。本井虽然未测试，但油气显示、测井解释结果均表明，ZC1-2-1 井已经在戴南组成藏，但未形成工业油气藏规模。

ZC1-2-1 井失利的主要原因是圈闭问题。钻后对诸城 1-2 构造重新解释表明，该构造是诸城断裂构造带中相对面积较小的断块构造，单层的圈闭面积最大为 6.5km^2。ZC1-2-1 井钻在了戴南组圈闭低部位，在阜二段之下又钻在圈闭之外，这可能是阜二段之下未形成油气藏的主要原因。

HH2 井是由国家地质总局于 1975 年 4 月 24 日开钻的一口石油地质普查井，完钻于前古生界，完钻井深 1769.4m。本井未见油气显示。HH2 井所在的构造为诸城 16-2 构造，是一个在前中生界古隆起上形成的披覆背斜，后被多期构造运动形成的断裂复杂化。本井未钻遇烃源岩，油气的成藏需要凹陷主体的泰州组烃源岩的供给。从空间上看，HH2 井距离泰州组生烃中心有 36km 的距离，长距离的油气运移必然存在极大风险，且该井本身也不发育好的储盖组合。钻井岩性剖面揭示了始新统三垛组和中新统盐城组下段的岩性特征，总体为“砂包泥”，砂岩以大套含砾砂岩、粗砂岩、粉细砂岩和泥质粉砂岩为主，盐城组下段砂岩百分含量高达 73%。本井缺乏大套稳定的泥岩盖层，储盖组合配置较差。

因此，导致 HH2 井失利的主要原因是距离生烃中心太远，而区域上又缺乏稳定输导层，长距离运移不畅导致油气很难运移至此。

四、南黄海盆地中—新生界勘探领域分析

南黄海盆地与苏北盆地属同一构造域，二者在沉积、埋藏、后期改造、成藏期、成藏要素等方面具有一定的相似性，苏北盆地各凹陷油气资源贫富不均的现象在南黄海盆地同样存在，而造成贫富不均的主要因素是烃源岩的丰度、成熟度、储层和初次运移输导条件。对南黄海盆地而言，烃源岩丰度、成熟度上的差异，应是南黄海盆地油气勘探选择优质凹陷的主要依据。

苏北盆地油气勘探成果表明，优质烃源岩分布凹陷是勘探成效最有利的地区。

根据中国海油及中国石化上海海洋油气分公司资源潜力评价结果，结合苏北盆地油气勘探经验，南黄海盆地南部坳陷南五凹陷、北部坳陷北凹陷生烃能力质量较优，未发现石油资源所占比重较大。另外，从勘探现状看，目前南、北坳陷均无油田（即均为无装置区）。因此，应首先考虑发现具独立开发价值油田的可能性。北凹陷、南五凹陷未钻圈闭的潜在资源量大于其他凹陷，综合多种因素，应将北部坳陷北凹陷和南部坳陷南五凹陷作为南黄海油气发现的突破区。

从沉积与储层特征分析，泰一段为河流相砂岩与泥岩互层，砂岩物性一般，不是很好储层；盐城组以河流相为主，砂岩发育，但离油源太远，只有在断层作通道时这套储

层才有意义，而在这套储层中很少见有断层切割，因此该套地层就目前来讲意义不大。

南黄海盆地中—新生界发育的主要储盖组合为泰州组组合、阜宁组组合、戴南组组合、三垛组组合，其中阜宁组组合、戴南组组合是盆地最有利组合。泰州组砂岩物性不好，影响了储集效能，但根据泰州组优质烃源岩的分布以及油气运移方式分析，泰州组底部砂岩可能也是最具勘探潜力的领域之一，具有形成“自生自储”油气藏的优势条件，尤其是在北部坳陷。

综上所述，南黄海盆地主要勘探层系应为阜宁组、戴南组、泰州组及三垛组，其中北部坳陷主要勘探层系为阜宁组和泰州组，南部坳陷主要勘探目的层是阜宁组、戴南组，其次为三垛组。

第十章　北黄海盆地油气地质

北黄海海域位于辽东半岛、山东半岛和朝鲜半岛之间，北起鸭绿江口、西邻渤海、东至朝鲜西海岸、南到山东半岛成山角与朝鲜白翎岛的连线以北的海区，界于37°20′～39°50′N、121°00′～125°10″E之间的海域，总面积约$8\times10^4km^2$，水深约30～80m，属浅海大陆架。

北黄海盆地位于北黄海海域的中央主体部位，呈北东向近椭圆形展布，总面积约为$2.16\times10^4km^2$，属于华北地块向东部海区的延伸部分，往西为郯庐断裂和渤海湾盆地，北面为北海洋岛隆起—辽东隆起，东接朝鲜北部地块，西南邻胶北造山带和苏鲁造山带，东南以千里岩断裂为界（图2-1-1）。

第一节　油气勘探概况

我国对北黄海的油气勘探始于1966年，调查范围主要在东经124°以西约$5\times10^4km^2$的海区，前后参加油气调查的单位有地质矿产部第五物探大队、909航测大队、国家海洋局第一海洋研究所、石油工业部海洋石油勘探指挥部、中国海洋石油集团总公司等。截至2015年，北黄海盆地完成海洋磁测1289km，海洋重力935km，航空磁测4038km；中国海洋石油集团总公司二维地震5824km，国土资源部广州海洋地质调查局北黄海地震方法试验，采集13000余千米数字地震测线。此外，北黄海还部署部分三维地震；钻井10口，部分井测试获数立方米原油。

据报道，朝鲜20世纪80年代同澳大利亚、瑞典等国石油公司合作在西朝鲜湾海域完成数字地震9130km，钻探井15口，发现了侏罗系烃源岩，并在侏罗系、白垩系及古近系见油或油气显示，其中610井白垩系试油两层，分别获$5.8m^3/d$、$52.9m^3/d$原油产能，606井上侏罗统—下白垩统试油两层，分别获$2.98m^3/d$、$37.3m^3/d$原油产能，取得了北黄海油气勘探重大突破。朝鲜在西朝鲜湾的油气发现证实了北黄海盆地具有很好的油气前景。

第二节　地层发育特征

北黄海盆地钻井揭示发育地层自下而上依次包括：元古宇、侏罗系、下白垩统、古近系渐新统、新近系及第四系。

一、基底结构特征

据北黄海及邻区28个岛屿地质调查，其前中生代基底主要为元古宇变质岩，盆地南北两侧均为隆起区，分别为铁岭隆起和长白山隆起，基底地层直接与新近系接触。

北黄海盆地内的海洋岛，地层为古元古界辽河群浪子山组，岩性为大套的石榴石绢云母石英片岩和石英岩，呈大套互层出现；在海洋岛西部獐子岛出露地层与海洋岛一致，亦为辽河群浪子山组。但至西南方向的园岛和遇岩岛地层时代逐渐变新，其中，园岛为辽河群上部大石桥组，为一套大理岩组成，而遇岩岛则为中元古界长城系石英岩。总之，从北黄海盆地的岛屿地层分布来看，由陆至海和由北向南地层时代逐次变新。

钻井揭示基底地层深度、厚度不一，岩性存在差异。有的钻井上部钻遇一套板岩、片岩，中部为砾岩段，中下部为板岩，底部为砾岩；有的钻井钻遇岩性为石灰岩、白云岩、泥板岩，少部分为泥岩、片岩、硅质岩和喷出岩；还有的钻井岩性由灰白色石英岩、石灰岩、变辉绿岩组成。

另外，根据西朝鲜湾盆地钻探的401井资料，在1872～2803m深度钻遇元古宇变质岩系，岩性为千枚岩、片麻岩、白云岩和石灰岩。

华北地区钻井揭示和地面出露的古生界为寒武系、奥陶系、石炭系、二叠系，普遍缺失上奥陶统、志留系、泥盆系和下石炭统。西朝鲜湾盆地钻遇的古生界与我国北方古生界基本相似，主要为寒武系、奥陶系、中—上泥盆统、石炭系和二叠系，缺失志留系和下泥盆统。根据地震与钻井成果，北黄海盆地存在与华北地区、西朝鲜湾盆地类似的古生界沉积岩系。

钻井揭示的下古生界主要为寒武系。下寒武统厚303m，岩石构成为砂岩14%，泥岩38.8%，石灰岩47.5%，白云岩5.8%，黏板岩7.7%；中寒武统厚168m，为灰色、暗灰色石灰岩和泥质灰岩、暗灰色泥岩的互层。西朝鲜湾盆地钻探的401井在1400～1872m深度钻遇寒武系，厚度达472m，岩性为钙质页岩和褐灰色石灰岩。

西朝鲜湾盆地下奥陶统为高裂缝性原生石灰岩，见少量油气显示。因缺乏钻井原始资料，目前还不了解各套地层的厚度和分布情况。

志留系在海上钻井中未曾发现。

在西朝鲜湾盆地揭示的上古生界有中—上泥盆统、石炭系、二叠系，未发现下泥盆统。中—上泥盆统由黏土岩、粉砂岩和砂岩互层组成，直接叠置在奥陶系不整合面上，其上连续沉积了以黏土岩为主的下石炭统。中石炭统为薄煤层与砂岩、黏土层和石灰岩，其上的上石炭统和二叠系底部是厚层黏土层夹煤层。二叠系主要为海相碳酸盐岩。

综上所述，北黄海盆地前中生代基底总体为元古宇变质岩和古生界海相残留盆地。

二、盆地盖层发育特征

古生代的大部分时期至早中生代，北黄海盆地长期隆起，至中生代中晚期才形成断陷盆地，接受中—晚中生代、新生代的沉积。中生界和古近系为陆相沉积，新近系盆地进入坳陷发育阶段，沉积了分布广而薄的海陆交互相地层。

北黄海中—新生界盆地发育的地层主要为侏罗系、下白垩统、古近系渐新统、新近系和第四系（图2–10–1）。

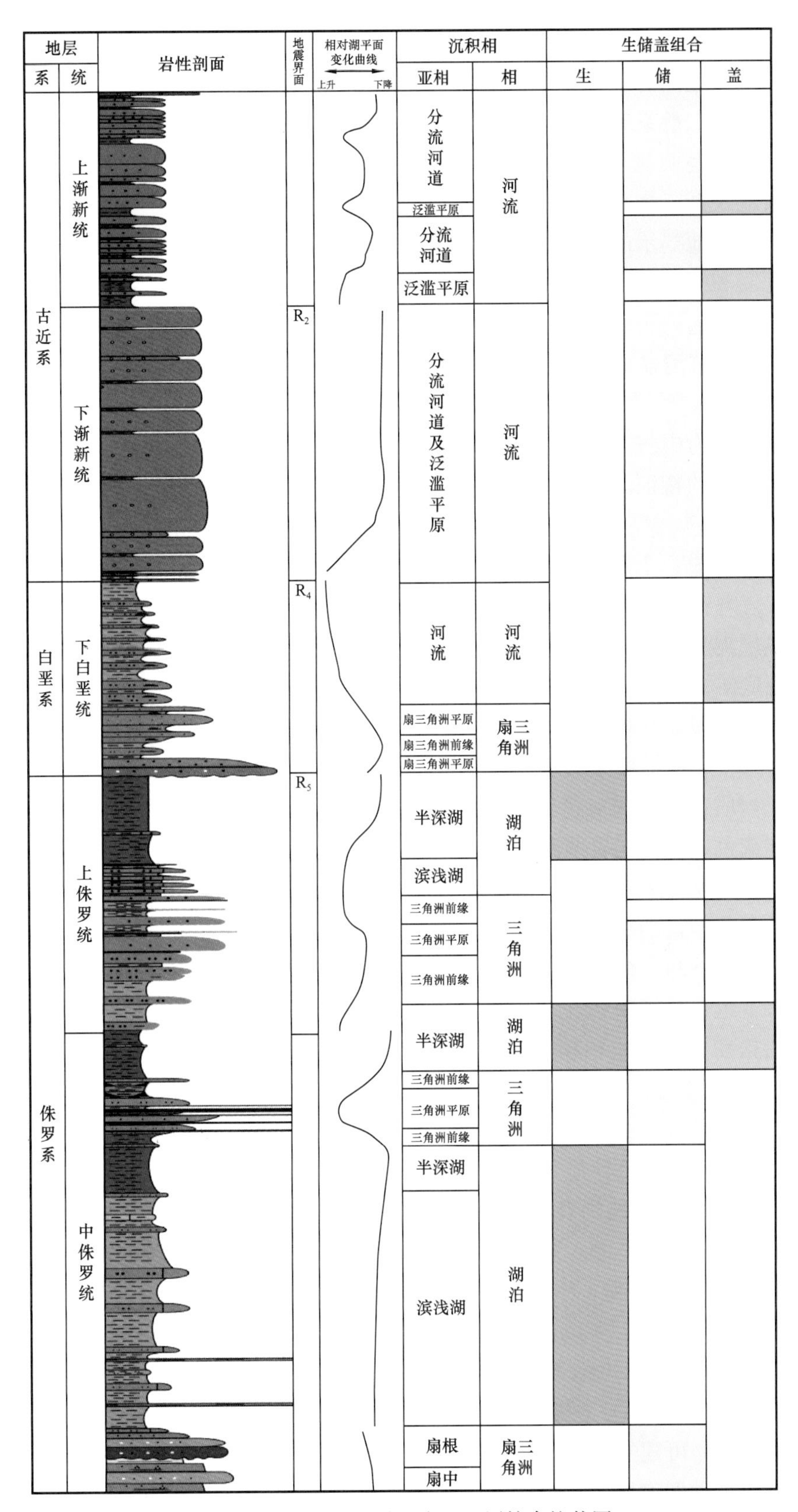

图 2-10-1　北黄海盆地主要地层综合柱状图

1. 中生界

西朝鲜湾盆地的海上钻井中没有发现完整的三叠系和下侏罗统，直接下伏于上侏罗统砂岩之下的是二叠系碳酸盐岩，为不整合接触。因此，北黄海盆地与南黄海盆地中生界三叠系的发育是明显不同的：在南黄海盆地三叠系分布较广，以海相为主的沉积，而在北黄海盆地缺失三叠系，陆上的辽东地区三叠系为河流—湖泊相。

西朝鲜湾盆地揭示的中生界特征与我国华北地台的中生界基本一致。根据华北地区的钻井、地震和野外地质调查资料，中生界在广大地区均有分布，主要为中—上侏罗统和下白垩统，普遍缺失三叠系、下侏罗统和上白垩统，而且中—上侏罗统主要为含煤型剖面，均与西朝鲜湾盆地揭示的中生界剖面特征基本一致（郑求根，2005）。

1）侏罗系

侏罗系主要为中—上侏罗统，地层分布较广，整个盆地均有发育，整体表现为“东南厚、西北薄”的特征。与上覆白垩系呈不整合接触。湖泊—三角洲相沉积，可分为四个岩性段。

底部砂砾岩段：上部以灰色石英质砾岩为主，下部以灰色—深灰色灰质砾岩为主。该段地层仅发育在盆地边缘，也有学者将其归为下侏罗统。

下部厚层泥岩段：大套灰色、深灰色泥岩夹灰色灰质粉砂岩、石灰岩，石灰岩集中发育于上部底端。

中部砂泥岩段：灰色粉砂岩、细砂岩、含砾细砂岩、砂砾岩夹深灰色泥岩与少量薄煤层，砂岩致密，泥质胶结，颗粒次棱角状—次圆状，分选中等，砾石以石英砾为主。

上部泥岩段：大套深灰色泥岩，偶夹浅灰色石灰岩、灰色粉砂岩、细砂岩；下部深灰色泥岩与灰色粉砂质泥岩薄互层。

侏罗系一般厚度 1000～3000m，最大厚度 4000m 以上。

侏罗系含较丰富的孢粉化石，裸子植物花粉占优势地位，蕨类孢子次之，根据化石组合可分为上、下两个组合，大致对应上侏罗统和中侏罗统。

侏罗系下组合裸子植物花粉以松粉、克拉梭粉、云杉粉、苏铁粉、宽沟粉、冷杉粉为主，原始松粉、原始松柏粉、假云杉粉较为常见；蕨类孢子主要见桫椤孢、紫萁孢、坚实孢、光面三缝孢。可建立桫椤孢—宽沟粉—苏铁粉—松粉组合。本组合以苏铁粉属、宽沟粉属较发育，克拉梭粉属一般含量小于 20%，以原始松科植物花粉较发育为特征，与晚侏罗世植物群差异显著，其时代应为中侏罗世。

侏罗系上组合裸子植物花粉以克拉梭粉（*Classopollis*）为主，含量一般大于 50%，松粉（*Pinuspollenites*）次之，宽沟粉（*Chasmatosporites*）、苏铁粉（*Cycadopites*）、四字粉（*Quadraeculina*）、假云杉粉（*Pseudopicea*）等较为常见，微囊粉（*Parvisaccites*）、罗汉松粉（*Podocarpidites*）、皱球粉（*Psophosphaera*）等偶见；蕨类孢子以光面三角孢（*Leiotriletes*）、桫椤孢（*Cyathidites*）、凹边孢（*Concavisporites*）、紫萁孢（*Osmundacidites*）为主，偶见锥刺三角孢（*Acanthotriletes*）、阿赛勒特孢（*Asseretospora*）。上组合以克拉梭粉、松粉极为繁盛为主要特征，可建立松粉—克拉梭粉组合。本组合面貌与白垩系相比孢粉化石更为丰富，蕨类孢子桫椤孢增多，裸子植物花粉松粉、苏铁粉、宽沟粉、同心粉、四字粉等都有明显增加。本组合时代归属晚侏罗世为宜。

2）白垩系

北黄海盆地仅发育下白垩统，与上覆古近系和下伏侏罗系均呈不整合接触，主要为河流相、滨浅湖相、扇三角洲相。

底部为褐灰色、灰色砂岩、细砂岩、粉砂岩与褐灰色、灰色泥岩互层；中部发育厚层褐灰色、红褐色泥岩，夹灰色薄层泥质粉砂岩、细砂岩；上部主要为红褐色、灰褐色、灰色泥岩与褐灰色、浅灰色泥质粉砂岩、粉砂岩、细砂岩薄互层。

总体上来讲，上部泥岩多于砂岩，下部砂岩多于泥岩。一般厚度 200～800m，最大厚度可达 2000m。

朝方所钻探的井中有多口在本段中发现无突肋孢、希指蕨孢及被子类植物花粉三沟粉，表明其时代为早白垩世。

2. 新生界

新生界是中朝地台上广泛发育的一套地层，也是我国东部区域性分布的一套生、含油层系。西朝鲜湾盆地钻遇有以渐新统为底界的新生界，为厚砂岩与薄的黏土岩互层。

1）古近系

北黄海盆地古近系仅发育渐新统，据目前掌握资料认为，古新统和始新统缺失。与上覆新近系和下伏白垩系均呈不整合接触。

渐新统包括上、下 2 套地层。

渐新统下部地层：下部黄褐色、褐黄色、褐灰色、绿灰色泥岩与浅灰色细砂岩、含砾细—中砂岩、砂砾岩互层；中、上部浅灰色、杂色含砾粗砂岩、砂砾岩夹绿灰色泥岩。泥岩质较纯、性软—中硬；砂岩分选中等—差，颗粒磨圆度呈次棱角状—次圆状，泥质胶结，疏松。砾石成分以火成岩岩块和石英为主，少量长石。

渐新统上部地层：大套浅灰色含砾砂岩、砂砾岩夹薄层灰色、绿灰色泥岩。砂岩分选差—中等，颗粒磨圆度呈次棱角状—次圆状，泥质胶结，疏松。砾石成分以石英为主，次为长石及少量燧石。

古近系厚度差别较大，较薄处 100～600m，个别凹陷厚度可达 2000m 以上。

古近系下部地层古生物组合含较丰富孢粉化石，组合以被子类植物花粉为主，裸子植物花粉次之，蕨类孢子不发育，仅见少量光面水龙骨单缝孢。

被子类以椴粉繁盛为特征，胡桃粉、榆粉、桤营粉也占有较重要地位，其他常见分子有黄杞粉、枫香粉、脊榆粉、栎粉等。裸子类以松粉为主，杉粉、罗汉松粉、雪松粉常见，铁杉粉、冷杉粉、麻黄粉等次之。蕨类孢子不发育。

古近系下部地层古生物组合与渤海湾盆地孢粉组合相似，组合中榆粉含量远高于栎粉，表现出渐新世特征，而松粉地位较显著且见少量麻黄粉，反映的古气候特征与早渐新世较为相似。因此，组合时代归属早渐新世为宜。

以上所见孢粉均为古近纪—新近纪常见类型。组合中见有较丰富松粉，较多冷杉粉和云杉粉，故推测气候较凉温。根据古近纪—新近纪气候变化规律，其时代应为渐新世至早中新世，结合区域资料，将本段划分为渐新统。

古近系上部地层古生物化石较少，仅见孢粉化石，孢粉化石以裸子植物花粉（30.6%）和被子植物花粉（58.3%）占优势，少量蕨类孢子（11.1%），可建立松粉—云杉粉—榆粉组合。

裸子植物花粉主要见松粉（*Pinuspollenites*，13.9%）、云杉粉（*Piceaepollenites*，11.1%）、冷杉粉（*Abiespollenites*，2.78%）；被子植物花粉主要见光山核桃粉（*Caryapollenites simplex*，13.9%）、胡桃粉（*Juglanspollenites*，13.9%）、榆粉（*Uimipollenites*，2.78%）、波形榆粉（*U.undulosus*，11.1%）、枫香粉（*Liquidambarpollenites*，2.78%）、椴粉（*Tiliaepollenites*，2.78%）；蕨类孢子为光面水龙骨单缝饱（*Polypodiaceaesporites*，11.1%）。

2）新近系和第四系

以杂色砾岩区别于下伏浅灰色含砾砂岩。

下部杂色厚层砂砾岩夹少量绿灰色薄层泥岩，底部砾石成分多见中基性岩浆岩岩块，中上部浅灰色含砾中砂岩、含砾粗砂岩夹绿灰色泥岩。泥岩质较纯、性软；砂岩结构成熟度较低，分选差，颗粒磨圆度呈次棱角状—次圆状，泥质胶结，疏松。下部砾石成分以石英为主，次为火成岩岩块、长石；上部成分以石英为主，少量长石及暗色矿物。

新近系厚600～1200m。与上覆第四系及下伏古近系均为不整合接触。

该层段含古生物化石较少。其中一口井在630～660m井段见较多孢粉，可建立松粉—冷杉粉—铁杉粉组合。组合以裸子植物花粉占优势，有少量被子植物花粉，蕨类孢子稀少。裸子植物花粉中主要为松粉、冷杉粉、云杉粉和铁杉粉，被子植物花粉常见光山核桃粉、胡桃粉、榆粉、波形榆粉和椴粉，蕨类孢子中常见者为光面水龙骨单缝孢。另外一口井仅见2粒波形榆粉（*Ulmipollenites undulosus*）和12粒草本被子植物禾本粉（*Graminidites*）。其组合面貌不清，根据本样品禾本粉较常见，其时代应在中新世及以后，很可能为晚中新世及以后至上新世，由于未见晚中新世及之后特征类型而不能肯定。

以上所见孢粉均为古近纪—新近纪常见类型，其中铁杉粉罕见于晚始新世，在华北常见于渐新世至新近纪，在南方常见于中新世。组合中见有较丰富松粉，较多冷杉粉和云杉粉，故推测气候较凉温，根据古近纪—新近纪气候变化规律，其时代应为渐新世至早中新世。由于未见早中新世特征化石，故其时代暂定为早中新世。

第三节 构造特征

一、构造层的划分

北黄海盆地在地质演化过程中经历了多期构造运动，形成多旋回的构造—沉积组合及多个不整合界面。综合盆地的地震反射界面特征、地层接触关系以及构造变形特征等因素，以区域性不整合面R_g、R_4、R_1为界，把北黄海盆地自下而上划分为4个构造层，即基底构造层和中—上侏罗统—下白垩统下构造层、古近系中构造层、新近系—第四系上构造层，上、中、下三个构造层构成北黄海中—新生代盆地的沉积盖层。

1. 中—上侏罗统—下白垩统构造层（下构造层）

下构造层介于R_g与R_4反射界面之间，超覆在基底构造层之上，可进一步分为上部和下部亚构造层，分别对应于中—上侏罗统和下白垩统。

北黄海盆地下构造层断裂活动相当强烈，北东—北东东向张性断层十分发育，先存基底断裂活化并切割下构造层，呈现不同方向断裂交织、垒堑相间的构造面貌，与张性断层相关的褶皱比较发育。后期则局部形成北西向挤压褶皱和伴生的逆断层。总体上下构造层受多期构造运动叠加作用，构造变形比较复杂，伸展和挤压构造兼而有之。

该构造层形成于北黄海盆地形成的初始阶段。

2. 古近系构造层（中构造层）

构造运动造成上白垩统和古新统、始新统的缺失，仅保留了渐新统。中构造层为介于 R_4 与 R_1 界面之间的一套层系，与下构造层呈角度不整合接触关系，在坳陷边缘往往超覆在基底构造层之上，包括上部、下部两个亚构造层，分别相当于渐新统下部地层和渐新统上部地层。与下构造层相比，除控盆或控坳断层仍继承性活动外，中构造层断裂显著减少，新生断裂规模较小，大多属于盖层断裂，伸展作用产生的褶皱相对不太发育，以反转褶皱与反转断层为重要特征。

3. 新近系—第四系构造层（上构造层）

上构造层是指 R_1 界面至海底之间的一套层系，相当于新近系 + 第四系，与中构造层为角度不整合接触关系，隆起部位通常直接覆盖在基底构造层上。该构造层为盆地区域沉降期形成的沉积，分布于全区，呈水平层状，厚度稳定，构造变形轻微，断裂和岩浆活动微弱。

二、断裂特征

北黄海盆地历经燕山期和喜马拉雅期构造运动，形成了复杂的断裂系统。断裂的形成和发展对盆地的构造格局和沉积演化具有决定性作用，并促进或破坏油气聚集成藏。

根据地震剖面和重磁资料，北黄海盆地按断层展布方向主要为北东—北北东向、近东西和北西向，其中北东—北北东向断层较为发育，也是盆地的控制性断裂，其常构成盆地边界或盆地内隆起与坳陷的边界，从而控制了盆地的隆、坳格局和沉积特征。

在中、西部坳陷，从断裂规模上主要划分为三级。

一级断层为控坳断层，断层的走向和规模在一定程度上也直接决定了坳陷的大小和形态。此类断层规模比较大，延伸长度达几十千米，断距比较大，一般在数百米以上。坳陷的沉积充填往往直接受控于边界大断裂，边界断层不仅控制了坳陷的沉降中心，而且影响到物源区的变迁与沉积物供给方式，以及沉积体系的演化等其他方面。整体上，这些断层主要分布于隆坳交界处，为坳陷的控制边界，走向多为北东—北北东，不同演化时期具有不同的性质，具有长期继承性发育特点。从断裂剖面形态来看，多为铲式断层，呈上陡下缓特征。

二级断层为控制构造的断层。断层性质多为具有拉张性质的正断层，断层组合样式多样，从而形成了许多断块和断鼻型构造圈闭。主要组合类型包括："Y"形断裂组合，多为一级断裂附近的反向调节断层；多米诺式断块构造，多为反向多米诺式断块样式，断层产状与斜坡倾斜方向相反，断层主要切割古近系，存在于坳陷的斜坡处；"X"形断裂组合，多为晚期断层切割早期断层而成，主要分布在古近系、白垩系中；垒堑式组合，多发育于洼中隆起处，由倾向相对或相背的两组断层组成，多以单个地堑或地垒存在。另外，从平面上看，断层主要为北东向和北西向。

三级为层间小断层，断距小，延伸短，多存在于渐新统中。

断层发育分为三个期次，即侏罗纪—早白垩世断层、古近纪断层和新近纪断层。

侏罗纪—早白垩世断层：主要形成了北东—北北东向的各坳陷边界断层，该期断层的主活动期为早白垩世，并至古近纪渐新世早期，该期断裂的突出特征是形成了坳陷与坳陷内的地堑和地垒为主的构造。它们多是在张扭性应力场下形成的张性断裂。

古近纪断层：形成于古近纪，断至层位为下白垩统和古近系，区域走向为北东，形成断裂背斜和逆冲断层。

新近纪断层：主要活动期为新近纪，为北东和北西向的羽状断层，断层规模较小。

在东部坳陷就其性质分析，可分为正断层、逆断层和走滑断层三种。从成因上分析则可分为张性正断层、压扭性逆断层和走滑平移正断层三种，其中以正断层为主，少数为逆断层或下正上逆的反转断层，盆地内一些横向或斜向断层可能兼具走滑性质，起到调节构造应变量的作用。从平面展布方向上来看，断裂系统主要分为近南北向、北东东向—近东西向和北西向，形成于晚侏罗世—早白垩世或晚白垩世—古近纪早期。这几组断层时间上互相继承，空间上彼此交错切割，共同控制了盆地的构造格局。

三、北黄海盆地构造演化

北黄海盆地演化经历了裂前阶段、中侏罗世—早白垩世初始拉张裂陷阶段、晚白垩世—古新世区域性隆升反转与火成岩侵入阶段、始新世—渐新世拉张裂陷阶段、渐新世末—早中新世挤压反转阶段、中中新世—第四纪区域沉降及玄武岩喷发阶段（图 2-10-2）。

1. 裂前阶段

北黄海盆地的裂前阶段指新元古代—古生代的盆地基底形成期。新元古代为地壳由活动型转为稳定型、华北克拉通由不成熟演变到成熟的过渡阶段，其时北黄海盆地及围区为古海侵带，沉积了厚层的硅质黏土岩和海相碳酸盐岩；新元古代末，北黄海盆地及邻区整体抬升，发生大规模海退，新元古界出露地表，构造走向东西；早寒武世至中奥陶世，北黄海盆地再次海侵，接受一套厚度均匀的陆表海沉积；中奥陶世末的加里东构造运动，使华北抬升剥蚀并产生轻微的褶皱，缺失晚奥陶世—早石炭世沉积；自中石炭世开始，华北克拉通又整体下降，沉积了海陆交互相碎屑岩夹碳酸盐岩和煤层建造。

随着二叠纪晚期秦祁昆、中亚蒙古大洋的消亡，南、北海西褶皱带拼贴在加里东褶皱带上，标志着海西旋回结束和北黄海盆地基底的形成。

2. 中侏罗世—早白垩世初始拉张裂陷阶段

北黄海盆地的演化始于三叠纪末，印支运动引起的挤压作用导致前中生界沿逆冲断层抬升，形成古高地，这种区域隆升状态一直持续到中侏罗世早期。

中侏罗世中晚期—晚侏罗世为北黄海盆地的初始断陷期。由于库拉板块向亚洲大陆强烈俯冲，区域应力场由挤压转为北东—南西向拉张，促使大量近东西—北西向张性断层的产生及基底断裂复活或反转，引起第一次裂陷，形成中—晚侏罗世断陷湖泊，接受来自周围古隆起的碎屑沉积。根据钻井资料和地震资料解释，中—晚侏罗世时期，盆地边缘发育了扇体，湖盆内主要沉积了浅灰色及灰色泥岩。当时的断陷很可能以南断北超的构造及沉积格局为主，可能兼具一定的东断西超性质，其南部为控盆断层。侏罗系中、上统发育厚度较大的河流—湖沼相，含煤层，形成了北黄海盆地第一套烃源岩。

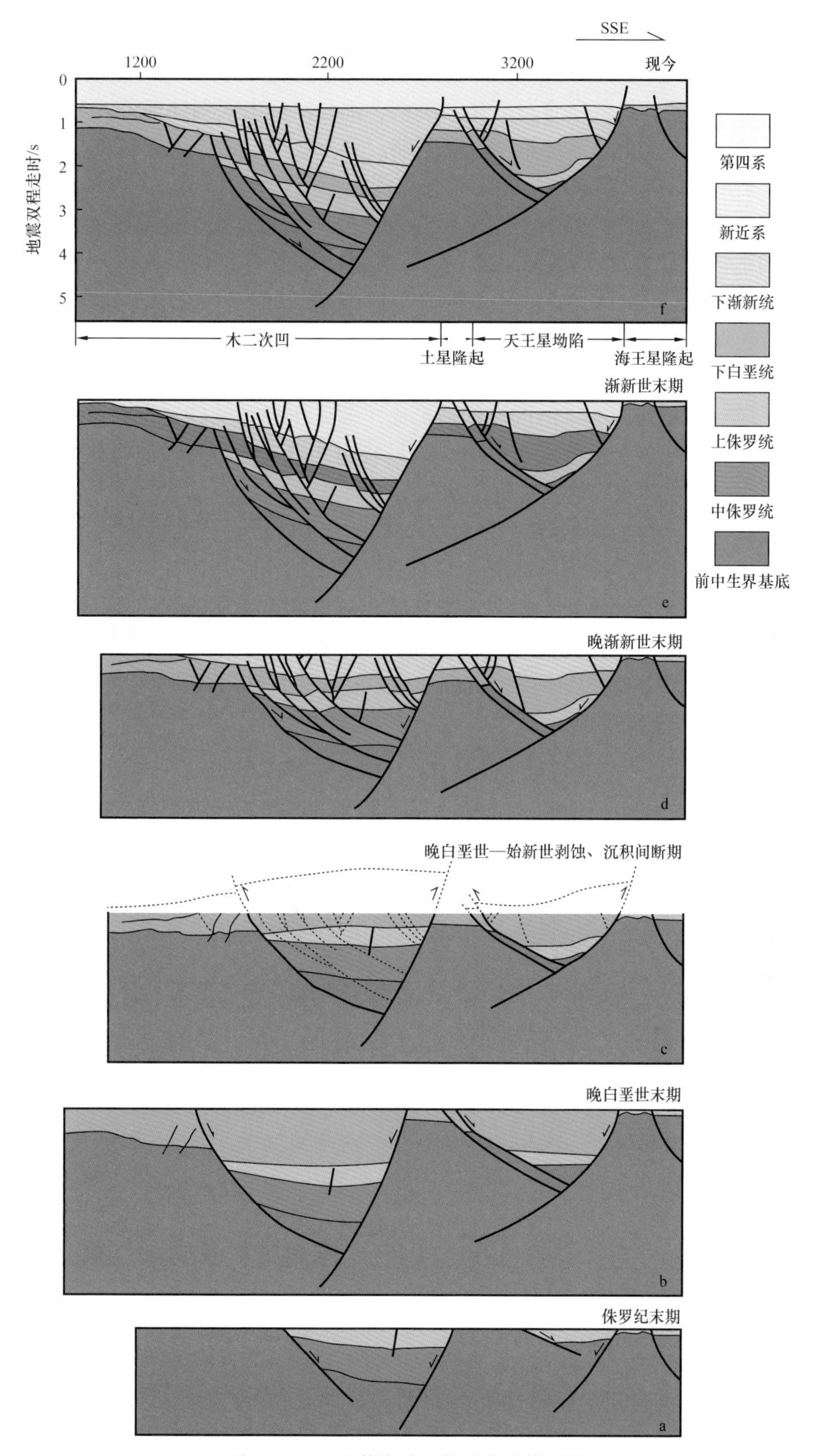

图 2–10–2　北黄海盆地构造演化模式图

早白垩世时期，断陷活动持续发展，在晚侏罗世地层之上连续沉积，形成了以湖泊相为主的第二套烃源岩；但湖盆规模发生萎缩，湖相范围有所缩小。盆地局部出现了抬升，发育红色河流相，局部发育扇三角洲沉积，部分地区出现剥蚀现象。

中侏罗世—早白垩世是盆地第一次裂陷期。

3. 晚白垩世—始新世区域性隆升反转与火成岩侵入阶段

早白垩世后期—晚白垩世，由于太平洋板块俯冲方向改变，以及印度板块向北楔入引起区域构造应力场发生了转变，这一区域应力的改变对北黄海盆地产生了较大的影响。早白垩世中期（131—137Ma）和早白垩世末期（108—115Ma），北黄海盆地伴随着构造反转还发生了大规模酸性火成岩侵入，部分正向构造单元开始形成。在北黄海盆地，该构造运动非常强烈，由时间上看早白垩世末至始新世末期至少经历了60Ma的沉积间断，下白垩统遭到剥蚀。由区域构造形态上看，下白垩统构造走向由中—晚侏罗世的近东西向转变为晚白垩世的近南北向。可见晚白垩世的构造反转使得北黄海盆地发生了颠覆性的变化，也造成了侏罗系第一次生烃的中止。

4. 始新世—渐新世拉张裂陷阶段

渐新世早期，太平洋板块以近南北方向向东亚大陆作减速俯冲，北黄海盆地东部所受的来自太平洋板块的挤压应力相对于晚白垩世—古新世明显减弱，而拉张作用则逐渐加强。在区域拉张作用下，北黄海盆地进入断陷阶段。在控凹断裂继承性活动下，沉积范围扩大，沉降沉积中心持续下降，古近系覆盖在中生代地层之上。

该期是盆地第二次裂陷期。

5. 渐新世末—早中新世挤压反转阶段

渐新世开始，盆地整体沉降，发育大套厚层砂砾岩地层。渐新世末期，印度板块与西藏板块强烈碰撞并向北楔入，对中国东部大陆产生的远程挤压效应增强，而太平洋板块俯冲带后退又抑制了东部大陆向东南方向蠕散，整个中国东部大陆受挤压而大面积抬升隆起，北黄海盆地也因此而再次发生构造反转，盆地发生回返，凹陷边缘甚至因抬升受到剥蚀，古近纪断陷从此消亡。

渐新世末期的构造运动以抬升为主，但在局部伴随着明显的走滑作用。

6. 中中新世—第四纪区域沉降阶段

中新世早期，北黄海盆地基本处于隆起剥蚀与准平原化状态，未接受沉积。

到中新世晚期—上新世，北黄海盆地由于岩石圈热衰减而发生重力均衡调整，进入区域沉降阶段，主要形成了广湖相和三角洲相—河流相沉积，以填平补齐为特点。

第四纪以来，海水全面进侵，形成一套陆架滨—浅海相稳定沉积，断裂活动微弱，岩浆活动基本停止。

总之，北黄海中—新生界盆地在构造演化过程中经历了两期裂陷、两次大的隆升及酸性火成岩侵入，盆地三分之一事件处于隆起剥蚀状态。

四、构造单元划分

北黄海盆地是发育在中朝板块东部的太古宇和元古宇中—深变质结晶基底和弱变质—未变质古生界基础之上的中—新生代陆内断陷叠合盆地。区域构造走向呈北东向，由多个彼此分割的坳陷组成，划分为东部坳陷、中部坳陷、西部坳陷和长白山隆起、铁岭隆起、锦州隆起、秦皇岛隆起等一级构造单元，形成隆坳相间的构造格局（图 2-10-3）。其中东部坳陷中生代最发育，面积大约 5200km^2。东部坳陷的形成经历了多期复杂的构造运动，坳陷内主要地层界面的上超下削接触关系明显，中—新生代最大沉积厚度可达 8000m。

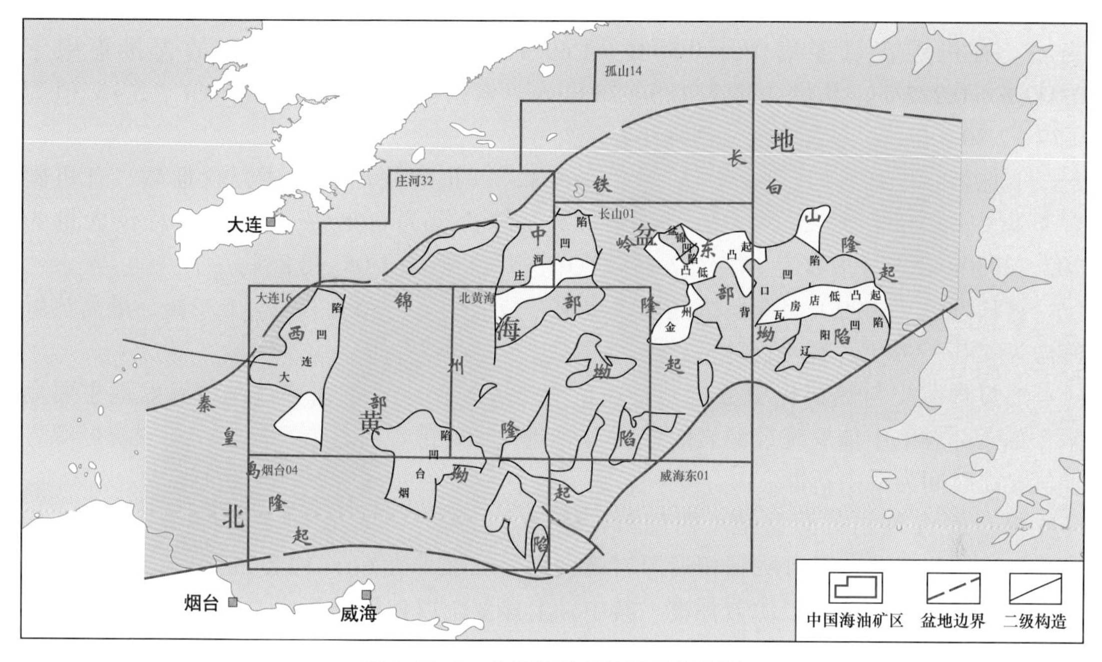

图 2-10-3　北黄海盆地构造区划分图

第四节　烃 源 岩

北黄海盆地勘探成果证实：北黄海盆地可能作为烃源岩的有中—上侏罗统、下白垩统和渐新统三套泥岩。其中白垩系、古近系泥岩分布范围有限，中—上侏罗统泥岩应该为本区主要烃源岩。

一、烃源岩地质分布特征

北黄海盆地各坳陷中—新生代沉积分布范围广、厚度大，但两个主要裂陷期形成的泥岩分布差异巨大。截至 2015 年底，盆地还未有探井钻遇三叠系和下侏罗统，中生界包括中—上侏罗统和下白垩统，厚度一般为 1000～5000m，最大沉积厚度可达 6000m。从现有资料分析，总体上中侏罗统暗色泥岩的厚度要大于上侏罗统，白垩系泥岩分布范围有限，暗色泥岩占地层厚度比也较低；新生代沉积在盆地内普遍存在，主要为渐新统，最大厚度可达 4000m，但可作为烃源岩的暗色泥岩厚度、泥地比和分布范围均不大。北黄海盆地是一个以生油为主，兼有生气的盆地，这与朝鲜在西朝鲜湾盆地的钻井结果基本符合，可能存在侏罗系、白垩系和古近系三套烃源岩，侏罗系是盆地内的主要生油层系。另外，东部坳陷是北黄海盆地资源潜力最好的一个区域，其次为中部坳陷。

二、烃源岩地化特征

1. 中—上侏罗统烃源岩

该套烃源岩是盆地内的主要生烃岩。

北黄海盆地中侏罗统暗色泥岩厚度几十米到上千米不等，干酪根类型以Ⅲ型为主。有机碳含量多集中于0.50％～1.69％之间，氯仿沥青“A”的含量集中于0.037％～0.222％，总烃含量为183～789μg/g，氢指数为96～172mg/gTOC，S_1+S_2值为0.77～2.80mg/g。

上侏罗统暗色泥岩厚度150～380m左右，以Ⅱ型偏油型为主，含Ⅲ型。有机碳含量集中于0.58％～2.06％，氯仿沥青“A”的含量为0.08％～0.25％，总烃含量为202～2830μg/g，氢指数为142～574mg/gTOC，S_1+S_2值为1.05～8.85mg/g。

据赖万忠（1999）上侏罗统热演化成果，成熟度一般为0.71％～1.32％，最高热解峰温为430～470℃，现今已达成熟—高过成熟阶段。

通过埋藏史与热演化史分析及上侏罗统砂岩储层包裹体研究：北黄海盆地主要坳陷，如东部坳陷中侏罗统烃源岩的主要生烃期和主要排烃期为渐新世；上侏罗统烃源岩油气充注时间为早中新世。

综合前人对北黄海盆地（西朝鲜湾盆地）侏罗系烃源岩研究成果（表2-10-1、表2-10-2），依据中国海域湖相烃源岩级别划分标准（表6-1-12），北黄海盆地侏罗系烃源岩均达到中等—好烃源岩标准。其中，上侏罗统以偏生油为主，也有一定的生气能力；中侏罗统以偏生气为主。中侏罗统烃源岩的厚度虽然大于上侏罗统烃源岩，但上侏罗统烃源岩各项地球化学指标要优于中侏罗统。

表2-10-1　西朝鲜湾盆地602井和606井烃源岩地球化学分析表（据赖万忠，1999修改）

层位		岩性	厚度/m	丰度			S_1+S_2/mg/g	成熟度	
				有机碳/%	氯仿沥青“A”/%	总烃/μg/g		R_o/%	有机质类型
E—N	602			0.29	0.09				
	606	紫色泥岩		0.36	0.0009				
				0.5～0.7	0.01～0.001	＜100		0.6～0.4	Ⅲ
K_1	602	黑色泥岩		1.06	0.11			0.5～0.8	Ⅰ
	606	黑色泥岩		1.69	0.07			0.76	Ⅰ—Ⅱ
			200～300	1.6	0.203	1000～1800	2.07～6.37	0.73～0.8	Ⅰ
J_3	602	灰色泥岩		2.16	0.16			0.9～1.1	Ⅱ—Ⅲ
	606	灰色泥岩		2.05	0.03			0.8～0.9	Ⅱ—Ⅲ
			800～1000	0.9～1.6	0.102	800～1000	1.96～4.56	0.71～1.32	$Ⅱ_1$

表 2-10-2　西朝鲜湾盆地 606 井和 404 井烃源岩地球化学分析表（据蔡峰，1995）

样品	井名	组	深度 /m	岩性	TOC/%	S_1+S_2/（mg/g）
850	606 井	新义洲（K_1）	2355	页岩	0.55	
849			2380	页岩	2.42.	6.37
848			2463	页岩	1.19	4.75
847			2555	页岩	0.77	2.2
846			2574	页岩	1.22	2.2
845			2723	页岩	1.16	2.23
844			2800	页岩	1.08	2.07
843		龙胜（J_3）	2890	页岩	0.96	4.56
842			2971	页岩	2.62	2.82
817			3013	粉砂岩	1.48	1.96
841			3034	页岩	1.31	2.7
877	404 井	新义州（K_1）	2462	页岩	0.41	
876			2479	页岩	0.57	0.54
875			2560	页岩	0.62	0.55
874			2631	页岩	3.05	
865			2694	页岩	0.63	
873			2705	页岩	0.98	
872			2785	页岩	2.62	
871			2863	页岩	0.67	
870		龙胜（J_3）	2942	页岩	0.97	
869			3007	页岩	6.87	9.06
868			3050	页岩	2.92	4.51
867			3107	页岩	0.92	
866			3140	页岩	0.75	

2. 下白垩统烃源岩

下白垩统暗色泥岩厚度较薄，多为几十米，最大厚度可达 320m。干酪根类型以Ⅱ型为主，兼有Ⅲ型。有机碳含量平均在 0.59%～2.08%之间。赖万忠依据西朝鲜湾盆地 602 井、606 井分析资料，有机碳含量为 1.6%，氯仿沥青“A”含量为 0.07%～0.11%，成熟度一般为 0.50%～0.80%，最高热解峰温为 430～440℃，已进入成熟门限，部分地区有可能进入高成熟阶段（表 2-10-1）。通过埋藏史与热演化史分析及下白垩统砂岩储层包裹体研究：北黄海盆地东部坳陷下白垩统油气充注时间为早中新世。

综合前人对北黄海盆地（西朝鲜湾盆地）下白垩统烃源岩研究成果（表 2-10-1、表 2-10-2），依据中国海域湖相烃源岩级别划分标准，认为北黄海盆地下白垩统在部分凹陷达到了中等以上有效烃源岩标准。

3. 古近系渐新统烃源岩

古近系以黄褐色、褐黄色、褐灰色、绿灰色泥岩为主。赖万忠依据朝鲜的钻井资料，泥岩干酪根类型以Ⅲ型为主，有机碳含量为 0.5%～0.7%，氯仿沥青“A”含量为 0.001%～0.01%，总烃含量低于 1000μg/g，成熟度为 0.4%～0.6%，最高热解峰温为 430℃左右，现今处于成熟阶段早期，从热演化分析生烃潜力较低（表 2-10-1、表 2-10-2）。

综上所述，北黄海盆地发育侏罗系、白垩系和古近系三套烃源岩。中—上侏罗统有机质丰度达到中等—好的标准，白垩系有机质丰度中等、局部凹陷可以达到好的丰度，古近系丰度较差；侏罗系处于成熟、局部高成熟阶段，白垩系处于成熟—低成熟阶段，古近系处于成熟早期阶段；侏罗系尤其上侏罗统烃源岩生油潜力较高，是北黄海盆地主要生油层系，下白垩统局部具有较好生烃潜力，是北黄海盆地次要烃源岩，古近系生烃潜力最差，一般达不到有效烃源岩标准。

油源对比表明，北黄海盆地原油、油砂和烃源岩之间的亲缘关系比较复杂，测试产出的原油与同一层段内不同深度砂岩样品抽提得到的烃类之间不是全部有可比性，仅仅只有部分油砂样品与原油相似。上侏罗统和中侏罗统分别有部分泥岩样品的特征与原油相似，也说明可能只是上侏罗统与中侏罗统这部分泥岩是北黄海盆地原油的烃源岩。

第五节　储层及储盖组合

北黄海中—新生界盆地主要的储集岩是硅质碎屑岩，特别是砂岩，储集相带为扇三角洲、三角洲、水下扇和滨、浅湖相砂岩。储层发育的主要层位为：侏罗系（中—上侏罗统）、白垩系（下白垩统）和古近系（渐新统）。

一、主要储层沉积演化特征

中—晚侏罗世为北黄海盆地的断陷期。盆地的形态受构造格局的影响，北部和西部以缓坡为主，南部和东部则以陡坡占据主要形态。晚侏罗世盆地处于快速断陷期，湖平面受盆地断陷的影响逐渐下降，水体退缩，携带北部和西部的物源进入盆地。北部缓坡带地势比较平缓，形成以三角洲为主的沉积相带；西部受地势和物源供给的双重影响，形成了扇三角洲沉积，地势较陡的地方则形成水下扇；南部陡坡带则处于近源影响区域，形成扇三角洲沉积。

早白垩世盆地的断陷逐步放缓，地势相对晚侏罗世变化不大，影响盆地沉积充填的主要是物源的供给和水体能量等因素。盆地西北方向和西部边界的物源供给在该时期达到高峰，且均为近物源供给粗粒物质，主要发育了扇三角洲和水下扇沉积相带；东北部地势平缓，物源的供给相比西北和西部稍弱，主要发育三角洲沉积。

构造运动造成上白垩统和古新统、始新统的缺失，仅保留了渐新统。该套地层沉积范围与晚侏罗世—早白垩世相比，范围大大缩小，厚度也变小，在盆地东部钻井普遍揭示为湖泊和河流三角洲沉积。

二、储层特征

1. 中生界储层

岩心资料分析（梁杰等，2013），侏罗系储集岩以粉砂岩为主，细砂岩、砂砾岩较少，砂岩单层厚度较白垩系薄，粒度较白垩系细。白垩系储集岩以粉砂岩、细砂岩为主，厚度一般不大，另有少量砂砾岩。薄片鉴定表明，侏罗系储集砂岩以岩屑砂岩为主，陆源碎屑中石英含量15%～81%，平均46%；长石含量2%～52%，平均30%；岩屑含量5%～60%，平均24%。白垩系储集砂岩以岩屑长石砂岩、长石砂岩为主，长石岩屑砂岩、岩屑砂岩次之，陆源碎屑中石英含量10%～74%，平均48%；长石含量1%～47%，平均6%；岩屑含量16%～72%，平均45%，主要为喷出岩、石英岩。总体上来看，中生界储集砂岩成分成熟度较低。

根据铸体薄片、扫描电镜分析，中生界储层总体上孔隙发育差，原生孔残留很少。储集空间类型为粒间孔、粒（晶）间溶孔、粒（晶）内溶孔、裂缝及铸模孔等，其中孔隙以粒（晶）间溶孔、粒（晶）内溶孔为主，发育少量微裂缝（图2-10-4）。

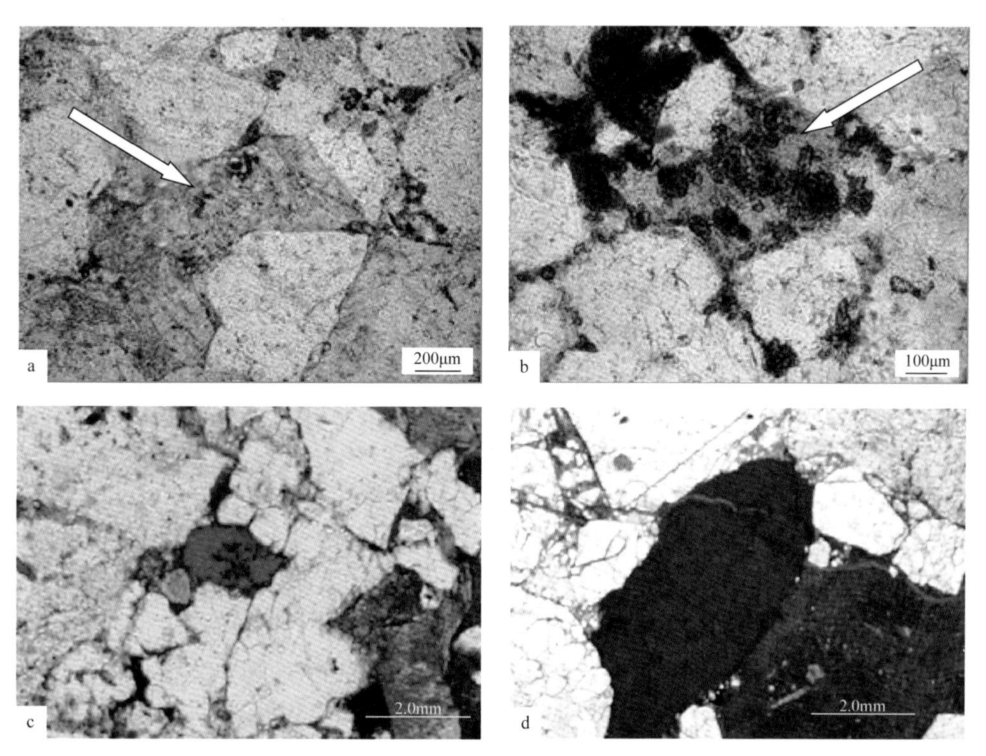

图2-10-4　北黄海盆地中生界储层主要储集空间类型

a. 粒内溶孔；b. 粒间溶孔；c. 铸模孔；d. 微裂缝型孔隙

中—上侏罗统储层平均孔隙度分布区间为1.92%～8.2%，主要分布在1.5%～4.0%。平均渗透率分布区间为0.02～1.39mD，主要分布在0.04～0.6mD之间。下白垩统储层平均孔隙度分布区间为3.0%～10%，主要分布在5.0%～8.0%之间，平均渗透率分布区间为0.38～0.96mD，主要分布在0.38～0.6mD之间。

压汞资料表明，北黄海东部坳陷中生界储层微观孔隙特征表现为细小孔隙、细喉—微细喉道及分选性差等特征（表2-10-3），上侏罗统孔隙结构要比下白垩统差；储层排驱压力较高，大致分布在0.3～19MPa之间，主要为1～7MPa，最大进汞量在38%～65%，主要分布在46%～64%，储层毛细管阻力很大，退汞效率较低，主要在20%～50%，说明储层连通孔隙所占比例偏少。

表2-10-3　北黄海东部坳陷中生界岩心压汞数据表（据王强等，2010）

层位	取值	排驱压力/MPa	饱和中值压力/MPa	最大孔隙半径/μm	孔喉均值/μm	最大进汞量/%	退汞效率/%	均质系数
K_1	最大值	2.00	28.48	2.36	0.52	65.0	51.4	0.41
	最小值	0.31	6.15	0.37	0.07	38.2	6.5	0.15
	平均值	1.09	15.58	0.91	0.23	54.3	39.7	0.29
J_3	最大值	19.69	24.83	1.36	0.32	49.0	42.4	0.79
	最小值	0.99	7.97	0.04	0.02	4.1	6.7	0.20
	平均值	7.15	14.05	0.61	0.15	39.1	30.1	0.43

参照砂岩储层评价分级标准（表2-7-2），中生界以很差储层为主，部分区域达到差储层标准。其中，白垩系储层物性好于侏罗系。

2. 新生界储层

古近系渐新统储层岩性为含砾砂岩、中—细砂岩，储集空间以孔隙型为主，孔隙度一般为20%～30%，渗透率一般为100～5000mD，物性很好。

整体评价，下白垩统和始新统砂岩储层物性较好，中—上侏罗统物性较差。

三、生储盖组合系统

北黄海盆地主要发育中—上侏罗统烃源岩，下白垩统烃源岩只是局部存在；发育侏罗系、白垩系、古近系三套储层，其中下白垩统和渐新统砂岩为主要储层。

钻探表明，中生界和新生界遍布的泥岩对砂岩段捕集的烃类有着很好的封盖作用。据钻井资料分析，北黄海盆地侏罗系、白垩系、古近系都存在区域性的泥岩盖层，它们与侏罗系烃源岩，侏罗系、白垩系、古近系储层组成多套区域、局部性生储盖组合系统（图2-10-1）。

侏罗系组合油源充足，区域性盖层发育，不利因素为埋深较大且储层物性差，但综合考虑也是一套较有利组合；白垩系组合距侏罗系烃源岩近，油源充足，区域性盖层发育，是最为有利的组合。

西朝鲜湾盆地606井在白垩系组合砂岩中试产获原油31t/d（2227.00～2880.00m），

610 井试产获原油 57t/d（2300.00m）；405 井在侏罗系组合中试产获原油 60t/d，据报道 601 井、602 井、611 井也为出油井，产层为侏罗系砂岩，产量 31.8～79.5m^3/d。

古近系砂层发育，物性较好，不利因素为距主要烃源岩较远且泥岩分布局限，在泥岩发育区可以形成较好的储盖组合。

综合分析认为，北黄海盆地侏罗系组合和白垩系组合全区性分布，是油气勘探重要的储盖组合；古近系组合储层条件较好，但油源和盖层条件不利，勘探时需要做详细的评价。

第六节　油气成藏特征

根据北黄海盆地勘探成果，盆地油气运移方式既有侧向运移，也存在纵向运移。油气成藏主要特征为：油气在侏罗系主要烃源岩生成之后经过垂向和侧向运移，中生界构造油气藏可能是主要聚集目标；但由于存在古近系与白垩系及白垩系与侏罗系之间两个区域性不整合面，盆地内也有可能形成不整合型油气藏、地层超覆油气藏。因此，侏罗系地层圈闭、背斜圈闭或者侏罗系、白垩系断层圈闭均为重要的聚集对象。

目前尚不十分确定新生代凹陷是否存在有利的生油凹陷，但新生代凹陷分隔，独立性强，面积有限；多物源短源距的沉积，而且凹陷沉降不深，即使有暗色泥岩存在，大部分都在生油门限以上，这些情况说明古近系较中生界要逊色得多，故预测渐新统中的局部构造形成原生油气藏的概率较小。但是这并不能否定其含油气性，古近系叠置于中生界之上，两者之间为不整合接触，有利于中生界的油气向古近系运移，油气可通过区域不整合面及深达中生界的继承性断层提供油气运移通道，只要有储层和圈闭条件，仍有可能储集来自下部的油气，具有形成次生油气藏的可能性。

北黄海盆地经历几十年的勘探，一直没有商业性发现。朝鲜在盆地东部坳陷的油气发现，表明盆地内油气不但成熟而且可能成藏。通过北黄海盆地油气成藏条件研究及勘探成果分析，认为优质烃源岩的分布是决定北黄海盆地油气成藏的最主要因素；另外，储层物性的好坏是油气成藏的另一关键因素。

（1）优质烃源岩的展布是决定北黄海盆地油气成藏的最重要因素。

勘探实践证明，目前北黄海盆地所有的油气发现和显示，都集中于相对优质烃源岩发育区，而烃源岩分布差的地区没有油气发现。例如，朝鲜 606 井所在的区域，在东部坳陷区中泥岩沉积厚度大、烃源岩条件相对较好，因此勘探成效较高，油气勘探前景也较好。

北黄海盆地与渤海湾盆地相邻，同处于中朝准地台上，有着共同的地质发育史和相似的地质条件，二者有一定的可比性。但渤海湾盆地是公认的优质高效的含油气盆地，其重要原因是渤海湾盆地古近系发育良好的生油层系，各项生油指标配置非常好；而北黄海盆地缺乏该套优质烃源岩，中生界烃源岩认识仍尚待提高。东部和中部坳陷是烃源岩最有利发育区，但其展布特征和生油能力并不十分清晰。

（2）有利的储集相带是储层发育的场所，良好的储层是油气聚集的基础，是决定油气成藏的另一主要因素，储层裂缝带、溶蚀次生孔隙发育带是优质储层发育区。

北黄海盆地中—新生界主要发育中—上侏罗统、下白垩统和渐新统三套砂岩储层，中生界储层物性较差，属于致密低孔低渗砂岩储层，以特低孔特低渗储层为主，低孔特低渗储层次之，储集空间类型见有粒间溶孔、粒内溶孔及裂缝等。目前中—新生界已有的油气发现和显示主要出现在下白垩统和上侏罗统，渐新统（303 井）也有发现。

根据北黄海盆地构造、沉积、生储盖组合特征，结合朝鲜勘探成果，上侏罗统—下白垩统沉积层系是北黄海盆地获得油气突破的关键目的层，是盆地内最具潜力的勘探层系。

西朝鲜湾盆地下白垩统和上侏罗统为目前所测试的地层中产油量最高的层位。据钻井揭示，下白垩统和上侏罗统中较厚的河流和三角洲相砂岩段，孔隙空间内因含有大量的高岭石胶结物，使其孔渗性能变差，影响了其储集性能，这可能就是中生界产层至今尚无大发现的原因之一。

尽管如此，由于上侏罗统存在盆地内较好的生油层系，具备成藏资源潜力。构造破裂作用产生的微裂缝对渗透率具有改善作用，微裂缝可使得储层的渗透率得到明显提高。朝鲜获得油流的井基本都位于裂缝发育带，储层物性相对都比较好，砂岩裂缝是白垩系产能的主要贡献者，因此，中生界储层仍为盆地内最具潜力的勘探层系。油气在侏罗系烃源岩生成之后经过垂向和侧向运移，可以在中生界构造圈闭中聚集起来，还有可能形成不整合型油气藏、地层超覆油气藏。

渐新统储层由于黏土含量低，所以砂岩物性优于上侏罗统和下白垩统。但北黄海盆地各个凹陷的新生界不具备生油潜力，也无明显的褶皱构造，地震剖面反映的局部构造主要为潜山和披覆背斜。砂岩虽然是良好的储层，但因构造不多，圈闭前景较差，所以尽管渐新统砂岩内常有微量的油气显示，但尚不具有工业价值。

总之，由于我国在北黄海盆地勘探程度低，尚处于起始阶段，因此北黄海盆地地层沉积特征、构造演化、油气地质的认识还有待于进一步研究。

第十一章 海域油气勘探技术重要进展

南黄海盆地油气勘探从1961年开始到2015年，已经历了近55年，虽然未取得大的突破，但对南黄海盆地油气勘探创新与实践从未停歇。通过石油地质工作者几十年的努力，地质认识不断深化，多项适用于南黄海盆地油气勘探的技术方法日臻成熟，取得了不少油气勘探经验与启示，这些都为南黄海未来有可能成为海域油气勘探新的增长极奠定了基础。

第一节 海域油气勘探技术方法创新与应用

一、地震采集方法的创新与应用

“十二五”期间，通过地震勘探理论研究和实践经验总结的循环迭代，开发了“富低频阵列勘探采集技术”和“基于模型数值模拟的处理技术”，不断完善南黄海中—古生界地震采集及处理关键技术，在南黄海重点研究区（中部隆起）形成4km×4km（局部2km×2km）二维地震测网，资料品质提高，为构造认识和地质研究奠定了基础。

1. 富低频阵列组合技术

针对中—古生界地震反射品质需进一步提高的实际情况，不断完善地震采集处理方法技术体系，总结“提出问题—理论模拟—采集实践”的攻关思路和勘探实效。以南黄海盆地地震地质条件与地震物性条件的分析为先导，剖析了该区地震勘探存在的关键问题：浅层强反射屏蔽、内部波阻抗界面弱。针对这些影响中—古生界成像的关键问题，首先从地震采集参数设计和正演模拟开始，找准能够克服南黄海不利地震地质条件的关键技术和参数；其次从地下地质条件分析和地震采集装备、参数设计等方面，主要针对上下源双缆宽线采集技术、海底电缆双检宽线采集技术和低频大震源长缆采集技术开展攻关实践，“十二五”阶段在南黄海重点区域（中部隆起）形成4km×4km（东南部2km×2km）共计10333.5km的二维地震测网，并结合资料处理技术的攻关研究，使得中—古生界的成像品质有了明显的提高；最后通过对“十二五”阶段实践的总结，形成了一套适用于南黄海中—古生界地质条件的采集技术体系，确立了“富低频阵列组合技术模式”为海域海相中—古生界地震采集适用技术和优选方案。

2. 基于模型数值模拟的处理技术和多次波压制组合技术

利用“基于模型数值模拟的处理技术”，基本得到中—古生界地震成像关键问题：一是最大限度地压制噪声和多次波，二是尽可能获取比较可靠的速度模型。在此基础上，针对实际资料开展水陆双检合并、多域噪声衰减、组合多次波压制、精细成像等处理技术系列的试验和攻关，形成了一套针对南黄海中—古生界的精细处理技术流程。其中 SDM（针对潜水地区的多次波压制技术）+SRME（自由表面多次波压制技术）+Radon（高精度 Radon 变换多次波压制技术）+LIFT（近道剩余多次波压制技术）等组合对强屏蔽层多次波有明显的压制效果；通过速度百分比扫描提升了中—古生界速度分析的精度；CRS（共反射面元叠加技术）有效提高了高速中—古生界的信噪比，增强了连续性，明显提高了速度分析的准确度。

二、重磁震联合反演恢复中部隆起原型盆地的构造面貌

利用重磁三维反演技术及重磁地震联合反演技术，根据岩石物性统计取得主要界面的密度、速度及磁化率参数，反演了南黄海及其邻域的三叠系顶面埋深、志留系顶面埋深及基底面埋深，并得到南黄海的中生界、上古生界及下古生界残留厚度，对不同时代界面的起伏、隆（凸）坳（凹）分布有了全面的认识，为构造区划和油气勘探提供了重要依据。

利用重磁力异常三维反演，求取了南黄海及邻域莫霍面及居里面深度，获得了其深部结构特征；通过磁性基底埋深及其视磁化强度求取，结合钻孔及区域地质资料可以对基底岩性进行推断解释，南黄海基底岩性可以划分五个区：千里岩区、连云港东延区、南黄海区、南黄海东部区及其他区域。

综合钻井、地震、重磁及区域地质资料，主要利用重磁震联合反演的方法刻画各主要地质—构造界面的构造面貌，在此基础上基本厘清了中—古生界残留地层分布特征；通过对下扬子区区域构造演化与盆地结构、构造、沉积充填特征及其相互关系的分析，结合南黄海海域的钻井及地震资料，研究了南黄海自晚震旦世以来的中—古生代沉积背景及其后期多期构造运动对中—古生代的改变。结合以上研究对南黄海中—古生界最具现实勘探意义的区域进行了优选。

第二节　海域油气勘探经验与启示

南黄海盆地经过几十年的勘探实践，仅在新生界钻井测试反循环中获得油样，未获得工业油流。长期勘探仍未获得勘探突破的原因是由该盆地复杂的地质特征和我国海洋石油勘探所特有的发展历程所决定的。近期研究表明，南黄海盆地仍处于勘探早期，具有很大的油气潜力，该盆地的勘探具有后发优势。

其一，南黄海盆地是一个古生界、中生界、新生界多期叠合的复杂盆地。该盆地历经古生代、中生代、新生代三大发育期，早期沉积盆地经过多次改造以后以残留盆地的形式出现。古生代的盆地分布在全区，埋深较大，地震资料模糊，经过长期的攻关直到“十二五”期间才取得较大的进展，其勘探前景值得期待；中生代盆地主要发育在北部坳陷的东北凹陷、东凹陷及韩国方面的群山凹陷，发育侏罗系烃源岩及相应的储盖层，尽管钻了几口井，但至目前未取得突破；新生代盆地主要发育在南部坳陷及北部坳陷内，其特征与苏北盆地相似，即各个凹陷的古近系沉积互不连通，各个凹陷的成藏特征也相差很大。总之，三个时期所发育沉积盆地的石油地质特征各不相同，共同形成了南黄海这个复杂的、多期叠合、多成油体系的盆地。复杂的地质特征是南黄海盆地长期勘

探未取得突破的最根本原因。

其二，南黄海盆地新生界勘探历程曲折，具有后发优势。南黄海盆地新生界的成油条件与苏北盆地相似，具备烃源岩、储盖层等石油地质条件，单个凹陷的资源规模偏小，大部分油气田属中小型油田。新生界盆地的这一基本地质特征造成了早期勘探的失利，特别是在20世纪80—90年代初，由于我国海洋石油勘探的自有资金、技术不足，引入了大量外国石油公司进行合作勘探，外国公司出于商业目的以寻找大型、能独立开发的油田为出发点，立足于钻探简单的大型圈闭，而苏北盆地的勘探证实新生界主要发育中小型油田，因此这一时期内南黄海的勘探以绝大部分的干井结束。在其后的自营勘探阶段，由于苏北盆地发现的多为中小型油田，这些油田在海上单独开发是没有经济效益的。基于这一认识，限制了南黄海的勘探投入。同时由于苏北盆地、南黄海新生界凹陷众多、各个凹陷之间贫富差异大，在寻找富烃凹陷的方向上势必有不同的认识，也导致在很长一段时间内在南黄海盆地未能投入大量的勘探工作，在很多凹陷仅有1～2口钻井或没有钻井，其油气地质条件不清。而在最近几年，随着苏北盆地的勘探、开发进入中后期，地质家对苏北盆地的石油地质特征、油气富集凹陷、富集区带及规律有了整体的、深入的认识，通过借鉴苏北盆地的勘探经验，以较少的勘探投入迅速找到南黄海盆地的富油凹陷，发现数个可以连片开发的商业油气田成为可能，因此，南黄海盆地新生界的勘探具有后发优势，在今后投入一定的工作量是可以有商业发现的。

其三，南黄海盆地中—古生界勘探前景值得期待。南黄海中—古生界属扬子板块的一部分，是经历多次改造以后的残留盆地，埋深普遍较大，各种断裂发育，地震资料模糊，长期以来勘探进展缓慢。21世纪初期在四川盆地的几个大发现，如普光气田、龙岗气田、安岳气田等大型气田的发现表明扬子区中—古生界具有巨大的油气潜力，因此，勘探家们重新把目光投向了南黄海中—古生界。经过近十年的地震资料采集及处理攻关，到“十二五”中后期取得了较大的进展，在中部隆起部分地区获得了中—古生界较为清晰的地震反射资料。由于南黄海中—古生界与上扬子区的油气地质条件有一定的相似性，因此，中—古生界的勘探也可借鉴四川盆地的成藏规律并具有后发优势，其勘探前景值得期待。

参考文献

安徽省地质矿产局，1987. 安徽省区域地质志［M］. 北京：地质出版社.

安徽省地质矿产局区域地质调查队，1985. 安徽地层志（前寒武系分册）［M］. 合肥：安徽科学技术出版社.

安徽省地质矿产局区域地质调查队，1988. 安徽地层志（寒武系分册）［M］. 合肥：安徽科学技术出版社.

安徽省地质矿产局区域地质调查队，1989. 安徽地层志（奥陶系分册）［M］. 合肥：安徽科学技术出版社.

安徽省地质矿产局区域地质调查队，1989. 安徽地层志（二叠系分册）［M］. 合肥：安徽科学技术出版社.

安徽省地质矿产局区域地质调查队，1989. 安徽地层志（泥盆系和石炭系分册）［M］. 合肥：安徽科学技术出版社.

安徽省地质矿产局区域地质调查队，1989. 安徽地层志（三叠系分册）［M］. 合肥：安徽科学技术出版社.

安徽省地质矿产局区域地质调查队，1989. 安徽地层志（志留系分册）［M］. 合肥：安徽科学技术出版社.

蔡东升，冯晓杰，张川燕，等，2002. 黄海海域盆地构造演化特征与中、古生界油气勘探前景探讨［J］. 海洋地质动态，18（11）：23-24.

蔡峰，1998. 北黄海盆地基本石油地质条件［J］. 海洋地质动态，14（4）：7-10.

蔡峰，熊斌辉，2007. 南黄海海域与下扬子地区海相中—古生界地层对比及烃源岩评价［J］. 海洋地质动态，23（6）：1-6.

蔡进功，卢龙飞，宋明水，等，2010. 有机黏土复合体抽提特征及其石油地质意义［J］. 石油与天然气地质，31（3）：300-308.

蔡乾忠，2002. 黄海含油气盆地区域地质与大地构造环境［J］. 海洋地质动态，18（11）：8-12.

蔡乾忠，2002. 黄海与周边地质构造及盆地含油气性的区域对比见黄海海域油气地质［M］. 青岛：海洋出版社.

陈安定，唐焰，2007. 苏北盆地热史、埋藏史研究及其对南黄海南部盆地油气勘探的启示［J］. 中国海上油气，19（4）：234-239.

陈宏明，张瑛，李耀西，等，1987. 下扬子盆地石炭系沉积相［J］. 中国地质科学院南京地质矿产研究所所刊，8（2）：43-60.

陈洪德，候明才，刘文均，等，2004. 海西—印支期中国南方的盆地演化与层序格架［J］. 成都理工大学学报：自然科学版，31（6）：629-635.

陈洪德，覃建雄，王成善，等，1999. 中国南方二叠纪层序岩相古地理特征及演化［J］. 沉积学报，17（4）：13-24.

陈洪德，田景春，刘文均，等，2002. 中国南方海相震旦系—中三叠统层序划分与对比［J］. 成都理工学院学报，29（4）：355-379.

陈华成，吴其切，等，1989. 长江中下游地层志［M］. 合肥：安徽科学技术出版社.

陈焕疆，邱之俊，1988. 中扬子区与上、下扬子区油气地质条件的对比分析［J］. 石油实验地质，10（4）：

305–314.
陈建平，梁狄刚，张大江，等，2012. 中国古生界海相烃源岩生烃潜力评价标准与方法［J］. 地质学报，86（7）：1132–1142.
陈建平，赵长毅，何忠华，1997. 煤系有机质生烃潜力评价标准探讨［J］. 石油勘探与开发，24（1）：1–5，91.
陈建文，2022. 南黄海盆地油气勘探战略选区［J］. 海洋地质动态，18（11）：28–29.
陈玲，白志琳，李文勇，2006. 北黄海盆地中新生代沉积坳陷特征及其油气勘探方向［J］. 石油物探，45（3）：319–323.
陈斯忠，2003. 东海盆地主要地质特点及找气方向［J］. 中国海上油气，17（1）：8–15，21.
程日辉，白云风，李艳博，2004. 下扬子区三叠纪古地理演化［J］. 吉林大学学报（地球科学版），34（3）：367–371.
崔敏，张功成，王鹏，等，2017. 苏北—南黄海盆地 NW 向断层特征及形成机制［J］. 中国矿业大学学报，46（6）：1332–1334
戴春山，李刚，蔡峰，等，2003. 黄海前第三系及油气勘探方向［J］. 中国海上油气，17（4）：225–231.
戴明刚，2003. 黄海地质与地球物理特征研究进展［J］. 地球物理学进展，18（4）：583–591.
丁巍伟，王渝明，陈汉林，等，2004. 台西南盆地构造特征与演化［J］. 浙江大学学报（理学版），31（2）：216–220.
董才源，刘震，刘启东，等，2013. 高邮凹陷戴南组断层—岩性油藏成藏体系及主控因素研究［J］. 石油实验地质，35（4）：395–400.
杜德莉，1994. 台西南盆地的构造演化与油气藏组合分析［J］. 海洋地质与第四纪地质，14（3）：5–17.
杜民，王改云，刘金萍，等，2014. 北黄海盆地东部坳陷地层划分及沉积特征［J］. 特征油气藏，21（2）：51–56.
杜小弟，黄志诚，陈智娜，等，1996. 下扬子区二叠系层序地层的地球化学特征［J］. 高校地质学报，2（3）：109–117.
杜小弟，黄志诚，陈智娜，等，1999. 下扬子区二叠系层序地层格架［J］. 地层学杂志，23（2）：74–82.
范小林，2001. 南黄海盆地海相领域油气勘探战略思考［J］. 海相油气地质，6（4）：35–40.
冯增昭，鲍志东，吴胜和，等，1997. 中国南方早中三叠世岩相古地理［J］. 地质科学，32（2）：212–220.
冯增昭，何幼斌，吴胜和，1993. 中下扬子地区二叠纪岩相古地理［J］. 沉积学报，11（3）：13–24.
冯增昭，彭勇民，金振奎，等，2001. 中国南方寒武纪岩相古地理［J］. 古地理学报，3（1）：1–14.
冯增昭，彭勇民，金振奎，等，2001. 中国南方早奥陶世岩相古地理［J］. 古地理学报，3（2）：11–22.
冯增昭，彭勇民，金振奎，等，2001. 中国南方中及晚奥陶世岩相古地理［J］. 古地理学报，3（4）：10–24.
冯增昭，吴胜和，1987. 下扬子地区中、下三叠统青龙群岩相古地理研究及编图［J］. 沉积学报，5（3）：40–58.
冯增昭，杨玉卿，鲍志东，1999. 中国南方石炭纪岩相古地理［J］. 古地理学报，1（1）：75–86.
冯增昭，杨玉卿，金振奎，等，1996. 中国南方二叠纪岩相古地理［J］. 沉积学报，14（2）：3–12.
冯志强，陈春峰，姚永坚，等，2008. 南黄海北部前陆盆地的构造演化与油气突破［J］. 地学前缘，

15（6）：219-231.
龚承林，雷怀彦，王英民，等，2009. 北黄海盆地东部坳陷构造演化与油气地质特征［J］. 海洋地质与第四纪地质，29（1）：79-85.
龚再升，1999. 中国油气勘探（第四卷）近海油气区［M］. 北京：石油工业出版社，地质出版社.
郭进京，张国伟，陆松年，等，1999. 中国新元古代大陆拼合与 Rodinia 超大陆［J］. 高校地质学报，5（2）：148-156.
郭彤楼，2004. 下扬子地区中古生界叠加改造特征与多源多期成藏［J］. 石油实验地质，26（4）：319-323.
郭彤楼，2005. 下扬子地区区域磁异常和基底特征研究［J］. 石油天然气学报，27（3）：329-333.
郭玉贵，李延成，许东禹，等，1997. 黄东海大陆架及邻域大地构造演化史［J］. 海洋地质与第四纪地质，17（1）：1-12.
何家雄，夏斌，陈恭洋，等，2006. 台西南盆地中新生界石油地质与油气勘探前景［J］. 新疆石油地质，27（4）：398-402.
何家雄，夏斌，王志欣，等，2006. 南海北部大陆架东区台西南盆地石油地质特征与勘探前景分析［J］. 天然气地球科学，17（3）：345-350.
何将启，梁世友，等，2007. 北黄海盆地地质构造特征及其在油气勘探中的意义［J］. 海洋地质与第四纪地质，27（2）：101-105.
洪天求，李双应，胡永强，2000. 安徽铜陵地区石炭系层序地层研究［J］. 合肥工业大学学报（自然科学版），23（3）：299-303.
侯方辉，张训华，张志珣，等，2012. 南黄海盆地古潜山分类及构造特征［J］. 海洋地质与第四纪地质，32（2）：85-92.
胡芬，2010. 南黄海盆地海相中、古生界油气资源潜力研究［J］. 海洋石油，30（3）：1-8，77.
胡芬，江东辉，周兴海，2012. 南黄海盆地中、古生界油气地质条件研究［J］. 海洋石油，32（2）：9-15.
胡开明，2001. 江绍断裂带的构造演化初探［J］. 浙江地质，17（2）：1-11.
胡小强，刘振湖，陈玲，等，2009. 北黄海盆地某研究区块钻井层序地层及沉积特征［J］. 海洋地质与第四纪地质，29（2）：103-109.
黄松，郝天珧，徐亚，等，2010. 南黄海残留盆地宏观分布特征研究［J］. 地球物理学报，53（6）：1344-1353.
黄正吉，2012. 中国近海优质烃源岩的发育特征及古生态标志［J］. 中国石油勘探，17（5）：10-16，26，81.
贾健谊，陈琳琳，2002. 东海西湖凹陷春晓气田群 H5 砂体成因分析及成藏综述［J］. 海洋石油（3）：1-8.
江苏省地质矿产局，1984. 江苏省及上海市区域地质志［M］. 北京：地质出版社.
江苏省地质矿产局，1989. 宁镇山脉地质志［M］. 南京：江苏科学技术出版社.
江苏石油勘探局地质科学研究院，中国科学院南京地质古生物研究所，1988. 江苏地区下扬子准地台震旦纪—三叠纪生物地层［M］. 南京：南京大学出版社.
江西省地质矿产局，1984. 江西省区域地质志［M］. 北京：地质出版社.
焦鹏，2014. 湘西北地区上元古界—下古生界油气地质条件与勘探前景［D］. 长沙：中南大学.
金仁植，费琪，杨香华，等，2006. 北黄海盆地含油气系统与勘探前景［J］. 石油实验地质，28（5）：445-449.

金之钧，刘光祥，方成名，等,2013. 下扬子区海相油气勘探选区评价研究［J］. 石油实验地质,35（5）：473−486.
孔祥生，包超民，顾明光，1994. 浙江诸暨地区陈蔡群主要地质特征及其构造演化探讨［J］. 浙江地质（1）：15−29.
赖万忠，1999. 东海盆地合作探井落空的启示［J］. 海洋地质动态，15（7）：6−8.
赖万忠，2002. 黄海海域沉积盆地与油气［J］. 海洋地质动态，18（11）：13−16.
雷宝华，肖国林，张银国，等，2014. 南黄海盆地北部坳陷北部断阶带构造地质特征［J］. 海洋地质前沿，30（7）：42−45.
李辉，2013. 川东南下古生界烃源岩特征研究［D］. 成都：成都理工大学 .
李慧君，张训华，牛树银，等，2011. 黄海盆地地质构造特征及其形成机制［J］. 海洋地质与第四纪地质，31（5）：73−78.
李楠，2010. 南黄海盆地北部坳陷构造演化及沉积相研究［D］. 青岛：中国海洋大学 .
李强，温珍河，2014. 南黄海盆地成因机制及其构造意义［J］. 海洋地质前沿，30（10）：14−17.
李双应，金福全，黄其胜，等，2000. 下扬子盆地石炭纪层序地层研究及盆地演化［J］. 安徽地质，10（4）：241−247.
李双应，岳书仓，2002. 安徽巢湖二叠系栖霞组碳酸盐岩斜坡沉积［J］. 沉积学报，20（1）：7−12.
李廷栋，莫杰，2002. 黄海地质构造与油气资源［J］. 海洋地质动态，18（11）：4−7.
李廷栋，莫杰，许红，2003. 黄海地质构造与油气资源［J］. 中国海上油气，17（2）：2−6.
李文勇，2007. 北黄海盆地构造变形及动力学演化过程［J］. 地质学报，81（5）：588−593.
李文勇，李东旭，王后金，2006. 北黄海盆地构造几何学研究新进展［J］. 地质力学学报，12（1）：12−22.
李文勇，李东旭，夏斌，等，2006. 北黄海盆地构造演化特征分析［J］. 现代地质，20（2）：268−276.
李亚军，李儒峰，陈莉琼，等，2011. 苏北盆地金湖凹陷热史与成藏期判识［J］. 沉积学报，29（2）：396−400.
李玉发，姜立富，1997. 安徽省岩石地层［M］. 武汉：中国地质大学出版社 .
廉娟，2012. 大庆探区晚古生界油气资源前景研究［D］. 大庆：大庆石油学院 .
梁兵，段宏亮、李华东，等，2013. 下扬子地区海相层系成藏条件及勘探评价［M］. 北京：石油工业出版社 .
梁狄刚，郭彤楼，陈建平，等，2008. 中国南方海相生烃成藏研究的若干新进展——南方四套区域性海相烃源岩的分布［J］. 海相油气地质，13（2）：1−16.
梁狄刚，张水昌，张宝民，等，2000. 从塔里木盆地看中国海相生油问题［J］. 地学前缘，7（4）：534−547.
梁杰，温珍河，肖国林，等，2013. 北黄海盆地东部坳陷储层特征及影响因素［J］. 海洋地质与第四纪地质，33（2）：111−119.
梁杰，张银国，董刚，等，2011. 南黄海海相中—古生界储集条件分析与预测［J］. 海洋地质与第四纪地质，31（5）：101−108.
廖晶，赵华，张伟，等，2013. 南黄海北部坳陷及周缘地区白垩纪以来构造研究进展［J］. 海洋地质前沿，29（1）：8−11.
廖宗廷，1994. 中国东南地区大地构造演化的特征［J］. 石油实验地质，16（3）：234−242.

刘东鹰，2011. 苏北—南黄海盆地的构造演化分析［J］. 石油天然气学报，32（6）：27–31.
刘光夏，赵文俊，吴岫云，等，1990. 台湾地区地壳厚度的研究——三维重力反演的初步结果［J］. 科学通报（24）：1892–1895.
刘贵，1987. 中扬子的基底结构及其大地构造演化［J］. 江汉石油学院学报，9（2）：6–13.
刘国生，1997. 江南断裂带（皖南段）的变形特征及震旦纪以来的构造演化［J］. 合肥工业大学学报（自然科学版），20（3）：100–105.
刘海军，2009. 下扬子区中古生代区域构造演化及其对盆地发育的控制［D］. 上海：同济大学.
刘金萍，王改云，杜民，等，2013. 北黄海盆地东部坳陷中生界烃源岩特征［J］. 中国海上油气，25（4）：12–16.
刘金萍，王嘹亮，简晓玲，等，2013. 北黄海盆地中生界原油特征及油源初探［J］. 新疆石油地质，34（5）：515–518.
刘金庆，许红，孙晶，等，2012. 下扬子海区南黄海盆地油气勘探的几点认识［J］. 海洋地质前沿，28（4）：30–37.
刘金水，许怀智，蒋一鸣，等，2020. 东海盆地中、新生代盆架结构与构造演化［J］. 地质学报，94（3）：675–691.
刘金水，赵洪，2019. 东海陆架盆地西湖凹陷平湖斜坡带差异性气侵的成藏模式［J］. 成都理工大学学报（自然科学版），46（4）：487–496.
刘倩茹，2013. 苏北盆地海相中—古生界含油气性分析［D］. 长春：吉林大学.
刘申叔，李上卿，等，2001. 东海油气地球物理勘探［M］. 北京：地质出版社.
刘星利，1983. 对南黄海境内扬子准地台界限和演化的探讨［J］. 海洋地质与第四纪地质，3（2）：8–12.
刘玉瑞，2010. 苏北盆地与南黄海盆地中—新生界成烃对比浅析［J］. 石油实验地质，32（6）：541–546.
刘振湖，高红芳，胡小强，等，2007. 北黄海盆地东部坳陷中生界含油气系统研究［J］. 中国海上油气，19（4）：229–233.
刘振湖，王飞宇，刘金萍，等，2014. 北黄海盆地东部坳陷油气成藏时间研究［J］. 石油实验地质，36（5）：550–554.
柳广弟，赵文智，胡素云，等，2003. 油气运聚单元石油运聚系数的预测模型［J］. 石油勘探与开发，30（5）：53–55.
吕华，1992. 中国石油天然气的勘查与发展［M］. 北京：地质出版社.
罗璋，吴士清，徐克定，等，1996. 下扬子区海相地层典型古油藏剖析［J］. 海相油气地质，1（1）：34–39.
罗志立，1997. 中国南方碳酸盐岩油气勘探远景分析［J］. 勘探家，2（4）：62–63.
马力，2004. 中国南方大地构造和海相油气地质［M］. 北京：地质出版社.
马力，陈焕疆，甘克文，等，2004. 中国南方大地构造和海相油气地质［M］. 北京：地质出版社.
马文涛，於文辉，张世晖，2005. 北黄海盆地地质构造特征及其演化［J］. 海洋地质动态，21（11）：21–27.
马永，2016. 南海台西南盆地沉积物波特征及其成因机制研究［D］. 南京：南京大学.
马永生，2000. 中国海相碳酸盐岩油气资源勘探重大科技问题及对策［J］. 世界石油工业，7（2）：11–14.

马永生，陈洪德，王国力，等，2009. 中国南方层序地层与古地理［M］. 北京：科学出版社.
牛树银，孙爱群，邵振国，等，2016. 中国黄海海域的构造演化［J］. 地质论评，62（增刊）：325–326.
戚学祥，杜树三，2000. 长江中下游燕山期火山岩地质特征及其与成矿的关系［J］. 火山地质与矿产，21（1）：47–55.
祁江豪，2012. 南黄海盆地中、古生界构造演化及与四川盆地对比分析［D］. 北京：中国地质大学.
祁江豪，温珍河，张训华，等，2013. 南黄海地区与上扬子地区海相中—古生界岩性地层对比［J］. 海洋地质与第四纪地质，33（1）：109–119.
祁鹏，张功成，王鹏，等，2018. 南黄海盆地南五凹油气地质特征及成藏条件新认识［J］. 中国海上油气，30（4）：57–65
秦建中，刘宝泉，国建英，等，2004. 关于碳酸盐烃源岩的评价标准［J］. 石油实验地质（3）：281–286.
邱燕，温宁，2004. 南海北部边缘东部海域中生界及油气勘探意义［J］. 地质通报，23（2）：142–146.
曲希玉，2002. 南黄海盆地北部中、新生界沉积特征及油气远景［D］. 长春：吉林大学.
任来义，王运所，许化政，等，2005. 东濮凹陷濮城下第三系含油气系统运聚系数研究［J］. 石油实验地质，27（3）：245–249.
单翔麟，1993. 扬子地区古生代盆地基底建造特征［J］. 石油实验地质，15（4）：370–384.
沈渭洲，朱金初，1989. 从 Nd 模式年龄谈华南地壳的形成时间［J］. 地球科学（3）：82–91.
沈中延，高金耀，杨国春，等，2013. 北黄海盆地新近纪以来断裂特征及对古近纪断裂的继承性［J］. 地球科学，38（增刊 1）：54–60.
宋传中，2000. 秦岭—大别山北部后造山期构造格架与形成机制［J］. 合肥工业大学学报（自然科学版），23（2）：221–226.
宋宁，王铁冠，陈莉琼，等，2010. 苏北盆地上白垩统泰州组油气成藏期综合分析［J］. 石油学报，31（2）：180–195.
宋伟建，2005. 东海大陆架地貌研究［J］. 海洋石油，25（1）：89–98.
苏浙皖闽油气区石油地质志编写组，1992. 中国石油地质志（卷八）苏浙皖闽油气区［M］. 北京：石油工业出版社.
孙家淞，周长振，1982. 东海海底地貌特征和区划的探讨［J］. 海洋通报（4）：34–42.
孙肇才，2007. 前陆类含油气盆地共性与案例分析［M］. 北京：地质出版社.
田振兴，2005. 北黄海盆地断裂特征及其深部构造研究［D］. 青岛：中国海洋大学.
田振兴，张训华，薛荣俊，2004. 北黄海盆地区域地质特征［J］. 海洋地质动态，20（2）：8–10.
童金南，殷鸿福，1997. 下扬子区海相三叠系层序地层研究［J］. 中国科学（D 辑：地球科学），27（5）：407–411.
万天丰，郝天珧，2009. 黄海新生代构造及油气勘探前景［J］. 现代地质，23（3）：385–393.
汪新伟，沃玉进，张荣强，2008. 扬子克拉通南华纪—早古生代的构造—沉积旋回［J］. 现代地质，22（4）：525–533.
王成善，陈洪德，寿建峰，等，1999. 中国南方二叠纪层序地层划分与对比［J］. 沉积学报，17（4）：499–507.
王存武，赵志刚，王鹏，等，2014. 南黄海盆地北部坳陷北凹油气成藏特征再认识［J］. 海洋石油，34（3）：40–45，65.

王存武，赵志刚，张功成，等，2013. 东海西湖凹陷盖层条件及对油气藏的控制作用［J］海洋石油，33（2）：22–27.

王丹萍，许长海，焦若鸿，等，2011. 基于碎屑锆石裂变径迹记录的下扬子构造热演化史研究［J］. 中国矿业大学学报，40（2）：227–234.

王国纯，1997. 台西盆地构造单元划分探讨［J］. 中国海上油气，11（2）：80–86.

王后金，王嘹亮，冯常茂，2014. 北黄海盆地的成盆动力学机制探讨［J］. 石油天然气学报，36（5）：1–7.

王建强，孙晶，肖国林，等，2014. 南黄海盆地构造特征及油气地质意义［J］. 海洋地质前沿，30（10）：34–39.

王金渝，周荔青，郭念发，等，2000. 苏浙皖石油天然气地质［M］. 北京：石油工业出版社.

王可德，王建平，钟石兰，等，2000. 东海陆架盆地西南部中生代地层的发现［J］. 地层学杂志，24（2）：129–131.

王立艳，2011. 南黄海前第三系地震层序及构造特征研究［D］. 青岛：中国海洋大学.

王连进，叶加仁，吴冲龙，等，2002. 南黄海盆地构造及沉积特征［J］. 天然气勘探与开发，25（1）：33–37.

王明健，张训华，吴志强，等，2014. 南黄海南部坳陷构造演化与二叠系油气成藏［J］. 中国矿业大学学报（43）：271–278.

王鹏，赵志刚，张功成，等，2011. 东海盆地钓鱼岛隆褶带构造演化分析及对西湖油气勘探的意义［J］. 地质科技情报，30（4）：65–72.

王强，王应斌，张友，2010. 北黄海中生代残留盆地砂岩成岩作用及其对孔隙的影响［J］. 海洋地质前沿，27（8）：16–25.

王强，王应斌，张友，等，2010. 北黄海东部坳陷中生界储层特征［J］. 沉积与特提斯地质，30（4）：97–103.

王玮，周祖翼，2008. 镜质组反射率剖面反演中的不确定性分析——以鄂西渝东茶园 1 井为例［J］. 石油实验地质，30（3）：292–301.

王小群，翟爱军，2003. 江苏宁镇地区下古生界层序地层划分［J］. 石油天然气学报，25（3）：25–26.

吴基文，李东平，2001. 皖南地区二叠纪层序地层研究［J］. 地层学杂志，25（1）：18–23.

吴跃东，2001. 皖南东至地区寒武系层序地层［J］. 古地理学报，3（3）：55–62.

吴跃东，江来利，储东如，等，2003. 皖西南地区南华纪—志留纪层序地层分析［J］. 沉积与特提斯地质，23（1）：45–52.

吴跃东，钟华明，2002. 皖南地区奥陶系层序地层学分析［J］. 现代地质，16（1）：45–52.

武法东，周平，等，2000. 东海陆架盆地西湖凹陷第三系层序地层与沉积体系分析［M］. 北京：地质出版社.

夏邦栋，钟立荣，1995. 下扬子区早二叠世孤峰组层状硅质岩成因［J］. 地质学报，69（2）：125–137.

夏新宇，曾凡刚，洪峰，2001. 中国陆表海碳酸盐岩有机质的生烃潜力［J］. 石油与天然气地质（4）：287–292.

肖国林，2002. 南黄海盆地油气地质特征及其资源潜力再认识［J］. 海洋地质与第四纪地质，22（2）：81–87.

邢涛，张训华，张向宇，2014. 南黄海磁性基底特征分析和综合解释［J］. 海洋与湖沼，45（5）：946–953.

徐剑春，吴成平，王鑫，等，2017. 南黄海海域生储盖层特征及油气远景评价［J］. 中国地质调查，4（5）：60–65.
徐克定，1997. 康山“古油藏讨论之三”——康山“沥青脉”的成因［J］. 海相油气地质，2（3）：54–59.
徐旭辉，高长林，江兴歌，等，2009. 中国含油气盆地动态分析概论［M］. 北京：石油工业出版社.
徐旭辉，周小进，彭金宁，等，2014. 从扬子地区海相盆地演化改造与成藏浅析南黄海勘探方向［J］. 石油实验地质，36（5）：523–545.
徐学思，1997. 江苏省岩石地层［M］. 武汉：中国地质大学出版社.
徐志星，2015. 西湖凹陷西次凹花港组低孔渗储层沉积相与成岩作用研究［D］. 成都：成都理工大学.
徐忠美，2011. 塔里木盆地塔中地区奥陶系油气成藏体系及资源潜力［D］. 北京：中国地质大学（北京）.
许红，戴靖，蔡乾忠，等，2008. 苏北—南黄海盆地裂变径迹与中古生代烃源岩受热演化［J］. 原子能科学技术，42（7）：665–668.
许薇龄，1987. 苏北南黄海地质构造特征［J］. 上海地质，23（3）：54–64.
许正龙，翟爱军，2002. 苏皖下扬子区震旦纪—中三叠世海相层序地层［J］. 沉积与特提斯地质，22（2）：64–69.
闫桂京，蔡峰，何玉华，等，2014. 南黄海盆地构造热演化研究现状与展望［J］. 海洋地质前沿，30（7）：22–23.
闫桂京，李慧君，何玉华，等，2012. 南黄海海相层石油地质条件分析与勘探方向［J］. 海洋地质与第四纪地质，32（5）：107–113.
杨长青，董贺平，李刚，等，2014. 南黄海盆地中部隆起的形成与演化［J］. 海洋地质前沿，30（7）：17–21.
杨方之，闫吉柱，苏树桉，等，2001. 下扬子地区海相盆地演化及油气勘探选区评价［J］. 江苏地质，25（3）：134–141.
杨金玉，2010. 南黄海盆地与周边构造关系及海相中、古生界分布特征与构造演化研究［D］. 杭州：浙江大学.
杨琦，陈红宇，2003. 苏北—南黄海盆地构造演化［J］. 石油实验地质，25（增刊 1）：562–565.
杨树春，胡圣标，蔡东升，等，2003. 南黄海南部盆地地温场特征及热—构造演化［J］. 科学通报，48（14）：1564–1569.
杨文达，李斌，胡津荧，等，2013. 三维地震资料在深水油气勘探井场地质灾害评价中的运用——以南海琼东南海区为例［J］. 海洋地质与第四纪地质，33（1）：83–90.
姚伯初，2006. 黄海海域地质构造特征及其油气资源潜力［J］. 海洋地质与第四纪地质，26（2）：85–93.
姚永坚，冯志强，郝天珧，等，2008. 对南黄海盆地构造层特征及含油气性的新认识［J］. 地学前缘，15（6）：232–240.
姚永坚，夏斌，冯志强，等，2005. 南黄海古生代以来构造演化［J］. 石油实验地质，27（2）：124–128.
叶芳，2009. 下扬子地区中古生界构造分析［D］. 上海：同济大学.
易海，钟广见，马金凤，2007. 台西南盆地新生代断裂特征与盆地演化［J］. 石油实验地质，29（6）：560–564.

余印生，1981. 南黄海盆地第三系沉积特征及其含油气性［J］. 海洋地质研究，1（1）：77–81.
俞国华，1996. 浙江省岩石地层［M］. 武汉：中国地质大学出版社 .
禹尧，徐夕生，2009. 长江中下游地区白垩纪富碱火山岩浆作用［J］. 地球科学，34（1）：105–116.
袁书坤，王英民，刘振湖，等，2010. 北黄海盆地东部坳陷不整合类型及油气成藏模式［J］. 石油勘探与开发，37（6）：663–667.
袁玉松，郭彤楼，付孝悦，等，2006. 下扬子地区热历史与海相烃源岩二次生烃潜力［J］. 现代地质，20（2）：283–290.
袁政文，2004. 下扬子北缘前陆盆地形成演化与油气赋存条件［D］. 北京：中国科学院地质与地球物理研究所 .
曾洁，2013. 南黄海盆地北部坳陷中生代沉积相研究［D］. 青岛：中国科学院海洋研究所 .
翟光明，等，1992. 中国石油地质志（卷 16）沿海大陆架及毗邻海域油气区（上册）［M］. 北京：石油工业出版社 .
张功成，苗顺德，陈莹，等，2013.“源热共控”中国近海天然气富集区分布［J］. 天然气工业，33（4）：1–17.
张功成，张厚和，赵钊，等，2016.“源热共控”中国近海盆地石油富集规律［J］. 中国石油勘探，21（4），38–53.
张国华，张建培，2015. 东海陆架盆地构造反转特征及成因机制探讨［J］. 地学前缘，22（1）：260–270.
张洪沙，陈庆，孙家淞，2013. 东海海底地貌特征研究［J］. 上海国土资源，34（1）：46–52.
张淮，周荔青，李建青，2006. 下扬子地区海相下组合油气勘探潜力分析［J］. 石油实验地质，28（1）：15–20.
张家强，2002. 南黄海中、古生界油气勘探前景［J］. 海洋地质动态，18（11）：25–27.
张建培，2013. 东海西湖凹陷平湖斜坡带断裂系统特征及成因机制探讨［J］. 地质科学，48（1）：291–303.
张晶，2003. 南黄海盆地石油地质条件评价［D］. 东营：中国石油大学（华东）.
张克信，刘金华，何卫红，等，2002. 中下扬子区二叠系露头层序地层研究［J］. 地球科学，27（4）：357–365.
张克信，童金南，般鸿福，等，1996. 浙江长兴二叠系—三叠系界线剖面层序地层研究［J］. 地质学报，70（3）：270–281.
张宽，胡根成，吴克强，等，2007. 中国近海主要含油气盆地新一轮油气资源评价［J］. 中国海上油气，19（5）：289–294.
张琴华，1994. 壳体构造演化及其盆地形成机制探讨［J］. 大地构造与成矿学，18（4）：312–320.
张水昌，梁狄刚，张大江，2002. 关于古生界烃源岩有机质丰度的评价标准［J］. 石油勘探与开发，29（2）：8–12.
张文治，2000. 全球新元古超大陆拼合和裂解及中国大陆所处位置古地磁研究进展［J］. 前寒武纪研究进展，23（3）：179–189.
张喜林，2014. 南黄海盆地北部凹陷上白垩统泰州组沉积特征分析［J］. 重庆科技学院学报：自然科学版，16（3）：1–3.
张先平，张树林，陈海红，等，2007. 东海西湖凹陷平湖构造带异常压力与油气成藏［J］. 海洋地质与第四纪地质（3）：93–97.
张训华，杨金玉，李刚，等，2014. 南黄海盆地基底及海相中、古生界地层分布特征［J］. 地球物理学报，57（12）：4041–4051.
赵俊青，纪友亮，毛凤鸣，2003. 苏皖下扬子地区石炭系层序地层学特征［J］. 新疆石油地质，24（3）：205–209.
赵淑娟，李三忠，索艳慧，等，2017. 黄海盆地构造特征及形成机制［J］. 地学前缘，24（4）：239–248.
赵文智，何登发，1999. 石油地质综合研究导论［M］. 北京：石油工业出版社.
赵永强，段铁军，袁东风，等，2007. 苏北朱家墩气田成藏特征对南黄海南部盆地勘探的意义［J］. 海洋地质与第四纪地质，27（4）：91–96.
赵宗举，俞广，朱琰，等，2003. 中国南方大地构造演化及其对油气的控制［J］. 成都理工大学学报：自然科学版，30（2）：155–168.
浙江省地质矿产局，1989. 浙江省区域地质志［M］. 北京：地质出版社.
郑求根，2005. 中国东部海域盆地构造演化［D］. 上海：同济大学.
郑求根，蔡立国，等，2005. 黄海海域盆地的形成与演化［J］. 石油与天然气地质，26（5）：647–654.
钟建强，黄慈流，詹文欢，1994. 台湾海峡台西盆地新生代构造事件的分析［J］. 台湾海峡，13（4）：323–330.
钟建强，黄慈流，詹文欢，等，1994. 台湾海峡沉积盆地的演化与油气远景［J］. 东海海洋，12（1）：31–37.
周小进，杨帆，2007. 中国南方新元古代—早古生代构造演化与盆地原型分析［J］. 石油实验地质，29（5）：446–451.
周小进，杨帆，2008. 中国南方中、新生代盆地对海相中、古生界的迭加、改造分析［J］. 地质力学学报，14（4）：346–361.
朱光，王道轩，刘国生，等，2004. 郯庐断裂带的演化及其对西太平洋板块运动的响应［J］. 地质科学，39（1）：36–49.
朱光，王勇生，牛漫兰，等，2004. 郯庐断裂带的同造山运动［J］. 地学前缘，11（3）：169–182.
朱平，2007. 南黄海盆地北部凹陷含油气系统分析［J］. 石油实验地质，29（6）：549–553.
朱伟林，米立军，等，2010. 中国海域含油气盆地图集［M］. 北京：石油工业出版社.
朱伟林，吴景富，张功成，等，2015. 中国近海新生代盆地构造差异性演化及油气勘探方向［J］. 地学前缘，22（1）：88–101.
俎云浩，2013. 塔里木盆地塔中隆起碳酸盐岩油气资源评价研究［D］. 长春：吉林大学.
Abedi M，Gholami A，Norouzi G–H，et al.，2013. Fast inversion of magnetic data using Lanczos bidiagonalization method［J］. Journal of Applied Geophysics，90：126–137.
Gratz A J，Bird P，1993. Quartz dissolution：Negative crystal experiments and a rate law［J］. Geochimica et cosmochimica acta，57（5）：965–976.
Kong X，Bird P，1996. Neotectonics of Asia：Thin–shell finite–element models with faults［M］. New York：Cambridge University Press.
Peter B，1999. Thin–plate and thin Shell finite–element programs for forward dynamic modeling of plate deformation and faulting［J］. Computers & Geosciences，25：383–394.

Peter B, Kong X, 1994. Computer simulations of California tectonics confirm very low strength of major faults [J]. Geological Society of America Bulletin, 106 (2): 159–174.

Peter D C, Andrew C, Ian H C, et al., 2006. Thermochronology of mineral grains in the Red and Mekong Rivers, Vietnam: Provenance and exhumation implications for Southeast Asia [J]. Geochemistry Geophysics Geosystems, 7 (10): 1–28.

附录　大事记

1961 年

7—10 月　中国科学院青岛海洋研究所“金星号”调查船在黄海作地震测量。

1968 年

3 月　地质部第五物探大队在南黄海进行重磁力和地震调查。

1972 年

1972—1976 年　国家计委地质局第一海洋地质调查大队，在黄海开展综合地质调查。

1972 年 7 月—1974 年 2 月　国家海洋局第二海洋研究所对东海北纬 29°～32°，东经 124°～127°，进行岛屿、海底地形、海底地质等海洋综合地质调查。

1974—1979 年

1974 年 7 月　国家计划委员会地质总局海洋地质调查局双体钻井船“勘探 1 号”，首次在南黄海南部坳陷钻黄 1 井；至 1979 年，先后在黄海钻井 7 口，未获油气。

1974 年 9 月　我国开始以寻找油气为目标对东海开展大规模地质综合调查工作，原地质部上海海洋地质调查局在该海域实施了地球物理勘探，由此拉开了东海油气资源勘探的序幕；到 1978 年完成了海磁、航磁、重力及模拟磁带地震勘探等概查工作，基本了解了东海盆地的地质概况，初步划分了构造单元；1979 年，东海进入石油勘探的区域普查阶段。

1980 年

12 月　地质部在东海陆架盆地浙东坳陷西湖凹陷龙井构造上首次钻探了龙 1 井，测试虽未获油气流，但发现了多层油气显示和高压气层，揭示了西湖凹陷、东海陆架盆地乃至整个东海具有良好的含油气前景。

1982 年

6 月　龙 2 井喷出天然气流，井深 4227.86m，是当时海上最深的一口井。

11 月　在西湖凹陷平湖构造带放鹤亭构造上钻探了平湖 1 井，测试获日产原油 174.34m^3、天然气 $40.84\times10^4m^3$，实现了东海寻找油气的重大突破；此后又相继钻探三口钻井，均获商业性油流，发现了东海第一个油气田——平湖油气田，至此东海油气勘探评价重点转向西湖凹陷。

1984 年

7 月　经过 2 年零 7 个月的地质研究，东海油气资源评价报告正式完成，为 1992 年东海的对外开放发挥了重要作用。

9月　BP公司在南黄海23/06合同区钻探的常州6-1-1A井，测试获日产原油2.45t，这是南黄海第一口见油井。

1986年

5月15日　首届国家科技进步奖励大会在北京召开。地矿部和勘探开发研究中心等单位完成的《东海及南海北部大陆架含油气盆地的发现及油气资源评价》和渤海石油公司的《埕北油田A钻井平台设计和丛式钻井技术》获国家科技进步一等奖。

是年　西湖凹陷中央反转构造带钻井获得高产气流，发现了天外天A气田。

1989年

在西湖凹陷西斜坡北端即平北地区宝云亭构造上钻探发现和评价了宝云亭气田；在西湖凹陷中央反转构造带钻探发现了残雪油气田。

1990年

在西湖凹陷中央反转构造带钻井获商业性气流，发现了断桥气田。

1993年

在平北地区武云亭构造上钻井获高产油气流，发现和评价了武云亭油田。

1995年

在西湖凹陷中央反转构造带天外天构造上钻井试获特高产油气流，日产原油200.3m^3、天然气160.13×10^4m^3，发现天外天C气田。

1996年

上海市、中国海油、中国石化三家合作的上海石油天然气公司（后改名为上海石油天然气总公司，英文缩写SPC）对平湖油气田实施了开发；1998年11月成功投产；1999年4月，对平湖油气田实施正式开发。

1997年

丽水凹陷丽水36-1构造钻井取得突破，试获日产凝析油19m^3、天然气28×10^4m^3，发现了丽水36-1气田，扩大了东海寻找油气的领域，将东海油气勘探的主战场从西湖凹陷伸展到了丽水凹陷。

2001年

8月　经国务院批准，中国海油与中国石化就合作勘探开发东海盆地西湖凹陷的天然气资源达成协议；2003年8月，中国海油、中国石化、英荷壳牌公司及优尼科石油公司，签署五份合同，共同开发东海西湖凹陷油气资源，由中国海油担任作业者，但此后6年内东海西湖凹陷的油气钻探一直处于相对停滞状态。

2003年

中国石化和中国海油合作启动对天外天A、C气田群的开发，2006年建成投产，使东海天然气登陆宁波并向华东地区供气。

2009年

西湖凹陷钻探获东海勘探史上第一口日产超千立方米油气井，发现了宁波25-3（团结亭）气田；之后，西湖凹陷勘探力度加大，相继发现了黄岩 1-1、绍兴 36-5 等一系列油气田，东海油气勘探进入加速发展时期。

2011 年

西湖凹陷探井压裂测试首获成功，发现了黄岩 2-2 气田，使西湖凹陷分布面积广、规模大的低孔低渗气层勘探瓶颈问题有望得以解决，吹响了解放低孔渗油气藏的号角，打开了这一领域勘探的新局面；同年，西湖凹陷黄岩 14-1、黄岩及平北启动 ODP 研究。丽水凹陷西次凹丽水 36-1 气田启动建设，2014 年 7 月投产。

2013 年

GZZ-1 井钻探测井测试综合解释气层 438m/42 层，主力气层 H3、H4、H5 均为厚度超过 100m 的砂岩层，气田天然气储量规模超千亿立方米，发现 GZZ 气田。

2014 年

中央反转构造带北部花港含油气构造又获得重大油气发现，储量规模再超千亿。随着一系列油气田的发现，奠定了东海万亿立方米油气储量的勘探局面。同时，残雪油气田、残雪北气田投产。

2015 年

宝云亭气田和团结亭气田相继投产。

《中国石油地质志》

（第二版）

编辑出版组

总 策 划：周家尧

组　　长：章卫兵

副 组 长：庞奇伟　马新福　李　中

责任编辑：孙　宇　林庆咸　冉毅凤　孙　娟　方代煊

王金凤　金平阳　何　莉　崔淑红　刘俊妍

别涵宇　邹杨格　潘玉全　张　贺　张　倩

王　瑞　王长会　沈瞳瞳　常泽军　何丽萍

申公昱　李熹蓉　吴英敏　张旭东　白云雪

陈益卉　张新冉　王　凯　邢　蕊　陈　莹

特邀编辑：马　纪　谭忠心　马金华　郭建强　鲜德清

王焕弟　李　欣